新能源电力系统建模与控制

刘吉臻 等 著

科学出版社
北京

内 容 简 介

随着风能、太阳能等新能源电力在电力系统中比重的增加,传统电力系统的结构特性、运行控制方式将产生根本性的变革,从而形成新能源电力系统。本书旨在总结新能源电力系统国家重点实验室在系统建模与控制方面取得的研究成果,为推进新能源电力系统相关理论与技术研究提供一定的基础与思路。本书第1章概述了新能源电力的发展现状与趋势,提出了新能源电力系统的概念;第2章讨论了风力发电的建模与控制问题;第3章分析了太阳能发电的建模与控制理论;第4章阐述了火力发电的快速深度变负荷控制模型与策略;第5章针对多源互补问题讨论了不同发电过程的特性以及互补机制;第6章讨论了新能源电力系统的优化调度问题;第7章和第8章分别讨论新能源电力系统特性、稳定控制以及安全控制问题;第9章探讨了需求侧响应特性与供需协同机制。

本书适合从事新能源电力系统发电侧、电网侧及负荷侧建模与控制理论等方面研究的科技工作者阅读,也可供高等院校电力系统及其自动化专业、能源动力工程专业以及自动化专业的教师、研究生、本科生参考阅读。

图书在版编目(CIP)数据

新能源电力系统建模与控制/刘吉臻等著.—北京:科学出版社,2015
ISBN 978-7-03-040668-2

Ⅰ.①新… Ⅱ.①刘… Ⅲ.①新能源-电力系统-系统建模 ②新能源-电力系统-控制系统 Ⅳ.①TM7

中国版本图书馆 CIP 数据核字(2014)第 102250 号

责任编辑:吴凡洁 范运年/责任校对:桂伟利
责任印制:赵 博/封面设计:耕者设计工作室

科 学 出 版 社 出版
北京东黄城根北街 16 号
邮政编码:100717
http://www.sciencep.com

三河市春园印刷有限公司印刷
科学出版社发行 各地新华书店经销
*
2015 年 1 月第 一 版   开本:B5(720×1000)
2025 年 3 月第十一次印刷   印张:32 1/4
字数:647 000
定价:150.00 元
(如有印装质量问题,我社负责调换)

序

电力科学技术的发展已经历了近 200 年的历史。自 19 世纪后期电力工业兴起经过 100 多年的迅猛发展,人类社会进入了电气化的时代。21 世纪初,人们评价 20 世纪影响人类社会生活最为深刻的工程技术时,电力工程技术被列为第一位。随着电力需求的不断增加,电力生产、输送与供应的规模持续扩大,我国经过过去 30 多年的快速发展,已经成为名副其实的世界最大电力生产与消费大国。电力工业是关系国计民生的基础产业,是人类社会实现工业化、现代化的支柱产业,也是现代工业社会的一项传统产业。然而,电力科学技术不断进步,始终没有停留在一个水平上。可以认为,正是电力科学技术日新月异的快速发展,推动和支撑了现代电力工业的发展。

长期以来,传统电力工业是建立在煤炭、石油、天然气等化石能源基础之上的,水电、核电以及可再生能源发电所占比例较小。化石能源的日益枯竭与生态环境的严重恶化已成为制约电力工业进一步发展的瓶颈。由此,一场新的能源革命迅速兴起,其核心是转变能源的生产和消费方式,降低对传统化石能源的依赖程度,大力开发利用可再生能源,降低碳排放,以保护环境,实现人与自然的和谐共存。

该书是一部系统讨论新能源电力系统建模与控制内容的著作。近十多年来,华北电力大学电气、动力、自动化等学科的一批教授以及他们的研究团队针对电力工业发展面临的问题与趋势,通过多学科交叉与融合,围绕新能源电力规模化开发利用共性基础问题与关键技术开展了系统的研究工作。结合"新能源电力系统国家重点实验室"建设以及"智能电网中大规模新能源电力安全高效利用基础研究"国家重点基础研究发展计划(973)项目,形成了新能源电力系统特性及多尺度模拟、规模化新能源电力变换与传输、新能源电力系统控制与优化三个主要研究方向。该书作者及其所在的团队将新能源电力系统发电侧、电网侧、负荷侧作为一个统一的大系统,构建了基于多源互补、源网荷协同的电力系统分析与控制理论框架,在深入讨论各环节建模与控制问题的同时,重点探讨整个系统协同优化的内容,取得了一批重要的理论与技术创新成果。

该书既总结了作者及其团队 10 余年的研究成果,也反映了该领域的最新研究进展,既有理论深度也展望了应用前景,充分体现了学科交叉与融合的优势。相信该书是新能源电力系统分析与控制领域科技工作者的一部有重要价值的参考书，也是高等院校有关专业研究生的重要参考书。该书的出版对推动新能源电力系统相关理论与技术的研究将起到积极的作用。

2014 年 10 月

前　言

面对经济社会发展不断增长的能源需求、传统化石能源的日益枯竭以及生态环境的持续恶化,一场以改变能源生产和消费方式为主题的能源革命正在兴起。这场能源革命的核心是最大限度地开发利用以低碳和可再生为特征的新能源,大幅度提高能源利用效率,实现能源生产与消费向高效、清洁、智能化方式转变。

随着新能源电力开发利用规模的增加及其在电网中所占比例的日益上升,电力系统的结构形态以及运行控制方式随之而改变,逐步形成新一代电力系统,即新能源电力系统。相比于传统的电力系统,新能源电力系统中的电源侧包含了大量具有间歇性、随机波动性的新能源电源;电网侧需要实现不同电网结构形态下的大容量电力变换与传输以及系统安全稳定控制;负荷侧需要采用新型用电方式兼顾用户需求与电网能量的实时平衡;电源、电网与负荷之间的关联性与整体性进一步增强;系统的信息化、自动化与智能化水平将大幅度提升。

2011 年以来,依托华北电力大学"新能源电力系统国家重点实验室"建设,围绕本领域共性基础问题及关键技术研究以及公共平台建设,作者及其团队开展了系统的研究工作。主要研究内容包括:新能源电力系统特性及多尺度模拟;规模化新能源电力变换与传输;新能源电力系统控制与优化。2012 年,承担了国家重点基础研究发展计划(973)项目"智能电网中大规模新能源电力安全高效利用基础研究"(编号:2012CB215200),主要研究内容有:新能源电力系统多元互补机制及协同调控理论方法;新能源电力设备及系统故障演化机制与防御策略。2013 年,承担了国家自然科学基金委与英国工程与自然研究理事会合作项目"含大规模分布式储能的新能源电力系统稳定分析与控制"(编号:513111122),推进本领域的国际合作研究。团队还主持或参与完成了多项电力企业的研究课题,部分研究成果得到了实际应用,解决了相关理论与技术问题。

本书主要内容是作者及其团队在新能源电力系统领域多年来研究成果的总结。在提出新能源电力系统概念的基础上,分析了新能源电力系统的基本特征,提出了基于电源响应、电网响应与负荷响应的新能源电力系统发展模式。围绕新能源电力系统建模与控制问题,在分别讨论电源、电网与负荷三个环节建模与控制问题的基础上,重点讨论整个系统的关联性与整体性,试图打破把电源、电网、负荷相割裂的传统模式,构建针对整个新能源电力系统建模与控制的理论框架与体系。

本书共有三个部分。第一部分围绕电源响应,分别在第 2 章、第 3 章和第 4 章讨论了风力发电、太阳能发电以及火力发电的建模与控制问题。第 5 章针对多源互补问题讨论了不同发电过程的特性以及互补机制。第二部分包括第6章新能源电力系统优化调度，第7章新能源电力系统特性与稳定控制以及第8章新能源电力系统安全控制，这三章构成关于电网响应的基本内容。第三部分即第9章讨论了需求侧响应特性与供需协同机制，把需求侧可平移负荷作为一种资源加以利用，重点讨论了市场条件下需求侧资源利用与供需协同优化机制。本书各章节内容选取注重突出"多源互补，源、网、荷协同"这条主线，在讨论各个部分建模与控制的同时，重点发掘影响整个系统协同优化控制的内容。

本书第1章、第4章和第5章由刘吉臻教授执笔，第2章由曾德良教授执笔，第3章由牛玉广教授执笔，第6章由孙英云副教授执笔，第7章由王海风教授执笔，第8章由毕天姝教授执笔，第9章由曾鸣教授执笔。全书由刘吉臻教授统稿。实验室和团队吴克河教授、房方博士、田亮博士、高明明博士、王玮博士、李明扬博士、杨婷婷博士、吕游博士、孟庆伟博士、王彤博士和在读的博士研究生胡阳、胡勇、李晓明等，直接参与了与本书内容相关的研究工作。正是他们的潜心研究与辛苦创新，深化了新能源电力系统领域的基础理论，促进了相关理论与技术的应用推广，本书的一些内容直接引用了他们以及其他博士研究生的研究成果和相关论文，在此对为本书做出贡献的各位老师和同学表示衷心的感谢！特别感谢杨奇逊院士为本书作序，感谢他长期以来对该领域研究工作的指导与支持！

新能源电力系统建模与控制问题的研究还处于起步阶段。本书虽然很多内容在近年来规模化新能源电力开发利用的工程实践中获得了应用或验证，但其中相关理论与技术的研究都还不够深入，只能当作一次大胆的探索与尝试，希望能起到抛砖引玉的作用。本书写作过程历时三年多，在体系安排、内容选取、文字叙述等方面组织多次研讨，数易其稿，力图少一些纰漏，有所创新与突破，但限于作者水平，难免存在不妥之处，真诚希望专家和读者对本书提出批评和指正。

作 者

2014 年 6 月

于华北电力大学

目　　录

第1章 概　　论

1.1　概　　述

能源是人类赖以生存和支撑社会经济发展的重要物质基础。自 18 世纪 60 年代以瓦特发明蒸汽机为标志的第一次工业革命以来,人类开始进入了蒸汽时代。在此之前,人类对于能源的依赖程度以及开发利用水平很低,使用炭薪取暖和蒸煮食物,生产所需动力依靠人力和畜力。伴随着蒸汽机的发明和改进,机械生产代替了手工作业,极大地推动了生产力发展,人类社会从此进入了走向现代化的崭新时代。

一般认为,发生第一次工业革命的主要因素是蒸汽机的发明催生了机械化大生产的发展。事实上,促进第一次工业革命加速发展的另外两个因素是煤炭工业和钢铁工业的兴起。18 世纪后期,人们开始大量地开采和消耗煤炭,并转化为工业生产所需要的动力。从此以来,能源的开发与消费水平成为工业化和社会经济水平的重要标志。

1831 年法拉第发现电磁感应现象,建立并完善电学理论,1866 年,德国科学家西门子发明了发电机,1870 年,比利时格拉姆发明了电动机。从此,电力工业和电器制造业迅速兴起,人类跨入了电气时代,这就是第二次工业革命。第二次工业革命的一个重大成就是内燃机的创制和使用。以煤气和汽油为燃料的内燃机相继诞生以及柴油机的创制成功,使内燃机车、远洋轮船、飞机、汽车得到了迅速的发展,进而推动了石油工业的兴起。

两次工业革命带给人类社会的首先是生产力迅猛提高。特别是进入电气化时代以来,电力作为一种最为便捷、清洁的能源成为人们利用能源的主要方式。电力的大规模生产和使用,推动了生产力的大幅度提高,拓展了人们的活动空间,改变了人们的生活方式,电力已成为人类生产生活中时刻依赖、不可缺失的基本物质。

与此同时,工业革命使人类社会对能源需求的迅猛增长。人类在进入机械化、电气化时代的同时,也进入了一个化石能源的时代,煤炭、石油和天然气等化石燃料逐渐成为世界能源构成的主体。到 20 世纪末,世界化石燃料消费总量达到了77.39 亿吨石油当量,占世界一次能源构成的 89.5% 左右,其中石油占 40.5%,天然气占 24.0%,煤炭占 25.0%[1]。化石能源时代经过近 200 年的发展,已凸显严重的危机。一方面化石能源造成了严重的环境污染,大量温室气体的排放造成气候变化,直接危及到人类的生存和子孙后代的繁衍生息;另一方面,化石能源本身已逐渐走向枯竭,据《BP世界能源统计2012》显示:2012年,世界煤炭、石油、天然气三大化石能源的储采比分别为112年、54.2年、63.6年(中国分别为35年、9.9年和29年)[2]。

　　综上所述,可以对两次工业革命做出以下的认知:人类能源开发和使用方式的革命,如同一把双刃剑,在带给人类生产力极大提高、财富极大积累、生活水平极大改善的同时,也使人类社会面临着前所未有的资源枯竭、生态环境恶化等巨大的世界性难题。延续传统的能源生产与消费方式已不能适应经济社会发展的要求,一场新的能源革命已势在必行,并初现端倪。这场能源革命的核心是最大限度地开发利用以低碳和可再生为特征的新能源,大幅度提高能源利用效率,实现能源生产与消费向高效、清洁、智能化方式转变。

1.2　新能源电力与新能源经济

1.2.1　新能源的定义

　　"新能源"是指新开发利用,但尚未广泛推广应用的能源。1978年,联合国第三十三届大会第148号决议将新能源与可再生能源作为一个专业化名词使用,并且规定:新能源与可再生能源是指常规能源以外的所有能源。在此决议中,新能源和可再生能源共包括14种能源:太阳能、风能、地热能、水能、潮汐能、波浪能、海水温差能、木柴、木炭、泥炭、生物质转化、畜力、油页岩以及焦砂岩。1981年,联合国在肯尼亚首都内罗毕召开的"联合国新能源与可再生能源会议"对新能源的定义为:以新技术和新材料为基础,使传统的可再生能源得到现代化的开发和利用,用取之不尽、周而复始的可再生能源取代资源有限、对环境有污染的化石能源。可以看出,国际上一直将新能源与可再生能源作为一个整体来看待,从比较公认的新能源所涵盖的内容来看,现阶段可以把新能源定位为基于新技术开发利用的可再生能源。这个定义指出了新能源的两个属性:第一具有可再生性,第二依托新技术加以开发利用。

　　2005年,我国制定并颁布的《可再生能源法》规定:可再生能源是指风能、太阳能、水能、生物质能、地热能、海洋能等非化石能源。水力发电是否为可再生能源,由国务院能源主管部门规定,报国务院批准。按国际上的惯例,大中型水电一般列为常规能源。

1.2.2　新能源经济

　　大力开发利用新能源已成为世界各国解决化石能源日渐枯竭、应对环境生态恶化、满足不断增长的能源需求的战略选择。与此同时,世界各国也把发展新能源产业、加快新能源科学技术进步作为推动经济持续增长、抢占国力竞争先机的基本国策。

1. 美国

美国以保障能源安全和刺激经济增长为目标,基于本国丰富的油气资源,制定了以开发页岩气为特色的"能源独立"发展战略。国际金融危机后,美国迫切需要寻找一个新的龙头产业来拉动实体经济的发展。在大部分实体经济已通过外包转移到发展中国家的情况下,发展新能源经济已经成为美国的不二选择。2009 年奥巴马政府上台之初就将发展新能源提升至关乎国家安全和民族未来的战略高度,并颁布了新的能源政策全力推动新能源产业的发展。奥巴马政府计划在十年内投入 1500 亿美元资助绿色新能源研究,由此至少可创造 500 万个就业岗位。此外,奥巴马政府还希望凭借美国在国际舞台较大的影响力,通过力推新能源经济,逐步改变美国及全球的能源消费结构框架,引领世界形成新的经济增长模式,继续充当世界经济的领头羊,成为制定新的国际规则的领导者。美国联邦政府提出,到 2025 年可再生能源发电达到本国发电总量的 25%,石油进口在 2008 年每天 1100 万桶的基础上消减三分之一。

2. 欧盟

欧盟基于其拥有丰富的可再生能源资源优势,率先提出了低碳经济理念,确定了较高的温室气体排放和可再生能源发展目标。近年来,欧盟各国为了强化其在新能源领域已经获得的相对优势,进一步加大政策支持力度。德国在 2009 年通过了温室气体减排新法案,计划风能、太阳能等可再生能源的利用比例从现在的 14% 增加到 2020 年的 20%。法国环境部于 2008 年 11 月公布了一项旨在发展可再生能源的计划,计划到 2020 年将可再生能源在能源消费总量中的比重提高到 23%,相当于每年为法国节省 2000 万 t 石油。欧洲议会于 2008 年 12 月批准了欧盟能源气候一揽子计划,以保证欧盟到 2020 年把新能源和可再生能源在能源总体消耗中的比例提高到 20%。2009 年 1 月,由德国、西班牙和丹麦发起的国际新能源组织(International Renewable Energy Agency, IRENA)在德国波恩成立,该机构的宗旨是在全世界工业化国家和发展中国家扩大使用新能源,并致力于推动全球性的能源结构转型,扩大新能源的使用量,同时帮助发展中国家获取技术,建立自己的新能源工业。2009 年 3 月,欧盟委员会宣布,欧盟将在 2013 年之前投资 1050 亿欧元支持欧盟地区的"绿色经济",促进就业和经济增长,保持欧盟在"绿色技术"领域的世界领先地位。

3. 日本

日本依据本国能源资源匮乏的国情强调推广节能技术与能源供给的多元化。进入 21 世纪,日本也开始大力发展新能源经济,并拟定了旨在占领世界领先地位、适应 21 世纪世界技术创新要求的四大战略性产业领域,其中包括新能源汽车和太阳能发电等新能源产业。为提振本国新能源产业,2008 年 11 月,日本经济产业省联合其他三省发布《推广太阳能发电行动方案》,提出了多项促进太阳能利用的优惠政策,将太阳能发电作为了日本新能源产业发展的重点。日本政府在 2009 年推出的经济刺激方案中重点强调了发展节能、新能源、绿色经济的主旨,并在同一年颁布的《新国家能源战略》中,提出了新能源发展具体的目标:2050 年之前实现消减温室气体排放量 60%~80% 的目标。在 2020 年左右将太阳能发电规模在 2005 年基础上扩大 20 倍;建立购买家庭太阳能发电剩余电力的新制度;今后 3 年内在全国 36000 所公立中小学中集中设置太阳能发电设备;今后 3~5 年内并将太阳能系统的价格减半。环保汽车、绿色家电方面,3 年后开始电动汽车的批量生产和销售,到 2020 年新车的 59% 为环保汽车,在世界上率先实现环保车的普及。

由此可见,各国对新能源产业的发展高度重视,新能源经济已经成为影响国家未来发展战略的必争领域和新一轮国际竞争的热点。

我国作为世界上人口大国和能源消费大国,经济增长压力和节能减排压力巨大。对我国而言,发展新能源经济一方面是应对能源环境危机、转变经济发展方式的有效手段;另一方面是抢占未来产业发展制高点、提高国际竞争力的重大举措。2010 年 10 月,国务院发布了《国务院关于加快培育和发展战略性新兴产业的决定》,将新能源产业列入了国家重点支持的七大领域之一,要求积极研发新一代核能技术和先进反应堆,发展核能产业;加快太阳能热利用技术推广应用,开拓多元化的太阳能光伏光热发电市场;提高风电技术装备水平,有序推进风电规模化发展;加快适应新能源发展的智能电网及运行体系建设;因地制宜开发利用生物质能。全面推进产业结构升级、加快经济发展方式转变。国家和地方制定了很多优惠政策鼓励企业发展新能源产业。根据《新兴能源产业发展规划》,2011~2020 年我国对新能源产业累计直接增加投资达 5 万亿元,每年增加产值 1.5 万亿元,增加社会就业岗位 1500 万个。可以预见,新能源产业必将有力支撑我国经济的稳定增长和社会的繁荣发展。

1.3 新能源电力系统

1.3.1 新能源电力的发展现状及前景

迄今为止,电力是能源利用的基本形式。首先,各类一次能源,包括化学能、热能、动能、核能等能量都是转化为电能之后才能被方便利用;其次,电力可以规模化生产,能远距离传输和大范围优化配置;第三,电力呈现给受端用户时,是一种清洁、便捷、安全的理想能源形式;第四,人们生产生活的各个领域所使用的各类设备和产品需要持续优质的电能提供保障。因此,电力已成为能源发展的中心、国民经济的"先行官"以及人民正常生活的必需品。无论传统化石能源还是新能源的开发利用,最基本的途径就是转化为电能,坚持以电力为中心是新能源发展的重要方向,也是推进能源生产和消费方式转变的必由之路。因此,解决人类未来的能源问题将依赖于新能源电力,新能源电力安全、高效的生产与利用将是新能源时代永恒的主题。

近年来,随着科学技术的日新月异,新能源电力发展越来越迅速,目前已初具规模。据统计:2011 年,世界可再生能源发电新增装机容量约占所有新增装机容量的一半以上。其中,作为新能源典型代表的风力发电和光伏发电新增装机容量分别占总装机的 40% 和 30%,增幅明显;截至 2011 年底,世界新能源(即非水可再生能源)发电装机容量约为 390GW,同比增长 24%[3]。在发电量的统计中,世界可再生能源发电增长也超过了平均电量增长水平,达到 17.7%,其中风电增长了25.8%,在可再生能源发电中所占比例首次过半[2]。根据美国能源信息署(U. S. Energy Information Administration,EIA)的预测,到 2035 年全球新能源发电和水力发电等可再生能源的总发电量每年将会有 2.7% 的增幅,高于煤炭、天然气和石油等其他能源发电增长比例。其中,太阳能发电的装机容量增幅最为明显,平均每年 8.3%,风电机组的年增长率为 5.7%,地热能为 3.7%,水电为 2.0%,其他可再生能源比如废木材料、废气(沼气)和农业秸秆等的每年的增幅比例为 1.4%[4]。

因此,未来很长一段时期内,各类新能源发电将迎来大规模发展时期。但从目前各类新能源发展的技术成熟度和成本来看,风力发电和太阳能发电无疑最具发展潜力。

1. 风力发电

风力发电作为全球发展最迅速的新能源发电形式,实现了连续十年装机容量30% 左右的年均增长,创造了全球能源行业发展的奇迹,如图 1-1 所示。虽然近几年受世界经济颓势的影响,全球风电增长速度有所减缓,但仍保持了稳定的增长速度。据全球风能理事会(Global Wind Energy Council,GWEC)统计:2013 年全球风电累计并网装机容量已达到 318.1GW,预计 2012~2016 年,新增装机容量将以年均约 8% 的速率增长,5 年新增装机容量累计将达到 255GW;按贴近发展现状的情况分析,到 2020 年全球风电装机总量将达到 759GW,可以满足全球 7.7%~8.3% 的电力需求;超前情景分析,这个数字到 2020 年可以达到 11.7%~12.6%,到 2030 年可以达到 22.1%~24.8%[5]。

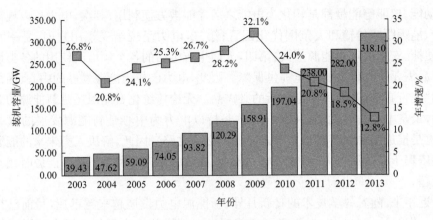

图 1-1　世界风电总装机容量及增长情况

数据来源:全球风能理事会 GWEC

　　我国的风电建设起始于 20 世纪 80 年代。进入 21 世纪以来,我国的风电产业得到了迅速发展。2004 年,我国风电设备国产化率仅为 10%,而到 2010 年这个比例已经达到了 90%,在这 7 年的时间里,我国的风电设备制造业实现了跨越式发展。从 2005 年开始,我国风电装机以每年翻番的速度增长。2009 年,我国新增风机总数 10129 台,平均每天 27 台。2010 年底,我国风力发电累计装机容量达到 44.733GW,首次超过美国,跃居世界第一。据全球风能理事会统计:2013 年,我国新增风电装机 16.1GW,累计装机容量达到 91.424GW,占全球累计装机容量的 28.7%,保持世界第一。图 1-2 给出了我国风电装机近十年的增长图。据全球风能理事会预计,到 2020 年我国风电的累计装机将达到 200G~300GW;到 2030

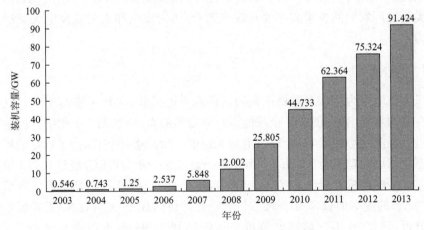

图 1-2　我国近十年风力发电装机容量陡增曲线图

数据来源:中国风能协会,Chinese Wind Energy Association,CWEA

年,风电装机比例将达到约 15%,发电量将达到全国总发电量的 8.4%。预计到 2050 年,我国风电总装机将达 1000GW,可以满足国内 17% 的电力需求[7]。

近年来,我国出台了多项政策法规以鼓励风电的规模化开发利用。2005 年,我国颁布了《可再生能源法》,打开我国风机制造业高速发展的大门;随后,我国先后发布《可再生能源产业发展指导目录》《促进风电产业发展实施意见》等,通过风电全额上网和税收优惠、直接补贴等政策推动了风机制造业的大发展;2007 年 8 月,我国发展与改革委员会发布了《可再生能源中长期发展规划》,计划到 2020 年,在广东、福建、江苏、山东、河北、内蒙古、辽宁和吉林等具备规模化开发条件的地区,进行集中连片开发,建成若干个总装机容量 2000MW 以上的风电大省,建成新疆达坂城、甘肃玉门、苏沪沿海、内蒙古辉腾锡勒、河北张北和吉林白城等 6 个 1000MW 级大型风电基地,并建成 1000MW 海上风电场,实现风电的规模化开发利用。

2. 太阳能发电

太阳能发电最早用于偏远无电地区,20 世纪 80 年代开始太阳能发电并网问题逐渐被提上议程,之后太阳能发电得到了长足的发展。欧洲光伏发电产业协会(European Photovoltaic Industry Association,EPIA)的最新数据显示,截至 2012 年底,全球新增太阳能光伏发电装机容量约 31.1GW,累计装机容量达到 102GW,比上年增长 44%。图 1-3 是近十年世界太阳能光伏发电的增长情况。国际能源署(International Energy Agency,IEA)预计 2010~2020 年间太阳能光伏发电发展速度复合增长率达到 35%,预计到 2020 年太阳能光伏发电量将达到 2800 亿 kW·h 以上,占当年总发电量的 1%;到 2050 年,太阳能发电量将占全球发电量的 1/4。

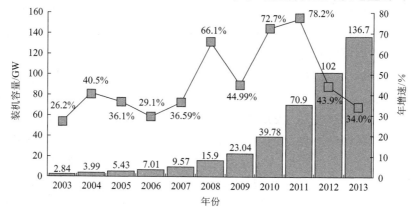

图 1-3　世界太阳能发电总装机容量及增长情况

数据来源:英国石油公司,British Petroleum,BP

　　我国的太阳能发电虽然起步较晚,但发展异常迅速。凭借着光伏产业连续几年300%的增长速度,2007年底我国一举成为生产太阳能电池最多的国家,产量达到1.1GW,占全球太阳能光伏电池产量的27.5%。2013年,我国新增光伏装机容量全球第一,高达11.3GW,同比增长335.0%,截至2013年底,我国累计太阳能光伏发电装机容量14.79GW,全年并网太阳能发电量为87亿kW·h,同比增长143.0%[7]。国务院新闻办公室发布的《中国的能源政策(2012)》白皮书提出:"十二五"时期,我国坚持集中开发与分布式利用相结合,推进太阳能多元化利用。到2015年,我国将建成太阳能发电装机容量21GW以上,其中光伏电站装机10GW,太阳能热发电装机1GW,并网和离网的分布式光伏发电系统安装容量达到10GW。太阳能热利用累计集热面积达到4亿m²。到2020年,太阳能发电装机达到50GW,太阳能热利用累计集热面积到8亿m²。到2050年,太阳能发电将能满足国内10%的电力需求。

　　为保证太阳能发电产业的有序稳定发展,2007年,我国国家发展和改革委员会制定了《可再生能源中长期发展规划》,提出建设光伏发电系统或小型光伏电站,解决偏远地区无电村和无电户的供电问题,在经济较发达、现代化水平较高的大中城市,建设与建筑物一体化的屋顶太阳能并网光伏发电设施。到2020年,全国建成2万个屋顶光伏发电项目,总容量1000MW,全国太阳能光伏电站总容量达到200MW,太阳能热发电总容量达到200MW。2012年,《"十二五"中国太阳能发电科技发展规划目标》提出"十二五"期间要初步实现用户侧并网光伏系统平价上网,公用电网侧并网光伏系统上网电价低于0.8元/(kW·h),基本掌握多种光伏微网系统关键部件及设计集成技术,实现示范应用。要初步建立太阳能发电国家标准体系和技术产品检测平台,形成我国完整的太阳能技术研发、装备制造、系统集成、工程建设、运行维护等产业链技术服务体系,最终实现光伏技术的全面突破,促进太阳能发电的规模化应用。

　　总之,以风力发电、太阳能发电为代表的新能源发电将成为人类解决化石能源枯竭以及环境污染、气候变化等问题的关键,新能源电力的规模化开发利用将是大势所趋。综合新能源电力的发展现状以及未来新能源电力的发展规划来看,新能源电力在电源结构布局中的比例将逐步增加,以化石能源为一次能源的传统发电比例将逐渐降低。尽管如此,在未来相当长的时间内,传统化石能源在整个能源结构中的主导地位仍然不会改变。图1-4给出了我国2015~2050年发电装机构成的规划及预测,由此可见,未来几十年我国仍将处于一种传统能源与新能源此消彼长的"混合能源时期",新能源将由现在的辅助能源、补充能源逐步过渡成为主导能源、替代能源。

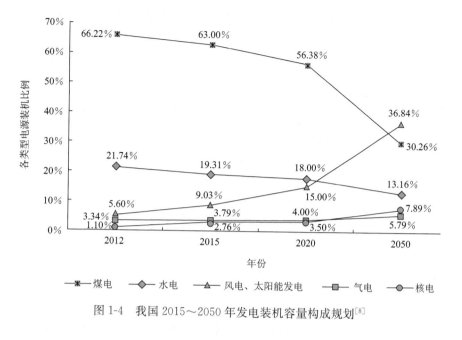

图 1-4 我国 2015～2050 年发电装机容量构成规划[8]

1.3.2 新能源电力系统及其特征

随着以风电、太阳能发电等新能源电力的开发利用,接入电网的新能源电力比重日益提高。众所周知,电能的基本特征是难以大规模储存,电能的生产与消费必须同步进行。电力系统通过统一的调度指挥,使电能的生产跟随负荷需求的变化,保证电能的实时供需平衡。对于传统的电力系统来说,电力调度中心根据用户负荷需求变化对发电单元发出调度指令,发电单元执行自动发电控制(automatic generation control,AGC)调度指令改变发电负荷,满足用户负荷需求,维持电网安全稳定,保证电能质量。当发电侧的可调度容量难以达到负荷侧需求以及发生可能影响电网安全稳定的情况时,电力调度中心将采取切除用户负荷等措施,保证电网安全稳定运行。

对于传统的火电、水电、核电、油/气发电而言,发电单元一般具有良好的可调度性能。发电机组在一定的容量范围内可以按照电网调度 AGC 指令变更发电功率。因此,在发电装机容量可满足用户最大负荷的前提下,整个电力系统是可调可控的。风电、太阳能发电区别于传统发电的一个重要特征在于它的随机波动性。由于产生电力的一次能源来自于自然界空气的流动与太阳光的辐射,不仅不可储存,而且受到季节、气候和时空等的影响,具有很强的随机波动性和间歇性,对于具有一定装机容量的新能源发电单元来说,其实际出力首先取决于现时刻的风力、太阳光强度的约束。当风电、太阳能发电规模化接入电网后,电力系统就必须在随机波动的发电侧与随机波动的负荷侧之间实现电力的供需平衡,保持电网的安全稳定,如图 1-5 所示。

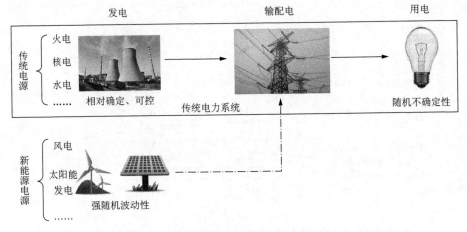

图 1-5　电力系统电能实时供需平衡示意图

　　新能源电力的另外一个重要特征在于它的能量密度低。例如:当风速为 3m/s 时,其能量密度为 20W/m² 左右[9],而太阳能即使是在天气晴朗的正午,太阳垂直投射到地球表面的能量密度仅为 1kW/m² 左右[10],这样就使得新能源发电设备的单机容量不可能过大。大量的小容量发电机组接入电网,使电力系统受控发电单元呈爆炸性增长趋势。截至 2012 年底,我国火电机组累计装机 819.17GW,单机 6MW 及以上的火电机组总数约为 6600 台;同期,风电机组的装机总量仅为 75.324GW,装机数量却达到了 53764 台,超过了火电机组数量的 8 倍[6]。按照我国风电装机 2020 年将达到 200G～300GW 的预期,以目前风电的平均单机装机容量来计算,到时需要并入电网的风电机组数量将达到 14 万～21 万台!

　　随着新能源电力的规模化开发和电网中新能源电力比重的增加,使传统电力系统的基本特征发生了显著的变化,主要体现在以下几个方面。

1. 随机性

　　传统电力系统的随机性主要在于用电负荷的随机性。风电、太阳能发电的随机波动性、间歇性使电力系统必须同时应对来自用电负荷侧与发电侧的随机波动性。迄今为止,新能源电力在整个电网中所占比例相对较小,电力系统调度控制把这部分电源的随机波动性视为负荷侧的随机波动性,依赖传统发电单元的可控可调性加以平抑。随着我国局部区域电网中新能源电力比例的提高,为了保证电网的安全稳定,造成了电网不能全额接纳具有随机波动性的新能源电力。在特定条件下,大量宝贵的新能源电力不得不被舍弃。据中国风能协会统计,我国 2012 年弃风总量达到了 200 亿 kW·h,占风电总发电量(1004 亿 kW·h)的 20%左右,同比增长 66.7%,直接经济损失高达 100 亿元。随着今后风电装机的快速增加,弃风比例还将进一步提高。

2. 可控性

从大系统理论出发,电力系统是一个受控设备众多、地域分布广阔、运行控制精度要求高、内外部未知扰动多的复杂巨系统。传统电力系统通过发电单元控制、电网分级调度控制等技术解决了复杂电力系统的运行控制问题。新能源电力的快速发展使电力系统中发电单元数量急剧增长,系统中可调度容量与可调度电量所占比例大幅度降低,系统中的随机扰动性进一步增强,造成系统可控性降低,控制难度加大。

3. 安全性

电力系统的安全性直接关系到国家经济社会的安全,保障电力的安全可靠供应是电力系统的首要任务。随着新能源电力设备的急剧增加,再加上这些电力设备地域分布广、气候环境恶劣、接入电网电源点分散,与传统电力系统相比,系统设备发生事故与故障的概率更高,大大增加了整个电力系统的安全风险。随着大量电力电子器件的使用以及对网络信息系统的依赖,也使电力系统的安全风险进一步增加。

4. 整体性

传统电力系统一般划分为发电、输配电与供用电三个部分,三者按照生产流程既相互关联又相对独立,通过调度中心形成一个有机的整体。随着新能源电力在电力系统中比重的上升,电源与电网之间、电源与电源之间、电网与负荷之间的关联性大大增强。比如传统火电、水电等发电单元具有一次能源可储、可调度性好的特征,利用传统发电单元的可调度性可以平抑风电、太阳能发电的随机波动性。因此,传统发电除了其基本的发电属性外,还具有可调度性好、补偿新能源发电随机波动性的属性。在电网调度中心的统一调配下,充分挖掘传统发电单元的可调度性,形成多能源互补的网源协同、源源协同机制,才能使新能源电力得以规模化开发利用。另外,将用电负荷中的可平移部分(即可平移负荷)是一种能够参与电网调度的资源,智能化的新型用电方式有助于实现规模化新能源馈入条件下的电力系统能量平衡与安全稳定。因此,新能源电力系统中发电、电网与用电之间将成为更加紧密的一个整体,整个电力系统的整体性将更加凸显。

5. 智能化

关于电力系统的智能化或者称之为智能电网(smart grid)是一个新的概念与热门话题。虽然美国、欧盟和我国均已对智能电网给出了许多定义,但尚未形成统一的认识。事实上,对于智能电网可以从两个方面认知:一方面,工业化与信息化的融合促进了现代社会向着网络化、数字化与智能化发展,比如智能制造、智能交通、智能电网乃至智能城市等等。就智能电网而言,就是通过网络化、数字化与智能化技术,使电力的生产与供应更加高效、更加便捷、更加可靠、更加清洁,从而建立起人与自然更加和谐的能源电力生产、供应与消费模式;另一方面,实现新能源逐步取代化石能源的变革需要依赖网络技术、数字技术与智能控制技术的支撑,诸如集中式与分布式新能源发电与并网、电动汽车与储能、需求侧资源利用、新型电力市场、电力网故障下的自愈与恢复等等,都需要建立在先进的网络信息系统、智能控制与管理系统以及大数据处理、云计算等技术的基础上,从而成为有效解决当今能源电力问题、发展新能源电力的有效手段。

基于以上分析可以认为,随着新能源电力的规模化开发与在电网中所占比例的日益上升,使传统电力系统的基本特征发生了重大的改变,进而将推动电力系统的结构形态、运行控制方式以及规划建设与管理发生根本性变革,从而将逐步形成新一代电力系统,即新能源电力系统。

1.3.3 新能源电力系统发展模式

迄今为止,电力及电力系统已经过了100多年发展的历史,成为当今以化石能源为主体、以大容量发电、远距离输送、集中调度控制与管理的现代电力系统。随着新能源电力的规模化开发以及电网中新能源电力比重的增加,新能源电力系统的特征将日益凸显。实践表明,传统的理论方法与技术不能解决新能源电力系统所面临的问题,需要深入认知新能源电力系统的特性,创新理论方法与技术,在发展智能电网技术的基础上,从系统的本质性特征出发,构建基于电源响应、电网响应和需求侧响应为一体的新能源电力系统发展模式[11],如图 1-6 所示。

1. 电源响应

1) 电网友好型发电技术

以风电、太阳能发电为代表的新能源发电具有随机波动性、间歇性以及反调峰特性,体现为可调度性差,给电力系统保持能量平衡与电能质量带来了困难,发展电网友好型风能、太阳能等新能源发电技术,包括:研究更加精确的新能源电力功率预测理论与技术,建设大型风力发电基地,改善风电场群功率输出的特性,减小其功率输出的波动性;实现先进的风电机组与场群调度控制以及研究可控性好、效

图 1-6 新能源电力系统发展模式

率高的大容量智能化风力发电机组等。此外,新能源电源用于并网的电力电子设备没有惯性,将改变系统小扰动下的阻尼特性;其电压耐受和通流能力均较差,对电网扰动非常敏感,易造成大规模风电机组脱网,影响系统安全。因此,研究新能源电源控制阻尼特性,应用低电压穿越、高电压穿越以及不对称穿越等控制策略,使其符合电网安全性的要求,也是提高大规模风电接入比例的重要保障。

传统火电、水电、油/气发电、核电的电网友好性远远高于新能源发电。以火电为例,机组具有一次调频能力,当电网频率偏离额定值(50Hz),反映出电网中功率不平衡时,机组可以通过自动改变发电功率输出,为电网恢复功率平衡做出贡献。机组接受电网调度 AGC 指令,在一定的可调度容量内改变发电功率输出,包括增减负荷以及热备用等等,具有良好的可调度性与电网友好性。然而,火电机组接受电网调度的能力也是有限的,一是当机组运行工况偏离设计的额定工况时会造成效率下降;二是当偏离额定工况达到一定程度时(比如低于 50% 额定负荷)可能出现燃烧不稳定、效率严重降低、超温等隐患;三是火电机组变负荷的速度有限,不能像水电、油/气发电能快速响应中调变负荷的要求。因此,进一步提高火电机组的深度、快速变负荷能力,在保证机组安全性、经济性、环保性指标的前提下,使机组的可调度性与电网友好性进一步提高,具有十分重要的意义。

2) 多能源互补与源网协同机制

多能源互补是指利用水电、火电等发电过程输出功率连续可调可控的特性,弥补风电、太阳能发电等新能源电力输出功率随机波动与不连续的特性,构成连续稳定可调可控的发电功率输出,满足负荷侧的实际需要,保持电网实时功率平衡。

虽然先进新能源发电技术可以改善新能源电力并网时的稳态与暂态特性,但其功率输出的强随机波动性的本质是由一次能源特点所决定的,不能彻底改变。因此,为满足电力系统中电能的实时供需平衡,必须有互补电源来平抑新能源电力的随机波动。

传统的水电与燃气、燃油发电均具有启停迅速而且变负荷速率快的特性,是互补电源的最好选择。日本及部分欧洲发达国家水电所占比例较高,是主要的电网调峰手段;美国燃气、燃油发电占到了其总装机容量的 45% 以上,是调峰的首要选择;我国能源结构中缺油少气,燃煤火力发电在发电装机中占据主导地位,如图1-7所示。截至 2013 年底,我国燃煤发电机组装机容量比例高达 63.03%,燃气、燃油发电所占比例约为 6.11%,如图 1-8 所示。虽然我国的水电比例占到了 21.7%,但我国现有的水电站一般都具有发电、灌溉、防洪、防凌、下游供水以及航运等多种

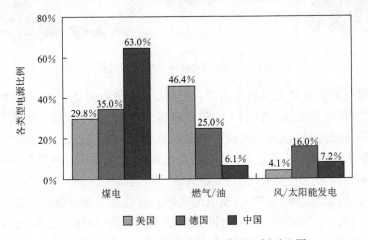

图 1-7　美国、德国、中国的发电装机比例对比图

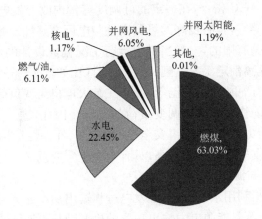

图 1-8　我国发电设备装机容量比例(截至 2013 年)

数据来源:中国电力企业联合会

功能,也大大影响了水电机组的可调度性。因此,我国新能源电力的规模化发展需要将燃煤发电作为多能互补的基本手段,为此,在保证火电机组安全、经济、环保各项指标的前提下,提升火电机组快速深度变负荷能力是解决我国新能源规模化开发利用、实现多种能源互补的基本选择与重要途径。

储能技术在多能源互补中具有十分重要的地位和作用。当新能源发电波动性电源处于波峰时通过对储能电池充电把电能储存起来,当波动性电源处于波谷时电池放电向电网馈入电能。只要储能电池容量足够大、充放电寿命足够长、应用技术足够成熟,储能无疑是最理想的互补电源。但目前储能产业仍处于起步阶段,未来储能技术需要在发展路线、材料、技术等方面寻求突破,进一步解决储能电池的容量、效率、成本以及安全等问题,大规模储能技术将是新能源电力系统发展中一项重要的核心技术。

2. 电网响应

电网作为电力系统的骨架,承担着电能输送与分配的任务,尤其对于我国这样一个能源资源与负荷需求严重逆向分布的国家来说,电力必须进行大规模远距离输送,因此,输送能力是电网的重要指标之一,发展新型电网结构与先进输电方式可以显著提高电网的输送极限。此外,实现多能源互补以规模化新能源电力的并网,新能源电力系统还需要以电网为媒介在全系统范围内实现多种能源类型电源与储能的优化控制。发展电网的先进控制与安全防御策略,可以改变传统电网控制策略过于保守性的现状,进一步提高电网接纳新能源电力的能力,保障新能源电力系统安全运行。

1) 新型电网结构与先进输电方式

电网结构与输送极限是决定电网配置资源能力的两个重要方面,且二者相互影响。优化电网的结构,应用先进的输电方式,能够增强电网在大时空范围内的输送能力与资源优化配置能力。因此,研究新型的电网结构与先进的输电方式,可以在一定程度上提高电网接纳新能源的能力。在电网结构方面,可基于新能源电源时空特性和多种新型输电方式的特征构建区域电网间解耦连接、分层分区的输电网架和就地消纳与远距离输送相结合的新型电网模式;在此基础上,进一步探索新能源电力、储能、柔性交流输电系统(flexible alternative current transmission systems,FACTS)以及高耗能负荷等在时空二维上的全局优化布局和选址定容方法,并通过选择大规模集中电站并网外送、基于可调负荷和储能的就地消纳、基于微网的分布式接入等方式,结合储能、其他形式新能源、抽水蓄能等手段进行多能源互补,最终实现规模化新能源电力安全高效利用的目标。此外,研究适应同时响应负荷侧和电源侧功率随机波动特性的电网结构渐进优化理论方法,对于增强区域电网的消纳能力、实现新能源电力的安全高效传输具有十分重要的意义。

为适应规模化新能源电力的时空分散性与随机波动性特点,需要采用大量先进的电力电子变换装置及控制技术。作为新能源发电核心技术之一的电力变换技术,可以在很大程度上提升新能源电力的可控性,优化其输出特性。同时为了满足大规模新能源电力的远距离、环境友好、安全经济的传输,需要发展特高压交直流输电技术、柔性交直流输电技术、管道气体绝缘输电技术(gas-insulated metal-enclosed transmission line,GIL)以及海底输电技术和新型紧凑化输电技术等先进输电技术。

2) 电网先进控制与安全防御

除电网结构外,电网的先进控制与安全防御也对电网的输送极限有十分重要的影响,同时二者也是决定系统安全运行水平的关键因素。

电力系统调度控制是电网先进控制的核心内容,电能的生产、传输、消费全过程需要调度控制系统的组织指挥,保障系统中的能量生产与供应的平衡以及电力系统的安全稳定。新能源电力系统由于结构更加复杂,随机性增强,使系统的可控性与可调度性变差,传统的电力系统调度控制理论与技术不能解决好新能源电力系统的调度控制问题。建立新能源电力系统优化调度控制理论方法需要从系统本质特性出发,建立新能源电力系统优化调度模型;充分考虑系统随机特性,建立随机优化控制理论方法;建立综合系统安全性、经济性与新能源电力利用最大化的优化调度性能指标,构成包括发电控制与电网调度控制一体化的智能优化调度控制系统。

电力系统的安全控制一般采用“三道防线”(保护控制、切机切负荷等安全控制和解列控制)的安全防御体系,其核心是“以保守性换取可靠性”,同时造成了对电力系统资源、配置能力和电网输送极限的限制。在新能源电力系统中电力系统设备更加复杂,运行环境更加恶劣,事故概率风险更加严重,按照常规电网保护控制理论方法必然进一步造成系统资源的浪费和系统性能的降低。

随着智能电网建设的推进,电力系统信息化程度显著提高,各种传感器的大量应用与监测平台的建设,将为新能源电力系统安全防御提供有效的数据信息支撑。在新能源电力系统中,应研究大规模新能源电源接入后对电网保护配置与原理的影响;而且未来的电网保护应摆脱仅采集本地信息的束缚,以系统安全为目标的提出复杂电网广域保护原理、配置原则与整定方法;为改变电网控制策略过于保守性的现状,可对电力系统安全进行在线评估,将系统安全防御从常规的故障控制转变为针对系统实时状态的表征、评估、预警、保护及安全控制体系,在保障电力系统安全的同时,最大限度地提高其接纳新能源电力的能力。此外,信息安全也应成为新能源电力系统安全防御的重要内容。

3. 负荷响应

负荷响应也称为需求侧响应(demand response)。在提出负荷响应概念之前，电力系统把用电侧负荷视作一种"刚性"的需求，通过改变电网侧馈入电网的功率满足用户的需求。用户侧对电网的要求是一种"即用即取"的简单方式，只有在电网无法满足用户的需求，甚至影响到电力系统的安全稳定的极端情况下，电网才通过切除用电负荷的强制方式，维持电网的能量平衡与安全稳定。面对大量新能源电力的开发利用，这种具有随机性、间歇性的电源往往被视为不方便、不可靠，甚至称其为"垃圾电"。然而，新能源电力具有取之不尽、用之不竭，又不影响环境的巨大优势，成为人们解决能源问题的根本途径。因此，需要打破人们固有的用电方式与习惯，在满足生产生活用电需要的前提下充分挖掘需求侧可平移负荷资源，建立电网友好型新型用电方式和电网与负荷间的协同机制。

1）电网友好型新型用电方式

电网中的用电负荷本质上并不是刚性的。据统计，美国典型峰荷日峰荷期间居民的可平移负荷可以占到20%，我国城市中居民用电在年典型峰荷日的峰荷时大多占到峰荷的15%～20%，其中约有一半是可以与电网友好合作的可平移负荷[12]。所谓可平移负荷是指把负荷高峰时的用电平移到负荷低谷时段，以减少负荷的峰谷差，进而把一部分负荷平移到风资源充沛、太阳光丰富、新能源电力功率大的时段，以更多地消纳新能源电量。这类可平移负荷包括工厂大型用电设备、城市楼宇供热与制冷系统、电动汽车充电、农村灌溉系统以及智能空调、智能冰箱等家用电器。通过建立新型的用电方式不仅可以起到电网中削峰填谷的作用，降低电网调度压力，还可以有效提升新能源电力的利用水平，进而降低对传统化石能源的依赖，减少环境污染，形成人与自然和谐共存的局面。

2）需求侧资源利用及供需协同机制

需求侧资源是指可平移负荷资源。如前所述，当电网中的负荷可平移时，即成为一种十分宝贵的可利用资源。需求侧资源的利用需要建立供需协同的响应机制。这种机制可以分为价格机制与调度控制机制两种。所谓价格机制是通过建立完备的电力市场，以分时电价、实时电价等措施，引导用户合理用电，提升用电负荷的电网友好性。调度机制是通过中调或区域能源管理系统对用户进行直接负荷控制和中断负荷控制，使负荷侧成为一种电网调度的有力手段。

需要指出，需求侧资源的有效利用和供需协同机制的建立正是智能电网发展的重要内容和目标。需要发展新的技术手段，包括智能用电设备、智能计量与信息系统、智能调控与管理系统等。

1.4　新能源电力系统建模与控制

新能源的开发利用已成为人类解决能源供应、应对环境恶化的重要选择,将各类新能源转化为电力是利用新能源的基本途径。随着新能源电力由补充能源到主导能源的转变,将使传统电力系统的结构、形态以及运行控制方式发生根本性的变革,与此同时,人们使用电能的方式也将随之而改变,进而演化出新的电力系统,即新能源电力系统。

新能源电力系统将经历由传统电力系统逐步发展演变的过程,而这种过程不可能一蹴而就,需要一个长期的历史进程。人们对传统电力系统特性的认知以及系统分析控制理论方法是新能源电力系统分析控制的基础,但是现有理论方法不能解决新能源电力系统所面临或即将面临的理论和技术问题。其中,对新能源电力系统的多时空特性需要有深入的认知和精细化表征,需要建立适应于新能源电力系统局部与全局优化指标下的控制理论方法和策略。

从大系统理论出发,解决复杂大系统的基本方法在于分解与协调,既要考虑系统的整体协调与全局优化,也要考虑各局部子系统的自治与优化。对于新能源电力系统而言,电源侧与负荷侧的双随机特性,电源与电源之间以及负荷与负荷之间的互补性,系统的复杂性、可控性和安全性,使发电侧、电网侧和负荷侧之间的关联性进一步增强,构成有机统一的整体。充分认识和把握各局部系统时空特性并建立系统分析与控制所需要的模型,研究局部系统控制以及全局协同优化控制理论方法,是发展新能源电力系统的基础性科学技术问题。

参 考 文 献

[1] 孙晓仁,孙怡玲. 21 世纪世界能源发展的 10 个趋势[J]. 科技导报,2004(5):50-52.

[2] British Petroleum. BP 世界能源统计年鉴(2012 年 6 月)[R]. 北京:British Petroleum,2012.

[3] The Renewable Energy Policy Network for the 21st Century. Renewables 2012 Global Status Report[R]. Bonn:The Renewable Energy Policy Network for the 21st Century,2012.

[4] Conti J,Holtberg P. International energy outlook 2011[R]. Washington:Independent Statistics and Analysis of US Energy Information Administration,2011.

[5] 全球风能理事会. 全球风电发展展望 2012[R]. 北京:全球风能理事会,2012.

[6] 王仲颖,时璟丽,赵勇强,等. 中国风电发展路线图 2050[R]. 北京:国家发展和改革委员会能源研究所,2011.

[7] 中国电力企业联合会. 全国电力工业运行简况[R]. 2013.

[8] 吴敬儒. 电力工业 2012-2050 年发展展望[N]. 中国电力报,2013-02-21.

[9] 张瑞钰,风光互补利用的分布式能量系统可行性分析[D]. 北京:华北电力大学,2008.

[10] 方祖捷,陈高庭,叶青,等. 太阳能发电技术的研究进展[J]. 中国激光,2009,36(1):5-14.

[11] 刘吉臻. 大规模新能源电力安全高效利用基础问题[J]. 中国电机工程学报,2013,33(6):1-8.

[12] 余贻鑫. 面向 21 世纪的智能配电网[J]. 南方电网技术研究,2006,2(6):14-16.

第2章　风力发电过程建模与控制

结合风能资源的分布情况,我国以规模化利用作为风能开发的主要途径。风力发电系统装机容量的不断增加,导致并网风电在电网中的渗透率日益增高,从而对电网运行的经济性与安全性带来严峻挑战。为此,电网对并网风电的电能质量提出了严格要求,风电场/群等规模化风力发电系统的运行水平亟待改善。

2.1　风力发电系统概述

在现代工业化的基础上,丹麦人 Poul LaCour 于 20 世纪初建造了第一座风力发电系统实验站,历经第一次世界大战和第二次世界大战后,20 世纪 40 年代,丹麦 F·L·Smidth 公司采用当时基于空气动力学设计的先进现代桨叶,研制出 Smidth 型系统,成为现代风力发电系统的先驱。此后,丹麦人 Jonannes Juul 进一步发展了丹麦风力发电系统的设计思想,于 20 世纪 50 年代建成 Geder 型系统并获得巨大成功,其更加重视可靠性,以能够承受强风负荷为基本要求,在相当低的叶尖速比下运行。与此同时,德国人 Hütter 为了提高能量转换效率,于 20 世纪 50 年代在德国建成 Hütter 型系统,其具有较高的叶尖速比,能够适应负荷变化以实现高效的能量转换[1]。然而,为了更加深入地从机械侧或电气侧管理负荷,具有更高控制自由度的风力发电系统设计思想得以提出,其以变速变桨技术为主要特点。在 20 世纪 80 年代末和 90 年代初,由于材料技术和电力电子技术的日益成熟,极大地促进了现代变速变桨风力发电系统设计制造水平与运行控制技术的发展。

2.1.1　风力发电系统工作原理

概括地讲,现代风力发电系统是将风能转化为电能的机械、电气和控制设备的组合[2],通常由气动系统、传动系统、变桨距系统、电气系统和控制系统等子系统组成,如图 2-1 所示。

气动系统是指风能捕获机构,主要由桨叶和轮毂组成,通常称为风轮,负责捕获风能,通过降低空气流速吸收空气动能,是将风能转换为风轮旋转机械能的环节。实际上,由于三维风场下空气流体与风轮桨叶相互作用时的空气动力学特性,使得风能捕获过程呈现出复杂的本质非线性,给风力发电过程的建模与控制带来了严峻挑战。

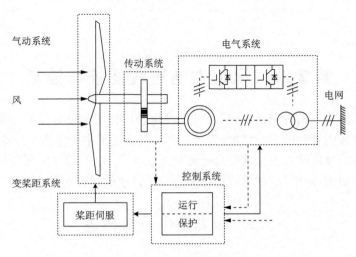

图 2-1　风力发电系统结构示意图

　　传动系统是指气动系统和电气系统之间的机械传动机构,由机械装置互联组成,主要包括连接轴和齿轮箱(直驱式风力发电系统除外)等。传动系统负责机械能的传递,通过控制系统两端惯量源旋转机械能的相等实现转速的平衡与稳定运行,对风力发电过程的动态特性有显著影响,其转速和机械转矩状态代表了风力发电系统的运行水平,并间接影响电能质量和发电能耗等。

　　变桨距系统是指用于气动系统风轮桨叶变桨距调节的伺服机构,主要分为液压型和电动型两种。现代风力发电系统大多具有变桨技术,通过控制桨距伺服机构,调节桨距角而改变风能利用系数,实现在额定风速以下最大风能捕获和在额定风速以上限制风能捕获。

　　电气系统是指风力发电系统与电网之间的电气转换与联接机构,主要包括发电机、变频器和变压器等,负责电能的获取与传递,将传动系统的机械能转换为电能,并通过变频器和变压器向电网输送电能。现代风力发电系统大多具有变速技术,通过控制发电机电磁转矩改变发电机转子转速及风轮转子转速,进而实现系统的变速运行。基于不同的发电机类型,相应的电气系统设计也不同,进而提供了多种选择以适应于不同地域和风速条件下的风力发电过程。

　　控制系统是风力发电系统在全工况条件下可靠运行的基础,主要包括风力发电过程控制和保护控制等方面,通过控制转速或功率等状态,保证风力发电系统安全运行。此外,控制系统也是风力发电系统优化运行的关键,对于提高能量转换效率、降低风力发电能耗和改善电能质量等有重要影响。

　　总体而言,气动系统、传动系统、变桨距系统和电气系统负责能量流的传递,而围绕控制系统的则是信息流的传递。通过反馈的信息流,控制系统经过运算处理,再以信息流控制气动系统、传动系统、变桨距系统和电气系统等子系统以整体方式协调运行,使得其中的能量流以安全高效的方式传递,最终使系统具有可靠的并网发电能力。由于发电过程的安全等级较高,需要在投产前充分调试,以保证风力发电系统能够长时间连续运行,达到相当的安全性和可靠性。

2.1.2　风力发电系统分类

从风力发电系统的发展历史来看,诸多具有不同功能特点的系统得以设计使用,从其结构形式、运行方式、适用地域或容量大小等角度,可以将风力发电系统划分为如下多种类型。

1. 按照风轮轴方向划分

风轮捕获风能可以利用气动阻力或气动升力两种方式进行。现代风力发电系统主要基于气动升力原理设计,根据风轮轴方向可以分为水平轴型和垂直轴型。

水平轴风力发电系统最早于 20 世纪初由丹麦人研制成功。它由塔架和安装在塔顶的机舱构成;机舱包括风轮、齿轮箱和发电机等。对于大型风力发电系统,通常根据风向信号,使用偏航系统控制其迎风方向;受塔影效应的影响,多采用上风向型式,即风轮位于机舱前部。对于小型风力发电系统,通常采用尾翼定向迎风,因为塔影效应对其影响不大,多采用下风向型,即风轮位于机舱后部。此外,水平轴风力发电系统的风轮多采用双叶或三叶片,具有高叶尖速比和低启动转矩,因而启动容易且允许使用小而轻的齿轮箱来获得发电机转子所需的高转速。目前,三叶片型在并网风力发电系统市场所占份额最大,它的优点是风轮惯性力矩更易控制且旋转噪音更低,主要的国际制造商有 Vestas(丹麦)、Enercon(德国)、Gamesa(西班牙)、GE Energy(美国)、Siemens(德国)、Repower(德国)、Nordex(德国)、Acciona Energy(西班牙)和 Suzlon(印度)等;主要的国内制造商有金风科技、华锐风电、联合动力、东汽风电、明阳风电、湘电风能、上海电气、远景能源、重庆海装、华创、运达、南车风电、华仪、三一电气、许继风电等公司。

垂直轴风力发电系统也称达里厄(Darrieus)型,20 世纪 20 年代由法国工程师发明。它的风轮使用弯曲而对称的叶片,垂直于地面放置,其运行与风向无关,且齿轮箱与发电机可以安放在地面上。它的主要缺点是每次旋转会产生高转矩波动,没有自启动容量,以及在强风时调节能力有限。垂直轴风力发电系统在 20 世纪 70～80 年代得到发展,并进行了商业化生产;但在 20 世纪 80 年代末,其相关研究日益减少。主要的国际制造商及代表机型有 Mag-wind(美国)的 3～12kW 阻力型、Cleanfield Energy(加拿大)的 3.5kW 升力型、Pacwind(美国)的 1kW 阻力型、Gual Industrie(法国)的 1～16kW 升力型和 Windside(芬兰)的 3～16kW 螺旋型;主要的国内制造商有国能风电、青岛宏坤、扬州润宇和青岛泽宇等,主要机型有

3kW、5kW、10kW 和 100kW 等。

水平轴风力发电系统因具有风能转换效率高、转轴较短,在大型风力发电系统上更显出经济性等优点,使该型系统成为当前世界风电市场的主流机型。同期发展的垂直轴风力发电系统因转轴过长、风能转换效率不高,启动、停机和变桨困难等问题,目前市场份额很小、应用数量有限,但由于其全风向对风、变速装置及发电机可以置于风轮下方或地面等优点,近年来,国际上相关研究和开发也在不断进行并取得一定进展。2012 年 1 月,由国能风电研发的 1MW 垂直轴风力发电系统在河北省张北县成功吊装,成为目前国内最大的垂直轴风力发电系统,也是全球首批商用的大功率垂直轴风力发电系统。

2. 按照桨叶结构划分

按照风轮的桨叶与轮毂的联接关系,可以将风力发电系统分为定桨距型和变桨距型。无论是定桨距型还是变桨距型,其主要区别在于额定风速以上时的功率控制方式。就目前的风电市场来看,定桨距风力发电系统和变桨距风力发电系统都占有一定的市场份额。

定桨距风力发电系统的桨叶和轮毂是固定的。低风速时,因启动力矩较低,大多该型风力发电系统配备有电动机启动程序。额定风速以下时,桨叶的迎风角度无法改变。额定风速以上时,桨叶经过特殊的设计,依靠气动特性将功率限制在额定值附近,它的这一特性被称为自动失速。其中,利用玻璃钢复合材料成功研制出的失速性能良好的风轮桨叶,解决了定桨距风力发电系统在额定风速以上时的功率控制问题。此外,当运行中的风力发电系统需要停机或遭遇失电脱网等紧急情况时,桨叶必须具备制动能力,使系统能够在运行情况下安全停机,将叶尖扰流器安装于定桨距风轮桨叶上,成功解决了定桨距风力发电系统的安全停机问题。在紧急情况下,叶尖扰流器释放并旋转 90°形成阻尼板,对旋转中的风轮进行空气动力刹车,同时,与传动轴制动器配合保证系统可靠制动。定桨距风力发电系统的优点是结构简单、成本较低,而且坚固耐用,缺点是能量转换效率低,多为小机型,虽占有一定市场份额,但早已不是主流机型。具有自动失速性能的上风向三叶片定桨距风力发电系统是传统类型,早在 20 世纪 80～90 年代就被许多丹麦风力发电系统制造商采用。Bonus(丹麦)、Nordex(德国)、NEG-Micon(丹麦)和 Ecotecnia(西班牙)早期的风力发电系统都以定桨距失速调节为主。

变桨距风力发电系统的桨叶与轮毂通过轴承连接。按照桨距角变化方向的不同,其又分为顺桨变桨距型和失速变桨距型。其中,顺桨变桨距风力发电系统的主要特点是通过正方向增大桨距角致使叶片前缘向来风方向转动(顺桨),以降低风能利用系数;失速变桨距风力发电系统的主要特点是通过负方向减小桨距角使叶片前缘向下风方向转动(失速),以降低风能利用系数。

目前,风电市场上顺桨变桨距技术已经商业化并成为主流,这里主要介绍顺桨变桨距风力发电系统。低风速时,桨叶向桨距角 0°方向转动,以增大启动力矩,快速达到启动阶段的最低转速。额定风速以下时,叶片保持桨距角 0°,近似于定桨距调节。额定风速以上时,变桨距调节是通过改变桨距角影响叶片受力及风能利用系数,限制输出功率恒定并能保证功率曲线的平滑。在需要停机或紧急情况时,桨距角向 90°方向转动,让风向与桨叶平行失去迎风面并利用桨叶横向拍打气流进行空气动力刹车,这个过程叫做全顺桨,同时,配合传动轴制动器可完成对旋转风轮的可靠制动。变桨距风力发电系统的优点是受到风的冲击小,能量转换效率高,适合平均风速较低的地区安装;缺点是输出功率波动对风速变化非常敏感,变桨距机构的缓慢变化不足以应对这种影响,对发电机额定转速要求较高,需要采用齿轮箱增速,增加系统的复杂度和维护成本,运行难度较高。目前,国际制造商有 Vestas、GE Energy、Enercon、Nordex、Siemens、Repower、Gamesa、Accions Energy 和 Suzlon 等,国内制造商如金风科技、华锐风电、联合动力、东汽风电、明阳风电、湘电风能、上海电气、远景能源、重庆海装、华创、运达、南车风电、华仪、三一电气、许继风电等公司制造的风力发电系统以变桨距调节为主。

3. 按照转子转速划分

除了桨距角以外,风轮转速同样可以改变风能利用系数,通常也作为优化风力发电系统运行性能的有效手段。按照风轮转速的运行方式,风力发电系统可以分为定速型、有限变速型和连续变速型。

定速风力发电系统的风轮转速以及发电机转速被设计为定值,此类型系统的定速控制主要使用鼠笼型感应发电机(squirrel cage induction generator,SCIG)实现。因为该类型发电机在并网时需要从电网吸收大量的无功功率用于励磁,功率因数较低,必须配置电容器组进行无功功率补偿,并采用软启动器减小并网冲击以获得更平稳的电网电压。该类型系统不支持任何速度控制,无论定速风力发电系统采用何种功率控制(即定桨距控制或变桨距控制)方式,风的波动都要转化为机械波动,进而转化为发电功率波动,因而,其主要缺点是需要刚性电网以消纳发电功率波动,且机械约束也必须能容忍高机械应力。目前,对于一种自动失速型定桨定速风力发电系统,在国内还有一定的市场份额,但多为小功率机型,在大功率机型上基本淘汰。

有限变速风力发电系统以 Vestas 在 20 世纪 90 年代中期生产的 OptiSlip 型系统为主要代表,其使用一种绕线式感应发电机——OptiSlip 感应发电机(OptiSlip induction generator,OSIG),同样采用电容器组进行无功功率补偿,并采用软启动器平稳并网电压。不同之处在于其安装在发电机转子轴上的可变附加转子电阻,通过控制转子电阻调节转差率,进而改变转子转速。可变转子电阻的大小决定了动态速度控制的范围。

连续变速风力发电系统因为使用了功率变频器而具有了更大的动态速度控制范围。由于变桨距功率控制方式具有载荷控制平稳、安全和高效等优点,近年在大型风力发电系统上得到广泛采用。结合变桨距技术的应用以及电力电子技术的发展,大多风力发电系统开发制造商开始使用变速恒频技术,并开发出了变速变桨风力发电系统,使得在风能转换上有了进一步完善和提高。主要代表机型包括基于双馈感应发电机(doubly-fed induction generator,DFIG)及部分功率脉冲宽度调制(pulse width modulation,PWM)变频器(额定值约为 30% 的标称发电机功率)的风力发电系统、基于永磁同步发电机(permanent magnet synchronous generator,PMSG)和全功率 PWM 变频器的风力发电系统等。两者一般都具备变速变桨技术,是当前风电市场的主流系统。此类型系统由于使用了 PWM 功率变频器,风力发电运行水平提高并使电网更平稳,经济性和安全性更高。目前,知名的国际、国内风力发电系统制造商生产的风力发电系统均具有连续变速运行技术。

4. 按照发电机类型划分

从风力发电系统的发展历史来看,不同时期的风力发电系统采用不同类型的发电机,其设计发生显著变化。

20 世纪 80～90 年代的风力发电系统多采用鼠笼型感应发电机,配合软启动器和电容器组并网,以定速方式运行;其功率控制方式包括自动失速定桨距型、顺桨变桨距型和失速变桨距型。作为一种传统类型,它已逐渐退出风电市场。

20 世纪 90 年代中期出现的风力发电系统开始使用 OptiSlip 感应发电机,同样配合软启动器和电容器并网,但是因为增加了可变附加转子电阻,能够以有限变速方式运行;其功率控制方式主要为顺桨变桨距型。它以 Vestas 的 OptiSlip 型风力发电系统为代表,变速范围一般为同步转速的 0～10%。目前该型风力发电系统在中国依然具有一定的市场份额。

20 世纪 90 年代中后期的风力发电系统开始使用另一种绕线式感应发电机——双馈感应发电机,其采用部分功率 PWM 变频器具备了更大的动态速度控制范围(一般为同步转速的 -40%～30%),基本实现了连续变速运行;其功率控制方式主要为顺桨变桨距型。该型风力发电系统是目前市场上的主流机型,占据着最高的市场份额。

20 世纪 90 年代中后期,基于永磁或励磁同步发电机的直驱式风力发电系统也逐渐出现,其采用全功率 PWM 变频器,使发电机的调速范围扩展到 150% 的同步转速,提高了对风能的利用能力。根据转子的位置,还可划分为内转子式和外转子式。目前,该型风力发电系统占据较小的市场份额,然而全功率 PWM 变频技术对低电压穿越技术有很好且简单的解决方案,具有很好的优势。主要国际制造商有 Enercon、Made 和 Lagerwey。其中,Enercon 生产的用于直驱式风力发电系统的励磁式低速多级发电机在全球领先;永磁式低速多级发电机则以中国的金风科技和湘电风能为主要代表。应用全功率 PWM 变频的并网技术,扩展了风轮和发电机的调速范围。

此外,目前还存在一些其他类型的发电机及以其为基础设计的风力发电系统样机,它们可能成为未来风力发电系统工业的代表。

5. 按照传动方式划分

按照机械能的传递方式,风力发电系统可以分为齿轮箱型和直驱型。齿轮箱型风力发电系统将风轮在风力作用下产生的动力传递给发电机转子并使其得到相应的转速。通常,风轮转子转速较低,而发电机转子转速较高,需要通过齿轮箱增速。直驱型风力发电系统应用多极同步发电机以去掉齿轮箱,构成了直驱型传动系统,其发电机转子运行于低速状态,理论上能够减少齿轮箱所带来的噪声、故障率高和维护成本大等问题,提高运行可靠性。虽然带齿轮箱的双馈感应风力发电系统和永磁同步直驱式风力发电系统几乎同时期出现,前者以更为成熟的技术占据着更高的市场份额,在全世界的风力发电系统中,85% 是带齿轮箱的,故带齿轮箱的风力发电系统设计制造技术更为成熟和可靠。

以 Vestas 的 V80、V90 为代表的双馈感应风力发电系统在国际风电市场中所占的份额最大。Repower 利用该技术开发的系统单机容量已达到 5MW。此外,Siemens、Nordex、Gamesa、GE Energy 和 Suzlon 都在生产双馈感应风力发电系统。国内的厂商如华锐风电、东汽风电、联合动力、明阳风电等企业也在生产该型系统。目前,华锐风电研发的 3MW 双馈感应风力发电系统已投入运行,10MW 系统正在开发研制中。从国内风电的装机容量来看,双馈感应风力发电系统的装机容量最大,主要制造商代表包括 Vestas、GE Energy、Repower、Nordex、Gamesa、Suzlon、华锐风电、东汽风电、联合动力、明阳风电、上海电气等。

无齿轮箱的直驱方式能有效地减少由于齿轮箱问题而造成的系统故障,可有效提高系统的运行可靠性和寿命,减少维护成本,因而得到了市场的青睐。主要制造商有 Enercon、Siemens 等。我国的主要制造商代表有金风科技、湘电风能和上海万德等。与此同时,半直驱式风力发电系统也开始出现在世界风电市场上。

6. 按照地理位置划分

风能资源广泛分布于陆上和海上,然而,陆上风能资源的开发与海上风能资源的开发呈现出显著的不同。因而,根据风力发电系统安装地理位置的不同,可以将其分为陆上型和海上型。

陆上风力发电系统多位于内陆或沿海风能资源丰富的地区,塔基在陆地上。

欧洲等国的陆上风能利用以分布式利用为主,而中国、美国和印度等国是世界上陆地规模化利用风能的主要国家。目前,中国已经在东北和西北(甘肃、新疆和内蒙古)等地建设大型陆上风电基地。经统计,当地年平均风速大于 8.0m/s,而且装机规模达到吉瓦级。

海上风力发电系统由欧美等国率先开展研究和应用。随着海上风力发电技术的日益成熟,其位置向距离海岸线更远的方向发展。欧洲国家如丹麦、荷兰、德国及英国等浅海域较多,其海上风电场的建设也集中在浅海域(水深小于 30m)。美国的海上风能总产量估算为 908GW,其中,浅海域风能为 98GW,余下的 810GW 均取自深海域(水深大于 30m)的风资源,因此,浅海域风电场的建设已经远远不能满足风电发展的需求,风电场有向深海域发展的趋势与必要,海上风电场将经历从深度 30~50m 的浅海域过渡到 50~200m 的深海域。中国的可再生能源中长期发展规划(2006~2020 年)以及第十一个五年计划(2006~2010 年)也明确提出了海上风电的发展规划:开展浅海域风电场试点,地点位于高低潮水位之间的潮间带,特别在长江口以北各省,主要建设在江苏、上海和山东沿海地区,根据初步估算,风速可达 6~7m/s;启动中-深海域海上风电场的开发。目前只在福建、浙江、广东、山东、江苏和上海开展了很有限的测风工作。

就全球风能资源的分布情况来看,海上风能资源较陆上大,同高度风速海上一般比陆上大 20%,发电量高 70%,而且海上少有静风期,风能利用效率高。目前,海上风力发电系统的平均单机容量在 3MW 左右,最大已达到 6MW。此外,海水表面粗糙度低,海平面摩擦力小,导致风切变即风速随高度的变化小,因而不需要很高的塔架,可降低风力发电成本。同时,由于海上空气温差比陆上空气温差小,且没有复杂地形对气流的影响,导致海上风的湍流强度低;相比于陆上风力发电系统,减少了作用在系统上的疲劳载荷,可延长系统使用寿命并降低维护成本。陆上风力发电系统的一般设计寿命为 20 年,海上风力发电系统的设计寿命可达 25 年及以上。

不过,海上风电场的前期建设更为复杂,需要在海上竖立 70~100m 的测风塔,并对海底的地形及其运动、工程地质等基本情况进行实地探测。此外,考虑风和波浪的双重载荷,海上风力发电系统必须牢固地固定在海底,其支撑结构(包括塔基和塔架等)要求更加坚固。同时,海上气候环境恶劣,天气、海浪和潮汐等因素复杂多变,风力发电系统的吊装、建设施工以及运行维护难度更大。而且,电能输出需要铺设海底电缆输送,建设和维护需要使用专业船只和设备,电力远距离输送和并网相对困难。所以,海上风力发电的建设成本较高,一般是陆上建设成本的 2~3 倍。

7. 按照机组容量划分

目前,普遍应用的风力发电系统按照容量尺度划分为四种类型。小型为 1kW 及以下;中型为 1～100kW;大型为 100kW～1MW;特大型为 1MW 及以上。然而,随着风力发电系统设计制造技术的不断发展,其单机容量呈不断增长的趋势。从风力发电系统的发展历史来看,20 世纪 80 年代中期以前,风力发电系统容量均低于 55kW,90 年代初期为 250kW,90 年代中期为 600kW,1997 年 1MW 级系统出现,1999 年 2MW 级系统出现,目前国际上主流风力发电系统容量均已达 2～3MW。从全球风力发电系统单机容量的装备情况来看,2005 年以前,750kW 以下如 600kW 为主流,2005～2008 年 750kW 为主流,期间 1.5MW 系统已开始推向市场。2008 年至今,3MW 以下即 1.5MW 和 2.5MW 引领市场。上述情况与我国风力发电系统的发展进程基本相符。

近年来,海上风电场的开发进一步加快了大容量风力发电系统的发展,2008 年底世界上已运行的最大风力发电系统单机容量已达到 6MW,风轮直径达到 127m。目前,已经开始 8～10MW 风力发电系统的设计和制造。我国华锐风电的 3MW 海上风力发电系统已经在上海东海大桥海上风电场成功投入运行,5MW 海上风力发电系统已在 2010 年 10 月底下线。目前,华锐风电、金风科技、东汽风电、联合动力、湘电风能、重庆海装等公司都在研制 5MW 或 6MW 的大容量风力发电系统。

随着单机容量的增大,桨叶长度也在不断增加,而桨叶可能成为限制风力发电系统单机容量增加的主要原因。目前,国际上大规模安装的 2.5～3.5MW 系统采用了轻质高性能的玻璃纤维叶片,5～10MW 系统采用强度高、质量轻的碳纤维叶片。

从理论上分析,风力发电系统的度电成本是随着单机容量的增加而降低。然而,从工业化大批量生产而言,还要从多重角度考虑风力发电系统的选型,以减少项目开发的成本和风险,其中,单机容量将是一个重要的参考指标。

2.1.3　主流风力发电系统

就目前的风电市场来看,三叶片水平轴风力发电系统占据绝对优势,其中,尤以具备变速变桨技术的双馈感应风力发电系统和永磁同步风力发电系统为主流。

双馈感应风力发电系统,如图 2-2 所示,以在电气侧采用双馈感应发电机和部分功率 PWM 变频器为主要特点,具备变速变桨技术,其发电机定子通过变压器直接并网,转子由频率、幅值、相位可调的电源供给三相低频励磁电流,通过 PWM 变频器与电网相连[3]。PWM 变频器分为转子侧变频器和网侧变频器两部分。转子侧变频器可实现发电机有功、无功功率解耦控制,通过调节转子励磁电流控制发电机转子转差率使系统具有大范围变速运行特性,实现最大风能捕获,提高系统的风能转换效率并减小机械应力。网侧变频器主要功能是实现系统的安全并网。PWM 变频器的额定功率一般约为标称发电机功率的 30% 左右,大大降低了变频器的损耗、造价和体积。

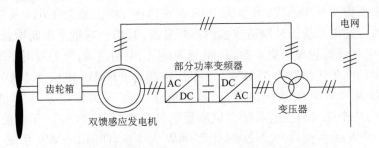

图 2-2 双馈感应风力发电系统结构示意图

双馈感应发电机的定子和转子都可以向电网馈电,其中,定子绕组端口功率单向流动,转子绕组端口的功率根据发电机运行状态可以实现双向流动。根据发电机转子速度的变化,双馈感应风力发电系统有超同步和亚同步两种运行模式。

转差率定义如下:

$$s = \frac{\omega_s - \omega_e}{\omega_s} \tag{2-1}$$

超同步模式下,发电机转子电气转速 ω_e 工作在电气同步转速 ω_s 以上,转差率 $s<0$;亚同步模式下,发电机电气转速 ω_e 工作在电气同步转速 ω_s 以下,转差率 $0<s<1$;其中,$\omega_e = p\omega_g$,p 为发电机转子极对数,ω_g 为发电机转子机械转速。

根据转差率的正负可知发电机转子与电网通路中功率的流动方向。在超同步模式下,电气系统从发电机转子上获得的机械功率 P_r 既通过定子回路,也通过转子回路传送到电网中。忽略发电机和变频器的损耗,电气系统传输到电网的功率为 P_g,其功率流为

$$P_r = P_g = P_{gs} + P_{gr} = T_g \frac{\omega_s}{p} + P_{gr} = T_g^{\text{mech}} \omega_g \tag{2-2}$$

式中,P_{gs} 和 P_{gr} 分别为发电机定子和转子功率,W;T_g^{mech} 为发电机转子机械转矩,Nm;T_g 为发电机转子电磁转矩,Nm。稳态时,$T_g = T_g^{\text{mech}}$。于是,发电机转子功率可表示为

$$P_{gr} = T_g^{\text{mech}} \omega_g - T_g \frac{\omega_s}{p} = -s T_g \frac{\omega_s}{p} = -s P_{gs} \tag{2-3}$$

超同步模式和亚同步模式时的功率流向分别如图 2-3 和图 2-4 所示。图 2-3 中,$s<0$,$P_{gr}>0$,发电机转子向电网输出功率;图 2-4 中,$0<s<1$,$P_{gr}<0$,发电机转子从电网吸收功率。

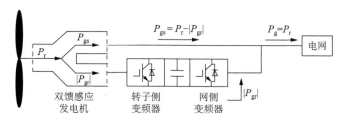

图 2-3　双馈感应风力发电系统超同步模式功率流

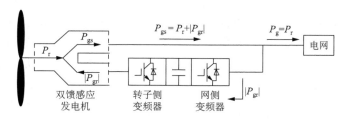

图 2-4　双馈感应风力发电系统亚同步模式功率流

当双馈感应发电机定子绕组由频率 f_s 的电网供电时,可以通过外加交流励磁电源在转子绕组中施以频率为 sf_s 的励磁电流,使得发电机实现变速恒频控制。

一个典型的基于双馈感应发电机的变速变桨风力发电系统如图 2-5 所示,一般由风轮(包括轮毂和桨叶)、桨距伺服机构、传动轴、变速齿轮箱、双馈感应发电

图 2-5　典型的双馈感应风力发电系统

①轮毂;②桨叶;③桨距伺服机构;④传动轴;⑤变速齿轮箱;⑥双馈感应发电机;⑦电气机柜;⑧测风仪;⑨偏航机构;⑩塔架

机、电气机柜(包括部分功率 PMW 变频器及其控制系统)、偏航机构、塔架和主控制系统等部分组成。其中,桨距伺服机构安装于风轮的轮毂上,一般分为液压型和电动型两种,通过驱动安装在轮毂附近的变桨距齿轮调整桨距角;PWM 变频器及其控制系统放置于机舱后部的电气机柜中,直接与电网连接;偏航机构由偏航控制系统调节,根据风向仪的实时测量数据控制电动机驱动安装于塔架顶端的偏航齿轮以正对来流风向;主控制系统位于控制机柜中,一般放置于塔架底部。

永磁同步风力发电系统如图 2-6 所示,以在电气侧采用永磁同步发电机和全功率 PWM 变频器为主要特点,具备变速变桨技术[4]。其发电机一般为低速多极同步发电机,发电机定子通过全功率 PWM 变频器和变压器并网,转子不能向电网馈电,定子绕组端口功率单向流动,如图 2-7 所示。全功率 PWM 变频器分为定子侧变频器和网侧变频器。定子侧变频器可实现发电机的有功、无功解耦控制,通过调节定子电流控制发电机转子转差率使系统具有150%额定转速的变速运行特性,优化系统的运行水平。网侧变频器可以实现该型系统与电网解耦,在实现低电压穿越方面比双馈式系统更加容易。由于风轮和发电机转子转速较低,发电机定子极数就要相应增加,所以用于直驱式风力发电系统的永磁同步发电机往往采用外转子结构,与其相连的全功率 PWM 变频器容量比同等功率双馈式的要大很多。

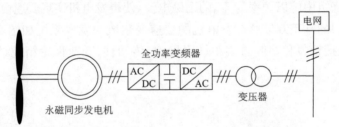

图 2-6 永磁同步风力发电系统结构示意图

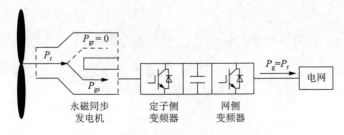

图 2-7 永磁同步风力发电系统功率流

一个典型的基于永磁同步发电机的变速变桨风力发电系统如图 2-8 所示,一般包括风轮(包括轮毂和桨叶)、桨距伺服机构、传动轴、永磁同步发电机、电气机柜

（包括全功率 PWM 变频器及其控制系统）、偏航机构和主控制系统等部分组成。其中，PWM 变频器及其控制系统同样放置于机舱后部的电气机柜里；偏航机构与变桨距机构的运行原理与双馈式系统相似。永磁同步风力发电系统是直驱式系统，只有传动轴没有齿轮箱。永磁同步发电机的定子结构与普通三相交流发电机相同，由定子铁心和定子绕组组成，三相绕组安放于定子铁心槽内；外转子采用永磁材料励磁，风轮带动转子转动，形成旋转电磁场，定子绕组切割磁感线产生感应电动势，产生电流。外转子上没有励磁绕组，减少了线路损耗，提高了发电效率，但是，永磁材料价格昂贵，对温度敏感，高温下可能造成磁性材料退磁，因此对系统的散热性要求较高，永磁体需要保洁与清洗维护。与双馈式系统的部分 PWM 功率变频器相比，全功率 PWM 变频器的造价较高，经济性较差，但由于省去齿轮箱和转子集电环，简化了系统结构，提高了运行可靠性，相比双馈式系统，其机械噪声亦有所降低。

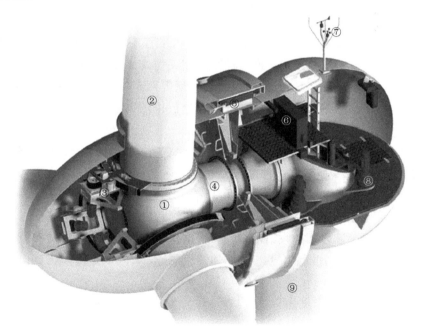

图 2-8　典型的永磁同步风力发电系统
①轮毂；②桨叶；③桨距伺服机构；④传动轴；⑤外转子永磁同步发电机；⑥电气机柜；⑦测风仪；
⑧偏航机构；⑨塔架

从国内的风电市场来看，双馈感应风力发电系统仍占据主流，永磁同步风力发电系统的市场占有率逐年略有增长，双馈式与直驱式系统竞争基本稳定。此外，国内主流系统是 1.5～2MW，略滞后于国际的 2～3MW 的主流系统发展趋势。

2.2　风力发电系统建模

风力发电系统建模是对风力发电过程运行特性更为具体的数学表述过程,它是风力发电过程控制设计的基础,对进一步改善风力发电过程控制性能,提高风力发电系统运行水平具有重要意义。一般情况下,风力发电系统的建模对象主要包括风速序列、气动系统、传动系统、变桨距系统和电气系统等。

2.2.1　风速序列

在科学研究或仿真实验中,在特定风速范围内满足一定特性要求的实测风速序列或湍流强度往往难以获得,为了获得具有预期特性的风速数据,通常采用风速模型来模拟实际风速,前提是基于风速实测数据分析风速特性和建立风速模型,通过修改相应参数,可以获得具有预期特性的风速序列。从现有文献来看,常用的风速模型主要有两种,一种为二分法,将风速分为准稳态风速和湍流风速等两个分量,主要应用于风力发电系统建模与控制的相关仿真研究;一种为四分法,将风速分为基本风量、斜坡分量、阵风分量和湍流分量等四个分量,主要应用于风力发电过程与电力系统的相关仿真中,模型的主要参数也依据相应的电力系统参数计算得出。

基于历史数据,将风速的空气动能在 0.0007～900cycles/h 的频域坐标下表达可以得到如图 2-9 所示的一种典型的范德霍芬(Van der Hoven)频谱,其纵轴为功率谱密度 S_V 与角频率 ω 的乘积。可以看到,该频谱有两个峰值,分别对应于 0.01cycles/h 和 50cycles/h 处,同时,这两个峰值被一个明显的间隙所隔开,对应于 0.1～10cycles/h 之间的频谱范围[2]。根据这种在频域上的能量分布特性,可以将风速信号 V 分解为准稳态风速 V_{mean} 和湍流风速 V_{tur} 两个分量,即

$$V = V_{mean} + V_{tur} \tag{2-4}$$

准稳态风速可以定义为

$$V_{mean} = \frac{1}{t_p} \int_{t_0 - t_p/2}^{t_0 + t_p/2} V \mathrm{d}t \tag{2-5}$$

式中,t_p 为采样周期,为 10～20min。需要强调的是,式(2-5)本质为一阶低通滤波器,用于将如图 2-9 所示的范德霍芬频谱中的两个峰值所代表的能量分离开来。

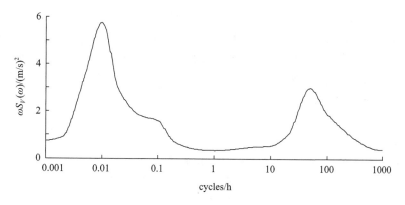

图 2-9 典型的范德霍芬频谱

基于以上风速分解方式,Nichita 等[5]给出了 V_{mean} 和 V_{tur} 的生成模型。通过对范德霍芬频谱的频域坐标轴进行离散化,即将低于 $1/t_p$ 的频率范围划分为 m_V 个间隔,相应的得到范德霍芬频谱上低频长采样周期能量的若干划分,于是准稳态风速可由若干低频成分合成,即

$$V_{mean} = V_0 + \sum_{i=1}^{m_V} A_i \cos(\omega_i t + \theta_i) \tag{2-6}$$

式中, ω_i 为角频率,代表相应的低频成分频率, $i = 1, 2, \cdots, m_V$; θ_i 为初相位,它是均匀地分布在 $[-\pi, \pi]$ 上的随机变量; V_0 为测量周期远大于 $2\pi/\omega_1$ 的平均风速; A_i 为

$$A_i = \frac{2}{\pi} \sqrt{\frac{1}{2}(S_V(\omega_i) + S_V(\omega_{i+1}))(\omega_{i+1} - \omega_i)} \tag{2-7}$$

其中, $S_V(\omega_i)$ 为 ω_i 处的功率谱密度。

湍流风速 V_{tur} 可以用功率谱来描述,并由相关长度、湍流强度和准稳态风速 V_{mean} 决定其特征。通常,湍流模型可以由白噪声 v 通过一个低通滤波器生成[6]。常用的湍流模型有 Von Karman 频谱和 Kaimal 频谱。Kaimal 频谱特性与实测风速的湍流特性更加吻合;与之相比,Von Karman 的频谱特性与其相差不大且具有充分的理论支持。这里对 Von Karman 频谱进行介绍,其低通滤波器为

$$H_F(j\omega) = \frac{K_F}{(j\omega T_F + 1)^{5/6}} \tag{2-8}$$

其中,静态增益 K_F 的选取需要保证滤波器的输出 v_C 方差为 1,其与 T_F 的关系可以表示为

$$K_F \approx \sqrt{\frac{2\pi}{B\left(\frac{1}{2}, \frac{1}{3}\right)} \cdot \frac{T_F}{T_s}} \tag{2-9}$$

式中, T_s 为采样周期; $B(\cdot)$ 为 beta 函数。于是,可以得到湍流模型为

$$V_{tur} = \hat{\sigma}_{tur} v_C \tag{2-10}$$

式中，$\hat{\sigma}_{tur}$ 为湍流标准差的估计值，且 $\hat{\sigma}_{tur} = k_{\sigma,V} V_{mean}$、$T_F = L_{tur}/V_{mean}$，这里回归曲线斜率 $k_{\sigma,V}$ 及其湍流长度 L_{tur} 可以由实验得到。为了在数值计算生成风速序列时减少计算时间，分数阶滤波器(2-8)通常近似为一个有理传递函数滤波器。典型地，一个二阶滤波器可以表示为

$$H_F(j\omega) = K_F \frac{j\omega T_F a_1 + 1}{(j\omega T_F + 1)(j\omega T_F a_2 + 1)} \tag{2-11}$$

式中，$a_1 = 0.4$ 和 $a_2 = 0.25$。此时，可以得到 K_F 为

$$K_F = \sqrt{2T_F(1-a_2^2)\left(\frac{a_1^2}{a_2} - a_2 + 1 - a_1^2\right)^{-1}} \tag{2-12}$$

另一种风速建模方法常用于电力系统中的风力发电仿真，其将风速分解为四个分量，包括平均分量、斜坡分量、阵风分量和湍流分量等[1]，可表示为

$$V = V_a + V_s + V_g + V_t \tag{2-13}$$

式中，V 是 t 时刻的风速，m/s；V_a 是风速平均值，m/s；V_s 是斜坡分量，m/s；V_g 是阵风分量，m/s；V_t 是湍流分量，m/s。

风速平均值 V_a 通常根据风力发电系统的额定功率和潮流计算的输出功率获得。需要注意的是，对于变速变桨风力发电系统，潮流计算得到的输出功率与风速没有唯一的对应关系，需要给出风速或桨距角的初始值。斜坡分量通常用三个参数描述，即幅度 A_s(m/s)、起始时间 T_{ss}(s)和终止时间 T_{es}(s)，可由公式表示为

$$\begin{cases} t < T_{ss}, & V_s = 0 \\ T_{ss} \leqslant t \leqslant T_{es}, & V_s = A_s \dfrac{t - T_{ss}}{T_{es} - T_{ss}} \\ t > T_{es}, & V_s = A_s \end{cases} \tag{2-14}$$

阵风分量通常也由三个参数描述，即幅度 A_g(m/s)、起始时间 T_{sg}(s)和终止时间 T_{eg}(s)，可由公式表示为

$$\begin{cases} t < T_{sg}, & V_g = 0 \\ T_{sg} \leqslant t \leqslant T_{eg}, & V_g = A_g\left[1 - \cos\left(2\pi \dfrac{t - T_{sg}}{T_{eg} - T_{sg}}\right)\right] \\ t > T_{eg}, & V_g = 0 \end{cases} \tag{2-15}$$

湍流分量用功率谱密度描述，表示为

$$S(f) = l\left[\ln\left(\frac{h}{z_0}\right)^2\right]^{-1}\left[1 + 1.5\frac{fl}{V_a}\right]^{5/3} \tag{2-16}$$

式中，$S(f)$ 是某频率湍流的功率谱密度，W/Hz；f 是频率，Hz；h 是感兴趣的风速高度，m，通常等于轮毂中心的高度；l 是湍流长度范围，m，如果 h 小于 30m，它等于 $20h$，h 大于 30m，它等于 600m；z_0 是粗糙度，m。在距离地表 1km 以外的地方，

风速几乎不受地表的影响,而在近地面的范围内,气流受地表摩擦的影响,地表粗糙度越大,风速降低得越快。

2.2.2　气动系统

气动系统的空气动力学理论主要包括 Betz 理论、Sabinin 理论、Glauert 理论及 Stefaniak 理论等。其中,Betz 理论明确提出了风力发电系统的风轮捕获风能的完整理论[7]。它假定风轮捕获风能时呈现出理想的空气动力学特性,满足如下条件:

（1）风轮没有锥角、倾角和偏角,桨叶无限多,旋转时对气流没有阻力,风能被全部吸收。

（2）风轮前气流未受扰动的静压和风轮后的气流静压相等。

（3）气流不可压缩,经过风轮的过程可简化为一个单元流管模型,气流不可压缩均匀分布。

假设在风轮前方,风速为 V_1,经过风轮的实际风速为 V,叶片扫掠后的风速为 V_2,A_r^1 为经过风轮前的气流扫掠面积,A_r 为经过风轮的气流扫掠面积,A_r^2 为经过风轮后的气流扫掠面积。气流的部分动能被转换为风轮的机械能,可以推断出 $V_1 > V > V_2$。同时,气流不可压缩均匀分布,可知流管内各处气流的质量流量相等,于是得到

$$\rho A_r^1 V_1 = \rho A_r V = \rho A_r^2 V_2 \tag{2-17}$$

其中,ρ 为空气密度,$\mathrm{kg/m^3}$。由式(2-17)可以得到 $A_r^1 < A_r < A_r^2$,参见图 2-10。

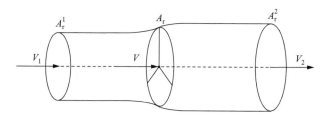

图 2-10　空气经过风轮的单元流管模型

由式(2-17)可知 $A_r^1 V_1 = A_r V = A_r^2 V_2$,根据动量定理可得单位时间作用在风轮上的力为

$$F_r = \rho A_r V (V_1 - V_2) \tag{2-18}$$

则单位时间内气流对风轮做的功为

$$P_r = F_r V = \rho A_r V^2 (V_1 - V_2) \tag{2-19}$$

而单位时间内风轮吸收的空气动能为

$$\Delta E_r = \frac{\rho A_r V(V_1^2 - V_2^2)}{2} \tag{2-20}$$

根据能量守恒原理,由式(2-19)式(2-20)可得

$$\rho A_r V^2 (V_1 - V_2) = \frac{\rho A_r V(V_1^2 - V_2^2)}{2} \tag{2-21}$$

则有

$$V = \frac{V_1 + V_2}{2} \tag{2-22}$$

由式(2-22)可得,单位时间内作用在风轮上的力和所做的功分别为

$$F_r = \frac{1}{2}\rho A_r (V_1^2 - V_2^2) \tag{2-23}$$

$$P_r = \frac{1}{4}\rho A_r (V_1^2 - V_2^2)(V_1 + V_2) \tag{2-24}$$

上游风速 V_1 是给定的,P_r 关于 V_2 求导,可得

$$\frac{\mathrm{d}P_r}{\mathrm{d}V_2} = \frac{1}{4}\rho A_r (V_1^2 - 2V_1 V_2 - 3V_2^2) \tag{2-25}$$

当 $\mathrm{d}P_r/\mathrm{d}V_2 = 0$ 时,P_r 关于 V_2 求得极值。经检验,$V_2 = V_1/3$ 时,最大功率 $P_r^{\max} = 8\rho A_r V^3/27$。

于是,理论上得到气动系统的最大效率为

$$C_P = \frac{P_r^{\max}}{\frac{1}{2}\rho V^3 A_r} = \frac{\frac{8}{27}A_r \rho V^3}{\frac{1}{2}\rho V^3 A_r} = \frac{16}{27} \approx 0.593 \tag{2-26}$$

$C_P = 0.593$ 即为 Betz 极限值,由著名的 Betz 定理得出的气动系统最大效率,这是风轮捕获风能的理论最大效率,即理想情况下风轮所获得的最大动能占风轮扫掠面积上空气动能的 59.3%。与之相比,现代三桨叶风力发电系统在轮毂处实测的最优 C_P 值范围仅为 0.52~0.55。

旋转桨叶周围的风力条件如图 2-11 所示,桨叶的受力及能量捕获取决于风轮桨叶旋转平面与其相对风速 V_{rel} 之间的夹角 φ,即相对风向角。典型地,在桨叶叶尖位置,φ 受来风风速 V 和叶尖速度 $V_{tip} = R\omega_r$ 的影响。为了表征气动系统的性能特征,在桨叶叶尖位置定义叶尖速比

$$\lambda = \frac{R\omega_r}{V} \tag{2-27}$$

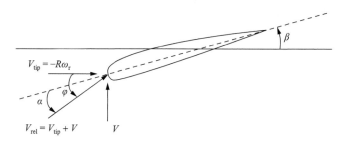

图 2-11　旋转桨叶周围的风力条件

一般在 λ 为 8～9 的范围内(即叶尖速度是来风风速的 8～9 倍时),C_P 取得最大值。通过分析可以发现,此时,从叶尖看 φ 是明显的锐角。于是,叶尖处 φ 角可以表达为

$$\varphi = \arctan\left(\frac{V}{R\omega_r}\right) = \arctan\left(\frac{1}{\lambda}\right) \tag{2-28}$$

式中,ω_r 为风轮机械转速,rad/s;R 为风轮半径,m。

需要注意的是,这里的 φ 以叶尖速比定义,实际上,从轮毂到叶尖处,φ 的取值决定于沿叶片长度方向的位置。由图 2-11 可以发现 $\varphi=\alpha+\beta$。现代风力发电系统多具备变速变桨技术,可以调节桨距角 β 来改变气动特性,此时,桨叶弦线与相对风速 V_{rel} 之间的攻角 α 将相应改变[7]。

气动系统常用的建模方法主要包括 C_P-λ-β 曲线建模法、基于叶素动量理论的含不稳定来流现象建模法和基于梁理论的气动弹性编码建模法。其中,C_P-λ-β 曲线建模法描述的是气动系统的静态特性,对于两个静态之间的超调等暂态现象则无法表征,因此,C_P-λ-β 曲线给出的是系统的静态工作点,常用于风力发电系统建模与控制的仿真研究。包含不稳定来流现象的模型和气动弹性编码法都能够精确的表征超调和机械转矩等暂态现象,但后者更为精确;同时,与 C_P-λ-β 曲线建模法相比,这两种方法的使用更为复杂,为其精确性付出了代价,常用于与电力系统相关的仿真研究。

C_P-λ-β 曲线建模法包括函数法和表格法两种,这里仅对函数法作出相应介绍。通常情况下,C_P 可以表示为 λ 和 β 的函数,即

$$C_P = f_{C_P}(\lambda, \beta) \tag{2-29}$$

式中,f_{C_P} 是 λ 和 β 的高度非线性幂函数。

根据 Heier 等[8] 的研究,经典的 C_P 计算公式为

$$C_P = 0.5176 \times \left(116\frac{1}{\lambda^*} - 0.4\beta - 5\right)e^{-\frac{21}{\lambda^*}} + 0.0068\lambda \tag{2-30}$$

式中,

$$\frac{1}{\lambda^*} = \frac{1}{\lambda + 0.08\beta} - \frac{0.035}{\beta^3 + 1}$$

其对应的 C_P-λ 曲线如图 2-12 所示。

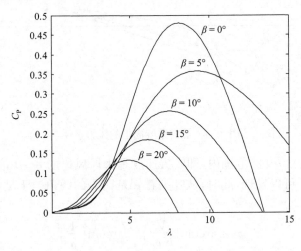

图 2-12 C_P-λ 曲线

从图 2-12 的 C_P-λ 曲线可以看出,在给定桨距角的情况下,C_P 在特定的 λ 值附近达到极大值,当 $\beta=0°$ 时,C_P 最大。同时,由式(2-27)可知,λ 与 V 和 ω_r 有关。因此,对于变速变桨风力发电系统,在额定风速以下时,如果要保持 C_P 达到最优,通常令 $\beta=0°$ 且需要根据不同的 V 令 ω_r 达到最优,即令 λ 达到 $\beta=0°$ 时的最优叶尖速比值。

气动系统建模通常选用风轮推力 F_r、风轮机械转矩 T_r 和风轮机械功率 P_r 表征,其定义如下:

$$F_r = \frac{1}{2}\rho\pi R^2 C_T(\lambda,\beta)V^2 \tag{2-31}$$

$$T_r = \frac{1}{2}\rho\pi R^3 C_Q(\lambda,\beta)V^2 \tag{2-32}$$

$$P_r = \frac{1}{2}\rho\pi R^2 C_P(\lambda,\beta)V^3 \tag{2-33}$$

式中,$C_T(\lambda,\beta)$、$C_Q(\lambda,\beta)$ 和 $C_P(\lambda,\beta)$ 分别代表无因次推力系数、风轮机械转矩系数和风能利用系数。$C_Q(\lambda,\beta)$ 和 $C_P(\lambda,\beta)$ 满足

$$C_Q(\lambda,\beta) = \frac{C_P(\lambda,\beta)}{\lambda} \tag{2-34}$$

2.2.3 传动系统

传动系统主要由旋转部分和传动轴组成。对于含齿轮箱的风力发电系统,其传动系统包括主轴及主轴承、齿轮箱、高速轴和联轴器等;主轴将风轮的机械能传递给齿轮箱的低速部分,经过齿轮箱变速,最后通过高速轴传递给发电机。对于直

驱式系统,风轮转速和发电机转子转速相同,其传动系统主要包括主轴及轴承等。这里主要介绍含齿轮箱的传动系统建模,而直驱型传动系统的建模可以由之推导得出。对于含齿轮箱的传动系统,根据不同的建模目的,可以有选择的考虑传动轴的柔性及旋转部分的惯量源进行建模,一般分为单质块模型、双质块模型和三质块模型[9]。

1. 单质块模型

假设风轮到发电机之间的传动轴都是刚性的,即忽略风轮和发电机之间转轴的摩擦和扭转,如图 2-13 所示,则整个传动系统的数学模型为

$$(J_r + N^2 J_g)\dot{\omega}_r = T_r - N T_g \tag{2-35}$$

式中,J_r 是风轮转子的转动惯量,kg・m^2;J_g 是发电机转子的转动惯量,kg・m^2;T_r 是风轮机械转矩,N・m;T_g 是发电机的电磁转矩,N・m;ω_r 是风轮机械转速,rad/s;N 是齿轮箱的变速比。需要强调的是,$\omega_g = N\omega_r$。

单质块模型是单惯量源、单自由度系统,不足以表征传动系统的振荡和扭转负载。如果考虑传动轴的柔性,即认为低速轴和高速轴都是柔性的,具有一定的刚度和阻尼。此时,相对于刚性轴,柔性传动轴受力和转速变化将产生明显的动态特性,能够充分表征传动系统的暂态现象,对传动系统进行动态分析有重要意义,所以考虑柔性的传动系统建模更加精确并接近实际运行的传动系统。因此,为了风力发电系统建模

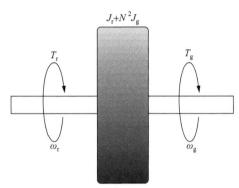

图 2-13　单质块模型

与控制仿真的需要,有必要考虑传动轴的柔性进行建模。根据建模组分的不同,主要包括双质块或三质块两种模型。

2. 双质块模型

通常来说,传动系统不同部分的转动惯量比约为 $J_r:J_{gear}:J_g=12:0.6:1$。为了简化模型,常忽略齿轮箱的转动惯量 J_{gear},将其合成到发电机转子侧,得到传动系统的双质块模型。双质块模型考虑了低速轴的柔性和阻尼特性,而高速轴被认为是刚性的,如图 2-14 所示,整个传动系统的数学模型为

$$
\begin{cases}
J_r\dot{\omega}_r = T_r - T_{shaft} \\
T_{shaft} = B_{stif}\left(\theta_r - \dfrac{\theta_g}{N}\right) + K_{damp}\left(\omega_r - \dfrac{\omega_g}{N}\right) \\
J_g\dot{\omega}_g = \dfrac{T_{shaft}}{N} - T_g
\end{cases}
\tag{2-36}
$$

式中，B_{stif} 为低速轴刚度系数，$\mathrm{Nm/rad}$；K_{damp} 为低速轴的阻尼系数，$\mathrm{Nm \cdot s/rad}$；T_{shaft} 为齿轮箱等效机械转矩，Nm。需要强调的是，$\dot{\theta}_r = \omega_r$、$\dot{\theta}_g = \omega_g$ 且 $\omega_g = N\omega_r$。

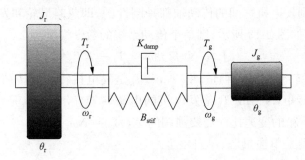

图 2-14　双质块模型

3. 三质块模型

考虑低速轴和高速轴的柔性，得到三质块模型，以表征整个传动系统的振荡和扭转负载，如图 2-15 所示。

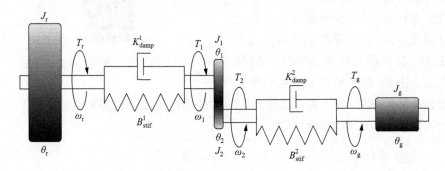

图 2-15　三质块模型

整个传动系统的数学模型如下所示。

低速轴模型可表示为

$$
\begin{cases}
J_r\dot{\omega}_r = T_r - K_{damp}^1\omega_r - B_{stif}^1(\theta_r - \theta_1) \\
J_1\dot{\omega}_1 = T_1 - K_{damp}^1\omega_1 - B_{stif}^1(\theta_1 - \theta_r)
\end{cases}
\tag{2-37}
$$

齿轮箱模型可表示为

$$\begin{cases} \theta_2 = N\theta_1 \\ T_1 = NT_2 \end{cases} \tag{2-38}$$

高速轴模型可表示为

$$\begin{cases} J_2\dot\omega_2 = T_2 - K_{\mathrm{damp}}^2\omega_2 - B_{\mathrm{stif}}^2(\theta_2 - \theta_g) \\ J_g\dot\omega_g = - T_g - K_{\mathrm{damp}}^2\omega_g - B_{\mathrm{stif}}^2(\theta_g - \theta_2) \end{cases} \tag{2-39}$$

式(2-38)和式(2-39)中,J_1、J_2分别为低速齿轮、高速齿轮等效转动惯量,kg·m²;T_1、T_2分别为齿轮箱内低速轴和高速轴的传动扭矩,Nm;θ_1、θ_2分别为低速轴和高速轴的角位移,rad;θ_r、θ_g分别为风轮和发电机转子的角位移,rad;B_{stif}^1、B_{stif}^2分别为低速轴和高速轴的刚度系数,Nm/rad;K_{damp}^1、K_{damp}^2分别为低速轴和高速轴的阻尼系数,Nm·s/rad。需要强调的是,$\dot\theta_r = \omega_r$、$\dot\theta_1 = \omega_1$、$\dot\theta_2 = \omega_2$、$\dot\theta_g = \omega_g$ 且 $\omega_2 = N\omega_1$。

2.2.4 变桨距系统

变桨距风力发电系统的桨距角由桨距伺服机构来调节,主控制系统给出桨距角参考值,桨距伺服机构控制桨叶旋转到参考角度。变桨距系统为优化风能利用效率提供了一种可行的方法,同时还能够保护风力发电系统安全运行。当风速小于或等于额定风速时,桨距角被保持在 0°。此时,借助于变速运行达到最优叶尖速比实现最大风能捕获。当风速大于额定风速时,变桨距系统限制气动系统的功率捕获,以保持发电机输出功率在额定功率附近。当风速进一步增加到切出风速时,变桨距系统调整桨叶方向与风向一致(全顺桨),不再捕获风能。

桨距伺服机构可以由液压或电动机驱动,最新应用的独立变桨技术,采用更加灵活的独立电动机驱动桨距伺服机构。桨距伺服机构通常与轮毂安装在一起,为安全起见,还配有备用储能系统(蓄力器适用于液压变桨距方式,蓄电池适用于电动变桨距方式)。

受风轮的结构限制,桨叶仅能在物理限度内转动。对于顺桨变桨距风力发电系统,允许角度为 0°～+90°(或至负角度);对于失速变桨距风力发电系统,允许角度为 -90°～0°(或至正角度);实际运行时会通过非线性环节限制桨距伺服机构在允许范围内旋转,对风轮进行保护。同时,受桨叶的物理特性限制,桨叶旋转时的变化速度也有限制。相比于失速变桨距系统,顺桨变桨距系统对桨距角灵敏度较高,因此对它的变桨速度限制也更大。此外,正向和反向变桨速度限制可以明显不同。一般变桨的正常速率在 5°/s 左右,最大速度在 10°/s 左右。

变桨距系统的闭环结构参看图 2-16[2]。它是一种非线性的伺服机构,其闭环特性可以视作带有限幅和限速环节的一阶动态系统。在其线性运行区域,变桨距系统的一阶动态模型如下所示:

$$\dot\beta = \frac{1}{\tau}(\beta_{\mathrm{ref}} - \beta) \tag{2-40}$$

式中，β_{ref} 为桨距角参考值，$(°)$；β 为实际桨距角，$(°)$；τ 为时间常数，s。

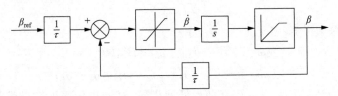

图 2-16　变桨距系统结构框图

2.2.5　电气系统

电气系统是风力发电过程能量转换的最终环节，对于主流风力发电系统而言，其主要包括发电机和变频器等电气设备。考虑到电气系统仿真的需要，这里着重讨论了双馈感应发电机、永磁同步发电机和 PWM 变频器的数学模型。为了方便建模，做如下通用假设[1]。

假设一：忽略磁饱和。

假设二：磁通分布是正弦的。

假设三：忽略任何损耗，不包括铜损。

假设四：定子电压和电流的基频是正弦的。

双馈感应发电机和永磁同步发电机的数学模型均在恒功率变换的 dq 旋转坐标系下建立[10]；同时，建模使用发电机规则，即以流出发电机的电流为正，流入发电机的电流为负。这里通过电压和磁链方程推导电压和电流关系；同时，考虑到与模型中暂态相关的时间常数明显小于电气系统动态仿真所需的最小时间常数 100ms，忽略发电机定子、转子的暂态量。

1. 双馈感应发电机模型

由于发电机定子通过变压器与电网直接相连，其频率稳定在额定值，则双馈感应发电机的电压方程为

$$\begin{cases} u_{ds} = -R_s i_{ds} - \omega_s \psi_{qs} \\ u_{qs} = -R_s i_{qs} + \omega_s \psi_{ds} \\ u_{dr} = -R_r i_{dr} - s\omega_s \psi_{qr} \\ u_{qr} = -R_r i_{qr} + s\omega_s \psi_{dr} \end{cases} \tag{2-41}$$

式中，s 是转差率；u 是电压，V；i 是电流，A；R 是电阻，Ω；ψ 是磁链，Wb；下标 d 和 q 分表代表 dq 旋转坐标轴的 d 轴和 q 轴分量；下标 r 和 s 分别代表发电机转子和定子；ω_s 是发电机电气同步转速。

双馈感应发电机的磁链方程可表示为

$$
\begin{cases}
\psi_{ds} = -\left(L_{s\sigma} + \dfrac{3}{2}L_m\right)i_{ds} - \dfrac{3}{2}L_m i_{dr} \\[2mm]
\psi_{qs} = -\left(L_{s\sigma} + \dfrac{3}{2}L_m\right)i_{qs} - \dfrac{3}{2}L_m i_{qr} \\[2mm]
\psi_{dr} = -\left(L_{r\sigma} + \dfrac{3}{2}L_m\right)i_{dr} - \dfrac{3}{2}L_m i_{ds} \\[2mm]
\psi_{qr} = -\left(L_{r\sigma} + \dfrac{3}{2}L_m\right)i_{qr} - \dfrac{3}{2}L_m i_{qs}
\end{cases}
\tag{2-42}
$$

式中，L 为电感，H；下标 m、r 和 σ 分表代表互感、转子和漏磁。

双馈感应发电机的电磁转矩方程可表示为

$$
T_g = p(\psi_{qr} i_{dr} - \psi_{dr} i_{qr})
\tag{2-43}
$$

双馈感应发电机的功率是定子和转子的功率之和，其功率方程可表示为

$$
\begin{cases}
P = P_s + P_r = u_{ds} i_{ds} + u_{qs} i_{qs} + u_{dr} i_{dr} + u_{qr} i_{qr} \\
Q = Q_s + Q_r = u_{qs} i_{ds} - u_{ds} i_{qs} + u_{qr} i_{dr} - u_{dr} i_{qr}
\end{cases}
\tag{2-44}
$$

式中，P 为有功功率，W；Q 为无功功率，W。

2. 永磁同步发电机模型

永磁同步发电机转子的磁性材料取代了传统的转子励磁绕组，因此发电机的电压方程中省略了转子电压方程，则发电机的电压方程可表示为

$$
\begin{cases}
u_{ds} = -R_s i_{ds} - \omega_e \psi_{qs} \\
u_{qs} = -R_s i_{qs} + \omega_e \psi_{ds}
\end{cases}
\tag{2-45}
$$

式中，ω_e 是发电机转子的电气转速，rad/s。

永磁同步发电机的转子省略了励磁绕组，其磁链方程可表示为

$$
\begin{cases}
\psi_{ds} = -(L_{s\sigma} + L_{ds})i_{ds} + \phi_{pm} \\
\psi_{qs} = -(L_{s\sigma} + L_{qs})i_{qs}
\end{cases}
\tag{2-46}
$$

式中，ψ_{pm} 是永磁磁链，Wb。

永磁同步发电机的电磁转矩方程可表示为

$$
T_g = p(\psi_{ds} i_{qs} - \psi_{qs} i_{ds})
\tag{2-47}
$$

永磁同步发电机通过定子向电网单向馈电，其有功和无功功率可表示为

$$
\begin{cases}
P_s = u_{ds} i_{ds} + u_{qs} i_{qs} \\
Q_s = u_{qs} i_{ds} - u_{ds} i_{qs}
\end{cases}
\tag{2-48}
$$

双馈感应发电机与电网部分解耦，而永磁同步发电机与电网是完全解耦的；发电机的无功功率与电网侧变频器馈入电网的无功功率大小没有直接关系。

3. PWM 变频器模型

PWM 变频器的功率模型可表示为

$$\begin{cases} P_c = u_{dc}i_{dc} + u_{qc}i_{qc} \\ Q_c = u_{qc}i_{dc} - u_{dc}i_{qc} \end{cases} \tag{2-49}$$

式中,下标 c 代表变频器;P_c等于通过发电机侧变频器的有功功率,即对于双馈感应发电机,P_c等于通过发电机转子的有功功率;对永磁同步发电机,P_c等于通过发电机定子的有功功率。变频器通过与电网交换的无功功率对并网点电压进行控制。双馈感应发电机的无功功率交换主要包括定子无功功率 Q_s 和网侧变频器无功功率 Q_c;永磁同步发电机与电网完全解耦,其与电网的无功功率的交换完全通过网侧变频器进行,即等于变频器无功功率 Q_c。由于双馈感应风力发电系统和永磁同步风力发电系统的 PWM 变频器工作原理不同,具体建模细节可参考文献[1]。

2.2.6　仿真软件

通过系统建模与计算机仿真,可以大大缩减项目研发时间与成本。对于风力发电系统而言,可以在避免建造物理样机的前提下,通过风力发电系统建模与计算机仿真完成系统的设计与测试等诸多实验,然后,在技术充分成熟的条件下建造物理样机并完成最终测试,以此大大缩短风力发电系统的研发周期与成本。然而,不同建模手段所得的模型及其精度不同,进而影响其与实际系统特性的逼近程度,不同精度的仿真模型会得到相应精度水平的实验结果。一般情况下,计算机仿真的质量及其结果的可信程度首先取决于仿真目的及对仿真模型的合理选择[11,13]。此外,考虑实现计算机仿真的硬件和软件要求,应该合理选择计算机硬件设备和用于仿真的软件平台。

关于系统建模,从明确仿真目的到模型确定通常需要对所建模型反复测试,这一过程叫做模型验证。模型验证的一般步骤如下[14]:

(1) 模型结构——确定需要建模的对象,建立相应的模型及模型结构。

(2) 数据准备——搜集建模对象实际运行的历史或实测数据。

(3) 充分度——利用搜集数据测试模型特性,对比相同数据段下,模型与实际系统对相同事件的响应特性是否一致。

需要注意的是,模型验证并非要求模型以最优精度逼近实际系统,仅要求模型满足仿真目的,充分的逼近实际系统即可。对模型充分度的具体评价标准如下:

(1) 对应于某数据段,能够捕获其相关动态特性。

(2) 合理表征被建模对象的动态特性。

(3) 能够合理解释与被建模对象实际动态特性的差异。

风力发电系统的建模、仿真及验证,可以针对某子系统进行,也可以针对整机系统进行。对于现有主流风力发电系统,其子系统的建模技术已相当成熟,满足不同需求、不同精度的仿真模型都已建立[15]。风力发电系统仿真的主要应用领域包括机械系统设计、电气系统设计和控制系统设计等。一般情况下,专门的机械系统设计和电气系统设计所需要的模型精度较高,要求能充分地表征系统的稳态特性和暂态特性,尤其是较高频的暂态特性也要能够表征;控制系统设计在仿真阶段对模型精度要求较低,侧重于系统的稳态控制性能,暂态特性视被仿真对象在频域工作带宽而定。本书主要讨论风力发电系统控制的相关问题,前面各节有选择地给出了风力发电系统的子系统模型,其模型精度能够充分地完成控制系统设计的相关仿真。

　　鉴于计算机硬件水平的不断提高,大多数个人计算机和服务器都能够满足仿真需求,其软件平台视不同的仿真需求而多种多样,以下主要对相关的仿真软件进行介绍。

　　对于专业的高精度仿真,需要诸如 National Instruments(NI)公司等提供的专业高性能硬件平台方案,相应地有诸如 Labview 等软件平台与之接口;同时,其与 Rtlab 接口可以高精度完成电力系统的相关仿真。GH bladed 软件是一个全面的风力发电系统设计软件,能够高精度模拟风力发电系统的实际运行工况,并对其实际运行性能进行设计与测试。SolidWorks 软件可用于风力发电系统桨叶建模及仿真。此外,美国国家可再生能源实验室所提供的开放式软件 Fatigue Aerodynamics Structure Turbulence(FAST)可以用于风力发电系统整机模型设计与测试[16]。

　　作为一个通用的数学软件,Matlab 近年来被广泛地应用于风力发电系统仿真。Matlab 的 Simulink 自带 SimPower 软件包,用来执行风力发电系统与电力系统相关的仿真,而 Pscad 可以提供电力系统仿真模块库,基于 Matlab 的 Simulink 平台,也可以进行电力系统仿真。此外,丹麦奥尔堡大学与丹麦 RISØ 国家实验室基于 Matlab 合作开发出了通用的"Wind Turbine Blockset"软件包,用于双馈感应风力发电系统的仿真与控制研究,其模块库组成参看图 2-17[9]。此外,以 Matlab 为仿真平台,考虑到不同子系统在频域工作带宽的不同,他们还提出了一个更高精度的风力发电系统仿真结构,集成了 HAWC、Saber、和 DIgSilent 等软件的优点,其仿真平台结构图和工具组成分别参看图 2-18 和图 2-19[17]。其中,HAWC 软件由丹麦 RISØ 国家实验室开发,其核心代码主要是从 2003～2007 年在该实验室气动弹性研究项目的基础上发展而来,主要用于风轮气动和机械动态负载的计算;Saber 软件主要用于电力电子器件模块的设计与控制仿真;DIgSilent 软件主要用于与电网互联的风电场或风力发电系统电气侧的仿真与控制。

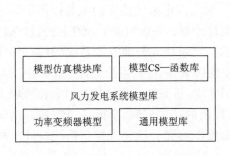

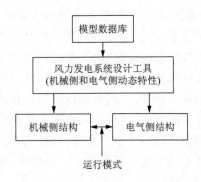

图 2-17　Wind Turbine Blockset 模块库组成　　　图 2-18　模型仿真平台结构图

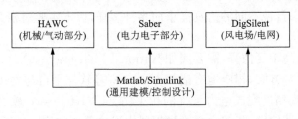

图 2-19　模型仿真工具

2.3　双馈感应风力发电系统控制

现代风力发电系统的设计思想是从机械侧或电气侧共同管理负荷,以提高能量转换效率,减少气流对系统冲击所带来的机械载荷,同时调节输出电能质量以满足并网需要。然而,在相应的设计基础上,需要采用控制系统来最终完成上述任务。随着桨叶、发电机及电力电子器件等设备制造技术的进步,现代风力发电系统的类型也不断发展,并对控制系统提出了更高的控制要求。对具备变速变桨技术的主流双馈感应风力发电系统而言,其市场占有量最高,相关控制问题也值得深入研究。此外,随着电网中风电等新能源渗透率的日益增高,新能源电力系统逐渐形成,其区别于传统电力系统的特性,对风力发电系统控制提出了新的控制需求,这些都值得进一步讨论。

2.3.1　控制任务

对于风力发电系统控制而言,首先要提高能量转换效率,最大化利用风能,同时,考虑系统的物理极限,保证系统安全运行;其次要优化运行性能,减轻机械载荷;然后要提高电能质量,满足电网需求并保证系统的可靠运行。因此,风力发电系统的传统控制任务主要包括最大风能捕获、减轻机械载荷和提高电能质量等。

1. 最大风能捕获

最大风能捕获是在考虑风力发电系统设备物理限度的情况下,尽可能地利用气动系统捕获空气动能。这种利用方式可以最大限度地提高能量转换效率。根据文献[2],理想的最大风能捕获曲线如图 2-20 所示,图 2-21 为其所对应风速的功率谱密度示意图。由图 2-20 可知,理想功率曲线主要分为三个区域。区域 I 为自由风能捕获区域,风力发电系统以最大风能利用系数运行;理想条件下,其能够捕获的有效功率 P_{avail} 为

$$P_{\text{avail}} = \frac{1}{2}\rho\pi R^2 C_P^{\max} V^3 \tag{2-50}$$

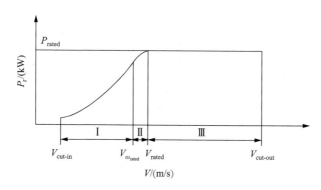

图 2-20 理想功率曲线

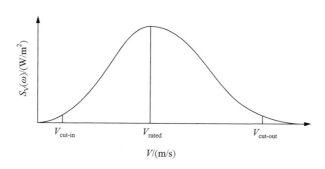

图 2-21 风速的功率谱密度

如图 2-20 所示,P_{avail} 为关于 V 的三次曲线。

考虑到风力发电系统机械和电气设备的物理极限,区域 III 为风力发电系统的限功率运行区域。此时,有效功率大于风力发电系统的额定功率,它通过调节风能利用系数使输出功率稳定在额定值附近,其实际风能利用系数 C_P^{pract} 可表示为

$$C_{\mathrm{P}}^{\mathrm{pract}} = \frac{2P_{\mathrm{rated}}}{\rho \pi R^2 V^3} \qquad\qquad (2\text{-}51)$$

式中，P_{rated} 为风力发电系统的额定功率。

区域为 II 为区域 I 最大风能捕获和区域 III 限功率风能捕获之间的过渡区域，主要目的是从额定转速状态过渡到额定功率状态。根据文献[2]和[7]，此区域存在不同的过渡策略以完成不同的控制目标，从而使得其功率过渡曲线并不唯一。

2. 减轻机械载荷

减轻机械载荷可以减少系统运行时的机械磨损，减小其疲劳损耗，进而延长系统的使用寿命，间接降低风力发电成本。风力发电系统的机械载荷主要由气流与气动系统的相互作用产生并传递；其次，风力发电系统自身的机械机构和控制系统等也会产生机械载荷；相对而言，气流对风力发电系统冲击所产生的机械载荷占主导地位，需要重点抑制。

风力发电系统的机械载荷可分为动态载荷和静态载荷两种。静态载荷主要由低频的准稳态风速与气动系统相互作用产生。动态载荷主要包括湍流、阵风等产生的瞬时载荷，也包括风轮对气流旋转采样产生的循环载荷。机械载荷通过传动系统会造成机械设备的磨损和疲劳损耗，缩短设备寿命，增加维护成本；机械载荷通过电气系统，将会间接影响电能质量。需要注意的是，动态载荷对系统机械部分的运行特性及电气部分的电能质量影响最大，是风力发电系统控制需要着重解决的问题。此外，不合理的控制策略与方法也会产生机械载荷，控制器必须能够对有害的振动模态进行衰减以减缓动态载荷并减少疲劳损坏的危险。风力发电系统的设计越来越灵活，尤其是对于具有变速变桨技术等自由度较高的系统，控制系统显得更加重要，在进行风力发电过程控制设计时，要尽量抑制干扰因素所产生的机械载荷。

3. 提高电能质量

当并网风力发电系统的容量不断增加，在电网中的渗透率增高到一定程度时，风力发电系统的电能质量将会对电网的安全与经济运行产生明显影响。对于电能质量达不到并网要求的风力发电系统，将无法并网，并且会增加输电线路投资，导致发电成本增高。因此，在控制系统设计时要充分考虑电能质量的提高。尤其是风力发电系统受不可控、随机波动风速的影响，通常认为其电能质量较差，对风力发电系统输出功率的可控及电能质量的优化也一直是系统控制设计研究的重点。

电能质量的好坏主要是由并网点频率和电压的稳定性以及闪变的释放程度来衡量的[18]。一般情况下,需要维持电网频率的稳定,而电网中的电能失衡会引起电网频率的变化。如当电网中的供电量大于消费量时,并网发电机会增速导致电网频率增加;相似地,当电网中供电量无法满足消费需求时,并网发电机会减速导致电网频率降低。然而,电网负载端的消费量是随机波动的,风力发电系统的电能输出同样是随机波动的;当电网足够强健,随机性风电的接入不会对电网带来太大影响,因为随机性波动负载可以由其他发电端补偿;当电网比较弱小时,大规模风电的并网使其在电网中渗透率大增,导致电网对随机性波动负载的补偿能力下降,进而引起电网中的电能失衡,甚至影响电网的安全与稳定。

目前,为了减小大规模随机性风电对电网的影响,需要加强风力发电系统的功率可控能力,以响应电网对大规模风电的调度。基于风电场负荷优化分配,风电场对风力发电系统的调度主要包括两种方式,即对风力发电系统进行启停调度或功率可调调度。关于功率可调调度,有可能需要在额定风速以下进行限功率控制而不是最大功率跟踪控制,这增加了新的控制任务。对于主流双馈感应风力发电系统而言,典型的 PWM 功率变频器容量为系统容量的 30%,其变速范围为 $-40\% \sim 30\%$ 额定转速;当此变速范围内的功率调整能力无法满足电网调度需求或者考虑到系统优化运行的需要时,将需要在额定风速以下进行变桨距调节以完成功率调度。

2.3.2 控制系统结构

双馈感应风力发电系统通过变桨控制与变速控制的协调运行实现前述的控制任务。基于不同的运行策略,变桨控制与变速控制的协调运行方式也有所不同。图 2-22 给出了变速变桨双馈感应风力发电系统的控制结构框图[21,22]。它由两个相对独立又紧密相关的部分构成,分别为机械侧控制层和电气侧控制层。机械侧控制层包括两个互相耦合的控制回路,即变桨控制回路和变速控制回路,通常两个回路可以通过解耦控制或多变量控制实现协调运行。变桨控制主要控制桨距伺服机构,动态响应较慢,具有较大的时间常数;变速控制给出电气侧控制的参考值,主要依赖发电机的矢量控制实现变速运行。电气侧控制包括转子侧变频器控制和网侧变频器控制,两者均能实现有功和无功解耦控制,动态响应较快,具有较小的时间常数。此外,转子侧变频器控制发电机实现系统的变速运行,网侧变频器控制发电机转子与电网的有功和无功交换。

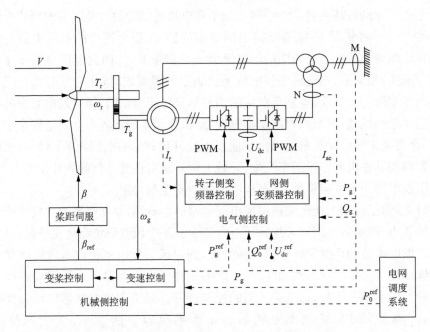

图 2-22　双馈感应风力发电系统控制结构框图

V—风速；β—桨距角；β_{ref}—桨距角参考值；T_r—风轮机械转矩；T_g—发电机转子电磁转矩；ω_r—风轮机械转速；ω_g—发电机转子机械转速；I_r—转子侧电流测量值；I_{ac}—网侧电流测量值；PWM—脉宽调制信号；U_{dc}—直流回路母线电压测量值；U_{dc}^{ref}—直流回路母线电压参考值；P_0^{ref}—电网有功功率调度值；Q_0^{ref}—电网无功功率调度值；M—并网测量点；N—网侧变频器测量点；P_g—M点有功功率测量值；Q_g—M点无功功率测量值；P_g^{ref}—发电机有功功率参考值；T_g^{ref}—发电机电磁转矩参考值；ω_g^{ref}—发电机机械转速参考值

2.3.3　机械侧控制

　　双馈感应风力发电系统在低风速时能够通过变速运行保持最佳叶尖速比，以获得最大风能；在高风速时能够通过桨距角调节限制输出功率在额定值。以主流2MW双馈感应风力发电系统为例，其静态工作曲线如图 2-23 所示，其中，图 2-23(a)为机械侧机械功率 P_r 关于风速 V 的静态曲线，图 2-23(b)为电气侧电气功率 P_g 关于发电机转子机械转速 ω_g 的静态曲线。由图 2-23 可知，双馈感应风力发电系统的静态工作曲线一般分为四个阶段，即 AB 段、BC 段、CD 段和 DE 段。其中，AB 段是启动阶段，主要任务是启动风力发电系统及实现并网；BC 段是自由发电阶段，主要任务是实现最大风能捕获，在此阶段，发电机转子机械转速增大至额定转速；CD 段是过渡阶段，由发电机额定转速阶段过渡至额定功率阶段；DE 段是限功率运行阶段，主要任务是限制风能捕获并使输出功率保持在额定值附近。

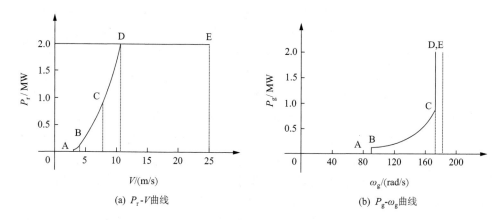

图 2-23 风力发电系统静态工作曲线

双馈感应风力发电系统具备变速变桨技术,主要通过变速运行模式和变桨运行模式来实现如图 2-23 所示的风力发电系统静态工作曲线;其具体运行策略如图 2-24 所示。

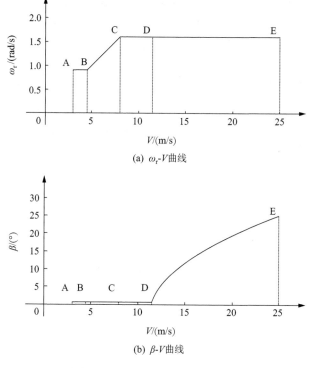

图 2-24 风力发电系统运行策略

由图 2-24 可知,在 AB 段,当风速在切入风速以下时,风力发电系统与电网脱离,发电机空转而不发出电能;当风速逐渐增大至切入风速时,风力发电系统通过变桨距调节至桨距角为 0°,使发电机转速尽快达到最低转速;当风速大于或等于切入风速并满足并网条件时,风力发电系统在 B 点并网发电;在 BC 段,风速维持在切入风速以上,风力发电系统通过定桨变速运行,保持最优叶尖速比,使气动系统维持最大风能利用系数,实现最大风能捕获;变速运行跟踪最优转速值,主要由电气系统的发电机矢量控制实现;随着风速的继续增加,机械转速接近设计极限,在 C 点达到额定转速,在 CD 段,风力发电系统定桨定速运行,桨距角依然维持 0°,转速维持在额定转速附近;此时,风能利用系数不是最优,略有下降;随着风速的继续增加,在 D 点到达额定功率;在 DE 段,风力发电系统的机械部分和电气部分均接近设计极限,定速变桨运行;转速维持在额定转速附近;通过变桨距减小风能利用系数,维持输出功率在额定值附近。

根据如图 2-24 所示的运行策略,其本质在于从风能捕获源头调节整个风力发电系统的运行与功率输出,其中最关键的是对气动系统风能利用系数的调节。在 AB 段,通过变桨距调节,风能利用系数 C_P 由空转时的初始值逐渐增加至最大风能利用系数 C_P^{max};在 BC 段,风力发电系统通过定桨变速运行,跟踪最优转速参考值,维持 C_P^{max} 不变;在 CD 段,风力发电系统定速定桨运行,C_P 不是最优,其随着风速增加略有下降;在 DE 段,风力发电系统定速变桨运行,C_P 随着风速增加不断下降,以维持输出功率维持在额定值附近。在不同运行阶段,其风能利用系数曲线如图 2-25 所示,它揭示了风力发电系统运行的本质。需要注意的是,针对如图 2-24 所示的经典运行策略,在控制设计时,考虑到最大风能跟踪、减轻机械载荷和提高电能质量等控制任务,提出了许多改进的运行策略以优化系统的运行性能。

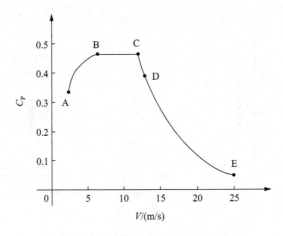

图 2-25 风力发电系统静态 C_P-V 曲线

对于额定风速以下 BC 段的变速运行一般基于最大功率点跟踪(maximum power point tracking,MPPT)策略实现[23],其给定方法主要包括"爬山"法、叶尖速比(tip-speed ratio,TSR)法和最优转矩控制(optimum torque control,OTC)法等,可分别给出有功功率、转速或转矩参考值,相对应的控制回路为功率控制回路、转速控制回路或转矩控制回路。不同的回路具有不同的闭环特性,因而控制器设计方法也多种多样[23,24]。图 2-26 给出了一种典型的转速控制回路以实现在 BC 段的变速运行。

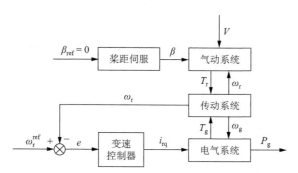

图 2-26　BC 段定桨变速运行速度控制回路

对于额定风速以上 CD 段的变桨运行,其参考值给定一般由额定功率或电网调度给出,参考值可以是有功功率、转速或转矩,相对应的控制回路为功率控制回路、转速控制回路或转矩控制回路。需要注意的是,CD 段变桨运行控制回路需要与 BC 段变速运行控制回路协调,两个回路参考值之间的关系可由静态工作曲线(如 P-ω_r 曲线)表征,一般不能同时为有功功率、转速或转矩。图 2-27 给出了一种典型的功率控制回路以实现在 CD 段的变桨运行。

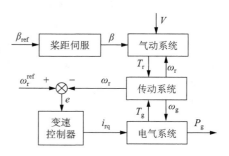

图 2-27　CD 段定速变桨运行功率控制回路

除此之外,在 2.3.1 节讨论了新能源电力系统所提出的新的控制任务,即增强风力发电系统的功率可调能力以响应电网调度,由前所述,可知其本质是对 C_P 的调节。对双馈感应风力发电系统而言,该控制任务对额定风速以上即 DE 段 C_P 调节的方式没有影响,其关键是在额定风速以下调节 C_P 实现限功率控制,如果考虑此控制任务,可能引起系统运行策略的改变。值得注意的是,在额定风速以下,变速运行、变桨运行或两者的结合均可以影响 C_P;其中,变速运行依赖于电气系统,变桨运行依赖于气动系统;因而,对电气系统或气动系统特性及控制的研究有助于我们制定相应的控制策略及控制方法以增强系统的功率可调能力。如图 2-28 所示是一种增强功率可调度性的策略[25~27]，它根据发电机机械转速进行分区，能够在低风速时响应电网调度，增强系统的功率可调度性。

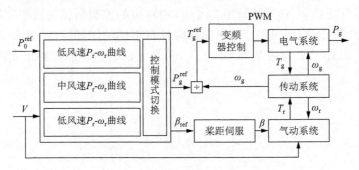

图 2-28　增强功率可调度性控制策略

2.3.4　电气侧控制

　　双馈感应发电机是一个高阶、多变量、非线性、强耦合的机电系统，采用传统的标量控制技术无论在控制精度还是动态性能上远不能达到要求。为了实现双馈感应发电机的高性能控制，多采用磁场定向的矢量控制技术[19,20]。矢量控制技术以电机统一理论和坐标变换理论为基础，把交流发电机的定子电流分解成磁场定向旋转坐标系中的励磁分量和与之相垂直的转矩分量。分解后的定子电流励磁分量和转矩分量不再具有耦合关系，对它们分别控制，就能实现交流电机励磁和转矩的解耦控制，使交流电机得到可以和直流电机相媲美的控制性能。双馈感应发电机定子绕组直接连在无穷大电网上，可以近似地认为定子的电压幅值、频率都是恒定的，所以双馈感应发电机矢量控制一般选择定子电压或定子磁场定向方式。双馈感应发电机的 PWM 变频器控制主要目的是实现有功功率和无功功率的解耦控制，它包含了两部分解耦控制通道：一个用于转子侧变频器控制，一个用于网侧变频器控制。转子侧变频器与网侧变频器的控制通道分别产生不同的脉宽调制因子[21,28]。

　　1. 转子侧变频器控制

　　通用的转子侧变频器矢量控制结构如图 2-29 所示，它是一个串级控制回路，包括外侧的功率控制回路和内测的转子电流控制回路。因为风力发电系统机械侧和电气侧具有不同的工作带宽，电气侧的动态响应快于机械侧，这种串级控制回路充分考虑了风力发电系统的工作特性。外侧的功率控制回路实现有功和无功解耦控制，而内侧的转子电流控制回路通过调整发电机转子电流跟踪来自功率控制回路的参考值。同时，这一过程实现了额定风速以下风力发电系统的变速运行。这里,转子电流被分解为平行和垂直于定子磁链的两个分量,分别以 d 轴和 q 轴表示。有功功率控制通过控制转子电流垂直于定子磁链方向的 q 轴分量实现;无功功率控制通过控制转子电流平行于定子磁链方向的 d 轴分量实现。

功率控制回路分别给出转子电流控制回路的 q 轴和 d 轴分量,转子电流控制回路生成转子电压信号参考值,并以脉宽调制因子的形式给出,对发电机进行相关控制。

图 2-29 为转子侧变频器控制结构图。上面的回路为有功功率控制回路,是一个串级控制系统。P_g^{ref} 为机械侧控制层给出的有功功率设定值,P_g 为并网点 M 处实测有功功率,$K_{rP}(1+1/sT_{rP})$ 为主回路 PI 控制器,i_{rq}^{ref} 为转子电流 q 轴参考值,i_{rq} 为转子电流 q 轴分量,$K_{rq}(1+1/sT_{rq})$ 为副回路 PI 控制器,P_{rmq} 为转子电流 q 轴分量调制脉宽。下面的回路为无功功率控制回路,也是一个串级控制系统。Q_0^{ref} 为电网侧给出的无功功率设定值,Q_g 为并网点 M 处实测无功功率,$K_{rQ}(1+1/sT_{rQ})$ 为主回路 PI 控制器,i_{rd}^{ref} 为转子电流 d 轴参考值,i_{rd} 为转子电流 d 轴分量,$K_{rd}(1+1/sT_{rd})$ 为副回路 PI 控制器,P_{rmd} 为转子电流 d 轴分量调制脉宽。

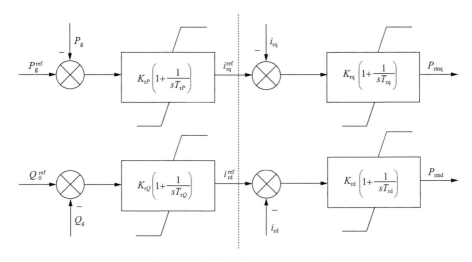

图 2-29　转子侧变频器控制结构图

2. 网侧变频器控制

网侧变频器矢量控制结构如图 2-30 所示,它是一个串级控制回路,包括外侧的直流母线电压控制和内侧的变频器电流控制。它的目的主要是保持直流母线电压的恒定、输出电流正弦和保证变频器以单位功率因数(即无功功率为零)运行,通过间接控制网侧变频器电流实现。这意味着网侧变频器只与电网进行有功功率交换,而双馈感应发电机与电网的无功功率交换仅通过定子进行。

　　无论发电机转子处于何种运行模式,都需要保持直流母线电压恒定。当发电机转子超同步运行时,转子要输出有功功率,从而使直流母线电容电压升高;发电机转子亚同步运行时,转子要吸收有功功率,直流母线电容电压降低。为了维持直流母线电容电压的恒定,网侧变频器需要从电网中吸收或者向电网输送有功功率来实现这一目的。由于电网电压基本上是恒定的,所以对有功功率的控制实际是对变频器电流有功分量的控制,功率因数的控制实际是对变频器电流无功分量的控制。

　　为了简化控制算法,这里采用电网电压定向矢量控制,将同步旋转 dq 坐标系的 d 轴定向于电网电压矢量方向上。其中,d 轴为有功分量,q 轴为无功分量。

　　对于 d 轴有功分量,外侧的直流母线电压控制回路跟踪直流母线电压设定值,输出值作为变频器电流控制回路的参考值。对于 q 轴无功分量,由于网侧变频器与电网没有无功功率交换,所以 i_{gd}^{ref} 为 0。

　　如图 2-30 所示的网侧变频器控制结构图,上面的回路为直流母线电压控制回路,是一个串级控制系统。U_{dc}^{ref} 为直流母线电压设定值,U_{dc} 为直流母线电压测量值,$K_{gU}(1+1/sT_{gU})$ 为主回路 PI 控制器,i_{gd}^{ref} 为网侧电流 d 轴参考值,i_{gd} 为网侧电流 d 轴分量,$K_{gd}(1+1/sT_{gd})$ 为副回路 PI 控制器,P_{gmd} 为网侧电流 d 轴分量调制脉宽。

　　下面的回路为网侧电流 q 轴控制回路,是一个单回路控制系统。i_{gq}^{ref} 为网侧电流 q 轴参考值,i_{gq} 为网侧电流 q 轴分量,$K_{gq}(1+1/sT_{gq})$ 为副回路 PI 控制器,P_{gmq} 为网侧转子电流 q 轴分量调制脉宽。

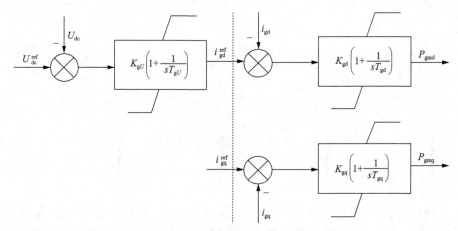

图 2-30　网侧变频器控制结构图

　　此外,基于双馈感应发电机模型,除了 PI 控制器,还有很多先进控制器得以设计和实现。

2.3.5　电网友好型控制

随着风电渗透率的提高,大型并网风电场对电网稳定性的影响日益增大,建设具有电网友好型控制的风电场对维持电网安全稳定具有重要意义。风力发电的电网友好型控制的概念可以归纳为:通过风功率预测,优化单元机组控制系统、场(群)机组协调控制系统、二次系统及其他辅助设备,使风电场(群)在电力系统安全稳定运行状态下,不成为严重的扰动源;在电力系统告警、紧急状态下,能辅助电力系统安全稳定,不成为恶化电力系统运行状态的发生源;在电力系统恢复状态下,能帮助电力系统重建电压,不阻碍电力系统的恢复启动和电压恢复。

我国对风电场接入电网的技术指标也有相关要求,如国家标准《GB/T 19963-2011 风电场接入电力系统技术规定》在风电场的有功功率、功率预测、无功容量、电压控制、低电压穿越、运行适应性及电能质量等方面做了详细规定,通过110(66)kV 及以上电压等级线路与电力系统连接的新建或扩建风电场需满足该规定。

风力发电系统电网友好型控制是风电场友好型控制的基础,这里列举与风力发电系统电网友好型控制相关的三个主要控制功能。

1. 附加频率控制

相对于恒速恒频异步风力发电系统,变速恒频双馈感应风力发电系统具有更完善的控制功能,能够实现有功功率和无功功率的解耦控制,但由于其转速与电网频率也是解耦的,从而导致了在外部电网频率发生波动时,双馈感应风力发电系统无法响应电网的频率变化。因此,相对于风电场外部系统,双馈感应风力发电系统自身惯量在频率变化的情况下无法表现出来,从而难以帮助电网降低频率变化的速率。

为了在频率变化的暂态过程中表现出双馈感应风力发电系统的惯量,需要对系统增加附加频率控制环节,以使其在系统频率发生变化时表现出类似于恒速风力发电系统或同步发电机惯量的频率响应特性。在系统出现功率缺额导致频率下降时,通过双馈感应风力发电系统适当的附加频率控制降低双馈感应发电机的转子转速,释放转子中储存的部分动能,使双馈感应发电机能够对系统的一次调频有所贡献。

双馈感应发电机控制能够动态调整转子磁链的矢量位置使发电机转子减速,从而升高发电机短时输出的有功功率,在电力系统出现功率缺额、频率降低的故障暂态过程中帮助减小系统频率跌落、降低频率变化率。但是,双馈感应风力发电系统以风速作为原动力,不能像火电或水电机组那样增加动力输入,其功率在经过一段时间的波动后会恢复到稳定值,所以只能为电网提供短时频率支撑。

2. 无功功率支撑

双馈感应风力发电系统在正常运行状态下能够通过 PWM 变频器控制实现发电机有功功率和无功功率的解耦控制，从而改善电网的功率因数和电压稳定性。但是，在电网侧发生大扰动的情况下，故障线路切除导致电网的结构变弱，发电机端电压下降，外部系统无法向风电场的双馈感应风力发电系统提供动态电压支持，系统发出的有功功率无法完全送出，气动系统输入机械转矩大于发电机电磁转矩从而引发发电机转子加速，当转子转速超过限值，风力发电系统的超速保护将会动作，将发电机从电网中切除，这将严重影响电力系统的安全稳定运行。

由变桨距风力发电系统桨距角控制，在正常运行情况下变桨距控制系统主要用于额定风速以上时限制气动系统输入的机械功率，维持系统以额定功率运行，同时保护风力发电系统机械结构不会过载及避免系统机械损坏的危险。考虑到变桨距控制系统能够通过改变桨距角的大小，在短时间内实现对气动系统输出机械功率的调节，因此，将变桨距控制引入到发电机低于额定风速运行时的暂态过程中，在故障期间和故障恢复过程中降低风力发电系统的机械转矩，配合双馈感应风力发电系统转子侧变频器的转速控制，通过转速调节吸收气动系统与发电机间的功率不平衡量，来阻止发电机转子超速。故障情况下，通过切换器选择桨距角的直接前馈控制，可以配合双馈感应风力发电系统转子侧变频器的电压和无功控制策略。通过降低发电机的有功输出，提供更多的发电机容量用于发出无功功率支撑电网电压，改善风电场的暂态稳定性。

3. 低电压穿越

随着风电场装机容量的不断增大，风电场对电网的影响也越来越大。电网一旦发生故障，电压跌落到一定的限值，风力发电系统便会自动脱网。在风力发电所占比例不高的电网中，故障切机是可以接受的，但对于风力发电容量所占比例较大的系统，如果风力发电系统不能在故障期间对电网的电压和频率的波动起到一定的支撑作用，风力发电系统的脱网对电网的稳定性是很不利，可能会造成电网电压和频率的崩溃。最早是德国专家提出了在风电场出口电压跌落时不允许发电机脱网运行，这个规则现在已经成为风力发电系统的常规要求，电网安全运行要求风电机组具有一定的低电压运行能力。

当发电机机端电压发生跌落故障时，转子侧过电流，同时转子侧电流的迅速增加会导致直流侧电压升高、转子侧变频器的电流以及有功、无功都会产生振荡。在电网电压瞬间跌落的情况下，定子磁链不能跟随电压突变，会产生直流分量，由于积分量的减小，定子磁链几乎不发生变化，而转子继续旋转，产生较大的滑差，这样便会引起转子回路的过压、过流。不对称故障会使过压、过流的现象更加严重，因为在定子电压中含有负序分量,而负序分量可以产生很高的滑差。过电流很容易将变频器中的电力电子器件烧毁,而过电压则会损坏发电机的转子绕组。同时,网侧变频器由于直接与电网相连,也会受到瞬间大电流的冲击而导致变频器不能正常工作,进而打破了双 PWM 变频器中原有的功率流动平衡,最终将导致双 PWM 变频器直流母线的电压迅速升高损毁变频器。为了保护变频器不被损坏,同时保证风力发电系统在故障情况下具有一定的低电压运行能力,必须配置相应的保护系统。比较常见的保护措施是在转子侧并联 Crow-bar 保护电路,故障情况下为转子侧变频器提供旁路,同时闭锁转子侧变频器,达到限制过电流、保护变频器的目的,电网侧变频器仍然通过变压器与电网相连,在故障期间持续运行,向电网发出无功功率,对电网电压提供支撑。

在电网电压瞬间骤降之后,典型的 Crow-bar 保护电路一方面可以将双馈感应发电机转子短路,防止故障期间发电机转子回路产生的浪涌电流流入变频器,实现了对变频器的保护,同时,能够阻止能量从发电机转子传递到直流母线中,起到了抑制直流母线电压的升高,保护直流电容器的作用。另一方面,Crow-bar 保护电路可以迅速衰减发电机转子中故障浪涌电流的瞬态直流分量,从而减小其对发电机组的冲击,在尽量短的时间内切换回双馈感应电机运行状态,恢复 PWM 变频器控制系统对有功功率、无功功率的控制能力,实现对电网的无功功率支撑,满足电网要求。

国家标准《GB/T 19963-2011 风电场接入电力系统技术规定》对通过 110(66)kV 及以上电压等级线路与电力系统连接的风电场的低电压穿越能力技术指标做了具体规定,其基本要求为:

(1) 风电场内的风力发电系统具有在并网点电压跌至 20% 额定电压时能够保证不脱网连续运行 625ms 的能力;

(2) 风电场并网点电压在发生跌落后 2s 内能够恢复到额定电压的 90% 时,风电场内的风力发电系统能够保证不脱网连续运行。

对于电网发生不同类型故障情况下,对风电场低电压穿越的要求如下(参见图 2-31):

(1) 当电网发生三相短路故障引起并网点电压跌落时,风电场并网点各线电压在图中电压轮廓线及以上的区域内时,场内风力发电系统必须保证不脱网连续运行;风电场并网点任意相电压低于或部分低于图中电压轮廓线时,场内风力发电系统允许从电网切出。

(2) 当电网发生两相短路故障引起并网点电压跌落时,风电场并网点各线电压在图中电压轮廓线及以上的区域内时,场内风力发电系统必须保证不脱网连续运行;风电场并网点任意相电压低于或部分低于图中电压轮廓线时,场内风力发电系统允许从电网切出。

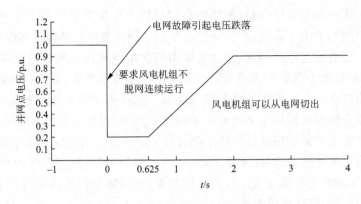

图 2-31　风电场低电压穿越示意图

（3）当电网发生单相接地短路故障引起并网点电压跌落时,风电场并网点各相电压在图中电压轮廓线及以上的区域内时,场内风力发电系统必须保证不脱网连续运行;风电场并网点任意相电压低于或部分低于图中电压轮廓线时,场内风力发电系统允许从电网切出。

（4）对电网故障期间没有切出电网的风电场,其有功功率在电网故障切除后应快速恢复,以至少 10% 额定功率/秒的功率变化率恢复至故障前的值。

（5）对于百万千瓦级规模及以上的风电场群,当电力系统发生三相短路故障引起电压跌落时,每个风电场在低电压穿越过程中应具有以下动态无功功率支撑能力:①当风电场并网点电压处于额定电压的 20%～90% 区间内时,风电场应能够通过注入无功电流支撑电压恢复;自并网点电压跌落出现的时刻起,动态无功电流控制的响应时间不大于 75ms,持续时间应不少于 550ms。②风电场注入电力系统的动态无功电流 $I_T \geqslant 1.5 \times (0.9 - U_T) I_N$,其中 $0.2 \leqslant U_T \leqslant 0.9$,$I_N$ 为风电场额定电流,U_T 为风电场并网点电压标幺值。

2.4　风电场负荷优化调度控制

随着并网风电的不断增加,电网对风电场的负荷管理提出了更高的要求。为了保证电网的安全和经济运行,在新能源电力系统背景下,风电场的负荷调度需要进一步优化。

2.4.1　风功率预测概述

风功率预测是指风电场功率预测。风功率预测技术,是根据风电场气象信息有关数据,利用物理模拟计算或科学统计方法,对风电场的风速风功率进行短期预测。风功率预测可以协助电力系统对并网风电负荷进行有效管理,准确的风功率预测对调度人员提前组织管理并网风电的波动性有重要意义,也会对电网调度所需的调峰或调频机组容量产生影响。

风功率预测可以有效改善电能供应与需求的匹配。对于风电运营商,短期风速预测能够提供未来发电量信息,从而向电力系统管理方提交准确的发电评估,减少所付的平衡费用而获得更高收益。对于电力系统管理方,可以改善输配电系统管理,降低运营成本,推迟电网投资。

风功率预测方法分为物理方法和统计方法。物理方法不需要大量历史数据,但要求对不同地域的大气物理特性、风力发电系统或风电场特性有准确的数学描述;但这些数学方程维数较高,计算量大且计算时间长。统计方法不需要物理建模或求解数学方程,计算速度较快,但需要利用数据统计算法从大量历史数据中“挖掘”出风功率的变化规律。

根据不同的预测原理,可以将风功率预测方法进行如下划分,如图 2-32 所示[29]。

图 2-32　风功率预测方法分类

根据预测物理量可以分为两类:一类是先预测风速,然后根据风力发电系统或风电场的功率曲线得到风电场的功率输出;另一类是直接预测风力发电系统或风电场的功率输出。

由于风速具有一定的持续性和规律性,利用历史风速数据建模并进行短期风速预测是可行的。近年来,许多学者利用统计方法对短期风速预测进行了相关研究。最简单的统计预测方法是持续预测法[30],它将未来时刻风速表示为历史风速时间序列的滑动平均值。这种方法虽然计算简单,但是历史风速时间序列的选取以及不同历史时刻风速对未来时刻风速的影响权重难以准确给出,所以预测误差较大。自回归滑动平均(auto-regressive and moving average,ARMA)模型[31,32]可以用于风速时间序列建模,该方法能够建立未来时刻风速与历史风速时间序列之间的线性关系,然而,由于风速本身具有非线性特性,所以预测精度同样不高,并且整个风速预测曲线具有较大的迟延。卡尔曼滤波预测法[33]可以动态修改预测权值,进而获得较高精度,但是卡尔曼状态方程和测量方程建立较为困难。基于卡尔曼滤波法,一些改进的预测方法得以给出[34]。统计学中的机器学习算法(machine learning,ML)也可以用于短期风速预测,它的主要原理是基于训练建立非线性黑箱模型从而对风速进行预测。许多学者通过机器学习算法中的神经网络(artificial neural networks, ANN)算法[35-38]、支持向量机(support vector machine, SVM)[39-41]算法等对短期风速预测进行了大量研究。实验结果表明,这些方法可以较好地反映风速特性,具有较高的预测精度。同时,还有一些学者[42-44]采用了复合预测方法,将两种或更多的预测方法结合进行预测。此外,有学者在统计算法前增加了数据预处理环节,采用局域波分解、小波分解等[40,41,45]将风速信号在不同频率进行分解,这种基于风速信号分解的预测方法能够有效提高预测精度。

　　基于数值天气预报,可以充分利用相关信息进行风速预测[46,47]。数值天气预报的基本原理是,首先利用基础物理学原理得到描述大气运动状态的数学方程组,再将天气综合资料作为输入信息,利用大型计算机快速运算求解方程组,做出定量的温度、降水、风速等天气要素的综合预报。得到数值天气预报后,根据风电场附近地表粗糙度、障碍物、温度分层等信息,建立空气动力学模型,计算得到风电机组轮毂高度的风速、风向、温度、气压等信号,再由风电场的修正功率曲线计算得到风电场的输出功率。值得注意的是,数值天气预报的外推时间也不宜太长[48]。

　　风速预测按时间长短可以分为超短期预测、短期预测和中长期预测。超短期预测的具体时间没有统一标准,几分钟至几十分钟均属于超短期预测,几分钟的超短期预测对风力发电系统控制和电能质量评估等有着重要意义。超短期预测一般不会利用数值天气预报数据。短期预测主要集中在几小时至两天范围内,由于大气环境具有一定的持续性,进而风速同样具有持续性和规律性,所以超短期和短期风速预测均具有一定的精度,因而对电力系统负荷安全、经济调度和电力市场交易等有重要意义。风电场的中长期预测主要用于安排机组检修,但预测精度在技术上尚存在问题。

2.4.2　短期风速单步预测

1. 基于 AdaBoost-BP 神经网络的短期风速预测

BP 神经网络[49]即采用误差反向传播算法(error back-propagation training)的多层前向神经网络,其重要特点是信号前向传递,误差反向传播。

前向传递中,输入信号从输入层经隐含层逐层处理,直至输出层。相邻两层神经元完全互连,不相邻层无连接。每一层的神经元状态只影响下一层神经元状态,如果输出层得不到期望输出,则转入反向传播,根据预测误差调整网络权值和阈值,使 BP 神经网络预测输出不断逼近期望输出。

　　AdaBoost(adaptive boost)是 Boosting 算法的一种,其主要思想是获取各学习样本的权重分布,最初所有权重被赋予相等的数值,但在训练过程中,这些样本权重被不断调整:预测精度低的样本权重得到加强,预测精度高的样本权重则被减弱。最终,弱预测器加强了对难以预测的样本的学习。这种思想源于 Valiant 提出的 PAC(probably approximately correct)学习模型。这样,达到一定预测精度的弱预测器,经组合后形成的强预测器就具有很高的预测精度。由于 AdaBoost 算法不要求事先知道弱学习算法预测精度的下限而非常适用于实际问题。

　　AdaBoost 算法可通过以下几个公式描述。

　　(1) 给定学习样本为

$$(x_1,y_1),\cdots,(x_m,y_m),x_i \in X,y_i \in Y,i=1,\cdots,m \qquad (2-52)$$

　　(2) 给定样本初始权重为

$$D_1(i)=\frac{1}{m},\ \ i=1,\cdots,m \qquad (2-53)$$

　　当 $t=1,2,\cdots,T$,利用样本权重 D_t 训练弱学习器;获取弱学习器预测函数 h_t: $X \rightarrow Y$,并用 $\varepsilon_t = \text{Pr}_{i \sim D_t}[h_t(x_i) \neq y_i]$ 表示对应的预测误差。

　　选取

$$\alpha_t = \frac{1}{2}\ln\left(\frac{1-\varepsilon_t}{\varepsilon_t}\right) \qquad (2-54)$$

　　(3) 更新样本权重为

$$D_{t+1}(i)=\frac{D_t(i)}{Z_t} \times \begin{cases} e^{-\alpha_t} & h_t(x_i)=y_i \\ e^{\alpha_t} & h_t(x_i) \neq y_i \end{cases} = \frac{D_t(i)\exp[-\alpha_t y_i h_t(x_i)]}{Z_t} \qquad (2-55)$$

式中,Z_t 为归一化因子,使 $\sum\limits_{i=1}^{m}D_{t+1}(i)=1$。

　　(4) 输出最终的预测函数为

$$H(x)=\text{sign}\left[\sum_{t=1}^{T}\alpha_t h_t(x)\right] \qquad (2-56)$$

　　从某风电场小时级平均风速选取 1300 组数据样本。由于不需要提前知道弱学习算法正确率的下限,对弱预测器即 BP 神经网络结构可设置为 6-6-1,即以过去 6 个小时的风速数据作为输入,隐层结点数为 6 个,预测输出为下 1 小时的风速值。网络隐层神经元传递函数采用 tansig 函数,输出层采用 purelin 函数。训练步数定为 50 步。为了增加泛化能力,每个弱预测器的训练样本是从前 700 组风速数据中随机选择 500 组进行训练。取 $\varepsilon_t =1$,共训练生成不同权重下的 10 个 BP 神经网络弱预测器,最后,由 10 个弱预测器组成一个强预测器对风速进行预测。测试样本则是按照时间序列对第 701 组样本后的 50 组样本进行测试。

　　由图 2-33、图 2-34 可知,用 AdaBoost 结合 BP 神经网络的预测误差整体低于采用弱预测器的 BP 神经网络的平均绝对误差。

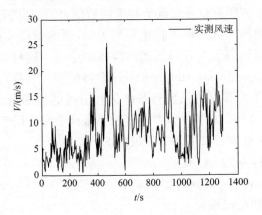

图 2-33　原始实测风速信号

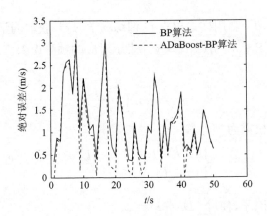

图 2-34　AdaBoost-BP 与 BP 神经网络误差对比

　　图 2-35、图 2-36 分别为权重最小和权重最大的 BP 神经网络与 AdaBoost-BP 的比较,从图上可以直观地看到,AdaBoost-BP 预测结果还是优于单独的 BP 神经网络,尤其在峰值处 AdaBoost-BP 明显优于 BP 神经网络。

　　通过对 701 组以后的 50 组样本进行测试,关于平均相对误差和平均相对误差方差,AdaBoost-BP 优于 BP 神经网络的平均值。按照时间顺序往后顺推 100 组,即 100 个小时,并对预测误差做了对比,101～150 组数据波动较小,预测精度较高;201～250 组数据的波动较大,预测结果相对不理想,整体上随着时间往后推移,预测精度在降低,但是 AdaBoost-BP 优于 BP 神经网络。从表 2-1 结果可以看到 AdaBoost-BP 在横向统一数据预测结果对比上优于 BP 神经网络,纵向时间推移结果也优于 BP 神经网络,有更好的泛化能力。

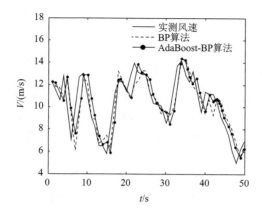

图 2-35　最小权重弱预测器与 AdaBoost-BP 对比图

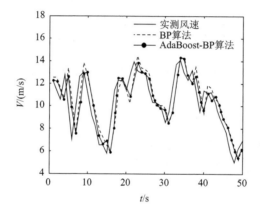

图 2-36　最大权重弱预测器与 AdaBoost-BP 神经网络对比图

表 2-1　预测误差结果对比

样本数	平均相对误差		平均相对误差方差	
	AdaBoost-BP	平均 BP	AdaBoost-BP	平均 BP
1～50	1.081	1.202	0.738	0.853
101～150	0.76	0.810	0.263	0.327
201～250	1.496	1.890	1.343	2.601
301～350	1.240	1.352	1.137	2.000
401～450	1.282	1.414	1.095	1.382
501～550	1.553	1.773	1.410	2.034

2. 基于最小二乘支持向量机的短期风速预测

支持向量机回归[50]的基本思想是在 Mercer 核展开定理的基础上,通过非线性映射把样本空间映射到高维特征空间并在其上进行线性回归,最后求解一个凸规划问题。由 Suykens 提出的最小二乘支持向量机(least square support vector machine,LSSVM)算法采用了最小二乘线性系统代替二次规划方法解决模式识别和函数估计问题。与传统的支持向量机回归算法相比,简化了计算的复杂性,提高了收敛速度。

风速在相同的季节具有较为近似的规律,选用某风电场 1 个月的历史风速数据,其中,15 天的连续风速数据作为训练样本,剩余的作为测试样本,预测步长为1。LSSVM 的核函数选择径向基核函数,寻优方法采用双模拟退火(coupled simulated annealing,CSA)和网格算法结合的寻优算法。

设有非平稳风速时间序列样本集 $(x_i,y_i)(i=1,\cdots,n)$,其中 x_i 为输入,y_i 为输出。利用 LSSVM 算法求解短期风速模型如下:

$$\min J = \frac{1}{2}\parallel w \parallel^2 + \frac{1}{2}\gamma\sum_{i=1}^{n}e_i^2 \qquad (2\text{-}57)$$

满足:

$$y_i = w^{\mathrm{T}}\varphi(x_i)+b+e_i, \quad i=1,\cdots,n$$

式中,w 为权值向量;γ 是惩罚系数;e_i 是误差;φ 是非线性映射函数;b 是偏置项。

该规划问题对应的 Lagrange 方程为

$$L(w,b,e,\pmb{\alpha}) = \frac{1}{2}\parallel w \parallel^2 + \frac{1}{2}\gamma\sum_{i=1}^{n}e_i^2 - \sum_{i=1}^{n}\alpha_i(w^{\mathrm{T}}\varphi(x_i)+b+e_i-y_i)$$

$$(2\text{-}58)$$

式中,α_i 为 Lagrange 乘子。

分别求 $L(w,b,e,\pmb{\alpha})$ 对 w、b、e、α 的偏微分,消去式中的 w 和 e,得到线性方程组

$$\begin{bmatrix} 0 & \mathbf{1}^{\mathrm{T}} \\ 1 & \vec{Z}\vec{Z}^{\mathrm{T}}+\gamma^{-1}I \end{bmatrix} \begin{bmatrix} b \\ \vec{\alpha} \end{bmatrix} = \begin{bmatrix} 0 \\ y \end{bmatrix} \qquad (2\text{-}59)$$

式中,Z 是特征矩阵。

采用核函数 $K(x,x_i)$ 代替内积运算 $(\varphi(x),\varphi(x_i))$,这里试验中采用径向基核函数(RBF)$\exp(-\parallel x-x_i \parallel^2/\sigma^2)$。利用寻优算法,正则化参数 γ 和径向基参数 σ^2 由交叉验证得到,确定正则化参数 γ 和径向基参数 σ^2 后,α 和 b 可以通过最小二乘解式得到,最后,应用 LSSVM 对非线性风速序列回归的结果为

$$f(x) = \sum_{i=1}^{n}\alpha_i K(x,x_i)+b \qquad (2\text{-}60)$$

利用 LSSVM 算法求解短期风速预测模型的测试结果如图 2-37 所示,绝对误

差和相对误差的分布如图 2-38 所示,误差结果如表 2-2 所示。从预测结果曲线可以看出,利用 LSSVM 方法对短期风速进行建模和预测可以在某种程度上反映风速的规律,但预测数据明显具有迟延性,在部分风速范围内跟随性不佳。

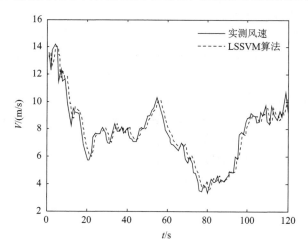

图 2-37　利用 LSSVM 算法短期风速预测结果图

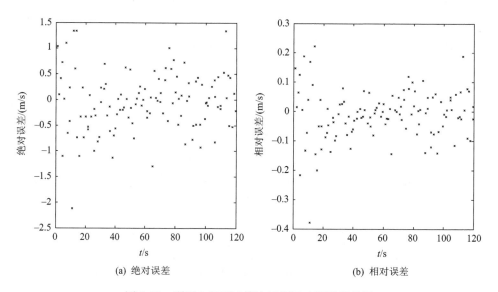

(a) 绝对误差　　　　　　　　　　　(b) 相对误差

图 2-38　利用 LSSVM 算法短期风速预测误差图

表 2-2　利用 LSSVM 算法短期风速预测误差表

算法	平均绝对误差	平均相对误差	均方根误差
LSSVM	0.537m/s	7.07%	0.6915

3. 基于小波包变换的短期风速预测

所谓小波包,就是一个函数族。相对于小波分析,小波包分析[51]能够为信号提供一种更精细的分析方法:小波分解将频带进行多层划分,并将每层信号的低频信号继续分解为低频部分和高频部分;小波包在小波分解的基础上同时将每层信号的高频信号分解为低频部分和高频部分,对高频信号的进一步分解,有更广泛的应用价值。

风速时间序列信号按小波包基分解是将其通过一个低通滤波器 H 和一个高通滤波器 G 进行滤波,分解得到一组低频信号和一组高频信号,通过将各个层的所有频带进一步分解为下一层的两个子频带。

风速时间序列小波包分解算法如下:

$$
\begin{cases}
d_1^{j+1,2n} = \sum_k h_{k-2l} d_k^{j,n} \\
d_1^{j+1,2n+1} = \sum_k g_{k-2l} d_k^{j,n}
\end{cases}
\tag{2-61}
$$

式中, h_k , g_k 为小波分解共轭滤波器系数; j 为分解的层数; d 为小波包分解频带的小波系数。

如果要观察某个频段上的时频波形,则保留这一频段上的信号,把其他频段上的数据置零,再用小波包重构算法,对信号进行重构。小波包重构算法如下:

$$
d_l^{j,n} = \sum_k \left[p_{l-2k} d_k^{j+1,2n} + q_{l-2k} d_k^{j+1,2n} \right]
\tag{2-62}
$$

式中, p_k , q_k 为小波重构共轭滤波器系数。

小波包分析方法可以对所有频带进行分解,但在实际中,部分高频部分信号并不需要继续分解。熵是信号处理领域的常用概念,它能够准确地描述给定信号和信息相关的特性,非常有利于二叉树结构的高效搜索和小波包分解的基本分割。可以根据不同的熵准则来计算最优小波包基,并确定最优小波树的分解。这里,采用 Shannon 熵,其计算公式如下:

$$
E(s) = - \sum_i s_i^2 \log(s_i^2), \quad 0\log(0) = 0
\tag{2-63}
$$

熵信息可以反映系统混乱程度。熵越大,系统越混乱,携带的信息量就越少;反之,熵越小,携带信息越大。小波包分解运算中,分解前信号与分解后信号的熵信息可以求解小波包分解的最优小波包分解树。若分解前信号的熵大于分解后信号的熵,说明分解是有意义的;若分解前信号的熵小于分解后信号的熵,则这层分解是没有必要的。通过熵计算后求得的最优小波包分解如图 2-39 所示。

采用小波包分析算法与 LSSVM 算法相结合,主要流程如图 2-40 所示。

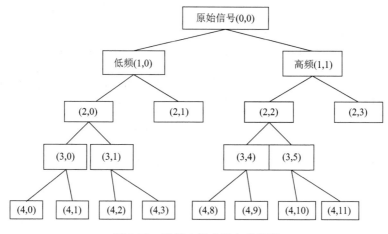

图 2-39 最优 4 层小波包分解图

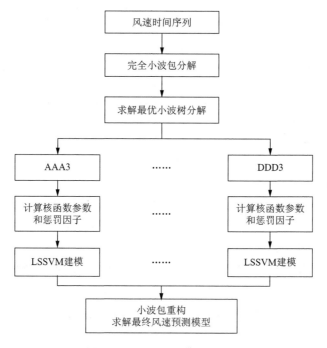

图 2-40 风速预测模型流程图

图 2-41、图 2-42 显示了采用 LSSVM、WPT-LSSVM 结合的短期风速预测结果对比。表 2-3 是两者的误差对比,WPT-LSSVM 方法的单步预测平均误差已经接近 0.1m/s。因此,采用最优小波包分解后的风速预测精度有了大幅度的提升,验证了所提出建模方法的有效性,为风电安全运行和调度提供了前提条件。

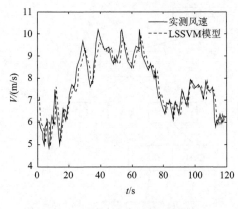

图 2-41 LSSVM 短期风速预测

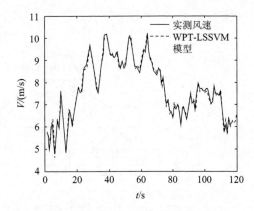

图 2-42 WPT-LSSVM 短期风速预测

表 2-3 LSSVM 和 WPT-LSSVM 短期风速预测误差结果对比

误差指标	LSSVM	WPT-LSSVM
平均误差	0.4295m/s	0.0844m/s
相对误差	6.07%	1.18%
RMS 误差	0.5683	0.1156

2.4.3 短期风速多步预测

1. 风速时间序列多步预测

多步预测[40]在短期风速预测中有着重要的应用意义,无论是电网调度还是风电场调度,都是一个连续过程,如果能准确分析未来风速的变化趋势和数值,电网和风电场均能更好的统筹安排负荷调度。

作一个 N 步预测有两种方法:一是直接法,即每次在实测的基础上直接向前预测 N 步;二是迭代法,即每次只向前预测一步,但每步都添加新得到的预测值来预测下一步。众多研究结果表明迭代法远远优于直接法,本文采用迭代法实现风速预测模型的多步预测,如图 2-43 所示。

对于已知的时间序列 $x_1, x_2, \cdots, x_t$,用迭代法预测 $x_{t+1}, x_{t+2}, \cdots, x_{t+5}$,首先运用 $x_1, x_2, \cdots, x_t$ 的已知数据预测 $y_1 = x_{t+1}$,其次将上一步的输出 $y_1 = x_{t+1}$ 作为新一次预测的输入,同时去掉时间序列中最早的数据 x_1,最后通过 4 次迭代实现 5 步预测。

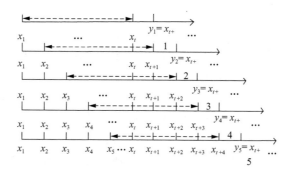

图 2-43 时间序列多步预测

2. 风速时间序列信息粒化预测

由于量度和信息采集所限,不能满足对连续性的需求,这时信息可以称为粒状的,也就是说,应当把粒内的数据点作为一个整体对待而不是分别的进行处理。信息粒化思想由 Zadeh 教授在模糊集领域提出,在信息粒化中,非模糊的粒化方式在众多方法、技术中起着重要作用,分析信息粒能够有效处理一些不完备的信息,同时也能够消除属性冗余值,进而从数据中挖掘有用属性。

在风速预测中,连续时间的数据可能包含着冗余信息,将连续的时间序列划分为若干个信息粒,提取每个信息粒中的特征值,实现对风速时间序列的信息粒描述,如图 2-44 所示。

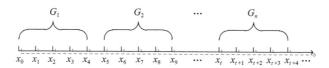

图 2-44 时间序列信息粒化

风速时间序列的信息粒化后,需要定义若干特征量对风速时序信息粒进行描述,选取平均风速 V_a,风速峰峰值 V_{pkpk},风速标准差 σ 三个特征值:

$$V_a = \frac{V_1 + V_2 + \cdots + V_n}{n} \tag{2-64}$$

$$V_{pkpk} = V_{max} - V_{min} \tag{2-65}$$

$$\sigma = \sqrt{\frac{1}{n}\sum_{i=1}^{n}(V_i - V_a)^2} \tag{2-66}$$

平均风速代表该风速信息粒的风速水平;峰峰值代表该风速信息粒的风速波动范围;标准偏差代表该信息粒内风速的分散程度。运用第一部分提出的综合预测模型,可以对风速信息粒的三个特征值进行预测。

3. 实例分析

采用内蒙古某风电场实测数据,运用本节建立的模型,分别用多步预测和信息粒化预测两种方式进行风速预测。

采用该风电场 1 个月的历史风速数据进行建模,其中,15 天的连续风速数据作为训练样本,连续 20 个小时的风速数据作为测试样本。LSSVM 的核函数选择径向基核函数,寻优方法采用双模拟退火和网格算法结合的寻优算法。小波包分解选用三层分解方式,小波基采用 db3,熵准则采用 Shannon 熵,预测步长为 1 步至 5 步。

多步预测结果如图 2-45~图 2-49 所示,误差如表 2-4 所示,由图和表的结果可以看出,随着步长的增加,预测的准确度也在降低。

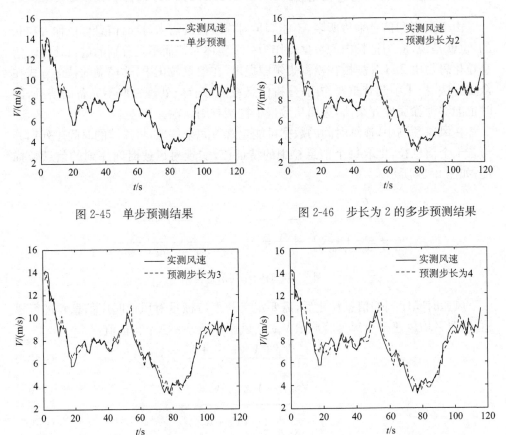

图 2-45　单步预测结果　　　　图 2-46　步长为 2 的多步预测结果

图 2-47　步长为 3 的多步预测结果　　　　图 2-48　步长为 4 的多步预测结果

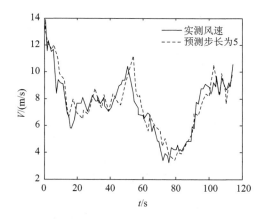

图 2-49　步长为 5 的多步预测结果

表 2-4　多步预测误差结果

预测步长	平均绝对误差	平均相对误差
单步预测	0.174m/s	2.26%
两步预测	0.324m/s	4.42%
三步预测	0.422m/s	5.74%
四步预测	0.578m/s	7.89%
五步预测	0.722m/s	9.71%

对于同一组训练样本和测试样本,将风速时间序列划分为步长为 5 的信息粒后,重新计算最优小波树,训练信息粒的预测模型。多步预测中的测试样本数据重新进行预测分析,25 个信息粒中的三个特征值(平均风速、峰峰值、标准差)的预测结果分别如图 2-50～图 2-52 所示,误差如表 2-5 所示。

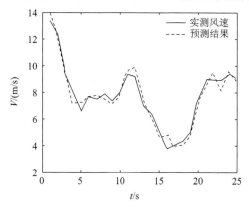

图 2-50　风速信息粒平均风速预测结果

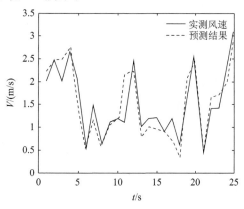

图 2-51　风速信息粒峰峰值预测结果

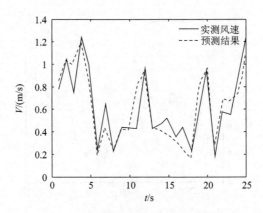

图 2-52　风速信息粒标准差预测结果

表 2-5　风速信息粒特征值预测误差

特征值	平均绝对误差	平均相对误差	均方根误差
平均风速	0.237	1.31%	0.235
峰峰值	0.054	4.40%	0.159
标准差	0.024	4.64%	0.068

　　对于同样的测试样本,步长为 1 至 5 的多步预测结果如图 2-53 所示(仅列举 6 组,实际测试样本为 24 组),实线为实际数据,虚线为预测数据,其平均风速、峰峰值、标准差与真实值的误差如表 2-6 所示。

表 2-6　多步预测误差

特征值	平均绝对误差	平均相对误差	均方根误差
平均风速	0.442	5.99%	0.630
峰峰值	0.508	72%	0.065
标准差	0.209	73.1%	0.0260

　　选用相同的测试数据,采用相同的建模方法,分析比较表 2-5、表 2-6 的数据可知,两种预测方式的结果各不相同,信息粒化预测三个特征值的预测精度较高,可以较好地描述未来的风速水平和分布,但无法表示信息粒内风速变化的趋势;多步预测虽然没有信息粒化预测三个特征值的准确度高,但可以刻画未来风速变化的趋势曲线,如图 2-53 所示。电网对区域能源中风电场的调度往往是连续的过程,风速多步预测可以更好地反映未来风速变化的趋势,为电网连续调度提供条件;粒化预测能够消除冗余数值,计算较准确的风速水平和分布,更适用于分析不同风电场或不同机组未来的出力特性。

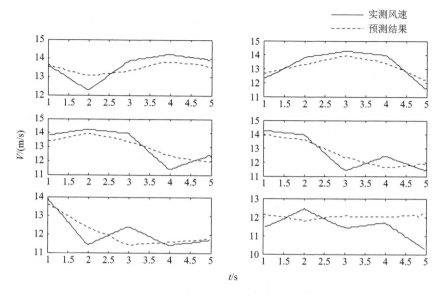

图 2-53　6 组样本 1 至 5 步的预测结果

2.4.4　电网友好型风电场负荷优化调度分析

风能作为一种间歇性能源,风电出力与电网需求表现出较强的反调节特性,风电高出力时间主要出现在夜间,并且具有随机性。随着大规模风电并网,风电在电网中的渗透率日益增加,对电网的影响越来越大。在已运营的风电场中,风电出力被要求具备一定的功率可调能力,以响应电网调度需求。

随着风力发电技术的不断成熟,风电场装设了风速/风功率预测系统,并不断提高其预测精度;变桨距控制和转子电流控制技术水平不断提高,主流变速变桨双馈感应风力发电系统的出力能够在线调控,有效控制风电出力的绝对值及其变化率,实现单元机组级的有功功率控制。由于风速不可控,在风电场级的有功功率控制系统中,并网运行的风电场的功率输出只能向下控制,目前的控制策略主要有绝对功率控制、平衡控制、功率比限制控制、Δ 控制等[52]。其中,结合平衡控制与 Δ 控制方法,风电场的出力就能够按照电力系统的要求增减,使用这种控制方法的风电场能自动提供电力系统的二次调频。如果风电场进一步提高出力预测和控制水平,有利于电力系统调度对其他电源的开机方式进行合理安排,不仅可以大幅度提高电网消纳风电的能力,也使风电变成了电网中的“绿色电源”。

本节旨在根据中调指令和风功率预测数据,建立风电场中风电机组的优化调度方法。优化后的调度策略可用于无法实现集中有功功率控制的风电场或长时间限负荷/变负荷运行的风电场,对风电场安全经济生产有一定指导意义。不同于传统的单元机组较少的火力发电厂,风电场占地面积大、机组所在地形各有差异,并且数量众多。目前,单一风电场的机组数量已经可以达到几十个甚至上百个,加上连续时间维度,风电机组启停调度方案的可能性大大增加,导致在运行调度表寻优的过程中容易形成"维数灾",寻优的结果和时间难以令人满意。为了解决上述问题,这里首先对风电场内所有机组的运行数据进行分析,提取每台机组的运行特征值,通过其特征矩阵进行聚类分析,将具有相同或相似特性的机组划分为同一簇,根据不同簇的特征划分为常规机组和调度机组,以达到降维的效果;其次,定义风电机组相对磨损指数,建立优化目标函数,并给出约束条件;最后,根据中调负荷指令和风功率短期预测数据,利用遗传算法对风电场进行多目标调度规划寻优,得到符合约束条件的风电场优化调度策略。

电网频率是电能质量与电网运行状态的重要技术指标之一,它反映着电力系统中有功功率的供需平衡关系,如果电网频率高于额定值就说明电力系统中的有功功率供给大于需求,也就是发电厂发电量大于用电负荷的需求;相反,如果频率低于额定值,说明电力系统的有功功率是需求大于供给,也就是发电厂发电量小于用电负荷需求。在额定频率时,电力系统中的所有节点都在额定频率下运行,电网中所有参与并网的发电厂的出力与电网的需求相等,并且电力系统中并网发电厂出力可以有序跟随负荷的变化,以保证电能质量水平。

由于风能利用的特殊性,风电场出力存在一定的波动性、随机性和反调节性。在风力发电发展初期,电力系统中风电场出力被视为电源侧的扰动存在,但随着风力发电容量在电力系统中所占比例日益增大,对并网风电场的出力水平和跟随性也有了进一步的要求。

结合风电场自身运行特性,在短期风速预测的基础上,设计了满足电网侧有功功率调度的风电场负荷优化分配系统,如图 2-54 所示。

风电场接收电网调度指令 P_8^{grid} 后,根据 SCADA 监控系统和风速预测系统的数据进行风电场/群调度计算,选择一个或多个风电机组群进行调度,其余机组群按最大功率跟随策略运行。选中的风电机组群首先根据启停策略设置机组组合方式,再将选中的机组群的其他风机进行负荷优化分配,最基本的方法可以按 SCADA 系统中的当前风速和风速预测系统对风机未来出力按比例分配。

以图 2-28 所示的增强功率可调度性控制策略为例,在不同风速条件时,根据切换条件实现风力发电单元机组在不同运行模式下切换,以跟踪单元机组调度指令,并最终完成电网调度指令。因而,在精确风速预测的前提下,通过模仿传统发电厂调度模式的风电场调度系统,可以有效地响应电网侧的负荷调度。

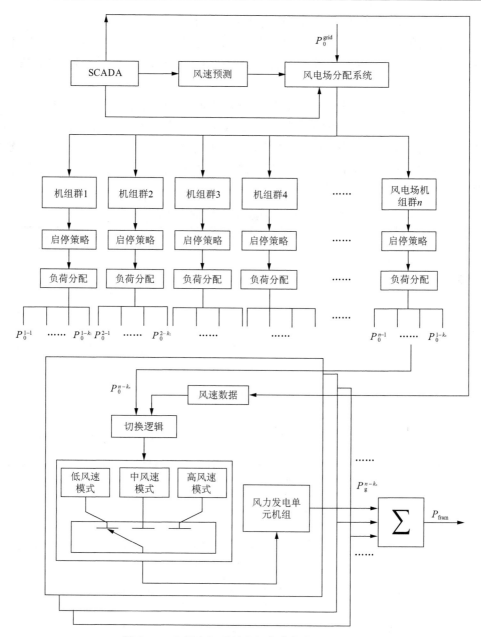

图 2-54 电网友好型风电场负荷优化调度策略

1. 风电场运行成本分析

近年来,随着风力发电系统设计制造与运行控制技术的日益完善,风力发电的实际成本大幅降低,已经不足过去的 50%。而且,由于并网机组的容量不断增大,风电机组的运行效率稳定提高,风电的成本持续下降。

在当前的风力发电市场中,影响风力发电经济性的主要因素有:投资成本,包括基础部分投资、并网费用等;发电量/平均风速;运行和维护(O&M)费用;机组寿命;贴现率。

其中,对于风电场最重要的是投资成本,风能项目的资金投入主要在机组本身的造价上,被称为"工厂交货价格"(不包括风场建设、基础和并网的投资;只包括制造商提供的机组、叶片、塔架和运输到安装风场的费用等)。表 2-7 反映了各要素在风电场投资中所占的比例,风力发电机组本身是风电场整个投资的最大支出,一般占整个投资的四分之三左右。

表 2-7　风电和其他典型电力投资的成本构成比较

成本要素	风力发电/%	其他典型电力/%
机组本身	74～82	15 以上
基础	1～6	20～25
电气安装	1～9	10～15
并网	2～9	35～45
咨询	1～3	5～10
陆地	1～3	5～10
路政花费	1～3	5～10
道路建设	1～3	5～10

风力发电总成本中约有 75% 与资金投入相关,包括机组本身成本、基础设施、电子设备与并网成本,集中于机组费用及运行维护费用;而常规能源发电总成本中有 40%～60% 与燃料运行、维护成本有关。

2. 风电场机组特征矩阵与负荷运行特性

在风电场运行过程中,不同风电机组同一时间段的出力水平可能会有显著差异,并呈现出不同的变化趋势。相对于常规火电厂,风电场机组数量众多,占地面积巨大,机组之间距离较远,地形条件复杂。由于风电机组的出力主要取决于风速,所以在同一时间段内,各单元机组呈现出不同的出力水平和不同的增减趋势。通过风功率预测系统,可以预估风电场未来几小时内各单元机组的出力水平,进而考虑电网侧调度指令,并结合风电机组及风电场运行特性制定优化调度策略。

风电机组的输出功率跟随风向和风速而变化,同时,由于每台机组所在位置的地形地貌、粗糙度不同,机组之间存在一定的尾流效应,不同机组的出力水平和波动趋势也有一定差异。假设风电机组偏航控制系统可以较好的跟踪风向,捕捉最大风能,只考虑风速的影响。通过对风电场内所有机组的大量历史数据进行分析,分别提取每台机组输出功率的平均值和标准差作为特征值：

$$P_{\text{mean}}^i = \sum_{j=1}^n \frac{P_j^i}{n} \qquad (2\text{-}67)$$

式中，P_{mean}^i 表示风电场第 i 台机组在 $j=1,2,\cdots,n$ 时间段内出力的平均值。

$$P_{\text{std}}^i = \sqrt{\frac{1}{n} \sum_{j=1}^n (P_j^i - P_{\text{mean}}^i)^2} \qquad (2\text{-}68)$$

式中，P_{std}^i 表示风电场第 i 台机组在 $j=1,2,\cdots,n$ 时间段内出力的标准差。

再将各台机组一段时期出力的平均值和标准差进行数据归一化处理，得

$$P_{\text{mean}(0\text{-}1)}^i = \frac{P_{\text{mean}}^i - P_{\text{mean}}^{\min}}{P_{\text{mean}}^{\max} - P_{\text{mean}}^{\min}} \qquad (2\text{-}69)$$

$$P_{\text{std}(0\text{-}1)}^i = \frac{P_{\text{std}}^i - P_{\text{std}}^{\max}}{P_{\text{std}}^{\min} - P_{\text{std}}^{\max}} \qquad (2\text{-}70)$$

式中，$P_{\text{mean}(0\text{-}1)}^i$ 和 $P_{\text{std}(0\text{-}1)}^i$ 即为数据归一化后的结果。

所求风电机组输出功率特征矩阵即为

$$\begin{bmatrix} P_{\text{mean}(0\text{-}1)}^1 & P_{\text{mean}(0\text{-}1)}^2 & \cdots & P_{\text{mean}(0\text{-}1)}^i \\ P_{\text{std}(0\text{-}1)}^1 & P_{\text{std}(0\text{-}1)}^2 & \cdots & P_{\text{std}(0\text{-}1)}^i \end{bmatrix} \qquad (2\text{-}71)$$

目前，一个中型风电场的机组数量在几十台至上百台，在对其机组调度寻优时，风电场内的机组维数加上时间维数构成了一个上百维的高维目标函数，如果直接利用优化算法进行寻优，将会引发寻优时间漫长和局部最优解等情况。

运用以上关于风电机组输出功率运行特性的分析，利用模糊聚类算法将风电场内众多机组分为若干类机组群，对出力较高、波动较小、输出较平稳的单台机组进行优先调度。根据中调指令，先选择调度的机组群，再进行单台机组调度，可以达到人工降维的目的。

3. 风电场机组聚类分析

模糊 C 均值聚类算法（fuzzy C-means，FCM）简称为 FCM 算法[53]，在基于目标函数的聚类算法中，模糊 C-均值聚类算法的理论最为完善、应用最为广泛。FCM 聚类算法是由 Dumm 第一个提出的，并由 Bezdek 将其发展和推广。FCM 聚类算法是一种迭代优化算法，设 $X=\{x_1,x_2,\cdots,x_n\}$ 是特征空间 R_n 上的一个有限数据集合，将 X 划分为 c 类（$2 \leqslant c \leqslant n$），同时，设有个数为 c 的聚类中心 $v=\{v_1,v_2,\cdots,v_c\}$。

FCM 算法的目标函数为

$$J_{\text{FCM}}(U,V) = \sum_{i=1}^n \sum_{j=1}^c u_{ij}^m x_i - v_j^2 \ (m \geqslant 0) \qquad (2\text{-}72)$$

$$\sum_{i=1}^c u_{ij} = 1, \quad u_{ij} \in [0, \ 1] \qquad (2\text{-}73)$$

式中，c 为所形成的聚类个数；n 为数据样本总数；U 为输入空间 X 的一个模糊 C 划分；$m \in [0, \infty)$ 为模糊加权指数，是为了变动对 x_i 的隶属度。目标函数表示各聚类中特征点到聚类中心的距离的平方和，而 FCM 聚类问题就是通过迭代优化计算使目标函数能够达到最小值。

选取内蒙古某风电场的 30 台 1.5MW 变速变桨双馈感应风电机组 24 个小时内的数据进行特征矩阵提取和聚类分析。聚类结果如图 2-55 所示，30 台风电机组被划分为四个簇，每个簇内风机编号分别为 A{4,5,7,14,17,23,29,30}，B{2,15,21,26,27,28}，C{6,8,9,10}，D{1,3,11,12,13,16,18,19,20,22,24,25}。通过分析发现 A 簇机组平均功率较高、波动较小，B 簇机组平均功率较低、功率波动较小，C 簇机组平均功率较高、功率波动较大，D 簇机组平均功率低且波动明显。针对聚类结果中不同簇内风电机组的特性，划分其运行优先级。A、B 簇中风电机组的出力较为稳定，适合长期运行发电，因此作为优先运行机组群；D 簇中 12 台风电机组的出力根据风速的变化具有一定波动性，可将其作为调度机组群。

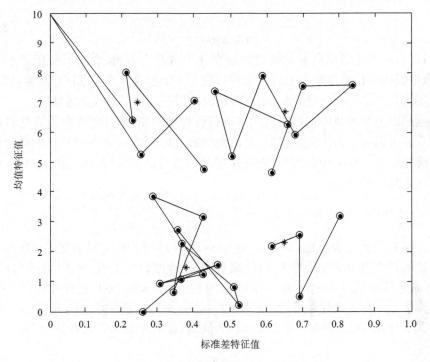

图 2-55　风电场运行机组聚类结果

根据不同风电场的风电机组数量，可以调整聚类算法簇的个数，并根据每个簇中不同风电机组共同的物理特性，制定风电场每台风电机组调度优先级策略，让风电场中出力水平高且波动小的机组群优先参与发电，出力水平低且波动大的机组群设为最低优先级。通过设置不同机组群的调度优先级,以达到降维的目的。

2.4.5 基于机组相对损耗指标的风电场负荷优化调度

1. 机组相对运行损耗指标

不同于传统能源发电,风电场运行没有机组的煤耗曲线,取而代之的是每台机组的风功率预测曲线,机组的运行调度情况主要取决于该机组所在地理位置在不同时间段的风速分布。风电场运行不消耗传统的化石能源,主要运行维护成本包括定期维护、故障维修、备件管理费用等。

由于影响风机启停、运行的因素众多且物理过程复杂,全面分析引起机组损耗的物理过程,计算风电机组的损耗指标暂时比较困难,为实现负荷优化调度策略,这里提出了机组相对运行损耗指标。

机组相对运行损耗可以分为机组运行损耗和机组启停损耗,这是一对此消彼长的对立量。根据风功率预测数据和电网的调度指令,安排风电场中较多的机组长时间运行可以较好地满足电网的调度指令,避免频繁启停风机,缺点是会增加冗余机组的运行损耗;安排较少的机组运行并根据风功率水平和调度指令随时启停备用风机可以减少机组的运行损耗,但会增加机组的频繁启停损耗。而且,机组出力随风速水平的变化而变化,同时,调度指令也不会始终是同一数值。各种变化因素增加了调度的复杂性,在未来几个连续时间段内,如何在满足电网调度的条件下,制定既减小机组的冗余运行磨损又避免机组频繁启停的调度方案,需要建立相应的优化目标函数。

定义风电场的运行相对损耗指标和启停相对损耗指标分别为

$$M = \sum_{i=1}^{n} \sum_{j=1}^{T} X_j^i \tag{2-74}$$

$$N = \sum_{i=1}^{n} \sum_{j=1}^{T} |X_j^i - X_{j-1}^i| \tag{2-75}$$

式中,X 为 $T \times n$ 维调度矩阵,矩阵元素由 0 和 1 组成,0 表示第 j 时间段内第 i 台风电机组为空载状态,1 表示第 j 时间段内第 i 台风电机组为运行状态;n 表示风电场内风电机组的数量;T 表示风电场优化调度的总时间。

于是,风电场负荷优化调度的目标函数可以表达为

$$\min(aM + bN) = \min\left(a \sum_{i=1}^{n} \sum_{j=1}^{T} X_j^i + b \sum_{i=1}^{n} \sum_{j=1}^{T} |X_j^i - X_{j-1}^i|\right) \tag{2-76}$$

由于风电场机组众多,优化调度问题的本质是一个高维的多目标非线性优化问题。式(2-76)中 a、b 是两个指标的系数,通过改变这两个权重系数,可以改变调度策略。

风电场优化运行调度最重要的约束条件是电网中调指令,这不仅关系到风电场的经济运行,还关系到整个电网的运行安全。其他的约束条件还包括:功率平衡

约束、系统的旋转备用约束、风电机组的启停时间约束等。

(1) 功率平衡约束为

$$\sum_{i=1}^{n} \sum_{j=1}^{T} P_j^i - P_{\text{loss}} = P_0 \tag{2-77}$$

式中，P_j^i 为风电场第 i 台风电机组的有功功率；P_0 为风电场的中调指令。

(2) 风功率预测约束为

$$P_{ij}^{\min} \leqslant P_{\text{predict}}^i \leqslant P_{ij}^{\max} \tag{2-78}$$

式中，P_{predict}^i 为第 i 台风电机组的功率预测值；$P_{ij}^{\min}$、$P_{ij}^{\max}$ 为第 i 台风电机组在第 j 时间段功率预测值的最小值和最大值，一般由功率预测算法的相对误差决定。

(3) 负荷调度约束为

$$P_{xj} = \sum_{i=1}^{i=n} P_{\text{predict}}^{ij} X_j^i \tag{2-79}$$

式中，P_{xj} 为第 j 时间段风电场每台机组所规划的有功功率之和。风电场的规划出力满足中调指令，这是风电场安全生产的最基本要求。

(4) 最大功率变化率约束：最大功率变化率包括 1 分钟功率变化率和 10 分钟功率变化率，其一般根据风电场所接入的电网状况、风电机组运行特性及其技术性能指标等，由风电场运营商和电网管理方共同确定。该约束也适用于风电机组并网、停机或者增加出力等情况。可以定义 10 分钟功率最大变化率为装机容量除以 1.5，1 分钟功率最大变化率为装机容量除以 5。

2. 遗传寻优算法

遗传算法[54]是一种借鉴生物界进化规律的随机化搜索方法，其主要特点是直接对结构对象进行操作，不存在求导和函数连续性的限定；采用概率化的寻优方法，能够自适应地调整搜索方向。随着高维问题的出现，组合优化问题的搜索空间也急剧增大，在目前的计算上用枚举法很难求出最优解。对这类复杂的高维问题，应把主要精力放在寻求满意解上，而遗传算法正是寻求这种满意解的最佳工具之一。

利用遗传算法求解风电场机组调度优化问题的结构框图如图 2-56 所示。

3. 算例分析

依据上述模型和算法，对内蒙某风电场进行单元机组负荷分配，该风电场规模为 30 台 1.5MW 变速变桨双馈感应风电机组，总额定容量 45MW，单台机组切入风速 $V_{\text{cut-in}} = 3\text{m/s}$，额定风速 $V_{\text{rated}} = 14\text{m/s}$，切出风速 $V_{\text{cut-out}} = 20\text{m/s}$。风电场并网节点安装有最大容量为 20Mvar 的并联电容器组提供无功补偿。根据电网中调指令，利用本节提出的模型和算法，进行风电场优化运行调度[55,56]。

首先利用风功率预测对风电场内所有机组未来 3 小时内的出力进行多步预测，结果如表 2-8 所示。

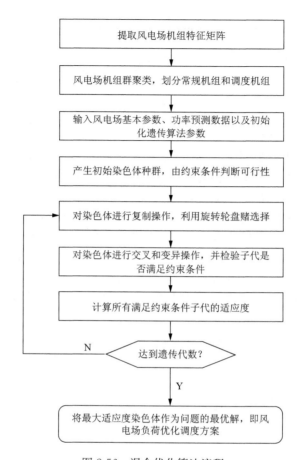

图 2-56　混合优化算法流程

表 2-8　风功率多步预测表　　　　　　　　（单位:kW）

预测步长	风电机组									
	1	2	3	4	5	6	7	8	9	10
I	601.1	757.0	720.3	891.9	1021.6	1050.3	1136.3	992.3	928.1	846.4
II	749.1	717.1	931.8	955.6	1090.5	1245.7	1203.5	937.6	1139.8	983.3
III	801.8	805.2	982.7	1046.7	1030.3	1143.6	1198.7	1194.3	1048.7	1067.8

预测步长	风电机组									
	11	12	13	14	15	16	17	18	19	20
I	728.9	600.9	567.3	964.8	537.7	672.9	903.3	605.8	646.9	527.3
II	875.6	780.2	713.1	1085.3	651.1	814.4	954.9	590.0	812.5	703.5
III	989.3	801.7	832.9	1035.0	662.8	861.9	964.5	750.4	891.0	778.8

续表

预测步长	风电机组									
	21	22	23	24	25	26	27	28	29	30
I	366.5	730.4	780.0	620.3	530.5	534.3	550.2	706.6	780.2	981.1
II	372.0	957.0	914.6	865.7	787.6	633.2	611.7	791.2	801.5	1070.8
III	374.2	772.9	881.7	686.6	554.0	619.8	573.0	858.2	857.6	969.2

本算例在跟随电网中调指令的条件下,以风电场最小启停损耗和最小运行损耗为目标,采用模糊聚类和遗传算法进行多目标优化算法寻优。某次风电场连续3 个小时的中调负荷指令为 21000kW、22000kW、24000kW,运用混合优化算法对风电场进行优化调度,目标函数参数 $a=2$、$b=3$,遗传算法初始种群为 $N_{pop}=50$,交叉概率 $P_c=0.6$,变异概率为 $P_m=0.05$,遗传代数 $N_{gen}=50$。

经过 50 次迭代计算,目标函数值达到最佳,表 2-9 是对应最优解时风电场内各机组的优化调度表,表中调度机组出力为 0 表示该机组按照机组组合计划处于空载状态,没有有功功率的输出。表中调度机组出力为 1 表示该机组按照机组组合计划处于运行状态。

表 2-9 最优解对应的机组组合表

预测步长	1	3	11	12	13	16	18	19	20	22	24	25
I	1	1	1	1	1	1	0	1	1	1	1	0
II	1	1	1	1	1	1	0	1	1	1	1	0
III	1	1	1	1	1	1	0	1	1	1	0	0

由表 2-9 可知,在 $a=2$、$b=3$ 的调度策略下,18 号风电机组和 25 号风电机组在这三个时间段均处于停机状态;24 号风电机组在前两个小时处于运行状态,第三个小时处于空载状态。

分析运行结果发现,虽然负荷调度指令处于递增状态,机组的优化调度结果却如表 2-9 所示,第三个小时关闭了 24 号机组,这是由于风电场所在区域的风速增大的结果。因此,对风电场机组调度的优化要结合机组的运行状态,更要结合所在区域的风速预测数据。

根据实际需求,改变目标函数中 a、b 的数值,得到不同的调度矩阵,可以实现不同的风电场运行调度优化策略:a 与 b 的比值越大,运行损耗越小,机组根据即时的风速大小调整启停满足调度指令;a 与 b 的比值越小,启停损耗越小,执行尽量减小启停机组的策略,负荷跟随性能更好。

传统的风电场级控制系统中风电机组有功功率调度方法采用比例分配方法为

$$P_{ref\,i}^{WT_i} = \frac{P_{predict}^{WT_i}}{P_{predict}^{WF}} P_{out}^{WFC}, \quad P_{predict}^{WF} = \sum_{i=1}^{n} P_{predict}^{WT_i} \tag{2-80}$$

式中，$P_{predict}^{WTi}$ 为第 i 台机组在未来时间段内预测的最大出力；P_{ref}^{WTi} 为第 i 台机组的有功功率调度值。

比例分配的调度方式在风电场级控制系统中的策略是，所有风电机组均参与有功功率的输出，并根据各机组预测的出力能力按比例分配负荷需求。

相对于传统的风电场风电机组调度方式，所求机组组合调度结果的目标函数值最优，即在满足电网调度的前提下，既减小了风电场机组无谓的运行损耗，又避免了多机组频繁的启停损耗，满足约束条件，验证了优化策略的可行性和有效性。实际计算中，直接对风电场所有机组进行负荷优化分配，陷入"维数灾"的可能性很大，并容易得到局部最优解，采用混合智能优化算法对风电场机组运行调度计划进行求解，收敛速度更快，搜索效果更好。

2.5　本章小结

由于风能的强随机波动性和间歇性，以及电网对风力发电系统电能质量的苛刻要求（例如无功功率、谐波和低电压穿越等），风力发电系统的运行与控制面临严峻挑战。要实现规模化风力发电系统的安全高效运行，需要深入分析风电机组的特性，建立风电机组的数学模型，通过优化机组的运行与控制，提高能源转换效率及电能质量，增强风电机组及风电场的可调度性能。

本章在概述风力发电系统的基本原理，包括风电机组的分类、主流风电机组的基本原理以及风资源特性等的基础上，重点针对变速变桨双馈感应风机，给出了机组的机理模型，包括风力机、传动系统、变桨距系统及发电系统；讨论了变速变桨双馈感应风电机组控制系统的结构及原理，包括电气系统矢量控制、电网友好控制以及一种增强风电机组有功功率可调度性的优化控制策略；在分析风功率短期预测方法的基础上，建立了一种用于增强功率输出平稳性的风电场负荷优化调度方法。

参 考 文 献

[1] Ackermann T. Wind Powr in Power Systems[M]. West Sussex: John Wiley & Sons, 2005.

[2] Bianchi F D, Battista H, Mantz R J. Wind Turbine Control Systems: Principles, Modeling and Gain Scheduling Design[M]. London: Springer-Verlag, 2007.

[3] Cashman D P, Hayes J G, Egan M G, et al. Comparison of test methods for characterization of doubly fed induction Machines[J]. IEEE Transactions on Industry Applications, 2010, 46(5): 1936-1949.

[4] 蔺红, 晃勤. 电网故障下直驱式风电机组建模与控制仿真研究[J]. 电力系统保护与控制, 2010, 38 (21):189-195.

[5] Nichita C, Luca D, Dakyo B, et al. Large band simulation of the wind speed for real time wind turbine simulators[J]. IEEE Transactions on Energy Conversion, 2002, 17(4), 523-529.

[6] Welfonder E，Neifer R，Spanner M. Development and experimental identification of dynamic models for wind turbines[J]. Control Engineering Practice，1997，5(1)：63-73.

[7] Burton T，Sharpe D，Jenkins N，et al. Wind Energy Handbook[M]. West Sussex：John Wiley & Sons，2001.

[8] Heier S，Waddington R. Grid Integration of Wind Energy Conversion Systems[M]. 2nd ed，West Sussex：John Wiley & Sons，2006.

[9] Iov F，Timbus A V，Hansen A D，et al. Wind turbine blockset in matlba/simulink：general overview and description of the models[R]. Denmark：Aalborg University，2004.

[10] Kundur P. Power System Stability and Control[M]. New York：McGraw-hill，1994.

[11] 孙建锋. 风电场建模和仿真研究[D]. 北京：清华大学，2004.

[12] 向恺. 基于 Matlab 的风力发电系统仿真研究[D]. 北京：华北电力大学，2007

[13] 葛海涛. 基于 MATLAB 的风力发电系统仿真研究[D]. 北京：华北电力大学，2009.

[14] Asmine M，Brochu J，Fortmann J，et al. Model validation for wind turbine generator models[J]. IEEE Transactions on Power Systems，2011，26(3)，1769-1782.

[15] Slootweg J G，Kling W L. Modeling wind turbines for power system dynamics simulations：an overview [J]. Wind Engineering，2004，28(1)，7-25.

[16] Jonkman J M，buhl J R，Marshall L. Fast user's guide[R]. National Renewable Energy Laboratory，2005.

[17] Iov F，Blaabjerg F，Hansen A D. A simulation platform to model，optimize and design wind turbines：the matlab/simulink toolbox[J]. The Annals of "Dunarea De Jos" University of Galati Fascicle III，2002.

[18] Muljadi E，Butterfield C，Chacon J，et al. Power quality aspents in a wind power plant[R]. National Renewable Energy Laboratory，2006.

[19] Datta R，Ranganathan V T. Variable-speed wind power generation using doubly fed wound rotor induction machine：a comparison with alternative schemes[J]. IEEE Transactions on Energy Conversion，2002，17(3)，414-420.

[20] Wu B，Lang Y Q，Zzrgari N，et al. Power Conversion and Control of Energy Systems[M]. Johh Wiley & Sons，2011.

[21] Hansen A D，Sørensen P，Iov F，et al. Control of variable speed wind turbines with doubly-fed induction generators[J]. Wind Engineering，2004，4(28)，411-432.

[22] 林勇刚. 大型风力机变桨距控制技术研究[D]. 杭州：浙江大学，2005.

[23] Munteanu I，Bratcu A L，Cutululis N A，et al. Optimal Control of Wind Energy Systems：Towards a Global Approach[M]. London：Springer Science & Business Media，2008.

[24] 姚兴佳，宋俊. 风力发电机组原理与应用[M]. 北京：机械工业出版社，2009.

[25] Chang-Chien L R，Yin Y C. Strategies for operating wind power in a similar manner of conventional power plant [J]. IEEE Transactions on Energy Conversion，2009，24(4)：926-934.

[26] Chang-Chien L R，Lin W T，et al. Enhancing frequency response control by DFIGs in the high wind penetrated power systems [J]. IEEE Transactions on Power Systems，2011，26(2)：710-718.

[27] Chang-Chien L R，Sun C C，et al. Modeling of wind farm participation in AGC [J]. IEEE Transactions on Power Systems，2014，29(3)：1204-1211.

[28] Akhmatov V. Induction Generators for Wind Power[M]. Multi-Science Pub. ，2005.

[29] Aoife M F，Paul G L，Antonino M，et al. Current methods and advances in foresting of wind power

generation[J]. Renewable Energy，2012，37(1)：1-8.

[30] Alexiadis M，Dokopoulos P，Sahsamanoglou H，et al. Short term forecasting of wind speed and related electrical power[J]. Solar Energy，1998，63(1)：61-68.

[31] Brown B G，Katz R W，Murphy A H，Time serial models to simulate and forecast wind speed and wind power[J]. Journal of Climate and Applied Meteorology，1984，23(8)：1184-1195.

[32] Torres J L，Garcia A，Blas M D，et al. Forecast of hourly average wind speed with ARMA models in navarre(Spain)[J]. Solar Energy，2005，79(1)：65-77.

[33] Bossanyi E A. Short-term wind prediction using kalman filters[J]. Wind Engineering，1985，9(1)：1-8.

[34] 卿湘运，杨富文，王行愚. 采用贝叶斯—克里金—卡尔曼模型的多风电场风速短期预测[J]. 中国电机工程学报，32(35)，107-114.

[35] Kariniotakis G N，Stavrakakis G S，Nogaret E F. Wind power forecasting using advanced neural networks models[J]. IEEE Transactions on Energy Conversion，1996，11(4)：762-767.

[36] Li S H，Wunsch D C，Giesselmann M G，et al. Using neural networks to estimate wind turbine power generation[J]. IEEE Transactions On Energy Conversion，2001，16(3)：276-282.

[37] 范高峰，王伟胜，刘纯，等. 基于人工神经网络的风电功率预测[J]. 中国电机工程学报，2008，28(34)：118-123.

[38] Carolin M，Femandez E. Analysis of wind power generation and prediction using ANN：A case study [J]. Renewable energy，2008，33(5)：986-992.

[39] 杨锡运，孙宝君，张新房等. 基于相似数据的支持向量机短期风速预测仿真研究[J]. 中国电机工程学报，32(4)：35-41.

[40] Liu Y Q，Shi J，Yang Y P，et al. Short-term wind-power prediction based on wavelet transform-support vector machine and statistic-characteristics analysis[J]. IEEE Transactions on Industry Applications，2012，48(4)：1136-1141.

[41] Liu D，Niu D，Wang H，et al. Short-term wind speed forecasting using wavelet transform and support vector machines optimized by genetic algorithm[J]. Renewable Energy，2014，62：592-597.

[42] 潘迪夫，刘辉，李燕飞. 风电场风速短期多步预测改进算法[J]. 中国电机工程学报，2008，28(26)：87-91.

[43] 潘迪夫，刘辉，李燕飞. 基于时间序列分析和卡尔曼滤波算法的风电场风速预测优化模型[J]. 电网技术，2008，32(7)：82-86.

[44] 张国强，张伯明. 基于组合预测的风电场风速及风电机功率预测[J]. 中国电机工程学报，2009，33(18)：92-95.

[45] 王丽婕，冬雷，廖晓钟等. 基于小波分析的风电场短期发电功率预测[J]. 中国电机工程学报，2009，29(28)：30-33.

[46] 冯双磊，王伟胜，刘纯，等. 风电场功率预测物理方法研究[J]. 中国电机工程学报，2010，30(2)：1-5.

[47] Sideratos G，Hatziargyriou N D. An advanced statistical method for wind power forecasting[J]. IEEE Transactions on Power Systems，2007，22(1)：258-265.

[48] 肖创英. 欧美风电发展的经验与启示[M]. 北京，中国电力出版社，2010

[49] 卢晓亭，孙勇，笪良龙，等. 基于 EMD 的 BP 神经网络海水温度时间序列预测研究[J]. 海洋技术，2009，28(3)：79-82.

[50] Suykens J，Vandewalle J，De Moor B. Optimal control by least squares support vector machines[J]. Neural Networks，2001，14(1)：23-35.

［51］葛哲学. 小波分析理论与 MATLAB R2007 实现［M］. 北京：电子工业出版社，2007：63-67.

［52］Moyano C F, Lopes J A P. An optimization approach for wind turbine commitment and dispatch in a wind park［J］. Electric Power Systems Research, 2009，79(1)：71-79.

［53］Pal N R, Bezdek J C. On cluster validity for the fuzzy C-means model［J］. IEEE Transactions on Fuzzy Systems，1995，3(3)：370-379.

［54］周明，孙树栋，遗传算法原理及应用［M］. 北京：国防出版社，2002.

［55］Liu J Z, Liu Y, Zeng D L, et al. Optimal short-term load dispatch strategy in wind farm［J］. Science China Technological Sciences, 2012，55(4)：1140-1145.

［56］柳玉. 基于功率全程可调的风电场优化调度策略［D］. 北京：华北电力大学，2013.

［57］Liu J Z, Hu Y, Lin Z W, State-feedback H_∞ control for LPV system using T-S fuzzy linearization approach［J］. Mathematicla Problems in Engineering, 2013，2013(169454)：1-18，2013.

［58］Lin Z W, Liu J Z, Zhang W H, et al. Stabilization of interconnected nonlinear stochastic Markovian jump systems via dissipativity approach［J］. Automatica, 2011，47(12)：2796-2800.

［59］Lin Z W, Liu J Z, Lin Y, et al. Nonlinear stochastic passivity, feedback equivalence and global stabilization［J］. International Journal of Robust, 2011，22(9)：999-1018.

［60］Xie L, Khargonekar P P. Lyapunov-based adaptive state estimation for a class of nonlinearstochastic systems［J］. Automatica, 2013，48(7)：1423-1431.

［61］Xie L. Stochastic Comparison, Boundedness, Weak convergence and ergodicity of a random riccati equation with markovian binary switching［J］. SIAM Journal on Control and Optimization, 2012，50(1)：532-558.

［62］Zhang W G, Zeng D L, Qu S L. Dynamic feedback consensus control of a class of high-order multi-agent systems［J］. IET control theory and applications, 2010，4(10)：2219-2222.

［63］Zhang W G, Zeng D L, Guo Z K. H_∞ consensus control of a class of second-order multi-agent systems without relative velocity measurement［J］. Chinese Physics B, 2010，19(7)：070518-1-5.

第3章　太阳能发电过程建模与控制

太阳能是自然环境中各种物理过程的主要能量来源,是驱动天气、气候形成和演变的基本动力。太阳内部持续进行着氢聚合成氦的核聚变反应,不断释放出大量能量并以电磁波的形式向四周辐射,总量达到 3.865×10^{26} J/s。虽然地球所接收到的辐射能量仅是太阳辐射总量的 22 亿分之一,但每秒仍有 1.765×10^{17} J 之多,折合标准煤 6×10^6 t。按现有太阳热核反应速率计算,太阳的寿命还有 5×10^9 年[1,2]。因此,可以说太阳能是一种分布广泛、用之不竭、清洁安全的可再生能源。

太阳能发电是太阳能开发利用的重要途径。按照其工作原理,太阳能发电技术可分为直接发电与间接发电两大类,如图 3-1 所示。太阳能直接发电主要包括光伏发电和光感应发电;太阳能间接发电首先将太阳能转换为其他能源,然后再转换为电能,主要包括太阳能光化学发电、太阳能光生物发电、太阳能热发电等。在上述各种发电形式中,较为成熟、最具规模化开发潜力的是太阳能光伏发电和太阳能热发电。

图 3-1　太阳能发电技术分类

应该看到,太阳能是一种能量密度低、具有间歇性、地区相关性强的波动性能源,并且随地理位置和季节更替而变化,不同地区间太阳能资源利用的难易程度和效益相距甚远。要实现规模化太阳能发电系统的安全高效运行,需要深入分析太阳能资源特性,开发先进的太阳能发电技术,建立高性能的运行控制方式。

本章首先分析太阳能资源特性,包括太阳能辐射及其影响因素、我国太阳能资源分布等。针对光伏发电系统,给出发电功率预测方法,建立光伏阵列、DC/DC 变换器、并网逆变器等重要环节的数学模型,阐述太阳跟踪控制、最大功率点跟踪控制及并网控制方法。最后,对太阳能热发电技术现状及控制技术作简要介绍。

3.1 太阳能资源特性与发电功率预测

太阳能资源包括太阳能辐射量、日照时数及其时空分布特性,是用来分析某区域太阳能的丰富程度、可利用价值、确定开发方式的基础。对于已投运的太阳能发电系统,为了获得最大输出功率,还要根据太阳辐射变化情况不断调整运行状态,这就需要深入认识太阳、地球相对运动规律,实现太阳辐射能量的准确计算与检测。

对于并网运行的规模化太阳能发电系统,发电功率预测有助于合理安排电网运行方式、及时调整调度计划、实现常规能源和光伏发电的协调配合,已成为提高电网运行安全性与经济性的重要手段。太阳能发电功率除受到太阳能辐射量影响外,还与发电形式密切相关,本节仅以光伏发电为例说明常见的功率预测方法。

3.1.1 太阳能资源特性

1. 日地相对位置

受地球自转及围绕太阳公转的影响,地球上特定位置与太阳间的距离、角度每时每刻都在变化。为了定量描述这些变化关系,最方便的方法是采用天球坐标系[3,4]。所谓"天球",就是人们站在地球表面上,仰望天空,平视四周所看到的假想球面。它以观察者为球心,以任意长度(无限长)为半径,其上分布着所有天体。按照相对运动原理,太阳好像在这个球面上周而复始地运动一样,如图 3-2(a)所示。

描述天球的基本参数主要包括以下几个。

天极:过天球中心作一与地球自转轴平行的直线(天轴),它与天球相交的两点为天极,包括北天极 P 与南天极 P'。

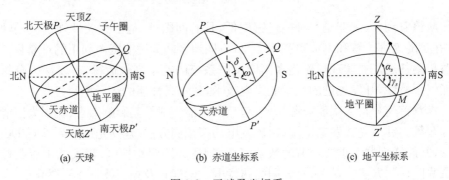

(a) 天球   (b) 赤道坐标系   (c) 地平坐标系

图 3-2   天球及坐标系

天赤道:过天球中心作一与天轴垂直的平面(天赤道面),它与天球相交的大圆为天赤道。

天顶与天底:过天球中心作一直线与观测点的铅垂线平行,交天球于两点,位于观测者头顶的一点称天顶 Z,与天顶相对的另一交点为天底 Z'。

真地平:过天球中心作一与铅垂线垂直的平面,与天球相交的大圆为真地平。

天子午圈:天球上过天极和天顶的大圆。

为研究天体在天球上的位置和它们的运动规律,天球坐标系有多种表示方法,最常用的有赤道坐标系和地平坐标系,均是在上述定义的点(极)和圈(面)的基础上导出的,适用于不同的应用需要。

1) 赤道坐标系

赤道坐标系以天赤道为基本圈,北天极为基本点,天赤道和子午圈在南点附近的交点 Q 为原点,如图 3-2(b)所示。在赤道坐标系中,太阳的位置由赤纬和时角两个坐标决定。

太阳赤纬:也称赤纬角,是太阳中心和地心的连线与赤道平面的夹角,也就是太阳入射光与地球赤道平面之间的角度,记为 δ,单位为度(°)。由于地球自转轴与公转平面之间的角度基本不变,太阳赤纬随季节不同而周期性变化,变化的周期等于地球的公转周期,即一年。在北半球,夏至时太阳赤纬为 $+23°27'$,冬至时太阳赤纬为 $-23°27'$,春分和秋分时太阳赤纬为 0°。太阳赤纬可用 Cooper 方程近似计算:

$$\delta = 23.45\sin(360 \times (284 + n)/365) \tag{3-1}$$

式中,n 为一年中的日期序号,如元旦日 $n=1$,春分日 $n=81$ 等。

太阳时角:是太阳相对于子午圈的角距离。即从观测点天球子午圈上的 Q 点(太阳正午)起算,沿天赤道至太阳所在时圈的角距离。规定正午时角为 0,上午为负、下午为正。通常以 ω 表示,单位为度(°)。地球自转一周 360°,对应的时间为 24h,因此每小时对应的时角为 15°,即每 4min 为 1°。由此得到时角的计算式为

$$\omega = \Delta T \times 15° \tag{3-2}$$

式中,ΔT 为距离正午的时间差,取值范围 $-12 \sim +12$。

2) 地平坐标系

地平坐标系以地平圈为基本圈,天顶为基本点,南点 S 为原点,如图 3-2(c)所示。在地平坐标系中,太阳的位置由高度角和方位角两个坐标决定。由于地平坐标系和观测者在地面上的位置有一定关系,因此地平坐标系随观测地点而异。

太阳高度角:为太阳光线与其在地平面上投影线之间的夹角,它表示太阳高出水平面的角度,用 α_s 表示,(°)。

太阳高度角的计算式为

$$\sin\alpha_s = \sin\varphi\sin\delta + \cos\varphi\cos\delta\cos\omega \tag{3-3}$$

式中,α_s 为太阳高度角;φ 为地理纬度;δ 为太阳赤纬;ω 为太阳时角。

太阳正午时 $\omega = 0$，式(3-3)可简化为

$$\sin\alpha_s = \sin\varphi\sin\delta + \cos\varphi\cos\delta = \cos(\varphi - \delta) = \sin[90° \pm (\varphi - \delta)] \quad (3\text{-}4)$$

式中，正、负号取决于正午时太阳在天顶的位置。

当正午太阳在天顶以南，即 $\varphi > \delta$ 时，有

$$\sin\alpha_s = \sin[90° - (\varphi - \delta)]$$
$$\alpha_s = 90° - \varphi + \delta \quad\quad (3\text{-}5)$$

当正午太阳在天顶以北，即 $\varphi < \delta$ 时，有

$$\begin{cases} \sin\alpha_s = \sin[90° + (\varphi - \delta)] \\ \alpha_s = 90° + \varphi - \delta \end{cases} \quad (3\text{-}6)$$

当正午太阳正对天顶，即 $\varphi = \delta$ 时，有

$$\alpha_s = 90° \quad\quad (3\text{-}7)$$

太阳方位角：为太阳光线在地面上的投影线与正南方的夹角，它表示太阳偏离正南方向的角度，并规定正南方向为零，向西为正，向东为负，用 γ_s 表示，(°)。

太阳方位角的计算式为

$$\sin\gamma_s = \frac{\cos\delta \, \sin\omega}{\cos\alpha_s} \quad\quad (3\text{-}8)$$

或

$$\cos\gamma_s = \frac{\sin\alpha_s \sin\varphi - \sin\delta}{\cos\alpha_s \cos\varphi} \quad\quad (3\text{-}9)$$

利用式(3-8)或式(3-9)，再根据地理纬度、太阳赤纬及观测时间，即可计算出任何地区、任何季节、任何时刻的太阳方位角。

2. 地表面太阳辐射量计算

太阳总辐射是地球表面某一观测点水平面上接收太阳辐射能量的总和，包括太阳直接辐射与散射辐射。以平行光线的形式直接投射到地面的太阳辐射，称之为太阳直接辐射，被大气层或云层反射和散射后改变了方向的太阳辐射，称之为太阳散射辐射。晴天以直射辐射为主，阴天或太阳被云遮挡时只有散射辐射。太阳总辐射量是衡量某区域太阳能丰富程度的重要指标，通常按日、月、年为周期计算，单位为 $J/(m^2 \cdot h)$ 或 W/m^2 等。

影响太阳辐射量的因素众多且极其复杂，可以归结为以下几个方面。

天文因素：主要包括日地距离、太阳赤纬等。日地距离指的是日心到地心的直线长度。由于地球绕太阳运行的轨道是个椭圆，太阳位于一个焦点上，日地距离是时刻变化的，并引起辐射量的变化。太阳赤纬以年为周期，在介于 $-23°27'$ 到 $+23°27'$ 的区间内移动，是造成太阳辐射周期变化的原因。

地理因素：主要包括地区经纬度和海拔高度。地球的自回归造成不同纬度上太阳辐射总量有较大差异，纬度越低，太阳高度角越大，辐射总量越大；海拔较高的

地区,日地距离小,大气对阳光的削弱作用小,到达地表的太阳辐射总量较强;北半球夏天时朝向太阳倾斜,日照时间长,接收的太阳辐射总量大,冬天时背向太阳倾斜,日照时间短,接收的太阳辐射总量小。

几何因素:主要包括接受辐射面的倾角和方位。当得到水平面上直接辐射量及散射辐射量后,根据接受面的倾角及太阳入射角可计算出倾斜面上的太阳辐射量。接受面倾角和方位调整是提高太阳能利用效率的重要手段。

物理因素:主要包括大气变化、接受表面的性质等。地球表面太阳辐射量受大气条件的影响而衰弱,主要原因是由空气分子、水蒸气和尘埃引起的大气散射和由臭氧、水蒸气和二氧化碳引起的大气吸收。太阳辐射随大气透明度的增加而增大,随大气混浊度的增大而减小。地表反射率对总辐射也有一定的影响,主要通过地面与大气间的多次反射表现出来,表现为散射辐射的增加。

天气条件:主要包括晴天、多云、阴天、雨雪等。不同天气条件下,太阳辐射量有较大的差异,构成了太阳辐射量中的随机因素。

如图 3-3 为某地太阳辐射量曲线图,其中图(a)为一年太阳辐射量,图(b)为一天太阳辐射量。可以看出,太阳辐射量曲线除具有较强的趋势性特征外,还表现出明显的随机波动性。

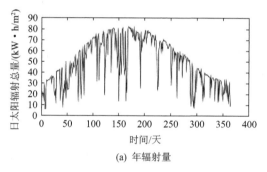 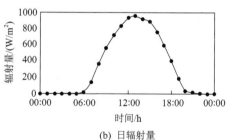

(a) 年辐射量　　　　　　　　　　　(b) 日辐射量

图 3-3　太阳辐射曲线

常见的太阳辐射量计算方法有统计分析方法与气候学计算方法。

统计分析方法是根据代表年太阳辐射和日照的年际变化、年内月际变化和各月的日变化特点,统计得出辐射量的小时分布,绘制各时段变化过程线。

气候学计算方法是根据与太阳辐射相关的气象要素,通过选择太阳辐射量的起始数据、相关因子以及适宜的函数实现特定时间地点上的太阳辐射计算。起始数据分为天文总辐射、理想大气总辐射、可能总辐射三种。从起始数据的计算难度和误差大小来看,天文总辐射计算方便,无计算误差,计算结果具有唯一性,为公认可用的起始数据。

下面分别从到达地球表面大气层的太阳辐射、到达地表面的太阳辐射、地表水平面太阳辐射、地表倾斜面太阳辐射等几方面对太阳辐射计算加以说明。

1）到达地球大气上界的太阳辐射与太阳常数

到达地球大气上界的太阳辐射能量称为天文太阳辐射量。因为太阳与地球之间的距离不是一个常数，这意味着地球大气上方的太阳辐射强度会随日地间距离不同而异。然而，由于日地距离太大（平均距离为 1.5×10^8 km），以至于可以把地球大气层外的太阳辐射强度作为一个常数来看待，称为"太阳常数"。它是指平均日地距离时，在地球大气层上界垂直于太阳辐射的单位表面积上所接受的太阳辐射能，单位为 W/m²。世界气象组织认定的太阳常数（G_{sc}）数值为

$$G_{sc} = (1367 \pm 7)\ \text{W/m}^2 \tag{3-10}$$

实际上，G_{sc} 随日地距离稍有变化。

2）到达地表的法向太阳辐射

所谓法向辐射，是指作用到与太阳光线相垂直的平面上的辐射，法向辐射一般由直接辐射和散射辐射两部分组成。

根据布格尔-朗伯定律，可以推导出与太阳光线垂直表面上的直接辐射量计算式为

$$G_n = \gamma G_{sc} P_m \tag{3-11}$$

式中，G_n 为法向直接辐射量，W/m²；γ 为日地距离变化引起大气上界太阳辐射量变化的修正值；G_{sc} 为太阳常数；P_m 为大气质量为 m 时的大气透明度，其中大气质量为太阳光线穿过地球大气的路径与太阳光线在天顶方向垂直时的路径之比。

P_m 是表征大气对太阳光线透过程度的参数，当 $P_m = 1$ 表示完全透明。P_m 除受天气影响外，还与大气质量 m 密切相关，可表示为

$$P_m = P_1 m$$

式中，P_1 为大气质量为 1 时的大气透明度。

与直接辐射不同，散射辐射的入射方向比较复杂。当天气晴朗时，散射辐射遵循瑞利（Rayleigh）定律，在太阳辐射的入射方向及其相反的方向上散射辐射量最大，可近似认为散射方向与直射方向基本相同。当天空布满均匀的云层或为多雾天气时，散射辐射均匀分布于整个天空。此时，散射辐射相对于水平面上的入射角可当做 60° 来处理。

3）地表水平面上太阳辐射

当太阳到达地球表面的法向辐射量为已知时，可以通过几何运算得出地表水平面上接收到的直接辐射量。

如图 3-4 所示，G_n 为法向直接辐射量，G_b 为水平面 OB 上的直接辐射量，OA 为与太阳光线垂直的平面，由于太阳

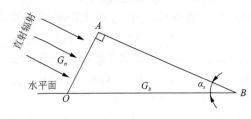

图 3-4　地表水平面上的太阳辐射

直接辐射入射到平面 OA 和平面 OB 上的能量是相等的,可得

$$
\begin{cases}
G_b OB = G_n OA \\
G_b = G_n \dfrac{OA}{OB} = G_n \sin\alpha_s
\end{cases}
\tag{3-12}
$$

将式(3-11)代入上式,有

$$
G_b = \gamma G_{sc} P_m \sin\alpha_s \tag{3-13}
$$

观测资料表明,晴天到达水平面上的散射辐射量,主要取决于太阳高度角和大气透明度[3]。水平面上的散射辐射量可用下式计算:

$$
G_d = C_1 (\sin\alpha_s)^{C_2} \tag{3-14}
$$

式中,C_1、C_2 为经验常数,数值取决于大气透明度,表 3-1 给出了不同大气透明度情况下的 C_1 和 C_2 值。P_2 为将 P_m 值订正到大气质量为 2 时的大气透明度。

表 3-1　不同大气透明度情况下的 C_1 和 C_2 值

P_2	0.800	0.775	0.750	0.725	0.700	0.675	0.650
C_1	0.155	0.175	0.195	0.215	0.236	0.259	0.281
C_2	0.58	0.58	0.57	0.58	0.56	0.56	0.55

4) 地表倾斜面上的太阳辐射

工程应用中太阳光接受面往往与地平面拥有一定倾角。倾斜面上的辐射数据可以根据法向平面或水平面上的辐射数据计算得到,如图 3-5 所示,具体过程如下。

当已知法向辐射量 G_n 时

$$
G_{T,b} = G_n \cos\theta_T \tag{3-15}
$$

式中,$G_{T,b}$ 为倾斜面上的直射辐射量;θ_T 为倾斜面上太阳光入射角。

当已知水平面辐射量 G_b 时:

$$
G_{T,b} = G_b \frac{\cos\theta_T}{\sin\alpha_s} \tag{3-16}
$$

而倾斜面上的散射辐射量可根据下式计算:

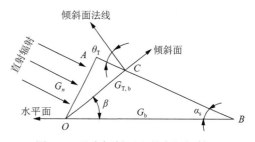

图 3-5　地表倾斜面上的太阳辐射

$$
G_{T,d} = \frac{1+\cos\beta}{2} G_d \tag{3-17}
$$

式中,$G_{T,d}$ 为倾斜面上的散射辐射量;β 为倾斜面与水平面之间的夹角。

倾斜面上的反射辐射可根据下式计算:

$$
G_{T,r} = \rho(G_b + G_d) \frac{1-\cos\beta}{2} \tag{3-18}
$$

式中,$G_{T,r}$ 为倾斜面上的反射辐射量,ρ 为反射系数。

3. 我国太阳能资源分布情况

我国太阳能资源十分丰富,全国各地太阳能年总辐射量为 3340 ~ 8400 MJ/m²,绝大多数地区年平均日辐射量在 4 kW·h/m²,其中西藏自治区最高达 7 kW·h/m²。

根据各地接受太阳总辐射量的多少,将全国划分为五类地区,如表 3-2 所示,其中 Ⅰ、Ⅱ、Ⅲ 类地区,年日照时数大于 2200h,太阳年辐射总量高于 5016MJ/m²,为我国太阳能资源的推荐应用地区[5]。

表 3-2　中国太阳能资源分类情况表

地区类型	每年日照时数 /h	每年辐射总量 /(MJ/m²)	包括的主要地区	备注
Ⅰ	3200~3300	6680~8400	宁夏北部、甘肃北部、新疆东南部、青海西部和西藏西部等地	太阳能资源最丰富地区
Ⅱ	3000~3200	5852~6680	河北西北部、山西北部、内蒙古南部、宁夏南部、甘肃中部、青海东部、西藏东南部和新疆南部等地	太阳能资源较丰富区
Ⅲ	2200~3000	5016~5852	山东东南部、河南东南部、河北东南部、山西南部、新疆北部、吉林、辽宁、云南、陕西北部、甘肃东南部、广东南部、福建南部、江苏北部、安徽北部、天津、北京和台湾西南部等地	太阳能资源的中等类型区
Ⅳ	1400~2200	4190~5016	湖南、湖北、广西、江西、浙江、福建北部、广东北部、陕西南部、江苏南部、安徽南部以及黑龙江、台湾东北部等地	太阳能资源较差地区
Ⅴ	1000~1400	3344~4190	四川、贵州、重庆等地	太阳能资源最少的地区

3.1.2　光伏发电功率预测

光伏发电功率预测技术主要分为两类:一类是基于太阳总辐射预测和发电效率模型的原理预报法;另一类是基于历史气象资料(如天气情况或太阳总辐射资料)及同期光伏发电量资料,采用统计学方法进行分析建模,从而得到预测结果的统计预报法。太阳辐射是影响光伏发电量变化的根本原因,因此不管采用哪种方法,太阳辐射量预测都是至关重要的。

1. 太阳辐射量预测

　　根据预测时间尺度的不同,太阳总辐射预测可分为临近预测(0~2h)、短时预测(0~6h)及短期(0~72h)、中期(3~15 天)、长期(15 天以上)预测等。不同时间尺度预测所需要的输入数据及所使用的模型是不同的。对临近预测来说,一般采用时间序列模型,输入数据为现场测量的辐射量或发电量;对短时预测来说,使用卫星云图资料外推方法具有一定优势;而对于短期及更长时间尺度预测来说,就要用到数值天气预报(numerical weather prediction,NWP)技术了。

　　太阳辐射预测模型的选择要根据输入数据的时空分辨率及预测输出的时间分辨率要求综合确定,图 3-6 给出不同时空分辨率要求下适用模型的分布情况[6]。

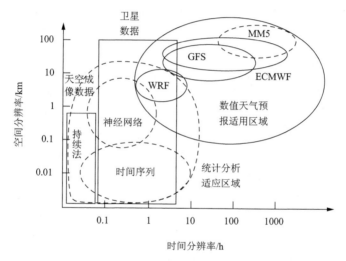

图 3-6　太阳总辐射预测模型选择与预测分辨率的分布关系

WRF 及 MM5 为美国大气研究中心中尺度数值天气预报模式;GFS 为美国国家环境预报中心的
全球预报系统;ECMWF 为欧洲中期天气预报中心中尺度数值天气预报模式

　　按照所使用模型的不同,太阳辐射量预测方法可分为物理方法、统计方法与混合方法等几种。

1) 物理方法

　　物理方法借助于数值天气预报、气象卫星或全天空成像仪进行太阳辐射预测。其中数值天气预报是在一定初值和边值条件下,通过求解描述天气演变过程的流体力学和热力学方程组来预报未来天气的方法,预报内容包括天气形势及有关的气象要素如温度、风速、风向、降水、辐射量等。典型的有美国大气研究中心的中尺度数值天气预报模式(mesoscale model 5,MM5)及(weather research and forecasting,WRF)、欧洲中期天气预报中心的中尺度数值天气预报模式(european centre for medium-range weather forecasts,ECMWF)、美国国家环境预报中心的全球预报系统(global forecast system,GFS)等。数值天气预报可提供几天的预报信息,时间分辨率一般为 1h 以上,典型的为 3h,空间上典型像素点为 100 km²。事实上,不管使用哪种模型,天气情况对预测精度都有很大影响。当天气晴朗时,预测精度很高,但当天空云量变化时,预测精度显著下降。据统计,对于 24h 的预测尺度,基于 NWP 的太阳能辐射预测相对均方根误差(relative mean squared error,RMSE)介于 20%~40%[7]。

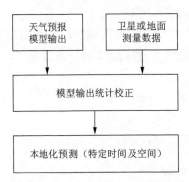

图 3-7 太阳辐射预测的本地化

由于数值天气预报模型的时空分辨率不高,其输出一般不直接用于特定区域太阳能辐射量的预测,而是要经过模型输出统计(model output statistics,MOS)校正即输出后处理,从而实现预测的本地化,具体采取的措施如图 3-7 所示,主要包括提高时空分辨率及系统误差消除等。经过模型输出统计校正后,预测平均偏差值会得到显著的降低。

常见的模型输出统计校正方法有分辨率修正、天气修正及误差修正等。

(1) 分辨率修正。一般采用线性插值法提高预测的时间分辨率与空间分辨率。例如,在数值天气预报模型 ECMWF 中,空间分辨率为 $0.25° \times 0.25°$,时间分辨率为 3h。当指定区域不在模型计算网格点上时,用周边网格点辐射量的算术平均作为该点的辐射量,相当于提高了空间分辨率。对模型提供的 3h 平均辐射量数据进行简单的线性插值,可直接得到每小时甚至更短时间内的平均辐射量。这种方法计算简单,但没有考虑时空内的天气变化,因此在天气变化较快,特别是云量较多时会产生较大误差。

(2) 天气修正。定义天气指数 k^* 为

$$k^* = \frac{Gr_{real}}{Gr_{clear}} \tag{3-19}$$

式中,Gr_{real} 为实际辐射量;Gr_{clear} 为晴天理论辐射量。

天气指数 k^* 代表了辐射穿越大气时的传输特性,与天空云量等因素有关,取值范围 0~1。k^* 值越大,表明天气越好。假设数值天气预报的时间分辨率为 3h,则可计算出 3h 的平均天气指数为

$$k_3^* = Gr_{3real}/Gr_{3clear}$$

式中,Gr_{3real} 为 3h 实际辐射量,Gr_{3clear} 为 3h 晴天理论辐射量。

其次利用线性插值分别计算出 1h 天气指数 k_1^* 及 1h 晴天理论辐射量 Sr_{1clear},最终得到 1h 分辨率的辐射量为

$$Gr_{1real} = k_1^* \, Gr_{1clear} \tag{3-20}$$

（3）误差修正。分析发现,当 k^* 在 0.3 与 0.8 之间时,预测结果存在明显的系统误差,且与太阳所处位置有关。故采取多元回归分析拟合得出预测偏差计算式为

$$Gr_e = a \, \sin^4(\alpha_s) + b \, (k^*)^4 \tag{3-21}$$

式中,Gr_e 为预测偏差;α_s 为太阳高度角;a、b 为拟合系数。

将预测值 Gr_{real} 减去偏差修正项 Gr_e,即得到修正后的预测结果为

$$Gr_1 = Gr_{1real} - Gr_e \tag{3-22}$$

与基于数值天气预报的太阳辐射预测不同,利用气象卫星或天空成像仪可以直接得到较高时空分辨率的气象数据,特别是可以精确描述天空云量的发展过程。在 1h 之内的时间尺度上,云结构的变化主要是由云团运动引起的,因此很适合用运动矢量场来预测云图像。假设顺序时间点上云图像素强度保持不变且运行矢量场是平滑的,则可以根据顺序时间点上图像区域求出运动矢量场,图 3-8 给出利用运动矢量场进行太阳能总辐射量预测的过程[8]。

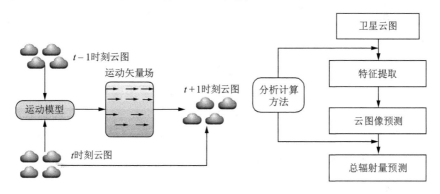

(a) 运动矢量场及云图像预测　　　　　　　(b) 太阳总辐射量计算

图 3-8　基于云图像的太阳总辐射量

研究表明,基于卫星图像的太阳辐射预测方法可在 30min 预测分辨率上达到 17% 的相对均方根误差,在 2h 预测分辨率上达到 30% 的相对均方根误差[9]。

2）统计方法

在太阳能辐射的临近短时预测中,基于时间序列的建模方法近年来成为研究热点。根据输入信息的不同,这些方法大致分为三类。

第一类为根据气象参数(如空气温度 Ta、相对湿度 Hr、风速 Ws、风向 Wd、云量 Cl、日照时间 Tr、天气指数 k^*、大气压力 Pa 等)及地理坐标(如纬度 Lat、经度 Lon)等预测不同时间尺度下的太阳辐射量,可描述为

$$Gr_i = f(Ta, Tr, Hr, Ws, Wd, Cl, k^*, Pa, Lat, Lon) \tag{3-23}$$

核心问题是找出能拟合输入输出间关系的近似函数 f。常见的有多层感知机网络、径向基函数网络、模糊系统等。

第二类为根据太阳能辐射量历史观测数据来预测未来值,可描述为

$$\mathrm{Gr}_{t+p} = f(\mathrm{Gr}_{t-1}, \mathrm{Gr}_{t-2}, \cdots, \mathrm{Gr}_{t-n}) \tag{3-24}$$

核心问题是找出历史时刻 $(t-1, t-2, \cdots, t-n)$ 的观测数据与未来时刻 $(t+p)$ 输出之间的关系。常见的有自回归滑动平均模型、差分自回归移动平均模型、递归神经网络、小波网络等。

第三类为上述两种类型的结合,可描述为

$$\mathrm{Gr}_{t+p} = f\binom{\mathrm{Gr}_{t-1}, \mathrm{Gr}_{t-2}, \cdots, \mathrm{Gr}_{t-n},}{\mathrm{Ta}, \mathrm{Tr}, \mathrm{Hr}, \mathrm{Ws}, \mathrm{Wd}, \mathrm{Cl}, K, P, \mathrm{Lat}, \mathrm{Lon}} \tag{3-25}$$

实现上述关系的模型有各种结构的神经网络及自适应模糊推理系统等。

2. 光伏发电功率预测

在光伏发电系统中,要将太阳辐射能转化为电能,需要经过太阳电池的转换。光伏发电功率受太阳辐射量与太阳电池特性的共同影响。因此,光伏发电功率的预测方法也分为基于太阳辐射量的预测方法和基于回归模型的预测方法。

1) 基于太阳辐射量的预测方法

基于太阳辐射量的光伏发电功率预测流程如图 3-9 所示[10]。首先要得到指定区域水平面上太阳辐射量预测值,当使用数值天气预报模型时,需要按照前述方法进行插值、校正处理,以提高预测的时空分辨率;其次,根据光伏接受面运行角度,将水平面太阳辐射量预测值转换为斜面上的太阳辐射量预测值;最后,按照光伏发电系统模型计算得出光伏发电功率预测值。

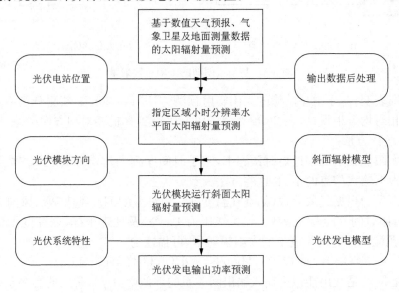

图 3-9　基于太阳辐射量的光伏发电功率预测流程

光伏发电系统直流侧输出功率可表示为

$$P_d(t) = \eta A \mathrm{Gr} \qquad (3\text{-}26)$$

式中，η 为光电转换效率，为简单起见，这里暂未考虑阵列组合损失、连接损失及并网逆变损失；A 为光伏阵列接受面面积，m^2；Gr 为太阳辐射量，$\mathrm{W/m}^2$。

由式(3-26)可见，光伏发电输出功率预测精度依赖于太阳总辐射预测和光电效率模型的准确性。对光生伏打效应的研究发现，入射光辐射量、电池温度会直接影响太阳能电池输出电压和电流大小，进而影响光电转换效率。常用的光电转换效率模型主要有常系数效率模型、单一负温度系数模型、综合温度和太阳总辐射的两要素模型等几种。

常系数效率模型把转换效率当成常数，一般直接使用太阳能电池厂商提供的标准测试条件(入射光辐射量为 $1000\mathrm{W/m}^2$、气温为 $25℃$、大气质量为 AM1.5)下的标称效率 η_s。不同材料太阳能电池，其标称效率也有所不同。商用的光伏组件，晶体硅电池为 $12\%\sim18\%$，非晶硅薄膜电池为 $5\%\sim8\%$，铜铟镓硒薄膜电池为 $5\%\sim11\%$。

单一负温度系数效率模型考虑了实际光伏组件板温对转换效率的影响，在 $25\sim80℃$ 范围内随着电池板温度的增加光电转换效率会有所降低，可用下式描述[11]：

$$\eta(T_c) = \eta_s[1 - \beta(T_c - 25)] \qquad (3\text{-}27)$$

式中，T_c 为板温，$℃$；β 为温度系数，$℃^{-1}$；β 与太阳能电池材料有关，对于晶体硅材料，β 取值在 $0.003\sim0.005℃^{-1}$。

两要素模型综合考虑太阳总辐射和板温两因素对转换效率的影响，具有如下非线性关系[12]：

$$\eta(\mathrm{Gr}, T_c) = (a_1 + a_2\mathrm{Gr} + a_3\ln\mathrm{Gr})[1 - \beta(T_c - 25)] \qquad (3\text{-}28)$$

式中，$a_1\sim a_3$ 为经验参数，可通过最小二乘法求解。

2) 基于回归分析的预测方法

该方法将影响光伏发电功率的要素作为模型输入，通过历史数据确定模型结构及模型参数，避免了复杂的机理运算，简化了建模过程，在临近预测及短期预测中精度较高。但由于影响输出功率的因素众多，工况复杂，仅使用数据统计方法难以满足所有工况条件，在一些特殊工况或大时间尺度预测时会出现较大偏差。其中，输入数据的选取、模型的表达形式、历史数据及训练算法是影响预测效果的主要因素。

图 3-10 为一种考虑多种因素影响的光伏发电系统输出功率预测模型结构。在影响光伏发电系统输出功率的众多因素中，选择关联性较强的确定性因素作为输入变量，包括历史发电量数据、季节因素、日类型、大气温度等。

作为以上方法的一种简化，在仅考虑太阳总辐射、气温、风速等气象要素对光

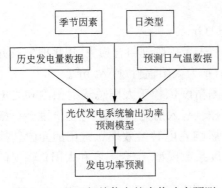

图 3-10　基于相关信息的光伏功率预测

伏发电的影响时,通过大量实况数据的处理,可建立多项式回归模型

$$P_{t+p} = f(a + b\text{Gr} + cT_a + dv) \tag{3-29}$$

式中,P_{t+p} 为预测输出功率;T_a 为气温;v 为风速;a、b、c、d 为回归系数。

在基于历史观测数据的光伏发电系统输出功率预测中,不考虑光伏发电过程运行机理,因此人工神经网络、支持向量机等人工智能方法获得广泛应用。

3.2　光伏发电系统建模

太阳能光伏发电系统是利用太阳能电池的光伏效应,将太阳光辐射能直接转换成电能的一种发电系统。光伏发电系统应用的基本形式可分为两大类:独立发电系统和并网发电系统。独立光伏发电系统指的是系统不与电网连接,其输出功率只是提供给本地的交直流负载,主要用于向独立用电单元、偏远地区、孤岛等的供电。并网光伏发电系统指的是将光伏系统发出的直流电转化为与电网电压同频、同相的交流电,并与电网相连接。并网发电系统同其他类型的发电厂一样可以向电网提供有功、无功电能。本节仅对并网光伏发电系统展开讨论。

图 3-11 为典型光伏发电系统结构,主要由太阳能电池板(光伏阵列)、DC/DC变换器、储能装置、DC/AC 并网逆变器、控制装置等组成。光伏电池产生的直流电经 DC/DC 变换后直接给本地负载供电或作为逆变器的直流电源,并实现光伏电池的最大功率点跟踪,之后通过 DC/AC 逆变器转换为交流电送给交流负载或市电网。在并网光伏发电系统中,可选择是否配置储能装置。

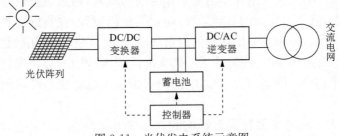

图 3-11　光伏发电系统示意图

光伏发电系统模型包括光伏电池/光伏组件及光伏阵列模型、DC/DC 变换器模型以及 DC/AC 逆变器模型等。

3.2.1　光伏电池阵列

光伏发电的能量转换器件是太阳能电池,又叫光伏电池,其基本原理是"光生伏特效应"。当光照射到半导体材料的 P-N 结上时,电子吸收能量从原子中释放出来,在 P-N 结两侧产生电子空穴对,形成电位差,若将负载连接在半导体两侧就产生了电流。半导体吸收的光子越多,产生的电流也就越大。

光伏电池单体(CELL)是光电转换的最小单元,尺寸一般为 $2cm \times 2cm$ 到 $15cm \times 15cm$ 不等,工作电压为 $0.45 \sim 0.5V$,工作电流为 $20 \sim 25mA/cm^2$。应用时将若干个光伏电池单体串并联并封装后,形成光伏电池组件(MODULE)作为独立的供电电源,其功率一般为几瓦到几百瓦。多个光伏组件进一步组合成为光伏阵列(ARRAY),可以满足不同负载功率需求。光伏电池单体、组件、阵列及其连接如图 3-12 所示。

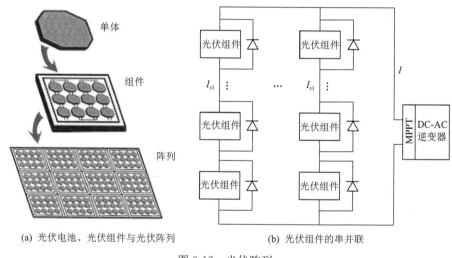

(a) 光伏电池、光伏组件与光伏阵列　　　　　　(b) 光伏组件的串并联

图 3-12　光伏阵列

在构成光伏阵列时,需根据负荷用电量、电压、功率、光照情况等,确定光伏阵列的总容量和光伏组件的串、并联数量。当将光伏组件串联使用时,总的输出电压是各个组件工作电压之和,总的输出电流等于所有组件中工作电流最小的那一组件的电流,因此要选择工作电流相等或者近似相等的光伏组件方可串联使用,以免造成电流浪费。当将光伏组件并联使用时,总的输出电压是各组件工作电压的平均值,而总的电流为各个光伏组件工作电流之和。

1. 光伏电池的等效电路

光伏电池的等效电路如图 3-13 所示,它由理想电流源 I_{ph}、反向并联二极管

D、串联电阻 R_s 和并联电阻 R_{sh} 构成。I_{ph} 为光生电流,其值等于电池的短路电流,与光伏电池面积、入射光照度成正比,在等效电路中可以看作是一个恒流源。光伏电池的两端接入负载 R 后,光生电流流过负载,从而在负载的两端建立起端电压 U。负载端电压反作用于光伏电池的 P-N 结上,产生一股与光生电流方向相反的电流 I_d。R_s 为串联电阻,主要由电池体电阻、表面电阻、电极导体电阻、电极与硅表面间接触电阻和金属导体电阻等组成,一般小于 1Ω。串联电阻越大,线路损失越大,光伏电池转换效率越低。因为制造工艺的因素,光伏电池的边缘和金属电极在制作时可能会产生微小的裂痕、划痕,从而会形成漏电而导致本来要流过负载的光生电流短路,所以引入一个并联电阻 R_{sh} 来等效,大小在几十千欧姆。R_s 和 R_{sh} 均为光伏电池本身固有电阻,相当于光伏电池的内阻。

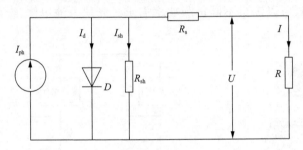

图 3-13　太阳能电池的等效电路

由光伏电池等效电路可得出

$$I = I_{ph} - I_d - I_{sh} \tag{3-30}$$

式中,I 为流过负载的电流;I_{ph} 为与日照强度成正比例的光生电流;I_d 为流过二极管的电流;I_{sh} 为光伏电池的漏电流。

光生电流 I_{ph} 的计算式为

$$I_{ph} = \left[I_{SCS} + K_t(T - 298) \right] \frac{Gr}{1000} \tag{3-31}$$

式中,Gr 为光照强度,W/m^2;I_{SCS} 为标准测试条件下光伏电池的短路电流,A。标准测试条件(standard test condition,STC)是指在工作温度为 25℃,光照强度为 $1000W/m^2$ 的条件下进行测试;K_t 为短路电流的温度系数;A/K;T 为绝对温度,K。

流过二极管电流 I_d 的计算式为

$$I_d = I_{os} \left\{ \exp\left[\frac{q(U + IR_s)}{AkT} \right] - 1 \right\} \tag{3-32}$$

式中,I_{os} 为光伏电池暗饱和电流,一般而言,其数量级为 $10^{-4}A$;q 为电子电荷,$1.6 \times 10^{-19}C$;k 为玻尔兹曼常数,$1.38 \times 10^{-23}J/K$;A 为光伏电池中半导体电池的 P-N 结系数,取值范围为 1~5。

光伏电池漏电流 I_{sh} 的计算式为

$$I_{sh} = \frac{U + IR_s}{R_{sh}} \qquad (3\text{-}33)$$

综合式(3-30)～式(3-33)可得

$$I = I_{ph} - I_{os}\left\{\exp\left[\frac{q(U+IR_s)}{AkT}\right] - 1\right\} - \frac{U+IR_s}{R_{sh}} \qquad (3\text{-}34)$$

一个理想的光伏电池,串联电阻 R_s 很小、并联电阻 R_{sh} 很大,有时可以将它们的影响忽略不计,进而得到简化的光伏电池输出特性方程式为

$$I = I_{ph} - I_{os}\left\{\exp\left[\frac{q(U+IR_s)}{AkT}\right] - 1\right\} \qquad (3\text{-}35)$$

将若干个光伏电池串并联构成光伏组件或光伏阵列后,输出特性方程为

$$I = n_p I_{ph} - n_p I_{os}\left\{\exp\left[\frac{q(U+IR_s)}{n_s AkT}\right] - 1\right\} \qquad (3\text{-}36)$$

式中, n_p、n_s 分别为组件或阵列中光伏电池的并联、串联个数。表 3-3 给出了某 75W 光伏组件的各项参数,它由 36 个单结晶光伏电池串联而成,根据式(3-36),该光伏组件的输出特性方程为

$$I = I_{ph} - I_{os}\left\{\exp\left[\frac{q(U+IR_s)}{36AkT}\right] - 1\right\} \qquad (3\text{-}37)$$

表 3-3　某 75W 光伏电池板在标准测试条件下的参数

电气特性	数值	单位
额定最大功率 P_{max}	75	W
额定电流 I_{wpp}	4.4	A
额定电压 U_{wpp}	17	V
短路电流 I_{scs}	4.8	A
开路电压 U_{ocs}	21.7	V
短路电流温度系数 K_t	2.06	mA/℃
开路电压温度系数 K_T	−0.77	mV/℃
正常运行电池温度 T	45±2	℃

2. 光伏电池的特性参数

实际应用中,光伏电池可处于 4 种不同的状态:无光照状态,此时光伏电池输出无电压、无电流;有光照但短路状态,此时光伏电池有短路电流,但未建立输出电压;有光照但开路状态,此时光伏电池有开路电压,但无电流输出;有光照带负载状态,此时光伏电池负载上有电流电压,是正常工作状态。由此引出光伏电池的几个重要特征参数。

1）开路电压

开路电压U_{oc}是将光伏电池置于标准光源照射下，在两端开路时，光伏电池的输出电压值。

2）短路电流

短路电流I_{sc}是将光伏电池置于标准光源的照射下，在输出端短路时，流过电池两端的电流。

3）光伏电池的输出特性

光伏电池的工作电压和电流是随负载电阻而变化的，将不同阻值所对应的工作电压和电流值作成曲线就得到光伏电池的输出特性曲线。图3-14(a)、(b)分别给出了光伏电池的电流电压特性曲线（I-U特性曲线）与功率电压特性曲线（P-U特性曲线）。当负载R由0变化到无穷大时，输出电压U则从0变到U_{oc}，输出电流从I_{sc}变到0，$P=IU$为电池的输出功率。

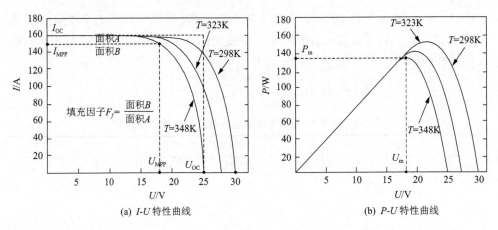

图 3-14　光伏电池的输出特性

4）最大输出功率

如果选择的负载电阻值能使输出电压和电流的乘积最大，光伏电池即可获得最大输出功率P_m。此时的工作电压和工作电流称为最大工作电压和最大工作电流，分别用符号U_m和I_m表示，且有$P_m=U_mI_m$。光照强度、环境温度对光伏电池的最大输出功率有重大影响。

5）填充系数

填充系数等于最大功率与开路电压和短路电流乘积的比值，用F_f表示，即

$$F_f=\frac{P_m}{U_{oc}I_{sc}}=\frac{U_mI_m}{U_{oc}I_{sc}} \tag{3-38}$$

填充系数是衡量光伏电池输出特性的重要指标，它可以间接反映电池的质量。光伏电池的串联电阻越小，并联电阻越大，填充系数越大。光伏电池的I-U特性曲

线越接近正方形,其填充系数越大。

6) 转换效率

光伏电池的转换效率是电池输出电功率和入射光功率的比值,为

$$\eta = \frac{P_{\mathrm{m}}}{P_{\mathrm{in}}} = \frac{F_{\mathrm{f}} U_{\mathrm{oc}} I_{\mathrm{sc}}}{P_{\mathrm{in}}} \tag{3-39}$$

由于太阳光谱是一个宽的连续谱,而光伏材料只能对一定波长的太阳光谱具有吸收作用,再加上电阻、散热等损失,光伏电池的最高效率不可能达到 100%。实际情况下,电池效率只有 20%左右。

3. 影响光伏电池输出特性的主要因素

光伏电池、组件的输出功率取决于太阳光照强度、太阳能光谱的分布以及光伏电池的温度、阴影遮挡情况等因素。光伏电池或组件的铭牌上标出的技术参数是在标准测试条件下测得的。实际情况下,由于光照、温度都是不断变化的,光伏电池输出特性也随之变化。

1) 光照强度对输出特性的影响

由图 3-15(a)可见,光伏电池的短路电流与光照强度成正比,光强在 100～1000 W/m² 范围内,短路电流始终随光强的增加而线性增加。开路电压在较低的辐射范围(0～200 W/m²)变化明显,当光照较强时(200～1000 W/m²)变化较小。特别是在温度固定的条件下,当光照强度在 400～1000W/m² 范围内变化时,光伏电池的开路电压基本保持不变。因此,光伏电池输出功率与光强基本保持正比关系。图 3-15(b)所示为不同光照强度下光伏电池的 *I-U* 特性曲线[13]。

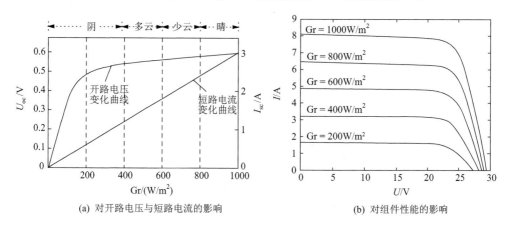

(a) 对开路电压与短路电流的影响　　　　(b) 对组件性能的影响

图 3-15　光照强度对电池组件性能的影响

光伏电池吸收到的辐射能量 80%是靠太阳直射。为了增加光伏电池的光照强度,让电池板受光面尽可能地垂直于太阳光是系统设计时考虑的重要因素之一。

2）温度对输出特性的影响

光伏电池转换效率随电池温度的升高而降低。如图 3-16 所示，温度升高时，开路电压减小，在 20～100℃ 范围，大约温度每升高 1℃，光伏电池的电压减小 2mV；而光电流随温度的升高略有上升，大约温度每升高 1℃ 电池的光电流增加千分之一。总的来说，温度每升高 1℃，则功率减少约 0.35%。不同的光伏电池温度系数也不一样，因此温度系数是光伏电池性能的评判标准之一。

3）阴影遮挡对输出特性的影响

阴影遮挡对光伏电池、组件性能的影响不可低估，甚至光伏组件上的局部阴影也会引起输出功率的明显减少。从图 3-17 可以发现，即使光伏组件中一个电池单体被完全遮挡时，组件输出也会减少 75% 左右。

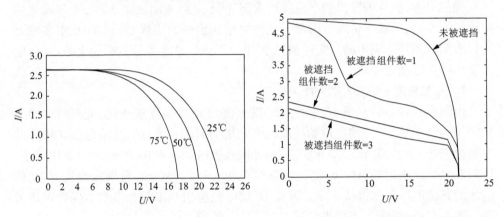

图 3-16　温度对电池输出特性的影响　　图 3-17　阴影遮挡对电池组件性能的影响

在同样形状及大小的阴影下，采用不同的串并配线方式也会造成发电量上的差异。因此，综合考虑周边建筑物、树木的阴影因素，设计更加合理的配线方案在一定程度上也能减少阴影对发电效率的影响。

3.2.2　DC/DC 变换器

DC/DC 变换器，亦称为直流斩波器，用来将一种幅值的直流电压变换成另一幅值的直流电压。在光伏发电系统中，DC/DC 变换器主要作用是调节光伏电池的工作点，使其工作在最大功率点处。另外，在有蓄电池的系统中，DC/DC 变换器还要限制蓄电池充电电压范围。

虽然光伏电池和 DC/DC 变换电路具有强非线性特征，但在小的时间间隔里，两者均可以看作为线性电路。因此，在等效电路中可以把光伏电池看成直流电源，DC/DC 变换电路看成外部阻性负载，调节 DC/DC 变换电路的等效电阻，使之在不同的外部环境下始终跟随光伏电池的内阻变化，实现两者动态负载匹配从而获得最大输出功率。

DC/DC 变换器有多种拓扑结构,常见的有升压式(boost converter)、降压式(buck converter)、升压—降压复合式(boost-buck converter)、库克式(Cuk converter)、全桥式(full bridge converter)、推挽式(push-pull converter)等。下面以升压式 Boost 电路为例,说明 DC/DC 变换器的工作原理。

Boost 升压式 DC/DC 变换器是输出电压高于输入电压的单管不隔离直流变换器,它由开关管 Q、储能电感 L、二极管 D 及滤波电容 C 组成,如图 3-18 所示。由于变换器中的电感在输入侧,一般称之为升压电感。Boost 电路有两种工作方式:电感电流连续模式(continuous current mode,CCM)和电感电流断续模式(discontinuous current mode,DCM)。电感电流连续是指电感 L 上的电流总是大于 0,电感电流断续指开关管关断期间有一段时间电感 L 上的电流为 0。

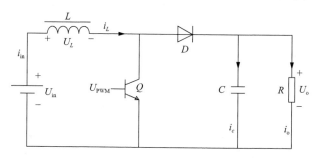

图 3-18　升压式 DC/DC 变换电路原理图

变换器利用高频电力电子器件在导通和截止状态下电路的不同工作状态,将直流输入电压调节到另一个不同的电压等级。开关管 Q 采用脉冲宽度调制控制方式(pulse width modulation,PWM),控制端为导致开关管按一定规律通断的脉冲信号,如图 3-19 所示。脉冲周期为 T_s,开关管在 T_{on} 期间内处于导通状态,在 T_{off} 期间内处于截止状态,占空比 D_c 为

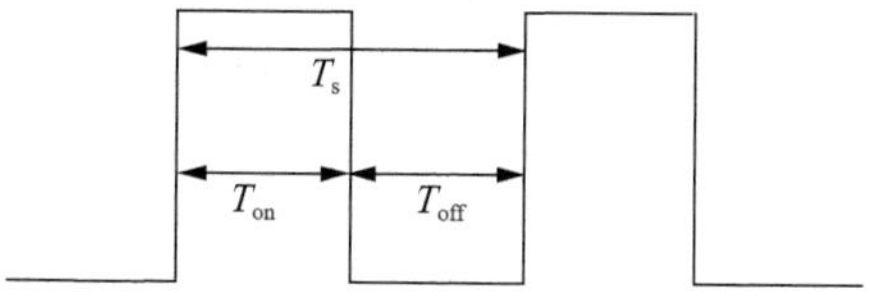

图 3-19　开关管通断控制脉冲

$$D_c = \frac{T_{on}}{T_{on}+T_{off}} = \frac{T_{on}}{T_s} \quad (3\text{-}40)$$

式中,D_c 代表了开关管在一个周期内导通时间的长短。DC/DC 变换器正是通过控制占空比 D_c 的大小来改变输出电压,使其达到期望数值的。

图 3-18 中开关管处于导通和截止状态时的等效电路如图 3-20 所示。可以看出,在开关管导通时,电源给储能电感 L 充电,i_L 逐渐增大;当开关管截止时电感 L 放电,i_L 逐渐减小。电容起到滤波的作用,使负载电压的波纹减小。电感 L 上电流 i_L 及电压 U_L 的变化波形如图 3-21 所示。

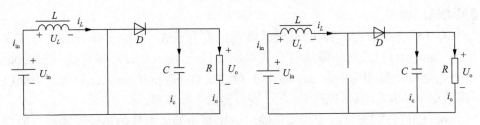

(a) 开关管导通时的电路原理图　　　　　　　(b) 开关管关断时的电路原理图

图 3-20　升压式 DC/DC 变换电路不同状态的等效原理图

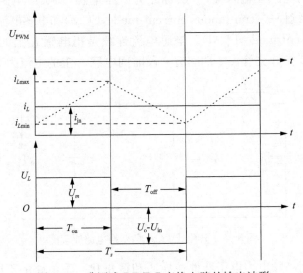

图 3-21　升压式 DC/DC 变换电路的输出波形

$t=0$ 时,开关管 Q 导通,电源电压 U_{in} 全部加到升压电感 L 上,电感电流 i_L 线性增长,这时二极管 D 截止,负载由滤波电容 C 供电。

$$L \frac{\mathrm{d}i_L}{\mathrm{d}t} = U_{in} \tag{3-41}$$

$t = T_{on}$ 时,i_L 达到最大值 I_{Lmax}。在开关管 Q 导通期间,i_L 的增长量 $\Delta i_{L(+)}$ 为

$$\Delta i_{L(+)} = \frac{U_{in}}{L} \times T_{on} = \frac{U_{in}}{L} \times D_c \times T_s \tag{3-42}$$

$t = T_{on}$ 时刻之后,开关管 Q 关断,i_L 通过二极管 D 形成回路,电源功率和电感 L 的储能向负载和电容 C 转移,电容 C 处于充电状态。此时加在 L 上的电压为 $U_{in} - U_o$,因为升压电路中 $U_{in} < U_o$,故 i_L 线性减小。

$$L \frac{\mathrm{d}i_L}{\mathrm{d}t} = U_{in} - U_o \tag{3-43}$$

$t = T_s$ 时,i_L 达到最小值 I_{Lmin}。在开关管 Q 截止期间,i_L 的减少量 $\Delta i_{L(-)}$ 为

$$\Delta i_{L(-)} = \frac{U_o - U_{in}}{L} \times (T_s - T_{on}) = \frac{U_o - U_{in}}{L} \times (1 - D_c) \times T_s \tag{3-44}$$

$t = T_s$ 时刻之后,开关管 Q 又导通,开始另一个开关周期。

由此可见,Boost 变换器的工作分为两个阶段,在开关管 Q 导通时为电感 L 的储能阶段,此时电源不向负载提供能量,负载靠储于电容 C 上的能量维持工作;在开关管 Q 关断时,电源和电感共同向负载供电,并给电容 C 充电。

电路工作稳定后,开关管 Q 导通期间电感电流的增长量 $\Delta i_{L(+)}$ 等于它在开关管 Q 截止期间的减少量 $\Delta i_{L(-)}$,因此可得输出电压与输入电压的关系:

$$\frac{U_o}{U_{in}} = \frac{1}{1 - D_c} \tag{3-45}$$

假设变换器是理想的,则其输出功率等于输入功率,根据上式可以得出

$$I_o = I_{in}(1 - D_c) \tag{3-46}$$

及

$$R_{in} = \frac{U_{in}}{I_{in}} = \frac{U_o}{I_o}(1 - D_c)^2 = R(1 - D_c)^2 \tag{3-47}$$

从式(3-47)可以看出,当负载 R 固定不变时,通过调节占空比 D_c 就可以调节电路等效输入电阻 R_{in},从而实现了对光伏电池工作点的调节。

除 Boost 升压式 DC/DC 变换器之外,表 3-4 还给出了其他常见的几种 DC/DC 变换器结构及其输入输出关系。

表 3-4　常见单管式 DC/DC 变换器

变换器类型	升压式	降压式	降压/升压式(含极性反转式,即 Inverting 式)
电路结构			
输入输出关系	$\dfrac{U_o}{U_{in}} = \dfrac{T_s}{T_s - T_{on}} = \dfrac{1}{1 - D_c}$	$\dfrac{U_o}{U_{in}} = \dfrac{T_{on}}{T_s} = D_c$	$\dfrac{U_o}{U_{in}} = \dfrac{T_{on}}{T_s - T_{on}} = \dfrac{D_c}{1 - D_c}$

变换器类型	半桥式	全桥式	推挽式
电路结构			
输入输出关系	$\dfrac{U_o}{U_{in}} = \dfrac{N_s}{N_p}\dfrac{T_{on}}{T_s} = \dfrac{N_s}{N_p}D_c$	$\dfrac{U_o}{U_{in}} = 2\dfrac{N_s}{N_p}\dfrac{T_{on}}{T_s} = 2\dfrac{N_s}{N_p}D_c$	$\dfrac{U_o}{U_{in}} = 2\dfrac{N_s}{N_p}\dfrac{T_{on}}{T_s} = 2\dfrac{N_s}{N_p}D_c$

3.2.3 并网逆变器

逆变器是一种将直流电能转换为交流电能的变流装置,是太阳能光伏并网发电系统的关键部件。除具有直交流变换功能外,并网逆变器往往还可以实现光伏发电系统的控制与运行保护,归纳起来主要有自动运行和停机、保护作用及自动恢复、最大功率跟踪控制、孤岛检测、自动电压调整、输出端直流分量检测与抑制、直流接地检测等作用。

根据应用场合不同,逆变器有多种分类方法。按照逆变器是否并网分类,有离网型逆变器与并网型逆变器;按照逆变器输出分类,有单相逆变器、三相逆变器与多相逆变器;按照逆变器输出交流的频率分类,有工频逆变器、中频逆变器与高频逆变器;按照逆变器的输出波形分类,有方波逆变器、阶梯波逆变器与正弦波逆变器;按照逆变器电路原理分类,有自激振荡型逆变器、阶梯波叠加型逆变器、脉宽调制型逆变器与谐振型逆变器;按照逆变器主电路结构分类,有单端式逆变器、半桥式逆变器、全桥式逆变器与推挽桥式逆变器;按照逆变器输出功率大小分类,有小功率逆变器(小于 1kW)、中功率逆变器(1k～10kW)与大功率逆变器(大于 10kW)。

并网逆变器的输出控制模式主要有两种:电压型控制模式和电流型控制模式。电压型控制模式的原理是以输出电压作为受控量,系统输出与电网电压同频同相的电压信号,整个系统相当于一个内阻很小的受控电压源;电流型控制模式的原理是以输出电流作为受控目标,系统输出与电网电压同频同相的电流信号,整个系统相当于一个内阻较大的受控电流源。

从结构形式来看,并网逆变器主要采用 DC/DC、DC/AC 两级能量变换的两级式逆变器和采用一级能量变换的单级式逆变器。

两级式逆变器系统框图如图 3-22 所示,DC/DC 变换环节调整光伏阵列的工作点使其跟踪最大功率点;DC/AC 逆变环节主要使输出电流与电网电压同频同相。由于两个环节相对独立,控制起来相对容易。DC/DC 环节的存在,可以适应

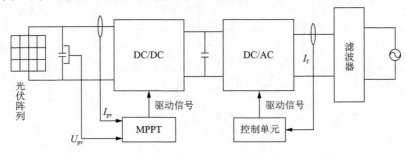

图 3-22　两级式逆变器系统框图

U_{pv} 为光伏阵列输出电压;I_{pv} 为光伏阵列输出电流;I_f 逆变器输出电流

光伏输入电压在较宽的范围内变化,并使逆变环节输入电压稳定在较高值,有利于提高逆变环节的效率。

为了提高系统整体性能,很多大型逆变器都采用单级式结构,如图 3-23 所示。其基本原理是:控制逆变电路输出的交流电流为稳定的正弦波,且与交流侧电网电压同频同相;同时通过调节该电流的幅值,使得光伏阵列工作在最大功率点附近。

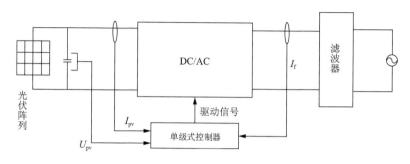

图 3-23　单级式逆变器系统框图

下面以单级三相并网逆变器为例进行建模分析。三相并网逆变器主电路拓扑结构如图 3-24 所示,网侧电流为正弦波,网侧功率因数在一定范围内可控。

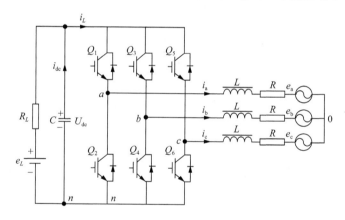

图 3-24　三相并网逆变器主电路拓扑结构

图 3-24 中,e_L 为光伏阵列输出直流电压,R_L 为光伏阵列串联电阻,C 为滤波电容,U_{dc} 为直流母线电压,$Q_1 \sim Q_6$ 为开关管,e_a、e_b、e_c 分别是电网侧三相相电压,R、L 是电网侧并网电抗器阻抗值。

1）三相静止坐标系模型

根据图 3-24,由基尔霍夫电压定理、电流定理,可得 PWM 型逆变器在三相静止坐标系下的模型为

$$\begin{cases} L\dfrac{\mathrm{d}i_a}{\mathrm{d}t} = U_a - Ri_a - e_a \\[2mm] L\dfrac{\mathrm{d}i_b}{\mathrm{d}t} = U_b - Ri_b - e_b \\[2mm] L\dfrac{\mathrm{d}i_c}{\mathrm{d}t} = U_c - Ri_c - e_c \\[2mm] C\dfrac{\mathrm{d}U_{dc}}{\mathrm{d}t} = i_L - \dfrac{U_{dc} - e_L}{R_L} \end{cases} \tag{3-48}$$

式中，U_a、U_b、U_c 分别为逆变器则三相相电压，且 $U_x = U_{xn} + U_{n0}(x = a, b, c)$，$U_{xn}$ 为 a、b、c 三点到直流母线的电压，U_{n0} 为中性点电压。

$$\begin{cases} U_{an} = U_{dc}S_a \\ U_{bn} = U_{dc}S_b \\ U_{cn} = U_{dc}S_c \end{cases} \tag{3-49}$$

式中，S_a、S_b、S_c 为开关函数，取值为"+1"或"0"表示逆变器桥臂上、下管的通断状态。当 $S_a = 1$ 表示上臂导通，下臂关断；$S_a = 0$ 表示下臂导通，上臂关断。

假设三相电压对称，则有三相相电压矢量和 $U_a + U_b + U_c = 0$，综合上式，可得

$$U_a + U_b + U_c = U_{dc}(S_a + S_b + S_c) + 3U_{n0} = 0 \tag{3-50}$$

解得

$$U_{n0} = -\frac{1}{3}U_{dc}(S_a + S_b + S_c) \tag{3-51}$$

将式(3-50)与式(3-51)代入式(3-48)，可得

$$\begin{cases} \dfrac{\mathrm{d}i_a}{\mathrm{d}t} = -\dfrac{e_a}{L} - \dfrac{R}{L}i_a + \dfrac{1}{3L}U_{dc}(2S_a - S_b - S_c) \\[2mm] \dfrac{\mathrm{d}i_b}{\mathrm{d}t} = -\dfrac{e_b}{L} - \dfrac{R}{L}i_b + \dfrac{1}{3L}U_{dc}(2S_b - S_a - S_c) \\[2mm] \dfrac{\mathrm{d}i_c}{\mathrm{d}t} = -\dfrac{e_c}{L} - \dfrac{R}{L}i_c + \dfrac{1}{3L}U_{dc}(2S_c - S_a - S_b) \\[2mm] \dfrac{\mathrm{d}U_{dc}}{\mathrm{d}t} = \dfrac{i_a}{C}S_a + \dfrac{i_b}{C}S_b + \dfrac{i_c}{C}S_c - \dfrac{U_{dc} - e_L}{R_L C} \end{cases} \tag{3-52}$$

从上述方程式可以看出，通过控制开关管的通断状态，就可以使输入电流按给定的规律变化。

引入状态变量 $\boldsymbol{X} = [i_a, i_b, i_c, U_{dc}]^{\mathrm{T}}$，则上式可写成状态方程表达式

$$\begin{bmatrix} \dot{i}_a \\[1mm] \dot{i}_b \\[1mm] \dot{i}_c \\[1mm] \dot{U}_{dc} \end{bmatrix} = \begin{bmatrix} -\dfrac{R}{L} & 0 & 0 & \dfrac{2S_a - S_b - S_c}{3L} \\[3mm] 0 & -\dfrac{R}{L} & 0 & \dfrac{2S_b - S_a - S_c}{3L} \\[3mm] 0 & 0 & -\dfrac{R}{L} & \dfrac{2S_c - S_a - S_b}{3L} \\[3mm] \dfrac{S_a}{C} & \dfrac{S_b}{C} & \dfrac{S_c}{C} & -\dfrac{1}{R_L C} \end{bmatrix} \begin{bmatrix} i_a \\[1mm] i_b \\[1mm] i_c \\[1mm] U_{dc} \end{bmatrix} +$$

$$\begin{bmatrix} -\dfrac{1}{L} & 0 & 0 & 0 \\ 0 & -\dfrac{1}{L} & 0 & 0 \\ 0 & 0 & -\dfrac{1}{L} & 0 \\ 0 & 0 & 0 & \dfrac{1}{R_L C} \end{bmatrix} \begin{bmatrix} e_a \\ e_b \\ e_c \\ e_L \end{bmatrix} \tag{3-53}$$

式(3-53)即为三相并网逆变器建立在三相静止坐标系下的数学模型。

2）两相旋转坐标系模型

两相旋转坐标系为相互垂直的 dq 轴,以角速度 ω 围绕以定子三相绕组中点旋转,则三相静止坐标系到两相旋转坐标系的变换为

$$\boldsymbol{C}_{3s/2r} = \frac{2}{3} \begin{bmatrix} \cos\theta & \cos\left(\theta - \dfrac{2\pi}{3}\right) & \cos\left(\theta + \dfrac{2\pi}{3}\right) \\ -\sin\theta & -\sin\left(\theta - \dfrac{2\pi}{3}\right) & -\sin\left(\theta + \dfrac{2\pi}{3}\right) \\ \dfrac{1}{2} & \dfrac{1}{2} & \dfrac{1}{2} \end{bmatrix}$$

式中,θ 为 d 轴与定子 A 相轴线的夹角为 θ,$\theta = \omega t$,ω 为两相旋转坐标系角速度。令

$$\begin{bmatrix} i_d \\ i_q \\ i_0 \end{bmatrix} = \boldsymbol{C}_{3s/2r} \begin{bmatrix} i_a \\ i_b \\ i_c \end{bmatrix}, \qquad \begin{bmatrix} S_d \\ S_q \\ S_0 \end{bmatrix} = \boldsymbol{C}_{3s/2r} \begin{bmatrix} S_a \\ S_b \\ S_c \end{bmatrix} \tag{3-54}$$

假设三相电压、电流对称,综合式(3-48)和(3-54)并忽略 0 轴变量,并网逆变器在两相旋转坐标系中的方程为

$$\begin{cases} L\dfrac{\mathrm{d}i_d}{\mathrm{d}t} = -\omega L i_q - i_d R - e_d + S_d U_{dc} \\ L\dfrac{\mathrm{d}i_q}{\mathrm{d}t} = \omega L i_d - i_q R - e_q + S_q U_{dc} \end{cases} \tag{3-55}$$

在两相旋转坐标系下,三相光伏并网系统输送到电网的有功功率与无功功率为

$$\begin{cases} P = e_d i_d + e_q i_q \\ Q = e_d i_q - e_q i_d \end{cases} \tag{3-56}$$

假设三相电网电压是理想的正弦波,那么在 dq 坐标系下,电网电压矢量为

$$\begin{cases} e_d = U \\ e_q = 0 \end{cases} \tag{3-57}$$

式中,U 为电网电压的幅值,则有

$$\begin{cases} P = Ui_d \\ Q = Ui_q \end{cases} \tag{3-58}$$

由式(3-58)可知,光伏并网系统输出到电网的有功功率可通过 d 轴电流进行调节,输送到电网的无功功率可通过 q 轴电流调节。从而实现了有功功率和无功功率的解耦控制。特别的通过控制 q 轴电流为 0,则逆变器输出电流完全与电网电压相位相同且功率因数为 1。

3.3　光伏发电系统运行控制

为了提高光伏发电系统的发电效率,主要可以从以下几个方面入手:提高电池组件光电转换效率、提高光伏阵列有效接受面积、使太阳能电池板时刻工作在最大功率点处、提高逆变效率等。对于已经运行的光伏发电系统来说,所有设备性能都已确定,电池组件光电转换效率、逆变器效率等基本不变,通过控制光伏阵列倾角和方位使其始终对准太阳光线以提高接受辐射量、通过电力电子技术调节太阳电池的等效阻抗从而使其工作在最大功率点,是实现光伏发电系统输出功率最大化的重要方法。另外,对于并网发电系统还需要根据电网要求参与有功、无功调节,无疑对控制系统提出了更高的要求。

3.3.1　太阳跟踪控制

不管哪种太阳能利用设备,如果它的接收装置能始终保持与太阳光垂直,那么它就可以在有限的使用面积内吸收更多的太阳能。但是太阳每时每刻都是在运动着,接收装置若想收集更多方向上的太阳光,那就必须能够跟踪太阳。

跟踪太阳的方法可以分为三种:太阳运行轨迹跟踪方式、传感器跟踪方式及太阳运行轨迹跟踪与传感器跟踪相结合方式。

太阳运行轨迹跟踪的原理是根据当地的经纬度和当前时刻,利用天文学公式计算出太阳的方位角和高度角参数,然后运行控制程序使跟踪装置对准太阳方向。这种模式的特点是跟踪方式不受天气状况的影响,具有较高的可靠性。但由于这种模式属于开环跟踪,对计算误差、执行机构误差不能及时校正,这些误差会随着运行时间的增加而累积,长期运行将引起不可忽略的系统偏差。

传感器跟踪的原理是利用光电传感器感知太阳位置的变化,当照射到传感器光敏元件上的辐射强度变化时,将引起传感器输出电信号的改变,对电信号的变化进行分析、判断和处理,就可以计算出太阳位置变化的方向与大小,从而产生控制信号驱动电机,实现对太阳的跟踪。这种方式属于闭环控制,不受太阳跟踪装置安装的地理位置及冬夏时差的影响与限制,方便、灵活,跟踪精度高,但是受天气影响大,在阴雨天气时,太阳辐射强度较弱,光电转换器很难响应光线的变化;在多云的天气时,太阳被云层遮住,或者天空中某处由于云层变薄而出现相对较亮的光斑时,可能会使跟踪装置误动作。

针对太阳运行轨迹跟踪方式和传感器跟踪方式的特点及不足,采用两种方法相结合的跟踪方式受到了重视。这种方式既提高了跟踪装置对天气的适应能力,又减小了系统误差,表现出一定的优越性。

1. 太阳位置跟踪装置

太阳位置跟踪是通过对跟踪装置的控制操作来完成的,常见的跟踪装置有固定式、单轴式及双轴式等几种。根据对制造、安装、维护成本及发电效益的综合评判,选择适合的跟踪装置是太阳能发电系统设计的重要内容。

固定式将电池板固定在支架结构上,具有一定的倾角但不随太阳位置的变化而移动,其结构如图 3-25 所示。这种方式结构简单、可靠性高,但会损失一定的太阳辐射能量,转换效率较低。在这种方式下,要根据当地纬度,按照全年辐射总量接收最大化原则设计光伏电池板安装角度。

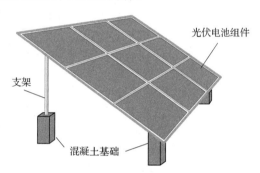

图 3-25　固定式跟踪装置

单轴跟踪式是指电池板只有一个旋转自由度,可分为水平单轴跟踪与倾斜单轴跟踪两种。水平单轴跟踪可实现在方位角(东西方向)上跟踪太阳,由于其旋转轴为水平放置,仅适用于低纬度地区。斜单轴跟踪根据当地纬度决定固定的倾角角度,并在方位角上跟踪太阳。图 3-26 为单轴跟踪装置示意图。

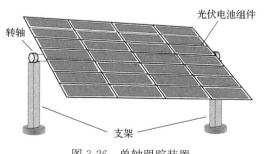

图 3-26　单轴跟踪装置

双轴跟踪使光伏阵列沿着两个旋转轴运动,能够同时跟踪太阳方位角与高度角的变化,理论上可以完全跟踪太阳的运行轨迹以实现入射角为零。图 3-27 为基于地平坐标系的双轴跟踪示意图,关键控制部件为主轴与俯仰轴。主转轴与地面平行,俯仰转轴与主转轴垂直。电池板围绕主轴转动可跟踪太阳方位,电池板围绕俯仰轴转动可调节与地面的夹角。图 3-28 给出了一种双轴跟踪装置的驱动系统框图。

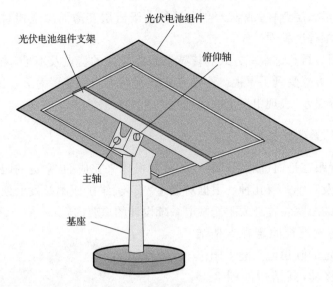

图 3-27　双轴跟踪装置

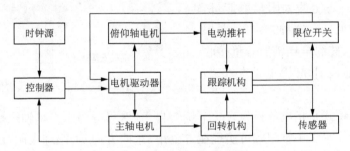

图 3-28　跟踪装置驱动系统

　　不同跟踪方式下取得的发电收益随所处纬度的不同而变化。如在北纬30°某地区,相对于固定式安装来说,单轴安装式可提高发电量18%~30%,双轴跟踪式可提高发电量30%~35%。

　　2. 太阳运行轨迹跟踪

　　地平坐标系中,太阳相对于地球上某点的位置可用高度角 α_s 和方位角 γ_s 两个坐标来表示,一天中从日出到日落太阳运行轨迹如图3-29所示。

　　基于太阳运行轨迹的双轴跟踪系统工作流程为如下。

　　(1) 太阳位置计算。根据安装地点的地理、时间参数来计算出即时的太阳位置,包括太阳高度角、方位角以及当日的日出、日落时间。

　　(2) 步进电机控制。执行控制程序,向步进电机驱动器发送方向脉冲和驱动脉冲,驱动步进电机带动光伏电池板运动。电池板俯仰角反馈信号通过光电旋转

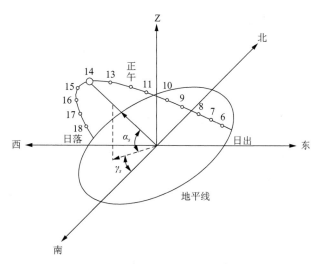

图 3-29　太阳运行轨迹与太阳高度角及方位角示意图

编码器送入控制器。

一般情况下,控制系统按照一定时间间隔(如每分钟)发出驱动信号,光伏电池板能够连续跟踪太阳变化。当不需准确跟踪时,在太阳方位角方向只需按每小时 15° 的转速转动即可,且由于太阳高度角每天最大变化不超过 $0.5°$,在这个方向上可半个月至一个月调整一次,这样可使控制系统得以简化并减小跟踪装置的磨损。

(3) 日落返回控制:日落后,控制驱动机构依照日落前的跟踪路线返回到两维的基准零点。

太阳运行轨迹跟踪控制系统结构原理如图 3-30 所示。

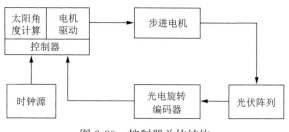

图 3-30　控制器总体结构

3. 传感器跟踪

四象限探测器由四个光敏二极管组成,其感光面被平均分成四个部分,分别对应东南西北四个方向。将探测器安装在光伏电池板上面向太阳的一侧,太阳光透过光圈在探测器的光敏面上形成一个光斑,如图 3-31 所示。当光伏电池板或者太阳移动时,根据光斑在每个象限内所占的面积,探测器输出与之相对应的电流或电压。根据该电流或电压的大小就可以计算出光斑在坐标系中的位置,进而对太阳位置进行跟踪,具体方法如下。

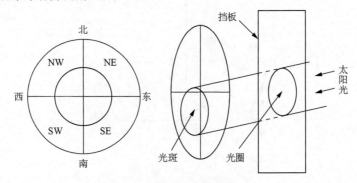

图 3-31 四象限探测器

假设光斑在各象限照亮的面积和相应的转换电压分别为 S_x、V_x($x = $NE, NW, SW, SE)。光斑在南北($\Delta$NS),东西($\Delta$EW)方向的偏移计算公式为[14]

$$\Delta NS = k \frac{S_{NW} + S_{NE} - S_{SW} - S_{SE}}{S_{NW} + S_{NE} + S_{SW} + S_{SE}} = k \frac{V_{NW} + V_{NE} - V_{SW} - V_{SE}}{V_{NW} + V_{NE} + V_{SW} + V_{SE}} \quad (3\text{-}59)$$

$$\Delta EW = k \frac{S_{SE} + S_{NE} - S_{SW} - S_{NW}}{S_{NW} + S_{NE} + S_{SW} + S_{SE}} = k \frac{V_{SE} + V_{NE} - V_{SW} - V_{NW}}{V_{NW} + V_{NE} + V_{SW} + V_{SE}} \quad (3\text{-}60)$$

式中,假定正北和正东的偏移量为正,k 是一个可调节系数,用于将计算结果转换成光斑距离中心的偏移距离。

利用式(3-59)、式(3-60)得到光斑在南北、东西方向的偏移量,并根据此偏移量控制步进电机的转动方向与步长,从而实现太阳位置的跟踪控制,控制流程图如图 3-32 所示。

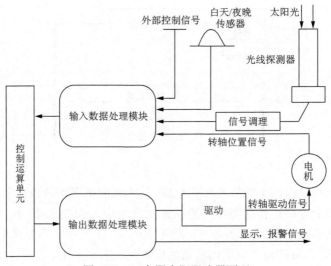

图 3-32 四象限太阳跟踪器原理

外部控制信号包括操作员给定信号、外部启停机信号等;信号调理模块接收光线传感器信号,并将它们转换成相应的电压信号;输入数据处理模块接受操作员预先给定的目标信号、白天或夜晚信号(布尔信号)以及步进电机的位置信号和信号调理模块输出电压信号;驱动模块输出步进电机的驱动信号,输出数据处理模块负责信号的品质判断和输出报警信号。控制运算单元的主要工作是根据式(3-59)、式(3-60)计算偏移量,并给出步进电机相应的控制信号,同时也负责根据白天夜晚情况和系统报警信号,控制整个跟踪系统的运行与返回。

4. 全自动太阳跟踪方式

全自动太阳跟踪方式将太阳运行轨迹跟踪方式与传感器跟踪方式相结合,充分利用各自特点,实现二者互补运行,提高跟踪精度及运行可靠性。

常见的全自动跟踪模式有自动切换模式与偏差修正模式。自动切换跟踪模式时,当太阳辐照度较强时用光电传感器进行跟踪,当太阳光线弱时,则根据太阳运行轨迹时间函数确定太阳的位置。两种方式自动切换,互相配合,实现了高精度全天候的太阳自动跟踪。

偏差修正模式中,首先采用太阳运行轨迹跟踪方法,求出一天内某时刻太阳高度角 α_s 和方位角 γ_s 的理论值,再加上传感器跟踪方法对此产生的修正量 $\Delta\alpha_s$、$\Delta\gamma_s$ 作为驱动跟踪装置动作的指令信号。基于偏差修正方式的控制原理图如图 3-33 所示。

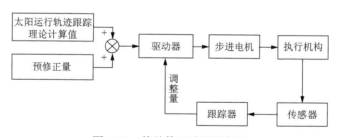

图 3-33　偏差修正法原理框图

3.3.2 最大功率点跟踪控制

光伏阵列输出功率受太阳辐射量、环境温度和负载情况影响,呈现非线性特性。在一定的太阳辐射量和环境温度下调整负载值,可使光伏阵列工作在不同的电压上,但只有一个电压使输出功率达到最大点,此点即为最大功率点(maximum power point,MPP),对应的功率为最大功率 P_{max},对应的电压为 U_{max}。由光伏阵列的输出功率特性 $P\text{-}U$ 曲线可知,当光伏阵列的工作电压小于最大功率点电压 U_{max} 时,光伏阵列的输出功率随阵列端电压上升而增加;当阵列的工作电压大于最大功率点电压$U_{\max}$时,阵列的输出功率随端电压上升而减小。因此,在光伏发电系统中,要提高系统的整体效率,其中一个重要的途径就是实时调整光伏阵列的工作点,使之始终工作在最大功率点附近,这一过程就称之为最大功率点跟踪(maximum power point tracking,MPPT)。最大功率跟踪实质上是一个寻优过程,其控制目标是既要有较快的响应速度,又要保证较好的跟踪精度。

最大功率跟踪原理如图 3-34 所示。假设图中曲线 1 和曲线 2 为两条不同光照强度下光伏阵列的特性曲线,A 点和 B 点分别为相应的最大功率输出点。假设某一时刻,系统运行在 A 点,当光照强度发生变化,使光伏阵列的输出特性由曲线 1 变为曲线 2 时,如果保持负载 1 不变,系统将运行在 A' 点,这样就偏离了相应光照强度下的最大功率点。为了继续追踪最大功率点,应当将系统的负载特性由负载 1 变化至负载 2,此时系统运行在新的最大功率点 B。同样,在负载 2 下,如果光照强度变化使得光伏阵列的输出特性由曲线 2 变化为曲线 1,则相应的工作点由 B 点变化到 B' 点,为了达到该光照条件下的最大功率点 A,应当相应地调整负载 2 至负载 1。

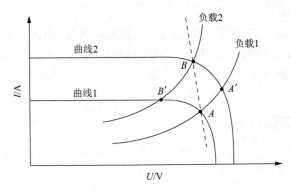

图 3-34　MPPT 分析示意图

实现光伏发电最大功率点跟踪的算法有多种,主要包括基于扰动自寻优的控制算法、基于优化模型的控制算法和基于人工智能的控制算法等。

1. 扰动观测法

扰动观测法又称为爬山法,是目前实现 MPPT 常用的方法之一。其原理是每隔一定的时间增加或者减少光伏阵列输出电压,然后观测输出功率变化方向,并决定下一步的控制动作。

扰动观测法流程如图 3-35 所示,控制周期开始后,控制光伏阵列的输出电压按一定的步长增加或者减小,这一过程称为"干扰"。然后,比较干扰前后光伏阵列的输出功率,如果输出功率增加,那么按照上一周期的方向继续"干扰",如果检测到输出功率减小,则改变"干扰"方向。若干周期后,光伏阵列的实际工作点就能逐渐接近当前最大功率点,最终在其附近的一个较小范围波动并达到稳态。扰动观测法具有简单可靠、易实现的优点。但该算法是靠不断改变系统的输出来跟踪最大功率点的,当到达最大功率点后,并不会停止扰动,而是左右振荡,这样就造成能量损失,导致系统效率降低。另外,步长选择对算法性能有较大影响。步长较大时可以获得较快的跟踪速度,但达到稳态后精度较差,步长较小时正好相反。自适应步长算法在偏离 MPP 较远时选用较大的步长,在接近 MPP 时选用较小步长,可有效平衡跟踪速度与跟踪精度之间的矛盾,达到较好的控制效果。

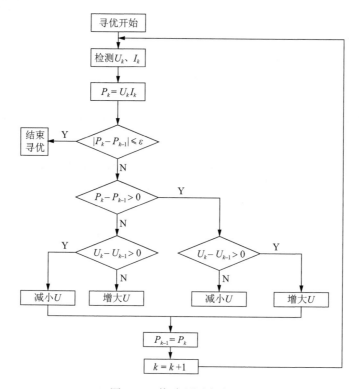

图 3-35　扰动观测法流程图

2. 增量电导法

由光伏电池的输出特性可以看到,光伏阵列的 P-U 特性曲线在某一光照和温度下都是一个单峰的曲线,在输出功率最大点,功率对电压的导数为零。要寻找最大功率点,只要在功率对电压的导数大于零的区域增加电压,在功率对电压的导数小于零的区域减小电压,在导数等于零或非常接近于零的时候,电压保持不变即可。

由 $P=UI$ 可得

$$\frac{\mathrm{d}P}{\mathrm{d}U} = \frac{\mathrm{d}(UI)}{\mathrm{d}U} = I + U\frac{\mathrm{d}I}{\mathrm{d}U} = U\left(\frac{I}{U} + \frac{\mathrm{d}I}{\mathrm{d}U}\right) \tag{3-61}$$

令 $G = I/U$，$\Delta G = \mathrm{d}I/\mathrm{d}U$，则式(3-61)可写为

$$\frac{\mathrm{d}P}{\mathrm{d}U} = U(G + \Delta G) \tag{3-62}$$

式中，G 可看成外部负载电导，而 ΔG 为光伏阵列输出增量电导。

当光伏阵列工作在最大功率点时，有

$$\frac{\mathrm{d}P}{\mathrm{d}U} = U(G + \Delta G) = 0 \tag{3-63}$$

亦即

$$G + \Delta G = 0 \tag{3-64}$$

由此得到增量电导法寻优过程为(见图 3-36)：

当 $G + \Delta G > 0$ 即 $\Delta G > -G$ 时，$\mathrm{d}P/\mathrm{d}U > 0$，增加 U 将使工作点向最大功率点移动。

当 $G + \Delta G < 0$ 即 $\Delta G < -G$ 时，$\mathrm{d}P/\mathrm{d}U < 0$，减小 U 将使工作点向最大功率点移动。

当 $G + \Delta G = 0$ 即 $\Delta G = -G$ 时，$\mathrm{d}P/\mathrm{d}U = 0$，此时的工作点就是最大功率点。

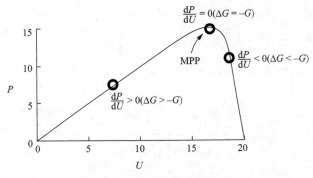

图 3-36　增量电导法原理图

增量电导法搜索的流程图如图 3-37 所示。增量电导法对于工作电压的调整不再盲目，而是通过每次的测量和比较，预估出最大功率点的大致位置，再根据结果进行调整。当外界日照强度发生迅速变化时，其输出端电压能以平稳的方式追随其变化，从而保证最大功率的输出。

3. 模糊控制法

模糊控制法是一种人工智能方法，其关键是根据光伏电池的输出特性和运行经验，制定合适的控制规则。

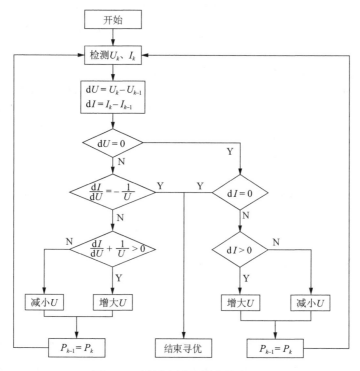

图 3-37　增量电导法搜索的流程图

模糊控制法包括模糊化、模糊推理和解模糊化三个步骤。选择模糊控制的输入量为光伏阵列的输出功率对输出电压的变化率 $\mathrm{d}P/\mathrm{d}U$ 和电压变化量 $\mathrm{d}U$，其模糊子集分别划分如下：

$$\frac{\mathrm{d}P}{\mathrm{d}U} = \{\mathrm{NB}, \mathrm{NS}, Z, \mathrm{PS}, \mathrm{PB}\} \tag{3-65}$$

$$\mathrm{d}U = \{\mathrm{NB}, \mathrm{NS}, Z, \mathrm{PS}, \mathrm{PB}\} \tag{3-66}$$

式中，NB 表示负大；NS 表示负小；Z 表示零；PS 表示正小；PB 表示正大。

模糊控制器的输出量设置为占空比调节量 D_c，其模糊子集划分如下：

$$D_c = \{\mathrm{NB}, \mathrm{NS}, Z, \mathrm{PS}, \mathrm{PB}\} \tag{3-67}$$

从光伏电池的输出特性可以发现以下规律：

(1) 当环境条件(光照强度、环境温度等)一定时，输出功率随电压(或者占空比)的变化而呈现类似向下的抛物线形式，存在一个极大点，即最大功率点。

(2) 短路电流和最大功率与光照强度成正比，开路电压随光照强度呈对数规律变化。

(3) 短路电流随环境温度升高而略有升高，开路电压会显著降低，最大功率值也会随之而降低。

根据以上分析,模糊规则的制定应该考虑以下两个方面:

(1) 根据 dP/dU 大小和方向调整占空比 D_c。当 dP/dU 较大时说明当前功率距离最大功率点较远,应该增大调节步长,使其迅速靠近最大功率点;dP/dU 为较大负值时应使调节步长反向且取大值。其他情况类似分析。

(2) 若 dU 为较小正值,而 dP/dU 为负的较大值时说明光照强度迅速减小或环境温度迅速升高,致使输出功率变化率为负值。此时,当前工作点仍位于功率曲线左侧,应继续向原来步长方向寻优,以防发生误判。

模糊控制规则如表 3-5 所示。

表 3-5　模糊规则表

D_c		dP/dU				
		NB	NS	Z	PS	PB
	NB	PB	PS	Z	PS	NB
	NS	PS	PS	Z	NS	NS
dU	Z	PS	Z	Z	Z	PS
	PS	PS	PS	Z	NS	NS
	PB	PB	PS	Z	NS	NB

模糊控制最大的特点是将专家经验和知识表示成语言控制规则,再用这些规则去控制系统。通过精心设计,模糊控制可实现迅速跟踪,且达到最大功率点后基本没有波动,即具有较好的动态和稳态性能。

3.3.3　光伏发电系统并网控制

光伏发电系统并网控制的本质是采用一定的控制策略控制并网逆变器,使其输出电流与电网电压同频同相,同时保证光伏输出电压与最大功率点电压 U_{max} 尽可能接近。

式(3-55)所示的并网逆变器的数学模型可写为如下形式:

$$\begin{cases} L\dfrac{di_d}{dt} = U_d - \omega L i_q - i_d R - e_d \\ L\dfrac{di_q}{dt} = U_q + \omega L i_d - i_q R - e_q \end{cases} \tag{3-68}$$

式中,U_d 和 U_q 为逆变器输入参考电压且 $U_d = S_d U_{dc}$,$U_q = S_q U_{dc}$。其稳态方程为

$$\begin{cases} U_d = \omega L i_q + i_d R + e_d \\ U_q = -\omega L i_d + i_q R + e_q \end{cases} \tag{3-69}$$

可以看出,d 轴电流 I_d,q 轴电流 I_q 受交叉耦合项 $\omega L i_q$、$\omega L i_d$ 和电网电压 e_d、e_q 的影响,为达到良好的控制效果,需要采取解耦控制策略。

1. PI 串级解耦控制方法

　　并网逆变器解耦控制一般采用电压外环、电流内环的双环控制结构,控制框图如图 3-38 所示。电流内环实现输出并网电流与电网电压的同频同相;电压外环使直流母线电压尽量接近于 MPPT 控制模块提供的参考电压,实现光伏阵列的最大功率点跟踪。根据串级控制系统的基本原理,内环的调节速度要快于外环的调节速度。为了实现解耦控制,引入 d、q 轴电压耦合补偿项 ωLi_q、ωLi_d 及电网扰动电压 e_d、e_q 进行前馈补偿。

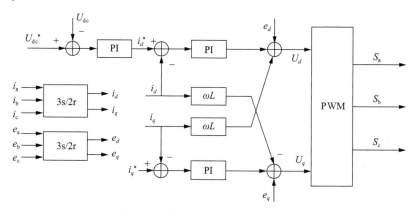

图 3-38　并网逆变器双环控制结构图

　　根据式(3-48)可以得出逆变器输出端单项传递函数为

$$I_a = \frac{1}{R_L + LS}(U_a - e_a)$$

忽略死区时间以及开关参数差异等非线性影响,PWM 控制方式下的桥式逆变器环节可等效为比例环节,其比例系数为 K_{pwm}。采用 PI 控制器来降低稳态误差和提高暂态稳定性,其传递函数框图如图 3-39 所示。

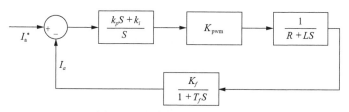

图 3-39　网侧电流环传递函数

R,L 是网侧电抗器电阻与电感值,K_f 和 T_f 分别为反馈通道的放大系数和滤波常数

　　从图 3-39 可以得到系统的开环传递函数是

$$G_c(s) = \frac{k_p S + k_i}{S} \frac{K_{pwm}}{R + LS} \frac{K_f}{1 + T_f S} = \frac{K_{pwm} K_f (k_p S + k_i)}{S(R + LS)(T_f S + 1)} \qquad (3\text{-}70)$$

以 PI 调节器零点抵消电流控制对象传递函数的极点,则式(3-70)化简为 $G_c(s) = K/S(T_f S + 1)$,其中 $K = k_p K_{pwm} K_f / L$。此开环传递函数为典型二阶系统,理想系统阻尼比 $\xi = 0.707 = 0.5/\sqrt{KT_f}$,得到 $K = 1/2T_f = k_p K_{pwm} K_f / L$。假设反馈无滤波,$K_f = 1$,$T_f = 1$,可有

$$\begin{cases} k_p = \dfrac{L}{2K_{pwm}} \\[2mm] k_i = \dfrac{R}{2K_{pwm}} \end{cases} \tag{3-71}$$

由式(3-71)可以计算出电流环的 PI 参数值。

考虑到数据采集与变换后的三相逆变器并网控制结构如图 3-40 所示。其中,PLL(phase-locked loop)为锁相环模块。令 q 轴电流目标值 $I_q^* = 0$ 是为了使逆变器的功率因数为 1。

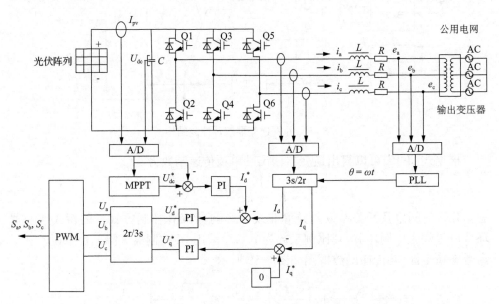

图 3-40　三相逆变器并网控制框图

2. 电流无差拍控制方法

除传统 PI 控制外,围绕并网逆变器的控制还出现了直接电流控制、间接电流控制、功率控制等控制方法,以改善系统动态响应,提高输出电能质量。下面对一种基于无差拍控制的并网逆变器控制方法作简要介绍[15]。

对于图 3-24 所示系统,忽略输出滤波电阻值,则系统回路电压方程可重写为

$$\begin{cases} e_a - e_b = -L\dfrac{di_a}{dt} + L\dfrac{di_b}{dt} + (S_a - S_b)U_{dc} \\[2mm] e_b - e_c = -L\dfrac{di_b}{dt} + L\dfrac{di_c}{dt} + (S_b - S_c)U_{dc} \\[2mm] e_c - e_a = -L\dfrac{di_c}{dt} + L\dfrac{di_a}{dt} + (S_c - S_a)U_{dc} \end{cases} \tag{3-72}$$

假设控制周期 T_s 远远小于电网基波周期，因此可忽略三相电网电压的变化和直流母线电压的变化，则一个控制周期内的回路电压方程为

$$\begin{cases} e_a - e_b = -L\dfrac{i_a^* - i_a}{T_s} + L\dfrac{i_b^* - i_b}{T_s} + (\Delta S_a - \Delta S_b)U_{dc} \\[3mm] e_b - e_c = -L\dfrac{i_b^* - i_b}{T_s} + L\dfrac{i_c^* - i_c}{T_s} + (\Delta S_b - \Delta S_c)U_{dc} \\[3mm] e_c - e_a = -L\dfrac{i_c^* - i_c}{T_s} + L\dfrac{i_a^* - i_a}{T_s} + (\Delta S_c - \Delta S_a)U_{dc} \end{cases} \tag{3-73}$$

根据 $\Delta S_a + \Delta S_b + \Delta S_c = 1.5$，综合式(3-72)及式(3-73)，得到

$$\begin{cases} \Delta S_a = \dfrac{1.5U_{dc} + 2\left(e_a - e_b + L\dfrac{i_a^* - i_a}{T_s} - L\dfrac{i_b^* - i_b}{T_s}\right) + \left(e_b - e_c + L\dfrac{i_b^* - i_b}{T_s} - L\dfrac{i_c^* - i_c}{T_s}\right)}{3U_{dc}} \\[5mm] \Delta S_b = \dfrac{1.5e_{dc} + \left(-e_a - e_b + L\dfrac{i_a^* - i_a}{T_s} - L\dfrac{i_b^* - i_b}{T_s}\right) + \left(e_b - e_c + L\dfrac{i_b^* - i_b}{T_s} - L\dfrac{i_c^* - i_c}{T_s}\right)}{3U_{dc}} \\[5mm] \Delta S_c = \dfrac{1.5e_{dc} + \left(e_a - e_b + L\dfrac{i_a^* - i_a}{T_s} - L\dfrac{i_b^* - i_b}{T_s}\right) - 2\left(e_b - e_c + L\dfrac{i_b^* - i_b}{T_s} - L\dfrac{i_c^* - i_c}{T_s}\right)}{3U_{dc}} \end{cases}$$

$$\tag{3-74}$$

式(3-74)即为实现无差拍控制所需的逆变器开关函数，其控制结构如图 3-41 所示。

图 3-42 给出了并网逆变器输出功率随光照强度的变化曲线。从图中可以看出，该控制算法可以快速、准确的实现最大功率跟踪，具有较好的动态响应性能。

3. 输出平抑控制方法

当光伏发电系统配备蓄电池时，为了减少蓄电池充放电次数并提高平抑控制效果，需要对光伏电站发出的有功功率 P 低通滤波，将滤波后的值 P^* 作为光伏系统并网的参考功率，并令 $\Delta P = P - P^*$ 为蓄电池的工作功率[16]。蓄电池充放电状态可由 ΔP 的正、负决定。

(1) $\Delta P = 0$，此时光照强度相对稳定，光伏电站的全部能量经过并网逆变器

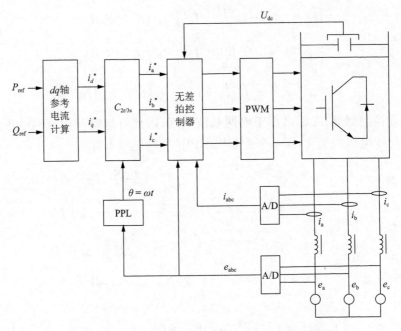

图 3-41　基于无差拍控制的并网逆变器控制结构图

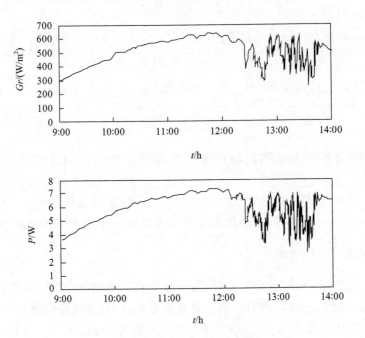

图 3-42　光照强度变化时输出有功功率曲线

并入电网,储能没有能源流动。

(2)$\Delta P < 0$,此时光照强度突然降低,光伏电站的全部能量经过并网逆变器馈入电网,同时为了平抑输出负向波动,储能蓄电池还要释放出一部分能量。

(3)$\Delta P > 0$,此时光照强度突然增强,光伏电站的一部分能量通过并网逆变器进入电网,剩下的能量存储到蓄电池内。

图 3-43 中 I_b 和 P_b 分别是蓄电池输出电流和输出功率。其控制流程为:有功功率设定值和过程值的偏差经过外环 PI 控制器为内环 PI 控制器提供设定值 I_b^*;蓄电池电流偏差值经内环 PI 控制器得到 DC/DC 变换器控制电压,经 PWM 调制后,送入 DC/DC 变换器。

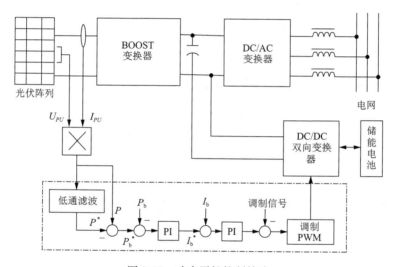

图 3-43　功率平抑控制策略

3.4　太阳能热发电系统

太阳能热发电,也叫聚焦型太阳能热发电(concentrating solar power,CSP),是一种利用集热器将太阳能聚集起来、加热工质、驱动汽轮发电机发电的技术。与传统的化石燃料发电相比,太阳能热发电用相对简单的聚光装置代替复杂的锅炉燃烧装置,在产生高温高压蒸汽的同时不消耗燃料、不产生二次污染,还可充分利用成熟的蒸汽动力发电技术;与光伏发电相比,太阳能热发电不需要昂贵的硅晶材料,规模化应用后建造成本低,并且容易与传统能量系统配合,有利于电网的稳定运行。

3.4.1　太阳能热发电系统构成及分类

典型的太阳能热发电系统如图 3-44 所示,主要包括聚光集热系统、热量交换与蓄热系统、动力发电系统和辅助能源系统。

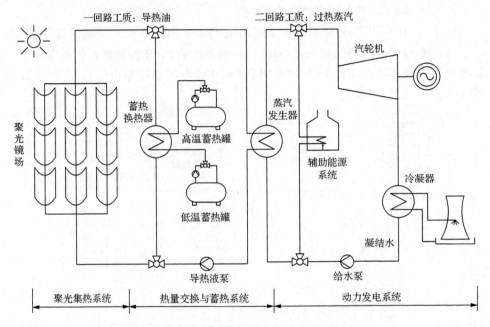

图 3-44　太阳能热发电系统原理图

聚光集热系统由聚光器与吸热器组成。聚光器将太阳辐射聚焦在接收器上并形成焦点、焦线或汇聚面,以获得高的聚光比。典型的聚光器有抛物面反射镜、菲涅尔透镜、菲涅尔反射镜等。

从热力循环角度来看,太阳能热发电系统从结构上可以分为单回路系统和双回路系统。单回路系统中吸热侧工质与发电侧工质合二为一,一般为水-水蒸气,故也称为直接蒸汽发电系统(direct steam generation,DSG)。双回路系统将吸热过程与发电过程设置在两个不同的循环中完成,吸热侧为一回路,发电侧为二回路。吸热工质一般为导热油、熔融盐或水蒸气,在一回路中吸收太阳能辐射并将其转换为热能,并通过换热器将热能传递给二回路工质。

蓄热系统在太阳辐射能与发电负荷间形成容量缓冲,以延长运行时间,平滑输出功率波动。蓄热方式有显热蓄热、相变蓄热及化学反应蓄热等,蓄热介质主要有导热油、熔融盐、水蒸气、混凝土、陶瓷等。在太阳能热发电中应用最为广泛的蓄热介质为导热油与熔融盐。导热油/熔融盐蓄热系统的基本原理是:白天太阳充足时,聚光集热系统出来的高温导热油一部分直接进入蒸汽发生器加热水产生蒸汽发电,另一部分进入熔融盐换热器,加热从冷盐罐出来的低温熔融盐,低温熔融盐经加热变成高温熔融盐后放入热盐罐蓄存起来;夜晚没有太阳时,聚光集热系统停止工作,从蒸汽发生器出来的低温导热油在熔融盐换热器内被从热盐罐抽出的高温熔融盐加热变成高温导热油后进入蒸汽发生器以产生新的蒸汽推动汽轮发电机发电。同时,放热后的高温熔融盐进入冷盐罐储存起来以便白天蓄热时使用。

动力发电系统可选用常规汽轮机发电机、低沸点工质汽轮发电机、斯特林发电机等。当驱动工质为蒸汽时,其发电过程与传统热力发电类似,利用高压过热蒸汽推动汽轮发电机组发电。

辅助能源系统可在夜间或事故状态时启用,以提高设备利用率、降低运行成本。辅助能源一般为常规燃料,如煤、天然气等。

按照集热器工作方式的不同,太阳能热发电可分为槽式、塔式和碟式(依次见图3-45(a)～(c))。槽式太阳能热发电系统是利用槽形抛物面反射镜将阳光聚焦到管状的接收器上,并将管内传热工质加热,直接或间接产生蒸汽,推动常规汽轮发

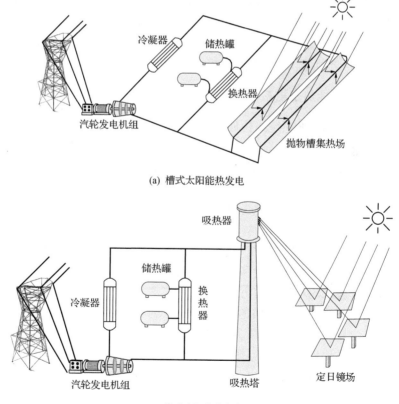

(a) 槽式太阳能热发电

(b) 塔式太阳能热发电

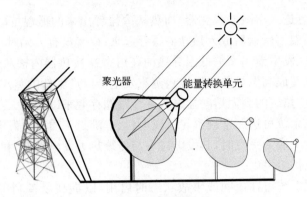

(c) 蝶式太阳能热发电

图 3-45　常见太阳能热发电过程示意图

电机发电;塔式太阳能热发电系统是利用独立跟踪太阳的定日镜,将阳光聚焦到一个固定在塔顶部的吸热器上,形成高温以加热吸热器内工质产生蒸汽推动汽轮发电机发电;碟式太阳能热发电系统由许多镜子组成抛物面反射镜,接收器安装在抛物面的焦点上以加热传热工质,从而驱动斯特林热机产生电能。

　　槽式、塔式太阳能热发电系统较为成熟且有大规模商业运行的范例。下面以槽式太阳能热发电为例,对其特点及控制方法进行简要分析。

3.4.2　槽式太阳能热发电系统运行控制

　　槽式太阳能热发电系统结构如图 3-45(a)所示。其聚光集热系统主要由槽型抛物面反射镜、集热管、跟踪机构组成。反射镜一般由玻璃制造,背面镀银并涂保护层,也可用镜面铝板或镜面不锈钢板制造反射镜。槽型反射镜可将入射太阳光聚焦到安装有吸热器的焦线上以加热工质。

　　吸热器是实现太阳能转化为热能的核心部件。槽式热发电系统的吸热器主要为真空吸热管,一般采用双层结构,内侧为热载体,外侧为真空保温层。为了获得更好的加热效果,聚光集热系统一般还配备太阳跟踪控制系统。槽型抛物面反射镜根据其采光方式分为东西向和南北向两种布置方式。东西放置只作定期调整,南北放置时一般采用单轴跟踪方式。

　　根据传热工质与蓄热工质的不同,槽式太阳能热发电系统有多种结构形式。若传热工质为导热油,蓄热工质为熔融盐,则构成导热油/熔融盐双罐系统;若传热工质与蓄热工质均使用熔融盐,则构成熔融盐双罐蓄热系统。若采用水作为传热介质,产生蒸汽推动汽轮机发电,则构成直接蒸汽发电系统。

　　1. 双回路系统运行控制

　　双工质回路系统由传热液体回路和蒸汽回路构成。导热油在集热场中被加热到一定温度后送入换热器内加热蒸汽回路中的水,以产生水蒸气。集热场通过控制导热油流量保持出口油温稳定在设定值附近。集热场数学模型可表示为[17]:

$$\rho(T_m)c_p(T_m)A\frac{dT_{out}}{dt} = \eta DG_r - \rho(T_m)c_p(T_m)Av \times \frac{T_{out}-T_{in}(t-\tau)}{L} - \frac{H_1(T_m, T_{amb})}{L_t}$$
(3-75)

式中,T_{in}、T_{out} 分别为集热器阵列的进口油温、出口油温,℃;T_{amb} 为环境温度,℃。ρ 为油的密度,kg/m^3;c_p 为定压热容,$J/(kg \cdot K)$;A 为管道通流截面积,m^2;η 为光学效率,%;L 为集热阵列的长度,m;L_t 为整个集热场的长度,m;D 为集热器开口直径,m;G_r 为太阳能辐射强度,W/m^2;v 为流体速度,m/s;H_1 为热损失计算函数,由经验公式计算;τ 为油的进出口时间延迟,s,由经验公式计算。

计算 H_1、τ 的经验公式为

$$H_1 = 1970(T_{in} - T_{amb}) - 34651$$
(3-76)

$$\tau = A_1 e^{-(q/t_1)} + y_0$$
(3-77)

式中,系数 A_1、t_1、y_0 根据集热器阵列情况确定;q 为体积流量。

由式(3-75)~式(3-77)可见,受太阳能辐射强度改变、镜面反射率变化和入口油温波动等因素的影响,集热场模型呈现出时变、非线性的特征。同时在集热、传热及蓄热过程有较大的惯性与迟延且该延迟随工质流速变化。这些特点给电站的运行和控制带来了一定的困难。

2. 直接蒸汽发电系统运行控制

一种直接蒸汽发电系统结构示意图如图 3-46 所示。

根据各阀门的开关状态,有三种汽水流通模式,即直通模式、注射模式和循环模式,其等效结构图见图 3-47。

(1)直通模式中水在集热器入口、出口之间往复循环,并在循环过程中预热、蒸发,产生过热蒸汽直接推动汽轮机发电。该模式结构最简单,但存在集热场出口过热蒸汽参数可控性差的问题。

(2)注射模式中水分别从集热管不同的地方注入,该模式控制灵活,但测控系统投资较大,系统复杂,难以达到预期的控制效果。

(3)循环模式中在集热器管道的蒸发段末端安装一个汽水分离装置,控制注入的水量大于系统可以蒸发的水量,过量的水通过分离器经循环泵返回到集热器环路的入口。同时蒸汽经过汽水分离器进入集热管的过热段。这种模式具有高度可控性,是目前最常见的蒸汽产生方式。

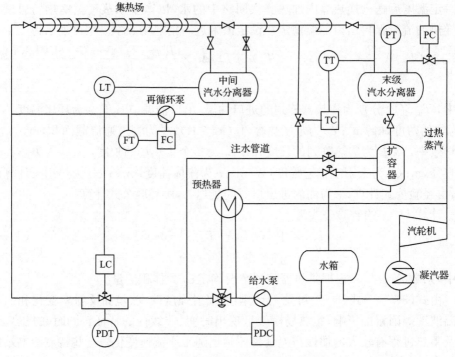

图 3-46　直接蒸汽发电系统示意图

TT 温度传感器;FT 流量传感器;PT 压力传感器;PDT 差压传感器;LT 液位传感器;TC 温度控制回路;
FC 流量控制回路;PC 压力控制回路;PDC 差压控制回路;LC 水位控制回路

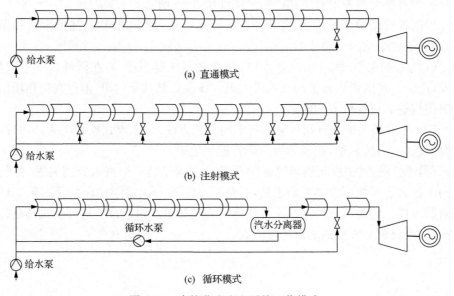

图 3-47　直接蒸汽发电系统工作模式

同双工质回路系统相比,直接蒸汽发电系统控制起来更为复杂,因为不仅要控制集热场的出口温度恒定,同时还要保持一定的压力。

循环模式下,根据各集热器相对中间汽水分离器的位置,可分为蒸发段(中间汽水分离器前)和过热段(中间汽水分离器后),通过向末级集热器注水来控制集热场出口温度。为了保证系统正常工作,需要设计以下控制回路。

(1)出口蒸汽压力控制回路:通过调节蒸汽阀门的开度使过热蒸汽压力跟踪设定值。

(2)出口蒸汽温度控制回路:通过调节注水阀开度使过热蒸汽出口温度在一定范围内变化。

(3)中间汽水分离器液位控制回路:通过调节给水阀开度以维持中间汽水分离器液位在设定值附近。

(4)再循环泵控制回路:通过调节再循环泵的转速以保持再循环流量的稳定,控制过程中要克服太阳辐射变化引起集热管道压力波动对再循环流量的影响。

(5)给水泵控制回路:通过调节给水泵的转速以使给水阀后的压降跟踪设定值。

出口蒸汽压力和出口蒸汽温度是重要的运行参数,关系到整个系统运行的安全性与经济性,必须有效控制以保证蒸汽品质。

直通模式下,需要设计以下控制回路[18]。

(1)出口蒸汽压力控制回路:通过调整蒸汽控制阀的开度来维持出口蒸汽压力的稳定。

(2)出口蒸汽温度控制回路:通过调节入口给水流量和向过热器注水来实现过热蒸汽出口温度控制。给水流量控制器是为了保证给水流量与太阳辐射条件相匹配,注水控制器安装在集热器的最末级,提高系统抗扰动能力。

(3)给水泵控制回路:调整给水泵的转速来保持给水阀的压降稳定。

由于没有中间汽水分离器来缓冲发生在预热段和蒸发段的扰动,直通模式中,往往采用前馈控制来调整最末级集热器的注水流量,使之与末级集热器温度、流量、注水温度和出口温度相协调。该前馈控制利用过程模型提前调整控制器输出,并与闭环 PI 控制器并联工作,提高抗干扰能力和系统稳定性。

3.5　本章小结

太阳能发电一次能源来自太阳。受地球围绕太阳公转及地球自转的影响,地面上特定区域接受到的太阳辐射量具有周期性变化的规律。但天有不测风云,由于气候条件、天气情况都是不断变化的,从而造成太阳辐射量也具有随机波动性。

为了更好的开发利用太阳能,本章首先介绍了太阳能资源特性及太阳辐射量计算方法,并给出几种太阳辐射量及光伏发电输出功率的预测模型。在光伏电池等效电路的基础上,分析了光伏发电系统的性能指标及影响因素,重点对 DC/DC 变换器,DC/AC 逆变器进行了深入分析,建立了用于控制系统分析设计的状态方程。紧接着,给出了光伏发电系统的太阳跟踪控制,最大功率点跟踪控制和光伏发电并网控制原理和方法。本章最后对太阳能热发电做了简要介绍。

应该看到,太阳能发电技术正以前所未有的速度发展。随着接入规模的扩大,太阳能发电系统与电网之间的相互作用日趋明显,建设电网友好型太阳能发电系统日益迫切。这就需要进一步建立更加精确的数学模型,研究开发相应的控制方法。

参 考 文 献

[1] 黄素逸,黄树红. 太阳能热发电原理及应用[M]. 北京:中国电力出版社,2012.

[2] 李安定,吕全亚. 太阳能光伏发电系统工程化[M]. 北京:化学工业出版社,2012.

[3] 宋记锋,丁树娟. 太阳能热发电站[M]. 北京:机械工业出版社,2013.

[4] 郑小年,黄巧燕. 太阳跟踪方法及应用[J]. 能源技术,2003,24(1):149-151.

[5] 电力简讯,我国太阳能资源状况[J]. 可再生能源,2005,3:88

[6] Diagne Hadja M, David Mathieu, Lauret Philippe, Boland John, Solar irradiation forecasting:State-of-the-art and proposition for future developments for small-scale insular grids, World Renewable Energy Forum(WREF)2012

[7] Remund R, Perez, Lorenz E. Comparison of solar radiation forecasts for the USA. Proceedings of the 23rd European Photovoltaic Solar Energy Conference[C], Valencia DB/OL, 2008, 1. 9-4. 9

[8] Heinemann D, Lorenz E, Girodo M, Forecasting of solar radiatio, http://www. energiemeteorologie. de/publications/solar/conference/2005/Forcasting of Solar Radiation. pdf

[9] Hammer A, Heinemann D, Lorenz E, et al. Short-term forecasting of solar radiation:A statistical approach using satellite data. Solar Energy[J], 1999, 67 (1, 3):139-150.

[10] Lorenz E, Hurka J, Heinemann D, et al. Irradiance forecasting for the power prediction of grid-connected photovoltaic systems. IEEE Journal of Selected Topics in Applied Earth Observations and Remote Sensing[J], 2009, 2(1):2-10.

[11] Voyant C, Msuelli M, Paoli C, et al. Predictablility of PV power. grid performance on insular sites without weather station:use of artificial neutral networks. Proceeding of 24th Euoupean Photovaltatic Solar Energy Conferrance[C], Hamburg, 2009, 4141-4144.

[12] Perpinan O, Lorernzo E, Castro M. A. On the calculation of energy produced by a PV grid-connected system. Photovaltatics[J], 2006, 15(3):265-274.

[13] 吴加梁,曾赣生,余铁辉,等. 风光互补与储能系统[M]. 北京:化学工业出版社,2012.

[14] 吴静,杨懿,潘英俊. 用四象限硅光电池和单片机实现太阳跟踪[J]. 四川兵工学报,2009,30(1):101-104.

[15] Huang T F, Shi X H, Liu J P, et al. Current deadbeat decoupling control of three-phase grid-connected inverter. IEEE 7th International Power Electronics and Motion Control Conference[C], Harbin, 2012,

2240-2244.

[16] Cristina M C, Manuel B, L V, et al. Feedback linearization control for a distributed solar collector field. Control Engineering Practice[J]，2007，15：1533-1544.

[17] Valenzuela L, Zarza E, Berenguel M, et al. Control concepts for direct steam generation in parabolic troughs. Solar Energy[J]. 2005，78：301-311.

[18] 赵争鸣，刘建政，孙晓瑛，等，太阳能光伏发电及其应用[M]. 北京：科学出版社，2005.

第 4 章　火电机组建模与变负荷控制

近年来,随着新能源、可再生能源的迅猛发展,风电、太阳能等新能源大规模应用于电力系统。由于新能源电力具有间隙性、强随机波动等特性,其接入必定会对电网造成冲击。为了更好的保证电网安全稳定运行,平抑新能源电力对电网的影响,提高电源功率快速调节能力是接纳大规模新能源电力的关键。而在我国的能源结构中,能够快速响应风电等波动性电源的燃气及燃油发电所占比例非常低,而火力发电在今后相当长的时间内仍将占据主导地位。因此,提高火电机组变负荷运行能力将是我国大规模接纳新能源电力的必然选择。

火电机组的变负荷能力主要是指机组能够实现快速、深度的负荷调节。传统的火电机组虽然具有一定的变负荷能力,但存在调节速率慢、调节范围窄等问题;在调节过程中往往会造成机组参数波动、燃烧不稳定、机组经济性下降、污染物排放超标、炉膛受热面使用寿命降低等问题,使得机组运行的稳定性和经济性大幅度下降;且由于受到锅炉系统特性的限制,机组的变负荷速率和变负荷深度很难提高,难以满足电网的需求。因此,在保证机组安全、经济、稳定运行的条件下,提高火电机组快速、深度变负荷能力成为当前控制系统中迫切需要解决的问题。

然而要实现火电机组的快速、深度变负荷调节,首先需要研究大型火电机组建模理论与状态重构技术,建立机组非线性动态模型,构造机组优化控制必需的运行状态参数,为实现火电机组智能优化控制提供模型与信号基础;其次需要研究大型火电机组在满足深度变负荷条件下的全程多变量控制算法以及优化问题;在机组全工况非线性动态模型和精细化表征机组运行状态参数的基础上,设计基于蓄能深度利用等方式,通过控制系统结构优化与机组运行优化的结合,实现火电机组的快速、深度变负荷控制。

4.1　火力发电机组控制模型

按照机理分析法建立的模型具有本质的合理性,然而存在模型结构复杂、模型参数难以确定等问题。系统辨识建模理论方法需要在有效激励的前提下才能获得模型辨识所需的输入输出数据。复合建模理论方法则采用机理分析法,对受控对象进行合理的简化后确定模型的结构,进而利用机组实时运行的海量数据与大数据分析平台,利用数据清洗、数据挖掘等方法对机组实际运行数据进行预处理,利用遗传算法等基于数据的辨识方法来确定模型参数,最后通过海量数据对模型进行验证,得到所需要的控制模型。通过复合建模理论方法,深入研究协调控制系统受控对象的本质特性,获得机组全工况条件下的控制模型,是设计基于模型的协调控制系统的基础。

4.1.1　汽包炉机组非线性控制模型

1. 汽包炉机组简化非线性模型结构

从燃料量指令送达至给煤机,到磨制好煤粉送入炉膛燃烧,整个过程中包括 3 个环节:给煤机、磨煤机和一次风粉管道。其中给煤机和一次风粉管道的动态特性主要表现为纯迟延,而磨煤机的动态特性主要表现为惯性。对于不同类型的机组,制粉系统的布置大致相同,所以动态特性描述可通用。

纯迟延环节可以描述为

$$r'_B = e^{-\tau s} u_B \tag{4-1}$$

式中,u_B 为燃料量指令,kg/s;r'_B 为进入磨的实际煤量,kg/s;τ 为迟延时间,s。

制粉系统的惯性主要体现在磨煤机和煤粉分离器内,磨煤机内物质平衡方程可表示为

$$r'_B - r_B = \frac{dM}{dt} \tag{4-2}$$

式中,r_B 为进入锅炉的煤粉量,kg/s;M 为磨煤机内的存煤量,kg。

根据磨的特性,进入锅炉的煤粉量为

$$r_B = c_B M f_H f_w f_R = \frac{1}{K_f} M \tag{4-3}$$

式中,c_B 为磨的基本出力系数;f_H 为煤可磨性修正系数;f_w 为煤水分修正系数;f_R 为煤粉细度修正系数。以上各项系数可以近似简化为常数,其乘积的倒数可表示为 K_f,称之为制粉惯性时间,s。

综合式(4-1)~式(4-3),可得制粉系统的传递函数描述形式,即

$$r_B = \frac{e^{-\tau s}}{K_f s + 1} u_B \tag{4-4}$$

通过对汽包炉机组进行详细的机理分析,并对锅炉的过热器管道压力模型进行修正,同时考虑锅炉制粉系统的惯性和纯迟延后,可建立下述汽包炉机组简化的非线性模型结构[1-3]:

$$r'_B = e^{-\tau s} u_B$$

$$K_f \frac{dr_B}{dt} = -r_B + r'_B$$

$$C_b \frac{dP_d}{dt} = -K_3 P_t \mu_T + K_1 r_B \tag{4-5}$$

$$K_t \frac{dN_e}{dt} = -N_e + K_3 P_t u_T$$

$$P_t = P_d - K_2 (K_1 r_B)^n$$

式中，u_T 为汽轮机调门开度，%；K_1 为燃料量指令增益；K_2 为过热器阻力系数；K_3 为汽轮机调门增益；C_b 为锅炉蓄热系数；K_t 为汽轮机动态时间，s；P_d 为汽包压力，MPa；P_t 为主蒸汽压力，MPa；N_e 为实发功率，MW；n 为拟合系数，根据机组实际运行数据，一般在 1.3～1.5 之间。

2. 汽包炉机组模型参数辨识

上述所建立的模型为汽包炉机组简化的通用数学模型，但由于各个机组之间的特性、运行参数水平不同，模型中的待定参数也不相同。对于模型中的待定参数，需要根据实际机组运行情况进行确定。以修正的燃煤机组通用简化非线性模型为例，模型中包括 3 个静态参数和 4 个动态参数，即燃料量指令增益 K_1、过热器阻力系数 K_2、汽轮机调门指令增益 K_3、制粉过程迟延时间 τ、制粉动态时间 K_f、锅炉蓄热系数 C_b、汽轮机动态时间 K_t。其中静态参数可以利用机组稳态运行数据进行求取，动态参数则通过扰动实验辨识获得。

1）静态参数辨识

燃料量指令增益 K_1 的物理意义是单位控制器输出的燃料量指令所对应的机组负荷。可通过求取稳态运行时机组负荷与燃料量指令的比值来获得。但受到机组运行效率、燃料发热量等因素的影响，K_1 通常是变化的，因此需要通过大量数据求取平均值获得，即

$$K_1 = \frac{1}{n} \sum_{i=1}^{n} \frac{N_{ei}}{u_{Bi}} \tag{4-6}$$

过热器阻力系数 K_2 是一个拟合参数，其物理意义是描述过热器差压与锅炉有效吸热量之间非线性特性的比例系数。由于拟合存在误差，K_2 需要通过大量数据求取平均值获得，即

$$K_2 = \frac{1}{n} \sum_{i=1}^{n} \frac{P_{di} - P_{ti}}{N_{ei}^{1.3}} \tag{4-7}$$

汽轮机调门指令增益 K_3 的物理意义是单位机前压力 P_t 与汽轮机调门开度 u_T 乘积所对应的机组负荷，也可以解释为单位汽轮机调节级压力 P_1 变化对应机组负荷变化除以 100，即

$$K_3 = \frac{1}{n} \sum_{i=1}^{n} \frac{N_{ei}}{P_{ti} u_{Ti}} = \frac{1}{100n} \sum_{i=1}^{n} \frac{N_{ei}}{P_{1i}} \tag{4-8}$$

2）开环辨识求取动态参数

模型动态参数的求取过程一般是"由后向前"，即先求取 K_t 再依次求取 C_b、τ、K_f。

汽轮机动态时间 K_t 可以通过汽轮机调节级压力 P_1 与机组功率辨识得到。另

外,在机组大修结束后都要进行超速保护甩负荷实验,利用此实验数据得到的结果将更为准确。

锅炉蓄热系数 C_b 的物理意义是单位汽包压力 P_d 变化使锅炉所释放或吸收的能量,可以通过汽轮机调门扰动实验获得。实验过程中:协调控制系统机炉主控改为手动,锅炉燃料量指令保持不变,给水、汽温、燃烧等子系统投自动的情况下,改变汽轮机调门开度指令使其产生阶跃变化,记录机组实际功率 N_e、调节级压力 P_1、汽包压力 P_d,直至以上参数达到稳定。锅炉蓄热系数可表示为

$$C_b = \frac{\int_{t_0}^{t_1} (N_e(t) - N_e(t_0)) dt}{P_d(t_1) - P_d(t_0)} \tag{4-9}$$

或

$$C_b = \frac{100K_3 \int_{t_0}^{t_1} (P_1(t) - P_1(t_0)) dt}{P_d(t_1) - P_d(t_0)}$$

式中,t_0 为扰动开始时刻;t_1 为参数稳定时刻;P_1 为调节级压力,MPa。

制粉动态参数 τ 和 K_f 通过燃料量扰动实验获得。实验过程为:在与汽轮机调门扰动实验相同的负荷—压力工作点下,协调控制系统机炉主控改为手动,保持给水、汽温、燃烧等子系统投自动,保持汽轮机调门开度不变,改变炉侧指令使燃料量产生阶跃变化,记录机组功率 N_e、调节级压力 P_1、汽包压力 P_d、机前压力 P_t,直至以上参数达到稳定。构造热量信号 $Q = 100K_3 P_1 + C_b \dfrac{dP_d}{dt}$,利用燃料指令与热量信号辨识得到制粉过程的动态参数。由于汽轮机的惯性很小,热量信号也可以采用 $Q = N_e + C_b \dfrac{dP_d}{dt}$ 进行构造。

3) 闭环辨识求取动态参数

许多实际情况下机组无法进行扰动实验,这时需要利用机组运行的历史数据进行闭环辨识。在闭环辨识的情况下,模型 3 个静态参数的求取方法不变,关键是动态参数的求取。

对于包含纯迟延的多变量非线性模型,应用一般的辨识方法存在一定的困难。然而对此模型进行参数辨识的优势在于:模型结构和模型静态参数均已知,故可以采用寻优的方法对参数进行辨识。在 Matlab 环境下动态参数辨识的具体过程为:

从机组运行记录中寻找一段负荷—压力波动剧烈的数据,包括燃料指令 u_B、汽轮机调门开度指令 u_T、机前压力 P_t、调节级压力 P_1,构建机组模型,设置模型静态参数和积分器初值,将实际的 u_B 和 u_T 运行数据作为模型的输入,构造寻优函数

$$f(x) = \left| \frac{\Delta P_t}{P_{t0}} \right| + \left| \frac{\Delta P_1}{P_{10}} \right| \tag{4-10}$$

式中,ΔP_t、ΔP_1分别是模型机前压力及调节级压力与实际数据的偏差;P_{t0}和P_{10}分别为额定负荷下机前压力和调节级压力。

按照一定规则改变模型动态参数,使寻优函数的目标值达到最小。寻优规则可采用遗传算法或者其他优化算法,其基本过程是:首先给出一组模型动态参数的初值,以一定的概率经过变异后得到第一代子样本,设置方差阈值,通过检验获得第二子代,如此类推,逐渐减小寻优函数方差的阈值,最后得到合适的模型动态参数。

通过实验发现,对于同一组数据,寻优得到的K_f、C_b波动范围较大,具体现象为K_f增加时C_b会减小,K_f减小时C_b会增加,但总体造成的惯性大致相当。从辨识模型的结构上直观地看,没有一个有效的信号来区分制粉惯性和蓄热惯性是造成这种结果的主要原因[4]。热量信号是有效区分这两种惯性的关键,但目前尚无有效的手段用于直接测量热量信号。

3. 330MW 亚临界汽包炉机组模型实例

以内蒙古某电厂的 330MW 亚临界汽包炉机组为例,锅炉为北京 B&W 公司制造的 B&WB-1025/18.44-M 亚临界一次中间再热单汽包自然循环煤粉炉,采用中速磨直吹式制粉系统,配 4 台 MPS 型磨煤机;汽轮机为北重—阿尔斯通公司生产的 T2A-330-30-2F-1080 亚临界一次再热三缸双排汽凝汽式汽轮机。

1) 静态参数

K_1可按照式(4-6)来确定,按照表 4-1 中不同负荷下 u_B 与 N_e 的数据计算可得 $K_1 = 6.77$。

表 4-1 燃料指令 u_B 与机组负荷 N_e 的静态关系

$u_B/\%$	23.64	26.63	30.68	35.57	38.18	42.87	46.98
N_e/MW	165.23	178.46	198.2	239.51	260.0	297.5	319.20
K_1	6.99	6.70	6.46	6.70	6.81	6.94	6.79

K_2可按照式(4-7)来确定,按照表 4-2 中不同负荷下机组的运行数据计算可得 $K_2 = 0.000455$。

表 4-2 过热器差压 ΔP 与负荷 N_e 的静态关系

N_e/MW	P_d/MPa	P_t/MPa	$\Delta P/MPa$	$N_e^{1.3}$	K_2
319.96	18.11	17.31	0.80	1806	0.000443
309.47	17.62	16.85	0.77	1729	0.000445
278.50	17.02	16.36	0.66	1508	0.000438
249.40	16.52	15.96	0.56	1306	0.000429
231.72	15.57	15.05	0.52	1187	0.000438
197.20	14.27	13.82	0.45	962	0.000468
174.96	13.18	12.78	0.40	824	0.000485

汽轮机调门存在比较明显的死区和滞环,直接采用汽轮机调门开度指令拟合误差很大,因此 K_3 采用能够代表调门开度信号的 P_1/P_t 与负荷 N_e 的关系来求取,按照表 4-3 中的数据计算可得 $K_3 = 0.2512$。

表 4-3　汽轮机调门开度 P_1/P_t 及机前压力 P_t 与负荷 N_e 的静态关系

N_e/MW	P_1/MPa	P_t/MPa	P_1/P_t	K_3
319.97	13.27	17.24	76.97	0.2411
278.18	11.25	16.36	68.77	0.2473
250.70	10.03	15.63	64.17	0.2500
215.68	8.52	14.21	59.82	0.2531
200.79	7.79	13.85	56.25	0.2578
174.88	6.69	12.80	52.27	0.2614

2)动态参数

在动态参数辩识中,K_t 通过汽轮机的调节级压力 P_1 与负荷 N_e 闭环辩识求取,经过闭环辨识可得 $K_t = 12\text{s}$。

锅炉的蓄热系数 C_b 通过汽轮机调门扰动实验求取,实验曲线如图 4-1 所示。负荷/压力工作点为 272MW/17.05MPa,燃料指令 $u_B = 40.26\%$,汽轮机调门开度由 63.70% 阶跃变化到 65.27%,经过闭环辨识得到 $C_b = 3396$。以上 C_b 是在 P_d 为 17.0MPa 附近得到的,折算到额定汽包压力 $P_d = 19.5\text{MPa}$,可得 $C_b = 3266$。

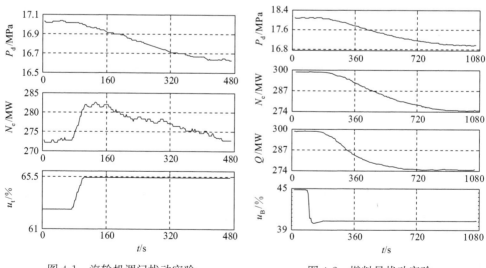

图 4-1　汽轮机调门扰动实验　　　　图 4-2　燃料量扰动实验

τ 和 K_f 通过燃料量扰动实验确定。采用 DEB 热量信号 Q 折算后代替锅炉燃烧率,实验曲线如图 4-2 所示。负荷/压力工作点为 295MW/18.05MPa,汽轮机调门开度 64.02%,燃料量指令由 44.01% 变化到 40.52%,利用构造热量信号得到的 Q(图中 Q 经过平滑处理),得到 $\tau=18\text{s}$,$K_\text{f}=116\text{s}$。以上 K_f 是在 $N_\text{e}=295\text{MW}$ 时得到的,折算到额定负荷 330MW 时,$K_\text{f}=120\text{s}$。

　　3) 机组模型及验证

　　经过实验确定机组额定负荷—压力下的简化模型为

$$r'_\text{B}= \text{e}^{-18s}u_\text{B}$$

$$120\frac{\text{d}r_\text{B}}{\text{d}t}=-r_\text{B}+r'_\text{B}$$

$$3266\frac{\text{d}P_\text{d}}{\text{d}t}=-0.2512P_\text{t}u_\text{T}+6.77r_\text{B} \tag{4-11}$$

$$12\frac{\text{d}N_\text{e}}{\text{d}t}=-N_\text{e}+0.2501P_\text{t}u_\text{T}$$

$$P_\text{t}=P_\text{d}-0.000455\times(6.77r_\text{B})^{1.3}$$

　　利用 MATLAB 构建仿真模型,另选取一段能够代表机组特性的数据对模型进行静态验证,数据如表 4-4。可见,在全负荷工作范围内,模型的静态误差绝对值小于 6%。

表 4-4　静态工作点验证

工作点		机组		模型		误差/%	
u_B/%	u_T/%	N_e/MW	P_t/MPa	N_e/MW	P_t/MPa	N_e	P_t
47.12	75.36	319.22	17.04	319.12	16.85	0.0	−1.1
41.92	68.77	278.34	16.36	280.45	16.43	0.8	0.4
36.01	60.20	238.08	15.85	243.87	16.12	2.4	3.5
27.29	54.49	191.10	13.82	184.81	13.50	3.3	2.3
24.81	52.23	174.52	12.79	168.06	12.80	−3.7	0.09
34.94	70.65	244.05	13.80	236.61	13.33	−3.0	−3.4
45.57	78.38	299.17	15.18	308.56	15.67	3.1	3.2

　　为了验证模型动态特性,在 210MW/12.5MPa 负荷压力工作点附近进行燃料量扰动实验,此时模型中参数 $K_\text{f}=118$、$C_\text{b}=3968$,u_B 由 33.53% 阶跃减小为 28.80%,模型输出与机组实际输出数据对比如图 4-3、图 4-4 所示。可见,在选择的工作点附近,模型与实际机组的动态误差很小。

4.1.2　直流炉机组非线性控制模型

　　国内外许多学者都曾对直流炉的集总参数模型做过研究。早在 1965 年,Adams 等[5]将直流炉机组分成了 14 个部分,分别对其进行机理分析并建立了模

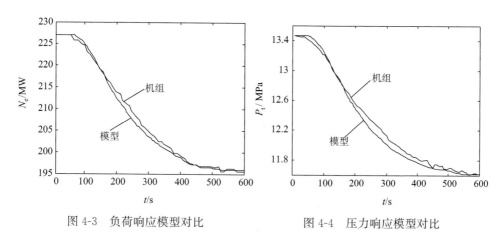

<table>
<tr><td>图 4-3　负荷响应模型对比</td><td>图 4-4　压力响应模型对比</td></tr>
</table>

型,模型详尽描述了锅炉—汽机动态特性。由于所分区段较多导致表达式繁琐,模型不适合用来设计控制器。Shinohara 等[6]在 1995 年提出了一个 3 阶超临界直流炉机组的简化状态空间模型,模型中状态变量是所研究环节中所有点的状态平均(虽然其可能对应该环节中的某点,但是该点不具有代表性),不能准确反映特定状态点的动态特性,因此,该模型虽然从形式上符合简化非线性模型的特征,但是精度不高,部分控制器设计所需变量特性偏离实际。范永胜等[7,8]在 1998 年建立了一个适用于大扰动全工况仿真的 600MW 超临界直流锅炉蒸发器模型。研究者建模时将锅炉蒸发器分成了几个单相管段,在模型中引入了相变点位置变量。但模型包含较多的状态变量和未知参数,也不能用来设计控制器。Åström[9]的建模方法将机理建模与实验建模相结合,忽略耦合相对较弱、可以独立出来的子系统和辅机系统动态,建模时只考虑机组的主要动态特性,是一种获得简化模型的经典方法。

1. 直流炉机组简化非线性模型结构

将直流炉受热面中多相管段划分为几个单相管段或者将受热面按照物理位置划分为几段分别来建模都会增加模型复杂度,违背建模初衷。要简化模型,就要尽可能地减少受热面区段划分。因此,考虑将直流炉中受热面,即省煤器、水冷壁和过热器看作一根受热管,建模时只计算进、出口状态变化和控制器设计所需点的状态变化。

用于调节主蒸汽温度的减温水是从给水系统中引出。当减温水量改变时,总给水量不变,进入省煤器的给水量会随之发生变化,使得过热器前各点状态发生变化,因此建模时应当考虑减温水对过程输出的影响。一般大容量机组的过热器系统会有 2 级以上的喷水减温,如果按照物理位置逐一对其进行建模,过热器就要分成几段来处理。在自动控制理论中,相邻的线性环节可以互换位置或者合并。为了不使减温水环节的引入增加模型复杂度,将各级过热器和减温水环节近似看作线性环节,这样各级喷水减温就可以平移到过热器后合并为一个环节。基于以上讨论,建模时对锅炉做以下简化(不包含制粉系统)。

烟气侧减化以下几个方面:

(1) 忽略烟气、管壁和工质之间的轴向传热;

(2) 不考虑烟气侧工况的动态变化过程;

(3) 将烟气和受热面之间的传热动态归入制粉动态过程中;

(4) 烟气传输给受热面的热量和燃料燃烧产生的热量成正比;

(5) 烟气对管壁的放热是沿管长均匀分布的强制热流。

省煤器、水冷壁和过热器侧减化以下几个方面:

(1) 任一管子横截面上的流体特性均匀;

(2) 将过热器中各级喷水减温合并成一个环节,置于过热器后;

(3) 将受热区段(省煤器、水冷壁、未包含减温水的过热器部分)看成一根与其具有相同容积的受热管。

如图 4-5,简化后的系统可以分为 3 个部分:锅炉受热部分、减温水部分和汽轮机部分。来自回热加热系统的未饱和水依次进入省煤器、水冷壁和过热器加热;流出过热器的蒸汽与减温水混合后进入汽轮机做功;做完功的乏汽经凝汽器冷却后进入回热加热系统加热,完成一次循环。

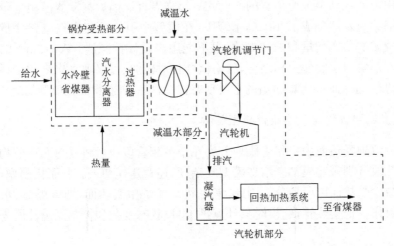

图 4-5　直流炉机组建模示意图

1) 直流炉核心模型

当机组负荷变化时,认为汽水流程中各状态点的质量变化和能量变化在汽水流程总质量变化与总能量变化中的比例保持不变。这样,汽水流程中任意点状态的变化都可以用来代表锅炉内状态的变化。维持水煤比是保证直流炉机组过热汽温正常的基本手段,而汽水分离器出口的微过热蒸汽焓能迅速反映水煤比是否失调,因此选取汽水分离器出口点作为代表点[10]。

锅炉受热部分质量平衡方程为

$$v_t \frac{d\rho_a}{dt} = D_{fw} - D_s \tag{4-12}$$

式中,ρ_a 为锅炉汽水流程中工质的平均密度,kg/m^3;D_{fw} 为省煤器入口给水流量,kg/s;D_s 为过热器出口蒸汽流量,kg/s;v_t 为锅炉受热面内部总容积,m^3。

其能量平衡方程为

$$v_t \frac{d(\rho_a h_a)}{dt} = D_{fw} h_{fw} - D_s h_s + Q \tag{4-13}$$

$$Q = k_0 r_B \tag{4-14}$$

式中,h_a 为锅炉汽水流程中工质的平均比焓,kJ/kg;h_{fw} 为省煤器入口给水比焓,kJ/kg;h_s 为过热器出口蒸汽比焓,kJ/kg;k_0 为燃料有效发热量增益,kJ/kg。

根据假设有 $v_t \cdot d\rho_a/dt = s_1 \cdot d\rho_m/dt$,$v_t \cdot d(\rho_a h_a)/dt = s_2 \cdot d(\rho_m h_m)/dt$,$h_s = l h_m$,将其代入式(4-12)、(4-13)中,有

$$s_1 \frac{d\rho_m}{dt} = D_{fw} - D_s \tag{4-15}$$

$$s_2 \frac{d(\rho_m h_m)}{dt} = D_{fw} h_{fw} - l D_s h_m + Q \tag{4-16}$$

式中,s_1 为锅炉汽水流程中总质量变化与汽水分离器出口点质量变化比值;s_2 为锅炉汽水流程中总能量变化与汽水分离器出口点能量变化比值;ρ_m 为汽水分离器出口蒸汽密度,kg/m^3;h_m 为汽水分离器出口蒸汽比焓,kJ/kg;l 为过热器出口点比焓与分离器出口点比焓比值。

由于喷水减温器体积较小,内部动态变化快,减温水部分内部动态可以忽略不计。其质量和能量平衡方程为

$$D_s + D_{sw} = D_{st} \tag{4-17}$$

$$l D_s h_m + D_{sw} h_{sw} = D_{st} h_{st} \tag{4-18}$$

式中,D_{sw} 为各级减温水流量之和,kg/s;D_{st} 为汽轮机入口蒸汽流量,kg/s;h_{sw} 为减温水比焓,kJ/kg;h_{st} 为汽轮机入口蒸汽比焓,kJ/kg。

忽略减温水的喷入对主蒸汽压力的影响,有

$$P_t = P_s \tag{4-19}$$

式中,P_t 为汽轮机入口蒸汽压力,MPa;P_s 为过热器出口蒸汽压力,MPa。

减温水一般取自给水泵或者高压加热器出口,为了方便计算认为 $h_{sw} = h_{fw}$。在实际系统中,由于没有汽水分离器出口蒸汽密度测点,为了方便求取模型系数,选择汽水分离器出口压力和比焓代替蒸汽密度作为状态变量,则式(4-15)、式(4-16)可转换为

$$b_{11} \frac{\mathrm{d}P_\mathrm{m}}{\mathrm{d}t} + b_{12} \frac{\mathrm{d}h_\mathrm{m}}{\mathrm{d}t} = D_\mathrm{fw} - D_\mathrm{s} \tag{4-20}$$

$$b_{21} \frac{\mathrm{d}P_\mathrm{m}}{\mathrm{d}t} + b_{22} \frac{\mathrm{d}h_\mathrm{m}}{\mathrm{d}t} = D_\mathrm{fw} h_\mathrm{fw} - lD_\mathrm{s} h_\mathrm{m} + Q \tag{4-21}$$

式中，$b_{11} = s_1(\partial\rho_\mathrm{m})/(\partial P_\mathrm{m})$；$b_{12} = s_1(\partial\rho_\mathrm{m})/(\partial h_\mathrm{m})$；$b_{21} = s_2(h_\mathrm{m} \cdot \partial\rho_\mathrm{m}/\partial P_\mathrm{m} - 1)$；$b_{22} = s_2(\rho_\mathrm{m} + h_\mathrm{m}\partial\rho_\mathrm{m}/\partial h_\mathrm{m})$。

将式(4-17)、式(4-18)代入式(4-20)、式(4-21)并整理可得

$$c_1 \frac{\mathrm{d}P_\mathrm{m}}{\mathrm{d}t} = (h_\mathrm{fw} - d_1)D_\mathrm{fw} + \frac{(d_1 - lh_\mathrm{m})(h_\mathrm{st} - h_\mathrm{fw})}{lh_\mathrm{m} - h_\mathrm{fw}} D_\mathrm{st} + Q \tag{4-22}$$

$$c_2 \frac{\mathrm{d}h_\mathrm{m}}{\mathrm{d}t} = (h_\mathrm{fw} - d_2)D_\mathrm{fw} + \frac{(d_2 - lh_\mathrm{m})(h_\mathrm{st} - h_\mathrm{fw})}{lh_\mathrm{m} - h_\mathrm{fw}} D_\mathrm{st} + Q \tag{4-23}$$

式中，$c_1 = b_{21} - (b_{11}/b_{12}) \times b_{22}$；$c_2 = b_{22} - (b_{12}/b_{11}) \times b_{21}$；$d_1 = b_{22}/b_{12}$；$d_2 = b_{21}/b_{11}$。

过热器管道造成的压力损失，常常根据流量公式 $(P_\mathrm{m} - P_\mathrm{s}) = \sigma D_\mathrm{s}^2$ 得到。但是这个建模公式存在缺陷，主要原因有：①蒸汽在过热器中流动是一个吸热膨胀的过程，而流量公式是在流体等熵的情况下推导出的；②流量公式是按照体积流量推导得到的，机组负荷与气体质量流量呈正比关系，必须考虑密度变化的影响；③没有考虑过热器减温水的喷入对工质质量流量变化及工质状态变化的影响。将这些影响因素考虑在内，建立了差压与蒸汽体积流量及热量之间的关系式

$$D_{v0}^2 + z_2 D_{v0} Q_0 = z_1 \Delta P \tag{4-24}$$

式中，D_{v0} 为过热器管道内蒸汽的初始体积流量，$\mathrm{kg/m}^3$；Q_0 为锅炉汽水流程中蒸汽平均内能（$u_\mathrm{a} = h_\mathrm{a} - p_\mathrm{a}/r_\mathrm{a}$，$\mathrm{kJ/kg}$）；$\Delta P$ 为蒸汽流经过热器管道产生的差压（$\Delta P = P_\mathrm{m} - P_\mathrm{s}$，$\mathrm{MPa}$）；$z_1$、$z_2$ 为与管道阻力、气体比热有关的系数。

由式(4-24)可见，过热器的差压由两部分构成，一部分是原本蒸汽的初始体积流量造成的差压，另一部分是由于蒸汽吸热膨胀造成体积流量增加所造成的差压。

气体质量流量与体积流量的转换关系为 $D_{v0} = D_{s0} v_0$，其中 D_{s0} 代表蒸汽的初始质量流量；v_0 代表蒸汽比容，与蒸汽的压力和温度有关。将其代入式(4-24)，并变形有

$$Q_0^2 \left[v_0^2 \left(\frac{D_{s0}}{Q_0}\right)^2 + z_2 v_0 \frac{D_{s0}}{Q_0} \right] = z_1 \Delta P \tag{4-25}$$

为了分析方便，假定减温水在过热器入口处一次性喷入，从而使得过热器出口的蒸汽温度保持在设定值，那么式(4-25)中的 D_{s0}/Q_0 则表征了直流锅炉在该负荷工况下应有的水煤比。该水煤比的大小与过热器吸热量 Q_0 的大小均与锅炉燃烧率有关。在温度一定的情况下，蒸汽比容只与蒸汽压力有关。过热器入口蒸汽压力从根本上表征了锅炉的燃烧率水平，相比燃烧率，在时间发生顺序上能更好地与过热器吸热量吻合。因此，过热器差压可以看作是以 P_m 为自变量的函数，即

$$\Delta P = g(P_\mathrm{m}) \tag{4-26}$$

2）汽轮机模型

进入汽轮机的蒸汽流量和蒸汽的压力、密度间有以下关系[11]

$$D_{\mathrm{st}} = \lambda u_{\mathrm{T}} P_{\mathrm{t}}^{1-\alpha} \rho_{\mathrm{st}}^{\alpha}, \quad 0 \leqslant \alpha \leqslant 0.5 \tag{4-27}$$

式中，ρ_{st} 为汽轮机入口蒸汽密度，$\mathrm{kg/m^3}$；λ 为系数；α 是根据蒸汽的状态确定的，蒸汽的过热度越小，α 越小，当蒸汽为饱和蒸汽时，$\alpha = 0$。

由于蒸汽的压力、焓值和密度之间存在函数关系，式(4-27)可以写为

$$D_{\mathrm{st}} = u_{\mathrm{T}} f(P_{\mathrm{t}}, h_{\mathrm{st}}) \tag{4-28}$$

当直流炉机组运行时，水煤比调节作为协调控制的一部分，在主蒸汽温度的调节中起着"粗调"的作用，而减温水则用来完成"细调"的任务，以最终保证主蒸汽温度满足要求。相比于水煤比调节，减温水调节是快速的，它能够迅速克服外来扰动的影响，维持过热汽温的暂时稳定。对于协调控制系统来说，其被控对象包括了由各级减温水环节和过热器构成的回路。因此，在建立协调控制系统控制对象模型时，可以把主蒸汽温度看作是稳定的，于是式(4-28)可进一步转换为如下形式

$$D_{\mathrm{st}} = u_{\mathrm{T}} f(P_{\mathrm{t}}) \tag{4-29}$$

$$h_{\mathrm{st}} = h(P_{\mathrm{t}}) \tag{4-30}$$

忽略汽轮机部分（包括再热环节）的惯性，汽轮机实发功率为

$$N_e = \eta [D_{\mathrm{st}} h_{\mathrm{st}} - (q_n h_n + q_{n-1} h_{n-1} + \cdots + q_{n-j} h_{n-j} - D_r h_{r1} + D_r h_{r2}$$
$$- (q_{n-j-1} h_{n-j-1} + \cdots + q_0 h_0)] \tag{4-31}$$

式中，q_0 为汽轮机排汽流量，$\mathrm{kg/s}$；h_0 为汽轮机排汽比焓，$\mathrm{kJ/kg}$；$q_i (1 \leqslant i \leqslant n)$ 为 i 级抽汽流量，$\mathrm{kg/s}$；$h_i (1 \leqslant i \leqslant n)$ 为 i 级抽汽比焓，$\mathrm{kJ/kg}$；D_r 为再热蒸汽流量，$\mathrm{kg/s}$；h_{r1} 为再热器入口蒸汽比焓，$\mathrm{kJ/kg}$；h_{r2} 为再热器出口蒸汽比焓，$\mathrm{kJ/kg}$；η 为汽轮机能量转化效率。

在不考虑工质质量损失和能量损失的前提下，式(4-31)可转变为

$$N_e = \eta [D_{\mathrm{st}} h_{\mathrm{st}} - (D_{\mathrm{st}} h_{\mathrm{fw}} + H_n) + D_r (h_{r2} - h_{r1})] \tag{4-32}$$

式中，H_n 为凝汽器循环水带走的热量，$\mathrm{kJ/s}$。

通过研究发现，在正常的机组运行负荷范围内，再热器部分的蒸汽吸热量 $D_r (h_{r2} - h_{r1})$ 与 $D_{\mathrm{st}} (h_{\mathrm{st}} - h_{\mathrm{fw}})$ 的比值大致不变，可以看作一常数，因此式(4-32)可以写为

$$N_e = \eta [\delta (D_{\mathrm{st}} h_{\mathrm{st}} - D_{\mathrm{st}} h_{\mathrm{fw}}) - H_n] \tag{4-33}$$

式中，δ 为系数，$1 < \delta < 2$。

当汽轮机等效率运行时，可以假定 H_n 与 N_e 成正比，即有

$$N_e = \eta (D_{\mathrm{st}} h_{\mathrm{st}} - D_{\mathrm{st}} h_{\mathrm{fw}}) - n g N_e \tag{4-34}$$

式中：g 为循环水带走的热量与汽轮机功率的比值。

将式(4-34)中的同类项归并整理得

$$N_e = k_1 (D_{\mathrm{st}} h_{\mathrm{st}} - D_{\mathrm{st}} h_{\mathrm{fw}}) \tag{4-35}$$

式中,k_1为汽轮机增益。

3）简化的模型结构

为了方便控制器设计,把模型写成状态空间表达式形式,结合直流炉协调控制系统结构,将 r_B、P_m、h_m 作为状态量,D_{fw}、u_T、u_B 作为输入变量,N_e、P_t、h_m 作为输出变量[12],那么有

$$\dot{\boldsymbol{X}} = \boldsymbol{A}\boldsymbol{X} + \boldsymbol{B}(\boldsymbol{X})\boldsymbol{U} \tag{4-36}$$

$$\boldsymbol{Y} = \boldsymbol{C}(\boldsymbol{X}) + \boldsymbol{D}(\boldsymbol{X})\boldsymbol{U} \tag{4-37}$$

其中

$$\boldsymbol{X} = \begin{bmatrix} x_1 \\ x_2 \\ x_3 \end{bmatrix} = \begin{bmatrix} r_B \\ P_m \\ h_m \end{bmatrix}, \quad \boldsymbol{Y} = \begin{bmatrix} y_1 \\ y_2 \\ y_3 \end{bmatrix} = \begin{bmatrix} N_e \\ P_t \\ h_m \end{bmatrix}, \quad \boldsymbol{U} = \begin{bmatrix} u_1 \\ u_2 \\ u_3 \end{bmatrix} = \begin{bmatrix} u_B \\ D_{fw} \\ u_T \end{bmatrix}$$

$$\boldsymbol{A} = \begin{bmatrix} -\dfrac{1}{c_0} & 0 & 0 \\ \dfrac{k_0}{c_1} & 0 & 0 \\ \dfrac{k_0}{c_2} & 0 & 0 \end{bmatrix},$$

$$\boldsymbol{B}(\boldsymbol{X}) = \begin{bmatrix} \dfrac{e^{-\tau s}}{c_0} & 0 & 0 \\[2mm] 0 & \dfrac{h_{fw}-d_1}{c_1} & \dfrac{f[x_2-g(x_2)](d_1-lx_3)\{h[x_2-g(x_2)]-h_{fw}\}}{c_1(lx_3-h_{fw})} \\[2mm] 0 & \dfrac{h_{fw}-d_2}{c_2} & \dfrac{f[x_2-g(x_2)](d_2-lx_3)\{h[x_2-g(x_2)]-h_{fw}\}}{c_2(lx_3-h_{fw})} \end{bmatrix}$$

$$\boldsymbol{C}(\boldsymbol{X}) = \begin{bmatrix} x_2-g(x_2) \\ x_3 \\ 0 \end{bmatrix}, \quad \boldsymbol{D}(\boldsymbol{X}) = \begin{bmatrix} 0 & 0 & 0 \\ 0 & 0 & 0 \\ 0 & 0 & k_2 f[x_2-g(x_2)]\{h[x_2-g(x_2)]-h_{fw}\} \end{bmatrix}$$

2. 直流炉机组模型参数辨识

不同机组模型参数也不尽相同,选取国内某 1000MW 超超临界机组闭环运行数据辨识模型中的参数。模型中包括 k_0、k_1、l 共 3 个静态参数,τ、c_0、c_1、c_2、d_1、d_2 共 6 个动态参数,3 个待定函数关系式。静态参数可以利用机组稳态运行时的数据求取。动态参数可以根据波动比较剧烈的数据辨识得到。闭环运行数据存在激励性是否足够的问题,当数据激励性不够时,得不到正确的参数值,所以在挑选运行数据时,要选择波动比较剧烈的数据段。

1）静态参数辨识

当机组处于稳态时,其内部所有状态均可认为不再变化,对应到模型中的微分

项为 0,则静态参数便可由以下代数方程式求得

$$l = \frac{D_{st}h_{st} - D_{sw}h_{fw}}{(D_{st} - D_{sw})h_m} \tag{4-38}$$

$$k_0 = \frac{lD_{fw}h_m - D_{fw}h_{fw}}{r_B} \tag{4-39}$$

$$k_1 = \frac{N_e}{D_{st}(h_{st} - h_{fw})} \tag{4-40}$$

根据不同稳态工作点下机组运行数据计算所得静态参数值如表 4-5 所示。可以看出,当机组稳态负荷在 500~1000MW 之间变化时,参数的波动幅度都很小,可以用其在不同稳态负荷下计算值的平均值作为简化非线性模型的参数值。

表 4-5　不同稳态负荷下各静态参数计算值

负荷/MW	静态参数		
	l	k_0	k_1
1000	1.33	18628	0.000570
800	1.31	18992	0.000560
600	1.31	19460	0.000558
500	1.35	19769	0.000546
平均值	1.33	19212	0.000560

2）动态参数辨识

应用一般的辨识方法辨识同时具有纯迟延、多变量、非线性特性的模型中的参数存在一定困难,并且机组在运行过程中存在许多不确定因素,因此采用智能寻优算法辨识参数具有优势。算法实现的具体过程为:选择一段机组变负荷时的运行数据,根据机组变负荷之前的稳定状态在已构建好的机组模型上设置好模型静态参数、积分器初值和动态参数初值,将实际的输入量数据加入模型,构造寻优函数

$$g(x) = \left| \frac{\Delta P_t}{P_{t0}} \right| + \left| \frac{\Delta N_e}{N_{e0}} \right| + \left| \frac{\Delta h_m}{h_{m0}} \right| \tag{4-41}$$

式中,ΔP_t、ΔN_e、Δh_m 分别为主蒸汽压力、汽轮机功率、汽水分离器出口焓的模型计算值与机组运行值的偏差;P_{t0}、N_{e0}、h_{m0} 分别为主蒸汽压力、汽轮机功率、汽水分离器出口焓的稳态初始值。

根据变负荷过程的运行数据寻优得到模型的动态参数:$c_0 = 180$,$c_1 = 1060000$,$c_2 = 59830$,$d_1 = 500$,$d_2 = 3000$,$\tau = 17$。

3）待定函数求取

主蒸汽流量与主蒸汽压力在不同稳态工况下的统计数据如表 4-6 所示。

表 4-6　主蒸汽流量与主蒸汽压力在不同稳态工况下的统计数据

参数	负荷/MW				
	505	630	600	800	1000
主蒸汽流量/(kg/s)	382.8	494.6	463.4	623.6	793.4
主蒸汽压力/MPa	12.64	15.69	14.92	20.04	24.97

根据表 4-6 中数据,通过回归分析,初步选择线性、二次多项式和幂函数作为回归模型。计算这三种模型的 R 平方值分别为 $R_1 = 0.9989$、$R_2 = 0.9989$、$R_3 = 0.9983$。由结果可以看出,两个变量的相关度很高,为了简化模型的需要,选取线性函数作为回归模型。因此,函数 $f(\cdot)$ 可以描述为

$$f(P_t) = 43.22P_t - 31.84 \tag{4-42}$$

同理,根据表 4-7 中数据可得过热器管道差压与汽水分离器压力间的关系式为

$$g(P_m) = 0.13P_m^{0.882} \tag{4-43}$$

表 4-7　过热器管道差压与汽水分离器压力在不同稳态工况下的统计数据

参数	负荷/MW				
	505	630	600	800	1000
过热器管道差压/MPa	1.29	1.66	1.56	1.97	2.38
汽水分离器压力/MPa	13.93	17.35	16.48	22.01	27.35

前文提到减温水系统可以暂时将主蒸汽温度维持在设定值。该超超临界机组的主蒸汽温度设定值为 $T_{st0} = 600℃$。然而,当机组实际运行时,尤其是变工况的情况下,主蒸汽温度不可能为定值。但一般来说,即使是变负荷情况下,主蒸汽温度的偏差也会维持在 ±10℃ 以内。根据水蒸气性质计算软件,可以得到当温度分别为定值 $T_{st} = 600℃$,$T_{st} = 610℃$ 和 $T_{st} = 590℃$,且压力在 10～30MPa 内变化时,熔值的变化曲线如图 4-6 所示。由这三段曲线可以看出,在相同压力下,蒸汽温度越高,蒸汽熔值就会越大。当温度定值由 590℃ 向 610℃ 逐渐增加时,熔值的变化曲线会在曲线 1 和曲线 3 形成的区域内从曲线 3 按同一方向逐渐移动到曲线 1。在某一确定压力下,曲线 1 相对于曲线 2 和曲线 3 相对于曲线 2 的偏差计算式如下所示:

$$\delta = \left| \frac{h' - h}{h} \right|_{P_0} \qquad 10MPa \leqslant P_0 \leqslant 30MPa \tag{4-44}$$

式中,δ 为相对误差;h' 为在某一确定压力 P_0 下,$T_{st} = 610℃$ 或 $T_{st} = 590℃$ 时蒸汽熔值,kJ/kg;h 为在某一确定压力 P_0 下,$T_{st} = 600℃$ 时蒸汽熔值,kJ/kg。

当压力在 10～30MPa 内变化时,曲线 1 和曲线 3 相对于曲线 2 的偏差分别在 0.68%～0.93% 和 0.68%～0.91% 之间变化。也就是说,当主蒸汽温度的偏差在

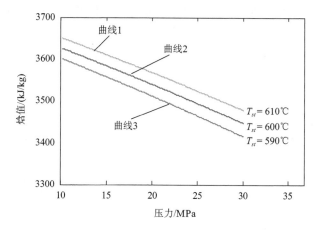

图 4-6　当主蒸汽温度为不同定值时主蒸汽焓值随主蒸汽压力的变化曲线

±10℃以内时,主蒸汽焓值相对于温度设定值下的主蒸汽焓值的偏差最大不超过0.93%,这个偏差是可以忽略的。因此,主蒸汽焓值的计算式可以通过曲线 2 中数据回归得到

$$h_{st} = -8.96P_t + 3717.4 \tag{4-45}$$

3. 1000MW 超超临界直流炉机组模型实例

经过模型参数求取,确定适用于国内某 1000MW 超超临界机组负荷在500MW～1000MW 之间变动时的控制模型为

$$\dot{x}_1 = -0.0056x_1 + 0.0056e^{-17s}u_1$$

$$\dot{x}_2 = \frac{(43.22x_2 - 5.62x_2^{0.882} - 31.84)(-8.96x_2 + 1.165x_2^{0.882} + 2512.4)(500 - 1.31x_3)}{1060000(1.31x_3 - 1205)}u_3$$
$$+ 0.0157x_1^{1.031} + 0.000665u_2$$

$$\dot{x}_3 = \frac{(43.22x_2 - 5.62x_2^{0.882} - 31.84)(-8.96x_2 + 1.165x_2^{0.882} + 2512.4)(3000 - 1.31x_3)}{59830(1.31x_3 - 1205)}u_3$$
$$+ 0.278x_1^{1.031} - 0.03u_2$$

$$y_1 = x_2 - 0.13x_2^{0.882} \tag{4-46}$$
$$y_2 = x_3$$
$$y_3 = 0.00055u_3(43.22x_2 - 5.62x_2^{0.882} - 31.84)(-8.96x_2 + 1.165x_2^{0.882} + 2512.4)$$

式中,x_1 为进入锅炉煤粉量,kg/s;x_2 为汽水分离器蒸汽压力,MPa;x_3 为汽水分离器蒸汽比焓,kJ/kg;u_1 为燃料量指令,kg/s;u_2 为给水流量,kg/s;u_3 为汽轮机调节门开度,%;y_1 为汽轮机入口蒸汽压力,又称主蒸汽压力,MPa;y_2 为汽水分离器蒸汽比焓,kJ/kg;y_3 为机组负荷,MW。

图 4-7 对比显示了某工况下机组负荷、主蒸汽压力和汽水分离器蒸汽比焓等 3

个输出量的机组实测值和模型计算值。可以看出,上述 3 个输出量的机组运行值和模型计算值在趋势上可以很好地吻合。

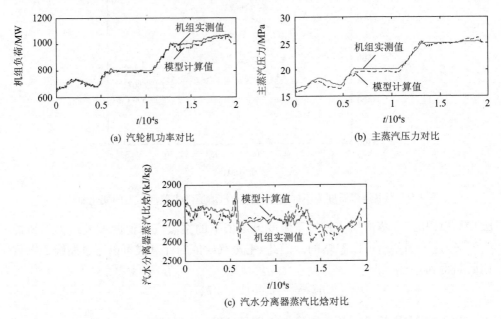

(a) 汽轮机功率对比　　　　　　　　(b) 主蒸汽压力对比

(c) 汽水分离器蒸汽比焓对比

图 4-7　计算模型与实际数据对比分析

4.1.3　循环流化床锅炉控制模型

洁净煤技术是我国保障发电行业可持续发展的战略措施之一。循环流化床燃烧发电技术是洁净煤技术的重要研究领域,它是指小颗粒的煤与空气在炉膛内处于沸腾状态下,即高速气流与所携带的稠密悬浮煤颗粒充分接触燃烧的技术。

循环流化床(CFB)锅炉具有诸多优点,主要包括:清洁燃烧,脱硫率可达 80%~95%,NO_X 排放可减少 50%;燃料适应性强,特别适合中、低硫煤;燃烧效率高,可达 95%~99%;负荷适应性好,负荷调节范围 30%~100%。

1. 循环流化床锅炉燃烧及蓄热特性

针对循环流化床锅炉特有的燃烧特性,提出循环流化床锅炉“即燃碳”的概念[13]。“即燃碳”的定义为:在循环流化床锅炉燃烧过程中由于给煤颗粒较大,锅炉炉膛燃烧的发热量中,当前时刻的给煤量只是占其中的极少部分,而大量存储在炉膛中碳的燃烧发热量为当前锅炉主导发热量,我们把当前大量存储在炉膛中燃烧的碳叫做“即燃碳”。

“即燃碳”除了上述与锅炉的发热量有很大的关系外,还与锅炉的蓄热量有密切联系,这也是 CFB 锅炉具有负荷调节性能好的根本原因。合理利用锅炉内的即燃碳对计算燃烧发热量和提高负荷响应速率有重要作用。

早期在煤粉锅炉的模型研究中,由于煤粉和烟气在炉膛内停留时间很短(一般为 2~4s),往往忽略煤粉的燃烧惯性和烟气的热惯性,在动态建模时将炉膛视为一个具有集总参数的整体来处理。而对于循环流化床锅炉而言,循环流化床炉膛中的燃烧热量储能和床料热储能都不能被忽视,必须在模型中加以描述。

与煤粉锅炉相比,循环流化床锅炉的差别主要表现在以下几个方面。

(1) 燃烧机制不同。循环流化床中,燃烧放热来自存储于床料中并不断循环的大量未燃尽即燃碳,而不是像煤粉炉一样来自瞬时加入的燃料。这就意味着,流化床的燃烧惯性很大,一方面,即使给煤量暂时中断,燃烧也能继续;另一方面,给煤量对燃烧负荷的影响速度慢。

(2) 即燃碳的动态蓄积过程。在煤粉锅炉中,一旦燃料供应停止,燃烧将立即停止;而循环流化床锅炉中,短时间停止给煤,燃烧状况不会立刻发生很大变化。这是因为流化床好比一个正在充电的“蓄电池”,床料内存在着大量未燃尽即燃碳如同已蓄积在电池内的电量。一方面,给煤相当于“外接电源”在不断地向“蓄电池”补充电量;另一方面,即燃碳通过燃烧,自身质量减少、对外释放热量,相当于“蓄电池”在不断地向用户释放功率,减少自身储电量。在这一过程中,即燃碳总质量的大小决定了燃烧放热的速率;同时,给煤对即燃碳质量的补充和即燃碳燃烧引起自身质量的消耗的净差值决定了炉膛内总碳质量的变化方向和速率。这种即燃碳质量动态蓄积的机制代表了循环流化床燃烧的本质机制,而且贯穿于流化床运行过程的始终,因此是动态建模中必须考虑的主导动态过程。

(3) 动态能量蓄积过程。燃烧室内床料量很大,其数量和分布对锅炉性能影响很大,而且巨大的床料热容量使得流化床的热惯性很大。流化床内巨大的床料量(以及众多的耐磨涂层及管壁金属)具有巨大的热容量,它代表了流化床的能量蓄积能力,并决定了动态变化过程的快慢程度。

综合以上分析,可以归纳出正确反映循环流化床特性的动态数学模型所需要包含的基本机制:床内即燃碳动态积累以及动力学燃烧过程;给煤、给风、给石灰石等主动操作量对燃烧(即燃碳)及能量平衡的作用关系;流化床内大量床料的热容量及热惯性。

合理利用锅炉蓄热对提高协调控制的负荷响应速率有重要作用,对于煤粉炉锅炉,蓄热包括汽侧、水侧和金属蓄热。汽侧蓄热是指在锅炉汽包和过热器中存储的蒸汽,这部分蒸汽可直接利用对外做功转为实发功率;水侧蓄热是指当锅炉蒸汽压力降低时,锅炉中的一部分饱和水转化为饱和蒸汽,使锅炉蒸发量瞬间变大;金属蓄热主要指为汽包金属蓄热,当汽包压力变化时引起其饱和温度变化,引起汽包金属与蒸汽温差而释放(吸收)部分蓄热,因此能量平衡关系为

$$Q_r + \Delta H = Q_c \tag{4-47}$$

但是对于循环流化床锅炉,上述平衡关系中应增加床料蓄热量以及床料中即燃碳积累的影响,则能量平衡为

$$Q_r + \Delta H + \Delta W + \Delta W_c = Q_c \tag{4-48}$$

式中,Q_r 为入炉煤输入热量,kJ/kg;ΔH 为工质焓的变化,kJ/kg;ΔW 为炉内床料及炉膛蓄热量的变化,kJ/kg;ΔW_c 为入炉煤量变化及床料循环速率变化引起的炉内即燃碳所含能量变化,kJ/kg;Q_c 为锅炉输出负荷,kJ/kg。

负荷快速变化必须有相应的物质和能量的支持。首先不希望过多利用工质蓄热,因为 ΔH 大幅度变化,意味着蒸汽参数(压力、温度)不稳定。汽压变化必然会使汽包内饱和温度变化,使汽包承受的热应力增加;同时汽压、汽温变化也会使汽机热应力增加,从而降低设备使用寿命。其次尽量减少使用床料中的蓄热 ΔW,过多的利用床料的蓄热,会引起床温的大幅波动,从而影响机组的安全运行。因此希望保持 $Q_r + \Delta W_c = Q_c$ 的平衡,也就是利用入炉煤放热量的变化,床料中所含即燃碳比例变化来满足负荷变化要求。

对于负荷变化过程,设负荷变化量为 dQ_c,入炉煤释放热量的过程与 dQ_c 有一段时间的延迟。但是对循环流化床锅炉,更为重要的是入炉煤量变化量,在短时间只是其中极少数挥发会析出燃烧释放出极少的热量,到磨损为即燃碳颗粒后燃烧放热,还需一个相当长的过程。给煤只是同时改变了床料中即燃碳的比例和存储量。在负荷变化的暂态过程中,入炉煤能量少量用于炉膛和床料的蓄热变化,而主要用于改变床料中即燃碳的量。根据经验,循环流化床锅炉运行时床料中即燃碳比例一般在 3%～5%,但是对于循环流化床锅炉内近 1000t(300MW CFB)的床料量,炉内即燃碳总量是很可观的,其碳颗粒燃烧过程的模型与炉膛燃烧环境密切相关[14-16]。

循环流化床锅炉给煤控制中引入一组平衡量,计算出最佳反映炉内蓄热变化和即燃碳积累量变化的参数。考虑到入炉煤变化引发的即燃碳积累量变化值与炉内燃烧引发即燃碳积累量变化值平衡关系,利用两者偏差值作为新的锅炉前馈指令。

加风可利用一部分炉内即燃碳蓄热,而这部分即燃碳受之前入炉煤量的影响。因为过量加风量可利用炉内即燃碳,过量加煤可适当补充锅炉内即燃碳损失,之后再依据累积能量平衡给予回调。综上所述,在负荷变化过程中保持汽压稳定的前提是能量与物质的平衡,其中包含了稳态与暂态的平衡。在实际生产中可以引入累积热量平衡与即燃碳平稳的概念来构建蓄热模型。

2. 即燃碳微观及宏观模型

1)即燃碳微观模型

碳颗粒在进入 CFB 炉膛后燃烧经历 4 个主要的过程,流化床层中固体燃料质

点的燃烧过程依次经历 4 个不同的阶段：①在 1～3s 内燃料颗粒被加热到接近床层温度；②挥发物的析出和燃烬，可持续到几十秒；③挥发物析出后，燃余碳颗粒进一步加热到着火温度；④碳颗粒的燃烧，这一阶段持续时间较长，长达数分钟到几十分钟，可见 CFB 锅炉燃烧过程的决定性阶段是即燃碳颗粒的燃烧。

颗粒的燃烧通常有颗粒直径减小和颗粒密度减小两种模型描述。在 CFB 锅炉中，颗粒的磨损十分强烈，灰层一旦产生即被磨损掉，因此采用颗粒直径减小的燃烧模型，即无灰层扩散阻力的燃烧模型。因为燃烧系统模型中采用集总参数化模型，所以颗粒的粒径用比表面积当量直径来表示，因此在燃烧过程中，虽然单个颗粒的粒径会发生变化，但是全部颗粒的粒径分布并不会有太大的变化，可以认为颗粒的当量直径不变，即粒径不变。对于颗粒的表面温度，通常燃烧速率常数要依据颗粒表面温度进行计算，颗粒表面温度与炉膛内床料温度相关，CFB 锅炉炉膛温度一般在 850～900℃，所以颗粒表面温度变化范围较小；对于燃烧速率的控制因素，通常由动力学阻力、灰层扩散阻力和颗粒与床内的扩散传质阻力 3 个因素共同控制，本模型认为灰层一旦产生就被磨损掉，所以只考虑动力学阻力和氧气扩散速率。颗粒的燃烧速率按照 Field 提出的燃烧理论计算：

$$-\frac{\mathrm{d}m_\mathrm{p}}{\mathrm{d}t} = M_\mathrm{C}\pi d_\mathrm{C}^2 k_\mathrm{C}C_{\mathrm{O}_2} \tag{4-49}$$

由上式可得颗粒单位时间单位质量的燃烧速率为

$$-\frac{1}{m_\mathrm{p}}\frac{\mathrm{d}m_\mathrm{p}}{\mathrm{d}t} = \frac{6M_\mathrm{C}k_\mathrm{C}C_{\mathrm{O}_2}}{d_\mathrm{C}\rho_\mathrm{C}} \tag{4-50}$$

式中，M_C 为碳的摩尔质量，$\mathrm{kg/kmol^3}$；k_C 为颗粒的燃烧速率常数，$\mathrm{m/s}$；C_{O_2} 为氧气浓度，$\mathrm{kmol/m^3}$；d_C 为颗粒直径，m；ρ_C 为碳颗粒的密度，$\mathrm{kg/m^3}$；m_p 为单个颗粒质量，kg。

颗粒的燃烧速率常数 k_C 由下式求得

$$\frac{1}{k_\mathrm{C}} = \frac{1}{k_\mathrm{s}} + \frac{1}{k_\mathrm{D}} \tag{4-51}$$

式中，k_s 为反应速率常数；k_D 为氧气的扩散速率常数，可由下式给出

$$k_\mathrm{s} = k_0 T_\mathrm{D} e^{-E/(RT_\mathrm{D})} \tag{4-52}$$

$$k_\mathrm{D} = \frac{ShD}{d_\mathrm{C}} \tag{4-53}$$

式中，k_0 为系数，$\mathrm{m/(s \cdot K)}$；T_D 为颗粒的表面温度，K；E 为反应的活化能，$\mathrm{J/mol}$；R 为气体常数，$\mathrm{J/(mol \cdot K)}$；D 为氧气的扩散系数，$\mathrm{m^2/s}$；Sh 为舍伍德数，Sh 可以由 Basu 和 Halder(1989)提出的计算式求得：

$$Sh = 2\varepsilon + 0.69 \times \left(\frac{Re_\mathrm{P}}{\varepsilon}\right)^{0.5} S_\mathrm{C}^{0.33} \tag{4-54}$$

式中，S_C 为施密特数；ε 为床层的空隙率；Re_P 为雷诺数。可以看到颗粒燃烧速率常

数的计算十分复杂,这样会造成模型的运算缓慢,且刚性度大,实际应用中需进行简化。

综合上述,碳颗粒的燃烧机理过程复杂,影响因素众多,CFB锅炉内的主要燃料量是即燃碳颗粒的总和,炉内即燃碳的存储量是决定当前燃烧率的根本因素,而当前即燃碳的存储量是一个无法测量的物理量,这给CFB锅炉燃烧系统的控制带来了难度。大部分燃烧系统不稳定而引起的停炉事故都是因为床温或者床压无法稳定运行引起的,而即燃碳燃烧是床温的决定性因素,因此准确的估算炉内即燃碳的存储量对于控制系统和提高燃烧效率非常重要。

2) 即燃碳宏观模型

考虑入炉煤变化引起即燃碳积累量变化值与炉内燃烧引起即燃碳积累量变化值的平衡关系,稳定状态下,一段时间内补充的即燃碳和燃烧损失的即燃碳是一组平衡关系,参见图4-8。即燃碳监测中引入一组平衡量,计算最佳反映炉内即燃碳积累量变化的参数。

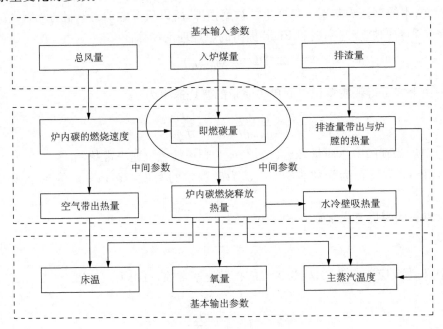

图 4-8　即燃碳的数学模型结构

$$L = \sum F - \sum R \tag{4-55}$$

式中,F 为炉膛补充的即燃碳量;R 为燃烧损失的即燃碳;L 为二者净差值。

在循环流化床锅炉燃烧过程中,送入炉膛的燃料,一部分通过燃烧释放热量,一部分累计在炉膛内未燃烧,根据质量守恒可以得到炉膛内未燃烧的即燃碳 $B(t)$ 的表达式:

$$\frac{\mathrm{d}B(t)}{\mathrm{d}t} = F(t) - \frac{Q(t)}{H} \tag{4-56}$$

式中，$B(t)$ 为未燃烧的即燃碳量，kg/s；$F(t)$ 为从炉膛入口进入锅炉的给煤量，kg/s；$Q(t)$ 为 t 时刻燃烧释放的总热量，MW；H 为燃料的单位发热量，MJ/kg。

循环流化床锅炉燃烧过程释放的热量与参与燃烧的燃料量成正比，参与燃烧的燃料量与即燃碳的燃烧速度 R_C 相关，即燃碳的燃烧速度是流化床相区内即燃碳的总质量、床温、氧气浓度的函数为

$$R_C = B(t) \times \left(\frac{-1}{m_p} \frac{\mathrm{d}m_p}{\mathrm{d}t} \right) = \frac{6M_C k_C C_{O_2} B(t)}{d_C \rho_C} \tag{4-57}$$

LaNauze 综合实际情况重点考虑温度对颗粒燃烧速度的影响，根据实践总结得到 CFB 锅炉中碳颗粒燃烧速率常数的表达式为

$$k_C = 0.513 T e^{-9160/T} \tag{4-58}$$

式中，T 为炉膛床温，K。由于循环流化床内温度严格控制在 $850 \sim 900\,℃$ 的范围，即燃碳颗粒温度变化范围相对于总风量和即燃碳存储量的变化范围比率很小，可以近似为常数。颗粒氧气浓度由入炉总风量 $\mathrm{PM}(t)$ 决定，其关系为

$$C_{O_2}(t) = k_{O_2} \mathrm{PM}(t) \tag{4-59}$$

式中，k_{O_2} 为总风量 $\mathrm{PM}(t)$ 与氧气浓度的相关系数；$\mathrm{PM}(t)$ 为总风量，$\mathrm{N \cdot m^3/s}$。在稳定工况下，燃烧速率 R_C 是一个定值，即燃碳燃烧消耗的速率等于给煤补充的速率。通过式(4-57)可得初始即燃碳量 B_0 的取值为

$$B_0 = \frac{R_C d_C \rho_C}{72 k_C C_{O_2}} \tag{4-60}$$

式(4-56)中炉膛内未燃烧的即燃碳模型是非线性模型，实践应用中需要进行线性化处理，将式(4-62)代入式(4-56)得即燃碳模型[17]：

$$\frac{\mathrm{d}B(t)}{\mathrm{d}t} = F(t) - \frac{1}{H} K \times \mathrm{PM}(t) \times B(t) \tag{4-61}$$

3. 热量模型

锅炉在燃烧过程释放的热量表达式为

$$\begin{aligned} Q(t) = R_C H &= \frac{6M_C H k_C k_{O_2}}{d_C p_C} B(t)(\mathrm{PM}(t)) \\ &= K \times \mathrm{PM}(t) \times B(t) \end{aligned} \tag{4-62}$$

式中，K 为模型总系数。根据式(4-62)可知燃烧释放的热量可以通过即燃碳和总风量得到。

燃料在循环流化床锅炉炉膛中燃烧后形成高温烟气，通过对流传热和辐射传热在炉膛、过热器、再热器、省煤器将热量传递给水和水蒸汽。同时，水经过一系列受热面吸收燃料释放的热量变成过热蒸汽。这个过程中，燃料释放的热量传递到

水蒸汽有时间延迟 τ，通过一阶惯性环节拟合可得

$$Q_{\mathrm{st}}(t) = \frac{Q(t-1) \times \eta}{1 + \tau s} \tag{4-63}$$

式中，$Q_{\mathrm{st}}(t)$ 为 t 时刻蒸汽吸热量，MJ；Q_{t-1} 为 $t-1$ 时刻锅炉动态热量，MJ；t 为采样时间，s；η 为锅炉效率；τ 为时间常数，s。

式(4-63)中燃烧发热量模型是非线性模型，实践应用中需要进行线性化处理，将式(4-62)代入式(4-63)得热量模型为

$$Q_{\mathrm{st}}(t) = \frac{k \cdot \mathrm{PM}(t-1)B(t-1) \times \eta}{1 + \tau s} \tag{4-64}$$

4. 床温模型

整体床料温度与进入炉膛燃料燃烧释放的热量和炉膛内气体、固体吸收带走的热量之差成正比，即炉膛内床料温度的模型为

$$c_{\mathrm{s}} M_{\mathrm{s}} \frac{\mathrm{d}T(t)}{\mathrm{d}t} = K \times \mathrm{PM}(t) \times B(t) - Q_{\mathrm{a}}(t) - Q_{\mathrm{pz}}(t) \tag{4-65}$$

式中，$C_{\mathrm{s}} M_{\mathrm{s}}$ 为床料固体热容量，J/(kg·K)；$Q_{\mathrm{a}}(t)$ 为空气在床体内流动带出热量，MJ；$Q_{\mathrm{pz}}(t)$ 为排渣量带出热量，MJ。

5. 氧量模型

根据 CFB 锅炉燃烧机理，炉膛内参与燃烧的氧气正比于燃烧产生的热量，氧量模型为

$$(21 - Y_{\mathrm{O}_2}(t))(\mathrm{PM}(t) - l_{\mathrm{w}}) = K_{\mathrm{O}_2} Q(t) \tag{4-66}$$

式(4-62)代入式(4-66)得

$$Y_{\mathrm{O}_2}(t) = 21 - \frac{K_{\mathrm{O}_2} B(t) \mathrm{PM}(t)}{\mathrm{PM}(t) - l_{\mathrm{w}}} \tag{4-67}$$

式中，$Y_{\mathrm{O}_2}(t)$ 为排烟氧含量，%；K_{O_2} 为模型系数；l_{w} 为风量校正信号。

由式(4-47)可得氧量与炉膛即燃碳和总风量相关，总风量瞬时增加会导致燃烧速率增加，即燃碳快速燃烧逐渐减少，随着即燃碳的减少最终会导致氧量的增加。将式(4-56)的稳态形式代入式(4-67)可得式(4-68)，可以看到在稳态工况下氧量与总风量是同向变化的，即

$$Y_{\mathrm{O}_2}(t) = 21 - K_{\mathrm{O}_2} \frac{H \times F(t)}{\mathrm{PM}(t) - l_{\mathrm{w}}} \tag{4-68}$$

6. 风煤优化配比模型

在 CFB 炉膛内单个碳颗粒的燃烧速率 r_{C}（kg/s）为

$$r_{\mathrm{C}} = 12\pi d_{\mathrm{C}}^2 k_{\mathrm{C}} C_{\mathrm{O}_2} \tag{4-69}$$

设炉膛内蓄积的即燃碳颗粒的平均粒径为 d_C，则总体燃烧反应速率 R_C（kg/s）为

$$R_C = \frac{B}{\frac{1}{6}\pi d_C{}^3 \rho_C} C_{O_2} \qquad (4\text{-}70)$$

由式(4-70)得

$$R_C = \frac{72 k_C B}{d_C \rho_C} \frac{P}{R_a T} Y_{O_2} \qquad (4\text{-}71)$$

式中，P 为流化床内床压，kPa；R_a 为气体常数。

炉膛内的氧量与总风量密切相关，可以近似认为炉膛内的平均氧量浓度 C'_{O_2} 与碳颗粒氧量浓度 C_{O_2} 相等，其与总风量关系为

$$C'_{O_2}(t) = k_{O_2} \mathrm{PM}(t) \qquad (4\text{-}72)$$

在稳定工况下，炉膛内即燃碳燃烧提供热量，同时给煤量不断补充炉膛内消耗的即燃碳，使得炉膛内即燃碳的总量保持一定的比例，稳定在一定的水平。根据燃烧消耗的即燃碳等于给煤补充的即燃碳，可得

$$R_C = F_0 \eta_C = \frac{72 k_C k_{O_2}}{d_C \rho_C} B(t) \mathrm{PM}(t) \qquad (4\text{-}73)$$

式中，F_0 为某一稳定工况下的燃料量；η_C 为给煤中碳含量。在某一稳定工况，通过式(4-73)可以根据即燃碳量和燃烧所需风量，计算最佳风煤配比，通过控制风煤比来稳定炉膛内即燃碳的燃烧速度，以稳定炉膛燃烧发热量，即

$$\frac{\mathrm{PM}(t)}{F(t)} = \frac{\eta_C d_C \rho_C}{72 k_C k_{O_2} B(t)} \qquad (4\text{-}74)$$

如果给煤中碳含量 η_C 变化，即煤质发生变化，则可以通过调节总风量 $\mathrm{PM}(t)$ 和燃料量 $F(t)$ 的配比，使炉膛中即燃碳量 $B(t)$ 保持稳定，保证炉膛内燃烧发热量、床温、氧量等参数的稳定。

4.1.4　供热机组的控制模型

1. 供热机组的蓄热特性

供热机组在供热季节多采用"以热定电"的方式运行，优先保证供热热源的稳定，从而致使其发电负荷调整范围和调节速率受到很大限制，电网一般也不对供热机组做硬性考核。但是，当规模庞大的供热机组投入供热运行后，电网将失去很大一部分的调峰能力，不利于电网安全经济运行。供热机组按照供热热源提供方式可分为背压式机组和抽汽式机组。对于典型的抽汽式供热机组，在非供热工况下，能够提供同纯凝式机组等同的 $50\% \sim 100\%$ 发电负荷调节范围；而在供热工况下，

发电负荷调节范围只有 60%～80%，调峰容量减小一半左右。对于背压式供热机组，供热工况下则基本丧失发电负荷调节能力，供热机组成为电网调度的负担。

　　火电机组本质上是完成燃料化学能向电能的转换，在这一转换过程的各个环节中都或多或少存在能量存储。传统火电机组能量存储能力有限，特别是大容量、高参数的火电机组，虽然其存储能量的绝对值有所增加，但其储能量同机组容量的比值却在下降。

　　供热机组具有较大的储能容量。在供热期内，供热机组除发电外，还为一定区域内的用户提供热负荷。供热机组从汽轮机中压缸排汽管道中抽取一部分蒸汽至热网加热器，热网循环水连接众多热交换站，热交换站又通过众多管道连接用户采暖设备，这一系统具有巨大的储能容量。简单地说，当供热负荷在较短时间内波动时，由于供热系统巨大储能容量导致巨大的惯性，用户端感觉不到热源端变化。这样，供热机组可以利用这部分储能应对短时间内的负荷变化。供热抽汽蝶阀可以调节进入热网加热器的蒸汽流量，通过抽汽蝶阀扰动试验可以直观地看出利用热网蓄能参与快速调节机组负荷的能力[18]，如图 4-9 所示。

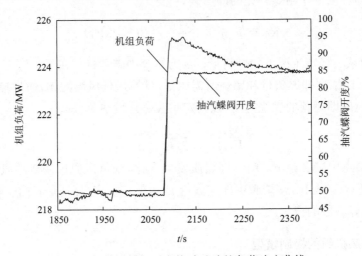

图 4-9　抽汽蝶阀开度扰动试验的负荷响应曲线

　　从图 4-9 中可以看出，当供热抽汽蝶阀快速打开，锅炉的燃料量保持不变，汽轮机调节阀门开度不变，机组实际负荷从 218.5MW 快速上升到 225.0MW，上升时间为 15s，实际负荷上升速率为 26MW/min，为额定负荷的 8.6%，远远大于通过锅炉过燃调节的负荷响应速度，这也显示了利用供热机组热网蓄能来改善机组负荷响应能力的巨大潜力。

2. 典型供热机组的控制模型

目前,供热机组以 200MW 超高压机组和 300MW 亚临界机组为主,其中 200MW 超高压机组多为 20 世纪建造或由纯凝式机组改造而来,新建供热机组多为 300MW 亚临界机组。单机 600MW 亚临界机组或超临界机组虽然具有更大的发电供热功率和更高的效率,但机组跳闸会导致更大面积的供热终止,综合考虑可靠性等因素,600MW 及更大容量的供热机组尚未成为主流。

背压式机组将汽轮机排汽全部抽出作为供热热源,理论上具有更高的综合利用效率,但因其运行方式不灵活,夏季发电效率低,在热价与电价比例缺乏竞争力的情况下,其经济效益并不一定占优势,目前背压式供热机组已经比较少见。主流供热机组多为抽汽式供热机组,其典型热力系统结构是从汽轮机中压缸排汽管道内将蒸汽引出至热网加热器,蒸汽在热网加热器内释放热量后变为热网凝结水,热网凝结水泵将热网凝结水送至除氧器;热网循环水经过热网循环泵升压后进入热网加热器,吸收热量后送至用户端。典型供热机组热力系统基本结构同纯凝式机组相同,只需对其涉及供热部分进行建模。

经过分析,选择某热电厂 1、2 号机组作为典型供热机组。机组锅炉主设备为东方锅炉厂生产的 DG1025/18.2-Ⅱ6 型亚临界、一次中间再热、自然循环单汽包、单炉膛、平衡通风、摆动燃烧器四角切圆燃烧、固态排渣煤粉炉,汽轮机为东方汽轮机有限公司生产的 C300/235-16.7/0.35/537/537 型亚临界、中间再热、高中压合缸、单轴两缸两排汽、采暖可调整抽汽凝汽式汽轮机。锅炉、汽轮机主要设计参数如表 4-8、表 4-9 所示。

表 4-8　锅炉主要设计参数

序号	项目	单位	100%THA	50%THA
1	主蒸汽流量	t/h	894.8	532.0
2	汽包压力	MPa	18.35	10.39
3	主蒸汽压力	MPa	17.27	9.65
4	主蒸汽温度	℃	541	535
5	再热蒸汽流量	t/h	739.8	453.1
6	再热蒸汽压力	MPa	3.22	1.57
7	再热蒸汽温度	℃	540	531
8	锅炉给水温度	℃	270	243
9	排烟温度	℃	132	117
10	锅炉效率	%	93.15	93.35

表 4-9　汽轮机主要设计参数

序号	项目	单位	额定纯凝	额定供热
1	发电机功率	MW	300	235.2
2	汽轮机进汽量	t/h	872.6	872.6
3	主蒸汽压力	MPa	16.67	16.67
4	主蒸汽温度	℃	537	537
5	再热蒸汽流量	t/h	723.7	721.7
6	再热蒸汽压力	MPa	3.05	3.01
7	再热蒸汽温度	℃	537	537
8	给水温度	℃	271	271
9	热耗	kJ/(kW·h)	7689	5753

　　抽汽式供热机组锅炉部分与纯凝式机组结构完全相同,因此只介绍汽轮机及热网部分。纯凝式机组中压缸排汽通过中压缸与低压缸之间的连通管道进入低压缸,中压缸排汽温度和压力相对较高。城市供暖系统中,供热首站出水/回水温度为 120℃/70℃,为了使抽汽温度与之匹配,供热机组一般增加汽轮机中压缸级数,减少汽轮机低压缸级数。相对于纯凝式机组,供热机组中压缸排汽压力有所降低,以适应供热抽汽的要求。

　　抽汽式供热机组供热部分热力系统结构如图 4-10 所示。汽轮机中压缸排汽

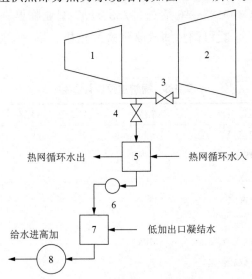

图 4-10　供热部分热力系统结构示意图

1. 汽轮机中压缸；2. 汽轮机低压缸；3. 调节蝶阀；4. 逆止阀、快关阀、关断阀；5. 热网加热器；
6. 热网疏水泵；7. 除氧器；8. 给水泵

分成两部分,一部分通过调节蝶阀进入汽轮机低压缸内继续做功,另一部分进入热网加热器提供供热热源,冷却后经过热网疏水泵送至除氧器。热网循环水经过热网循环水泵升压后由热网管道送出至各个二级换热站,释放热量后返回热网加热器。整个供热抽汽及热网系统的运行原理与汽轮机回热加热系统中的给水加热器类似。热网加热器也分为管侧和壳侧,热网循环水在管侧流动,供热抽汽在壳侧凝结为当前压力下的饱和水,释放的热量被热网循环水带走,而疏水由疏水泵抽走,通过调节疏水流量控制热网加热器的水位。汽轮机热力系统中,回热加热器的一个主要特点是存在自平衡现象,即当热网循环水温度降低时,热网加热器内温度随之降低,对应水的饱和压力也随之降低,因而热网加热器从汽轮机中的抽汽量会随之增加,从而维持热网循环水温度基本不变。这一特点的具体表现是:当供热负荷需求变化时,供热机组能够在很大程度上自动调整供热抽汽流量,自动适应供热负荷的变化。这一特点对于城市供暖系统的运行非常有利,供热抽汽调节蝶阀只要控制汽轮机中压缸排汽压力稳定,就能够保证机组供热量自动满足供热需求。

另外,一部分供热机组主要为一些工业企业提供工业用汽,而工业用汽往往需要同时保证供汽压力和供汽流量的稳定,上述的自平衡特点对某些工业用汽不适合,这样仅仅依靠供热抽汽调节蝶阀调节却无法满足要求。这时一般在抽汽管道安装逆止阀、快关阀、关断阀的位置处加装一调节阀,与抽汽调节蝶阀相互配合控制供汽压力和供汽流量的稳定。对于这种类型机组,实际上是不能利用机组热网蓄热来调节发电负荷,所以,本节只讨论在供热机组中占绝大部分的城市供暖供热机组。

抽汽式供热机组通过调整抽汽调节蝶阀开度来控制汽轮机中压缸排汽压力,从而可以保证热网循环水出水温度的大致稳定。当需要增加供热负荷时,将调节蝶阀开度减小,这时汽轮机中压缸排汽压力增加,更多蒸汽进入热网加热器,热网加热器内饱和温度升高,供热出水温度增加;而减小供热负荷则与之相反。停止供热时调节蝶阀全开,同时关闭供热关断阀,汽轮机处于纯凝工作状态。机组供热负荷调节过程中需要监视调节蝶阀前后压力,调节蝶阀前压力为中压缸排汽压力,此压力值不可过高,否则会造成中压缸末级“鼓风”现象;调节蝶阀后压力为低压缸进汽压力,此压力值不可过低,否则会造成低压缸蒸汽流量不足产生“闷缸”现象,中压缸排汽压力高和低压缸进汽压力低都会引起汽轮机保护动作,严重时会导致汽轮机“跳闸”。

热网供热采用“质”、“量”并调的运行方式,即通过控制汽轮机供热抽汽压力保证热网出水温度的稳定,采用调节热网循环水流量的方式保证供热量适合用户取暖需要。热网循环泵采用变频调节方式,能够精确地控制热网循环水流量。热网循环水流量定值一般根据室外温度确定,也可以利用热网循环水回水温度进行修正。

调节蝶阀对中压缸排汽压力具有调整作用,在汽轮机进汽流量相同的条件下,无论纯凝工况还是供热工况,汽轮机高压缸、中压缸各级抽气压力基本相等,回热加热系统中 3 台高压加热器运行工况基本不变,能够保证锅炉给水温度不变,通过比较 THA 工况和额定供热工况下的汽轮机热力特性图可以验证这一点。因此,可以将供热机组工质循环中能量基准点定义在给水焓侧,这样供热机组与纯凝机组类似。

通过分析纯凝式机组在不同负荷下的热力特性发现,汽轮机中压缸排汽量与机组发电负荷存在近似线性关系,对于供热机组这一关系依然成立。不同之处在于这部分蒸汽的其中一部分进入汽轮机低压缸,另一部分被抽出汽轮机。供热机组存在以下热平衡关系:

$$Q_{zo} = Q_{di} + Q_{h} \tag{4-75}$$

式中,Q_{zo} 为汽轮机中压缸排汽包含的有效热量,MW;Q_{di} 为进入汽轮机低压缸蒸汽包含的有效热量,MW;Q_{h} 为汽轮机供热抽汽包含的有效热量,MW。其中有效热量指蒸汽总焓中可以转化为发电功率的部分。

进入汽轮机低压缸蒸汽流量和中压缸排汽压力与抽汽调节蝶阀开度的乘积成正比,其包含的有效热量可以由下式计算:

$$Q_{di} = K_5 P_z u_{H} \tag{4-76}$$

式中,K_5 为进入低压缸蒸汽做功系数,或称为低压缸增益;P_z 为汽轮机中压缸排汽压力,MPa;u_{H} 为抽汽调节蝶阀开度,%。

对于热网加热器,存在一个静态能量平衡关系:即汽轮机供热抽汽释放的热量等于热网循环水吸收热量,考虑到热网加热器存在蓄热,且忽略热网加热器端差,有

$$M_h \frac{dt_o}{dt} = Q_h - \xi q_x c_x (t_o - t_i) \tag{4-77}$$

式中,M_h 为以温度为标准的热网加热器蓄热系数,MJ/℃;t_o 为热网加热器内饱和温度并且等于热网循环水出水温度,℃;ξ 为机组热循环效率,%;q_x 为热网循环水流量,t/h;c_x 为热网循环水的定压比热容,MJ/t·℃;t_i 热网循环水回水温度,℃。

公式(4-77)中,t_o 不是一个合适的状态变量,因为其测点位置在热网循环水出水管道侧,测量延迟很大,同时 t_o 也不是汽轮机的被控参数。根据热网加热器运行特性,加热器壳侧水处于饱和状态,饱和温度和饱和压力存在一一对应关系,忽略供热抽汽管道差压,热网加热器内饱和温度等于汽轮机中压缸排汽压力,因此可以用中压缸排汽压力 P_z 代替热网加热器内饱和温度 t_o。表 4-10 列出了正常工况范围内汽轮机中压缸排汽压力与其对应的饱和温度。

表 4-10 饱和温度与饱和压力

饱和压力/MPa	0.2	0.3	0.4	0.5	0.6
饱和温度/℃	120.2	133.5	143.6	151.8	158.8

经过线性拟合后可得

$$t_{\text{o}} = 96P_z + 103 \tag{4-78}$$

热网加热器内饱和水的定压比热容与温度关系如表 4-11 所示。

表 4-11　定压比热容与温度关系

温度/℃	100	110	120	130	140
比热容/(MJ/t·℃)	4.21	4.23	4.24	4.26	4.28

取定压比热容为 4.25,并将式(4-78)代入式(4-77)得到

$$96M_h \frac{\text{d}P_z}{\text{d}t} = Q_h - 4.25 \xi q_x (96P_z - t_i + 103) \tag{4-79}$$

根据汽轮机能量守恒原则,中压缸排汽包含的有效热量等于进入汽轮机的有效热量减去高压缸和中压缸做功之和,可以表示为

$$Q_{zo} = K_3 P_t u_T (1 - K_4) \tag{4-80}$$

式中,K_4 为高压缸、中压缸做功占整个汽轮机做功的比例。实际上,纯凝工况和供热工况下中压缸排汽压力并不相同,即使汽轮机进汽参数一样,高中压缸做功占整个汽轮机做功的比例也不相同。供热工况下由于中压缸排汽压力较低,因此高中压缸做功份额要大于相同进汽参数下的纯凝工况。建模过程中对此予以简化,近似认为 K_4 为常数,但这种简化不会对中压缸排汽压力以及抽汽流量的计算产生较大的影响。

将式(4-76)、式(4-79)、式(4-80)代入到式(4-75)可得

$$K_3 P_t u_T (1 - K_4) = K_5 P_z u_H + 4.25 \xi q_x (96P_z - t_i + 103) + 96M_h \frac{\text{d}P_z}{\text{d}t} \tag{4-81}$$

即

$$C_h \frac{\text{d}P_z}{\text{d}t} = -4.25 \xi q_x (96P_z - t_i + 103) + K_3 P_t u_T (1 - K_4) - K_5 P_z u_H \tag{4-82}$$

式中,$C_h = 96M_h$,为按压力计算的热网加热器蓄热系数,MJ/MPa;$K_6 = 4.25\xi$,为热网循环水的有效比热容。

蒸汽在汽轮机内做功等于蒸汽在高中压缸内做功与低压缸做功之和,因此蒸汽在汽轮机内做功过程可以描述为

$$K_t \frac{\text{d}N_e}{\text{d}t} = -N_e + K_4 K_3 P_t u_T + K_5 P_z u_H \tag{4-83}$$

供热抽汽流量近似与供热抽汽包含的有效热量成正比,有

$$q_H = K_7 K_6 q_x (96P_z - t_i + 103) \tag{4-84}$$

式中，K_t 为汽轮机惯性时间；q_H 为供热抽汽流量，t/h；K_7 为供热抽汽有效热量折合蒸汽流量系数。

对于纯凝式机组，汽轮机一级压力可以用汽轮机前压力与汽轮机高调门开度的乘积计算，对于供热机组，由于中压缸排汽压力发生变化，沿用以上计算方法存在一定误差，这在计算锅炉蒸汽流量时要加以修正，但在简化非线性建模过程中此误差可以忽略。

综上所述，供热机组的简化非线性模型可以表示为[19]

$$r'_B = u_B(t - \tau)$$

$$K_f \frac{dr_B}{dt} = -r_B + r'_B$$

$$C_b \frac{dP_d}{dt} = -K_3 P_t u_T + K_1 r_B$$

$$P_t = P_d - K_2 (K_1 r_B)^{1.5} \tag{4-85}$$

$$K_t \frac{dN_e}{dt} = -N_e + K_4 K_3 P_t u_T + K_5 P_z u_H$$

$$C_h \frac{dP_z}{dt} = -K_6 q_x (96 P_z - t_i + 103) + K_3 P_t u_T (1 - K_4) - K_5 P_z u_H$$

$$q_H = K_7 K_6 q_x (96 P_z - t_i + 103)$$

$$P_1 = 0.01 P_t u_T$$

从式(4-85)可知，模型包含 5 种不同变量：①3 个控制输入变量，即 u_B 为机组燃料量指令，t/h；u_T 为汽轮机高压缸进汽调节门开度，%；u_H 为供热抽汽调节蝶阀开度，%。②2 个扰动输入变量：q_x 为热网循环水流量，t/h；t_i 为热网循环水回水温度，℃。③3 个状态输出变量：P_t 为汽轮机前压力，MPa；N_e 为机组发电功率，MW；P_z 为汽轮机中压缸排汽压力或供热抽汽压力，MPa。④2 个中间变量：r'_B 为制粉系统中实际进入磨煤机的煤量，t/h；r_B 为进入锅炉燃烧的煤粉量，t/h。⑤机组其他 2 个变量输出：q_H 为供热抽汽流量，t/h；P_1 为汽轮机一级压力，MPa。模型还包含两种不同的参数：①7 个静态参数：K_1 为额定发电工况下单位燃料量对应机组发电功率；K_2 为压差拟合系数；K_3 为汽轮机增益；K_4 为高中压缸占汽轮机做功比例；K_5 为进入低压缸蒸汽做功增益；K_6 为热网循环水有效比热容；K_7 供热抽汽有效热量折合蒸汽流量系数。②5 个动态参数：τ 为制粉过程迟延时间；K_f 制粉惯性时间；C_b 为锅炉蓄热系数；K_t 为汽轮机惯性时间；C_h 为热网加热器蓄热系数。

依据热电厂典型供热机组设计数据确定模型参数。模型中静态参数计算需要的机组设计数据如表 4-12 所示。

表 4-12 机组设计数据

序号	项目	单位	数值
1	发电功率	MW	300
2	汽轮机前蒸汽压力	MPa	16.67
3	燃料量	t/h	126.72
4	一级压力	MPa	11.16
5	汽包压力	MPa	18.49
6	中压缸排汽压力	MPa	0.501
7	发电功率(额定供热工况)	MW	235
8	供热抽汽流量(额定供热工况)	t/h	400
9	中压缸排汽压力(额定供热工况)	MPa	0.35
10	热网循环水流量(额定供热工况)	t/h	2500
11	热网循环水回水温度(额定供热工况)	℃	70

K_1 为额定发电工况下单位燃料量对应机组发电功率,计算公式为

$$K_1 = \frac{N_{e100}}{u_{B100}} \qquad (4\text{-}86)$$

K_2 为压差拟合系数,计算公式为

$$K_2 = \frac{P_{d100} - P_{t100}}{N_{e100}^{1.5}} \qquad (4\text{-}87)$$

K_3 为汽轮机增益,计算公式为

$$K_3 = \frac{N_{e100}}{P_{T100} u_{T100}} = \frac{N_{e100}}{100 P_{1100}} \qquad (4\text{-}88)$$

K_4 为汽轮机高中压缸做功占汽轮机做功比例,取汽轮机纯凝工况设计值:

$$K_4 = 0.65 \qquad (4\text{-}89)$$

K_5 为汽轮机低压缸增益,计算公式为

$$K_5 = \frac{(1 - K_4) N_{e100}}{100 P_{z100}} \qquad (4\text{-}90)$$

K_6 为热网循环水有效比热容,计算公式为

$$K_6 = \frac{N_{e100} - N_{e83}}{q_{x83}(96 P_{z83} - t_{i83} + 103)} \qquad (4\text{-}91)$$

K_7 为供热抽汽有效热量折合蒸汽流量系数,计算公式为

$$K_7 = \frac{q_{H83}}{N_{e100} - N_{e83}} \qquad (4\text{-}92)$$

上述计算公式中,下标为"100"的使用额定发电负荷工况下设计参数,下标为"83"的使用额定供热负荷工况下设计参数。

需要解释的是,实际的汽轮机高压缸进汽调节阀一般为 4 个,采用"单阀"方式或"顺阀"方式运行,所以并不存在一个实际的"汽轮机高压缸进汽调节阀开度"信号,在 DEH 系统中,可以采用 4 个调节阀的开度位置综合计算汽轮机高压缸进汽调节阀开度信号,也可以采用汽轮机一级压力与机前压力的比值代表汽轮机高压缸进汽调节阀开度,本书采用后者。同样,供热抽汽调节蝶阀开度是利用进入汽轮机低压缸蒸汽流量和中压缸排汽压力与抽汽调节蝶阀开度乘积成正比的关系计算得到。

模型动态参数需要通过扰动实验获取,如制粉惯性和制粉过程迟延通过燃料量扰动试验确定,锅炉蓄热系数根据式(4-9)中方法计算得到,汽轮机惯性时间根据汽轮机超速保护试验数据计算得到。

经过计算后,典型供热机组发电负荷—机前压力—抽汽流量与燃料量—高调门开度—调节蝶阀开度之间的简化非线性动态模型为

$$r'_B = u_B(t - 15)$$

$$120 \frac{dr_B}{dt} = -r_B + r'_B$$

$$3300 \frac{dP_d}{dt} = -0.269 P_t u_T + 2.37 r_B$$

$$P_t = P_d - 0.00035 \times (2.37 r_B)^{1.5}$$

$$12 \frac{dN_e}{dt} = -N_e + 0.175 P_t u_T + 2.096 P_z u_H \qquad (4-93)$$

$$160 \frac{dP_z}{dt} = -0.00039 q_x (96 P_z - t_i + 103) + 0.0942 P_t u_T - 2.096 P_z u_H$$

$$q_H = 0.0024 q_x (96 P_z - t_i + 103)$$

$$P_1 = 0.01 P_t u_T$$

4.1.5　非线性控制模型特性分析

1. 模型参数修正

1) 燃料指令增益变化

在静态情况下,进入锅炉的实际燃料量同机组功率呈线性关系。但实际上,低负荷时机组效率要降低,两者并不呈线性关系。模型输出与实际信号的对比也反映了这一点,在 100% 负荷下标定好模型参数,在低负荷时,机组实际负荷比模型负荷低,同时压力也有较大差别,因此有必要考虑机组效率对模型的影响。

燃料指令增益的物理意义为单位燃料指令对应的机组负荷,不仅与机组效率有关,还与燃料品质(低位发热量等煤质参数)有关。因此在建模过程中,可根据机组效率及燃料量品质,对燃料指令增益系数进行修正,提高机组模型在全工况内的

仿真精度。

2）制粉动态特性变化

对于中速磨直吹式制粉系统，式（4-3）中 K_f 主要与煤可磨性指数、煤水分、磨输出煤粉细度有关。K_f 与磨负荷呈现一定关系，磨负荷越高，K_f 越大。在磨长期运行情况下，由于磨辊、磨盘的磨损增加，加压弹簧疲劳引起弹力下降，导致磨出力下降，制粉惯性时间延长。多台磨并列运行时，机组负荷增加，投运磨台数相应增加，使得单台磨负荷与机组负荷呈现出不规律的变化。这样的运行方式削弱了磨负荷对 K_f 的影响。实验数据表明，煤水分和煤可磨性指数对 K_f 影响也很大。

3）锅炉蓄热系数变化

在机组不同的负荷—压力工作点下进行调门扰动实验，求取锅炉蓄热系数。实验数据表明，锅炉蓄热系数随着汽包压力降低而呈现明显增加的趋势。通过设置合理数量的锅炉蓄热系数试验，可获得锅炉蓄热系数与工作点（例如汽包压力）之间的关系。

2. 模型线性化方法

非线性系统的线性化方法可分为大范围线性化和小偏差线性化两类。大范围线性化方法通过补偿和抵消非线性系统的本质非线性，进而将其转化成线性系统。小偏差线性化方法是对非线性系统在其平衡点（若以协调控制系统为对象，平衡点即为稳定运行时的工况点），通过泰勒级数展开后舍去其高阶项来提取系统的线性特征，小偏差线性化方法的优势在于容易实现，存在的问题是基于线性模型设计的控制系统全局性能可能无法保证。

1）小偏差线性化方法

考虑如下非线性系统：

$$\begin{cases} \dot{X} = F(X,U) \\ Y = G(X,U) \end{cases} \tag{4-94}$$

式中，$X = [x_1, x_2, \cdots, x_n]$ 为状态变量向量；$U = [u_1, u_2, \cdots, u_n]$ 为输入量向量；$Y = [y_1, y_2, \cdots, y_n]$ 为输出量向量；$F(\cdot) = [f_1, f_2, \cdots, f_n]$；$G(\cdot) = [g_1, g_2, \cdots, g_n]$ 表示函数关系向量。式（4-94）表示的非线性系统在平衡点 (X_0, U_0) 的线性系统为

$$\begin{cases} \Delta \dot{X} = A \Delta X + B \Delta U \\ \Delta Y = C \Delta X + D \Delta U \end{cases} \tag{4-95}$$

式中：

$$A = \begin{bmatrix} \partial f_1/\partial x_1 & \cdots & \partial f_1/\partial x_n \\ \vdots & & \vdots \\ \partial f_n/\partial x_n & \cdots & \partial f_n/\partial x_n \end{bmatrix}_{X_0, U_0}, \quad B = \begin{bmatrix} \partial f_1/\partial u_1 & \cdots & \partial f_1/\partial u_n \\ \vdots & & \vdots \\ \partial f_n/\partial u_n & \cdots & \partial f_n/\partial u_n \end{bmatrix}_{X_0, U_0}$$

$$C = \begin{bmatrix} \partial g_1/\partial x_1 & \cdots & \partial g_1/\partial x_n \\ \vdots & & \vdots \\ \partial g_n/\partial x_n & \cdots & \partial g_n/\partial x_n \end{bmatrix}_{X_0, U_0}, \quad D = \begin{bmatrix} \partial g_1/\partial u_1 & \cdots & \partial g_1/\partial u_n \\ \vdots & & \vdots \\ \partial g_n/\partial u_n & \cdots & \partial g_n/\partial u_n \end{bmatrix}_{X_0, U_0}$$

2）工况点的确定

所谓平衡点是指当系统状态变量导数趋于 0 时的状态变量值。在单元机组协调控制系统的研究中，通常取 100%、90%、80%、70%、60% 等负荷作为典型工况点进行研究。负荷作为机组重要边界条件，其变化会引起众多运行参数的变化，所以将负荷作为确定工况点的依据是具有工程意义的。然而由于机组设备特性、机组负荷指令的变化，选择的典型工况点可能只是机组过渡工况，并非机组常运行的稳定工况[20]。因此，分析机组运行的海量历史数据，采用 K 均值聚类算法对负荷进行自然划分，并将其聚类质心作为工况点，是一种确定负荷工况点的科学方法。

K 均值(k-means)算法是一种常用的基于划分的聚类算法。K 均值算法是以 k 为参数，把 n 个对象分成 k 个簇，使簇内具有较高的相似度，而簇间的相似度较低。K 均值算法的处理过程为：首先随机选择 k 个对象作为初始的 k 个簇的质心，然后将其余对象根据其与各个簇的质心的距离分配到最近的簇，最后重新计算各个簇的质心。不断重复此过程，直到目标函数最小为止。簇的质心为簇内所有点的算术平均值，对象到质心的距离一般采用欧氏距离，目标函数采用平方误差准则函数

$$E = \sum_{i=1}^{k} \sum_{j=1}^{n_i} |p_j - m_i|^2 \tag{4-96}$$

式中，E 为数据库中所有对象与相应簇的质心的距离之和；p 代表对象空间中的一个点；m_i 为簇的算术平均值。

确定 500MW 汽包炉机组的聚类个数为 5，1000MW 直流炉机组的聚类个数为 4，对实际的 500MW 机组和 1000MW 机组的负荷历史数据进行 K 均值聚类，确定的聚类质心如下（%表示占额定负荷的百分比）。

汽包炉：$m_1 = 99\%$，$m_2 = 86\%$，$m_3 = 75\%$，$m_4 = 65\%$，$m_5 = 55\%$。

直流炉：$m_1 = 99\%$，$m_2 = 80\%$，$m_3 = 62\%$，$m_4 = 51\%$。

将均值聚类的负荷作为工况点，各工况点对应的模型参数如表 4-13、表 4-14 所示。其中 P_t、N_e、h_m 分别表示主蒸汽压力、负荷、中间点焓值。由表 4-13、表 4-14 可知：所得工况点并非传统选取的类似 100%，90%，…，50% 等工况点，进一步说明了采用 K 均值聚类方法确定工况点的必要性。

表 4-13　500MW 汽包炉机组各典型工况点

参数	#1 (55%)	#2(65%)	#3(75%)	#4 (86%)	#5 (99%)
P_t/MPa	11.045	12.330	13.610	14.900	16.18
N_e/MW	275	325	375	430	495

表 4-14　1000MW 直流炉机组各典型工况点

参数	#1（51%）	#2（62%）	#3（80%）	#4（99%）
P_t/MPa	13.118	15.292	20.339	25.085
h_m/(kJ/kg)	2810.6	2790.7	2732.1	2680.6
N_e/MW	514	615	802	992

3. 模型非线性度量

在获得线性化模型后,值得思考的问题是该线性模型与原非线性模型之间的差距有多少,以及这样的差距对于以线性模型为基础设计的控制系统的影响有多大,该控制系统在大范围变工况时的稳定性如何等。可以利用基于间隙距离的非线性度来分析这些问题。

基于间隙距离的非线性度[21]定义如下:

$$v_g := \sup_{r_0} \delta(L_{r_0} N, L) \tag{4-97}$$

式中,$\delta(\cdot, \cdot)$ 表示两个线性系统的间隙,其值的变化范围是 0 到 1;$L_{r_0} N$ 为非线性系统 N 在工况点 r_0 上的线性化模型;L 为所有可行线性模型,通常将 L 固定为 N 在某一工况点的线性化模型,当操作点缓慢变化时,v_g 反映了在工况点附近的系统的非线性动态特性。

$\delta(\cdot, \cdot)$ 的定义如下:

$$\delta(G_1, G_2) = \sup_{\omega \in R} \frac{|G_1(jw) - G_2(jw)|}{\sqrt{(1 + |G_1(jw)|^2)} \sqrt{(1 + |G_2(jw)|^2)}} \tag{4-98}$$

基于上述定义可以求取模型在不同工况下的相对距离。

该非线性度的优点在于:

（1）由于是两个线性系统之间的间隙,因此其计算简单。

（2）在实际的工业过程中,系统正常运行一般被限定在平衡点的附近,因此,当工况点缓慢变化时,v_g 反映了系统在工况点附近的非线性动态特性。

（3）线性控制器的设计通常是基于某标称线性模型,该线性模型可以通过非线性模型线性化得到或利用实时数据辨识而得。标称线性系统与非线性系统之间的距离能够用来决定基于该线性模型设计的控制器操作范围。

（4）如果两个系统之间的非线性度很小时,那么至少存在一个控制器使得这两个系统都稳定。

对于优点（4）,有如下命题:

假设 P 为某一线性系统,K 为 P 的一镇定控制器,记

$$b_{P,K} = \left\| \begin{bmatrix} I \\ K \end{bmatrix} (I + PK)^{-1} [I, P] \right\|_\infty^{-1} \tag{4-99}$$

假设反馈系统(P,K)稳定,令

$$\widetilde{P} := \{P_{\Delta}, \delta(P, P_{\Delta}) < \gamma\} \tag{4-100}$$

则对所有的 $P_{\Delta} \in \widetilde{P}$,反馈系统$(P_{\Delta}, K)$稳定,当且仅当$\gamma < b_{P,K}$成立。

上述命题说明,若标称工况点线性化模型与其他工况点线性化模型之间的最大距离(间隙测度)不大于 $b_{G,K}$ 时,那么以标称工况点局部线性模型设计的控制系统就能保证在整个运行工况内系统稳定。非线性系统与标称工况点线性化系统间的距离能决定基于该线性模型设计的控制器的操作范围,相反,该非线性度能用来判断线性控制器是否具有鲁棒稳定裕度确保线性控制器在整个运行范围内稳定。

表 4-15　汽包炉机组各工况点线性模型距离

序号	#1	#2	#3	#4	#5
1#	0	0.069	0.128	0.181	0.234
2#	0.069	0	0.060	0.114	0.169
3#	0.128	0.060	0	0.054	0.111
4#	0.181	0.114	0.054	0	0.059
5#	0.234	0.169	0.111	0.059	0

表 4-16　直流炉机组各工况点线性模型距离

序号	#1	#2	#3	#4
1#	0	0.0353	0.1078	0.1830
2#	0.0353	0	0.0725	0.1487
3#	0.1078	0.0725	0	0.0763
4#	0.1830	0.1487	0.0763	0

从表 4-15、表 4-16 可知,两个工况离得越远,其相应的模型之间的距离就越大,也就是说,机组基于额定负荷(99％负荷)线性模型设计的控制系统控制范围越广,则要求该控制系统具有更大的鲁棒裕度。利用 k 均值聚类确定的工况点为滑压曲线上对应的工况,由于机组通常是沿着滑压曲线变负荷运行,上述两表中的间隙距离能够用于确定机组协调控制系统鲁棒裕度的最小值。

4.2　火力发电机组状态参数重构

要实现大型超临界火电机组的智能优化协调控制,需对机组过程参数进行准确的检测。而基于大数据信息融合的参数检测技术为解决过程参数测不到和测不准的问题提供了新的手段,实现了机组热量信号、烟气含氧量、入炉煤质等过程参数的软测量[22-23],解决了控制系统参数检测问题。

4.2.1　锅炉热量信号

锅炉的热量信号是超前反映汽轮发电机组输入输出能量平衡关系的重要参数。由于它的超前,往往被用于设计协调控制系统的状态反馈,以提高控制系统的动态性能指标。

基于构造热量信号的直接能量平衡(direct energy balance,DEB)协调控制系统在汽包炉中获得广泛应用。热量信号由汽轮机一级压力和汽包压力微分构造实现。利用 CCD 摄像机摄取炉膛火焰图像,经过算法处理后得到炉膛辐射强度,是构造锅炉热量信号的另一种方法。考虑到炉膛辐射能信号动态特性好而静态精度低,DEB 热量信号动态特性差而静态精度高的特点,研究者提出利用信息融合将两者结合构造热量信号的方法,为这一课题的研究提供了一个新思路。

火电机组中许多信号存在内在相关性。与热量信号相关的变量存在于制粉、燃烧、汽水系统吸热、汽轮机做功过程中。制粉过程中的信号如煤粉流量难以直接测量且不能反映燃料发热量的变化;汽水系统吸热和汽轮机做功过程的信号如蒸汽流量、机组功率等又相对迟缓。最接近于实际热量的信号应该取自燃烧过程中。除炉膛辐射能信号外,锅炉排烟氧量也与热量存在密切关系。

1. 机理分析

1kg 煤完全燃烧所需理论干空气量为

$$Q_T = 0.0889(C_{ny} + 0.375S_{ny}) + 0.265(H_{ny} - 0.125O_{ny}) \qquad (4\text{-}101)$$

1kg 煤完全燃烧时发热量为

$$Q'_0 = 0.339(C_{ny} + 0.322S_{ny}) + 1.257(H_{ny} - 0.0867O_{ny}) \qquad (4\text{-}102)$$

式中,Q_T 为理论干空气量,m^3;Q'_0 为 1kg 煤完全燃烧时发热量,MJ;C_{ny} 为煤收到基碳元素含量,%;H_{ny} 为煤收到基氢元素含量,%;O_{ny} 为煤收到基氧元素含量,%;S_{ny} 为煤收到基硫元素含量,%。

观察上述两式,可以发现两者形式非常接近。定义当量碳量为 $R_{ny} = C_{ny} + 0.375S_{ny}$;当量氢量为 $B_{ny} = H_{ny} - 0.125O_{ny}$,则有

$$Q_T = 0.0889R_{ny} + 0.265B_{ny} \qquad (4\text{-}103)$$

$$Q'_0 = 0.339R_{ny} + 1.257B_{ny} \qquad (4\text{-}104)$$

定义空气热量比为

$$K'_{vq} = \frac{Q_T}{Q'_0} = 0.262\frac{R_{ny} + 2.98B_{ny}}{R_{ny} + 3.71B_{ny}} \qquad (4\text{-}105)$$

原煤中硫、氢、氧含量相对较少,碳燃烧在消耗干空气量和产生热量中起主要作用。对于不同煤种,K'_{vq} 应该非常接近常数。表 4-17 列出了国内主要煤种空气热量比的理论值和实际值的分析结果。

通过统计得到实际空气热量比：$K_{vq} = 0.27(\mathrm{m^3/\,MJ})$，其变化范围在 $\pm 4\%$ 之间。

表 4-17　国内主要煤种燃烧空气热量比

煤种	C_{ny} /%	S_{ny} /%	R_{ny} /%	H_{ny} /%	O_{ny} /%	B_{ny} /%	V_0' /(m³/kg)	Q_0' /(MJ/kg)	Q_0 /(MJ/kg)	K_{vq}' /m³/MJ	K_{vq} /(m³/MJ)
京西无烟煤	67.9	0.2	67.98	1.7	2.0	1.45	6.414	23.04	24.96	0.257	0.278
阳泉无烟煤	68.9	0.8	69.20	2.9	2.4	2.60	6.817	26.40	26.83	0.254	0.258
焦作无烟煤	66.1	0.4	66.25	2.2	2.0	1.95	6.389	22.88	25.00	0.256	0.279
萍乡无烟煤	60.4	0.7	60.66	3.3	2.5	2.99	6.158	22.63	24.43	0.252	0.272
西山贫煤	67.6	1.3	68.09	2.7	1.8	2.48	6.687	24.72	26.26	0.255	0.271
淄博贫煤	64.8	2.6	65.78	3.1	1.6	2.90	6.590	23.28	25.97	0.254	0.283
抚顺烟煤	56.9	0.6	57.13	4.4	9.1	3.26	5.914	22.42	23.89	0.248	0.264
开滦烟煤	58.2	0.8	58.50	4.3	6.3	3.51	6.100	22.83	24.55	0.249	0.267
大同烟煤	70.8	2.2	71.63	4.5	7.1	3.61	7.292	27.80	29.12	0.250	0.262
徐州烟煤	63.0	1.2	63.45	4.1	6.7	3.26	6.476	24.72	25.91	0.250	0.262
平顶山烟煤	58.2	0.5	58.39	3.7	4.1	3.19	6.007	22.63	23.99	0.250	0.265
元宝山褐煤	39.3	0.9	39.64	2.7	11.2	1.30	3.857	14.58	15.59	0.247	0.265
丰广褐煤	35.2	0.2	35.28	3.2	12.6	1.60	3.552	13.41	14.60	0.243	0.265

这样，锅炉排烟氧量 Y_{O_2} 可由以下公式计算：

$$Y_{O_2} = \frac{21(Q_V - Q_T)}{Q_V} \tag{4-106}$$

结合式(4-105)，可以建立实际的风量、氧量和热量三者之间的模型为

$$Y_{O_2} = \frac{21(Q_V - K_{vq}Q_0)}{Q_V} \tag{4-107}$$

从而可以得到

$$Y_{O_2} = \frac{(21 - Y_{O_2})Q_V}{21K_{vq}} \tag{4-108}$$

式中，Q_V 为进入锅炉的实际风量，$\mathrm{m^3/s}$；Q_0 为 1kg 煤燃烧时的实际发热量。依据式(4-108)，可以从理论上用风量和氧量近似计算锅炉总热量。锅炉中安装有风量测点，经过标定和温度修正后具有较高准确度，动态响应也非常快；氧量测量一般采用直插式氧化锆氧量计，测量不确定度在 $\pm 1\%$ 左右，响应时间小于 5s，也能够满足要求。

K_{vq} 的不确定性除了与煤质有关外，还受以下几种因素影响，如空气湿度、炉膛漏风、锅炉散热等。炉膛漏风、锅炉散热难以测量，但在正常情况下，可以近似认为

是常数。机械未完全燃烧损失不会产生很大影响,因为未燃烧的成分不消耗空气,同时也不产生热量,同燃料中灰份的效果类似。

此计算得到的热量相当于锅炉热平衡计算中输入锅炉的热量,而控制中需要的是机组有效吸热量,即能够转化为电能的那部分热量可以表示为

$$Q_r = \eta_B \eta_T Q_0 \tag{4-109}$$

式中,η_B、η_T 分别为锅炉效率和汽轮机热效率,可以近似为常数。结合式(4-108)可以得到锅炉的热量信号为

$$Q_r = \eta_B \eta_T \frac{(21 - Y_{O_2})Q_V}{21 K_{vq}} \tag{4-110}$$

2. 实验验证

为了验证算法的正确性,在某电厂 3 号 600MW 亚临界机组上进行了实验研究。锅炉为哈锅 HG-2023/17.6-YM4 型亚临界、一次中间再热汽包锅炉,采用正压直吹式制粉系统。

图 4-11 显示了约 44 h 机组负荷同计算热量之间的对比,可以看出,两者吻合程度非常好。在 50%~100% 负荷范围内,静态误差绝对值小于 25MW。作为控制系统中间反馈信号,精度已经足够。

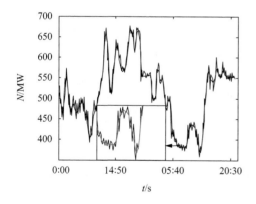

图 4-11　计算热量同机组负荷对比　　　　图 4-12　计算热量同 DEB 热量对比

图 4-12 显示了机组负荷扰动实验下计算热量同 DEB 热量的对比。图中负荷升降速率设定为 35MW/min。同 DEB 热量信号相比,基于氧量信号构建的热量信号具有更好的动态特性和更小的噪声。

DEB 热量信号是利用机组汽水侧参数构造的,同炉膛热量之间还相差水冷壁、过热器等动态环节。计算热量由风量和氧量计算得到,由于燃料燃烧过程非常迅速,计算热量动态特性非常接近炉膛热量。因此计算热量比 DEB 热量更具有提前量,能够更快地反映燃料的变化,对控制非常有利。

另外，DEB 热量中出现了汽包压力微分项。机组负荷压力系统是一个十分复杂的多变量对象，汽包压力不仅受燃料量、汽轮机调门开度影响，还受到给水流量、给水温度、减温水流量等多种因素影响，包含较多噪声，经过微分以后，噪声会被放大从而对系统产生不利影响。

4.2.2　烟气含氧量

锅炉烟气含氧量直接反应锅炉燃烧过程的风煤配比，是关系燃烧经济性的一个重要指标，也是锅炉热工自动化中重要的被控参数。目前大型锅炉大多数采用内置式氧化锆氧量计测量锅炉排烟氧量，但使用情况并不太理想，主要存在以下问题。

（1）故障率高。主要故障包括：飞灰磨损、堵灰、铂电极中毒或剥离脱落、电加热器损坏等。

（2）测量精度低。受传感器本身精度、烟气含氧量分布不均匀、安装处漏风等因素的影响，测量精度不容易保证，综合误差在 2% 左右。

（3）动态特性差。氧化锆氧量计是利用浓差电池的原理工作的，氧分子在氧化锆电介质内有一个渗透的过程，造成测量滞后大。为了减少飞灰磨损，许多氧量计探头加装陶瓷保护套管，但这样又增加了堵灰的可能性和增加了测量迟延。

（4）检修、维护、校验困难。

近年来，软测量技术的研究十分活跃。软测量技术是利用一些较易在线测量的辅助变量（与被测变量密切联系），通过在线分析，去估计不可测或难测变量的方法。目前存在的氧量软测量模型，大都采用与神经网络相结合的软测量建模方法。相对神经网络而言，机理模型的工程背景明确，相应的软测量模型也较为简单，是工程界最容易接受的软测量方法。基于统计分析的软测量模型（如回归分析及相关分析），主要依靠对现场收集到的试验和历史数据进行统计分析，发现数据间的潜在规律和关系，建立预测模型。

正是基于上述原因，采用在对象过程机理分析的基础上，结合统计分析建模的优点，建立烟气含氧量的软测量模型。软测量的准确性除与软测量模型的准确性相关外，其性能在很大程度上还依赖于所获过程测量数据的准确性和有效性，可以采用多传感器数据融合技术来提高数据的准确性和可靠性。

1. 机理分析

煤在炉膛中的燃烧是其可燃物质与空气中的氧气在高温条件下进行的高温放热化学反应。煤中的可燃元素为 C、H 和 S，在完全燃烧的情况下，生成 CO_2、H_2O 和 SO_2。在标准状态下，1kg 入炉煤完全燃烧所需的理论空气量 Q_T（N·m^3/kg）和理论烟气容积 Q_{FT}（N·m^3/kg）为

$$Q_T = 0.0889(C_{ny} + 0.375S_{ny}) + 0.265H_{ny} - 0.0333O_{ny} \tag{4-111}$$

$$Q_{FT} = 1.866 \frac{C_{ny}}{100} + 0.7 \frac{S_{ny}}{100} + 11.1 \frac{H_{ny}}{100} + 1.24 \frac{W_{ny}}{100}$$
$$+ 0.8 \frac{N_{ny}}{100} + Q_T \times 0.79 \tag{4-112}$$

式中，C_{ny}、H_{ny}、O_{ny}、N_{ny}、S_{ny}、A_{ny}、W_{ny} 为煤的各元素收到基元素含量，%。

根据文献[24]中的公式，氧量的计算公式为

$$Y_{O_2} = \frac{(Q_V - Q_T \times B_V) \times 21}{Q_V} \tag{4-113}$$

式中，Q_V 为进入炉膛的总风量；B_V 为进入炉膛的总煤量。

若直接采用式(4-113)计算尾部烟气含氧量，在充分燃烧的前提下，计算结果将比实测值偏大，其主要原因是理论燃烧产物的体积大于所需理论空气量的体积。考虑到燃烧产物体积变化的情况，在燃料燃烧比较完全时，式(4-113)可修正为式(4-114)，在完全燃烧的状态下，尾部烟气中的含氧量的计算公式为

$$Y_{O_2} = \frac{(Q_V - Q_T \times B_V) \times 21}{Q_V + (Q_{FT} - Q_T) \times B_V} \tag{4-114}$$

由上面的分析可见，锅炉的燃烧机理很简单，但每个量的影响因素较多，并且一些影响因素存在不可测的情况，所以尾部烟气含氧量软测量实时计算实现起来比较困难，主要原因有以下 4 方面。

(1) Q_T 和 Q_{FT} 的在线计算。影响 Q_T 和 Q_{FT} 的变化主要是煤质的差异。由式(4-111)、式(4-112)可知，计算 Q_T 和 Q_{FT} 需要知道各元素的应用基含量。由于元素分析相当繁杂，一般电厂只做工业分析，无法实时获取煤质变化信息。当前，煤质变化比较频繁，如何表示煤质的变化对氧量的影响是个难点，也是解决氧量软测量的关键因素。

(2) 漏风的影响。由于漏风的存在，实际进入炉膛参加燃烧的总空气量 Q_V 将发生变化，影响燃烧过程的稳定，相应的改变炉膛尾部烟气含氧量的值。如何计算漏风是实际风量测量的关键。

(3) 未完全燃烧的影响。实际燃烧时，由于燃料难以完全燃烧，常伴有少量的可燃气体及灰渣残碳未完全燃烧，这样就存在本来应该耗尽但由于不完全燃烧而残余下来的氧量。

(4) Q_V 和 B_V 准确性测量。软测量结果的准确性、可靠性，除与软测量模型的准确性相关外，其性能在很大程度上依赖于所获过程测量数据的准确性和有效性。

综合上面的分析可知，尾部烟气含氧量是一种多源影响因素的综合表现形式，包括煤质、漏风、燃烧状况、数据测量等多方面的因素，融合这些信息才能完整、准确地表征氧量的变化。

2. 影响因素

1) 煤质变化对氧量软测量的影响及解决方案

煤质是对氧量影响很大的一个因素,如何解析煤质变化对氧量影响是需要解决的关键问题。由于现场缺乏煤质在线检测的设备,如何表征煤质的变化情况,又是一个需要解决的关键问题。

在实验室进行的煤质工业分析和化学元素分析,是研究燃煤性质的重要手段。国内对大量的煤种进行了性质分析,为我们提供了丰富的煤质信息,为研究它们之间的相互关系提供了良好的条件。表 4-18 中是搜集到的国内 56 种不同类型和产地的煤的化学分析结果。

表 4-18 煤的化学分析数据

序号	C	H	O	N	S	全水分	灰分	低位发热量/(MJ/kg)
1	47.62	3.01	8.77	0.88	0.47	13.25	26	17.981
2	43.84	3	10.08	0.88	0.47	11.73	30	16.308
3	65.65	3.59	10.21	0.79	0.12	14.3	5.35	24.600
4	54.7	3.22	10.43	0.88	0.47	12	18.3	20.480
5	49.47	3.01	10.43	0.88	0.47	12	23.63	18.493
6	58.86	3.36	7.28	0.79	0.63	9.61	19.77	22.441
7	69.12	2.8	3.11	0.97	0.34	5.47	17.99	25.539
8	66.96	2.17	1.54	0.89	0.54	8.9	19.09	24.210
9	62	2.07	1.93	0.91	0.39	8	24.7	22.380
10	38.95	2.26	10.49	0.59	0.61	33.88	13.22	14.130
11	37.17	2.63	11.77	0.63	0.64	33.61	13.55	13.820
12	62.58	3.7	10.05	1.07	0.4	14.5	7.7	24.000
13	58.41	3.79	9.45	0.97	0.34	16	11.04	22.860
14	58.56	3.36	7.28	0.79	0.63	9.61	19.77	22.441
15	62.18	3.09	9.59	1.84	0.46	16.2	6.64	23.700
16	57.25	3.31	7.95	0.97	0.8	7.5	22.22	21.970
17	71.03	1	0.96	0.9	0.37	5.6	20.14	25.078
18	64.14	2.15	4.45	0.94	0.59	6.55	21.18	23.526
19	68.27	1.46	2.36	0.91	0.46	5.98	20.56	24.450

序号	C	H	O	N	S	全水分	灰分	低位发热量/(MJ/kg)
20	58.73	2.38	2.63	0.94	0.59	9.55	25.15	22.214
21	54.29	2.26	2.18	0.96	4.06	6.21	29.41	21.390
22	63.58	2.77	0.88	0.84	3.47	3.11	25.35	23.410
23	46.62	2.04	1.41	1.08	5.13	8.71	35.01	18.660
24	53.12	1.71	2.12	0.58	0.58	9.39	32.5	19.569
25	47.55	1.5	1.2	0.57	0.61	9.53	39.04	17.412
26	59	1.57	1.47	0.55	0.54	9	27.87	21.231
27	61.74	3.35	9.95	0.69	0.63	16.45	7.19	22.902
28	58.56	3.36	7.28	0.79	0.63	9.61	19.77	22.441
29	64.66	1.89	0.89	0.6	0.96	7.5	23.5	23.081
30	60.33	1.77	0.84	0.57	0.99	10	25.5	21.626
31	61	3.12	3.24	0.82	0.41	8	23.41	23.360
32	55.5	3	3.1	0.92	0.45	10	27.03	21.350
33	65	3.35	3.1	0.92	0.35	6.5	20.78	25.120
34	56.65	2.51	3.62	0.81	0.28	7.92	28.21	21.523
35	49.2	2.45	1.97	0.99	0.62	9.4	35.37	18.823
36	61.26	3.08	4.42	0.85	0.45	8.3	21.64	23.113
37	67.9	1.7	2	0.4	0.2	5	22.8	23.040
38	68.9	2.9	2.4	1	0.8	5	19	26.400
39	66.1	2.2	2	1	0.4	7	21.3	22.880
40	60.4	3.3	2.5	1	0.7	7	25.1	22.625
41	65.4	2.3	1.8	0.6	0.6	7	22.3	22.210
42	67.6	2.7	1.8	0.9	1.3	6	19.7	24.720
43	56.9	4.4	9.1	1.2	0.6	13	14.8	22.415
44	48.3	3.3	8.6	0.8	1	15	23	18.645
45	58.2	4.3	6.3	1.1	0.8	1.2	28.1	22.825
46	70.8	4.5	7.1	0.7	2.2	3	11.7	27.800
47	61	4.1	6.8	1.4	1.9	6	18.8	25.140
48	63	4.1	6.7	1.5	1.2	10	13.5	24.720
49	60.8	4	7.7	1.1	0.7	6	19.7	24.300
50	49.6	3.2	11.6	0.7	1.3	17	16.6	19.690

序号	C	H	O	N	S	全水分	灰分	低位发热量/(MJ/kg)
51	58.2	3.7	4.1	0.9	0.5	7	25.6	22.625
52	46.5	3.1	5.8	0.7	0.9	8	35	17.180
53	42.9	3.4	7.5	0.9	0.5	15	29.8	16.760
54	44.5	3	5.9	0.7	0.2	11	34.7	17.390
55	39.3	2.7	11.2	0.6	0.9	24	21.3	14.580
56	35.2	3.2	12.6	1.1	0.2	22	25.7	13.410

在分析这些不同类型和产地的煤的化学分析数据时,发现收到基低位发热量 $Q_{net,ar}$、理论空气量 Q_T 和理论烟气容积 Q_{FT} 存在一定的相互关系。

根据式(4-111)、式(4-112),利用表 4-18 中的煤质化学成分分析结果,可以计算得到煤的理论空气量 Q_T 和理论烟气容积 Q_{FT}。

经过统计分析,发现收到基低位发热量 $Q_{net,ar}$ 与 Q_T 存在近似线性关系,同时发现 Q_T 与 Q_{FT} 也存在近似线性关系。它们之间的统计关系可以由式(4-115)和式(4-116)来表示,其统计均方差分别是 0.1471 和 0.0948。由统计结果的均方差可见,误差比较小。

$$Q_T = 0.2617Q_{net,ar} + 0.061, \qquad (\sigma = 0.1471) \qquad (4\text{-}115)$$

$$Q_{FT} = 0.9288Q_T + 0.7404, \qquad (\sigma = 0.0948) \qquad (4\text{-}116)$$

收到基低位发热量 $Q_{net,ar}$ 与 Q_T 的关系和 Q_T 与 Q_{FT} 的关系可由图 4-13 和图 4-14 所示。图中,各散点为由化学分析结果计算得到的实际数据,曲线为式(4-115)和式(4-116)的统计曲线。由图可见,3 个参数关系明显,统计效果良好,收到基低位发热量 $Q_{net,ar}$ 可表征理论空气量 Q_T 和理论烟气容积 Q_{FT} 的变化。

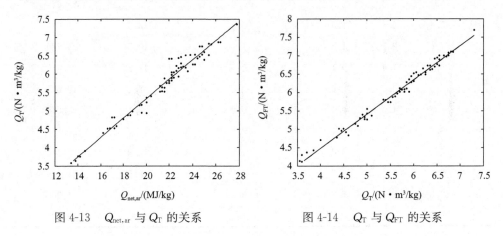

图 4-13　$Q_{net,ar}$ 与 Q_T 的关系　　　　　　图 4-14　Q_T 与 Q_{FT} 的关系

将式(4-115)和式(4-116)带入式(4-114)中,整理合并后得到经过煤质修正的氧量计算公式如下:

$$Y_{O_2} = \frac{[Q_V - (0.2617 \times Q_{net,ar} + 0.061) \times B_V] \times 21}{Q_V + (0.7361 - 0.0186 \times Q_{net,ar}) \times B_V} \quad (4\text{-}117)$$

收到基低位发热量 $Q_{net,ar}$ 的修正参见 4.2.3 节。在实际应用过程中,还要考虑在低负荷状态下投油助燃的情况。由于燃烧的柴油组成稳定,发热量和所需空气量关系是更加稳定的比例关系。燃油释放的热量和消耗的氧气要在式(4-117)中加以修正,分析过程与煤的情况相似,不再详细叙述。

2) 漏风的影响及解决方案

系统不可能在完全密封的状态下运行,由于差压的存在导致锅炉系统存在各种漏风,主要有空预漏风、制粉系统漏风和炉膛漏风。

一般来说,回转式空预器的漏风包括直接漏风和携带漏风。直接漏风量的大小与空气侧和烟气侧的压差的平方根成正比,即

$$Q_D = KS \sqrt{(P_A - P_B)\rho} \quad (4\text{-}118)$$

式中,Q_D 为直接漏风量;K 为泄漏系数,$K = \sqrt{2/\zeta}$;ζ 为阻力系数;S 为间隙面积;P_A 为空气侧压力;P_B 为烟气侧压力;ρ 为空气密度。

携带漏风由预热器的结构形式、尺寸大小和转速决定,而这些参数对锅炉是一定的,转速越低,携带漏风越小。目前转子的设计转速一般低于 $n = 1r/min$,并且漏风量已很小,一般不超过 1%,基本已到极限值。

漏入的空气(包括炉膛及制粉系统)所占的比例很小,负压运行的锅炉,漏入冷风的绝对量只与负压有关,与锅炉的负荷无关。膜式水冷壁的广泛应用和制造工艺的提高使锅炉漏风减小并趋于稳定。

由上面的分析可知,在结构已定的情况下,对漏风影响最大的是差压的大小。对于空预漏风、制粉漏风和炉膛漏风,实际的漏风系数 α_{ri} 可用各自的差压 ΔP 修正给定的漏风系数 α_i,k_i 是标定参数。

$$\alpha_{ri} = \alpha_i (k_i \sqrt{\Delta P}) \quad (4\text{-}119)$$

3) 未完全燃烧的影响及解决方案

由于煤粉炉化学不完全燃烧程度很小,可以将 CO 含量作为 0 来处理,只考虑机械未完全燃烧而残余下来的氧量。对于飞灰含碳量的检测,一些电厂在锅炉水平烟道加装飞灰含碳量微波测量在线监测装置,对飞灰含碳量进行在线检测。对于灰渣含碳量,不易在线测量,根据历史数据取合理定值即可。

因为未完全燃烧而残余的氧量是属于理论空气量内,不能记入过剩空气中的氧量之内。但是氧量传感器在测量时无法区分是由于燃烧工况变差引起的,还是过量空气系数过大引起的。所以当燃烧工况变差,灰渣中残碳含量变大,过剩氧量也变大,以此来进行调整,将使燃烧更加恶化。在软测量中考虑区分未完全燃烧引

起的氧量变化能有效防止风量误调整。

　　3. 基于信息融合的氧量软测量结构

　　多传感器信息融合通常是在一个被称为信息融合中心的信息综合处理器中完成,而一个融合中心本身可能包含另一个信息融合中心。多传感器信息融合可以是多层次的、多方式的,不同方式具有不同的特点。

　　通过对尾部烟气含氧量形成的机理分析,依据质量守恒、容积守恒和能量守恒定律,通过物理、化学和热力反应分析,建立基于机理分析和信息融合的氧量软测量模型。

　　首先,通过机理分析建立氧量软测量的基本结构;然后,分析各影响因素对氧量的影响,及如何在线表征这些因素对氧量软测量的影响;最终,得到融合了风量、燃料量、漏风、煤质及燃烧状况等多源信息的尾部烟气含氧量的软测量模型。采用复合式信息融合结构,建立尾部烟气含氧量软测量的模型结构,如图 4-15 所示。

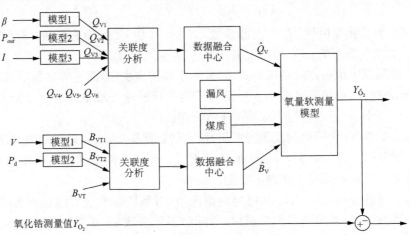

图 4-15　基于信息融合的氧量软测量模型的结构

　　图 4-15 中,风量和燃料量经过软测量和数据融合处理模块得到 $\hat{Q}_V$ 和 $\hat{B}_V$。实际风量的输入应该包括送风机和一次风机的送风量;燃料量包括运行磨的总煤量。氧量软测量模型的输入为总风量、总燃料量和煤质等情况,而风量、燃料量等又依赖于一些更原始的测量信号的融合。所以,该结构可以看成两级融合结构。第一层是原始信号的校验、融合层,如风量、燃料量;第二层是综合信息融合层,利用氧量软测量模型综合利用多源信息,达到准确测量的目的。

　　将与总风量 $\hat{Q}_V$ 和总燃料量 $\hat{B}_V$ 相关的辅助变量信息和本身的物理传感器的值,以及煤质情况表示方法(热量信号)和漏风情况的基本参数输入到氧量软测量模型中,就可以得到预测的尾部烟气含氧量的值 $Y_{\hat{O}_2}$。可以将尾部烟气含氧量的

软测量值 $Y_{\hat{O}_2}$ 与正常运行的氧化锆氧量计测量值进行对比来验证软测量结果的准确性[25]。

4.2.3 煤质在线监测

目前国内对煤质测量采用的方法有根据锅炉实际吸热量、给煤量进行煤质校正以及引入煤质在线分析仪[26,27]等方法对入炉煤质进行修正,但这些方法在准确性或经济性方面存在一定缺陷;随着机组自动化程度的提高,DCS、SIS 系统得到大规模应用,这为煤质在线实时软测量提供了可靠保障,文献[28,29]提出了煤质软测量的计算方法,但是这种方法应用的一些测点在现场并未安装,且针对类型不同的机组,该方法需要进行相关修改。在对 SIS 数据进行整合分析的基础上,对煤质软测量方法进行了相关改进,实现了入炉煤质各收到基成分的实时监测。

1. 水分计算模型

原煤水分计算主要基于机组制粉系统的能量守恒原理。对于目前主流的直吹式中速磨制粉系统,进入与流出制粉系统的能量存在如下热平衡关系,等式的左右两侧分别代表进入和流出制粉系统的热量。

$$q_{ag1} + q_{rc} + q_{mac} + q_s + q_{le} = q_{ev} + q_{ag2} + q_f + q_5 \qquad (4\text{-}120)$$

式中,q_{ag1} 为干燥剂的物理热,kJ/kg;q_{rc} 为原煤物理热,kJ/kg;q_{mac} 为磨煤机工作时碾磨所产生的热量,kJ/kg;q_s 为密封风的物理热,kJ/kg;q_{le} 为漏入冷风的物理热,kJ/kg;q_{ev} 为蒸发原煤中水分消耗的热量,kJ/kg;q_{ag2} 为乏气干燥剂带出的热量,kJ/kg;q_f 为加热燃料消耗的热量,kJ/kg;q_5 为设备散热损失,kJ/kg。

原煤水分的计算公式如下:

$$q_{rc} = c_{rc} t_{rc} \qquad (4\text{-}121)$$

$$c_{rc} = \frac{100 - M_{ar}}{100} c_{dc} + \frac{M_{ar}}{100} c_{H_2O} \qquad (4\text{-}122)$$

$$q_{ev} = \Delta M (2500 + c''_{H_2O} t_2 - 4.187 t_{rc}) \qquad (4\text{-}123)$$

$$q_f = \frac{100 - M_{ar}}{100} \left(c_{dc} + \frac{4.187 M_{pc}}{100 - M_{pc}} \right) (t_2 - t_{rc}) + q_{unf} \qquad (4\text{-}124)$$

$$q_{unf} = 0.01 \left(M_{ar} - M_{ad} \frac{100 - M_{ar}}{100 - M_{ad}} \right) \times (I_d - c_i t_{a,min}) \qquad (4\text{-}125)$$

式中,c_{rc} 为原煤比热容,kJ/(kg·℃);c_{H_2O} 为水的比热容,常温下可取 4.187 kJ/(kg·℃);c''_{H_2O} 为水蒸气平均定压比热容,kJ/(kg·℃);t_{rc} 为进入系统原煤温度;q_{unf} 为原煤解冻用热量,kJ/kg;t_2 为干燥剂终点的温度,可以选择磨煤机出口风粉混合物温度;c_{dc} 为干燥煤的比热容,kJ/(kg·℃);$t_{a,min}$ 为最低日平均温度(负值),℃;I_d 为冰的溶解热,可取 3.336kJ/kg;c_i 为冰的比热容,可取 2.092 kJ/(kg·℃);M_{ad} 为干燥无灰基水分。

M_{pc} 和 ΔM 可按下式计算：

$$\Delta M = \frac{M_{ar} - M_{pc}}{100 - M_{pc}} \qquad (4\text{-}126)$$

$$M_{pc} = 0.048 M_{ar} \frac{R_{90}}{t_2^{0.46}} \qquad (4\text{-}127)$$

式中，M_{ar} 为煤收到基水分；M_{pc} 为煤粉水分；R_{90} 代表煤粉细度，％。

上式中，q_{rc}、q_{ev} 和 q_f 三个变量中存在着 M_{ar}。因此，式(4-120)可以整理为

$$q_{rc} - q_{ev} - q_f = q_{ag2} + q_5 - q_{ag1} - q_{mac} - q_s - q_{le} \qquad (4\text{-}128)$$

令

$$\text{temp}A = q_{ag2} + q_5 - q_{ag1} - q_{mac} - q_s - q_{le}$$

$$\text{const}A = (2500 + c''_{H_2O} t_2 - 4.187 t_{rc})$$

$$\text{const}B = 0.048 \times \frac{R_{90}}{t_2^{0.46}}$$

$$\text{const}C = t_2 - t_{rc}$$

$$\text{const}D = c_{dc}(t_2 - t_{rc})$$

$$\text{const}E = c_{dc} t_{rc}$$

$$\text{const}F = c_{H_2O} t_{rc}$$

则公式(4-128)可以转换为

$$\frac{100 - M_{ar}}{100} \text{const}E + \frac{M_{ar}}{100} \text{const}F - \left[\frac{100 - M_{ar}}{100} \text{const}D \right.$$

$$+ \left. \frac{418.7 M_{ar} \text{const}B - 4.187 M_{ar}^2 \text{const}B}{100(100 - M_{ar} \text{const}B)} \text{const}C \right]$$

$$- \frac{M_{ar} - M_{ar} \text{const}B}{100 - M_{ar} \text{const}B} \text{const}A = \text{temp}A \qquad (4\text{-}129)$$

将上述方程按照一元二次方程整理，方程未知数 x 即为入炉煤收到基水分 M_{ar}，对该一元二次方程进行求解，选择有意义的一元二次方程实根作为入炉煤收到基水分的计算值。将计算所得的原煤水分作为输入量，结合磨煤机系统运行机理，根据能量守恒、质量守恒定律可以搭建煤粉水分的动态模型，可以作为前馈量对风温进行修正。

2. 低位发热量计算模型

利用锅炉总热量和给煤量计算煤质低位发热量，即

$$Q_{net,ar} = K \frac{Q_b}{B_V} \qquad (4\text{-}130)$$

式中，Q_b 为燃料发热量，MW；K 为与效率相关的系数；B_v 为进入炉膛的总煤量，kg/s。

在不存在堵煤和漏粉情况情况下，燃料发热量计算误差一般优于 3%，如下式所示：

$$Q_b = \frac{Q_1 + Q_2}{1 - 0.01 \times (q_3 + q_4 + q_5 + q_6)} \qquad (4\text{-}131)$$

式中，Q_1 为锅炉有效吸热量，MW；Q_2 为排烟总热量，MW；q_3 为可燃气体未完全燃烧热损失，%；q_4 为固体未完全燃烧热损失，%；q_5 为散热损失，%；q_6 为灰渣物理热损失，%。

锅炉总热量还有另一种计算方法为

$$Q_b = \frac{Q_1 + Q_2}{q_1 + q_2} \qquad (4\text{-}132)$$

式中，q_1 为可燃气体未完全燃烧热损失，%；q_2 为固体未完全燃烧热损失，%；一般选用式(4-131)计算燃料发热量，而式(4-132)中的 q_1 在现有的基础上很难测量，式(4-131)中的 $q_3 \sim q_6$ 可以由测点测量并计算得到，但需要对测点值的准确性进行校验。

Q_1 的计算方法如下：

$$Q_1 = D_{st} h_{st} - D_{fw} h_{fw} - D_{sw} h_{sw} + D_{zr}(h_{zr} - h_{gp}) \qquad (4\text{-}133)$$

式中，D_{st} 为主蒸汽流量，kg/s；h_{st} 为主蒸汽焓，MJ/kg；D_{fw} 为给水流量，kg/s；h_{fw} 为给水焓，MJ/kg；D_{sw} 为减温水流量，kg/s；h_{sw} 为减温水焓，MJ/kg；D_{zr} 为再热蒸汽流量，kg/s；h_{zr} 为再热蒸汽焓，MJ/kg；h_{gp} 为高缸排汽焓，MJ/kg。在蒸汽温度和压力已知的情况下，可以计算出焓值。D_{st}、D_{fw} 和 D_{sw} 可以直接由测点测量得到，温度 D_{zr} 可以通过模型计算得出。

Q_2 的计算方法如下：

$$Q_2 = 1.071 \times (1.3593 + 0.000188t_1) \times (t_1 - t_0) \times Q_V \qquad (4\text{-}134)$$

式中，Q_V 为总风量，kg/s；t_0 为基准温度，℃；t_1 为排烟温度，℃。

q_3、q_4 采用煤质和排烟氧量拟合得到，q_5 采用锅炉热力实验规程推荐方法计算，q_6 采用锅炉热力计算说明书的设计值。

当投油助燃时，煤的发热量可以采用以下公式修正：

$$Q = (Q_b - 45.2 \times q_y)/B_V \qquad (4\text{-}135)$$

式中，B_V 为进入炉膛的总煤量，kg/s；q_y 为油的流量，kg/s。

3. 灰分计算模型

基于多元回归分析原理，根据表 4-18 中 53 种火电厂常用煤质，可近似得到水分、灰分与低位发热量之间的关系式为

$$Q_{net,ar} = -0.3864A_{ny} - 0.4517M_{ar} + 34.1962 \qquad (4\text{-}136)$$

对式(4-136)进行变换，可得灰分计算公式为

$$A_{ny} = -1.169M_{ar} - 2.588Q_{net,ar} + 88.4995 \qquad (4\text{-}137)$$

4. 入炉煤元素计算模型

煤质元素的计算主要基于物质能量守恒定律以及煤燃烧的化学分析,即可从尾部烟气成分来提取煤质元素的相关信息,并将前文计算的水分和灰分信息引入到未燃尽碳损失的修正量上(Γ_{ucr}),对元素计算结果进行修正。

目前国内大型机组均配备有完善脱硫脱硝设备,这些设备对锅炉尾部烟气成分进行了分析,为入炉煤元素计算提供了 O_2 在烟气中容积份额和 SO_2 浓度两个较为重要的测点,使煤元素软测量成为可能。

根据元素之间化学键的强弱以及物质平衡原理,可构建了如下方程:

$$S_{daf} = 142.86\gamma_{SO_2}(V_{RO_2,daf} + V_{N_2,daf} + V_{O_2,daf}) \tag{4-138}$$

$$H_{daf} = a_1 C_{daf} + b_1 \tag{4-139}$$

$$O_{daf} = a_2 C_{daf} + b_2 \tag{4-140}$$

$$100 = C_{daf} + S_{daf} + H_{daf} + O_{daf} + N_{daf} \tag{4-141}$$

$$\alpha = \frac{\varphi(1-\gamma_{O_2})V_{gk,daf} + V_{RO_2,daf}\gamma_{O_2} + 0.008N_{daf}\gamma_{O_2}}{(\varphi - \gamma_{O_2})V_{gk,daf}} \tag{4-142}$$

式中,$V_{RO_2,daf}$、$V_{O_2,daf}$、$V_{N_2,daf}$ 分别为三原子气体、O_2 和 N_2 的标准气体量,m^3/kg;$V_{gk,daf}$ 为标准计算理论空气量,m^3/kg;C_{daf}、H_{daf}、O_{daf}、N_{daf}、S_{daf} 为各元素干燥无灰基含量;α 为尾部烟气过量空气系数;φ 为空气中氧气容积;γ_{SO_2} 为 SO_2 的容积份额;γ_{O_2} 为 O_2 的容积份额;根据相关元素之间化学键作用强弱进行分析,煤质干燥无灰基中氢和氧分别与碳的含量存在近似的线性关系,因此,可根据对大多数煤种的分析,将 a_1、a_2、b_1、b_2 拟合为常数。

$$V_{RO_2,daf} = 0.01866(C_{daf} + 0.375S_{daf} - \Gamma_{ucr}) \tag{4-143}$$

$$V_{N_2,daf} = 0.008N_{daf} + (1-\varphi)\alpha V_{gk,daf} \tag{4-144}$$

$$V_{O_2,daf} = (\alpha - 1)\varphi V_{gk,daf} \tag{4-145}$$

$$V_{gk,daf} = 0.0889(C_{daf} + 0.375S_{daf}) + 0.265H_{daf} - 0.0333O_{daf} - 0.0889\Gamma_{ucr} \tag{4-146}$$

$$\Gamma_{ucr} = \frac{100A_{ar}C_{ucr}}{(100 - M_{ar} - A_{ar})(100 - C_{ucr})} \tag{4-147}$$

$$C_{ucr} = a_{fh}C_{fh} + a_{dz}C_{dz} \tag{4-148}$$

式中,C_{ucr} 为未燃尽碳含量;a_{fh}、a_{dz} 分别为飞灰和炉底渣的份额;C_{fh}、C_{dz} 则分别代表飞灰和炉底渣含碳量。

其中,γ_{O_2} 和 γ_{SO_2} 的计算公式为

$$\gamma_{O_2} = \frac{V_{O_2}}{Q_{FT}}, \quad \gamma_{SO_2} = \frac{V_{SO_2}}{Q_{FT}}$$

联立两式,经整理可得

$$\frac{\gamma_{O_2}}{\gamma_{SO_2}} = \frac{(\alpha - 1)\varphi V_{gk,daf}}{0.06777S_{daf}} \tag{4-149}$$

将式(4-138)~式(4-141)同式(4-149)联立,组成了以 C_{daf}、H_{daf}、O_{daf}、N_{daf}、S_{daf} 为未知量的方程组。将其余参数设为常量,以尾部烟气中 O_2 的容积份额和 SO_2 的容积份额(多数机组提供了尾部烟气 SO_2 的浓度,需结合尾部烟气温度和压力,根据理想气体状态方程将其转换为容积比)作为输入参数,即可对方程组进行求解。

由以上分析可知,通过求解非线性方程组可得到各元素含量计算值,但是方程组较为复杂,在工程中应用较困难。在实际应用过程中可采用迭代方法取代方程组求解。需要注意的是,迭代初值的选择对计算结果的准确性有很大影响。

进一步分析方程组,发现尾部烟气过量空气系数 α 的改变对煤质各元素的计算值影响较为明显,因此,α 初值的选取直接决定了最终迭代的准确度。在工程计算中,往往采用下式对 α 值进行近似计算:

$$\alpha = \frac{21}{21 - 100\gamma_{O_2}} \tag{4-150}$$

将式(4-150)计算所得结果作为 α 的迭代初值,将其代入式(4-144)和式(4-145)中可计算出 O_{daf} 和 S_{daf} 的初值,进而可对其进行迭代求解。具体迭代过程如图 4-16 所示。

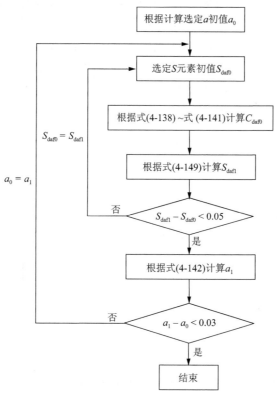

图 4-16　迭代计算流程图

4.3　火电机组快速、深度变负荷协调控制

单元机组协调控制系统即机组负荷控制系统。协调控制系统的任务是在保持机组稳定运行的前提下,快速响应电网对机组负荷的需求。

新能源电力系统对火电机组协调控制系统提出了新的要求,主要包括:

(1) 大型火电机组必须适应电网快速、深度变负荷的要求,且能保证其他被控量的品质指标。深度变负荷要求考验控制系统的全程鲁棒性能,快速变负荷要求考验控制系统优越的动态性能。

(2) 大型火电机组必须适应我国煤质煤种多变的运行环境,要求控制系统具有较强的抗内部扰动的能力。

大型火电机组协调控制系统针对一个多变量、非线性、大滞后的受控对象而设计,为满足高性能、多样性的控制系统性能指标要求,建立机组非线性动态模型、获得精确表征机组状态的状态参数,并在此基础上设计基于模型的控制器是一种科学的技术路径。除了经典的基于指令和能量平衡的工程设计方法外,鲁棒控制算法、预测控制算法是两种当今较为流行的设计方法。为实现控制系统在机组深度变负荷条件下具有较强的鲁棒性,采用模糊多模型控制方法是一种简洁、有效的解决方案。为提高机组变负荷速率,在机组原有协调控制系统的基础上,分析凝结水节流控制与凝汽器冷却工质节流控制原理,建立汽轮机蓄能深度利用的控制策略,以提高机组初始负荷变化率。

4.3.1　单元机组非线性协调控制系统结构

1. 协调控制系统结构

传统意义上的机炉协调控制系统通常按照机跟炉或炉跟机方式来划分。另一类分类方法则从能量平衡的观点出发,将协调控制系统划分为直接能量平衡系统(direct energy balance, DEB)和间接能量平衡系统(indirect energy balance, IEB)两大类。这种分类方法从一定意义揭示了协调控制系统具有的内在本质特性。因为机炉控制的根本任务就在于维持整个机组运行过程中的能量平衡,包括机组输入能量与输出能量的平衡、机炉之间供需能量的平衡、锅炉内部各子系统之间物质能量传递的平衡等。通过构造出能量平衡信号,并依此控制能量输入的系统,称为直接能量平衡系统。由于能量信号不便于直接测量,常常采用一些间接的参数表征这种平衡关系。最典型的例子就是把机前压力 P_t 作为锅炉能量输出与汽轮机能量需求之间平衡的特征参数,通过控制这些间接参数维

持整个机组能量平衡,称为间接能量平衡系统。实际上,无论是直接能量平衡式的协调控制系统,还是间接能量平衡式的协调控制系统,均归属于近似解耦设计方法[30,31]。

针对超超临界机组适应电网 AGC 变负荷运行和机组的非线性特性,机炉协调控制系统由模糊多模型鲁棒控制器构成,当机组大范围变化负荷时,协调控制系统仍然能维持全局的鲁棒性能,如图 4-17。在线软测量得到的煤质、煤种及低位发热量等参数作为锅炉燃烧控制系统的前馈信号,可有效补偿由于机组内部扰动对控制系统的影响;依据机炉的不同运行工况和运行状态构建锅炉二次风门优化组合规则,实现了兼顾经济性燃烧与低 NO_x 排放的多目标综合优化控制;依据机组变负荷幅度、变负荷速率以及变负荷过程的不同阶段,对机炉控制指令实施基于规则的动态修正,最大限度地利用机组蓄热,有效减低了机组变负荷过程中主要参数的波动。

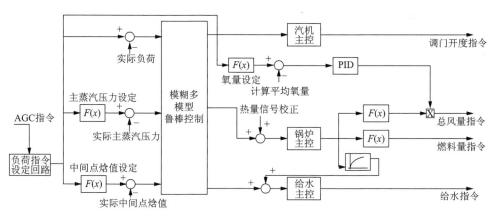

图 4-17　协调控制系统结构示意图

2. 信号分析

1) 热量信号校正

大型超超临界机组循环工质总量下降、速度上升,工艺特性加快,工质、物料的失衡容易导致被控参数的严重偏离。在锅炉热量信号得到准确在线监测的前提下,利用前馈作用实现锅炉、汽轮机控制作用的匹配,实现锅炉蓄热补偿控制,是解决快速变负荷与机组稳定性矛盾的有效方法,其结构如图 4-18 和图 4-19 所示。

对于 $X_1(k)$,有

$$X_1(k) = X(k) - X(k-1) + \frac{K_3}{K_3 + T_c} \times X_1(k-1) \qquad (4\text{-}151)$$

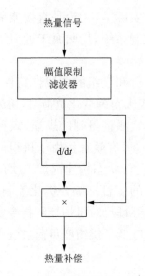

图 4-18　锅炉热量信号校正示意图

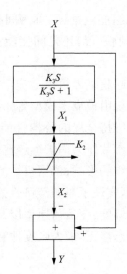

图 4-19　幅值限制滤波器示意图

对于 $X_2(k)$,有

$$\text{if} \quad X_1(k) > K_2, \text{then} \quad X_2(k) = K_2$$
$$\text{if} \quad X_1(k) < -K_2, \text{then} \quad X_2(k) = -K_2 \tag{4-152}$$

对于 $Y(k)$,有

$$Y(k) = X(k) - X_2(k) \tag{4-153}$$

式中,K_2 为限制幅值;K_3 代表了滤波器时间常数。对上图 4-19 中的非线性饱和环节,假如限制幅值 K_2 足够大,则 $X_2(k)$ 总等于 $X_1(k)$。那么对于输出 $Y(k)$ 来说,$Y(k)$ 是输入信号 $X(k)$ 经过一阶惯性滤波器后的输出。假如限制幅值 K_2 足够小,则

$$Y(k) = X(k) - \varepsilon \tag{4-154}$$

这里 ε 是一个足够小的正数,那么

$$Y(k) \approx X(k) \tag{4-155}$$

也就是说,幅值限制滤波器的输出几乎不经过任何处理。

假如限制幅值 K_2 的取值比较合适,则幅值限制滤波器一方面可以在锅炉热负荷比较稳定时,滤去热量信号带来的工频干扰;另一方面,幅值限制滤波器又可以在锅炉热负荷变化时,或在瞬时热负荷波动时,使能够反映具有足够变化速度的扰动信号通过,从而真实地反映锅炉工况的变化情况。通过幅值限制滤波器以及非线性微分器,使得锅炉计算热量信号得以用来补偿锅炉瞬时的能量失衡。

2) 煤质低位发热量

当前,我国火力发电机组入炉煤煤质常偏离设计工况且波动较大,对机组控制系统的稳定性、快速性和准确性都有较大影响,因此在控制系统设计时需考虑燃料

发热量校正问题。

传统的燃料发热量校正回路是根据设计煤种的发热量,利用所燃烧的煤种理论上燃烧应该产生的热量与实际煤种燃烧产生的热量偏差对燃料进行补偿,即当锅炉的负荷指令和热负荷(主蒸汽流量)之间存在偏差时,系统便开始修正发热量信号,同时利用修正后的发热量校正信号对锅炉主控指令进行修正。燃料发热量的校正通常由一个具有很小积分增益的积分器来实现。

借助于 4.2.3 节的软测量方法,可以实现燃料发热量直接实时校正,以实现燃料控制系统稳定、准确的控制,其校正原理如图 4-20 所示。当机组入炉煤煤质变化时,根据其与基准煤低位发热量的偏差计算一个煤质校正系数,这个煤质校正系数需进行上下限幅。当煤质和基准煤质相同时,煤质校正系数为 1.0。

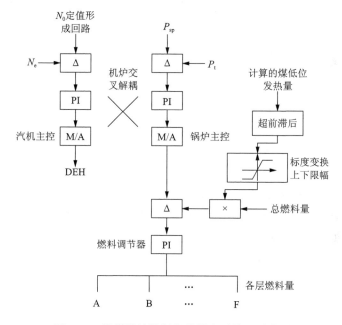

图 4-20　燃煤锅炉燃料发热量实时校正示意图

总燃料量与煤质校正系数相乘得到修正后的总燃料量,将其与锅炉指令共同送入燃料调节器,从而得到能够实时反映入炉煤发热量的燃料量指令,有效克服了燃料煤质的大幅度变化对单元机组运行的稳定性和经济性的影响。

3) 原煤水分及煤粉水分

磨煤机制粉系统主要完成两个工作:一是煤粉磨制;二是煤粉干燥。原煤水分以及煤粉水分的频繁变化既影响磨煤机控制系统的安全、经济运行,同样会影响锅炉的安全、经济运行。

通常,直吹式磨煤机制粉系统的控制系统由磨煤机出口风温以及磨煤机一次风流量控制系统组成。一般由磨煤机冷风门控制磨煤机出口风温,由磨煤机热风门控制一次风流量。煤质在线监测系统能快速检测到原煤水分的变化,分别在冷风门和热风门施加一个限制幅度的前馈信号,以迅速补偿由原煤水分变化对控制系统的影响,其结果原理如图 4-21 所示。

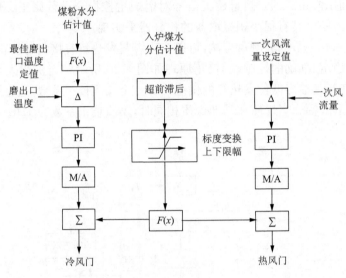

图 4-21　原煤水分和煤粉水分校正示意图

　　煤质在线监测系统估计出的煤粉水分,反映了煤粉的干燥程度。如果进入炉膛燃烧的煤粉存水量偏大,就需要消耗更多的锅炉热量用于蒸发这部分水分,从而降低锅炉燃烧效率。根据煤粉水分的在线监测结果,可以计算出合理的磨煤机出口风温的设定值,以保证制粉系统既可以充分干燥煤粉,又不至于因为温度过高导致安全问题。

4.3.2　模糊多模型鲁棒协调控制器设计

1. 局部线性化模型鲁棒控制器设计

　　根据 4.1 节中建立的火电机组非线性控制模型以及模型非线性分析,获得某一工况条件下的线性模型,应用回路整形 H_∞ 设计方法,得到一个具有足够鲁棒性能的多变量控制系统。获得的多变量控制系统一般具有较高的阶次,难以工程实现。通过矩阵奇异值分解的方法,对高阶控制器进行简化,最终将多变量控制器简化成多变量 PID 控制器[32]。

　　1) 回路整形 H_∞ 设计

　　给定对象 G,回路整形的设计步骤描述如下[20]。

（1）回路整形。采用前补偿器 W_1 和后补偿器 W_2 对 G 的奇异值形状进行调整，使得被整形的对象 $\widetilde{G} = W_2 G W_1$ 具有要求的开环形状。

（2）鲁棒稳定性。对于被整形的对象 $\widetilde{G}$，求解下列的 H_∞ 优化问题：

$$\varepsilon_{\max}^{-1} = \inf_{\widetilde{K}} \left\| \begin{bmatrix} S & S\widetilde{G} \\ \widetilde{K}S & \widetilde{K}S\widetilde{G} \end{bmatrix} \right\|_\infty \tag{4-156}$$

式中，$S = (I + \widetilde{G}\widetilde{K})^{-1}$，$\varepsilon_{\max}$ 是"设计指标"。当回路形状被很好地设计且系统具有良好的鲁棒稳定性，那么 $\varepsilon_{\max}$ 将给出一个合理的值。

（3）最后的反馈控制器被构造成为

$$K = W_1 \widetilde{K} W_2 \tag{4-157}$$

这种方法的优点在于：①易于使用：这种方法将经典的回路整形与鲁棒控制理论结合起来，一个具有经典控制理论知识背景的工程师很容易使用这种方法；②易于求解：式（4-156）中的 H_∞ 问题的求解总是规则的，且下确界能被准确计算，而无须迭代计算。

2）鲁棒控制器的简化

上述的 H_∞ 控制器在仿真实验中已经证明能够满足设计目标。然而，设计的鲁棒控制器是 1 个 8 阶控制器，难以在工程上实现。因此，本节采用文献[33]中的方法将高阶的控制器转换为 PID 控制器。

假设控制器的状态空间实现描述如下：

$$\begin{aligned} \dot{\boldsymbol{x}} &= \boldsymbol{A}_k \boldsymbol{x} + \boldsymbol{B}_k \boldsymbol{y} \\ \boldsymbol{u} &= \boldsymbol{C}_k \boldsymbol{x} + \boldsymbol{D}_k \end{aligned} \tag{4-158}$$

对于过程控制器的时域性能，控制器的低频部分扮演了重要的角色。假如用 PID 或者 PI 控制器去逼近高阶鲁棒控制器的低频部分，就能减少控制器的复杂性。具体的步骤如下：

求变化矩阵 $\boldsymbol{T}$，使得矩阵 $\boldsymbol{A}_k$ 的零特征值与其他的特征值分开，即：

$$\boldsymbol{T}\boldsymbol{A}_k\boldsymbol{T}^{-1} = \begin{bmatrix} 0 & 0 \\ 0 & a_2 \end{bmatrix} \tag{4-159}$$

这里 a_2 不含有零特征值。

将 $\boldsymbol{T}\boldsymbol{C}_k$ 和 $\boldsymbol{B}_k\boldsymbol{T}^{-1}$ 按照 $\boldsymbol{T}\boldsymbol{A}_k\boldsymbol{T}^{-1}$ 的划分原则进行划分，即

$$\boldsymbol{T}\boldsymbol{C}_k = \begin{bmatrix} c_1 & c_2 \end{bmatrix}, \quad \boldsymbol{B}_k\boldsymbol{T}^{-1} = \begin{bmatrix} b_1 \\ b_2 \end{bmatrix} \tag{4-160}$$

PID 控制器的形式描述为

$$K_p + K_i/s + K_d s \tag{4-161}$$

$$K_p = D_k - c_2 a_2^{-1} b_2, \quad K_i = c_1 b_1, \quad K_d = -c_2 a_2^{-2} b_2 \tag{4-162}$$

这种方法实际上是使用高阶鲁棒控制器频域分析的 Maclaurin 级数的头三项,有

$$
\begin{aligned}
& \boldsymbol{C}_k(s\boldsymbol{I}-\boldsymbol{A}_k)^{-1}\boldsymbol{B}_k + \boldsymbol{D}_k \\
&= \begin{bmatrix} c_1 & c_2 \end{bmatrix}\left(s\boldsymbol{I} - \begin{bmatrix} 0 & 0 \\ 0 & a_2 \end{bmatrix}\right)^{-1}\begin{bmatrix} b_1 \\ b_2 \end{bmatrix} + \boldsymbol{D}_k \\
&= \frac{c_1 b_1}{s} + (\boldsymbol{D}_k - c_2 a_2^{-1} b_2) - c_2 a_2^{-2} b_2 s + \boldsymbol{O}(|s|)
\end{aligned}
\tag{4-163}
$$

因此导出的 PID 控制器可以近似鲁棒控制器的低频部分。

由于微分作用可能激发高频未建模动态,因此在控制实践中经常被忽略。当消除了微分作用,PI 作用依然能够维持原控制器的时域性能。此外还需要删除一些较小作用项和一些物理不能实现的项(例如比例作用是正,而积分作用是负),从而将鲁棒控制器简化为一个多变量 PI 控制器。

2. 模糊多模型自适应控制用于深度变负荷设计

多模型自适应控制属于对传统的自适应控制方法的推广,模糊监督控制属于多模型控制方法的一种,它是一种基于隶属度加权和构成的多模型控制,其优点是模型切换、过渡比较平缓。在整个工作空间的某一个工作点附近,可以建立一个线性时不变的模型和相应的控制器来实现一些控制目标,实现在一个小区域内的稳定性。当所讨论的工作空间是有限的,只需要少量的模型和控制器时,可以采用模糊监督控制。模糊监督器的作用主要是在给定的工作条件下根据所得信息,选择合适的控制器,并保证在不同的控制器间进行平滑的切换。

模糊监督控制可以对传统的控制器进行监督,这里传统的控制器定义为除了模糊控制器以外的所有类型的控制器,也可以对模糊控制器进行监督。当被监督的局部控制器具有相同的参数结构,如采用 PID 控制器时,可以使用模糊监督器对 PID 的参数进行调整,以实现监督控制;当局部控制器不一定具有相同的参数结构,如采用内模控制器时,需要根据监督器的设置在相应条件下对局部控制器进行切换。

模糊监督器可由监督器的模糊模型来决定。模糊模型既可以是 Zadeh 提出的模型,也可以是由 Takigi 与 Sugeno 提出的 T-S 模糊模型。前者的模型后件为模糊集,后者的模型后件为一个线性的表达式。本节为便于线性控制器的设计,采用 T-S 模糊模型作为监督器的模型。

单元机组协调控制系统的受控对象具有明显的非线性特征,受控对象在高负荷和低负荷时的动态特性存在显著差异。对这种受控对象,单纯地采用对一个平衡工作点工况下所设计的控制器很难满足现在机组经常大范围变动负荷的要求。一般情况下,机组都依据滑压曲线从高负荷变动到低负荷,滑压曲线就成为协调被

控对象的流型曲线。因此,对协调控制对象可以选取滑压曲线上有限个数的工作点作为被控对象流型上的平衡工作点进行控制器设计,并且采用模糊监督器实现平滑切换[34,35]。此处,监督器采用 T-S 模糊模型作为内部模型。

1) 协调控制系统 T-S 模型求取

采用 T-S 模糊模型结构对机组模型进行描述,其第 i 条规则的描述为

$$R^i : \text{if } N \text{ is } \widetilde{A}_j^i \text{ then } y^i = M_i, \quad i = 1,2,\cdots,c, j = 1,2,\cdots,m \quad (4\text{-}164)$$

式中,c 为规则条数;m 为实发功率对应的隶属度函数模糊集个数;M_i 为与输入功率相匹配的第 i 个线性化模型,即各工作点线性化模型;R^i 是第 i 条规则;N 为功率输入;$\widetilde{A}_j^i$ 为功率对应的模糊集,其隶属函数见图 4-22。

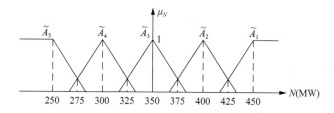

图 4-22　功率对应的隶属函数

图 4-22 中隶属函数和横轴的交点,从右至左依次为:$425 + a_1$、$425 - a_1$、$375 + a_2$、$375 - a_2$、$325 + a_3$、$325 - a_3$、$275 + a_4$、$275 - a_4$,单位为 MW。此处,隶属度函数的参数 $a_1 \sim a_4$ 的参数值均取为 2MW。整个模糊模型的输出为

$$\hat{y} = \sum_{i=1}^{c} K_i \cdot y^i / \sum_{i=1}^{c} K_i \quad (4\text{-}165)$$

其中 K_i 的表达式为

$$K_i = \frac{\omega_i}{\sum_{i=1}^{c} \omega_i}, \quad \omega_i = \widetilde{A}_j^i(N), \quad i = 1,2,\cdots,c, j = 1,2,\cdots,m \quad (4\text{-}166)$$

2) 模糊多模型控制器设计[36]

模糊监督控制器的一般结构见图 4-23 所示。

图 4-23 为单入—单出的模糊监督控制系统结构。对于多入—多出的模糊监督控制系统来说,其输入—输出将会变成多维向量,且控制器变成了多变量控制器。

采用 T-S 模糊模型结构,第 i 条监督器的模糊规则为

R_i:如果 p_1 是 $\widetilde{A}_{i1}$ 并且 p_n 是 $\widetilde{A}_{in}$,则运用第 i 个模型,$i = 1,2,\cdots,m$

其中有 n 个选择变量和 m 个工作条件,p_j 是第 j 个用来辨识现在工作条件的测量或计算变量,$\widetilde{A}_{ij}$ 是定义在第 i 个规则中的第 j 个变量的模糊集合,局部控制

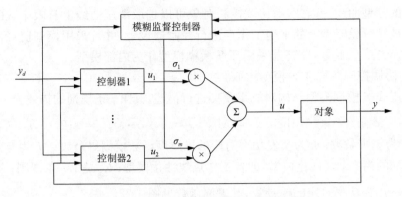

图 4-23　模糊监督控制器的一般结构简图

器 i 就是被控对象在第 i 个工作点的线性模型所对应的线性控制器。模糊集的定义与局部线性模型对应的工作点相关。

图 4-24 为定义在输入变量上的模糊集合，a_i 是学习参数。被控对象处于第 i 个工作条件的概率可通过归一化得到

$$\sigma_i = \omega_i \Big/ \sum_{i=1}^{m} \omega_i \tag{4-167}$$

式中，ω_i 是第 i 条规则成立的概率，所得到的参数值能让监督器推断出被控对象进入的工作区间。这个概率与局部线性模型所对应的局部控制输入相乘，则整个过程的控制输入为

$$u(t) = \sum_{i=1}^{m} \sigma_i \cdot u_i(t) \tag{4-168}$$

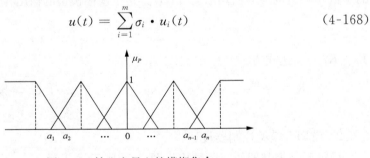

图 4-24　输入变量上的模糊集合

由模糊集合的性质可知，隶属函数在切换机制中起了重要的作用。在过渡过程阶段它决定了每一个控制器的期望概率，尤其是边界的概率，这样抑制了控制系统在切换时的抖动问题。

3）单元机组协调系统的模糊监督器

根据所得的 T-S 模糊模型可知，模糊监督器的输出为

$$u = \sum_{i=1}^{c} K_i \cdot u^i \Big/ \sum_{i=1}^{c} K_i \tag{4-169}$$

式中，u^i 为与第 i 个线性模型相对应的控制器输出[37]。

4）模糊多模型控制器实现

（1）模糊隶属度函数对控制品质的影响。模糊监督器的模糊集隶属函数的重叠度、个数和形状均可以调整。这些参数的属性对控制品质有较大的影响，主要体现在三方面。

首先，隶属函数重叠度对控制品质的影响。隶属函数的重叠度没有按照通常的方法进行归一化设计，其主要原因是隶属函数的重叠度也可以代表两个模糊集的切换快慢。隶属函数重叠度这一指标，对于周期性的动态过程，如机械手的装卸，可以通过对一定的性能指标进行学习、优化；而对于那些非周期性的动态过程，则不一定存在最优化的解，但肯定存在一个可优化的区域。

其次，隶属函数个数对控制品质的影响。在同样一段参数变化范围内，设置多少个隶属函数才能保证系统的切换具有足够的平滑度，并且控制精度足够高，这是一个比较难从理论上解决的问题。文献[38]研究了 T-S 模糊系统作为通用逼近器的充分条件，提出了线性 T-S 模糊系统以任意精度一致逼近任意连续函数的一个充分条件，并且给出了数值示例。在其示例中，给出了若采用一定形式的 T-S 模糊系统来逼进某一非线性函数，在给定输入变量范围和一致逼近误差的情况下，求出每个变量需要多少个模糊子集。虽然文献中已经给出了一定的结论，但是说 T-S 模糊系统的隶属函数个数选择问题已经完全解决还为时尚早，因为这些文献的研究是在很多假设的情况下进行的，其所得出的结论也比较保守。

最后，隶属函数形状对控制品质的影响。隶属函数的形状可以选择很多种，如三角形、高斯型、梯形等。其中三角形隶属函数是最常用的，但是三角形隶属函数的两条边与横轴的交点处是不够平滑的，因此功率定值在三角形隶属函数的重叠度最小值附近时，会造成控制系统的超调变大，甚至不稳定（当选择的重叠度太小时）。高斯型隶属函数则可以克服此缺点，因为高斯型隶属函数与横轴的交点是平滑过渡的。

（2）稳定性问题。模糊监督控制系统设计的全局稳定性分析是一个难点。采用 Lyapunov 稳定性理论的第二法及其相关推论，对所设计的多模型控制系统进行了稳定性证明。

定理：Lyapunov 线性定常连续系统稳定性理论

设线性定常连续系统为

$$\dot{\boldsymbol{x}} = \boldsymbol{A}\boldsymbol{x} \tag{4-170}$$

则平衡状态 $x_e = 0$ 为大范围渐进稳定的充要条件是：对任意给定的正定实对称矩阵 Q，必存在正定的实对称矩阵 P，满足 Lyapunov 方程

$$\boldsymbol{A}^{\mathrm{T}}\boldsymbol{P} + \boldsymbol{P}\boldsymbol{A} = -\boldsymbol{Q} \tag{4-171}$$

Lyapunov 方程可以写为

$$A^{\mathrm{T}}P + PA < 0 \qquad (4\text{-}172)$$

推论: 对上述模糊系统,其大范围渐进稳定的充要条件是存在正定的实对称矩阵 P,满足

$$A_i^{\mathrm{T}}P + PA_i < 0, \quad i = 1, 2, \cdots, c \qquad (4\text{-}173)$$

式中, A_i 为各闭环子系统的系统矩阵, $i=1,2,\cdots,c$。由此,可以对根据局部模型设计的多个闭环控制系统求取公共的正定矩阵,来证明整个控制系统的全局稳定性。

(3) 模糊多模型控制器结构。图 4-25 为多变量模糊监督控制系统的原理图。根据平衡流型的原理,机组的不同平衡工况应该与功率的变化有关[40],因此,采用功率的变化作为流型的主参数,其余所有参数均与功率的变化有关。考虑到实际机组的具体情况,模型数过多会使算法实现和调试产生困难,因此根据不同的平衡

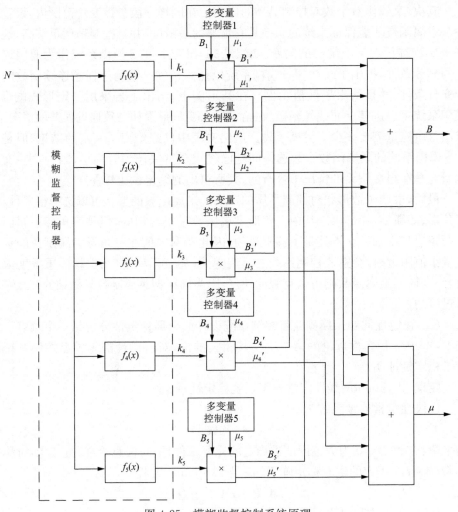

图 4-25　模糊监督控制系统原理

工作点设置了 5 个模糊集。

当机组运行在滑压曲线上的不同工作点时，对模糊集将产生不同的隶属度，根据对不同工作点的局部控制器采用隶属度加权原则，可以形成总的控制器输出[39]。

图 4-25 中，虚线框内为模糊监督器，通过 5 个函数模块实现 5 个模糊集，$k_1 \sim k_5$ 分别代表 5 个模糊集的输出权值。5 个多变量控制器的燃料量输出分别为 $B_1 \sim B_5$，主汽门开度输出分别为 $\mu_1 \sim \mu_5$，乘以模糊集的权值输出分别变为 $B_1' \sim B_5'$，主汽门开度输出分别为 $\mu_1' \sim \mu_5'$。最后，经过加法器将 $B_1' \sim B_5'$ 形成总的燃料量输出，$\mu_1' \sim \mu_5'$ 形成最终的阀门开度输出。

3. 电网 AGC 性能指标对控制系统优化的影响

在单元机组控制系统的设计中，通常将蒸汽温度、水位、炉膛负压等耦合作用相对较弱的对象单独控制，而将耦合性强的负荷—主蒸汽压力看作一个整体进行协调控制。协调控制系统虽然会受到来自蒸汽温度、水位、炉膛负压的影响，但这些影响可通过主蒸汽温度、再热蒸汽温度、风量控制等各子系统的优化来解决。协调控制系统作为相对独立的控制系统，其主要任务是协调好负荷控制与主蒸汽压力控制，同时由于当前机组参与电网深度调峰，大范围变负荷运行必然引起机组特性的变化，这就要求协调控制系统具备足够的稳定裕度，克服负荷变化对控制系统性能的影响。因此，协调控制系统的优化模型可以用下式表示，其中最大化问题均可转化成最小化问题。

优化目标

$$\min J = \min(J_1, J_2) \tag{4-174}$$

优化约束

$$\varepsilon_{m\_min} \leqslant \varepsilon_m \leqslant \varepsilon_{m\_max} \tag{4-175}$$

式中，J_1、J_2 分别为负荷调节性能、主蒸汽压力调节性能；ε_m 为系统的鲁棒裕度；ε_{m_min}、ε_{m_max} 分别为鲁棒裕度的下界和上界。通过 4.1.5 节中模型的非线性度量方法的分析，ε_{m_max} 可以确定为最大模型间隙距离的倒数；鲁棒裕度值小，表明系统的鲁棒性能过强会使得系统的动态控制品质恶化，鲁棒裕度下界 ε_{m_min} 可以根据经验取得。

如何确定式 (4-174) 中的性能指标是解决上述优化问题的首要任务。控制系统性能的定性要求可描述为稳定性、快速性和准确性。针对特定的设计对象，这三条均有定量的要求。对于同一控制系统，其稳、快、准三方面之间是相互制约的。如果提高了过程的快速性，可能会引起系统强烈的振荡；改善了平稳性，动态过程又可能很缓慢，甚至最终精度也很差。以协调控制系统为评价对象，其性能指标分为三类：①性能指标；②积分泛函指标；③两个细则指标。

如图 4-26 所示为网内某台机组一次典型的 AGC 机组设点控制过程。

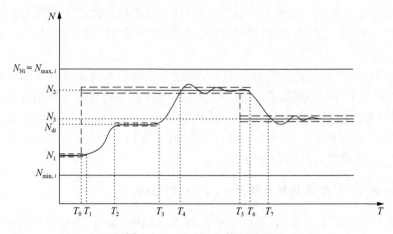

图 4-26　AGC 机组控制过程

图 4-26 中，$N_{\min,i}$ 是该机组可调的下限出力，$N_{\max,i}$ 是其可调的上限出力，N_{Ni} 是其额定出力，N_{di} 是其启停磨临界点功率。整个过程可以描述为：T_0 时刻以前，T_1 时刻以前，该机组稳定运行在出力值 N_1 附近，T_0 时刻，AGC 控制程序对该机组下发功率为 N_2 的设点命令，机组开始涨出力，到 T_1 时刻可靠跨出 N_1 的调节死区，然后到 T_2 时刻进入启磨区间，一直到 T_3 时刻，启磨过程结束，机组继续涨出力，至 T_4 时刻第一次进入调节死区范围，然后在 N_2 附近小幅振荡，并稳定运行于 N_2 附近，直至 T_5 时刻，AGC 控制程序对该机组发出新的设点命令，功率值为 N_3，机组随后开始降出力的过程，T_6 时刻可靠跨出调节死区，至 T_7 时刻进入 N_3 的调节死区，并稳定运行于其附近。

AGC 补偿考核指标分为可用率、调节性能两部分，本章只讨论调节性能部分。调节性能是调节速率、调节精度与响应时间等三个因素的综合体现：

（1）调节速率是指机组响应设点指令的速率，可分为上升速率和下降速率。实际调节速率计算公式如下：

$$v_{i,j} = \begin{cases} \dfrac{N_{Ei,j} - N_{Si,j}}{T_{Ei,j} - T_{Si,j}}, & N_{di,j} \notin (N_{Ei,j}, N_{Si,j}) \\[3mm] \dfrac{N_{Ei,j} - N_{Si,j}}{(T_{Ei,j} - T_{Si,j}) - T_{di,j}}, & N_{di,j} \in (N_{Ei,j}, N_{Si,j}) \end{cases} \tag{4-176}$$

$$K_1^{i,j} = \frac{v_{i,j}}{v_{N,i}} \tag{4-177}$$

式中，$v_{i,j}$ 是机组 i 第 j 次调节的调节速率，MW/min；$N_{Ei,j}$ 是其结束响应过程时出力，MW；$N_{Si,j}$ 是其开始动作时出力，MW；$T_{Ei,j}$ 是结束时刻，min；$T_{Si,j}$ 是开始时刻，min；$N_{di,j}$ 是第 j 次调节的启停磨临界点功率，MW；$T_{di,j}$ 是第 j 次调节启停磨实际消耗时间，min；$v_{\text{N},i}$ 为机组 i 标准调节速率，MW/min。$K_1^{i,j}$ 衡量的是机组 i 第 j 次实际调节速率与其应该达到的标准速率相比达到的程度。一般直吹式制粉系统的汽包炉机组标准调节速率为机组额定有功功率的 1.5%/min。

（2）调节精度是指机组响应稳定以后，实际出力和设点出力之间的差值。计算公式如下：

$$\Delta N_{i,j} = \frac{\int_{T_{\text{S}i,j}}^{T_{\text{E},j}} |N_{i,j}(t) - N_{i,j}| \, \mathrm{d}t}{T_{\text{E},j} - T_{\text{S}i,j}} \tag{4-178}$$

$$K_2^{i,j} = 2 - \frac{\Delta N_{i,j}}{\Delta N_\sigma} \tag{4-179}$$

式中，$\Delta N_{i,j}$ 为第 i 台机组在第 j 次调节的偏差量，MW；$N_{i,j}(t)$ 为其在该时段内的实际出力；$N_{i,j}$ 为该时段内的设点指令值；$T_{\text{E},i,j}$ 为该时段终点时刻；$T_{\text{S}i,j}$ 为该时段起点时刻。$K_2^{i,j}$ 衡量的是该 AGC 机组 i 第 j 次实际调节偏差量与其允许达到的偏差量相比达到的程度。ΔN_σ 为调节允许的偏差量，一般为机组额定有功功率的 1%。

（3）响应时间是指 EMS 系统发出指令之后，机组出力在原出力点的基础上，可靠地跨出与调节方向一致的调节死区所用的时间。即

$$t_{i,j}^{\text{up}} = T_1 - T_0, \qquad t_{i,j}^{\text{down}} = T_6 - T_5 \tag{4-180}$$

$$K_3^{i,j} = 2 - \frac{t_{i,j}}{T_{\text{RP}}} \tag{4-181}$$

式中，$t_{i,j}$ 为机组 i 第 j 次 AGC 机组的响应时间。$K_3^{i,j}$ 衡量的是该 AGC 机组 i 第 j 次实际响应时间与标准响应时间相比达到的程度；T_{RP} 为标准响应时间，火电机组 AGC 响应时间应小于 1min。

（4）调节性能综合指标为

$$K_{\text{p}}^{i,j} = K_1^{i,j} \times K_2^{i,j} \times K_3^{i,j} \tag{4-182}$$

式中，$K_{\text{p}}^{i,j}$ 衡量的是该 AGC 机组 i 第 j 次调节过程中的调节性能好坏程度。

从上述计算 AGC 性能指标公式可知，调节性能综合指标值越大，则说明 AGC 性能越好，这就要求机组具有快的调节速率、小的调节偏差和短的响应时间。AGC 性能指标分别从负荷响应的三个阶段来考核其性能：初始阶段—响应时间，中间动态阶段—响应速度，最终稳定阶段—调节精度。该指标对动态过程的负荷偏差不敏感，但对动态过程的持续时间以及负荷稳定后的波动幅度和持续时间都具惩罚性。与单项时域性能指标、积分泛函性能指标的区别与联系在于：该指标既包含形如单个时域性能指标的调节速度和响应时间，又包含形如泛函时域性能指标的综合指标的调节精度，因此 AGC 性能指标是一个分段式的混杂性能指标。

AGC 性能指标对控制系统的要求为：负荷在响应初期迅速跨出与调节方向一致的调节死区；调节中段快速到达新的负荷值并稳定在其附近；稳定阶段负荷波动

幅度尽可能小、时间尽可能短,电网公司根据对各网内发电机组的 AGC 性能考核实施经济奖惩。该指标越大,说明 AGC 机组的负荷控制性能越好。

4.3.3 基于汽轮机蓄能深度利用的控制策略

在典型的机炉协调控制系统结构中,锅炉侧的主要控制量为给煤量、送风量与给水量,汽机侧的主要控制变量为汽轮机调门开度。变负荷时汽机调门开度的增减将引起蒸汽流量及机组负荷的变化,这主要是由锅炉侧工质及金属管道释放蓄热来完成的。然而,锅炉侧的蓄热量是有限的,且相对缓慢,最终的负荷变化量及变化速率取决于锅炉输入的能量及输入能量的速度。

事实上,火电机组中除了锅炉侧蓄热外,汽轮机侧的凝结水系统、凝汽器冷却系统以及供热抽汽系统中也存在大量蓄热,但目前还没有得到充分利用。因此,合理利用汽轮机侧蓄热是提高机组初始负荷变化速率的有效措施,其控制策略如图 4-27 所示。

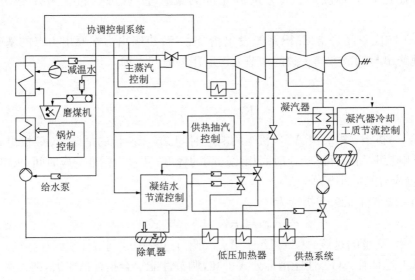

图 4-27 基于汽轮机蓄能深度利用的控制策略示意图

汽轮机侧蓄热深度利用主要包括三部分:凝结水节流控制、凝汽器冷却工质节流控制以及供热机组抽汽节流控制。供热机组抽汽节流控制在本章 4.3.5 节中单独叙述。

1. 凝结水节流控制

凝结水节流的原理如图 4-27 中的凝结水节流控制所示。假设凝结水调节阀和低压加热器的抽汽调节阀能够被调节,甚至能够非常快的关闭,这样该部分被节流的抽汽可以通过汽轮机低压缸重新做功。凝结水节流可以快速增加最大 7% 的发电功率,而仅仅需要大约 15s 的时间就可以达到增加的发电功率的三分之二,这样的负荷响应速度远远高于电网 AGC 性能指标的要求。通过凝结水节流调节快速响应了负荷需求,而不需要汽轮机主调节阀门调节,因此可以减少汽轮机节流损失,使整个单元机组的效率提高约 0.5%[41]。

考虑到在低压加热器抽汽管道上增加调节阀门的困难,大多凝结水节流调节方案仅仅考虑凝结水调节阀。对于一个 600MW 的亚临界一次中间再热空冷机组来说,仅仅利用凝结水调节阀,最大负荷调节能力可以达到 9MW(凝结水节流量 800t/h),调节时间为 15s,峰值持续时间可达 2min。通过简单计算,通过凝结水节流方式调节机组负荷可以达到 36MW/min 的负荷响应速度,也就是可以达到额定负荷 6% 的负荷响应速度,远远大于通过常规锅炉过燃调节所能获得的负荷响应速度。

对于一般的大型火电机组而言,通常采用三个高压加热器、四个低压加热器与一个除氧器的回热加热系统。通过质量平衡和能量平衡,可以得到凝结水流量增量与机组负荷增量之间的传递函数,并被简化成一阶惯性系统。以某 600MW 火电机组为例,通过开环扰动试验,在某一个负荷工作点下可以获得该模型的待定参数,该模型被描述如下:

$$\frac{\Delta N_{\mathrm{e}}}{\Delta q_{\mathrm{cw}}} = \frac{-0.0359}{2.395s+1} \tag{4-183}$$

式中,ΔN_{e} 为机组实发功率增量,MW;Δq_{cw} 为凝结水流量增量,kg/s。该模型的试验曲线如图 4-28 所示。

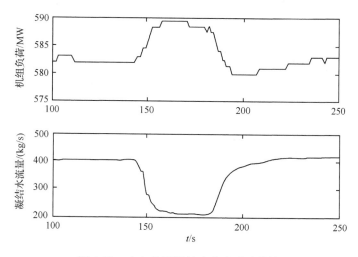

图 4-28　火电机组凝结水节流试验曲线

凝结水节流参与火电机组负荷调节,能够有效利用汽轮机蓄热提高负荷响应速率,同时不会造成机组热效率降低和锅炉金属热应力增加。凝结水节流释放机组蓄热的总量及速度同主蒸汽节流大致相同,在机组协调控制系统设计中引入此方案,使锅炉避免采用过燃调节补充机组蓄能,既提高了机组响应负荷的速度,也可提高机组变负荷过程中主要参数的稳定性。

除氧器水位控制系统是凝结水节流控制系统的核心,其基本原理如图 4-29 所示。除氧器水位控制系统通过调节凝结水调节阀控制凝结水流量,从而达到控制除氧器水位的目的。来自协调控制系统的功率指令被转换成凝结水节流流量校正值,并被转换成除氧器水位校正值,该值与除氧器水位控制系统的设定值相加。当除氧器水位发生扰动时,凝结水节流量也将被计算并被视作除氧器水位设定值的校正量。因此,凝结水节流调节对除氧器水位控制系统的偏差没有影响。除氧器水位控制器也可以被设置成具有死区特性的非线性 PID 控制器以降低控制系统对噪声的敏感程度。

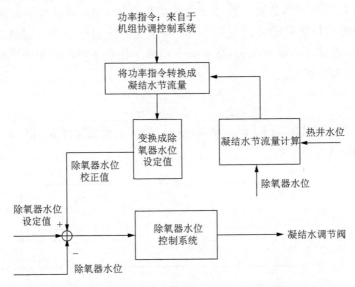

图 4-29 基于除氧器水位控制的凝结水节流控制示意图

通过监测除氧器水位和凝汽器热井水位,可以实时计算当前可利用的凝结水节流流量。这也是为了保证除氧器和凝汽器设备运行的安全。如果除氧器水位达到最大值 h_{max} 或者最小值 h_{min},则可利用的凝结水节流量将减少甚至减少到零。同理,也可以确定热井水位的最大值和最小值。

进一步分析可以建立凝结水节流系统的热力学模型,精确计算凝结水节流调节的能力以及安全区域。同时,也可以核算由于凝结水节流调节引起的回热加热系统效率的变化,通过和提高负荷响应速度的收益权衡,获得更全面的凝结水节流控制系统的设计参数。

2. 凝汽器冷却工质节流控制

在相同的蒸汽初参数及边界条件下,汽轮机乏汽终参数变化时,将会直接影响蒸汽的有效焓降,进而改变汽轮机的输出功率;而乏汽终参数的值主要取决于凝汽器内的冷却效果,而冷却效果通常由冷却工质的流量和入口温度决定。例如:湿冷机组主要由循环冷却水流量与入口温度决定,空冷机组主要由换热器冷却空气流量与入口温度决定。在确定的环境条件下,冷却工质入口温度通常是固定的,此时乏汽终参数将主要由冷却工质流量决定。因此,通过调节进入凝汽器内的冷却工质流量,可以在一定范围内实现对机组输出功率的控制,这就是凝汽器冷却工质节流控制的基本原理。

考虑到背压对机组安全运行的重要影响,凝汽器冷却工质节流控制必须保证机组背压处于安全范围内[42]。对于 600MW 湿冷机组,在其背压安全范围内,通过凝汽器冷却工质节流控制可在 30s 时间内实现其额定负荷 1% 以上的负荷响应。如图 4-30 所示,某 600MW 湿冷机组的功率背压特性曲线表明:当机组以额定背压运行在 100% 汽轮机负荷工况时,通过背压调节可实现机组变负荷范围为额定负荷的 -9.3% ~ 1.4%(-55.8 ~ 8.4MW);50% 负荷工况时,该范围为额定负荷的 -6.25% ~ 1.9%(即 -37.5 ~ 11.4MW)。而且该方案不会影响原有的协调控制系统运行,二者并列运行可将原有的负荷响应速率提升一倍左右,大大改善火电机组的变负荷控制性能。

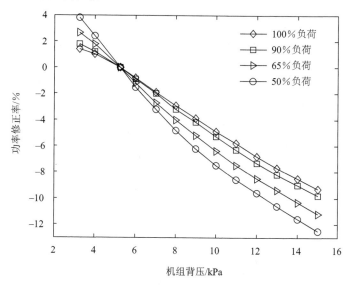

图 4-30　某 600MW 湿冷机组的功率背压特性曲线

图 4-31 给出了凝汽器冷却工质节流控制的基本思路。当机组接收到升负荷指令时,凝汽器冷却工质节流控制将增加凝汽器内的冷却工质流量,降低机组背压,提高机组输出功率;反之,则减少冷却工质流量提高背压,降低机组输出功率。然而,目前大多数湿冷机组采用定速循环水泵,仅能通过循环水泵的组合运行方式提供几个离散的循环水流量,难以实现连续调节,考虑到定速泵频繁启停对其寿命的影响,该方案很难应用于采用定速循环水泵的湿冷机组,只有当循环水泵实现变频调速后该方案才具备较强的可实施性[43];空冷机组大多采用变频风机,其冷却空气流量可以连续调节,因此该方案应用于空冷机组同样具有可行性。实际上,变频循环水泵与变频风机的原理基本一致,二者均是通过改变电机电源的频率来实现对其输送工质流量的控制。

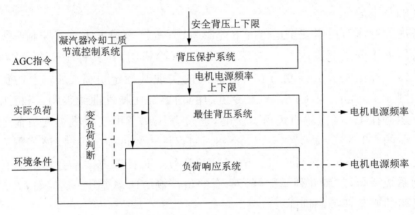

图 4-31　凝汽器冷却工质节流控制系统结构图

因此,凝汽器冷却工质节流控制方案可以归结为电机电源频率的寻优与执行过程,即根据机组当前的实际负荷、接收到的 AGC 指令以及环境条件等参数,计算获得满足机组负荷需求的频率并送至泵或风机的电机执行机构执行。在整个寻优过程中,该方案首先需要保证机组维持在安全背压范围内,如图 4-32 所示,背压保护系统首先根据安全背压的上下限确定泵或风机的电机频率上下限,并将其作为系统寻优的约束条件。机组接收到 AGC 指令后,系统会首先判断机组的变负荷需求,当 AGC 指令与机组实际负荷偏差不大甚至可认为机组处于稳态工况运行时,机组不需要进行变负荷调节,此时最佳背压系统启动,使机组维持在最佳背压下工作,以最大限度地达到节能降耗的目的;反之,当机组有变负荷需求时,负荷响应系统启动以满足机组的变负荷需求。

由于在同一时刻最佳背压系统与负荷响应系统有且仅有一个系统工作,当机组采用凝汽器冷却工质节流控制方案进行变负荷调节时,背压必定要偏离其最佳运行工况,影响机组运行的经济性。但是凝汽器冷却工质节流控制是一种增强机

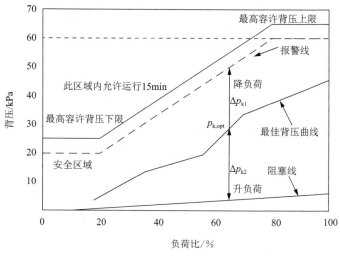

图 4-32　安全背压运行区间

组负荷响应能力的辅助方式,其更多可应用于机组小范围变负荷需求的场合,尽量以较小的经济性代价来换取机组的负荷快速响应,同时避免锅炉侧的过燃及参数的波动。此外,为进一步提高机组运行的经济性,机组在稳态工况运行时,应保持机组在最佳背压条件下工作。

考虑到凝汽器冷却工质节流控制方案受到循环水泵或空冷风机特性以及复杂的环境条件等因素的共同影响,目前还有诸多细节问题并不完善,例如:空冷风机的空气动力学问题,循环水泵的并联运行调度问题,多维空冷风机的优化调度问题等等。因此,该方案还是一个初步的方案,需要进一步深入研究。

4.3.4　循环流化床机组深度变负荷协调控制

从机组响应外界负荷需求的角度看,循环流化床机组具有显著的大范围变化负荷能力,深度调峰能力超过常规的火电机组。但另一方面,循环流化床机组又具有热容量大,负荷响应速度慢的缺点。

在规模化新能源电力系统的背景下,需要充分发挥循环流化床机组在区域能源系统负荷优化调度中的重要作用。一方面,发挥循环流化床机组大范围响应负荷的能力;另一方面,要保证机组的能量、热量的动静态平衡关系,以确保机组的安全、稳定运行。

循环流化床机组的控制难度相当大,主要体现在锅炉巨大的热惯性。锅炉的蓄能不仅仅存在于汽水管道和容器,还体现在流化床内大量床料的热容量及热惯性;炉内脱硫对锅炉运行的影响。CFB 锅炉在燃烧过程中加入石灰石粉进行炉内脱硫,SO_2 的固化反应是吸热反应,所以石灰石对于锅炉惯性和效率影响较大。

大量未燃尽的即燃碳如同已蓄积在容器内的热量,通过监测入炉煤变化引起即燃碳积累量变化值与炉内燃烧引起即燃碳积累量变化值的平衡关系,构造即燃碳的软测量模型。如果锅炉即燃碳发生变化,则可以通过调节总风量和燃料的配比,使炉膛中即燃碳保持稳定,以保证炉膛内燃烧发热量、床温、氧量等参数的稳定。

超临界 CFB 电站同时兼备了 CFB 清洁燃烧和超临界参数机组的优点,代表了现代电站锅炉的先进技术水平。超临界 CFB 锅炉作为下一代 CFB 锅炉技术,投资和煤粉炉投资相等,而可以得到较高的机组发电效率,脱硫运行成本比煤粉炉尾部烟气脱硫(FGD)低 50% 以上,具有很强的推广性。

1. 机炉协调控制系统

由于燃烧机制的差异,建立循环流化床模型时,如果照搬煤粉炉建模中采用的燃料一进炉膛便立即完全燃烧的方式是完全不可取的。从实际物理过程看,任意时刻流化床的放热有两个来源:一是给煤带入并在炉膛内迅速释放并燃烧的挥发份,这部分热量很少,只占总共热量的不到 3%,因此可以忽略或用比例参数校正;二是炉膛内存在的全部即燃碳,这部分热量是主要燃烧发热量,因此,流化床动态数学模型中必须描述即燃碳的动态累积和动力学燃烧过程。

超临界直流锅炉的协调控制系统是典型的 3 输入 3 输出模型,主要输入量是给水量、给煤量和汽机调门开度;输出量为汽温、汽压和发电功率。

在超临界 CFB 直流锅炉中,主要燃料量不是当前给煤量,而是炉膛内存储的即燃碳量,即燃碳由给煤量和总风量构造得到,可以得到如图 4-33 所示的协调控制模型。

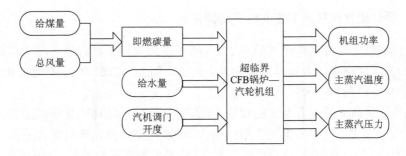

图 4-33　构造的超临界 CFB 机组的 4 输入 3 输出模型

图 4-33 所示的超临界 CFB 机组的协调控制系统为一个 4 输入 3 输出的模型。以循环流化床锅炉内即燃碳积累与平衡、床料蓄热变化对机组负荷影响为出发点,维持机组负荷变化全过程中的 3 个平衡:能量平衡,即燃碳平衡,炉内蓄热平衡,实现超临界 CFB 机组协调控制策略的优化。

图 4-34 显示了超临界 CFB 机组协调控制系统的结构。采用上述的协调控制系统,机组可以大范围 200~600MW(33%~100%)稳定运行,且维持其他主要参数在允许的限制内。

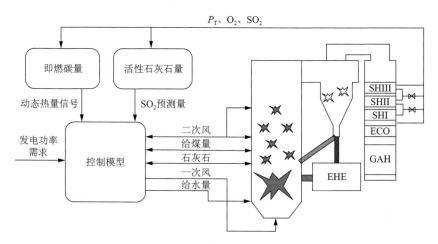

图 4-34　超临界 CFB 机组协调控制系统结构

2. 给水控制

超临界 600MWCFB 锅炉的给水控制系统与以往任何超临界机组给水控制策略有一定的区别。传统的以热定水的思路在这样大惯性的机组中,需考虑如何在不同的负荷区段确定热量传递到工质的时间,以及在动态过程中热量和给水指令的正确配合。对于 CFB 锅炉除了需要考虑惯性时间外,还需要考虑炉膛燃烧过程中石灰石脱硫对燃烧工况的影响。当机组在 600MW 满负荷运行时,在未加入石灰石的状态下,给煤量是 330t/h,从给煤到主蒸汽压力开始响应需要 18min;当以 120t/h 的速率加入石灰石脱硫时,机组负荷会快速降到 560MW,如果要达到满负荷运行,需要的煤量为 360t/h,且从给煤到主蒸汽压力开始响应的时间增加至 22min;加入石灰石相当于煤质变差,所以无论是对燃烧效率还是传热时间都有明显的影响。不同的负荷、不同的石灰石加入量都会有不同的热惯性,所以传统的以热定水的思路很难有效,需采用新的给水控制策略。

传统直流炉给水控制方法是在一定负荷下,燃水比(K)控制基础上增加给水控制的校正补偿环节,目前给水控制主要是基于中间点焓值校正的给水控制思路,给水控制模型为

$$D_{fw} = m_1 \times K + m_2 \times h_m \tag{4-184}$$

式中,D_{fw} 为给水量,t/h;K 为燃水比;h_m 为中间点焓值,KJ/kg;m_1,m_2 为模型系数。

CFD锅炉给水控制最终形成的方法为:头部用即燃碳构造的动态热量信号补偿,中间用水冷壁出口焓值修正,尾部用汽轮机调节级压力校正的思路,给水控制模型为

$$D_{\mathrm{fw}} = m_1 \times \frac{\mathrm{d}Q}{\mathrm{d}t} + m_2 \times h_{\mathrm{m}} + m_3 P_1 \tag{4-185}$$

式中,P_1为调节级压力,MPa;Q为动态热量参数,MJ;m_1、m_2、m_3为模型系数。

3. 给煤加速控制

通过上述分析可知,在机组负荷变化时通过调节风煤比,一、二次风量,改变一、二次风配比,来改变循环灰中即燃碳比例,同时通过改变即燃碳颗粒循环速率,增快炉内蓄热的变化,在第一时间满足负荷变化的要求,同时人为增加控制系统前馈煤量,使汽压在负荷变化初期平稳变化。前期汽压平稳变化又可以避免协调控制系统在变负荷后期大幅度过调煤量。对循环流化床锅炉来说为加快锅炉侧的响应速度和加强锅炉调节器的前馈作用,在前馈信号的选择上应充分考虑。

传统直流炉给煤控制方法:在一定负荷下,在负荷指令基础上转换为燃料量。给煤控制模型为

$$F = m \times G \tag{4-186}$$

式中,F为给煤量,t/h;G为负荷指令,MW;m为模型系数。

超临界CFB燃料控制最终形成的思路为:在一定负荷下,根据当前负荷指令转换为所需燃料量,再加上目标负荷所需热量与当前动态热量差值的微分作为给煤量的补偿,可以起到给煤动态加速的目的,快速响应负荷的变化。给煤控制模型为

$$Q_{\mathrm{mbrl}} = k \times G \tag{4-187}$$

$$F = m_1 \times G + m_2 \times \frac{\mathrm{d}(Q_{\mathrm{mbrl}} - Q_{\mathrm{dtrl}})}{\mathrm{d}t} \tag{4-188}$$

式中,Q_{mbrl}为目标负荷所需热量,MW;Q_{dtrl}为当前动态热量,MW;m_1、m_2为模型系数。

4. 风煤配比燃烧优化控制

通过模型计算出合理的燃料量和风量配比,调节风煤比,稳定即燃碳的存储量,提高锅炉燃烧的稳定性,从而稳定床温、汽压、汽温等重要参数。

通过模型计算出合理的燃料量和石灰石配比,调节石燃比,稳定活性石灰石在炉膛内的存储量,从而稳定SO_2排放浓度,在不超过排放标准的情况,尽可能减少石灰石对锅炉效率的负面影响,提高锅炉效率。

超临界600MWCFB机组的风煤配比参照某电厂300MWCFB机组实际运行

配比值进行设计,由于炉型设计结构和煤质的区别,在实际运行过程中,不同的负荷工况和煤质变化条件下,锅炉燃烧状态在有些工况比较稳定,有些工况并不稳定,床温等重要参数有一定的波动。因此需研究在不同负荷工况下的风煤优化配比,保证燃烧的稳定性。

利用基于即燃碳平衡构造的风煤优化配比模型计算负荷在 600MW 和 400MW 时的比值。带入机组负荷在 600MW 时工作点参数,风煤优化配比计算过程如下:

$$k_c = 0.513 \times 1163 \times e^{-9160/1163} = 0.226 \qquad (4\text{-}189)$$

$$Q = 101.67 \times 14.7 = 1495 \qquad (4\text{-}190)$$

$$B_0 = \frac{1495 \times 1000}{498.2 \times 0.1429} = 21000 \qquad (4\text{-}191)$$

$$R_c = \frac{72 \times 0.226 \times 0.0015}{0.08 \times 1800} \times 21000 \times 498.2 = 1773.4 \qquad (4\text{-}192)$$

$$C_{O_2} = 0.0015 \times 498.2 = 0.747 \qquad (4\text{-}193)$$

$$Q_{mbrl} = kG \qquad (4\text{-}194)$$

600MW 工况时优化风煤比值为

$$\frac{PM}{F_0} = \frac{0.391 \times 0.25 \times 1800}{72 \times 0.226 \times 0.0001 \times 21000} = \frac{176}{34.2} = 5.15 \qquad (4\text{-}195)$$

400MW 工况时优化风煤比值为

$$\frac{PM'}{F_0'} = \frac{0.391 \times 0.25 \times 1800}{72 \times 0.21 \times 0.0001 \times 21000} = \frac{176}{31.75} = 5.54 \qquad (4\text{-}196)$$

当机组负荷在 600MW 时,计算所得炉膛内即燃碳量约为 21 000kg,根据即燃碳量计算所得风煤比为 5.15。图 4-35 为机组在 600MW 工况下,风煤配比优化前与优化后床温的监测值。如图所示,前 650min 为设计风煤比为 4.9 时的床温测量值,650min 之后为优化风煤配比后床温的测量值。从图中可以看出优化前燃烧系统不稳定,床温在 880℃ 左右波动,波动范围正负最大为 15℃,平均波动范围为 10℃。风煤配比优化后,床温稳定在 885℃ 左右波动,波动范围正负最大为 8℃,平均波动范围为 5℃。通过风煤优化配比减小了床温波动范围,提高了燃烧的稳定性和安全性。因此根据即燃碳平衡模型计算的风煤比可作为当前工况下风煤的配比的优化值,为实际运行操作提供指导。

4.3.5　供热机组快速变负荷协调控制

1. 供热机组运行及控制特性

对于纯凝式机组,其工作范围仅仅体现为发电负荷的变化范围。目前典型

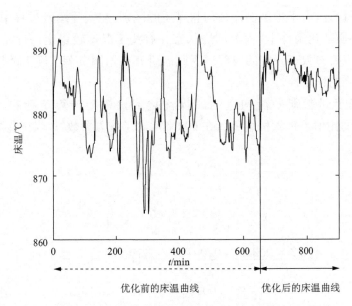

图 4-35　600MW 负荷风煤比优化前后床温对比

300MW 机组发电负荷变化范围一般为 100%～50% 的额定负荷。机组实际的发电能力一般大于其额定发电负荷 10% 左右,这时锅炉工作于最大连续出力工况下(boiler maximum coutinuous rating,BMCR)、汽轮机工作于四阀全开工况下(value wide open,VWO)。机组的额定负荷实际上是按照夏季环境温度最高时汽轮机最大连续工况对应的发电负荷确定的,这样可以保证在任何气候条件下,电网都可以对机组实施有效调度。机组最小出力主要受锅炉运行条件限制,低负荷下锅炉会出现燃烧不稳定需要投油助燃以及汽水循环不均匀的现象。实际上,燃烧优质煤的直流锅炉发电负荷下限能够达到 35% 额定负荷。但是目前电网从统一以及公平原则的角度出发,一般将 300MW 级以上容量机组负荷调节范围设置为100%～50% 额定负荷。

　　对于抽汽式供热机组,在供热工况下运行的情况要略微复杂,影响其发电负荷和供热负荷的约束条件要增加。机组的最大负荷取汽轮机热耗率验收工况(turbine heat acceptance,THA)下的锅炉负荷,这样锅炉在达到额定出力的情况下,机组发电负荷和供热负荷在一定范围内可以自由调配,发电负荷最大而供热负荷为零时即为额定发电负荷工况,供热负荷达到最大时即为额定供热负荷工况。机组最小负荷除受锅炉最低稳燃负荷限制外,还受汽轮机低压缸最小通汽流量限制。锅炉负荷一定时,供热抽汽流量越大,则意味着进入汽轮机低压缸的蒸汽流量越小,低压缸内蒸汽作功不足时出现汽轮机叶片带动蒸汽流动的情况,这时汽轮机低压缸排汽熔大幅上升,汽轮机振动增加及轴向推力明显变化危及汽轮机运行安全,即所谓"闷缸"现象。某热电厂 1♯、2♯ 机组运行范围如图 4-36 所示。

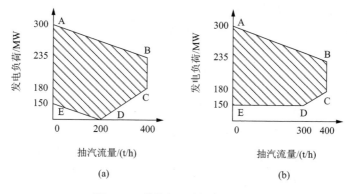

图 4-36　供热机组安全运行范围

图 4-36 中阴影部分为机组的安全运行范围,图(a)和图(b)的区别在于最小发电负荷调度方式不同,(a)是机组允许出力的负荷调度范围,(b)是电网调度按照最小纯凝工况最小发电负荷调度运行范围。理论上(a)更为合理,而且确实有供热机组按照(a)所示的运行范围调度,但是大多数供热机组按照(b)所示运行范围调度。由图示可以看出,随着供热抽汽流量的增加,机组发电负荷调节范围逐渐减小。供热机组发电负荷调节范围受供热负荷影响,即所谓"以热定电"。供热机组包含 5个典型工况点,分别为:A—额定发电负荷工况点(发电功率 300MW,供热抽汽流量 0t/h);B—额定供热负荷工况点(发电功率 240MW,供热抽汽流量 400t/h);C—额定供热负荷下最小发电负荷工况点(发电功率 180MW,供热抽汽流量 400t/h);D—最小发电负荷下最大供热能力工况点(发电功率 150MW,供热抽汽流量 300t/h);E—最小发电负荷工况点(发电功率 150MW,供热抽汽流量 0t/h)。

通过观察对象在各个输入扰动情况下的响应曲线分析对象的主要动态特性。

1) 在 100% 额定发电负荷工作点

初始工作点参数为:燃料量 126.58t/h,汽轮机高调门开度 66.895%,抽汽蝶阀开度 100%;机组发电功率 300MW,汽轮机前压力 16.67MPa,中压缸排汽压力 0.501MPa,供热抽汽流量 0t/h。扰动输入参数为:供热循环水流量 0t/h,回水温度 25℃。依次在被控对象模型各个输入端加入阶跃扰动信号,观察各个输出对输入的响应曲线。

当燃料量降低时,机前压力、机组发电功率、中压缸排汽压力均下降,因为抽汽调节蝶阀全开,所以供热抽汽流量为零且保持不变,此特性与传统纯凝式机组无异;当调门开度增加时,机前压力下降,锅炉释放蓄热机组发电负荷先增加然后恢复到原始水平,中压缸排汽压力变化规律与发电负荷类似,因为抽汽调节蝶阀全开,所以供热抽汽流量为零且保持不变,此特性与传统纯凝式机组无异;当供热调节蝶阀开度减少时,因为机组实际并未开启供热状态,所以机组发电负荷保持不变化,中压缸排汽压力升高,供热抽汽流量为零。

2) 机组由额定发电工况转入供热工况运行

初始工作点参数为:燃料量 126.58t/h,汽轮机高调门开度 66.895%,抽汽蝶阀开度 100%;机组发电功率 300MW,汽轮机前压力 16.67MPa,中压缸排汽压力 0.501MPa,供热抽汽流量 0t/h。扰动输入参数为:供热循环水流量 0t/h,回水温度 25℃。实际物理过程是先启动热网循环水泵,再开启供热抽汽回路中开关阀。这里用热网循环水流量阶跃扰动模拟这一过程。

当机组投入供热时,锅炉燃料量、汽轮机高调门开度、供热抽汽调节蝶阀开度均未变化,热网循环水回水温度也未变化,由于突然开启供热,部分蒸汽被从汽轮机中引出,机组发电负荷降低,汽轮机中压缸排汽压力降低,供热抽汽流量增加。由于汽轮机中压缸排汽流量比较大而供热抽汽流量比较小,中压缸排汽压力处于"自然升压区",无法利用供热抽汽调节蝶阀对其进行有效控制。

3) 在额定供热负荷工作点

工作点参数为:燃料量 126.58t/h,汽轮机高调门开度 66.895%,抽汽蝶阀开度 54.526%;机组发电功率 235MW,汽轮机前压力 16.67MPa,中压缸排汽压力 0.35MPa,供热抽汽流量 400t/h。扰动输入参数为:供热循环水流量 2500t/h,回水温度 70℃。依次在被控对象模型各个输入端加入阶跃扰动信号,观察各个输出对输入的响应曲线。

当燃料量降低时,机前压力、机组发电功率、中压缸排汽压力、供热抽汽流量均下降;当调门开度增加时,机前压力下降,锅炉释放蓄热机组发电功率先增加然后恢复到原来水平,中压缸排汽压力、供热抽汽流量先增加然后恢复到原来水平;当抽汽蝶阀开度增加时,机前压力保持不变,机组发电功率因部分蒸汽在汽轮机低压缸内做功份额增加而增加,中压缸排汽压力降低,供热抽汽流量因从汽轮机内抽汽量减少而下降。

当热网循环水回水温度降低时及热网循环水流量增加时,均代表热网需热量增加,这时由于热网加热器的自平衡作用,从汽轮机中的抽汽流量自动增加,汽轮机发电负荷随之下降。

供热机组的一个典型特点是供热负荷同发电负荷之间存在相互影响,机组调整供热负荷时,机跟炉方案机前压力波动小但发电负荷波动较大,而炉跟机方案、DEB 方案发电负荷波动小但机前压力波动较大。当供热抽汽压力控制回路 PID 控制器参数采用比较保守的整定策略时,供热负荷的调整对机组发电负荷和机前压力的影响较小。另外,供热抽汽压力控制回路 PID 采用相同的参数,其控制品质基本与机侧、炉侧采用的控制方案无关。

供热负荷的突然变化,对机组发电负荷的影响是比较明显的,将使发电负荷或机前压力出现较大幅度的波动。由于供热负荷扰动是从汽轮机侧引入的,供热侧惯性时间同发电侧惯性时间大致相同,即使是对发电负荷控制比较好的炉跟机方案、DEB 方案也不能完全消除发电负荷的波动,发电负荷波动已经接近机组额定发电负荷的 1%,达到 3MW。

供热抽汽压力控制投入自动或者未投入自动,两者在发电负荷、机前压力方面的控制品质类似,比较有特点的是供热抽汽流量的变化量不同。在热网循环水流量同样降低 500t/h(降低比例 20%)的情况下,供热抽汽压力投入自动时供热抽汽流量降低 80t/h(降低比例 20%),未投入自动时供热抽汽流量降低 54t/h(降低比例 13.5%)。当热网循环水流量下降时,热网加热器壳侧饱和温度升高,抽汽流量下降,汽轮机中压缸排汽压力随之升高。当供热抽汽压力投入自动时,供热抽汽调节蝶阀在控制系统作用下开度增加,同时锅炉燃料量和汽轮机高调门开度也发生变化适应新工况;当供热抽汽压力未投入自动时,供热抽汽调节蝶阀开度不变,仅仅锅炉燃料量和汽轮机高调门开度变化适应新工况,这是两者的主要区别。

注意供热抽汽压力投入自动后热网循环水流量和供热抽汽流量变化的比例,可以得到供热机组的另一个重要特性。当供热抽汽压力投入自动后,供热负荷出现扰动时,供热抽汽流量能够等比例的发生变化以抵消供热负荷扰动。

2. 供热机组改进控制策略

供热机组对象模型包括 5 个输入,其中 3 个控制输入、2 个扰动输入。控制输入包括锅炉燃料量、汽轮机高调门开度、抽汽调节蝶阀开度。

供热机组中热网加热器、热网循环水系统同汽轮机回热加热系统的工作原理相同,热网加热器也存在自平衡作用,即当热网循环水流量迅速降低时,热网加热器壳侧向管侧的换热量减少,壳侧的饱和温度升高的同时饱和压力升高,这样热网加热器从汽轮机中的抽汽量将迅速下降,这部分蒸汽将进入汽轮机低压缸做功,机组功率迅速增加。可以称此过程为"热网循环水节流"。

热网循环水流量依靠热网循环水泵控制,绝大部分新建或改造机组采用变频器控制热网循环水泵电机,调节性能优良。以某热电厂为例,热网首站安装 5 台热网循环泵,可以通过调节泵转速或启停泵改变循环水流量。这意味着通过"热网循环水节流"调整发电负荷技术上是成立的。但是这种调节方式工程应用过程中存在一些弊端。首先是调节经济性差,额定负荷下热网循环水流量为 2500t/h,对应发电功率 65MW,假如机组为了瞬时增加 32.5MW 的发电功率,则循环水流量需要瞬时减少 1250t/h,这样大的调节幅度即使是变频控制,执行机构也是难以承受的;其次是调节延迟时间长,热循环水流量变化后,导致因热网加热器换热系数变化引起换热量变化,进而导致供热抽汽量变化,这一过程的迟延相对较大,难以有效发挥供热机组蓄能调节的优势。

作为执行机构,供热抽汽调节蝶阀调节特性相对于"热网循环水节流"优势明显,首先是调节经济性好,在电动执行机构带动下调节蝶阀开度变化即可引起汽轮机抽汽流量的大幅度变化;其次是调节几乎无延迟,机组发电负荷能够迅速跟随调节蝶阀开度变化。当然供热抽汽调节蝶阀调节也存在缺点,最为明显的是抽汽调节蝶阀采用电动执行机构,相对于液动执行机构或气动执行机构,动作速率迟缓,易发生卡涩、磨损等故障;同时相对于其他类型的调节阀门,蝶阀的线性度、位置反馈的精度等指标也相对较差。极少数供热机组抽汽调节阀采用液压控制,同汽轮机高压缸进汽调节门、中压缸进汽调节门一样纳入 DEH 系统控制,此类机组具有最好的调节性能。

另外,部分供热机组在供热抽汽管道上安装有调节阀,或者采用快关阀充当调节阀使用。此类机组抽汽调节蝶阀一般保持全开,通过调整供热抽汽管道上阀门开度调整供热抽汽流量。此类方案的特点是:调节裕量小,调节特性差,需要随机组发电负荷变化频繁进行调节;但是调节安全性好,一般不会引起汽轮机中压缸排汽压力高或低压缸进汽压力低。

供热机组为 3 输入 3 输出多变量对象,根据对象工作点线性化模型可以发现,开环状态下:锅炉燃料量同时影响机前压力、发电负荷、供热抽汽流量;汽轮机高调门开度同时影响机前压力、发电负荷、供热抽汽流量;抽汽调节蝶阀开度影响发电负荷、供热抽汽流量。但当系统闭环后,任何一个输入均可以有效控制任何一个输出,根据排列组合,理论上存在 6 种可能的全反馈控制方案,如表 4-19 所示。

表 4-19　供热机组反馈控制方案

控制输出	控制输入					
	方案 1	方案 2	方案 3	方案 4	方案 5	方案 6
发电负荷	调门开度	燃料量	蝶阀开度	蝶阀开度	燃料量	调门开度
机前压力	燃料量	调门开度	调门开度	燃料量	蝶阀开度	蝶阀开度
抽汽压力	蝶阀开度	蝶阀开度	燃料量	调门开度	调门开度	燃料量

其中方案 1、方案 2 为基本方案,即在传统的炉跟机协调和机跟炉协调控制系统基础上增加了供热抽汽压力控制回路,现场存在采用以上两种方案的实例,所以方案 1、方案 2 工程上是可行的。在控制系统处于手动状态时,运行人员依然可以通过手动改变某一控制输入来调节对应的控制输出。当机组处于纯凝工况时,调节蝶阀开度达到 100%,抽汽压力调节回路自然失去作用。

方案 3 不能在机组纯凝工况下工作,因为此时调节蝶阀开度达到 100% 失去对发电负荷的调节作用,所以方案 3 不能单独存在,需要设计其他控制方案,在机组进入供热工况后,由其他控制方案切换而来。方案 3 的特点是:调节蝶阀开度控制发电负荷,控制品质好;汽轮机高调门开度控制汽轮机前压力,控制品质好;锅炉燃料量控制抽汽压力,控制品质差。在控制系统处于手动状态时,运行人员依然可以通过手动改变某一控制输入来调节对应的控制输出。同方案3类似,方案4也不能在机组纯凝工况下工作。方案4的特点是:调节蝶阀开度控制发电负荷,控制品质好;锅炉燃料量控制汽轮机前压力,控制品质差;汽轮机高调门开度控制抽汽压力,控制品质好。

方案5、方案6在控制系统全部切手动时,调节汽轮机前压力将比较麻烦。单纯看线性化模型,改变蝶阀开度对汽轮机前压力无影响。所以,现场需要改变汽轮机前压力时,需要首先改变燃料量或汽轮机高调门开度,待机前压力发生变化后,再改变蝶阀开度使其他被控参数恢复到期望值。方案5、方案6也不能在纯凝方式下工作,因为此时调节蝶阀开度达到100%失去对汽轮机前压力的调节作用,所以方案5、方案6也不能单独存在,需要设计其他控制方案,在机组进入供热工况后,由其他控制方案切换而来。方案5的特点是:锅炉燃料量控制发电负荷,控制品质差;汽轮机高调门开度控制汽轮机前压力,控制品质好;调节蝶阀开度控制抽汽压力,控制品质好。方案6的特点是:汽轮机高调门开度控制发电负荷,控制品质好;调节蝶阀开度控制汽轮机前压力,控制品质好;锅炉燃料量控制抽汽压力,控制品质差。

针对供热机组的研究目标是利用供热机组热网蓄能加快机组发电负荷响应能力,方案2、方案5显然不能满足要求;对于方案3、方案4虽然存在某种程度的优点,但是抽汽调节蝶阀的机械结构同汽轮机高压缸进汽调节门不同,不能承受调节发电负荷过程中的频繁而大幅度的动作,否则执行机构很快会因磨损而损坏。综合考虑,方案6最为可行。汽轮机高调门能够保证机组发电负荷的控制品质,控制系统闭环后汽轮机前压力对调节蝶阀动作的响应也比较迅速,汽轮机前压力控制品质容易保证,而供热抽汽压力对控制品质要求不高,由特性最差的锅炉燃料量控制。

按照机组集控运行规程,汽轮机负荷变化速率不得超过机组额定发电负荷的$4\%/\min$,这是上述控制方案可以达到的负荷变化速率的上限。图4-37显示了控制效果,其中负荷变化速率设置为额定发电负荷的$4\%/\min$,即$1.2\mathrm{MW}/\min$,机前压力变化小于$0.3\mathrm{MPa}$。随着发电负荷降低,抽汽压力先上升后下降,说明控制系统有效利用了热网蓄热,机前压力先上升后下降,说明控制系统有效利用了锅炉蓄热。正是对这些蓄热环节的合理利用,才能够保证高速率变负荷时机组主要参数的稳定。

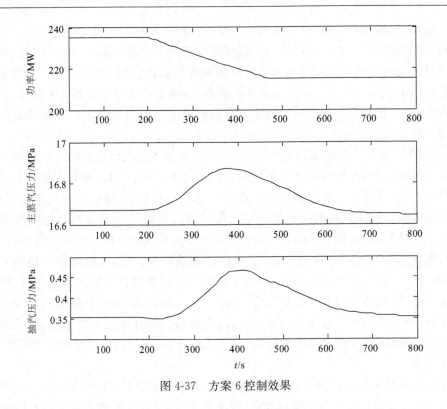

图 4-37 方案 6 控制效果

4.4 本章小结

提升火电机组的快速深度变负荷运行能力,是我国实现多能源互补控制方案、解决规模化新能源电力开发利用问题的关键。本章通过火电机组非线性动态模型的构建和关键状态参数的重构,为实现非线性控制奠定模型与信号基础;研究适应火电机组快速深度变负荷需求的先进控制方法,形成有效的智能协调控制方案;深度挖掘各类机组的蓄热,通过控制系统结构优化与机组运行优化,进一步改善火电机组的变负荷控制性能。

基于机理分析与系统辨识方法,分别建立了汽包炉机组、直流炉机组、循环流化床机组以及供热机组 4 类典型机组的非线性模型,并给出了实例验证,该模型可以直接服务于机组的变负荷控制;介绍了模型参数修正、非线性模型线性化以及模型非线性度量等控制模型特性分析方法,用以解决机组模型的强耦合、强非线性等问题,从而更好地完成控制器的设计。

通过对火电机组变负荷过程中关键参数的检测,力争在降低机组变负荷过程中带来的经济性损失的同时,提高机组的变负荷控制精度。提出了基于信息融合的热量信号构造方法,提高了热量信号的静态精度、动态性能及抗干扰能力,可更好地用于控制;建立了机组的烟气含氧量软测量模型用于变负荷过程中氧量的监测,进而通过控制好风煤配比降低机组经济性损失;提出了机组入炉煤质的在线监测方法,通过实现煤质在线校正,降低机组大范围变负荷运行时煤质因素对控制精度的干扰。

基于协调控制与蓄能深度利用策略,研究火电机组快速深度变负荷控制方法。提出了机组模糊多模型自适应控制及多目标优化控制策略,提高机组的变负荷控制性能并实现节能减排;分析了电网 AGC 性能指标对控制系统优化的影响,进而提出协调控制系统的优化模型,以提高变负荷控制的稳定裕度;建立了凝结水节流控制的动态模型,提出了凝汽器冷却工质节流控制方法,充分利用除氧器及乏汽蓄热,提升机组的快速深度变负荷能力;提出利用循环流化床机组的大范围控制特性及供热机组的快速变负荷控制特性,提高其可调度性。

参 考 文 献

[1] 田亮.单元机组非线性动态模型的研究[D].北京:华北电力大学,2005.

[2] 田亮,曾德良,刘吉臻,等.简化的 330MW 机组非线性动态模型[J].中国电机工程学报,2004,24(8):180-184.

[3] 曾德良,刘吉臻.汽包锅炉的动态模型结构与负荷/压力增量预测模型[J].中国电机工程学报,2000,20(12):75-79.

[4] 曾德良,赵征,陈彦桥,等.500MW 机组锅炉模型及实验分析[J].中国电机工程学报,2003,23(5):149-152.

[5] Adams J,Clark D R,Louis J R,et al. Mathematical modeling of once-through boiler dynamics[J]. IEEE Transactions on Power Systems,1965,84(2):146-156.

[6] Shinohara W,Koditschek D. A simplified model for a supercritical power plant[R]. Michigan:University of Michigan:1995.

[7] 范永胜,徐治皋,陈来九.超临界直流锅炉蒸汽发生器的建模与仿真研究(一)[J]. 中国电机工程学报,1998,18(4):246-253.

[8] 范永胜,徐治皋,陈来九.超临界直流锅炉蒸汽发生器的建模与仿真研究(二)[J]. 中国电机工程学报,1998,18(5):350-356.

[9] Åström K J,Eklund K. A simplified non-linear model of a drum boiler-turbine unit[J]. International Journal of Control,1972,16(1):145-169.

[10] 闫姝.超超临界机组非线性控制模型研究[D].北京:华北电力大学,2012.

[11] Leva A,Maffezzoni C,Benelli G. Validation of drum boiler models through complete dynamic tests[J]. Control Engineering Practice,1999,7(1):11-26.

[12] 闫姝,曾德良,刘吉臻,等.直流炉机组简化非线性模型及仿真应用[J].中国电机工程学报,2012,32(11):126-134.

[13] 高明明.大型循环流化床锅炉燃烧状态监测研究[D].北京:华北电力大学,2013.

[14] 宋海英.秦热 1025t/h 循环流化床锅炉优化运行研究[D].北京:华北电力大学,2011.

[15] 华玉龙.循环流化床锅炉流动、传热和燃烧模型[D].武汉:华中科技大学,2005.

[16] Nowak W. Clean coal fuidized-bed technology in Poland[J]. Applied Energy,2003,74(2):405-413.

[17] 高明明,刘吉臻,牛玉广.裤衩腿结构 CFB 循环流化床锅炉热量与残碳的研究[J].动力工程学报,

2013，33（2）：93-99.

[18] 王琪. 风电规模化并网条件下供热机组优化控制研究[D]. 北京：华北电力大学，2013.

[19] 刘吉臻，王琪，田亮，等. 供热机组负荷-压力简化模型及特性分析[J]. 动力工程学报，2012，32（3）：192-196.

[20] 谢谢. 考虑全局性能与 AGC 性能的单元机组协调控制系统寻优研究[D]. 北京：华北电力大学，2012.

[21] Tan W，Horcaio J M，Chen T W，et al. Analysis and control of a nonlinear boiler-turbine unit[J]. Journal of Process Control，2005，15（8）：883-891.

[22] 刘继伟. 基于大数据的多尺度状态监测方法及应用[D]. 北京：华北电力大学，2013.

[23] 赵征. 基于信息融合的锅炉燃烧状态参数检测技术研究[D]. 北京：华北电力大学，2006.

[24] 范从振. 锅炉原理[M]. 北京：水利电力出版社，1995.

[25] 赵征，曾德良，田亮，等. 基于数据融合的氧量软测量研究[J]. 中国电机工程学报，2005，25（7）：7-12.

[26] Wallis F J，Chadwick B L，Morrison R J S. Analysis of lignite using laser-induced breakdown spectroscopy[J]. Applied Spectroscopy，2000，54（8）：1231-1235.

[27] Daniel G Po，Ismael F P，Pedro F V，et al. Determination of moisture content in power station coal using microwaves. Fuel，1996，75（2）：133-138.

[28] 田亮，刘鑫屏，赵征. 一种新的热量信号构造方法及实验研究[J]. 动力工程，2006，26（4）：499-502.

[29] 刘吉臻，刘焕章，常太华，等. 部分烟气信息下的锅炉煤质分析模型[J]. 中国电机工程学报，2007，27（14）：1-5.

[30] 房方，魏乐，谭文，等. 基于动态扩展算法的大型燃煤机组非线性协调控制系统设计[J]. 中国电机工程学报，2007，27（26）：102-107.

[31] 曾德良. 基于速率优化的智能协调控制系统的研究和应用[D]. 北京：华北电力大学，1999.

[32] Wen T，Liu J Z，Fang F，et al. Tuning of PID controllers for boiler-turbine units[J]. ISA Transactions，2004，43（4）：571-583.

[33] Tan W，Chen T W，Horacio J M. Robust control design and PID tuning for multivariable processes[J]. Asian Journal of Control，2002，4（4）：439-451.

[34] 席爱民. 模糊控制技术[M]. 西安：西安电子科技大学出版社，2008.

[35] Zdenko K，Stjepan B. 模糊控制器设计理论与应用[M]. 北京：机械工业出版社，2010：262-293.

[36] 陈彦桥. 基于模糊规则的多模型控制及其对协调控制系统的应用研究[D]. 北京：华北电力大学，2003.

[37] Takagi T，Sugeno M. Fuzzy identification of systems and its applications to modeling and control[J]. IEEE Transactions on Systems，Man and Cybernetics，1985，15（1）：116-132.

[38] 曾珂. 线性 T-S 模糊系统作为通用逼近器的充分条件[J]. 自动化学报，2001，27（5）：606-612.

[39] 徐志强. 火电厂热工控制的大范围线性化方法[D]. 哈尔滨：哈尔滨工业大学，2002.

[40] 陈彦桥，刘吉臻，谭文，等. 模糊多模型控制及其对 500MW 单元机组协调控制系统的仿真研究[J]. 中国电机工程学报，2003，23（10）：200-203.

[41] Lausterer G K. Improved maneuverability of power plants for better grid stability[J]. Control Engineering practice，1998，6（12）：1549-1557.

[42] 王玮. 火电机组冷端系统建模与节能优化研究[D]. 北京：华北电力大学，2011.

[43] Wang W，Liu J，Zeng D，et al. Variable-speed technology used in power plants for better plant economics and grid stability[J]. Energy，2012，45（1）：588-594.

第 5 章　多能源发电过程互补特性与控制策略

以风力发电、太阳能发电为代表的新能源电力具有可持续、清洁等优势,但也存在间歇性强、波动性大、可控性差等不足。通过新能源电力自身的调节作用可以适当改善其输出特性,但难度大、代价高。火力发电、水力发电等传统发电形式具有较好的可控性,一直以来在电网实时功率平衡中发挥着重要作用。储能技术近年来得到快速发展,其灵活的调节方式及优良的变负荷能力在平抑新能源电力波动、削峰填谷等方面显现出一定的优越性。随着新能源发电在电网中所占比例的逐渐增加,多种能源发电形式共存成为一种发展趋势[1],需要建立相应的多能源发电互补运行控制策略及机制。

在新能源电力系统背景下,多能源发电互补运行的基本思路是在一定区域范围内水电、火电、风电、太阳能发电以及储能等多种发电形式联合运行,以资源条件、输出特性为基础,通过先进的调控技术,发挥各类电源特点,优势互补,实现多能源发电系统的优化运行。

多能源互补是平抑新能源电力随机波动性、间歇性的基本手段。通过多能源互补一方面可平抑新能源电力的随机波动,减小大规模新能源接入对电网的影响,在电力集中外送时,使总的电力输出稳定、可控,从而提高电网对新能源电力的接入比例;另一方面在维持电网总发电量与总负荷平衡的情况下,减少了化石能源消耗,提高了发电的整体经济性,并在节约资源、减少排放方面产生积极的社会效益。

本章在分析新能源发电、传统能源发电及储能电站运行特性的基础上,提出多能源发电过程互补原理,给出厂级负荷控制、风火储互补控制的结构、算法及仿真,建立了以虚拟发电厂为核心的互补机制。

5.1　典型发电过程特性

5.1.1　风力发电过程特性

风力发电的一次能源来源于风能,风电机组的出力特性与风的特性密切相关。自然界中风的大小和方向每时每刻都在变化,表现出一定的随机性与间歇性,因此风电机组或风电场输出功率也处于频繁的波动之中,且随季节、时段、地域的变化而变化。

为了评价风电机组或风电场输出功率的波动特性,常用有功功率变化、有功功率变化标准差等指标来对其进行描述。

有功功率变化定义为一定时间间隔 Δt 内,风电输出有功功率的最大值与最小值之差,如图 5-1 所示。计算式为

$$\Delta P_t = \max\{P(t-\Delta t, t)\} - \min\{P(t-\Delta t, t)\} \tag{5-1}$$

式中,ΔP_t 为 t 时刻有功功率变化;P_t 为 t 时刻有功功率;Δt 为时间间隔。

通常按 1min、10min、1h 等时间间隔描述风电机组或风电场有功功率变化。

我国国家标准《风电场接入电力系统技术规定》(GB/T 19963—2011)指出[2],在风电场并网以及风速增长过程中,风电场有功功率变化,应当满足电力系统安全稳定运行的要求,其限值应根据所接入电力系统的频率特性,由电力调度机构确定。风电场有功功率变化限值的推荐值如表 5-1 所示。该要求也适用于风电场的正常停机,但可以接受因风速降低或超出切出风速而引起的风电场有功功率变化超出表中所给限值的情况。

表 5-1　正常运行情况下风电场有功功率变化最大限值

风电装机容量/MW	10min 有功功率变化最大限值/MW	1min 有功功率变化最大限值/MW
<30	10	3
30~150	装机容量/3	装机容量/10
>150	50	15

将 ΔP_t 标幺化后,可得

$$\Delta P_t^* = \frac{\Delta P_t}{P_r} \tag{5-2}$$

式中,P_r 为对应的风电装机容量。

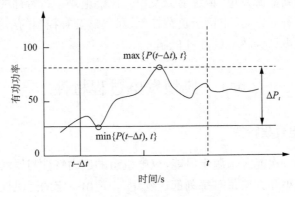

图 5-1　风电功率变化示意图

为了表征一定时间内风功率波动的剧烈程度,定义风功率变化的标准差为

$$\delta = \sqrt{\frac{1}{n}\sum_{i=0}^{n-1}(\Delta P_{t+i} - \overline{\Delta P})^2} \tag{5-3}$$

$$\delta^* = \sqrt{\frac{1}{n}\sum_{i=0}^{n-1}(\Delta P_{t+i}^* - \overline{\Delta P^*})^2} \tag{5-4}$$

式中，δ 与 δ^* 分别表示风功率变化的标准差与标幺标准差；n 为统计时使用的时间段数量；$\overline{\Delta P}$ 及 $\overline{\Delta P^*}$ 分别为风功率变化平均值及风功率变化标幺平均值，按下式计算：

$$\overline{\Delta P} = \frac{1}{n}\sum_{i=0}^{n-1}\Delta P_{t+i} \tag{5-5}$$

$$\overline{\Delta P^*} = \frac{1}{n}\sum_{i=0}^{n-1}\Delta P_{t+i}^* \tag{5-6}$$

通常，大型风电场(群)包含几十、成百甚至上千台风电机组，受风电场区域面积、场区地形地貌、机组排列方式等因素影响，每台风电机组轮毂高度处的风速存在一定差异，导致各机组输出功率往往不尽相同。一般来说，风机空间距离越大，两风机处风速相关系数越小，表明风速之间差异性越大，风机输出功率之间的互补性越强。同一时间尺度下，随机组数量的增加，风电场输出功率的波动随空间分布尺度的增大而趋于缓和，表现出明显的聚合效应。

如图 5-2 所示为某天单台风机、单个风场和场群的风电功率波动情况。数据来自于我国内蒙古地区，单台风机装机容量为 850kW，单个风场装机容量为 114.75MW，场群由五个风场组成，装机容量为474.2MW。从图中可以直观地看出，随着风机数量的增加，输出功率相对波动明显减小。

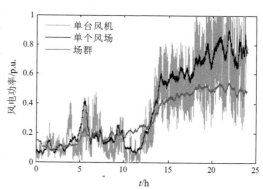

图 5-2　风机、风场和场群输出功率对比

表 5-2 给出不同时间尺度下单个风机、单个风场以及场群的风电功率波动的统计分析。可以看出：

(1) 装机容量不变的情况下，随着时间尺度的增加，风电功率波动量均值和标准差均明显增加，但变化情况却有所差别。例如时间尺度从 5s 到 6h 变化时，单个风机均值和标准差分别增长 11.7 倍、6.7 倍；单个风场均值和标准差分别增长95.7 倍、69 倍；场群均值和标准差分别增长 125 倍、107.7 倍。因此，装机容量越大，时间尺度的增加对风电功率波动的影响越大。

(2) 时间尺度不变时，随着装机容量的增加，风电功率波动量均值和标准差显著减小。装机容量从单个风机增加到场群,时间尺度为 5s 时,风电功率波动均值和标准差分别减小了 17.2 倍、27.7 倍;时间尺度为 10min 时,风电功率波动均值和标准差别分别减小了 4.75 倍、4.5 倍;时间尺度为 6h 时,风电功率波动均值和标准差别分别减小了 1.6 倍、1.7 倍。因此,随着装机容量的增加,风电功率的波动明显减弱;但数据同时指出,时间尺度越小,装机容量的增加对风电功率波动的减弱效果越明显,即风电功率的聚合效应越明显。

表 5-2　不同时间尺度下单个风机、单个风场和场群的波动特性统计

时间尺度	单个风机		单个风场		场群	
	$\overline{\Delta P}^*$	δ^*	$\overline{\Delta P}^*$	δ^*	$\overline{\Delta P}^*$	δ^*
5s	0.0212	0.0332	0.0022	0.0025	0.001234	0.0012
1min	0.0482	0.072	0.0064	0.0087	0.0041	0.0048
10min	0.077	0.1002	0.0275	0.0394	0.0162	0.0222
1h	0.1374	0.1521	0.0861	0.0956	0.0545	0.0602
6h	0.248	0.22	0.2105	0.1726	0.1542	0.1292

图 5-3 给出表 5-2 对应的风电功率变化及风电功率变化标准差的分布情况。

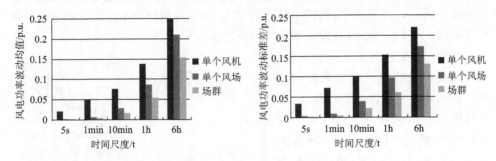

图 5-3　风机、风场和场群输出功率对比

通过对风电输出功率长时间统计分析,可以得到风电出力概率分布 G_P 及风电出力变化概率分布 $G_{\Delta P}$,定义

$$G_P = \frac{N_P}{N}$$

$$G_{\Delta P} = \frac{N_{\Delta P}}{N}$$

式中,N_P 为统计期内出力为 P 的次数;$N_{\Delta P}$ 为统计期内出力变化为 ΔP 的次数;N 为统计期总分段数。

图 5-4 给出了单台机组、单个风场和场群输出功率的概率分布情况。从图中可以看出,单台风机出力情况比较分散,且在 0～0.3p. u. 之间及 0.9p. u. ～1p. u. 之间概率较大,出力呈现两极分化情况,说明单台风机出力波动幅度较大;相比单

台风机,单个风场出力分布更加均匀,两极分化情况消失,出力主要集中在 0～0.7p.u.,但是出力仍比较分散,波动较大;而场群出力则明显呈现出比较集中的趋势。由此可以得出结论,随着装机容量的增加,风电出力的概率分布由分散到集中的趋势发展,风电功率的大范围波动情况明显减少。

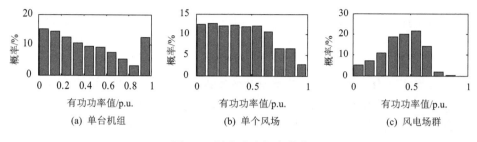

图 5-4　风电出力概率分布

图 5-5 给出了单台机组、单个风场和场群的输出功率波动的概率分布情况。空间尺度上,单台风机出力波动情况比较分散,在较大范围内均有一定的出现概率,风电场及场群出力波动范围则相对集中。时间尺度上,间隔时间越长,出力波动越大。

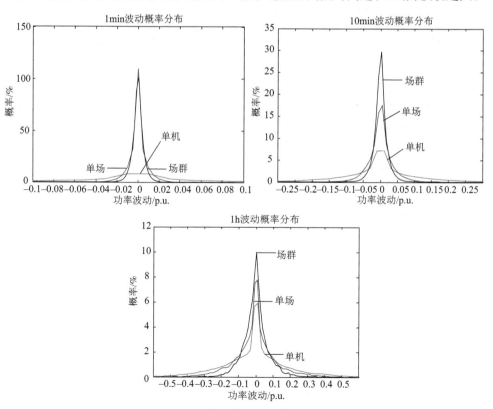

图 5-5　风电出力波动概率分布

随机信号的功率谱密度用来描述信号的能量特征随频率的变化关系。对风电输出功率进行功率谱分析,有助于获得风电在各频域区间的能量分布情况。

假定有限长随机信号序列的 N 点观测数据为 $x(n)$,其傅里叶变换为

$$X_N(\mathrm{e}^{-\mathrm{j}\omega}) = \sum_{n=0}^{N-1} x(n) \cdot \mathrm{e}^{-\mathrm{j}\omega n} \tag{5-7}$$

则可得到其功率谱估计值为

$$S(\omega) = \frac{1}{N} |X_N(\mathrm{e}^{-\mathrm{j}\omega})|^2 \tag{5-8}$$

式(5-8)用有限长样本序列的傅里叶变换计算随机序列的功率谱,估计误差不可避免。为了减少估计误差,可采用分段平均周期图法(Bartlett 法)、加窗平均周期图法(Welch 法)等方法加以改进[3]。其中 Welch 法谱估计的基本原理是首先对随机序列进行分段,并使每段数据有部分重叠,然后对每一段数据用一个合适的窗函数进行平滑处理,最后对各段谱求平均。计算式为

$$S(\omega) = \frac{1}{MUN} \sum_{i=1}^{N} \left| \sum_{n=0}^{M-1} x_m^i(n) \mathrm{e}^{-\mathrm{j}\omega(n)} \right|^2 \tag{5-9}$$

式中, N 为随机序列分段数; M 为每段数据长度; $U = \sum_{n=0}^{M-1} \omega(n)$, $\omega(n)$ 是窗函数。

如图 5-6 所示,为 100 台风机的功率谱图。功率谱图包含三个不同特性的区域:频率处于 2×10^{-6} 与 4×10^{-2} 之间,功率谱在双对数坐标图上呈现出明显的线性特性;频率大于 4×10^{-2} 部分,风机的物理和电气惯性起到了低通滤波器的作用,功率谱幅值下降很快;频率低于 2×10^{-6} 部分,风机最大出力上限限制了功率

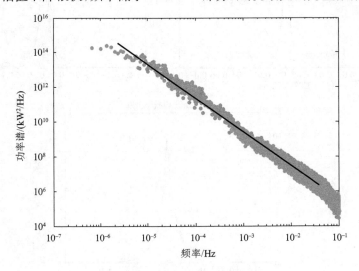

图 5-6　100 台风机功率谱图

谱幅值的增长[4]。将图中线性区域部分拟合成直线，可表示为 $Psd = f^\lambda$，其中 Psd 代表功率谱，f 代表频率，λ 为拟合直线的斜率。

　　λ 值大小随风机数量变化，如图 5-7 所示。10 台风机时，λ 为 -1.675，100 台风机时 λ 为 -1.92。随着风机数量的增多，λ 值逐渐变小，即功率谱幅值随频率的升高下降速度变快，且风机数量越少时，λ 值变化越明显。这也进一步从功率谱密度的角度论证了风电功率的聚合效应[5,6]。

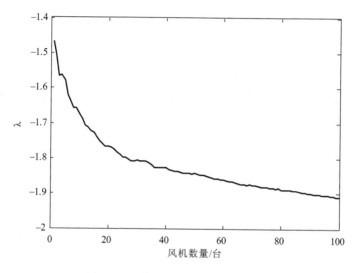

图 5-7　λ 值大小随风机数量变化图

　　发电场的容量因子 CF(capacity factor)定义为一定时间段内实发功率与按照铭牌出力所产生的发电量之比。容量因子是描述发电系统的重要指标，但其因发电方式不同存在较大差异。若用 E_D 表示某一发电系统在一个周期里的总发电量，E_N 表示该发电系统在该周期内理论上所能达到的最大总发电量，则 CF 可表示为：

$$CF = \frac{E_D}{E_N} = \frac{\int_{t=0}^{T} P(t)\mathrm{d}t}{\int_{t=0}^{T} N\mathrm{d}t} = \frac{\int_{t=0}^{T} P(t)\mathrm{d}t}{NT} \tag{5-10}$$

式中，t 为时间；T 为周期；P 为发电量；N 为常数，表示某发电系统的标称容量。统计表明，风电机组的容量因子在 $20\%\sim40\%$。

5.1.2　光伏发电过程特性

　　影响光伏发电输出功率的主要因素包括太阳辐射强度和光伏电池板运行温度。在辐射强度为 $350\sim1000\mathrm{W/m^2}$ 范围内，光伏发电系统的输出功率与辐射强度基本呈正比关系。在最大功率跟踪下，光伏发电输出功率可表示为

$$P_{PV} = GrA\eta_s[1 - \beta(T_c - 25)] \tag{5-11}$$

式中，P_{PV} 为光伏电站的实际输出功率；Gr 为辐射强度；A 为光伏电池面积；η_s 为标准测试条件下的标称效率；T_c 为板温，℃；β 为温度系数，℃$^{-1}$；β 与太阳能电池材料有关，对于晶体硅材料，β 取值在 $0.003 \sim 0.005$℃$^{-1}$ 之间。

受季节、昼夜、气候以及天气等因素的影响，太阳能发电具有显著的间歇性、周期性和随机性。从年度来看，夏季太阳辐射强度较大，光伏电站出力较大；冬季太阳辐射强度较小，光伏电站出力较低。图 5-8 给出了某地区太阳总辐射和直接辐射的月变化趋势，其中月总辐射从 1 月份开始逐渐增加，到 5 月份达到最大，6、7 月份略有下降，但依然维持在一个较高的水平。因此，5～7 月份是一年当中太阳辐射最丰富的三个月，此后逐渐减少，到 12 月份降到全年最低。从一天来看，上午随着太阳时角的增大，太阳辐射强度逐渐增大，直至正午增加到最大，下午逐渐降低。晴天时，相邻日之间光伏电站日发电量和出力曲线有较高的相关性，规律性强；对于多云和阴雨天的天气类型，相邻日之间的光伏出力曲线差异较大。当太阳被快速通过的云团频繁遮挡时，光伏出力表现出很强的随机波动性。图 5-9 给出了太阳辐射强度的日变化趋势，辐射强度呈现先增大后减小的变化规律。

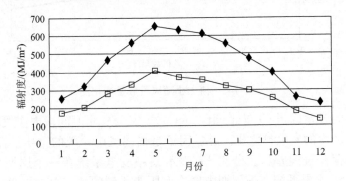

图 5-8　年度太阳总辐射与直接辐射的月变化趋势

◆ 总辐射　　　□ 直接辐射

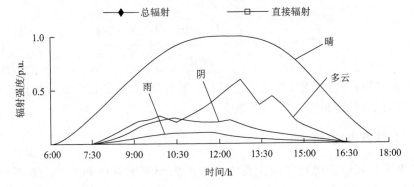

图 5-9　实测不同天气下的光伏电站日出力曲线

与风电场一样,描述光伏电站输出波动特性的典型方法包括 1min 变化量、10min 变化量及 1h 变化量。一般来说,时间间隔越长,引起的输出变化量也越大。

国家电网公司《光伏发电站接入电力系统技术规定》[7]指出,在光伏发电站并网以及太阳能辐照强度增大过程中,光伏发电站有功功率变化应满足电力系统安全稳定运行的要求,其限值应根据所接入电力系统的频率调节特性,由电力系统调度机构确定。光伏发电站有功功率变化限值可参考表 5-3,该要求也适用于光伏发电站的正常停机。允许出现因太阳能辐照度降低而引起的光伏发电站有功功率变化超出有功功率变化最大限值的情况。

表 5-3　光伏电站有功功率变化最大值限制

电站类型	10min 有功功率变化最大值/MW	1min 有功功率变化最大值/MW
小型	装机容量	0.2
中型	装机容量	装机容量/5
大型	装机容量/3	装机容量/10

注:小型光伏电站—通过 380V 电压等级接入电网的光伏电站。

　　中型光伏电站—通过 10kV~35kV 电压等级接入电网的光伏电站。

　　大型光伏电站—通过 66kV 及以上电压等级接入电网的光伏电站。

表 5-4 给出某区域光伏电站出力统计数据。数据来自于我国西北地区,装机容量 20MW,通过 40 台光伏逆变器输出电能,原始采样间隔 1min。

表 5-4　不同时间尺度下单台光伏逆变器、光伏电站波动特性统计

时间尺度	单台逆变器		光伏电站	
	$\overline{\Delta P}{}^{*}$	δ^{*}	$\overline{\Delta P}{}^{*}$	δ^{*}
1min	0.0186	0.0501	0.0131	0.0284
10min	0.064	0.0971	0.0545	0.0784
1h	0.167	0.1338	0.149	0.119

由于太阳光传输的特性,很大区域内太阳光几乎同时到达,光伏电站输出在相当分散的地理位置上往往具有高度的相关性,天气晴好时通过地理分散来减小整体输出波动性不如风电场那样明显。但在多变天气条件下由于不同区域太阳辐射变化较大,大型光伏电站输出具有一定的平滑作用。统计表明,光伏输出功率在 1min、10min 时间尺度上的波动近似服从正态分布,波动程度与时间尺度有关,可表示为[8]

$$P_{\mathrm{PV}} = \overline{P}_{\mathrm{PV}}(t) + p(t) \tag{5-12}$$

式中,$\overline{P}_{\mathrm{PV}}(t)$ 为 t 时刻光伏发电出力的小时均值;$p(t)$ 服从均值为 0、方差为 σ^2 的 $N(0, \sigma^2)$ 标准正态分布。

由于地球表面上太阳光线具有昼夜交替的运行规律，在分析光伏发电输出特性时要区分是否将夜间统计在内。图 5-10(a)、(b)分别给出考虑夜间与不考虑夜间情况下光伏发电的输出功率分布情况。从图中可以发现，考虑夜间时出力大部分时间小于 10%；不考虑夜间时出力范围分别较广，40%~90%峰值出力的概率都在 10%以上。

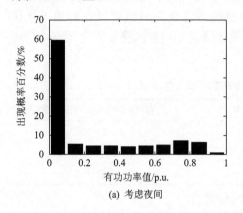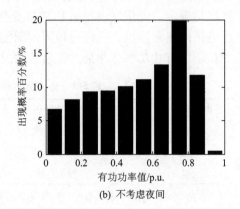

(a) 考虑夜间　　　　　　　　　　　(b) 不考虑夜间

图 5-10　光伏电站输出功率分布情况

对光伏电站 1min、10min、1h 变化量进行定量分析，得到不同时间间隔下功率变化量的概率分布，如图 5-11 所示。为了突出有效发电时段的运行特性，在计算过程中仅使用了白天数据。

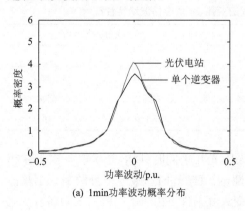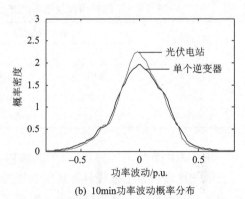

(a) 1min功率波动概率分布　　　　　　　(b) 10min功率波动概率分布

图 5-11　不同时间尺度下功率波动概率分布

图 5-12 为光伏电站出力的功率谱密度曲线。通过该曲线可以直观地观察到光伏出力的周期性（每天、每季度等）和非周期性（与天气有关）波动特性。在 24h、12h 等频率处观察到相应的峰值，体现出太阳能的周期性。在小时尺度附近，有一个斜率近线性衰减的区域。更高频率时出力快速衰减，意味着光伏电站对高频波

动的平滑作用,转折频率 f_c 在某种程度上可能与云影跨过整个光伏阵列的时间有关,是光伏电站面积 S 的函数: $f_c = 0.021S^{-0.5}$。

　　光伏发电的容量因子在10%~30%。

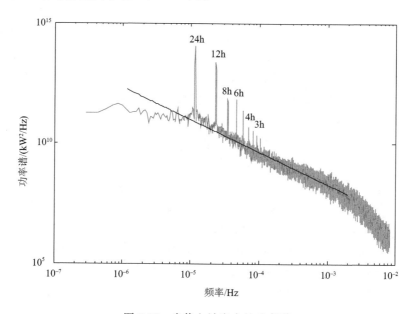

图 5-12　光伏电站出力的功率谱

5.1.3　火力发电过程特性

　　火力发电的一次能源来源于煤炭、石油、天然气等化石能源。化石能源的可存储性使得火力发电输出功率在一定范围内可按要求改变、不受自然环境影响,具有很好的可控性。长期以来,火电机组在我国一直担负着保证电力系统能量平衡、实现电网调峰调频的重要职能。随着风力发电、太阳能发电等新能源电力并网规模的不断扩大,电力系统面临的随机性、间歇性干扰日益增多,对火电机组变负荷能力提出了更高的要求,主要体现在更快的变负荷速率及更大的变负荷范围等方面。

　　变负荷速率是实际负荷变化量与变化所用时间之比,为

$$R = \frac{\Delta P/P_e}{\Delta T} \times 100\% \tag{5-13}$$

式中,R 为机组变负荷速率,(%Pe)/min; ΔP 为负荷变化量,MW; P_e 为机组额定负荷,MW; ΔT 为从负荷指令开始变化至实际负荷变化达到新的目标值所经历的时间,min,具体来说包括两部分:一部分是机组负荷响应纯迟延,即从负荷指令开始变化到实际负荷发生与指令同向连续变化所经历的时间,另一部分是负荷变化时间,即从实际负荷开始变化到实际负荷达到新的目标值所经历的时间。为了描

述机组对负荷指令的敏感性,往往还对负荷响应纯迟延进行单独规定。

不同类型机组的变负荷能力也有所差异。中小机组由于汽包及管道壁厚较小、负荷变化引起的应力问题较轻,且相对蓄热量较大,故允许的负荷变化率较高。如300MW及以下机组变负荷率为$3\%\sim5\%P_e$,600MW机组变负荷率为$2\%\sim4\%P_e$,1000MW机组变负荷率$1\%\sim2\%P_e$;中储式制粉系统机组变负荷时直接改变给粉量,减少了煤粉制备过程产生的迟延,负荷变化速率比直吹式制粉系统机组要快一些;供热机组在供热期间按"以热定电"模式运行,发电负荷调节范围受供热负荷影响。随着供热抽汽流量的增加,机组发电负荷调节范围逐渐减小。如300MW纯凝式机组负荷调节范围为$100\%\sim50\%P_e$,即150M~300MW。同等容量的供热机组,在额定供热工况下(供热抽汽流量400t/h)发电负荷调节范围仅为180M~240MW;循环流化床锅炉机组燃料在流化状态下燃烧,燃烧系统有很大迟延,负荷变化速率低于煤粉炉机组,但由于其燃料适应性强,低负荷时仍能稳定燃烧,甚至可以采用"压火"方式实现不停炉零负荷运行,具有可调范围宽的优势,300MW循环流化床锅炉机组变负荷范围可达$30\%\sim100\%P_e$。

从电力系统运行角度来看,火电机组变负荷能力反映了机组输出功率跟随电网调度指令的能力。机组输出功率迟延越大、变化率越低、可调范围越小,越不利于电网快速能量平衡与频率调节,不利于对风电、太阳能发电等新能源电力波动的平抑作用。

然而,火电机组的变负荷能力主要是由机组特性决定的。根据火力发电过程的物质能量平衡关系可知,机组负荷的最终变化量取决于入炉燃料的变化量,机组负荷平均变化速率取决于负荷对燃烧率的响应特性。火电机组变负荷时经过给煤、制粉、燃烧、工质吸热、热功转换等阶段,具有一定的迟延与惯性,单纯依靠改变燃料量来调整机组出力将造成负荷响应过于缓慢,不能满足电网调频需求。通过改变汽轮机调门开度可以实现机组负荷的快速变化,但这种变化是由机组蓄热引起的,具有不可持续性。图5-13给出燃料量扰动与汽机调门扰动下的负荷响应曲线。

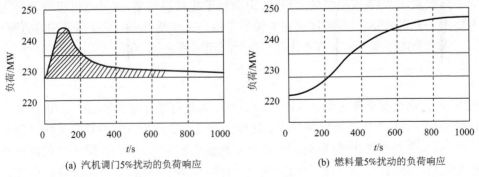

图 5-13　不同扰动下负荷响应

　　主蒸汽压力代表了锅炉与汽机能量的平衡状态,是机组安全和稳定运行的主要参数。主蒸汽压力不变表示汽机与锅炉能量平衡,主蒸汽压力下降表示汽机的能量需求(发电量)大于锅炉的发热量,主蒸汽压力上升表示汽机的能量需求(发电量)小于锅炉的发热量。如果主蒸汽压力大幅度地频繁变化,主蒸汽温度、汽包炉的汽包水位、直流炉的分离器温度等机组主要参数也会同步变化,使煤、风、水等调节系统大幅度波动,引起机组运行不稳定,甚至影响机组的安全运行。因此,机组负荷的变化幅度和变化速率受到主蒸汽压力变化幅度和变化速率的限制。特别在滑压运行方式下,主蒸汽压力随负荷的降低而降低,随负荷的升高而升高,调门与负荷的变化方向正好相反。如加负荷时要求开调门,但滑压运行时要求关调门以提高主蒸汽压力,所以滑压运行方式下,负荷响应慢,有时出现负荷变化的方向与负荷指令相反的现象。

　　另外,在机组的正常调峰范围内,对汽包炉变负荷影响最大的是汽包热应力,对直流炉变负荷影响最大的是分离器和联箱处的热应力。由于汽包内工质处于饱和状态,汽包的温度随汽包压力同步变化。一般汽包的温度变化速度不能超过 $2℃/min$。根据计算,当汽包压力 17.8MPa 时,汽压允许变化速率为 0.425MPa/min;当汽包压力 12.2MPa 时,汽压允许变化速率为 0.32MPa/min,这是汽机调门变化不能太快的原因。

　　表 5-5 给出了我国目前对各类火电机组变负荷能力和机组主要运行参数的考核要求[9]。

　　合理利用机组蓄热是在保证机组安全稳定运行前提下提高机组变负荷能力的关键。锅炉蓄热过程是指锅炉变工况运行时能量的存储/释放过程,为所有汽水工质蓄热和金属蓄热的总和。锅炉汽包、联箱、容器和管道内的水和蒸汽的内能(称为蓄热)在蒸汽压力变化时会发生变化,这是汽机调节开度变化引起负荷变化的原因。当调门变化时,即使燃烧率不变,锅炉的蓄热也能使负荷快速变化,并保持一定时间。

　　锅炉蓄热系数是反映机组蓄能大小的一个主要参数,其定义为单位压力变化时锅炉存储或释放的蒸汽量。表 5-6 给出了几种不同容量锅炉的蓄热系数计算数值。锅炉的蓄热能力主要取决于炉型、汽包或联箱的容量和锅炉的受热面大小,如汽包炉的蓄热比直流炉大;另外蓄热大小与主蒸汽压力有关,主蒸汽压力越高蓄热能力越强,主蒸汽压力越低蓄热能力越弱。

　　锅炉汽轮机协调控制可提高机组变负荷能力。当负荷指令变化时,调节燃料量、送风量、给水量以维持机组的能量平衡,同时调节汽轮机调门开度以改变进入汽轮机的蒸汽流量,从而利用机组蓄热、实现机组负荷的快速响应。在机炉协调控制系统中,基于机组动、静态特性设计相应的前馈补偿控制策略,使锅炉、汽轮机控制作用相匹配,是解决快速变负荷与机组稳定性矛盾的有效方法,基本原则为:

表 5-5　各类机组主要被调参数的动态、稳态指标考核要求

参数	负荷变动试验动态品质指标						AGC负荷跟随试验动态品质指标		稳态品质指标	
	直吹式机组			中储式机组			直吹式机组	中储式机组	300MW等级以下机组	300MW等级及以上机组
	②	②	③	④	⑤	⑥				
	2	2	3	3	3	4	1.5	2.0		
实际负荷变化速率/(%Pe/min)	≥1.5	≥1.5	≥2.2	≥2.5	≥2.5	≥3.2	≥1.0	≥1.5	—	—
负荷响应纯迟延时间/s	120	90	90	60	40	40	90	40		
负荷偏差/%Pe	±3	±3	±3	±3	±3	±3	±5	±5	±1.5	±1.5
主蒸汽压力/MPa	±0.6	±0.5	±0.5	±0.5	±0.5	±0.5	±0.6	±0.5	±0.2	±0.3
主蒸汽温度/℃	±10	±8	±8	±10	±8	±8	±10	±10		±3
再热蒸汽温度/℃	±12	±10	±10	±12	±10	±10	±12	±12	±3	±4
汽包水位/mm	±60	±40	±40	±60	±40	±40	±60	±60	±20	±25
炉膛压力/Pa	±200	±150	±150	±200	±150	±150	±200	±200	±50	±100
烟气含氧量/%	2~	—	—	—	—	—	—	—	±1	±1

注:1. 600MW 等级直吹机组:指标①为合格指标,指标②为优良指标

　　2. 600MW 等级以下直吹机组:指标②为合格指标,指标③为优良指标

　　3. 300MW 等级及以上中储式机组:指标④为合格指标,指标⑤为优良指标

　　4. 300MW 等级以下中储式机组:指标⑤为合格指标,指标⑥为优良指标

表 5-6　不同锅炉蓄热系数的比较

锅炉类型	蓄热系数/(MJ/MPa)	被负荷单位化后的蓄热系数/(MJ/MPa/MW)
P16－G16,160MW	3575	22.34
IHI-2016/16.35-A,660MW	7011	10.62
B&WB－1025/18.44－M,330MW	2851	8.64
HG－2023/17.6－YM4,660MW	6331	9.59
DG3000/26.15－Ⅱ1,1000MW	5488	5.49

（1）根据机组静态特性,设置控制量间准确的静态匹配和平衡关系,并引入交叉限制、负荷闭锁等功能,强化控制量间不匹配和不平衡时的控制措施。

（2）加快控制回路快速响应的同时,考虑不同控制量动态特性的差异,进行动态补偿防止被控参数动态偏差加大。

图 5-14 所示为某 1000MW 超超临界机组蓄热补充控制原理图。

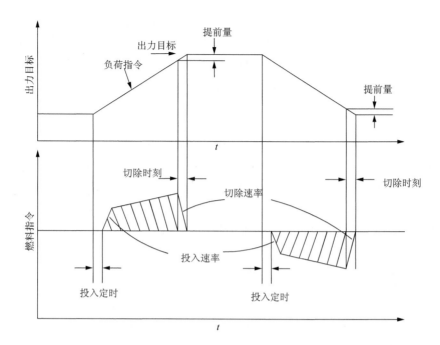

图 5-14　蓄热补充控制原理

5.1.4　水力发电过程特性

水力发电的一次能源来源于水体中的势能,实现能量转换的基本设备是水轮发电机组。利用河川、湖泊等天然水流的落差,并以水库汇集、调节天然水流的流量,推动水轮机旋转带动发电机发电,从而实现势能—机械能—电能的转换。

水电站或水电厂由若干台水轮发电机组及辅助设施构成。按照利用水源的性质,水电站可分为三类。①常规水电站:利用天然河流、湖泊等水源发电;②抽水蓄能电站:主要用于电网调峰。利用电网中负荷低谷时多余的电力,将低处下水库的水抽到高处上水库存蓄,待电网负荷高峰时放水发电,尾水流至下水库;③潮汐电站:利用海潮涨落所形成的潮汐能发电。

按照水电站对天然水流的利用方式和调节能力,可以分为两类。①径流式水电站:没有水库或水库库容很小,对天然水量无调节能力或调节能力很小的水电站;②蓄水式水电站:设有一定库容的水库,对天然水流具有一定调节能力的水电站。

水电机组开停机迅速、灵活,可以在几分钟内从静止状态迅速启动投入运行,短时间内完成负荷增减任务,调峰深度(考虑弃水调峰)接近 100%,适应负荷大范围变化的需要。然而,水电机组出力受上游来水影响较大,属于能量受限机组。为提高水力发电的经济性,应考虑避免弃水调峰。

梯级电站中,上下游电站间存在着一定的电力和水力联系。在满足电网调度对梯级电站流域总功率要求的前提下,优化分配流域内各电站发电功率,不仅可以保证电站机组在一定水头范围内的稳定运行,避免进入低效率区及振动区,还可实现经济发电、降低水耗,显著提高整个流域的资源利用效率。

1. 水轮机系统模型

水轮机系统模型包括引水系统模型及水轮机模型,建模时要充分考虑水轮机系统水击现象。当水轮机导叶关小或开大时,引水管道中的流量及流速发生变化,同时引起阀门处压力上升或下降。该压力以波的形式沿引水管道向上游传播,到达上游水库端后形成反射压力波又沿引水管道向下游传播,从而造成管道内水压升高或降低,好像锤击作用于管壁、阀门及其他管路组件上,这种现象称为水击。

在引水管道较短时(一般小于800m),可把水与管壁看做不可压缩的刚性体,管道内的水击模型可采用刚性水击模型为

$$\frac{h(s)}{q(s)} = -T_w s \tag{5-14}$$

式中,$h(s)$ 为水轮机水头变化相对值;$q(s)$ 为通过水轮机的流量变化相对值;T_w 为引水系统水流惯性时间常数。

对于单调整水轮机来说,水轮机转矩 M_t 和流量 Q 是导叶开度 Y、水头 H 及机组转速 n 的函数为

$$\begin{aligned} M_t &= F(Y, n, H) \\ Q &= G(Y, n, H) \end{aligned} \tag{5-15}$$

当在工况点附近出现小扰动时,近似认为水轮机具有线性的动态特性,可表示为

$$\begin{aligned} \Delta M_t &= \frac{\partial F}{\partial Y}\Delta Y + \frac{\partial F}{\partial n}\Delta n + \frac{\partial F}{\partial H}\Delta H \\ \Delta Q &= \frac{\partial G}{\partial Y}\Delta Y + \frac{\partial G}{\partial n}\Delta n + \frac{\partial G}{\partial H}\Delta H \end{aligned} \tag{5-16}$$

取相对值后,可得

$$\begin{aligned} m_t &= e_y y + e_x x + e_h h \\ q &= e_{qy} y + e_{qx} x + e_{qh} h \end{aligned} \tag{5-17}$$

式中 m_t、q、y、x、h 分别为水轮机力矩、流量、导叶开度、转速及水头的偏差相对值;e_y、e_x、e_h 分别为水轮机力矩对导叶开度、转速和水头的传递系数;e_{qy}、e_{qx}、e_{qh} 分别为水轮机流量对导叶开度、转速和水头的传递系数。上述系数可以从水轮机综合特性曲线上求取。

综合式(5-14)～式(5-17),可得刚性水击条件下水轮机系统的动态结构如图 5-15 所示。

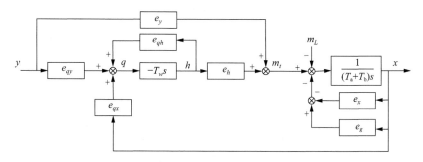

图 5-15　水轮机系统的动态结构

图 5-15 中,以 m_L 表示负荷扰动,以 $\dfrac{1}{(T_a+T_b)s}$ 表示发电机及电网模型,其中 T_a 为机组惯性时间常数,T_b 为负荷折算到机组的时间常数。e_g 为发电机负载自调节系数,表示发电机负载力矩随转速的变化关系。e_g 取值与负载特性有关,可通过统计或实验得出。

对于理想水轮机:$e_{qx}=0$、$e_{qh}=0.5$、$e_{qy}=1$,取 $e_x=0$、$e_h=1.5$ 和 $e_y=1$,并记 $e_n=e_g-e_x$,可得

$$
\frac{m_t(s)}{y(s)}=\frac{1-T_ws}{1+0.5T_ws}
$$

$$
\frac{x(s)}{y(s)}=\frac{1-T_ws}{1+0.5T_ws}\cdot\frac{1}{(T_a+T_b)s+e_n}
$$

(5-18)

图 5-16 给出在水轮机导叶开度以 $10\%/s$ 速率扰动下,不同水流时间常数 T_w 对水轮机力矩及转速动态特性的影响。由于 T_w 的存在,使水轮机系统具有一个正的零点,构成非最小相位系统,从而引起动态过程中水轮机力矩与转速的反向调节,且随着 T_w 的增大,反向调节峰值也相应增加,恢复时间加长,对系统的动态稳定和调节品质产生不利影响。

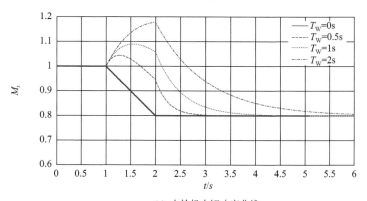

(a) 水轮机力矩响应曲线

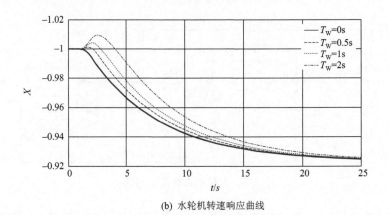

(b) 水轮机转速响应曲线

图 5-16 水轮机系统动态特性

国家标准《水轮机控制系统技术条件》对水轮机系统特性提出以下要求:当使用 PID 型调速器时,水轮机引水系统的水流惯性时间常数 T_W 不大于 4s;对于 PI 型调速器,T_W 不大于 2.5s,且水流惯性时间常数 T_W 与机组惯性时间常数 T_a 的比值不大于 0.4;反击式机组 T_a 不小于 4s,冲击式机组 T_a 不小于 2s 等。

在理想水轮机模型中,将一些系数设置为常数,如 e_y 取 1,即认为导叶开度从 0％变化到 100％时水轮机输出的机械功率也从 0％变化到 100％。但实际上水轮机往往具有空载开度,加之运行中产生的功率损耗及死区等,水轮机输出功率与导叶开度并不是 1:1 的关系。因此,对实际水轮发电机组,模型中的系数取值在一定范围内变化,可通过运行试验数据加以辨识。

2. 水轮发电机组控制策略

水轮机控制系统或调速器是水轮发电机组运行控制的核心,它具有三种主要调节模式,即频率调节模式、开度调节模式和功率调节模式,图 5-17 给出三种调节

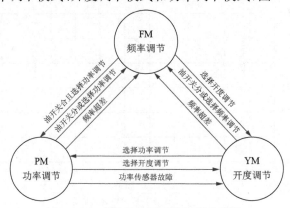

图 5-17 水轮机控制系统的调节模式

模式及其转换关系示意图,其中转换条件可根据实际情况而有所不同。

频率调节又称为转速调节。通过调节水轮机导叶开度,使机组频率(或转速)跟踪给定值变化。频率调节模式适用于机组空载运行、并入小电网或孤网运行、并入大电网调频方式运行等工况。机组开机空载运行后,首先进入频率调节模式,当油开关合闸并入电网后,机组可进入功率调节或开度调节模式。

开度调节是机组并入电网后采取的一种调节模式。在一定频率死区范围内,机组不参与频率调节,机组控制系统根据人为给定的开度值调节水轮机导叶开度。

功率调节通过调节水轮机导叶开度,使机组功率跟踪功率给定值。功率调节适用于机组并网运行,特别是接受水电站或电网调度 AGC 控制的情况。在功率调节模式下,若检测出功率传感器故障,则自动切换至开度调节模式。

为了保证切换过程的平稳性,大型水轮机调节模式切换时,水轮机主接力器的开度变化不得超过其全行程的$\pm 1\%$[13]。

一种水轮机控制器结构如图 5-18 所示。

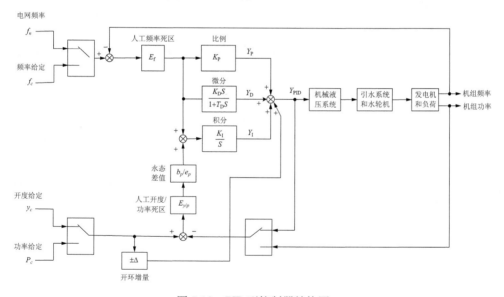

图 5-18　PID 型控制器结构图

水轮发电机组控制系统应保证机组在各种运行方式和运行工况下的稳定性。机组空载工况时的转速摆动值,对于大型调速器不超过$\pm 0.15\%$,中、小型调速器不超过$\pm 0.25\%$,特小型调速器不超过$\pm 0.3\%$;机组甩 100% 负荷后,超过 3% 额定转速以上的波峰不超过两次。调节时间与转速升高到最大时间之比,对于中、低水头反击式水轮机不大于 8,高水头的反击式和冲击式水轮机不大于 15,其中稳态区域的转速相对偏差在$\pm 1\%$之内。

事故状态下,大电网频差超过人工频率死区 E_f 时,调速器会相应的转为频率调节模式，支持电力系统恢复正常运行状态。

并网运行水轮发电机组应具有一次调频功能。即通过水轮发电机组控制系统（调速器）自身的负荷/频率静态特性和动态特性对电网频率变化做出快速响应。电网一次调频对水轮机调节系统的主要技术要求如下[12]。

（1）死区：水电机组死区控制在 ±0.01Hz 内。对比来看，采用电液型汽轮机控制系统的火电机组和燃机死区控制在 ±0.033Hz 内；采用机械、液压型汽轮机控制系统的火电机组和燃机死区控制在 ±0.10Hz 内。

（2）转速不等率：水电机组不大于 3%，火电机组和燃机为 4%～5%。

（3）响应行为：当电网频率变化超过机组一次调频死区时，机组应在 15s 内开始响应；当电网频率变化超过机组一次调频死区的 45s 内，机组实际功率与目标值偏差的平均值应在机组额定有功功率的 ±3% 以内。

除参与电网一次调频外，水电机组还在电网二次调频中发挥重要作用。机组接受电网（水电站）AGC 负荷指令，在控制系统作用下使机组实发功率快速、单调地到达负荷指令附近的允许范围内。为提高水电机组对 AGC 的相应性能，在控制系统设计时应考虑以下因素：

（1）由水轮机调节系统的水流惯性时间常数 T_w、机组惯性时间常数 T_a 和机组功率检测信号延迟等引起的被控机组有功功率 P_g 与水轮机导叶开度 Y 之间的时间滞后。特别要注意水击作用对控制系统稳定性产生的不利影响。

（2）不同水头下，同一导叶开度 Y 对应于不同的有功功率 P_g，即机组有功功率是水头和水轮机导叶开度的函数，如图 5-19(a)。因此，有必要采取变参数控制策略。

（3）同一水头下，机组有功功率 P_g 与水轮机导叶开度 Y 之间也呈现出一定的非线性特性，如图 5-19(b)。为保证控制效果，应尽量使水轮机工作在线性区域。

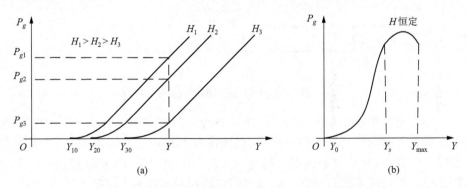

图 5-19　水轮机有功功率与水头及导叶开度的关系曲线

为进一步提高水电机组负荷调节能力，还提出分段控制策略[11]，如图 5-20 所示。基本思路是将变负荷过程进行分段控制。当 AGC 负荷指令从 P_{c1} 改变到 P_{c2} 后,机组控制系统按 3 段斜率（k_1、k_2 和 k_3）经过 ABCD 区间生成实际负荷指令 P_c。调节初期,大的斜率 k_1 使调节过程快速向目标值 P_{c2} 接近;调节后期,小的斜率 k_2 和 k_3 一方面保证调节过程单调变化,另一方面不至于出现过大的超调。

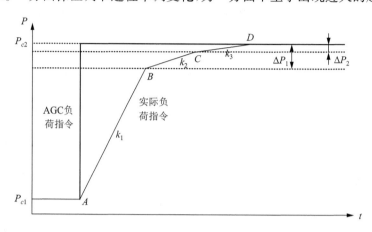

图 5-20 分段多速率控制策略

5.1.5 储能系统特性

1. 储能简介

目前储能方式主要分为三类:机械储能、电磁储能、电化学储能。

机械储能包括抽水蓄能、压缩空气储能、飞轮储能等。电磁储能包括超导储能、电容储能、超级电容器储能等。化学储能的典型特征是将电能转化为化学能进行储存,常见的储能方式有四种:铅酸（leadacid battery）、钠硫（sodium sulfur battery）、锂离子（lithiumion）和液流电池（flow battery）储能等。

从储能系统的功率和放电时间来看,抽水储能、压缩空气储能适合于规模超过 100MW 和能够实现每天持续输出的场合,可用于大规模的能源管理,如负载均衡、负载跟踪等。大型液流电池、燃料电池、储热/冷装置适合于 10M～100MW 的中等规模能源管理。飞轮、电池、超导磁能、电容反应速度快（可达毫秒级）,因此可用于电能质量管理包括瞬时电压降、降低波动和不间断电源等,通常这类储能设备的功率级别小于 1MW。

从储能系统的循环效率来看,超导储能、飞轮、超大容量电容和锂离子电池的循环效率超过 90%,属于高效储能;抽水蓄能、压缩空气储能、电池（锂离子电池除外）、液流电池和传统电容的循环效率为 60%～90%,属于较高效率储能;金属-空气电池、太阳燃料、储热/冷的效率低于 60%,属于低效储能。

不同电力储能系统具有不同的使用寿命和循环次数。在原理上主要依靠电磁技术的电力储能系统的循环周期非常长,通常大于 20 000 次。机械能或储热系统(包括抽水蓄能、压缩空气储能、飞轮、储热/冷)也有很长的循环周期。由于随着运行时间的增加会发生化学性质的变化,电池和液流电池的循环寿命较其他系统低。储能系统的类型及参数选择与应用目标有直接关系。表 5-7 给出不同类型储能技术特性比较。

表 5-7　常见储能技术性能比较

	储能类型	功率范围	持续时间	效率/%	应用场合
机械储能	抽水蓄能	$100\sim2000MW$	$4\sim10h$	$60\sim70$	调峰调频、系统备用
	压缩空气储能	$10\sim300MW$	$1\sim20h$	$40\sim60$	调峰调频,新能源电力平抑
	飞轮储能	$5kW\sim10MW$	$15s\sim15min$	$80\sim90$	调峰调频、UPS、电能质量控制
电磁储能	超导储能	$10kW\sim2MW$	$ms\sim15min$	$80\sim95$	输暂态稳定控制、电能质量控制
	超级电容器	$1kW\sim1MW$	$1s\sim1min$	$70\sim90$	电能质量控制、FACTS 输电技术
化学储能	铅酸电池	$1kW\sim50MW$	$1min\sim3h$	$60\sim70$	电能质量控制、备用电源
	锂离子电池	$1kW\sim10MW$	$1min\sim9h$	$70\sim80$	电动汽车、新能源电力平抑
	钠硫电池	$1kW\sim10MW$	$1min\sim9h$	$70\sim80$	新能源电力平抑、备用电源
	液流电池	$10kW\sim10MW$	$1\sim20h$	$70\sim80$	电能质量控制、新能源电力平抑、备用电源

2. 钒液流电池系统分析

钒液流电池是一种新型高效的化学储能电池。将正负极活性钒离子溶液分别存储于正负极液灌中,正极液灌中反应物质为 V^{5+}/V^{4+} 钒离子溶液,负极液灌中反应物质为 V^{3+}/V^{2+} 钒离子溶液。在钒液流电池充放电过程中,正负极溶液分别在各自的驱动泵驱动下在液灌与电堆之间循环,电解液在电堆中被离子膜隔开,充放电过程中在电池内部电场的作用下,通过电解液中阳离子(主要为 H^+)的定向移动而产生电流。电池容量取决于正负极液灌中活性化学物质数量和电池的充放电荷状态,而电池功率取决于电堆数量及电堆截面积,所以可根据需要选取电池的功率与容量。钒液流电池工作原理如图 5-21 所示[15]。

在钒液流电池充放电过程中,正极和负极电解液发生的化学反应过程可表示为

$$正极:V^{4+} - e^- \underset{放电}{\overset{充电}{\rightleftharpoons}} V^{5+} \tag{5-19}$$

$$负极:V^{3+} + e^- \underset{放电}{\overset{充电}{\rightleftharpoons}} V^{2+} \tag{5-20}$$

钒液流电池电极不参与化学反应,整个反应过程只存在钒离子价态的变化,故

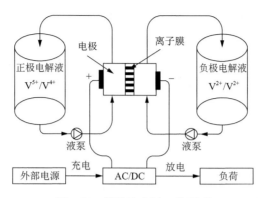

图 5-21　钒液流电池工作原理

反应过程稳定。由于正负极溶液分别存储于不同的液罐中,避免了正负极电解液的交叉污染,当钒液流电池处于不工作状态时,不会因为自放电而造成电能的损耗。

（1）钒液流电池的充放电过程

某钒液流电池系统配置如表 5-8 所示,运行时间 63.25h,采样周期为 5min。充电过程先以短时间小电流启动,然后转恒流充电,当端电压达到单片电压 1.6V 时,再转为恒压限流充电。放电时采用恒流放电并缓慢减小放电电流大小。充放电过程电压、电流及功率变化过程如图 5-22～图 5-24 所示。其中 0～43.25h 为充电过程,43.25～63.25h 为放电过程。

表 5-8　钒液流电池站用电源系统配置

名称	参数
电堆	24 片/堆
功率	4.8kW
容量	100kW・h
电压	22.3～38.7V
电流	15～100A
荷电状态 SOC	10%～90%

从图 5-22 可知钒液流电池充电过程中前期电堆电压变化较快,当单片电压达到 1.55V 时,电堆电压变化趋于平缓,当单片电压达到 1.6V 时,即转为恒压充电模式时,电堆电压基本保持不变。放电过程前期电压较为平稳下降,当端电压低于 25V 时,波动较为剧烈,故在系统运行时要求电池必须保持一定的电量。当钒液流电池荷电状态达到 60%以上时,电堆电压变化缓慢,此时充电电流远小于前期充电电流。放电过程前期一般可大功率运行,放电电流远大于充电过程中的浮冲

电流,此时钒液流电池电阻值比其他阶段稍大,这样就会导致充放电切换过程中,电池端电压会有一个较大的电压衰落。

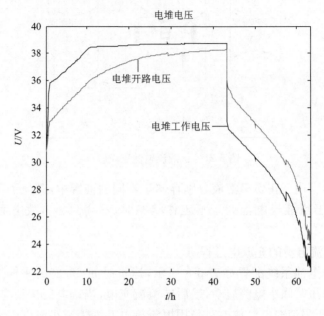

图 5-22　钒液流电池电堆电压

钒电池电堆工作电流变化过程如图 5-23 所示。电流值大于 0 表示充电过程,

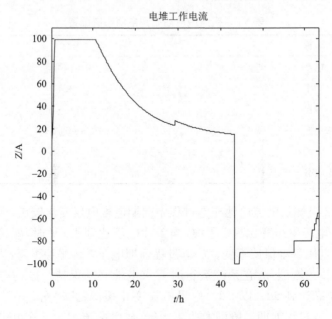

图 5-23　钒液流电池电堆工作电流

电流值小于 0 表示放电过程。充电过程中,当端电压达到一定值后转入恒压充电模式,此时充电电流值随着电池端电压的升高逐渐下降,试验放电过程设置为恒流放电,随着端电压的下降,放电电流逐渐减小。

从钒液流电池电压、电流及功率(见图 5-24)的变化可以看出由于电堆电压变化区间较小,故钒液流电池充放电功率主要取决于充放电电流的大小。

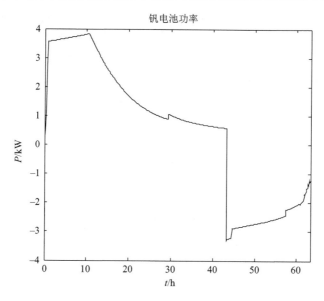

图 5-24 钒液流电池电堆功率

(2) 电池荷电状态估计

电池荷电状态(state of charge,SOC)反映其剩余电量,直观地反映了电池内部状态,在线估计电池的荷电状态是其能量管理系统的一个重要任务。常见的电池荷电状态估计方法有开路电压法、安时法等。其中开路电压法要求电池必须停止工作过程,并在静置一定时间达到稳态方能测试,无法实现在线检测;安时法容易受到外界扰动的影响,当检测电流不准或波动较大时,将严重影响电池荷电状态估计精度。近年来也出现了神经网络法、卡尔曼滤波法等新的估计方法。这里简要介绍应用卡尔曼滤波递推算法对钒液流电池荷电状态进行估计。

电池荷电状态定义为当前电量与电池总容量的比值,计算公式如下:

$$SOC = \frac{C - \int It\,dt}{C} \tag{5-21}$$

式中,C 表示电池总容量;$\int It\,dt$ 表示电池在工作电流为 I 时的充放电量。由于电池荷电状态受电池温度、充放电效率、老化等现象的影响,实际计算电池荷电状态

公式为

$$SOC = SOC_0 - \int_0^t \frac{\eta i_{(t)}}{C_n} dt \tag{5-22}$$

式中，SOC_0 表示电池初始的荷电状态；C_n 表示电池的额定容量；$i_{(t)}$ 表示电池充放电过程的瞬时电流；η 表示电池整个充放电过程的库仑效率。

将电池充放电电流作为输入，电池工作电压作为输出，电池荷电状态作为中间状态。即荷电状态是系统状态 X_k 的分量，A_k 为系统矩阵，B_k 为控制输入矩阵，H_k 为测量矩阵，它们分别描述了系统的状态与参数。

用卡尔曼滤波法不仅可以在线估计电池的荷电状态，还能够通过协方差估计出荷电状态的估计偏差。对公式(5-22)零阶采样离散化后得到系统的状态方程

$$Z_{k+1} = Z_k - \frac{\eta \Delta t}{C_n} i_k \tag{5-23}$$

式中，Z_k 即为 k 时刻电池的荷电状态 SOC。

根据 Nernst 方程有

$$V_{stack} = V_{equilibrium} + K\ln\left(\frac{Z_k}{1-Z_k}\right) \tag{5-24}$$

式中，V_{stack} 表示电池开路电压；$V_{equilibrium}$ 表示电极标准的电势差；K 为电池温度对电池电压的影响参数。结合钒液流电池充放电等效电路模型可得输出方程为

$$Y_k = V_k + I_k(R_{reaction} + R_{resistive}) + \nu_k \tag{5-25}$$

式中，Y_k 表示电池的负载电压 V_b；V_k 表示电池开路电压 V_{stack}；I_k 表示 k 时刻通过电堆的充放电电流；$R_{reaction}$ 和 $R_{resistive}$ 分别表示通过电池充放电过程中电荷转移阻抗和电池等效阻抗；ν_k 为测量噪声，并设 P 为测量噪声协方差，Q 为过程噪声协方差。

由于此系统为单入单出系统，系统矩阵 $A_k = 1$。

由公式(5-23)和(5-25)可得

$$H_k = \frac{\partial Y_k}{\partial Z_k} = \frac{K}{Z_k(1-Z_k)} \tag{5-26}$$

电池荷电状态卡尔曼滤波最优估计算法递推过程如下。

首先初始化变量：$Z_{0|0} = SOC_0$，$P_{0|0} = var(Z_0)$

$$Z_{k|k-1} = Z_{k-1|k-1} - \frac{\eta i_{k-1}T}{C_n} \tag{5-27}$$

$$\boldsymbol{P}_{k|k-1} = \boldsymbol{A}_{k-1}\boldsymbol{P}_{k-1|k-1}\boldsymbol{A}_{k-1}^{T} + \boldsymbol{Q} \tag{5-28}$$

$$Z_{k|k} = Z_{k|k-1} + \boldsymbol{G}_k\left(Y_k - V_{equilibrium} - I_k(R_{reaction} + R_{resistive}) - K\ln\frac{Z_{k|k-1}}{1-Z_{k|k-1}}\right)$$

$$\tag{5-29}$$

$$G_k = \frac{P_{k|k-1}H_k}{H_kP_{k|k-1}H_k^T + R} \tag{5-30}$$

$$P_{k|k} = (I - G_kH_k)P_{k|k-1} \tag{5-31}$$

式中，$k = 1,2,\cdots,n$；$P_{k|k}$ 为滤波误差的协方差；G_k 为卡尔曼滤波增益矩阵；I 为单位矩阵；Y_k 为 k 时刻测量的电池负载电压；T 为采样周期，n 为计算步数。

设计的钒液流电池工作温度为 30℃，此时钒液流电池工作特性变化不大，以公式(5-32)可求得 $K = 1.25$[16]。

$$K = 2m \cdot \frac{R_\circ T_\circ}{F_\circ Z'} \tag{5-32}$$

式中，$R_\circ = 8.314\mathrm{J/(mol \cdot K)}$，是摩尔气体常数；$T_\circ = (30 + 273.15)\mathrm{K}$；$F_\circ = 96450\ \mathrm{C \cdot mol^{-1}}$，为法拉第常量；$Z'$ 为电池的反应电子数，在钒液流电池的化学反应中 $Z' = 1$；$m = 24$ 为电堆离子膜数。

根据某钒液流电池试验数据，应用上述算法得到电池 SOC 状态估计如图 5-25 所示[17]。

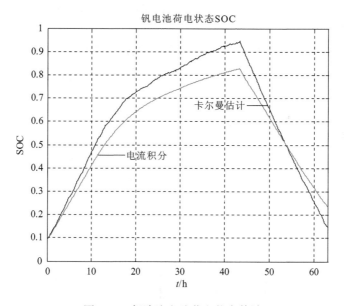

图 5-25　钒液流电池荷电状态估计

图中同时给出了采用电流积分法得到的电池荷电状态。荷电状态初始值及结束值通过实测正负极电解液中 V^{5+}/V^{4+} 与 V^{3+}/V^{2+} 的离子浓度而得。卡尔曼滤波估计算法及电流积分法估计电池荷电状态与测试分析得到的荷电状态对比如表 5-9 所示。

表 5-9　钒液流电池荷电状态估计

充放电过程	实测值/%	卡尔曼滤波估计法/%	电流积分法/%
初始值	10	10	10
充电结束	88	90	83
放电结束	13	11	23

充电初期,电流积分法与卡尔曼滤波估计法均可较好地反应电池荷电状态,但随着充电时间加长,电流积分法估计电池荷电状态偏差逐渐加大,到充电结束时偏差接近 5%,放电过程中,由于偏差积累,到放电结束时偏差值达到了 10%。而卡尔曼滤波法是根据状态方程与输出观测方程,利用实测电压、电流数据估计电池开环电压,并将估计值与实测值进行比较反馈,这样就可以不断的修正估计值,在电压、电流数据波动较大及运行时间较长时依然能有较高的估计精度。

5.2　多能源发电过程互补原理

实现多能源互补,需要在深入了解各种电源输出特性的基础上,明确互补系统所要达到的目标,设计合理的互补结构,开发适用的互补控制算法,解决互补系统的关键技术问题。

5.2.1　多能源发电过程互补目标

多能源互补发电的主要目标有:平滑风力发电、太阳能发电输出功率,减小电站输出波动;实现削峰填谷,接收更多的新能源电力;跟踪计划出力曲线,参与电网频率调节。

1. 平滑输出功率

当风电场、光伏电站输出功率波动超出电网容许限值时,需要对输出波动进行抑制。基本原理是通过机组本身控制作用或增加储能系统过滤输出功率的高频分量,实现新能源场站有功功率的平滑输出,如图 5-26 所示。

平滑输出功率采取的控制策略如下:

(1) 滑动平均方法。将原始功率在一定时间段内的均值作为参考功率,而在每一时间段内保持总的风电场输出功率等于该时间段中风电功率的平均值。所选时间段越长,输出功率波动越小,但同时也增加了输出功率跟踪迟延,进而需要更大的储能容量。

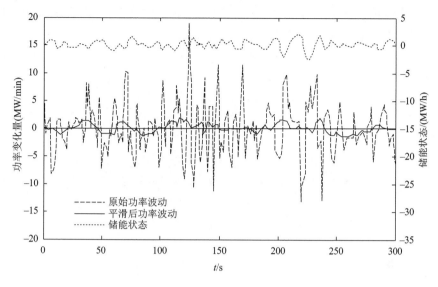

图 5-26　平滑输出功率示意图

（2）低通滤波法[18]。平抑风电功率波动的目标是减小风电场注入电网功率的波动量，这与信号处理中的滤波原理类似。风电输出经过时间常数为 τ 的一阶低通滤波器后，对波动具有一定的抑制效果，以此为基础可以得到储能系统的控制方法。τ 越大，经储能系统平抑后注入电网的功率波动越小，输出功率曲线越平滑。因此，时间常数 τ 的取值决定了平抑效果和投资成本，也是储能容量选取的关键。

2. 削峰填谷

根据系统负荷的峰谷特性，结合储能系统，在负荷低谷期储存多余的风能和光能，甚至还可以根据实时电价从电网吸收能量；在负荷高峰期释放储能系统中储存的能量，从而减少电网负荷的峰谷差，降低电网的供电负担，一定程度上还能使风光发电在负荷高峰期发电出力更稳定。

在该模式下，储能系统的工作方式相对固定，通常根据负荷的高峰和低谷区域作为电池工作方式切换的边界点。削峰填谷示意图如图 5-27 所示，其能量调度策略如下。

（1）在夜间用电低谷期，储能系统工作于充电状态，吸收风光发电输出的功率和能量，还可从大电网吸收功率和能量。

（2）在白天用电高峰期，储能系统工作于放电状态，将夜间储存的能量释放，从而实现负荷的峰谷转移。

（3）在储能系统放电过程中，还须对其功率输出进行控制，以确保风光总功率输出的波动程度在可接受的范围内。

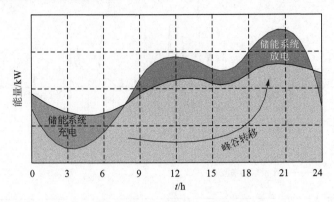

图 5-27　削峰填谷示意图

3. 跟踪计划出力曲线

计划出力曲线既可以是根据风速和光照预测得出的电站预测出力曲线，也可以是根据电站分摊的地区负荷特性所制定的计划出力曲线，如图 5-28 所示。通过运行控制技术使电站的实际功率输出尽可能的接近计划出力，从而增加新能源输出的确定性。在该模式下的控制策略如下。

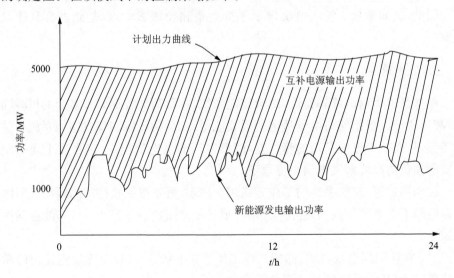

图 5-28　跟踪负荷曲线示意图

（1）充分发挥多种能源的特点。如火力发电带基本负荷或在其调节范围内的变动负荷,储能系统平抑高频负荷。

（2）最大可能利用新能源。即尽量使风能、太阳能满负荷运行,不足部分由互补电源(传统电源、储能)补充。

（3）做好负荷及风光资源预测工作。良好的负荷预测与风光资源预测可提前安排机组投运及调度计划,既有利于提高新能源利用率,又可使电网运行更加稳定。

5.2.2　多能源互补过程的实时能量平衡

1. 容量平衡

将电网中常规发电机组(火电机组、水电机组、核电机组等)分为带基本负荷机组与调峰调频机组,考虑联络线功率、输电网损及厂用电率之后,可得到全网最大上网功率与最小上网功率分别为

$$P_{g,\max} = (1-\delta_g-\delta_{\text{line}})\times(\sum_{i=1}^{n}P_{\text{adj},i} + \sum_{j=1}^{m}P_{\text{base},j}) + (1-\delta_{\text{line}})\times P_{\text{line.max}}$$
(5-33)

$$P_{g,\min} = (1-\delta_g-\delta_{\text{line}})\times(\sum_{i=1}^{n}C_{gi}\times P_{adj,i} + \sum_{j=1}^{m}P_{\text{base},j}) + (1-\delta_{\text{line}})\times P_{\text{line.min}}$$
(5-34)

式中, $P_{g,\max}$ 、 $P_{g,\min}$ 为上网发电机组最大、最小输出功率; $P_{adj,i}$ 为第 i 个上网调峰机组额定出力 $(i=1,2,\cdots,n)$; $P_{\text{base},j}$ 为第 j 个带基本负荷机组的出力 $(j=1,2,\cdots,m)$; $P_{\text{line,max}}$ 、 $P_{\text{line,min}}$ 分别为负荷高峰、低谷时段系统联络线功率; δ_g 为发电机组厂用电率; δ_{line} 为输电网损率; C_{gi} 为调峰机组最小技术出力系数。

为了维持电网的能量平衡,电网负荷 P_n 应处于 $P_{g,\max}$ 、 $P_{g,\min}$ 之间,即

$$P_{g,\min} \leqslant P_n \leqslant P_{g,\max}$$
(5-35)

电网中接入风力发电、太阳能发电等新能源电力后,可调机组要同时承担网上负荷波动与新能源电力波动的调节任务。定义等效负荷为

$$P_{eq} = P_n - P_{\text{wind}}$$
(5-36)

为了维持接入新能源后电网的能量平衡,等效负荷 P_{eq} 应处于 $P_{g,\max}$ 、 $P_{g,\min}$ 之间,即

$$P_{g,\min} \leqslant P_{eq} \leqslant P_{g,\max}$$
(5-37)

当上述条件不满足时,说明通过对常规机组的调度已无法维持电网能量平衡。为了电网运行安全,需要采取其他措施。

当 $P_{eq} \leqslant P_{g,\min}$ 时,等效负荷低于上网功率下限。这种情况一般发生在电网负

荷较低及风电出力较大的情况,如冬季时的北方地区。此时不得不采取弃风措施,如图 5-29 中的 Ⅱ 区。弃风量 P_{abd} 为

$$P_{abd} = P_{g,min} - P_{eq} \tag{5-38}$$

当 $P_{eq} \geqslant P_{g,max}$ 时,等效负荷高于上网功率上限。这种情况一般发生在电网负荷较高及风电出力较小的情况,如夏季时的北方地区。此时不得不采取切负荷措施,如图 5-29 中的 Ⅲ 区。负荷切除量 P_{cut} 为

$$P_{cut} = P_{eq} - P_{g,max} \tag{5-39}$$

因此,电网在低谷时刻所具有的向下调节容量即为电网最大可消纳风电的能力,其计算公式可表示为

$$P_{wmax} = P_{n,min} - P_{g,min} \tag{5-40}$$

式中,P_{wind} 为电网低谷负荷最大可接纳风电的功率;$P_{n,min}$ 为电网低谷负荷。

由图 5-29 可知,当风电在低谷时刻出力超出调峰机组向下调节能力时,电网为了消纳此时刻的风电(t_1 至 t_2 时刻),调峰机组必须继续减小其出力至非常规出力状态,甚至有可能出现通过起停部分调峰机组来消纳多余风电的情况(区域 Ⅱ 所示),这将严重影响电网运行的安全性和经济性。因此,负荷低谷时刻电网可消纳风电的能力最小,而此时刻往往又是风电大发的时刻,电网负荷低谷时刻向下调节空间成为限制电网接纳风电水平的瓶颈。若能降低互补电源如火力发电的最低运行负荷,将有利于提高电网对风电的接纳能力。

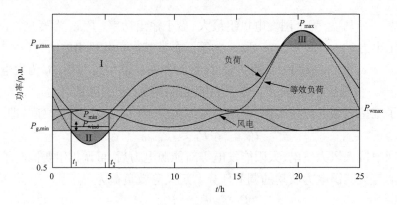

图 5-29　电网消纳风电能力原理图

2. 爬坡率匹配

当电网负荷变化及新能源电力波动时,互补电源应具有足够的变负荷能力,在一定时间内使系统达到新的平衡。

爬坡率也称变负荷速率,是指发电机组每分钟可变化输出功率与机组额定容

量之比。一般来说,同类型机组间的爬坡率相差不多,不同类型机组间的爬坡率相差较大。典型机组的爬坡率范围如表 5-10 所示。

表 5-10　典型机组爬坡率范围

水电及抽水蓄能机组	$1\% \sim 2.5\%/s$
燃气机组	$10\% \sim 20\%/\min$
燃油机组	$8\%/\min$
联合循环机组	$2\% \sim 5\%/\min$
燃煤机组	$2\% \sim 4\%/\min$
循环流化床机组	$1\% \sim 3\%/\min$
核电机组	$1\% \sim 2\%/\min$

若 R_{eq} 为全网等效负荷的变化率, R_g 为全网常规可调发电机组的爬坡率,那么要实现电网的实时动态平衡,需要满足爬坡率条件

$$R_g \geqslant R_{eq} \tag{5-41}$$

即互补电源的爬坡率要大于等效负荷的变化率。因此,提高可调电源的变负荷能力,或减小新能源电源的波动量,都是改善动态平衡性能的有效措施。

5.2.3　分频段补偿方法

图 5-30 为某风电场输出功率多尺度分解情况,可以将风电功率 P_{wind} 分解为低频分量 P_L 、中频分量与高频分量 P_H[19]。

$$P_{wind} = P_L + P_M + P_H \tag{5-42}$$

利用风电场输出功率所具有的分频段特性,针对不同频段选择相应的互补电源,是一种解决多能源互补问题的新思路。

在各种互补电源中,储能电池的输出带宽可以覆盖风力发电的低、中、高各个频段,是很好的互补电源。但由于其容量有限、成本高,故常用来补偿风电的高频分量;水电、燃气发电的带宽可以覆盖风电的低、中频段,但由于我国贫油少气、北方水电可调容量小,难以发挥应有作用;火力发电占我国发电量的 80% 左右,是电网调峰调频的主力,但其变负荷速率较低,一般情况下输出只能覆盖风电的低频段及部分中频段。通过火电机组快速变负荷控制技术,提高火电机组变负荷能力,拓展其输出响应带宽,将对补偿风电波动、提高电网对风电的接纳能力发挥重要作用。

图 5-31 所示为按频段补偿方法求取各类补偿电源负荷指令原理图。

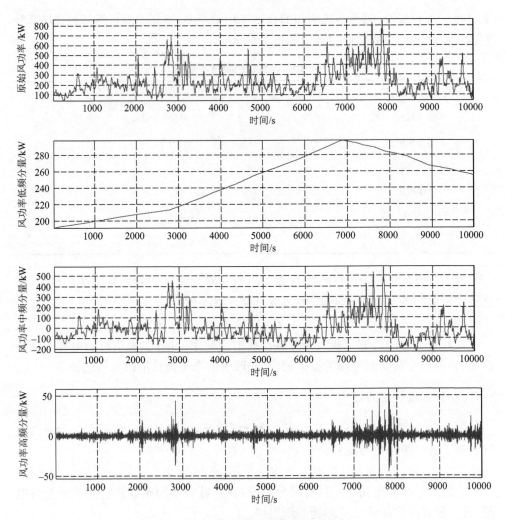

图 5-30　风电场输出功率多尺度分解

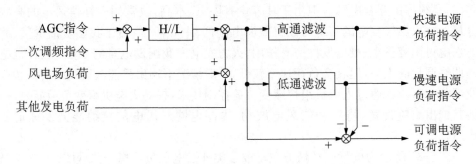

图 5-31　频段补偿方法求取各类补偿电源负荷指令原理

5.3　多能源发电过程互补运行及仿真

5.3.1　储能对风电出力的平抑作用

在应用储能系统平抑风电场输出功率波动时,可基于低通滤波器原理设计储能系统控制策略。不同的滤波器截止频率将导致不同的平抑效果,所需储能系统的额定功率和额定容量也相应变化。本节所用数据来自内蒙古某风电场监控系统,风电场装机容量为 182.8MW。

在忽略储能系统充放电损耗的情况下,风电场输出功率满足以下关系[20]:

$$P_{wind} = P_{ESS} + P_g \tag{5-43}$$

式中,P_{wind} 为风电场输出功率;P_{ESS} 储能系统吸收或放出的功率(令吸收为正);P_g 为风电功率经储能系统平抑后的输出功率。

P_{ESS} 可由风电输出功率 P_{wind} 经高通滤波器获得

$$P_{ESS}(s) = \frac{\tau s}{1 + \tau s} P_{wind} \tag{5-44}$$

式中,τ 为时间常数,$\tau = \dfrac{1}{2\pi f_c}$,$f_c$ 为截止频率。

经储能系统平抑后的输出功率 P_g 为

$$P_g(s) = \frac{1}{1 + \tau s} P_{wind} \tag{5-45}$$

储能系统吸收或放出的能量 E_{ESS} 为其功率 P_{ESS} 对时间的积分,

$$E_{ESS}(s) = \frac{\tau}{1 + \tau s} P_{wind} \tag{5-46}$$

变换到时间域中的表达式为

$$E_{ESS}(t) = e^{-\frac{t}{\tau}} * P_{wind}(t) = \int_0^t e^{-\frac{t}{\tau}} P_{wind}(t - u) du \tag{5-47}$$

采用风电场输出功率实测数据,当截止频率 f_c 分别取 1/30min 和 1/12h 时,风电场原始功率与储能系统平抑后功率对比如图 5-32 所示。从图中可以看出,当 f_c 取 1/30min 时,平抑后风电场输出功率与原始功率变化基本一致,但是平抑后风电功率中"毛刺"明显消除;当 f_c 取 1/12h 时,平抑后风电场输出功率只存在较长时间尺度的波动,平抑后风电场输出功率明显滞后于原始功率。

图 5-33 给出了 f_c 分别为 1/30min 、1/12h 时储能系统功率变化情况。功率大于 0 时,储能系统吸收功率(充电),功率小于 0 时,储能系统放出功率(放电)。从图中可以看出,当 f_c 取 1/30min 时,储能系统的充放电功率在 0 上下反复波动,说明储能系统频繁充放电,最大充电功率为 $P_{max} = 10.31MW$,最大放电功率为

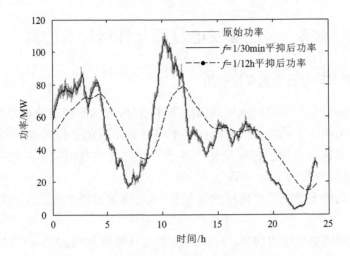

图 5-32　风电场原始功率与储能系统平抑后功率对比

$P_{\min} = 8.94\text{MW}$；当 f_c 为 1/12h 时，储能系统的充放电功率的波动程度明显降低，但最大充电功率上升为 $P_{\max} = 53.3\text{MW}$，最大放电功率上升为 $P_{\min} = 31.53\text{MW}$。

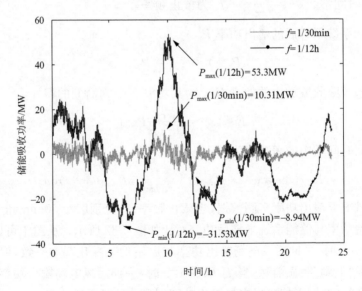

图 5-33　不同截止频率储能系统功率情况

图 5-34 所示为 f_c 分别在 1/30min、1/12h 时储能系统吸收或放出的能量变化情况，大于 0 时表示储能系统吸收能量，小于 0 时表示储能系统放出能量。从图中可以看出，当 f_c 为 1/30min 时，储能系统所需容量为 $E_{\max} - E_{\min} = 8.33\text{MW} \cdot \text{h}$；

当 f_c 为 1/12h 时,储能系统所需容量为 $E_{max} - E_{min} = 122.23\text{MW} \cdot \text{h}$ 。

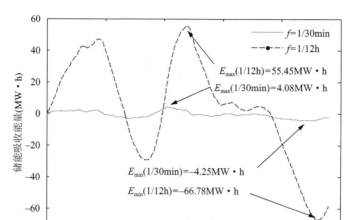

图 5-34　不同截止频率储能系统吸收能量

结合图 5-33、图 5-34,可得出结论:当滤波器截止频率较大时,储能系统所需额定功率及容量较小,但储能系统的充放电循环次数明显增多;当滤波器截止频率较低时,储能系统的充放电循环次数较少,但储能系统所需的额定功率及容量较大。

5.3.2　风—火—储联合运行系统仿真

利用储能可实现对风电输出功率波动的平抑作用。但在大时间尺度下,要达到较好的平抑效果,则要求储能系统的功率和容量都急剧上升,不仅工程上难以实现,而且会明显降低经济性。下面分析利用火电机组和储能系统同时补偿风电的方法。

风火储联合系统出力如式(5-48)所示,其中 P_{sys} 表示风火储联合系统总出力,P_{wind} 表示风电场出力,P_{coal} 为火电机组出力,P_{ESS} 为储能系统出力。

$$P_{sys} = P_{wind} + P_{coal} + P_{ESS} \tag{5-48}$$

本节风电场出力 P_{wind} 采用内蒙古地区 5 个风电场实测功率数据,总装机容量为 474.2MW。

图 5-35 给出了风电场群一天的功率变化情况。从图中能够看出,风电功率包含长时间的比较平缓的波动趋势,此类波动平缓但波动范围较大,同时也包含短时间的比较剧烈的波动,此类波动比较剧烈但波动范围较小。因此,可将风电功率按照频域划分为两部分,即高频部分和低频部分。

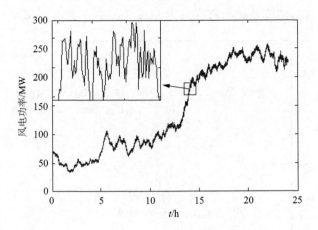

图 5-35　场群一天输出功率情况

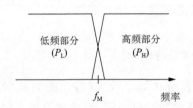

图 5-36　风电功率频域划分示意图

图 5-36 所示为风电功率按频域划分示意图，f_M 为高频部分和低频部分的分界频率。因此风电功率 P_{wind} 为低频部分功率 P_L 与高频部分功率 P_H 之和，即

$$P_{wind} = P_L + P_H \tag{5-49}$$

不难理解 f_M 越小越有利于火电机组的稳定运行。但会明显增加平抑高频部分风电功率波动所需储能系统的功率和容量。

假设火电机组装机容量 660MW，输出功率闭环传递函数模型为

$$G_B(s) = \frac{1}{(1+83s)^2} \tag{5-50}$$

根据模型的频率特性，当频率大于 10^{-4} 时，相角迟延明显增大，当延迟相角为 30°时，火电机组对风电的平抑效果会减小一半，因此选取火电机组相频特性相角为 −30°时所对应的频率为 f_M。可得 $f_M = 0.0005\text{Hz}$。

按照分界频率 $f_M = 0.0005\text{Hz}$ 将风电功率划分为低频部分 P_L 和高频部分 P_H，如图 5-37、图 5-38 所示。仍采用上节提出的储能系统对风电功率的平抑方法，可得联合系统总出力为风电火电总出力经储能系统平抑后的出力，即

$$P_{sys} = \frac{1}{1+\tau s} \cdot (P_{wind} + P_{coal}) \tag{5-51}$$

储能系统出力为

$$P_{ESS} = \frac{\tau s}{1+\tau s} \cdot (P_{wind} + P_{coal}) \tag{5-52}$$

式中，$\tau = \dfrac{1}{2\pi f_m}$。

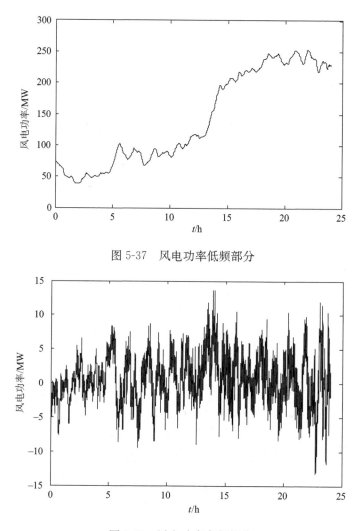

图 5-37　风电功率低频部分

图 5-38　风电功率高频部分

　　风火储联合系统的总出力如图 5-39 所示,图中同时给出了风电火电总功率作为对比。从图中可以看出,风火储联合系统的总出力非常平缓,总出力在 620M～630MW 间缓慢地变化。相比风电火电总功率,风火储系统总功率波动性明显减小。

　　由式(5-47)及式(5-42)可计算出储能系统的输出功率及能量变化情况,如图 5-40、图 5-41 所示。因此可得风火储联合系统中所需储能系统的功率和容量分别为 33MW 及 6.2MW·h。

　　仿真计算得到风火储系统出力及各部分电源出力如图 5-42 所示。从图中可

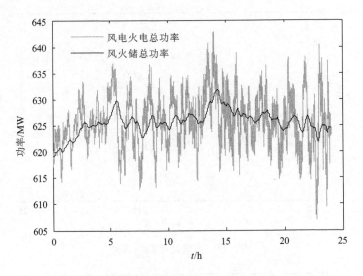

图 5-39　风火储总功率与风电火电总功率对比

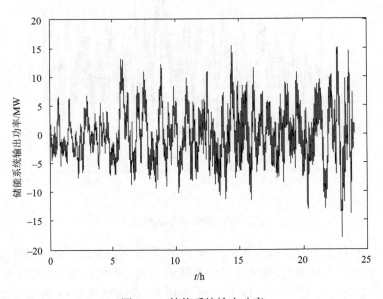

图 5-40　储能系统输出功率

以看出,通过采用火电和储能对风电功率进行补偿之后,风火储系统的总出力已比较平稳,有效地解决了风电入网给电网带来的不利影响[21]。

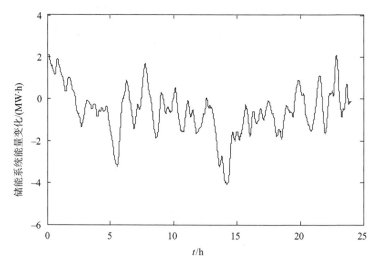

图 5-41　储能系统能量变化

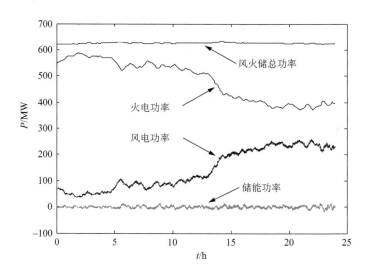

图 5-42　风火储系统出力及各部分电源出力

5.4　厂级负荷优化分配

实际发电系统一般以厂为单位,发电厂包括若干台发电机组。若将控制功能从机组扩展至全厂,从电网侧来看减少了被控单元数量,提高了计算速度和可靠性,从电厂侧来看增加了运行控制的灵活性,在机组运行安全性、经济性及变负荷能力方面有更多优化选择。

常规火电厂厂级负荷优化分配是指在全厂总负荷满足电网给出的全厂负荷指令前提下如何分配厂内各发电机组的负荷,从而使全厂发电所需的总费用或所消耗的总燃料达到最小。

新能源电力系统背景下对火电厂厂级负荷优化分配提出了新的要求。除了经济性之外,快速、深度变负荷能力逐渐成为重要的优化目标。和单机组变负荷能力相比,多机组火电厂的厂级负荷优化分配更像是变负荷能力的"倍增器"。

5.4.1 火电厂厂级负荷优化分配

1. 基于经济性指标的厂级负荷优化分配算法

负荷优化分配中使用的经济指标通常有热耗率、供电成本、发电煤耗等。以发电煤耗为经济性指标的火电厂厂级负荷优化分配原理如下。

(1) 目标函数。

$$S = \min \sum_{i=1}^{n} S_i = \min \sum_{i=1}^{n} f_i(P_i) \tag{5-53}$$

式中,S 为全厂总标准煤耗量;S_i 为第 i 台机组的标准煤耗量;n 为全厂并列运行的机组总台数;P_i 为第 i 台机组预分配的负荷;$f_i(P_i)$ 为第 i 台机组标准煤耗量与承担负荷的特性方程,一般采用二次函数形式,即 $f_i(P_i) = a_i P_i^2 + b_i P_i + c_i$,$a_i$、$b_i$、$c_i$ 分别为第 i 台机组运行耗量特性参数。

(2) 约束条件。

功率平衡约束

$$P_{\text{ems}} = \sum_{i=1}^{n} P_i \tag{5-54}$$

负荷上下限约束

$$P_{\min_i} \leqslant P_i \leqslant P_{\max_i} \tag{5-55}$$

临界负荷约束

$$P_i \neq P_{\text{limit}_i} \quad (i = 1, \cdots, n) \tag{5-56}$$

式中,P_{ems} 为中调给定的全厂总负荷;$P_{\min_i}$ 为第 i 台机组的负荷下限;$P_{\max_i}$ 为第 i 台机组的负荷上限;P_{limit_i} 为第 i 台机组的临界负荷即不允许长期停留的负荷。

2. 基于快速性指标的厂级负荷优化分配算法

快速性负荷优化分配的目的是在满足全厂功率平衡约束、电厂机组出力约束(包括机组负荷上下限约束、机组临界负荷约束)和各种辅机性能约束的前提下,通过优化分配各台机组承担的负荷,使全厂完成电网负荷指令的时间最短。

1) 完成中调给定负荷的理想最小时间

中调给定全厂负荷指令为 P_{ems} 时,如果要保证电厂以最快的速率来完成中调要求,那么就必须保证每台机组在整个电厂完成中调任务前都处于负荷的调整阶段,即所有机组完成负荷用时趋于相等。所求得理想最小时间 T_{ideal} 可用公式表示为

$$T_{ideal} = |P_{ems} - P_{now}| / \sum_{i=1}^{n} V_i \tag{5-57}$$

式中,P_{now} 为电厂当前总负荷;V_i 为第 i 台机组的负荷变化率。

2) 目标函数

式(5-57)求得的 T_{ideal} 是理想最小值,在实际的负荷分配中,全厂完成负荷分配的时间与 T_{ideal} 相比偏大,为了保证各台机组完成升降负荷所用的时间 t_i 在各种约束下向理想中的最小值 T_{ideal} 靠拢,借鉴最小二乘算法思想,提出以下目标函数:

$$T = \min \sum_{i=1}^{n} t_i(P_i) = \min \sum_{i=1}^{n} (t_i - T_{ideal})^2 \tag{5-58}$$

3) 约束条件及相关表达式

功率平衡约束

$$P_{ems} = \sum_{i=1}^{n} P_i \tag{5-59}$$

负荷上下限约束

$$P_{min_i} \leqslant P_i \leqslant P_{max_i} \quad (i = 1, \cdots, n) \tag{5-60}$$

临界负荷约束

$$P_i \neq P_{limit_i} \quad (i = 1, \cdots, n) \tag{5-61}$$

各台机组完成负荷所用时间

$$t_i = |P_i - P_{now_i}| / V_i \tag{5-62}$$

全厂完成电网分配负荷所用时间

$$T_{used} = \max\{t_1, t_2, \cdots, t_n\} \tag{5-63}$$

式中,T 为全厂完成给定负荷所用时间;$t_i(p_i)$ 为第 i 台机组实际完成时间与理想时间的差值平方;P_{now_i} 为第 i 台机组当前承担的负荷。

3. 综合经济性与快速性指标的厂级负荷优化分配算法

基于经济性指标的厂级负荷优化分配虽然实现了全厂经济指标最优,但无法兼顾全厂完成负荷升降任务的快速性要求;基于时间指标的厂级负荷优化分配虽然保证了全厂升降负荷的快速性,却无法兼顾全厂运行的经济性。下面给出综合经济性与快速性指标的厂级负荷优化分配算法,通过分配权重的在线调整,可在经济性与快速性之间找到一个利益平衡点。

1) 目标函数

基于经济性与快速性的负荷优化分配属于多目标优化问题,多目标优化问题的求解方法之一是标量化方法(或称权重方法)。首先对每个目标赋予一个权重,然后把所有的目标乘上权重,再累加作为一个新的目标函数,最后在与原问题相同的约束下求解。可以证明,新问题的解是原问题的一个 Pareto 解。不断改变权重的大小,将可以得到不同的满意解。这个方法的本质体现了电厂对经济性和快速性两个不同目标的侧重点。

标量化方法要求构成新目标函数的所有目标必须具有相同的量纲,否则应进行统一量纲或无量纲化处理。

(1) 快速性目标函数的改进。式(5-58)所提出的快速性目标函数,因为 T_{ideal} 和($t_i - T_{ideal}$)具有同样的量纲,将平方项中的($t_i - T_{ideal}$)除以 T_{ideal} ,得到新的目标函数将不再具有量纲;又因为 T_{ideal} 仅是一个时间常数,改动后的目标函数在取得最小值时,依然能够保证 t_i 无限接近 T_{ideal} 。所形成的新目标函数如下:

$$Rt = \min \sum_{i=1}^{n} \left(\frac{t_i - T_{ideal}}{T_{ideal}} \right)^2 \tag{5-64}$$

(2) 经济性目标函数的改进。假设根据式(5-53)~式(5-56)得到基于经济性的最优负荷分配为 $\{l_1, l_2, \cdots, l_n\}$,记

$$F(P_i) = \sum_{i=1}^{n} (P_i - l_i)^2 \tag{5-65}$$

因 $P_i - l_i$ 与 l_i 具有相同的量纲,据此得到新的目标函数如下:

$$Re = \min \sum_{i=1}^{n} \left(\frac{P_i - l_i}{l_i} \right)^2 \tag{5-66}$$

(3) 加权目标函数。基于以上分析,通过对目标函数加权求和,得出基于快速性与经济性的多目标厂级负荷优化分配目标函数为

$$M = \min\{w_e \cdot Re + w_t \cdot Rt\}$$
$$= \min\left\{ w_e \cdot \sum_{i=1}^{n} \left(\frac{P_i - l_i}{l_i} \right)^2 + w_s \cdot \sum_{i=1}^{n} \left(\frac{t_i - T_{ideal}}{T_{ideal}} \right)^2 \right\} \tag{5-67}$$

2)约束条件

功率平衡约束

$$P_{ems} = \sum_{i=1}^{n} P_i \tag{5-68}$$

负荷上下限约束

$$P_{min_i} \leqslant P_i, \quad l_i \leqslant P_{max_i} \quad (i = 1, \cdots, n) \tag{5-69}$$

临界负荷约束

$$P_i \neq P_{limit_i} \quad (i = 1, \cdots, n) \tag{5-70}$$

经济性权重和快速性权重约束

$$w_e + w_t = 1 \tag{5-71}$$

电厂完成给定负荷所用的理想时间

$$T_{\text{ideal}} = |P_{\text{ems}} - P_{\text{now}}| / \sum_{i=1}^{n} V_i \tag{5-72}$$

各台机组完成负荷所用时间

$$t_i = |P_i - P_{\text{now}_i}| / V_i \tag{5-73}$$

全厂完成负荷用时

$$T_{\text{used}} = \max\{t_1, t_2, \cdots, t_n\} \tag{5-74}$$

全厂标准煤耗量

$$\text{Coal}_{\text{used}} = \sum_{i=1}^{n} f_i(P_i) \tag{5-75}$$

经济分配功率平衡约束

$$P_{\text{ems}} = \sum_{i=1}^{n} l_i \tag{5-76}$$

式中,M 为全厂综合优化目标;T_{used} 为全厂完成电网分配负荷所用时间;w_e 为经济性权重系数,即基于经济性的负荷优化分配在整个目标中的比重,它体现了电厂对经济性负荷优化分配的偏重程度;w_t 为快速性权重系数,即基于快速性的负荷优化分配在整个目标中的比重,它体现了电厂对快速性负荷优化分配的偏重程度;l_i 为第 i 台机组进行经济优化所分配的负荷;t_i 为第 i 台机组完成分配负荷所用的实际时间;$\text{Coal}_{\text{used}}$ 为全厂煤耗量。

3) 仿真分析

以 4 台 300MW 机组为例对上述厂级负荷优化分配算法进行仿真分析,机组情况如表 5-11 所示。

表 5-12 给出了采用经济性分配(方案 1)、平均分配(方案 2)、快速性分配(方案 3)及多目标负荷优化分配方案(方案 4)等 4 种负荷分配方案的仿真结果。仿真中将中调要求的负荷变化速率设为 20MW/min,负荷从 700MW 开始变化。

表 5-11　各机组具体参数值

机组	煤耗拟合曲线二次系数	煤耗拟合曲线一次系数	煤耗拟合曲线常数项	负荷上限/MW	负荷下限/MW	当前负荷/MW	负荷升降速率/(MW/m)
1#	3.41×10^{-5}	0.271136364	13.50545455	310	150	185	8
2#	5.78×10^{-5}	0.268435606	15.04045455	310	150	165	5.5
3#	4.30×10^{-5}	0.270743182	12.9500909	310	150	170	6.5
4#	8.11×10^{-5}	0.26299303	16.1300000	310	150	180	9.8

表 5-12 不同负荷分配方案分配结果对比

全厂中调总指令/MW	负荷分配方案	各机组分配负荷/MW				厂平均发电煤耗率/(g/kW·h)	全厂总的煤耗量/(t/h)	全厂负荷完成时间/min
		1#	2#	3#	4#			
800	方案 1	257.47	175.33	208.93	158.27	350.79	280.64	9.06
	方案 2	200	200	200	200	351.16	280.93	6.36
	方案 3	211.87	183.33	191.87	212.93	351.2	280.96	3.36
	方案 4	222.64	184.24	197.04	196.08	351	280.8	4.7
900	方案 1	293.2	196.4	236.93	173.47	344.03	309.63	13.53
	方案 2	225	225	225	225	344.51	310.05	10.91
	方案 3	238.53	202	213.73	245.74	344.64	310.18	6.73
	方案 4	260.08	204.4	224.88	210.64	344.21	309.79	9.38
1000	方案 1	310	223.6	273.73	192.67	338.88	338.88	15.96
	方案 2	250	250	250	250	339.45	339.45	15.45
	方案 3	266	220.4	235.6	278	339.69	339.69	10.13
	方案 4	304.56	225.84	267.12	202.48	338.9	338.9	14.94
1100	方案 1	310	260.67	310	219.33	335	368.5	21.54
	方案 2	275	275	275	275	335.56	369.12	20.0
	方案 3	293.73	238	258.27	310	335.9	369.49	13.59
	方案 4	310	257.52	297.52	234.96	335.04	368.54	19.62
1200	方案 1	310	310	310	270	332.25	398.71	26.36
	方案 2	300	300	300	300	332.55	399.06	24.55
	方案 3	310	275.6	304.4	310	332.54	399.05	20.68
	方案 4	310	300.08	307.76	282.16	332.31	398.77	24.56

可以看出，当全厂中调总指令相同时，经济性分配方案下全厂平均发电煤耗和全厂总煤耗量最小，但全厂负荷完成时间最长。快速性分配方案恰好相反，其全厂负荷完成时间最短，但全厂平均发电煤耗和全厂总煤耗量最大。平均分配负荷方案及多目标优化分配方案对应的指标介于经济性方案和快速性方案之间。根据中调速率要求自动搜索分配权重的多目标优化分配方案，其厂平均发电煤耗低于平均分配方案。自动搜索经济性分配权重的多目标优化分配方案在满足中调速率和时间要求的前提下，使得最终的分配结果尽可能的兼顾到经济性。

5.4.2 水电站的负荷优化分配

梯级水电站在电力系统调峰调频中发挥重要作用。一方面由于其运行方式灵活,可满足多种目标需求,但另一方面由于上下游水电站间既存在着电力联系又存在着水力联系,给其优化运行带来了一定的复杂性。梯级水电站优化运行由水电站间负荷优化分配及水电站内负荷优化分配构成,当用于电网频率调节及多能源互补时,其目标是确定水电站在某一时刻参与运行的机组及其负荷,在满足机组运行安全和供电需求的情况下,使得调度期内总的耗水量最小[22-24]。

1. 水电站间负荷优化分配

设梯级电站由 N 个上下游电站组成,自上而下编号依次为 $1,2,\cdots,N$。则水电站间的负荷优化问题可以描述如下。

1) 目标函数

$$\min (F) = \sum_{t=1}^{T} \sum_{i=1}^{N} Q_{i,t} \tag{5-77}$$

式中,$Q_{i,t}$ 为第 i 电站第 t 时段发电流量,m^3/s;T 为调度期时段数。

2) 约束条件

电站有功功率平衡约束

$$P_t = \sum_{i=1}^{N} P_{i,t} \tag{5-78}$$

式中,P_t 为 t 时段系统下达(或中标)的负荷,MW;$P_{i,t}$ 为第 i 电站第 t 时段出力,MW。

电站出力限制约束

$$P_{i,\min} \leqslant P_{i,t} \leqslant P_{i,\max} \tag{5-79}$$

式中,$P_{i,\min}$,$P_{i,\max}$ 分别为第 i 个电站第 t 时段出力下限和出力上限,MW。

水量平衡约束

$$V_{i,t+1} = V_{i,t} + \delta(I_{i,t} - Q_{i,t}) \tag{5-80}$$

式中,$V_{i,t}$ 为第 i 电站第 t 时段的水库库容,m^3;$I_{i,t}$ 为第 i 电站第 t 时段平均入库流量,m^3/s;δ 为单位换算系数。

梯级电站水流联系约束

$$I_{i,t} = IL_{i,t} + Q_{i-1,t-\tau} \tag{5-81}$$

式中,$IL_{i,t}$ 为第 i 电站第 t 时段区间入流量,m^3/s;τ 为第 $i-1$ 电站至第 i 电站的水流滞后时间,与站间距离、河道特性及流量大小有关。

水库库容约束

$$L_{i,\min} \leqslant L_{i,t} \leqslant L_{i,\max} \tag{5-82}$$

式中,$L_{i,\min}$ 与 $L_{i,\max}$ 分别为第 i 个电站第 t 时段最低、最高水位限制。一般说来最低水位为死水位,最高水位在非汛期为正常蓄水位,汛期为防洪限制水位,视具体情况而定。

除上述约束外,水电站间负荷优化分配还要考虑弃水流量、机组开停机频度限制、根据各机组流量特性确定的电站最优发电流量特性等。

2. 水电站内负荷优化分配

对于已经给定负荷需求的水电站,常采用耗水量最小为最优准则。

1）目标函数

$$\min(Q) = \sum_{t=1}^{T}\sum_{i=1}^{n} Q_{i,t}(P_{i,t}, H_{i,t}) \tag{5-83}$$

式中,$Q_{i,t}$ 为第 i 机组第 t 时段发电流量,m^3/s;$P_{i,t}$ 为第 i 机组第 t 时段的发电功率,MW;$H_{i,t}$ 为第 i 机组第 t 时段的发电水头,m;n 为电站机组台数;T 为调度期时段数。

2）约束条件

电站有功功率平衡约束

$$P_t = \sum_{i=1}^{n} P_{i,t} \tag{5-84}$$

式中,P_t 为第 t 时段系统或梯级电站调度中心下达的负荷,MW。

机组出力限制约束

$$P_{i,\min} \leqslant P_{i,t} \leqslant P_{i,\max} \tag{5-85}$$

式中,$P_{i,\min}$、$P_{i,\max}$ 分别为第 i 机组正常运行时输出功率的下限和上限,MW。

机组水头约束

$$H_{i,\min} \leqslant H_{i,t} \leqslant H_{i,\max} \tag{5-86}$$

式中,$H_{i,\min}$、$H_{i,\max}$ 分别为第 i 机组正常运行时水头的下限和上限,m。

机组流量约束

$$Q_{i,\min} \leqslant Q_{i,t} \leqslant Q_{i,\max} \tag{5-87}$$

式中,$Q_{i,\min}$、$Q_{i,\max}$ 分别为第 i 机组正常运行时流量的下限和上限,m^3/s。

水电站负荷优化分配的求解方法主要有等微增方法、动态规划法及近些年研究较多的智能化方法如遗传算法、粒子群算法等。

5.5　虚拟发电厂及控制系统

大规模新能源电力的接入不仅会对电网的安全稳定产生显著影响,还将对区域电网的网架结构及运行调度方式提出新的要求。目前,针对不同的电源配置模式,各种有关互补配置、优化调度的研究已经广泛开展,并取得了一些阶段性成果,为大规模新能源的开发利用提供了必要的技术支撑。但是,如何根据新能源发电方式的共性特性,从保证运行稳定性、兼顾经济效益和社会效益等多个层面构建具有通用结构、配置灵活、技术规范的区域性多能源集成模式将具有重要的现实意义。

5.5.1　虚拟发电厂的概念及分类

虚拟发电厂(virtual power plant, VPP)是将一定区域内的新能源发电机组、传统发电机组、抽水蓄能机组、储能系统以及用户侧可控负荷等通过基于网络的控制中心,形成一个有机结合的整体,以独立发电厂的形式参与电网调度运行。在虚拟发电厂中,每一种电源形式均与控制中心相连,通过信息的双向传送来协调机端潮流、受端负荷以及储能系统,实现区域内火电、水电、风电、光伏、储能等的动态平衡,从而实现新能源电力的有效接入。

国际上对于虚拟发电厂的系统性论述出现在 2007 年前后。2012 年以来,相关的研究及工程实施报道逐渐增多。从地域分布看,有关虚拟发电厂的研究及应用主要集中在欧洲和北美。就研究目标和应用形式看,虚拟发电厂又有两个主要的分支:一个是以欧洲为代表的,以集成中小型分布式电源为主要目标的虚拟发电厂,如图 5-43 中所示;另一个是以北美为代表的,以利用用户侧的可控负荷,推进需求侧响应为主要目标的虚拟发电厂,如图 5-44 所示。

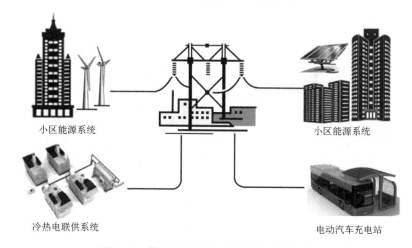

小区能源系统　　　　　　　　　　　　　　　　小区能源系统

冷热电联供系统　　　　　　　　　　　　　　　电动汽车充电站

图 5-43　集成小型分布式电源的虚拟发电厂

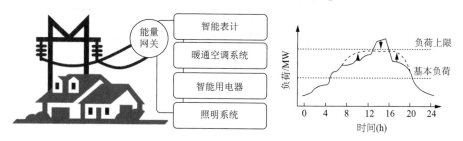

图 5-44　集成用户侧可控负荷的虚拟发电厂

　　在系统应用方面,目前在欧美也有一些可供借鉴的小规模示范项目,如德国乌纳郡项目,该项目由 6 个容量不同的热电联产电厂、2 个风电场、2 个水力发电厂、2 个小型燃气轮机以及多个小型光伏发电单元组成,每年可输送 35GW·h 的电能和 37GW·h 的热量;瑞典卢德维卡项目,该项目由 2 个风力发电厂、2 个小水电厂、太阳能光伏发电单元和储能单元组成,通过虚拟发电厂的主动控制,在满足用户负荷需求的同时,可减少水力发电厂 20% 的调度成本,如果连同 8MW×4h 的储能电池则可以降低调节成本的 50% 以上,每年平均可节省 140 万瑞典克朗。

　　参考欧洲和北美现有虚拟发电厂的一般概念,同时结合我国区域性多能源系统的分布特点,本书给出如图 5-45 所示的虚拟发电厂示意性结构。在该结构框架下,一定地理区域内的多种电源依托通信网和电力网聚合为一个整体;虚拟发电厂控制中心通过网络管理系统、能量管理系统和气象服务系统对该聚合体实施多方位、多目标的有效调控。地域分布上的分散性与运行调度上的协同性是虚拟发电厂不同于传统发电厂的典型特征。从某种意义上讲,虚拟发电厂可以看作是一种先进的区域性电能的集中管理模式。依托该模式,无需对电网进行改造就能够有效整合区域内各种形态和特性的电源,为电网提供快速且稳定的电能输送。

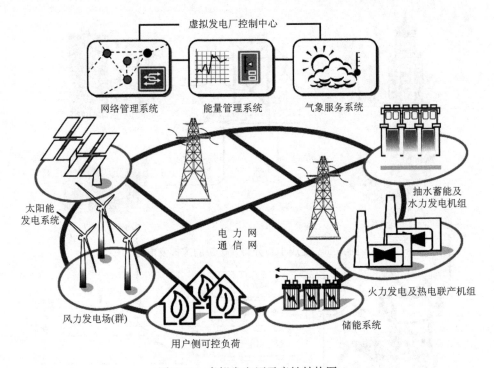

图 5-45　虚拟发电厂示意性结构图

5.5.2　虚拟发电厂的功能特征

由虚拟发电厂的概念和组成结构可知,为了实现多种形式电源的互补集成,确保系统呈现出良好的整体输出特性,在技术层面,虚拟发电厂控制中心应具有如下功能:

（1）网络通信及管理功能。建立区域内各分散发电机组的双向信息连接,从物理层、数据链路层等各个层面保证数据通信的安全与畅通。

（2）发电管理功能。监视虚拟发电厂中各台机组的运行状况及出力约束,在线计划和优化调度区域中各台发电机组的运行。

（3）数据管理功能。采集并存储电能管理过程中所需的预测和优化数据,如机组的出力能力、运行效率、健康状况等,并提供有效的检索、调用手段。

（4）负荷需求预测功能。收集并综合工农业生产、社会生活、天气状况等因素对负荷需求的影响进行规律性和特殊性分析,对负荷需求中的常规分量、天气敏感分量、特别事件分量和随机分量等进行相对准确地预测。

（5）可再生能源发电功率预测功能。综合中长期气象数据及短期气象预报信息,为风力发电、太阳能发电等提供较为准确的输出功率预测信息。

为了实现技术、经济方面的综合收益,在技术集成之上,虚拟发电厂还应具备在电力市场中的经营优势,具体体现为如下功能:

（1）建立费用、收益和约束模型,提供优化计算的平台和方法。

（2）计算运行成本,优化电能输出组合的潜在收益。

（3）收集市场情报,制订发电计划,签订中远期市场交易合同。

5.5.3　虚拟发电厂的运行控制方式

针对虚拟发电厂中各发电单元在地域分布上具有的分散性,从实现系统互补运行和协同调度的目标出发,可采用如下三种运行控制方式[25]。

1. 集中控制方式

集中控制的虚拟发电厂（centralized controlled VPP,CCVPP）结构如图 5-46 所示。该控制方式要求虚拟发电厂控制中心掌握所涉及的每一个发电单元的完整信息,并拥有对发电单元完全的控制权。显然,在这种控制方式下,虚拟发电厂控制中心具有更强的控制力和更加灵活多样的控制手段;其代价是巨大的通信流量及繁重的运算负荷。同时,由于虚拟发电厂控制中心与所属各发电单元有复杂的关联关系,任何发电单元的个体改变都会引起虚拟发电厂控制中心功能重构,系统的可扩展性和兼容性较差。

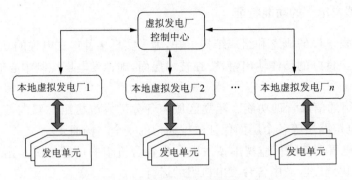

图 5-46　虚拟发电厂的集中控制方式

2. 分散控制方式

分散控制的虚拟发电厂(decentralized controlled VPP,DCVPP)结构如图 5-47 所示。在该控制方式中,虚拟发电厂被分为多个层级:本地虚拟发电厂控制着辖区内有限个发电单元,再由本地虚拟发电厂将信息反馈给上一级虚拟发电厂,从而构成一个整体的层次结构。相对于集中控制方式,分散控制的虚拟发电厂中的一部分运行控制功能下移到本地虚拟发电厂,而虚拟发电厂控制中心则将工作重心转移到依据用户需求和市场规则的能量优化调度方面。利用模块化的本地运行模式和信息收集模式有助于改善集中控制方式下的数据拥堵和扩展性差的问题。

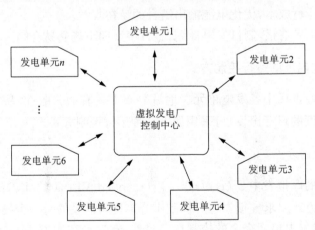

图 5-47　虚拟发电厂的分散控制方式

3. 完全分散控制方式

完全分散控制的虚拟发电厂(fully decentralized controlled VPP,FDCVPP)

结构如图 5-48 所示。该控制方式类似于人工智能中的多代理系统(multi-agent system,MAS)的运行模式。虚拟发电厂被合理地划分为彼此相互通信的、自治且智能的子系统;虚拟发电厂控制中心则简化为数据交换与处理中心,提供如市场价格、天气预报以及数据记录等有价值的信息。在完全分散控制方式下,以往需要虚拟发电厂集中完成的任务变换为通过子系统直接协同合作的方式来完成。显然,相比前两种方式,完全分散控制方式具有更好的可扩展性和开放性。

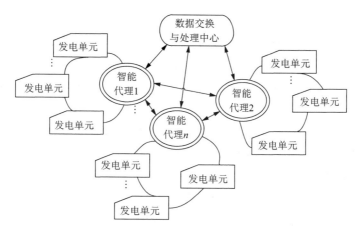

图 5-48　虚拟发电厂的完全分散控制方式

在完全分散控制方式下,为了在确保电网稳定的同时尽可能使虚拟电厂的运行最优化(如获得最大的经济效益),需要各智能代理之间具有相互协调的功能。

（1）针对日常运行管理,智能代理实时获取管辖范围内所有发电单元的运行信息,通过对经济及社会效益的分析,从多目标优化的角度对各发电单元进行出力调整,此时不再需要虚拟发电厂控制中心对每个电源点进行指令干预。

（2）针对故障工况,相应的智能代理可以迅速定位故障点,使得出现故障的发电单元迅速作出响应;同时,智能代理会将故障干预后的机组状态通过数据交换与处理中心通知其他相关智能代理,多智能代理协同给出新的控制目标。当遇到较大的外部故障,且该故障超出自身的调节能力时,智能代理还可以选择与主网断开,进入独立运行状态。

5.5.4　虚拟发电厂的关键技术

1. 网络通信技术

虚拟发电厂具有分布式状态可感知能力,配备先进的计量设备,其分析、决策及执行过程的实时性要求高。同时,虚拟发电厂的网络通信平台还为所属范围内各发电单元的生产运行、输电、配电、市场业务等多个领域提供服务。需求的多样性决定了其构成的复杂性,虚拟发电厂的网络支撑平台将是一个融合了多种网络技术的综合平台:由多种网络成分构成,既需要骨干网又需要接入网和多种驻地网,既依赖于企业专网,也离不开公共的因特网;在技术上,将融合成熟的 TCP/IP、工业以太网、电力线路载波和新型的无线网络,涉及多种网络协议。

虚拟发电厂采用的运行控制方式不同,其所需的网络通信架构也会存在差异。表 5-13 针对不同的网络定位,列举出了典型的网络架构及可采用的网络技术[26]。

表 5-13 虚拟发电厂可采用的典型网络架构及技术

网络架构	可采用的网络技术	应用说明
广域网(WAN)	TCP/IP、DWDM	提供虚拟发电厂骨干网、因特网的网络互联和路由等功能
	多协议标签交换 MPLS	骨干网中提供标记交换、隔离不同业务的流量
	同步数字体系 SDH	为接入广域网提供物理通道
接入网(AN)	多业务传送平台 MSTP	用于以太网(LAN)接入广域网
	GPRS	以无线方式接入广域网
	无源光纤网络 PON	提供光纤接入方式
企业本地网(LAN)	IEEE802.3、802.1	企业级的 Intranet
	现场总线、工业以太网	生产单元控制网络、智能电子设备互联
现场区域网(FAN)	电力载波通信	用于计量、仪表数据采集等数据的传输
	无线传感器网络	输、配电、用户侧的数据采集与监控
	物联网、射频识别 RFID	设备巡检中标签数据的采集

由于虚拟发电厂通信网络的广域性和复杂性,其运行过程中的网络安全也是一个不可回避的突出问题。这其中,除了传统电力系统的信息安全问题以外,虚拟发电厂还会面临由多网融合引发的新问题,如现场区域网中智能测量节点的本地安全问题、现场区域网的传输与信息安全问题、骨干通信网络的传输与信息安全问题以及虚拟发电厂各种涉网业务的安全问题等。

在技术层面,虚拟发电厂网络数据流程中的三个关键环节:信息采集、信息传输、信息处理,分别涉及不同的网络安全技术。

(1) 信息采集安全技术。包括无线传感器通信安全技术(如 MAC 层的 ABE 算法和完整性验证方法、网络层的帧计数器、应用层的安全密匙管理等)、短距离超宽带通信安全技术(如对等临时密匙(PTK)、组临时密匙(GTK)等)及射频识别安全技术等。

(2) 信息传输安全技术。在无线网络安全方面,主要依靠 802.11 和 WiFi 保护接入协议(WPA)、802.11i 协议和无线传输层安全协议(WTLS);在有线网络安全方面,主要依靠防火墙技术、虚拟专用网(VPN)技术、安全套接层技术等;在移动通信网络安全方面,主要依靠询问—响应认证协议、认证与密匙协商(AKA)协议、加密算法协商机制等。

(3)信息处理安全技术。在存储安全方面(包括本地存储和网络存储),主要有文件加密存储和加密共享、用户身份验证和访问控制列表技术等;在访问和授权管理方面,可根据需要选择自主访问控制、强制访问控制、基于角色的访问控制等方式及相关技术。

2. 智能检测与计量技术

相比于传统发电厂,虚拟发电厂在网络结构和运行模式上的特殊性决定了在其建设与运行过程中检测与计量技术占有重要地位,而其所具有的对信息的双向传输和及时处理的功能,又为虚拟发电厂的检测与计量技术打上了智能化的烙印。在虚拟发电厂的整个体系结构中,电源侧的智能检测技术和电能传输过程中的智能计量技术是两个重要的分支。

1) 智能检测技术

虚拟发电厂在电源侧管理中的“智能”主要体现在:通过对发电单元内部运行状态的实时检测,建立起发电单元与虚拟发电厂控制中心(数据交换与处理中心)的双向信息传输,实现在多约束条件下对发电单元输出电功率的优化管理,达到这个目标的技术基础就是智能检测技术。

由于不同能量转换形式的发电单元所涉及的设备类型和数量众多,虚拟发电厂对于智能检测技术的需求是多样化且多层次的。既需要针对传统能源转换过程的智能检测技术,也需要针对新能源转换过程和储能系统的检测技术;既需要对基础运行参数进行检测,也需要对中间状态数据及统计信息进行分析处理。

以风力发电机组为例,除了配备常规的检测装置,为控制系统提供实时状态参数之外,还需要采用具有统计分析功能的智能化检测技术,如风电机组的功率特性检测(包括功率特性曲线、功率系数、发电量估计等)、电能质量检测(包括额定值、最大允许功率、最大测量功率、无功功率、电压波动、谐波等)等,为虚拟发电厂的集成运行提供充足的状态信息。

2) 智能计量技术

虚拟发电厂在电能传输过程中的“智能”主要体现:通过发电单元之间、发电单元与虚拟发电厂控制中心(数据交换与处理中心)之间的双向信息传输,实现对发电和储能单元在输电、入网和调峰方面的智能调控,达到这个目标的技术基础就是智能计量技术。

智能电网概念中的高级计量架构(advanced metering infrasturcture,AMI)是一套完整的、包括硬件和软件的智能计量体系,可为虚拟发电厂的智能计量提供技术借鉴。AMI 由安装在用户端的智能电表、位于发电单元内部的计量数据管理系统和通信系统组成。智能电表能在多种计量方式和多种计量时间间隔下实现双向计量。计量数据包括用电量、用电需求、电能质量等。需要指出的是,在虚拟发电厂框架下,智能电表的应用将不仅局限于终端用户,还可扩展到配点变压器、中压馈线等输配电设备上,并将其与控制中心相连。此时,每一个智能电表都将成为虚拟发电厂的一个量测点和传感器,为虚拟发电厂控制中心开展的系统监测、故障响应和优化调控提供数据支撑。

另一种可供虚拟发电厂借鉴的智能计量体系是广域量测系统(wide area measurement system,WAMS)。WAMS 是以同步向量测量技术(phasor measurement unit,PMU)为基础,以电力系统动态过程检测、分析和控制为目标的实时监控系统。WAMS 具有异地高精度同步向量测量、高速通信和快速反应等技术特点,非常适合多层次、大跨度电网的动态过程实时监控。基于 WAMS 的数据测量平台可以实现对于虚拟发电厂电力网络的状态估计、暂态过程跟踪与暂态稳定性预测、区间低频振荡模式在线辨识、系统降阶模型辨识、系统潮流计算、自动电压控制等功能。

3. 海量信息处理技术

在虚拟发电厂的建设过程中,需要高度重视并综合考虑各发电单元和储能系统的信息集成问题,构建统一的实时数据平台,并在此基础上实现对虚拟发电厂整体生产过程的实时监测与控制。

实时数据库技术是随着生产过程信息化的推进而不断发展完善的。在 21 世纪的第一个十年中,实时数据库逐步成为发电企业管控一体化的桥梁和监控信息系统的核心。在未来虚拟发电厂的发展中,实时数据库也将在海量实时信息集成方面扮演重要的角色。

作为一种面向过程的软件平台,实时数据不仅可以承担过程数据的集成任务,还直接支持控制层和过程监控层的许多应用。

(1) 实时数据集成。为了不间断地对大量生产数据进行采集、选择、过滤、存储并及时响应各种不同的数据服务请求,实时数据库将具有良好的内存分配管理能力、多通道的内存缓冲区、独特的数据流控制结构,同时还会提供大量针对不同监控系统的标准接口。

(2) 历史数据的存储和压缩。在虚拟发电厂中,许多测量点的数据都以很高的频率变化,随之而产生的大量历史数据需要以一定的精度快速、高效存储。为了提高磁盘的存储效率,必须对历史数据进行数据压缩。实时数据库不仅要有较高的压缩率,同时也要有很高的解压缩速度和快速的数据追加、插入能力。同时,实时数据库在存储结构上要有较强的灵活性,能够根据虚拟发电厂建设的需要进行裁减和配置。

（3）分布式数据采集和开放的系统结构。实时数据库应具有分布式结构,可采集任何数量网络节点上的数据,实时数据库网络不仅要提供远程数据采集,同时也要提供当实时数据库主节点失效时数据项的队列管理。实时数据库通信组件要能够提供标准的接口模块,能够对支持标准接口的数据库系统、监控系统和设备进行方便的集成。能够在分布式应用框架中集成异构的数据源和松散耦合的实时数据库和关系数据库。同时,它还提供接口模块的开发框架和例程,以便于特殊设备和数据源的集成。

（4）丰富的客户端数据处理和分析工具。完善的实时数据库具有丰富的客户端应用,包括图形化的组态工具、报警信息生成和管理工具、性能分析和效益计算工具、历史数据分类归档工具、报表生成和打印工具等。在运行时,用户可以通过客户端应用工具方便而直观地查看组态好的控制过程、设备的运行状态,以及设备的异常和报警信息等。实时数据库系统可以赋予用户对有价值数据的最大访问能力。

4. 协同调控与智能决策技术

对系统中的各发电单元和储能系统进行协同调控,根据内、外部条件的变化对拟采取的调控手段进行智能决策,实现系统整体的最优协同运行是构建虚拟发电厂的主要目标,也是虚拟发电厂运行过程中的重点和难点。为了实现这一目标,既要有控制与决策方法上的支撑,也离不开完善的软、硬件平台。

（1）负荷与功率预测。虚拟发电厂的计划和调度操作需要对用户的负荷需求及机组的功率输出进行足够精度的预测。尤其是当大量新能源电力加入虚拟发电厂后,这种预测就显得更为重要,也更加困难。负荷预测的关键在于收集大量的历史数据,建立科学有效的预测模型,采用有效的预测算法(如趋势外推法、时间序列法、回归分析法、专家系统方法、神经网络方法、模糊预测方法等),以历史数据为基础,进行大量试验性研究,总结经验,不断修正模型和算法,以真正反映负荷的变化规律。功率预测技术主要针对具有波动性、间歇性、随机性的可再生能源发电过程,根据气象信息有关数据,利用物理模拟计算和科学统计方法,对风力风速、日照强度等进行短期预报,从而预测出可再生能源的发电功率。在功率预测过程中要通过综合考虑天气因素、机组汇聚因素以及各种偶然因素来提高预测结果的精度。

（2）辅助决策支持技术。在虚拟发电厂的辅助决策层面,需要完善的可视化界面及运行决策支持平台。通过数据过滤和分析,可视化界面能够将大量数据分层次、具体而清晰地呈现出来,从整体到局部向运行人员展示精确、实时的系统运行状态。决策支持平台需要提供包括预警、事故预想、行动方案设计等功能。其中,快速仿真与模拟(fast simulation and modeling, FSM)是辅助决策过程中的一项关键技术,它能为虚拟发电厂的运行提供模型支持及预测能力,以期达到改善稳定性、安全性,提高运行效率的目的。

（3）一体化运行调控技术。一体化运行调控中的核心技术问题是建立以节能、减排、运行经济性等综合性能最优为目标的优化模型和算法。在此基础上,基于先进的调度计划评估分析理论,研究多周期、多目标调度计划间的协调优化技术,以及不同发电单元间的协调运行技术。进一步开发出先进、实用、可扩展、易维护的调控计划应用平台。

（4）调度防御技术。通过预测信息,提前感知外部灾害及内部故障信息,针对可能发生的系统级故障提前作出预案;基于经全局优化确定的控制策略,通过分布式控制装置有序实施故障隔离、主动减负荷、切机、解列等措施,确保虚拟发电厂在故障环境下的稳定运行,并为后续的恢复控制提供条件和策略。

虚拟发电厂在我国的相关研究尚处于起步阶段,其结构形式和功能配置还有必要根据我国的国情进行有针对性的调整。但是,从目前我国能源可持续发展的技术需求及可再生能源的发展势头来看,虚拟发电厂将会有广阔的发展空间。

首先,虚拟发电厂是大规模、高效利用可再生能源的有效形式,其提供的可再生能源发电、传统能源发电和储能系统的集成模式,以及在协同调控作用下对外呈现的稳定的电力输出特性,为可再生能源发电的高效利用开辟了一条新的路径。

其次,虚拟发电厂丰富了智能电网的内涵,也扩展了智能电网的外延。智能电网概念提出以来,多数情况下强调电网自身以及电网与用户之间的信息化、自动化、互动化,较少涉及电源与电网的关系;而通常概念下的智能电网对不同类型电源的输出特性也并不十分关注,而虚拟发电厂的提出,为保证安全、可靠、优质、高效的电力供应,满足经济社会发展对电力的多样化需求,解决能源与环保问题提供了可行的解决方案。

5.6　本章小结

本章围绕多能源发电过程互补运行特性与控制策略,分析了典型发电过程的运行特性。风力发电、太阳能发电的一次能源来源于自然界中的风能与太阳能,输出功率间歇性强、波动大、可控性差,但具有一定的统计规律,表现为聚合效应、频谱分布特性等。火力发电输出功率在一定范围内可按要求改变,不受自然环境影响,具有很好的可控性,但受燃料输运及能量转化过程中迟延与惯性的影响,存在变负荷范围窄、变负荷速率慢、大范围变负荷时对机组运行经济性产生较大影响等问题。水电及抽水蓄能机组具有开停机迅速、灵活、调节范围大等特点,但抽水蓄能电站建设条件要求高,一般水电机组出力受一次能源（上游来水）影响大,属于能量受限机组。而目前储能方式主要有机械储能、电磁储能、电化学储能等,在系统功率和能量、循环效率、建设运行成本等方面差异较大。储能系统灵活的调节方式及优良的变负荷能力在平抑新能源电力波动、削峰填谷等方面显现出一定的优越性。

多能源互补发电的目标为平滑输出、削峰填谷或跟踪计划出力曲线，根据所确定的目标选择相应的互补电源形式及控制策略。为了保证电网运行的安全并最大化地接纳新能源电力，需要电网留有一定的可调容量及可调爬坡率，由此给出电网弃风的条件，分析得出提高常规发电变负荷范围及变负荷速率、减小新能源电力输出波动都是提高电网对新能源接纳能力的有效措施。针对风电场出力特性提出分频段补偿方法，以风储互补、风火储互补为例进行了控制方法设计与仿真。在实际中，发电系统一般以厂为单位，发电厂包括若干台发电机组。将控制功能从机组扩展至全厂，从电网侧来看减少了被控单元数量，提高了计算速度和可靠性，从电厂侧来看增加了运行控制的灵活性，在机组运行安全性、经济性及变负荷能力方面有更多优化选择，本章给出了火电厂、水电厂厂级负荷优化分配算法。在本章最后，讨论了以虚拟发电厂为核心的多能源互补运行控制方式及关键技术。

参 考 文 献

[1] 刘吉臻. 大规模新能源电力安全高效利用基础问题[J]. 中国电机工程学报，2013，33(16)：1-8.

[2] GB/T 19963-2011 风电场接入电力系统技术规定[S]，北京，中国标准出版社，2012-06-01.

[3] 王凤瑛，张丽丽. 功率谱估计及其 MATLAB 仿真[J]. 微计算机信息，2006，(31)：287-9.

[4] Apt J. The spectrum of power from wind turbines[J]. Journal of Power Sources, 2007, 169(2)：369-374.

[5] Kolmogorov AN. Dissipation of energy in locally isotropic turbulence[C]; proceedings of the Dokl Akad Nauk SSSR, F, 1941, P16-18

[6] Kolmogorov AN. The local structure of turbulence in incompressible viscous fluid for very large Reynolds numbers[C]; proceedings of the Dokl Akad Nauk SSSR, F, P16-18. 1941.

[7] 国家电网公司，GB/T 19964—2011 光伏发电站接入电力系统技术规定[S]，北京：中国标准出版社[S]，2012-09-27.

[8] George R, Wilcox S, Stoffel T, et al. Solar resource assessment[M]. National Renewable Energy Laboratory, 2008.

[9] DL/T657-2006 火力发电机组模拟量控制系统验收测试规程[S]. 北京：中国电力出版社，2007-03-01.

[10] 刘福国，蒋学霞，李志. 燃煤发电机组负荷率影响供电煤耗的研究[J]. 电站系统工程，2008，24(4)：47-49.

[11] 魏守平. 科技大学出版社，水轮机调节系统仿真，2011-09-01.

[12] DL/T 1040-2007 电网运行准则[S]. 北京：中国电力出版社，2007-12-01.

[13] GB/T9652.1-2007 水轮机控制系统技术条件[S]. 北京，国家标准出版社，2007-8-2.

[14] 程远楚，张江滨. 水轮机自动调节，北京：中国水利水电出版社，2010-02-01.

[15] Barote L, Marinescu C. A new control method for VRB SOC estimation in stand-alone wind energy systems[C]. proceedings of the Clean Electrical Power, 2009 International Conference on; F 9-11 June

2009，2009.

[16] 王文亮. 钒电池工作特性及在风电中的应用前景 [J]. 现代电力，2010，27(5)：67-71.

[17] 韩永晖. 钒液流电池在风光互补发电系统中的应用研究 [D]. 北京：华北电力大学，2014.

[18] Okumura Y，Yamamura N，Ishida M. Study of compensation method of fluctuating power of wind power generation and load using flywheel energy storage equipment[C]. Proceedings of the International Conference on Electrical Engineering，F，(1-5)2008.

[19] Hara M，Yamamura N，Ishida M，et al. Method of electric power compensation for wind power generation using biomass gas turbine generator and flywheel[C]. Proceedings of the Power Conversion Conference-Nagoya，2007 PCC07，F. Nagoyal：(59-64)，IEEE，2007.

[20] 李国杰. 志伟，聂宏展，等. 钒液流储能电池建模及其平抑风电波动研究 [J]. 电力系统保护与控制，2010，

[21] 张旭. 风电火电联合优化调度的研究 [D]. 北京：华北电力大学，2014.

[22] 梅亚东，朱教新. 黄河上游梯级水电站短期优化调度模型及迭代解法[J]. 水利发电学报，2000，(2)，1-6.

[23] 唐子田，程春田，李刚，等. 水电站厂内短期经济运行系统的设计与实现[J]. 水电自动化与大坝监测，2007，31(1)，21-26.

[24] 马跃先，郑慧涛，马俊，等. 基于开度控制的水电站厂内经济运行模型研究[J]. 水力发电学报，2011，30(3)，10-14.

[25] 卫志农，余爽，孙国强，等. 虚拟电厂的概念与发展 [J]. 电力系统自动化，2013，37(13)：1-9.

[26] 徐磊. 智能电网的网络通信架构及关键技术 [J]. 电气技术，2010，8：16-20.

第6章　新能源电力系统优化调度

　　电力系统的基本特征是保持发电侧与负荷侧的实时供需平衡,而电力系统调度的基本目标和任务正是为了满足电力系统这一需求。此外,电力系统调度还应尽量保证电力系统的安全、稳定以及经济运行,同时降低其运行对环境的污染。

　　传统电力系统的调度方式即通过调整相对可控的发电资源,来跟踪不可控的负荷变化,这是由传统电力系统的负荷侧资源不可控而发电侧资源相对可控的基本特性决定的。因此,传统的电力系统调度可通过合理调整机组的起停计划以及机组间负荷分配来达到优化调度的目标。然而,与传统电力系统相比,新能源电力系统的发电侧可控性大大降低,同时,由于分布式电源、储能元件的广泛应用以及用户用电方式的变化,新能源电力系统的负荷侧也呈现出不同的特征。因此,新能源电力系统的调度资源不仅包括相对可控的发电资源,还包括随机波动的不可控发电资源、用户资源以及储能设备。

　　本章在概述传统电力系统调度特点的基础上,从调度资源、约束条件、优化调度目标和调度方法等几方面分析总结了新能源电力系统调度的特点,并建立了新能源电力系统的实时调度和日前计划调度模型;考虑到新能源电力系统优化调度模型的复杂性,本书提出利用大系统协调优化调度理论将模型从空间、时间、控制目标、控制资源以及电力生产等尺度进行简化,并对这些简化的子问题进行了求解验证。

6.1　电力系统调度概述

6.1.1　电力系统调度概况

　　电力系统调度是电力系统安全稳定运行的基本保证,其基本运行方式是电力系统中的各级调度机构对各自管辖范围内的电网进行调度,依靠法律、经济、技术并辅之以必要的行政手段,指挥和保证电网安全稳定运行,维护国家安全和各利益主体的利益。1996 年 4 月 1 日颁布并实施的《中华人民共和国电力法》第二十一条规定"电网运行实行统一调度,分级管理",从法律的角度明确了调度在电力系统运行中的重要地位。2010 年国务院修订的《电网调度管理条例》中对电网调度机构、调度指令等进行了更为明确的规定。

　　目前电网调度分为国家调度机构,跨省、自治区、直辖市调度机构,省、自治区、

直辖市级调度机构,省辖市级调度机构,县级调度机构等五级调度机构。其主要任务概述如下:

(1) 国家电力调度中心。负责全国电网的安全稳定运行工作,具体包括监视、统计和分析全国电网运行情况;对大区互联系统的运行稳定情况进行监视和校验;对国家级电网进行中、长期安全经济运行分析,并提出对策。

(2) 大区电网调度中心。负责本区电网的安全稳定运行工作,具体包括监视、统计和分析本区电网运行情况;本区电网的继电保护装置整定、检修计划制定;负荷预测、发电计划的制定;本区电网的频率和电压稳定控制,对下级电网运行进行协调和指导。

(3) 省电力调度中心。负责本省电网的安全稳定运行工作,具体包括监视、统计和分析本省电网运行情况;本省电网的继电保护装置整定、检修计划制定;负荷预测、发电计划的制定;根据网调要求对本区省电网发电情况进行调整,对下级电网运行进行协调和指导。

(4) 区电力调度(地调)。负责本地区电网的安全稳定运行工作,具体包括对本地区电网运行进行监控,进行负荷控制和管理。

(5) 县电力调度(县调)。主要监控管辖地区 35kV 及以下农村电网的运行,其工作任务相对简单。

综上所述,我国调度任务的分层大体是:大型发电厂、500kV 及以上变电站由网调管理,中小型电厂、220kV 变电站由省调管理,110kV 及以下变电站和配电网由地调管理。

调度管理的主要任务是:在不超过设备设计运行范围的条件下,充分利用发供电设备和调节手段向用户提供合格的电能,使电力系统安全运行并保证对用户不间断供电;合理使用燃料、水力等资源使电力系统在安全稳定运行前提下最大限度地保证系统的经济性并减少对环境的污染。

调度管理的主要内容是:电力系统运行计划的编制;电力系统运行控制;电力系统运行分析;继电保护、通信和调度自动化等设备的运行管理;有关规程的编制和人员培训等专业管理。

调度管理的主要方式是通过一个高度信息化和智能化的信息系统来进行监控和调度,即所谓的调度自动化系统。它是一个集数据采集、通信、分析决策和控制为一体的计算机系统[1],其核心为能量管理系统(energy management system, EMS)。EMS 是以计算机为基础的现代电力系统综合自动化系统,是电网调度的大脑,肩负着保障电网的安全、可靠、稳定、优质、经济运行的重任,是调度中心的核心系统。由于调度的分级管理体制,相应的调度自动化系统也和调度体制的层级结构一致。各级调度中心均有自身的调度自动化系统,负责辅助调度人员完成对复杂电网的调度和管理工作。

6.1.2　电力系统优化调度

人们的日常生产、生活均呈现出以日为周期的特征,所以电力系统中的用电负荷特性也大致类似。图 6-1 为我国某地典型日负荷曲线,从图中可以看出,正常情况下每日的用电最小负荷总出现在每天凌晨 2～4 点,称为谷荷,而最大用电负荷则出现在白天,称为峰荷。最大负荷和最小负荷之间的差值称为峰谷差。由于电能不能大规模储存,电力系统的电能满足实时供需平衡,所以,电力系统的供电侧特性需跟随负荷侧特性变化,即也呈现出类似于负荷侧的周期性特征。对于传统的电力系统来说,其发电侧资源相对可控而用电负荷侧资源不可控,因此,传统电力系统的调度方式一般是通过调整相对可控的发电资源来跟踪不可控的负荷变化。但考虑到发电机组,尤其是火电机组起停时间较长,同时机组功率调节速率(称作爬坡率)受限于机组特性而不能无限大,供电侧要完成实时跟踪负荷侧用电变化的任务十分困难。因此,传统的电力系统一般利用两个时间尺度的联合调度来实现电力系统的实时供需平衡:一个是提前一天根据负荷预测结果进行的日计划调度,另一个则是根据电网实时数据进行的实时调度[2]。日计划调度是电力调度部门每天都要进行的例行工作之一,其主要目标是根据日负荷预测的结果对下一天各台发电机组的机组起停计划和发电计划进行安排;由于日计划调度是在日负荷预测结果上做出的,在实际运行中必然会产生偏差,实时调度就是针对该偏差,对发电机的运行情况进行调整,从而满足发电与负荷的实时供需平衡。

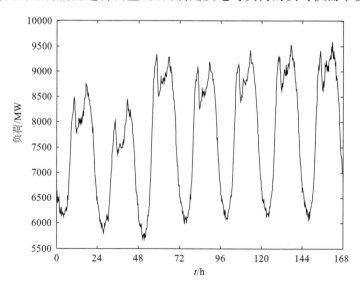

图 6-1　某地区典型一周负荷曲线

电力系统总装机容量通常大于系统最大负荷,因此,在满足负荷和电力系统各种约束的情况下,发电机组起停机和实际有功输出仍然存在着海量组合方式。如何在保证系统安全稳定运行的前提下尽量选用合适的机组以及相应的有功输出来提高系统运行的经济性就是电力系统优化调度问题。因此电力系统优化调度的实质是通过合理选择发电机组合和各台实际运行机组的有功输出,使得电力系统以最小的经济消耗来满足电力系统的负荷需求。

电力系统优化调度问题在数学上属于一类有约束的优化问题,即在满足一定约束条件的前提下使得目标函数取得极值,其一般形式如式(6-1)所示:

$$\min f(x)$$
$$\text{s. t. } h(x) \geqslant 0 \tag{6-1}$$

式中,$f(x)$ 为目标函数;$h(x)$ 为约束条件。满足所有约束条件的 x 所组成的集合称之为可行域。式(6-1)的含义就是在可行域内寻求使得目标函数 $f(x)$ 为最小的解。

传统的电力系统优化调度中日计划调度通常是以经济性为目标,以系统的安全稳定性为约束条件,即在满足系统安全稳定的前提下总发电费用最小。其中总发电费用中包括了机组的起停成本;而实时调度则更加关注系统安全性方面的因素,经济性、运行效率等问题退化成次要目标。

6.2　新能源电力系统调度问题

6.2.1　新能源电力系统调度的特点整合

电力系统发展到新能源电力系统阶段,其发电侧含有大量的风电、太阳能发电等随机波动性电源,这与传统电力系统发电侧均为相对可控的电源形成鲜明区别,这也就导致了传统电力系统的调度方式无法满足新能源电力系统的需求。同时,风电、太阳能发电等新能源电源单机装机小,其装机数量呈爆炸性增长,这也是传统电力系统不曾有的。此外,新能源电力系统的负荷侧也呈现出了诸多区别于传统电力系统的特征,包括分布式电源、储能元件(如电动汽车)的广泛应用,用户用电方式的变化等,这些也在一定程度上促进了电力系统优化调度方式的改变。以下,笔者将从调度资源、约束条件、优化调度目标和调度方法等几方面分析总结新能源电力系统调度的特点。

1. 调度资源

新能源电力系统中,以风电、太阳能发电为代表的新能源发电装机比例占主导地位,但由于其一次能源不可控,其可调度性相比于传统电源可调度性大大降低,因此,新能源电力系统中含有大量的不可调度资源。

2. 约束条件

为保证新能源电力系统的安全、优质和经济运行,系统必须留有足够的优质可调控资源来平抑系统中的各类随机性波动,这就意味着在优化调度当中,在保证功率平衡的前提下,需要将系统各类电源的可调度性作为约束条件加入到调度模型当中,这成为新能源电力系统优化调度和传统电力系统优化调度的重要区别之一;同时,由于电源数量的陡增,新能源电力系统的约束条件难度也将大大增加。

3. 优化调度目标

伴随着资源和环境压力的不断增大,我国经济发展从原有的粗放型、重 GDP 的模式逐渐转变成为重环境保护、重可持续发展的低碳经济模式,这就要求新能源电力系统优化调度目标将由原有的单纯的经济性衡量目标逐渐转变为包含经济性、节能、环保等综合性衡量指标。

4. 调度方法

传统电力系统优化调度通常是以短期和超短期负荷预测的结果为基础进行的。随着负荷预测技术的发展,短期和超短期负荷预测的精度已经达到相当高的水平;同时传统电力系统优化调度中所有发电机组均为可控可调。基于这两个因素,传统电力系统优化调度通常采用确定性优化理论和方法来进行,即在优化模型当中不考虑随机性变量的影响。而在新能源大量接入之后,新能源发电本质上所具备的不确定性和随机性等特征给新能源电力系统调度引入了大量的不确定性,这就要求对新能源电力系统进行优化调度的时候必须具备处理不确定性变量的能力,也就是需要采用随机优化的模型和方法。

6.2.2　可调度资源与可调度性分析

新能源电力系统的大量不可控性电源加剧了其优化调度难度,挖掘各类电源的可调度性对于平抑新能源电力的随机波动性、实现电能的实时供需平衡具有十分重要的意义。通常来讲,发电资源的可调度性包括以下几方面的内容。

机组出力的随机波动性:由于各种因素的影响,发电机组出力并不是稳定的,而是受制于一次能源的供应量和相应的控制机制。对于调度来讲,机组出力的随机波动性越小,说明机组的可调控性越好。传统机组由于其一次能源可控,随机波动性相对较小,而新能源发电的随机波动性受到一次能源供应的限制,随机波动性较大。

机组出力的可调控容量:机组的可调控容量是指发电机组在运行时能够在一段时间内根据调度部门的指令调整机组出力的限制。具体来讲,可调控容量又可分为上调容量(机组增加出力)和下调容量(机组减少出力)两部分。

　　机组出力的调控速率:机组出力调控速率是指发电机组出力变化速度的快慢。调控速率较大的机组可对那些快速变化的负荷做出响应,而调控速率较慢的机组则适用于对变化周期相对较长的负荷做出响应。

　　在新能源电力系统中,由于智能电网技术、分布式发电技术、储能技术的不断发展,认为不可控的负荷也可通过需求侧响应等相关技术引入到电力系统调度环节当中,这实质上扩展了新能源电力系统的可调控资源。也就是说,新能源电力系统的调度资源不仅包括传统电厂和新能源发电,还包括负荷和储能设备等。对于调度环节来讲,这些可调度资源仅在波动性、可调度性上有所区别,因此需针对各类可调度资源的特性进行具体分析。

　　在发电资源方面,除了水、火、核等传统发电资源和风能、太阳能等广为人知的新能源发电之外,新能源电力系统还包括其他一些类型的发电技术,如生物质发电,海洋能发电、地热能发电等,表6-1给出了能量来源、发电类型以及可调度性的对比分析。

表6-1　不同发电资源可调度性分析

发电形式	名称	能量来源	波动性	调控容量	调控速率	可调度性
传统能源 发电形式	火电(燃煤)	化石燃料	小	大	中	好
	火电(燃气)	化石燃料	小	大	快	好
	核电	核能	小	小	慢	好
	水电	水的势能	小	大	快	好
新能源 发电形式	光伏发电	太阳能	大	小	快	差
	风力发电	风能	大	小	慢	差
	生物质发电	太阳能以化学能形式储存在生物质中的能量形式	小	小	中	较好
	海洋能发电	海洋通过各种物理过程接收、储存和散发的能量	中等	小	中	差
	地热能发电	由地壳抽取的天然热能	小	小	中	好
	氢能发电	氢气和氧气反应产生的能量	小	小	快	好

　　一般来讲,可调度性是指各类发电/负荷资源能够接受调度中心指令并对自身发电情况进行调整的能力。可调度性可具体分为波动情况、可调控容量、调控速率和调控精度等四个指标。

　　需要指出的是,在目前的新能源发电技术当中,由于技术尚未成熟和成本相对较高等原因,生物质、海洋能、地热能和氢能等新能源发电形式无论从装机容量还是从受关注程度等方面,均远不及目前已广泛应用的风力发电和太阳能发电,对电力系统调度的影响更是微乎其微。因此在下文中将主要以风电和光伏发电为例进行说明。

在新能源电力系统中,不但存在着大量新能源发电设备,同时也存在着大量储能设备。这些储能设备的性能及在调度层面的参与程度主要是由储能设备所采用的储能技术的特点所决定的。储能技术是指将电能通过某种装置转换成其他便于存储的能量高效存储起来,在需要时,可以将所存储的能量方便地转换成所需形式能量的一种技术。表 6-2 给出了各类储能装置的循环时间及其在新能源电力系统优化调度中的典型应用。

表 6-2　储能技术研究及典型应用

储能类型	功率范围	应用时间	典型应用
超级电容器	1k～100kW	分钟级	频率质量控制
超导储能	10k～1MW	分钟级	实时调度
飞轮储能	5k～1.5MW	分钟级	实时调度
铅酸电池	1k～50MW	分钟级	实时调度
NaS、Li 电池等	kW 级～MW 级	小时级	经济调度
液流电池	100k～100MW	小时级	经济调度
压缩空气储能	10M～300MW	日级	机组起停、经济调度
抽水蓄能	100M～2000MW	日级	机组起停、经济调度

由于各类储能技术容量大小和响应速度等特性均不尽相同,其参与调度的模式也不尽相同。对于储能容量较大、但响应速度相对较慢的储能技术(如抽水蓄能)可直接参与电网日前调度;对于储能容量相对较少、响应速度较快的储能技术(如各类电池储能)可采用和新能源发电集成的方式来平抑新能源发电的不确定性,提高电网调度质量(如国家风光储输示范工程);对于较为分散,总容量较大的储能技术(如电动汽车等)可进一步利用虚拟发电厂、微网等相关技术将其集中起来统一参加电网调度。

新能源电力系统当中,由于发电资源的可控性相对下降,因此负荷也通常可作为可调控资源参与到电网调度环节当中。从目前来看,实现负荷的可调控需要借助需求侧响应等相关技术和工具来实现,不同性质的需求响应项目参与电网调度运行时在时间尺度上的差别,如表 6-3 所示。

表 6-3　需求响应参与短期调度计划的差别

需求响应类型		日前发电计划	可参与的调度方式 实时调度	<15min 调度
价格型	实时电价	✓	✓	
	尖峰电价		✓	
激励型	可中断负荷	✓	✓	
	需求侧竞价	✓	✓	
	紧急需求响应		✓	
	容量/辅助服务计划		✓	✓
	直接负荷控制		✓	✓

需要指出的是,无论是发电、储能、还是需求侧资源,其在新能源电力系统调度环节中均可被统一的视为可调度资源,区别仅在波动性及可调度性的区别。新能源电力系统优化调度的目标即为在保证系统功率平衡及可调度性满足要求的前提下,合理调配可调度资源,以满足新能源电力系统运行需求。

6.2.3　新能源电力系统调度模型

在早期新能源发电接入比例较低的情况下,调度系统将新能源发电作为负的负荷来处理。随着新能源接入比例的不断增加,这种调度处理模式已逐渐不能满足新能源电力系统正常安全经济运行的要求。在分析新能源电力系统调度的特点和各种可调度资源的可调度性的基础上,建立新能源电力系统实时调度和日前计划调度模型。

实时调度模型

$$\min f(x, u_g, u_n, c_g, c_n, \xi)$$
$$\text{s. t. } h(x, u_g, u_n, c_g, c_n, \xi) \geqslant 0 \tag{6-2}$$

式中,x 为电网状态变量;u_g 为电网控制变量;u_n 为节点控制变量;c_n 为节点可调度性变量;c_g 为电网可调度性变量;ξ 为随机变量。

新能源电力系统实时调度问题实质是一个有约束的随机优化问题,其目标函数为新能源发电最大或根据新能源电力系统需求所设目标,而约束条件除了传统电力系统调度模型中已有约束之外,还包括可调度性约束,即在某时刻电网的可调整容量(包括上调、下调容量)、可调整速率等必须大于一定数值,以适应新能源电力系统中随机性较强等特点和一些突发状况的要求。

日前计划调度模型

$$\min \int_0^t f(x(t), u_g(t), u_n(t), c_g(t), c_n(t), \xi(t))$$

$$\text{s.t.} \int_0^t h(x(t), u_g(t), u_n(t), c_g(t), c_n(t), \xi(t)) \geqslant 0 \qquad (6\text{-}3)$$

$$h(x(t), u_g(t), u_n(t), c_g(t), c_n(t), \xi(t)) \geqslant 0$$

式中各变量意义与式(6-2)中变量相同。

计划调度模型虽然也属于一类有约束的随机优化问题,但其主要目标是对新能源电力系统在一段时间内的运行状态进行计划,因此其模型中的各类变量并不是一个值,而是一个和时间相关的函数,其目标函数为一个积分函数,其物理含义为计划区间,即一段时间内的某个目标和为最小。约束条件可分为两类,一类是积分约束,即在一段时间内需满足某类条件;另一类则是断面约束,即新能源电力系统实际运行时必须时时刻刻满足的约束。

在新能源电力系统调度模型中,不确定性变量 ξ 主要来源于新能源发电以及负荷的不确定性。实际上在现代电力系统当中,不确定性也是一个广泛存在的现象。但由于短期负荷预测精度相对较高,传统发电基本可控,在工程应用上可忽略这种不确定性,将其作为确定性问题来进行处理。但在新能源电力系统中,由于现有新能源发电预测技术尚不能达到短期负荷预测的水平,带来不确定性增强等问题,所以在模型当中必须要考虑不确定性变量对调度指令的影响。尽管如此,仍需要充分利用包括气象信息在内的各类信息,提高新能源发电预测精度,尽量减少不确定性。

新能源电力系统优化调度模型(式(6-2)和式(6-3))和传统电力系统优化调度模型(式(6-1))之间的区别主要有两个。第一,在式(6-2)和式(6-3)中,优化变量 x 不仅包括了各类控制变量,如发电机组的有功和无功输出、节点电压等,还包括了各类调度资源的可调度性,即对各类发电资源参与调度调整能力的能量;第二,新能源电力系统优化调度模型考虑了随机变量 ξ。在新能源电力系统优化调度的一般模型中,随机变量 ξ 用于表示新能源电力系统中广泛存在的不确定性和随机性变量,如风电、太阳能的发电波动、负荷的波动、需求侧响应的随机性特征等。相应地,目标函数和约束条件中均含有相应的随机性变量,分别用 $f(x, \xi)$ 和 $h(x, \xi)$ 表达。满足所有约束条件的 x 所组成的集合称之为可行域。上式的含义就是在可行域内寻求使得目标函数 $f(x, \xi)$ 为最小的解。

在引入随机性变量之后,在数学上,新能源电力系统优化调度问题实质是一类随机优化问题,众所周知,随机优化问题无论在求解难度还是在计算速度上较之确定性优化问题都有着本质的区别。为此,需将复杂优化问题逐步分解成一系列规模上较小的优化模型进行求解,最终完成新能源电力系统优化调度任务。

和传统电力系统调度模型类似,新能源电力系统也可根据时间尺度不同等分为可调度资源组合模型(即日计划调度模型)和单断面优化模型(实时调度模型)。

1. 新能源电力系统日计划调度模型

根据不同时期国家和社会对电力工业要求不同,新能源电力系统的日计划调度问题的目标函数主要有总成本最低、总能耗最低、温室气体排放最低等几种情况。日计划调度模型可进一步表示为

$$\min_{u,p} F(u,p) = \sum_{i=1}^{I} \left\{ \sum_{t=1}^{T} u_{it} C_i(p_{it}) + S_i(u_i) \right\}$$

$$\text{s. t.} \sum_{i=1}^{I} u_{it} p_{it} \geqslant D_t, \sum_{i=1}^{I} u_{it} r_i(p_{it}) \geqslant R_t, t = 1:T, \tag{6-4}$$

$$u_{it} \underline{p_i} \leqslant p_{it} \leqslant u_{it} \overline{p_i}, t = 1:T, u_i \in U_i, i = 1:I$$

式中,I 为可调度资源个数;T 为进行规划的时间段;对于每一个可调度资源,C_i 为可调度资源 i 的发电成本/排放成本/燃料成本;S_i 为可调度资源 i 的固定成本,u_{it} $=1(0)$ 表明 i 在时间 t 的运行状态,1 表明该可调度资源接受调度管理,0 表明该可调度资源暂时不接受调度指令。D_t 和 R_t 为第 t 时间段的负荷和可调度容量需求;如果可调度资源为机组或储能设备,p_{it} 为 i 在时间 t 段内的有功输出,如果为需求侧响应资源,p_{it} 为 i 在时间 t 段内减少的负荷需求,$\underline{p_i}$ 和 $\overline{p_i}$ 为可调度容量的有功变化下限和上限;$r_i(p_{it}) = \min(\overline{p_i} - p_{it}, \Delta p_i)$ 为可调度容量计算函数,Δp_i 为时间段内可调度资源有功最大增加量;$u_i = \{u_{i1}, \cdots, u_{iT}\}$ 为可调度资源起停计划,U_i 表示对可调度资源起停计划的一些特殊约束,如机组最多起停次数、某时刻某可调度资源必须处于某种状态等。

新能源电力系统日计划调度模型的目标函数随调度模式的不同也有所不同。主要包括:

(1) 经济调度模式。传统经济调度的目标函数追求发电成本最优(通常是煤耗与煤价的乘积)。此时 C_i 表示可调度资源的运行成本,一般是二次函数形式;S_i 表示启机成本,是与停机时间有关的函数。

(2) 市场调度模式。市场调度基于竞价原则,目标函数追求总费用最低或收益最大。此时 C_i 表示各类可调控资源的运行成本报价,通常表示为线性或阶梯函数形式;S_i 表示各类可调度资源起停成本报价,仍与停机时间有关,可按时段逐段线性表示。

(3) 节能发电调度模式。节能发电调度以节约常规能源耗量为目标,不追求经济性。此时 C_i 表示各类可调度资源的运行能耗,一般是二次函数形式;S_i 表示启机能耗,表达形式与经济调度相同,仍是与停机时间有关的函数。

需要指出的是,在新能源电力系统日计划调度模型当中,不但需要考虑电量的平衡,更重要的是需要考虑可调度资源的可调度容量的平衡问题。即需要保证在任何一个时间节点都能满足系统当中保有足够的可调度容量来应对负荷及可再生能源所带来的波动,同时也需要保证在任意相邻两个时间断面的可调性(包括可调控容量、调控速率等)能够满足这一时间段的需求。

由其优化模型的形式可以看出,新能源电力系统日计划调度问题实际上属于混合整数规划问题,其求解计算量较大。

2. 新能源电力系统实时调度模型

新能源电力系统实时调度模型通常可以用下式表示,目标函数为

$$\min f(P) = \sum_{i \in S} f_i(P_i) \tag{6-5}$$

式中,$f(P)$ 为系统运行的费用函数;S 为系统的可调控资源集合;f_i 为第 i 个可调控资源的运行成本,该成本是该节点有功输出的一个函数。根据调度模式不同,费用函数可以是运行成本、系统综合成本(包括排放成本)或其他的反应系统运行经济性的函数。

约束条件包括潮流方程约束、运行条件约束和可调控资源约束。

潮流方程约束是电力系统稳态运行所必需满足的约束,即系统每个节点的注入有功和无功应和该节点相连所有支路的有功和无功之和相同,其方程为

$$\begin{cases} P_{G_i} - P_{D_i} - \sum_{j=1}^{n} U_i U_j |Y_{ij}| \cos(\theta_i - \theta_j - \delta_{ij}) = 0 \\ Q_{R_i} - Q_{D_i} - \sum_{j=1}^{n} U_i U_j |Y_{ij}| \sin(\theta_i - \theta_j - \delta_{ij}) = 0 \end{cases} \tag{6-6}$$

式中,P_G、P_D 分别表示该节点的有功注入和有功消耗;Q_R、Q_D 分别表示该节点的无功注入和无功消耗。

电力系统运行条件约束是指电力系统运行过程中必须满足的一些条件,如节点电压必须在给定范围之内,节点注入有功和无功必须满足该节点的有功和无功注入范围之内,线路上流过的电流必须小于该线路的电流最大限值等,其方程为

$$\begin{cases} \underline{U}_i \leqslant U_i \leqslant \bar{U}_i, & i \in S_N \\ \underline{P}_{Gi} \leqslant P_{Gi} \leqslant \bar{P}_{Gi}, & i \in S_G \\ \underline{Q}_{Ri} \leqslant Q_{Ri} \leqslant \bar{Q}_{Ri}, & i \in S_R \\ \underline{I}_{ij} \leqslant I_{ij} \leqslant \bar{I}_{ij}, & i,j \in S_L \end{cases} \tag{6-7}$$

可调控资源约束是指电力系统的各类可调控资源必须满足系统的实时波动需求,其方程为

$$\begin{cases} \Sigma \Delta P_i \geqslant P_\varepsilon, & i \in S_G \\ \Sigma \Delta Q_i \geqslant Q_\varepsilon. & i \in S_R \end{cases} \tag{6-8}$$

式中,P_ε、Q_ε 为系统在该断面的有/无功最大可能波动(包括负荷和新能源发电波动)。只有满足这一前提,才能保证在出现波动的情况下具备足够的可调控能力,从而保证系统的安全稳定运行需求。

新能源电力系统实时调度模型中约束条件包括整个潮流方程,即不但包括有功功率,还包括电压、无功等因素,非线性较强,属于非线性优化问题。同时该模型仅含对系统当前潮流断面的优化,并不考虑机组爬坡速率等和时间相关的约束,属于静态优化问题。这是因为单断面优化问题通常用于对系统的实时运行状态进行调整,对计算速度要求较高。静态优化问题可大幅度减少问题的复杂程度,提高运算速度。

6.3 新能源电力系统优化调度

6.3.1 协调优化调度原理

复杂大系统的综合自动化、智能自动化、经济管理问题的宏观调控等重大问题都涉及多变量协调控制问题[4]。"协调"是工程技术、经济管理、生物生态领域持续发展的普遍需求和共性问题。

协调是新能源电力系统控制的关键问题。所谓协调,就是根据各种原则将复杂大系统进行拆分,形成各小系统,并使得各小系统相互配合、协调工作,共同完成大系统的最终任务。通常来讲,复杂大系统可采用分解—协调的方法实现协调优化控制。

(1)分解:根据复杂大系统自身特性,合理处理复杂大系统中广泛存在的相互关联,将复杂大系统分解成为多个相对简单的子系统,并分别求解各子系统的局部最优控制问题。

(2)协调:根据分解时所采用的原则和策略,在各子系统局部最优化的基础上进行协调,实现大系统的全局最优化。

需要指出的是,如果采用分解协调的方法,那么通常来说分解协调后所得到的问题和原问题往往存在一定程度的误差。但在工程问题当中,最重要的是能够在有限的时间限制下得到一个令人满意的解(即准优化),而不是盲目追求理论上最优而工程中很难达到的最优解。在本章当中,以下所涉及的最优均为这种工程意义上的最优解[5]。

　　新能源电力系统优化调度问题的实质是对电力系统运行状态进行调整,以达到某种意义上的最优运行状态,但由于现代电力系统规模巨大,各类设备动态特性复杂,导致新能源电力系统优化调度模型是一个考虑时间及空间约束的动态优化决策模型。同时新能源的大量接入又给这个问题带来了较大的不确定性,求解难度巨大,需要采用协调优化调度理论对其进行简化,将其分解成多个相对简单的子系统,并利用协调的方法得到原复杂大系统,也就是新能源电力系统的最优运行状态。

　　在对新能源电力系统这一复杂大系统进行分解时,可以从空间、时间、控制目标、控制资源以及电力生产等尺度将该问题进行分解,形成一系列规模较小的子问题,并对子问题进行求解,如图 6-2 所示。

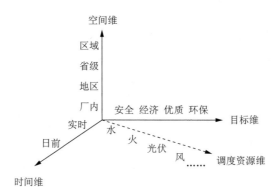

图 6-2　协调优化调度体系

　　1) 时间维度

　　时间维度是指电力系统优化调度的时间尺度。实际这一思想在现代电力系统调度中已经有所应用,如前一节所述的日前调度和实时调度,即为电力系统优化调度在时间维度上的分解。考虑到新能源电力系统电源侧波动较大、日前预测精度不高等特点,新能源电力系统优化调度在时间维度上的分解和协调主要体现在将日前调度和实时调度分开,同时在实时调度环节引入精度相对较高的超短期风电/光伏预测结果等。

　　2) 空间维度

　　空间维度是指新能源电力系统所处的地理空间。这一维度的协调主要体现在两个方面,第一,已有研究成果表明在空间尺度较大的多个风电场波动性要明显小于单个风电场的波动性,同时由于我国资源分布和负荷中心在地理上的不匹配性,需要形成大规模的互联电网来消纳新能源接入所带来的波动性和随机性;第二,大规模互联电力系统规模巨大,全网统一调度既不必要,也不可行。因此可采用区域、省、地区等多级调度体制,实现新能源电力系统调度在空间维度上的分解。

3）目标维度

新能源电力系统的首要目标是保证电力系统的安全运行,在此基础上要实现经济、优质、节能、低碳等多个目标。这些目标有时会发生冲突甚至彼此矛盾,此时可采用经济学上的帕累托最优的概念来完成多目标优化的协调,或针对系统具体情况对优化模型进行转换,一些目标转为约束条件来进行。

4）调度资源维度

新能源发电系统存在着多种可调度资源,包括水、火、核、储能设备以及需求侧资源。这些可调度资源的控制特性和可调度性均不尽相同,因此在调度维度同样存在着协调优化的可能性。

6.3.2　时间维度的协调优化

在电力系统有功调度中,时间维度上的协调优化算法主要采用日前发电计划和实时调度二者相结合的协调控制方式。日前发电计划利用短期负荷预测结果,提前一天对所有机组的起停和发电曲线进行安排,对于短期负荷预测存在的偏差则用 AGC 控制(automatic gain control,AGC)进行调整。在没有大规模新能源接入的情况下,上述在时间维度上的协调优化方法尚可较好地保证电力系统运行的经济性和安全性。在新能源电力系统当中,由于新能源大量接入所带来的不确定性增加,这种较为粗放式的协调优化调度方法已不再能满足新能源电力系统优化调度的需求。

相比于电力系统中早就存在的负荷预测技术,现有新能源发电预测技术起步较晚,预测精度也远远不能达到超短期和短期负荷预测的水平。但新能源发电预测技术存在着预测精度和所预测的时间成反比这一明显特点,即预测时间越短,预测精度就越高;如果能很好利用新能源发电预测的这一特点,就可以有效提高系统运行的经济性和安全性。而想利用好这一特点,就有必要在时间维度上对电力系统优化调度问题进行进一步的细化分解,采用协调优化的方法获取更好的结果。

有鉴于此,新能源电力系统优化调度在时间维度上的分解和协调应最起码分为以下三级,如图 6-3 所示。

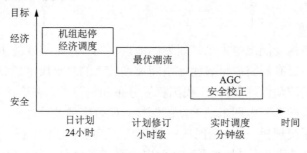

图 6-3　时间尺度上的协调优化

　　（1）日前计划（日级）：日前计划根据短期负荷预测结果、日新能源发电功率预测结果以及各发电厂报价等相关信息为基础，以系统运行经济性为目标，并以系统备用、关键线路传输功率等为约束条件，采用如前所述机组组合和经济调度算法进行优化，给出下一日各机组的起停计划和有功出力计划曲线。

　　（2）考虑新能源预测不确定性的计划修订调度（小时级）：考虑到新能源发电预测技术的特点，即预测时间越短，精度越高，但即便如此，现有新能源预测技术的精度仍远未能达到现有超短期负荷预测的精度水平。因此在利用这类新能源预测技术时，必须考虑到预测不确定性所带来的误差，即考虑新能源预测不确定性的计划修订调度。计划修订调度是对发电计划所进行的动态调整，通常仍以经济性为主要目标，考虑系统备用和关键线路的约束，给出未来一段时间内的电网运行状态。在计划修订过程中，目前多采用最优潮流为工具。

　　（3）实时调度（分钟级）：实时调度采用自动发电控制为主要工具，是对机组发电出力的实时调整，其主要目标是保证系统的频率恒定和联络线功率为给定值。此时通常以系统频率和联络线功率满足计划需求为主要目标，对经济性考虑较少。

　　在上述三个阶段的优化控制模型当中，日级和分钟级阶段的控制模型在新能源电力系统优化调度模型中已有较为详尽的描述，在此不再赘述。

　　在本节当中，将主要介绍小时级阶段模型，即基于随机规划及和现有优化调度模型的主要区别在于需考虑不确定性所带来的影响。

　　大规模新能源的接入所带来的随机性导致了新能源电力系统最优潮流[6]是一个不确定规划问题，而这种问题通常可以使用随机规划理论和算法加以求解。随机规划已有一个世纪的历史，它是一种用来处理含随机变量优化问题的有效工具[7]。根据目标函数和约束条件的不同，随机规划通常可分为期望值模型（expected value model，EVM）、机会约束规划（chance constrained programming，CCP）和相关机会规划（depedent chance programming，DCP）等三类。期望值模型是使目标函数均值在期望约束条件下达到最优。机会约束规划主要用来处理给定置信度水平下的含有不确定性因素的优化问题。相关机会规划是在不确定环境下使事件的机会函数达到最优值。

　　考虑到新能源接入电网的实际情况，以大规模风电接入为例，当风况比较恶劣或者系统工况不利于风电场向系统送电时，允许最优潮流中的某些约束条件在一定的概率水平下不满足，这种情况比较符合大规模风电接入下的电力系统运行实际需要。为此，可利用随机规划理论当中的机会约束规划模型，即以概率的形式描述约束条件（如线路功率、旋转备用等），建立一种考虑风电不确定性的最优潮流机会约束规划模型：

　　建立以系统发电成本最小为目标函数的模型。目标函数为火电发电费用

$$c(x) = \sum_{i=1}^{N_G} C_i(P_{Gi}) \tag{6-9}$$

式中，P_{Gi} 为分配给火力发电机 i 有功出力；N_G 为火电机组个数。

火电机组发电费用为

$$C_i(P_{Gi}) = a_i P_{Gi}^2 + b_i P_{Gi} + c_i \tag{6-10}$$

式中，a_i、b_i、c_i 为发电机组 i 的发电费用系数。

最优潮流中考虑的约束条件主要有潮流方程、发电机输出功率的上下限、发电机端电压上下限、线路输送有功功率约束、系统旋转备用要求等。传统最优潮流的约束条件中不含随机变量，因此无论等式还是不等式约束都是确定性的。但是由于风电输出功率具有不确定性，所以用概率的形式来描述选择备用约束和线路输送有功功率约束更具备实际应用价值。

（1）等式约束与传统最优潮流一样，为系统潮流方程，即

$$P_{Gi} - P_{Di} - U_i \sum_{j=1}^{n} U_j(G_{ij}\cos\theta_{ij} + B_{ij}\sin\theta_{ij}) = 0$$
$$\tag{6-11}$$
$$Q_{Gi} - Q_{Di} - U_i \sum_{j=1}^{n} U_j(G_{ij}\sin\theta_{ij} - B_{ij}\cos\theta_{ij}) = 0$$

（2）不等式约束有四种。

常规发电机功率约束

$$P_{Gi}^{\min} \leqslant P_{Gi} \leqslant P_{Gi}^{\max}$$
$$\tag{6-12}$$
$$Q_{Gi}^{\min} \leqslant Q_{Gi} \leqslant Q_{Gi}^{\max}$$

节点电压约束

$$V_i^{\min} \leqslant V_i \leqslant V_i^{\max} \tag{6-13}$$

系统的可调度资源备用约束：

$$\mathrm{Prob}\{c^T(P_{Gi}^{\max} - P_{Gi} \geqslant P_{sr})\} \geqslant \beta \tag{6-14}$$

线路输送有功功率约束：

$$\mathrm{Prob}\{g(u, P_W, P_G, P_D) \leqslant P_{l\max}\} \geqslant \alpha \tag{6-15}$$

式中，P_{Gi} 为常规发电机组 i 的有功功率；$P_{Gi}^{\min}$ 和 $P_{Gi}^{\max}$ 为常规机组 i 有功功率的上、下限；Q_{Gi} 为常规发电机组 i 的无功功率；$Q_{Gi}^{\min}$ 和 $Q_{Gi}^{\max}$ 为常规机组 i 无功功率的上、下限；V_i 为节点 i 的电压；$V_i^{\min}$ 和 $V_i^{\max}$ 为节点 i 电压的上、下限；P_W 为风电机组出力；P_D 为负荷需求量；P_{sr} 为系统旋转备用有功功率；$P_{l\max}$ 为线路 l 上输送有功功率的上限；$\mathrm{Pr}\{\bullet\}$ 为 $\{\bullet\}$ 中式子成立的概率；α 和 β 分别是事先给定的相应约束条件的置信水平。

需要指出的是，式（6-14）即属于前文中提到的火电机组可调度性约束的具体体现。

另外，考虑到一定概率下的最小费用，即有不等式约束：

$$P_r\{f(x,\xi) \leqslant \bar{f}\} \geqslant \gamma \qquad (6\text{-}16)$$

式中，$f(x,\xi)$ 为目标函数；γ 为事先给定的费用的置信区间；$\bar{f}$ 为一定概率下使得式(6-16)成立的最小值。

对于上文所提出的考虑风电不确定性的机会约束规划模型，由于不确定性的存在，难以应用传统优化方法进行求解。这里应用基于随机模拟的粒子群算法进行求解，可选取各发电机组的有功出力为粒子，计算流程如下：

（1）输入常规机组的基本参数，如常规发电机的出力限制、经济系数及备用要求等。

（2）输入风电机组的基本参数，如风电场机组的装机容量、风电机组的运行参数、风电机组输出功率预测值、风电机组输出功率的预测误差概率分布等。

（3）输入随机模拟基本参数；粒子群算法参数，例如种群规模、迭代终止条件（一般为最大迭代次数）；输入约束条件的置信水平参数。

（4）初始种群，利用随机数发生器产生常规机组的出力及风电机组出力，风电机组的输出功率在预测值的基础上满足预测误差概率分布，置迭代次数 $k=1$。

（5）采用随机模拟技术检验粒子的可行性，即检验每个粒子是否满足约束条件，若满足约束条件的粒子个数达到约束条件的置信水平，则形成可行的初始粒子群位置及速度；如未到达置信水平，则返回步骤(4)重新产生。

（6）计算每个粒子的目标函数值。

（7）找出每个粒子的个体最优值 P_{best}^{k} 和种群的全局最优值 G_{best}^{k}。即对每个粒子，将其目标函数值与个体最优值进行比较，较优的作为当前的个体最优值 P_{best}^{k}；对种群中所有粒子，将其目标函数值与全局最优值进行比较，将最优的作为当前的全局最优值 G_{best}^{k}。

（8）置 $k=k+1$，并更新惯性因子 ω。

（9）从种群中随机选取一个粒子 R^{k}，同时更新粒子当前的速度 v^{k}；进一步更新每个粒子的位置。

（10）采用随机模拟技术检验更新后的粒子是否满足约束条件的要求，满足则转向步骤(11)，如果不满足，则重新产生粒子的速度，并更新其位置，再次验证直到满足约束条件为止，若重复更新的次数超过规定的次数，则终止更新，由原来的可行性粒子代替。

（11）重复步骤(6)～(10)，直到符合终止的条件。

（12）输出第 $[\gamma k_{\max}]$ 个粒子作为最优解（$[\gamma k_{\max}]$ 为 $\gamma k_{\max}$ 的整数部分）。

本节以 IEEE30 节点系统为例，对所述模型和算法进行了验证。假设系统有两处风电场，并网点分别为节点 25 和节点 28。负荷预测误差满足标准正态分布。假设风电预测值为装机容量一半，预测误差概率分布符合预测值 -20% ～ $+20\%$

之间的正态分布,概率分布如图6-4。常规发电机组的相关参数如表6-4所示。

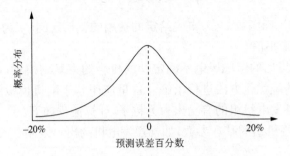

图 6-4　风电预测误差的概率分布(正态分布)

表 6-4　常规发电机组成本系数及有功限值

节点号	a/(美元/MW·h)	b/(美元/MW·h)	c/(美元/MW·h)	有功下限/MW	有功上限/MW
1	0.02	2	0	0	80
2	0.0175	1.75	0	0	80
13	0.0625	3	0	0	40
22	0.00834	3.25	0	0	50
23	0.025	3	0	0	30
27	0.025	3	0	0	55

算例 1:置信水平参数 α、β 和 γ 都置为 0.98,仿真不同风电装机容量下的最优潮流。计算仿真结果见表 6-5。其中第一组数据为不含风电场的最优潮流结果,第二组数据为装机容量为(15MW,20MW)下的最优潮流结果,第三组数据为装机容量为(30MW,40MW)下的最优潮流结果。

表 6-5　不同装机容量风电场并网后的最优潮流结果

不同装机容量并网机组	发电机最优有功输出/MW						发电成本/美元
	1	2	13	22	23	27	
0	41.5422	57.4059	16.2039	22.7437	16.2726	39.9100	576.8945
(15,20)	40.5112	54.1409	14.7847	22.0122	14.4429	28.3239	508.8247
(30,40)	38.8023	52.1324	13.0679	21.2380	12.5989	18.6207	444.5783

算例 2:仿真不同的约束条件置信水平下的最优潮流结果。结果如表 6-6 所示。Ⅰ:$\alpha=\beta=0.99$,Ⅱ:$\alpha=0.95$、$\beta=0.99$,Ⅲ:$\alpha=0.99$,$\beta=0.95$。

表 6-6　不同约束条件置信水平的最优潮流结果

约束条件 置信水平	发电机最优有功输出/MW						发电成本/ 美元
	1	2	13	22	23	27	
Ⅰ	50.9522	68.7459	25.7839	23.8777	13.5262	12.0000	402.3345
Ⅱ	48.2312	66.5709	24.9857	23.0322	13.2329	12.0000	388.6183
Ⅲ	46.4523	66.0899	23.8067	22.9980	12.5989	12.0000	381.0576

表 6-6 的计算结果表明,不同的约束条件置信水平下的最优潮流结果有较大的差异,即约束条件成立的概率水平对最优潮流的结果具有显著影响。约束条件成立的概率水平越高,表明系统的可靠性成本越高,因此其发电成本也相应地越高;反之,约束成立的概率水平越低,其发电成本也会相应的越低。因此,在含风电场的电力系统实际运行中,运行人员可以根据经验和系统的实际情况对约束条件的置信水平进行调整,进而给出实际运行中机组备用的设置情况。

6.3.3　空间维度的协调优化

我国新能源资源与负荷中心逆向分布现象严重,传输距离横跨几百甚至上千公里,而且新能源电力系统规模巨大,同时运行的发电和输电设备众多,因此,新能源电力系统优化调度存在着优化模型复杂、计算量巨大等特点。需采用分区分级的调度运行模式,也就是在空间维度上的协调优化方法。

空间维度的协调优化方法通常是通过将整个互联电网根据行政区域等相关因素将其划分为数个子供电区域,子供电区域通过联络线彼此相连,上级调度部门通过设定联络线的输电计划来保证各区域发供电平衡和输电安全,而各子区域根据本区域负荷变化和发电资源进行动态调整,使频率稳定及联络线功率为给定值。

上述空间维度的协调优化算法已经应用于现有电力系统调度领域[8]。在新能源电力系统中,风电场、光伏电站在空间尺度上的广域分布使得空间维度的协调优化具备了新的含义,即通过对在地域上分布广泛的风电场、光伏电站发电出力的统一协调调度来提高新能源电力系统的调控能力,下面以大规模风电场的统一协调调度来进行说明。

风电机组功率输出特性决定了其有功出力随风力的变化而变化,因此风电机组参与电网调频的能力非常有限,一般仅作为常规机组的辅助调节手段。但已有研究表明风电场的功率输出波动较单台风机的功率输出波动要小得多。因此大规模风电场作为整体参与电网有功和频率调节已经具备了可行性。

大规模风电场进行有功控制的基础是单台风力发电机的有功控制。通常可采用转矩控制和浆矩角控制联合控制方法[9],使风力发电机保留一定的预留功率,从而能够实现风机上调或下调有功功率。对于整个风场而言,可以采用对单台风机下发起停机指令的方式,使整个风场可根据风场控制中心的要求上调或下调功率输出。

　　图 6-5 给出了新能源电力系统在空间维度上协调优化的体系结构示意图(以风电为例)。大电网控制中心负责对各区域控制中心的运行情况进行监控,并根据各区域的负荷和传统及新能源发电的供电情况对联络线输电功率进行修正。区域控制中心负责对区域电网进行调度。和传统区域电网控制中心不同的是,新能源电力系统的区域控制中心不但对传统发电资源进行调度,还对风电等新能源发电进行调度,这就要求区域控制中心在传统负荷预测的基础上,还要了解风场发电预测信息和风电场发电运行情况,包括风电场上调容量和下调容量的限制值以及调整速率等信息,而这些信息是由区域风电控制信息提供的。区域风电控制中心负责对本区域内的所有风电场进行管理,它从区域电网控制中心接受对风电的控制数据,并返回本区域内所有风电场的运行信息;在接受了区域电网控制中心下发的指令后,区域风电控制中心根据区域内所有风电的运行情况及气象数据将其分解为各个风电场的运行指令,包括风场的有功及无功出力、电压水平等,并将此指令下发至各个风电场控制器,各个风场控制器再将风场指令下发至各台风力发电机组。

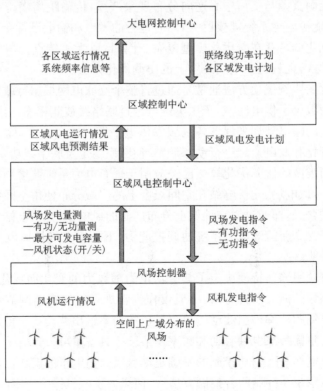

图 6-5　新能源电力系统空间维度的协调优化

通过这种空间维度上的协调优化方式,可以充分利用大空间尺度下风电出力波动较小的特性,同时通过多层级的控制中心将原复杂大系统的控制问题逐步化简,化简成多个子系统进行优化控制,有效减少了问题的规模,提高了控制质量。

6.3.4　目标维度的协调优化

随着能源与环境压力的日益严重,新能源电力系统优化调度在目标维度上已由单纯的以经济性为目标的单目标优化问题转化成为综合经济性、安全、节能环保等多目标优化问题。

下面即以节能减排和经济性两个目标的协调为例,给出新能源电力系统在目标维度上协调优化的概念及其实现[10]。

多目标优化是一个复杂的问题,其优化结果有赖于各个目标之间的关系和依赖程度。通常来讲,可利用经济学上的帕累托最优的概念或将其中的部分目标转化成约束的方法将多目标优化问题转化为单目标优化问题进行求解[11]。

从新能源电力系统的提出及发展历程来看,节能减排既是其出发点,又是其最终实现的目标愿景。作为智能电网调度的主要表现形式之一,新能源电力系统调度有必要对排放问题进行研究,以取得经济性与碳排放的协调,最终实现节能减排、安全经济的调度目标。

碳排放来自于火电机组,机组的碳排放特性与燃料成分、燃烧效率、锅炉热效率等因素有关,一般可对其进行二次曲线拟合:

$$E_{Gi}(t) = \chi_i P_{Gi}^2(t) + \delta_i P_{Gi}(t) + \phi_i \tag{6-17}$$

式中,$E_{Gi}(t)$为火电机组 i 在 t 时段的碳排放量,lb;χ_i、δ_i、ϕ_i 为碳排放曲线参数。

由于能源来源的自然属性,碳排放与发电成本是一对矛盾,比如煤电成本低但排放高,燃油燃气机组排放低但成本高,在不同减排政策下,如何寻求帕累托最优,成为节能减排调度研究的重点。

碳排放管制是一个周期内的总量约束,各个时段间排放量是动态变化且互相制约的,节能减排调度模式需要对整个管制周期进行研究,而且机组启停过程中能耗和排放很大,因此决策应基于机组组合模型,可根据情况决定是否需要考虑安全约束。本章基于传统的经济调度模型,根据节能减排的具体问题进行针对性改进,分别建立三种节能减排调度模式的经济调度模型,即考虑碳排放约束的经济调度模型、考虑成本约束的低碳调度模型和发电与碳排放权联合调度模型。

1. 考虑碳排放约束的经济调度

在原有的经济调度或经济机组组合模型中增加碳排放约束是一种易于理解和接受的节能减排调度模式。这种模式适用于碳管制政策实施的初期:①碳排放管制政策已经实施,碳交易市场尚未建立,碳排放权没有货币价值;②政府仅对排放总量或个别机组提出限排规定,对排放范围内的排放量则不予惩罚和奖励,允许机组在允许的排放上限内发电。这种情况下,调度可在满足调度区域内排放总量约束和个别机组排放约束的条件下,寻求调度成本的最优,并能够照顾到某些排放高但成本低廉的发电商利益。

数学模型仍旧以调度周期内调度成本最少为目标,在传统经济调度模型基础上,增加碳排放约束。由于碳排放是二次函数形式,因此需要将其线性化处理。机组碳排放的线性化过程如图 6-6 所示:

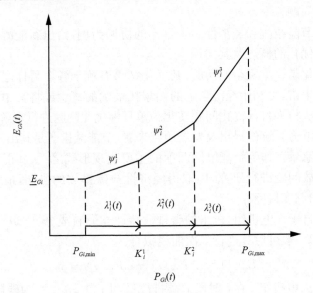

图 6-6　机组碳排放的线性函数

分段线性化后 t 时段机组 i 的碳排放为

$$
\begin{cases}
E_{Gi}(t) = \underline{E}_{Gi}u_i(t) + \sum_{p=1}^{NL} \psi_i^p \lambda_i^p(t) \\
\underline{E}_{Gi} = \chi_i P_{Gi,\min}^2 + \delta_i P_{Gi,\min} + \phi_i
\end{cases}
\qquad \forall i \in N_G, \forall t \in T \quad (6\text{-}18)
$$

$$
P_{Gi}(t) = \sum_{p=1}^{NL} \lambda_i^p(t) + P_{Gi,\min}u_i(t) \qquad \forall i \in N_G, \forall t \in T \quad (6\text{-}19)
$$

$$
\begin{cases}
0 \leqslant \lambda_i^1(t) \leqslant K_i^1 - P_{Gi,\min} \\
0 \leqslant \lambda_i^p(t) \leqslant K_i^p - K_i^{p-1} \qquad \forall i \in N_G, \forall t \in T, \forall p = 2, \cdots, NL-1 \\
0 \leqslant \lambda_i^{NL}(t) \leqslant P_{Gi,\max} - K_i^{NL-1}
\end{cases}
$$

$$
(6\text{-}20)
$$

式中, $\underline{E}_{Gi}$ 为机组 i 的最小碳排放;NL 为线性分段数; ψ_i^p 为机组 i 在线性分段 p 上

的碳排放斜率；K_i^p、K_i^{p-1} 为机组 i 在线性分段 p 上的出力取值上下限；$\lambda_i^p(t)$ 为 t 时段机组 i 的线性分段 p 上的出力，为线性化后的决策变量。

调度周期内碳排放总量约束为

$$\sum_{t \in T} \sum_{i \in N_G} E_{Gi}(t) \leqslant E_{Gi,\max} \qquad (6\text{-}21)$$

调度周期内各机组的碳排放约束为

$$\sum_{t \in T} E_{Gi}(t) \leqslant E_{Gi,\max}, \qquad \forall i \in N_G \qquad (6\text{-}22)$$

式中，$E_{Gi,\max}$ 为周期内火电机组 i 的碳排放量上限。

特定区域内排放总量约束为

$$\sum_{t \in T} \sum_{i \in A_G} E_{Gi}(t) \leqslant E_{GA,\max}, \qquad \forall A_G \subset N_G \qquad (6\text{-}23)$$

式中，$E_{GA,\max}$ 为特定区域 A 的碳排放量上限；A_G 为特定区域 A 内的机组集合。

式(6-18)～式(6-23)与传统经济调度模型一起组成了第一种以发电成本（或耗量）最少为目标、考虑碳排放约束的节能减排调度模型，记为 SCUC-EC1。

2. 考虑成本约束的低碳调度

与经济调度不同，低碳电力调度是以调度周期内排放最小为目标，这种节能减排调度模式也有许多研究。成本不再是目标函数，但应作为约束条件处理，即调度的总成本不能超过规定上限。这种模式适用于碳减排任务十分严峻的特殊时期，这时政府不再制定碳排放的许可上限，而是尽最大可能减少排放。减排的客观环境要求必须采取"以碳定电"——按排放大小确定发电序位先后的规则，排放低的机组优先发电，排放高的机组可能没有发电权，不考虑因此增加的经济成本。这种情况下，调度应该在满足调度总成本约束条件下，寻求系统排放最小的目标。

同样以调度周期内机组碳排放最小为目标函数为

$$\min E_G = \sum_{t \in T} \sum_{i \in N_G} u_i(t)(\chi_i P_{Gi}^2(t) + \delta_i P_{Gi}(t) + \phi_i) \qquad (6\text{-}24)$$

式中变量定义与前文定义一样。

对碳排放量进行线性化处理，新增约束条件同上个模型。

约束条件包括系统负荷平衡约束、系统旋转备用约束、爬坡速度约束、机组最小开停机时间约束、最大最小出力约束、需求侧资源的特殊约束、静态安全约束。增加调度成本的限值约束：

$$\sum_{t=1}^{T} \left\{ \sum_{i=1}^{N_G} \left[J_{Gi}(t) + S_i(t) + C_i(t) \right] + \sum_{j=1}^{N_{DR}} J_{DRj}(t) \right\} \leqslant J_{\max} \qquad (6\text{-}25)$$

式中，$J_{\max}$ 为周期内的调度总成本上限；其他变量定义同前。

式(6-24)～式(6-25)和传统经济调度模型一起组成考虑成本(耗量)约束、排放最小为目标的节能减排调度模型,记为 SCUC-EC2。

3. 发电与碳排放权联合调度

发电与碳排放权联合调度的同时考虑发电成本和碳排放量最小,碳排放量等价于等量的碳排放权,目的是通过碳交易市场方式实现经济与减排的帕累托改进。可见,这种节能减排方式适用于碳交易市场已经成熟,碳排放的货币价值得到认可,而且碳排放权可自由交易的条件下。同 SCUC-EC1 模式一样,这种模式仍然需要考虑碳排放约束,理由是碳排放权产生和生效的前提条件是允许在总量限制下进行生产活动。

数学模型可在 SCUC-EC1 模型上进行修改,增加碳排放最小的目标。因此,基于多目标的机组组合得到联合调度的模型,目标函数同时考虑成本(或耗量)和碳排放 E_G 最小。总的目标函数为

$$\min F + \pi E_G \tag{6-26}$$

式中,F 是总调度成本,包括机组发电成本和需求侧调用成本;π 是目标权重,碳交易制度下表示碳排放权价格。

目标权重的物理意义为碳排放强度,取值为零表示不考虑碳排放,此时联合调度问题退化为经济机组组合;碳排放强度越大表示碳排放管制越严厉,当取值大到 F 与 E_G 的比值可以忽略时,联合调度问题变为不计发电成本的低碳调度。在联合调度中,碳排放被赋予货币价值,在货币层面上将两个不同量纲的目标结合,从而统一能量市场与碳排放市场的交易,实现电调度和碳排放权调度的帕累托最优。

约束条件同 SCUC-EC1,不再赘述。联合调度是第三种节能减排调度模型,记为 SCUC-EC3。

4. 算例分析

算例采用 IEEE30 节点,包含 6 台机组,24 时段负荷,网络结构如图 6-7 所示。

在节点 28 接入一个额定容量为 60MW 的风电场,占系统总装机容量的比例为 11.4%。某典型日风电场 24 时段预测出力的标幺值如图 6-8 所示。

假定系统中的 21 节点以可中断负荷(IL)的形式参与发电计划,另外有两组负荷集群分别经过代理商组成虚拟发电厂参与发电计划,其中 VPP-1 包括节点 15、18、19、20、23、24 处的负荷,VPP-2 假定是微网形式,在节点 30 处具有分布式发电设备。IL、VPP 虚拟发电的上下限按所含节点所有负荷的日负荷最大最小值给定,且规定若确定调用,则其虚拟发电出力具有连续调整和提供旋转备用的能力。IL 与 VPP 的参数如表 6-7 所示,所含节点见图 6-7。

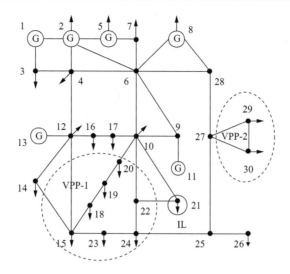

图 6-7　IEEE30 节点测试系统

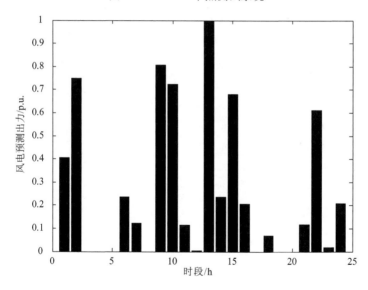

图 6-8　风电场出力的预测值

表 6-7　IEEE30 节点系统 VPP 与 IL 参数

名称	价格/USD	虚拟发电/MW		最大连续受控时间/h	最小受控间隔时间/h	初始已连续受控时间/h	周期内最大受控总时间/h
		max	min				
VPP-1	2.2	30	15	4	6	0	6
VPP-2	2.5	13	6	4	6	0	6
IL	2.4	17.5	8	4	6	0	6

　　各时段负荷备用按 10％的负荷设置,风电备用为预测出力的 20％。24 时段
的机组组合优化结果如表 6-8 所示。

表 6-8　IEEE30 节点系统 24 时段 SCUC 优化结果

时段	机组出力/MW						虚拟发电/MW		
	1	2	3	4	5	6	VPP-1	VPP-2	IL
1	0	20	37.0	26.0	0	30.0	22.7	6.0	0
2	50	25.1	24.0	17.0	0	20.0	15.0	0	0
3	77.8	45.1	24.2	26.0	0	26.0	30.0	0	0
4	81.9	65.1	29.0	35.0	0	26.0	30.0	0	0
5	86.1	80.0	33.1	35.0	0	31.7	0	0	17.5
6	87.0	80.0	29.8	35.0	0	26.0	0	0	0
7	88.0	79.9	23.8	28.0	0	19.0	0	0	0
8	85.6	65.0	23.8	19.0	0	19.6	0	0	0
9	61.6	45.0	15.0	10.0	0	12.0	0	0	0
10	55.5	25.0	15.0	10.0	0	12.0	0	0	0
11	77.4	25.7	15.0	10.0	0	12.0	0	0	0
12	81.2	41.6	15.0	10.0	0	12.0	0	0	0
13	50.0	23.0	15.0	10.0	0	12.0	0	0	0
14	81.4	43.0	23.8	10.7	0	12.0	0	0	0
15	79.0	45.0	15.0	16.3	0	12.0	0	0	0
16	84.4	65.0	23.8	25.3	0	21.2	0	0	0
17	88.0	80.0	23.8	34.3	0	20.0	0	0	0
18	86.3	72.8	23.8	35.0	0	19.0	0	0	0
19	86.3	71.9	23.8	35.0	0	19.0	0	0	0
20	85.9	68.3	23.8	28.0	0	19.0	0	0	0
21	83.5	55.0	23.8	19.0	0	15.7	0	0	0
22	73.2	35.0	15.0	10.0	0	12.0	0	0	0
23	81.2	41.7	15.0	10.0	0	12.0	0	0	0
24	59.8	21.7	15.0	10.0	0	12.0	0	0	0

　　此时总成本为 12503.0 美元,其中机组运行成本为 11974.1 美元,启停成本为
257 美元,VPP-1、VPP-2、IL 的调用成本为 271.9 美元。各时段系统旋转备用需
求与系统提供的旋转备用优化结果如图 6-9 所示,其中需求侧分别在时段 1 由
VPP-1、VPP-2 提供 7.3MW 和 7MW 的旋转备用,在时段 2 由 VPP-1 提供 15MW

的备用。需求侧提供旋转备用的能力很重要,计算显示若旋转备用约束中不考虑
需求侧资源,则本算例将无可行解,必须将风电并网容量降到 10MW 以下。分析
知其原因是某些时段机组不能为风电提供足够的备用,优化计算不满足旋转备用
约束,说明将出现弃风。

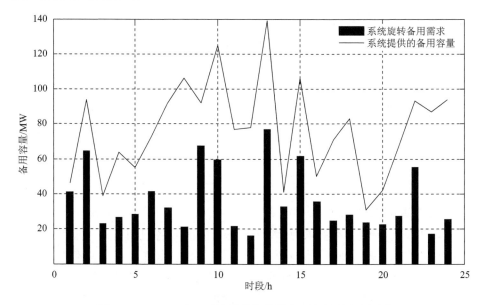

图 6-9　IEEE30 节点系统提供的旋转备用与旋转备用需求

相比常规机组,需求侧有三个特殊约束,即最大连续受控时间(记做约束 C1)、
最小受控间隔时间(记做约束 C2)和周期内最大受控总时间(记做约束 C3)。当分
别忽略其中一个特殊约束时,优化结果对比如表 6-9 所示。

表 6-9　不同需求侧资源特殊约束组合时的优化结果

考虑的约束组合	机组启停成本/美元	机组运行成本/美元	需求侧成本/美元	调度总成本/美元
约束 C1+C2	257.0	10701.5	1117.3	12075.8
约束 C1+C3	257.0	11952.5	295.7	12505.2
约束 C2+C3	257.0	11920.1	295.7	12472.9
约束 C1+C2+C3	257.0	11974.1	271.9	12503.0

可见是否计及特殊约束 C3,对调度结果的影响最明显。换言之,在用户参与
系统互动的激励机制中,应尽可能地激励用户延长在周期内的最大受控总时间,能
够更明显地增加系统运行的弹性,减少常规机组的能耗,进一步促进新能源发电的
消纳。

采用上述 IEEE30 节点系统算例进行算例分析。周期内最大受控总时间为

24h。需求侧资源不产生碳排放,机组的碳排放系数如表 6-10 所示。抬高需求侧资源价格除了由于算例仿真的具体需要之外,是考虑真实案例当中若处于碳排放管制时,相比传统主能量市场,零排放的需求侧资源市场力必然将得到提升,其发电竞价中将包含用户期望的节能减排机会成本。因此,此处修改经济机组组合中使用的算例也在一定程度上模拟了真实情况。

表 6-10　IEEE30 节点系统机组碳排放系数

机组	碳排放系数			机组	碳排放系数		
	二次 /(kg/MW²)	一次 /(kg/MW)	常数 /kg		二次 /(kg/MW²)	一次 /(kg/MW)	常数 /kg
1	0.0126	−0.9	22.983	4	0.0291	−0.005	24.9
2	0.02	−0.1	25.313	5	0.029	−0.004	24.7
3	0.027	−0.01	25.505	6	0.0271	−0.0055	25.3

1) 考虑碳排放约束的经济调度算例

设 SCUC-EC1 的基本场景为:碳排放总量限制与各机组排放限制为 999991b(远大于实际排放量)。由于所设置的碳排放总量上限并不起约束作用,SCUC-EC1 实际上是普通的经济机组组合问题。此时机组启停成本为 257 美元,运行成本为 11721 美元,需求侧成本为 330 美元,调度总成本为 12308 美元,系统碳排放为 6014lb。

在基本场景的基础上加强碳排放总量管制,将碳排放总量上限值由 6000lb 逐渐下降到 4600lb,SCUC-EC1 的优化结果比较如表 6-11 所示。

表 6-11　不同碳排放上限场景 SCUC-EC1 的优化结果

成本类别	不同碳排放上限的优化结果							
	6000lb	5800lb	5600lb	5400lb	5200lb	5000lb	4800lb	4600lb
机组运行/美元	11724	11756	11818	12030	12446	12100	11677	11213
机组启停/美元	257	257	257	257	564	564	564	564
运行+启停/美元	11981	12013	12075	12287	13010	12664	12241	11777
需求侧/美元	330	330	330	330	1065	3566	6330	9507
总计/美元	12311	12343	12405	12617	14075	16230	18571	21284
碳排放/lb	5949	5743	5560	5350	5155	4964	4769	4574

从表 6-11 可见,随着碳排放上限的不断下降,碳管制逐渐加强,调度总成本呈不断上升趋势,说明碳排放与经济成本不能同时取得最优,减排需要付出经济

代价。

进一步分析还可发现：

（1）当碳排放上限从 6000lb 下降到 5400lb 时，发电侧机组的启停和需求侧的调用成本都没有改变，但机组运行成本逐渐上升，说明这一过程中，系统减排通过调整在线机组的发电机出力即可实现，不需要机组启停和更多的需求侧资源参与。

（2）当碳排放上限由 5400lb 继续下降到 5200lb 时，机组启停成本和需求侧的调用成本都增加，计算知此时煤耗较高的 2 号机组启停状态发生改变，由之前的全时段运行变为部分时段停机，停机时间为 10～14 时段和 22～24 时段。说明此时需要通过关停排放高的机组来达到减排要求，为了满足系统负荷平衡，不足的出力由需求侧承担。

（3）当排放上限继续从 5200lb 下降到 4600lb 时，碳减排的实现完全依靠成本较高的需求侧资源，计算知此时基本接近本算例的碳排放总量的最小值 4520lb。纵观全表，为了达到碳减排要求，越来越多的需求侧资源参与系统运行，可见源荷互动模式为节能减排调度提供了宝贵的零碳发电资源，具有显著的节能减排效益。

SCUC-EC1 通过增加碳排放总量约束的方式寻求帕累托改进，能够在满足碳减排要求的前提下，保证各方经济成本最优，易于操作和接受，适用于只有碳排放总量上限规定的环境中。

2）考虑成本约束的低碳调度算例

设 SCUC-EC2 的基本场景为不计经济成本约束的低碳调度。在 SCUC-EC2 模式中，需求侧不产生排放，因此被最大限度的调用，其优化结果为：机组运行成本 11088 美元、启停成本 564 美元、需求侧成本 11670 美元、调度总成本为 23322 美元，此时碳排放量最小，为 4491lb。相比不计碳排放约束的 SCUC-EC1，排放减少 1523lb，调度总成本增加 11014 美元。

在基本场景的基础上，逐渐降低总成本上限再进行计算，得到表 6-12。

表 6-12 不同成本上限场景 SCUC-EC2 的优化结果

成本类别	不同成本上限的优化结果				
	23000 美元	20000 美元	17000 美元	14000 美元	12500 美元
机组运行/美元	11066	11411	11889	12493	11897
机组启停/美元	628	564	564	564	257
运行+启停/美元	11694	11975	12453	13057	12154
需求侧/美元	11290	8008	4526	922	330
总计/美元	22984	19984	16979	13979	12484
碳排放/lb	4495	4674	4896	5172	5454

　　由表 6-12 依然能够得到前述算例分析的基本结论,即①碳减排目标和经济成本目标此消彼长,不能同时取得最优,只能取得折中协调解;②无论是 SCUC-EC1模式还是 SCUC-EC2 模式,需求侧都具有至关重要的作用,既能够提供必要的系统弹性,又提供了零碳资源,对保证供电可靠性、提高机组运行效率、实现节能减排都具有巨大的作用。

　　SCUC-EC2 模式通过设定成本上限来寻求碳减排与经济成本的帕累托改进。不难看出,同 SCUC-EC1 模式一样,这种帕累托改进并不是由市场效率决定的,决策结果具有倾向性,往往偏于单方面的优化。采用模式一或者模式二,很难确定兼顾碳减排和经济成本的均衡点,难以实现发电资源和排放资源的最优配置。

　　3）发电与碳排放权联合调度的算例

　　设 SCUC-EC3 的基本场景为碳排放交易价格为 1 美元/lb,不计碳排放约束。此时 SCUC-EC3 的优化结果为:机组运行成本 11897 美元、启停成本 257 美元、需求侧成本 330 美元、调度总成本为 12484 美元,碳排放量为 5454lb,因碳排放带来的碳交易成本为 5454 美元。与 SCUC-EC1 模式相比,同样是不考虑碳排放约束,SCUC-EC3 的决策结果减少碳排放 560lb,但同时调度成本增加了 176 美元,与SCUC-EC1 模式下将碳排放总量管制在 5500lb 的作用大体相当。说明引入碳交易机制之后,碳排放成为了一类具有经济价值的可调度资源,不需要强制管制,仅需市场力即可获得明显的减排效益。

　　在基本场景的基础上,碳排放交易价格维持在 1 美元/lb 不变,将 SCUC-EC3模式的碳排放总量上限由 5 400lb 逐渐下降到 4600lb 得表 6-13。

表 6-13　不同碳排放上限场景 SCUC-EC3 的优化结果

成本类别	不同碳排放上限的优化结果				
	5400lb	5200lb	5000lb	4800lb	4600lb
机组运行/美元	12030	12448	12005	11632	11211
机组启停/美元	257	564	564	564	564
运行＋启停/美元	12287	13012	12569	12196	11775
需求侧/美元	330	1056	3666	6344	9551
总计/美元	12617	14068	16235	18540	21326
碳排放/lb	5350	5155	4960	4769	4573

　　对比表 6-13 和表 6-11,发现两者基本相等,可见当排放总量上限低于基本场景下 SCUC-EC3 优化得到的排放值之后,决策的目标函数是否考虑碳排放成本最小的目标,对减排并无实际效果。换言之,此时碳交易的边际效益已经小于电交易的边际效益。

在基本场景的基础上,不计碳排放约束,将碳排放交易价格由 1 美元/lb 逐渐提高,优化结果如表 6-14 所示。

表 6-14　不同碳排放价格的 SCUC-EC3 的优化结果

成本类别	不同碳排放价格的优化结果					
	2 美元/lb	6 美元/lb	10 美元/lb	14 美元/lb	16 美元/lb	20 美元/lb
机组运行/美元	11965	12182	12415	11388	11266	11114
机组启停/美元	257	317	564	564	564	564
运行＋启停/美元	12222	12499	12979	11952	11830	11678
需求侧/美元	330	330	670	8144	9204	9842
总计/美元	12552	12829	13649	20096	21034	21520
碳排放/lb	5398	5288	5190	4656	4591	4558

上述优化结果对应的碳排放量如图 6-10。

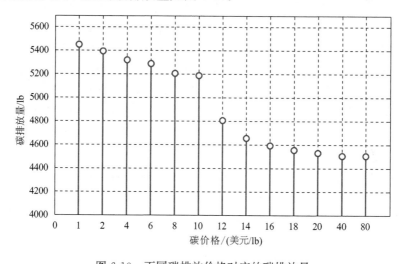

图 6-10　不同碳排放价格对应的碳排放量

随着碳排放价格提高,碳排放量逐渐降低,调度成本增加。提高到 20 美元/lb 之后,碳排放已经基本降低到 SCUC-EC2 模式下确定的最小碳排放。特别是碳价在 10～14 美元/lb 之间时,参与运行的需求侧资源急剧增加,使排放明显降低。说明碳交易使排放的外部成本内化为机组发电成本,使得原本在经济 SCUC 中发电序位远高于需求侧资源的机组市场力被弱化,在市场行为中不再具有主导优势,而需求侧的市场力却因此增强。这从另一个侧面说明,需求侧资源参与系统运行,能够减少不完全竞争市场中发电商的价格垄断,降低其影响市场效率的行为。

从以上分析中可见,不计碳排放约束的 SCUC-EC1 和不计成本约束的 SCUC-

EC2 的优化结果分别是最经济和最低碳的决策,共同组成了节能减排调度决策集合的边界,SCUC-EC1 通过收放碳排放总量限制,SCUC-EC2 通过收放总成本限制来确定帕累托最优解,而 SCUC-EC3 可通过改变碳排放价格来确定帕累托最优解。而且由于引入了市场机制,使电力生产的环境约束直接转化为经济约束,碳减排的边际效益更加清晰,能够促使电网调度和发电企业自觉节能减排。需求侧资源在节能减排调度中的作用主要是提供零碳发电资源,一方面防止常规机组由于碳排放管制导致发电能力降低进而影响系统可靠性;另一方面防止由于碳排放价格上升导致电力市场交易价格过高。

6.3.5　调度资源的协调优化

为进一步提高新能源电力系统的调控能力,需在调度资源维度上进行协调优化。较传统电力系统而言,新能源电力系统的可调度资源更为丰富,不但包括传统的水电、火电和核电等发电形式,还包括需求侧响应等负荷侧资源。

需求侧响应在提高风电消纳能力方面具有巨大的技术潜力和经济效益,利用需求侧响应进行新能源消纳是技术和经济上极佳的方案。在某些具有明显受端电网特性的地区,由于缺乏调峰电源,需求响应甚至可能是新能源消纳的唯一手段。东部沿海地区由于经济发达,用电设备种类丰富,电力消费的弹性大,人们相对有更多的需求响应需求,推行需求响应的收效也相对明显。而且随着这些地区智能电表的逐渐推广,将出现大量的可控负荷,如果管理得当,这些可控负荷都将是宝贵的调峰资源,可以在大幅度减少调峰电源建设的同时提高风电的消纳能力,无疑将产生巨大的经济与节能减排效益。

本节提出一种基于虚拟发电厂的需求侧资源管理模式,研究利用需求响应实现风电消纳的机制和模式,并对所提模式进行数学建模和算例分析[10]。

在通过电价等激励信息之后,虚拟发电厂即可完成对内部需求侧相应资源和分布式发电的调度和管理。

价格机制是实现以市场机制为主导的自组织行为的作用力,合适的价格型需求响应机制能够激发虚拟发电厂(virtual power plant,VPP)内部各组成部分的自组织行为。图 6-11 是基于实时价格型需求侧响应(demand response,DR)实现 VPP 自组织管理的示意图,图中虚线表示信息流,实线表示能量流,箭头所指表示流动方向。

基于需求响应的虚拟发电厂参与新能源电力系统调度一般步骤为:

(1)上级调度或市场主体根据全网负荷预测、新能源发电预测以及 VPP 提交的需求弹性和出力特性等信息,计算功率或备用需求,这种需求既可能是因为功率不足需要 VPP 削减负荷或增大出力,也可能是因为功率盈余需要 VPP 增加负荷或减少出力,并通过需求弹性确定实时电价。

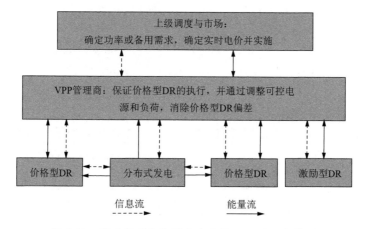

图 6-11　基于实时电价需求响应的 VPP 自组织管理

（2）VPP 管理商负责收集需求侧信息，分析 VPP 内的需求弹性，并保证价格型 DR 的执行，以及通过调整 VPP 内可控的激励型 DR 和分布式发电消除价格型 DR 引起的出力或综合负荷偏差。

（3）参加价格型 DR 的用户通过得到的价格信号决定增加还是削减负荷，以及从主网还是从分布式发电获得电力，其行为是完全自愿的；激励型 DR 则需要完全按合同规定来执行 VPP 管理商确定的增减负荷要求。

整个交易与调度过程一般可通过日前方式确定。基于 VPP 自组织调度的需求侧管理方式，可以达到如下效果：①减小 VPP 所辖范围内的负荷预测误差；②提高并网风电的消纳能力；③减少调度方的管理困难；④提高需求侧的经济收益。

风电出力的不确定性是风速的不确定性导致的。研究表明，大多数地区平均风速的概率分布密度函数遵循 Weibull 分布：

$$f_V(v) = \frac{k}{c}\left(\frac{v}{c}\right)^{k-1}\exp\left[-\left(\frac{v}{c}\right)^k\right] \tag{6-27}$$

式中，v 为实际风速；c 为尺度系数，用来描述地区平均风速大小；k 为形状系数，用来描述风速分布密度函数的形状。用如下的分段函数描述风电出力 P_w 与风速间的关系：

$$P_w = \begin{cases} 0, & v < v_{\text{in}}, v \geqslant v_{\text{out}} \\ \dfrac{v - v_{\text{in}}}{v_r - v_{\text{in}}}p_r, & v_{\text{in}} \leqslant v < v_r \\ p_r, & v_r \leqslant v < v_{\text{out}} \end{cases} \tag{6-28}$$

式中，p_r 为风机的额定出力；v_{in} 为切入风速；v_{out} 为切出风速；v_r 为额定风速。由式（6-27）和式（6-28），对实数 p_w，得 P_w 的概率分布函数为

$$F_P(p_w) = \text{Pr}(P_w \leqslant p_w) =$$

$$\begin{cases} 1 - \exp\left\{-\left[\dfrac{v_{in} + (v_r - v_{in})p_w/p_r}{c}\right]^k\right\} \\ \quad + \exp[-(v_{out}/c)^k], & 0 \leqslant p_w < p_r \\ 0, & p_w < 0 \\ 1, & p_w \geqslant p_r \end{cases} \tag{6-29}$$

式中，$\Pr(\cdot)$ 为概率符号。

图 6-12 为表 6-15 所示的参数下，当 $c=8$、$k=1,2,3$ 时的风电出力概率分布密

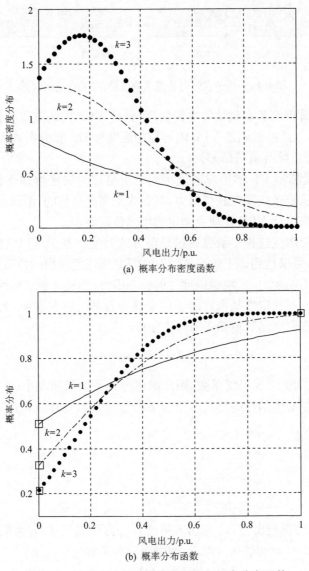

(a) 概率分布密度函数

(b) 概率分布函数

图 6-12　风电出力的概率分布密度与概率分布函数

度和概率分布函数。注意到图 6-12(b) 中,风电出力在 0 和 1p. u. (相对于 p_r)处的概率分布函数是不连续的。

表 6-15　风能参数示例

$v_{in}/(m/s)$	$v_{out}/(m/s)$	$v_r/(m/s)$
5	25	17

价格型 DR 通过需求侧竞价实现,负荷是否改变由用户提交的可支付价格决定。这种需求侧竞价的方式计及了需求弹性的作用,为系统提供一种由用户主动改变的可控负荷资源。

根据经济学的需求原理,定义电量电价弹性为

$$\varepsilon = \frac{\Delta D_l/D}{\Delta l/l} \tag{6-30}$$

式中,Δl 为电价 l 的改变量;ΔD_l 为负荷 D 由于 Δl 引起的改变量。

通常某时段的负荷改变量既和该时段的电价有关,也与其他时段的电价有关。一般分别用自弹性系数 ε_{ii} 和互弹性系数 ε_{ij} 的概念来描述这一现象:

$$\varepsilon_{ii} = \frac{\Delta D_{l,i}/D_i}{\Delta l_i/l_i} \tag{6-31}$$

$$\varepsilon_{ij} = \frac{\Delta D_{l,i}/D_i}{\Delta l_j/l_j} \tag{6-32}$$

式中,l_i、l_j、Δl_i、Δl_j 分别表示第 i、j 时段的原始电价和电价改变量;D_i、$\Delta D_{l,i}$ 为第 i 时段的原始负荷和负荷改变量。

可以根据式(6-31)和(6-32)求出电价变化后 i 时段的负荷改变量 $\Delta D_{l,i}$ 为

$$\Delta D_{l,i} = D_{l,i} \cdot \left(\frac{\Delta l_i}{l_i} \cdot \varepsilon_{ii} + \sum_{j=1,j\neq i}^{T_D} \frac{\Delta l_j}{l_j} \cdot \varepsilon_{ij} \right) \tag{6-33}$$

式中,T_D 表示研究的全部时段。

对于短期的需求弹性,一般自弹性系数为负值,互弹性系数为正值。可进一步求得全部时段的总收益 $M'_{l,i}$ 为

$$M'_{l,i} = \sum_{i=1}^{T_D} \left[D_{l,i}(l_i + \Delta l_i)\left(1 + \frac{\Delta l_i}{l_i} \cdot \varepsilon_{ii} + \sum_{j=1,j\neq i}^{T_D} \frac{\Delta l_j}{l_j} \cdot \varepsilon_{ij} \right) \right] \tag{6-34}$$

基于激励的 DR 由 VPP 直接控制,如直接负控、可中断负荷、电动汽车集中充放电等形式,既可提供系统上行备用,也可提供下行备用。补偿方式分为折扣电价和高价补偿两种,此处对上行备用采取高价补偿,下行备用采取折扣电价的激励方式。

设高价补偿率为 δ,电价折扣率为 τ,若 i 时段的上行备用调用量为 $\Delta D_{du,i}$,j 时段的下行备用调用量为 $\Delta D_{dd,j}$,则全部时段的总成本 M'_d 为

$$M'_d = \sum_{i=1}^{T_D} \delta \cdot l_i \Delta D_{du,i} + \sum_{j=1,j\neq i}^{T_D} (1-\tau) \cdot l_j \Delta D_{dd,j} \tag{6-35}$$

DR 消纳风电本质上是通过实时电价机制引导用户在风电出力高峰时多用电,低谷时少用电,并结合一定数量的可控负荷,使用户的负荷曲线与风电出力互补,从而平缓风电波动,减少系统运行负担。风电出力的随机性使数学模型带有随机参数,需要采用随机机会约束规划进行描述。

随机机会约束规划是针对随机环境提出的一种不确定规划方法。当可行域中含有随机变量时,前瞻性决策可能不满足含有随机变量的约束条件,这时可允许决策结果在不小于(或不大于)系统给定的置信水平下,不满足该机会条件。数学模型为

$$\begin{cases} \max J(x,\xi) \\ \text{s. t.} \\ \quad \Pr[G(x,\xi) \leqslant 0] \geqslant \boldsymbol{\alpha} \\ \quad \boldsymbol{H}(x) \leqslant 0 \end{cases} \tag{6-36}$$

式中,J 为目标函数;x 为决策向量;ξ 为随机参数向量;Pr 表示机会约束函数 $\boldsymbol{G}$ 成立的概率;$\boldsymbol{\alpha}$ 为置信水平参数向量;$\boldsymbol{H}$ 为传统非机会约束。

以最大化研究时段内调度机构收益为目标函数,即

$$\max J = M'_l - M'_d \tag{6-37}$$

由式(6-34),式(6-35),决策变量为各时段电价改变量 Δl_i、基于激励的 DR 调用量 $\Delta D_{du,i}$ 及 $\Delta D_{dd,i}$。

(1) 功率平衡的机会约束:

$$\Pr\{|\Delta D_i - (P_{w,i} - E[P_w])| \leqslant \bar{\omega}_i\} \geqslant \alpha \tag{6-38}$$

式中,ΔD_i 为 i 时段总负荷改变量。$E[P_w]$ 是系统期望的风电并网功率。$\bar{\omega}_i > 0$ 对应风电波动幅度允许值。

此约束的意义是:经 DR 消纳后,i 时段等效风电功率的波动区间在 $[-P_{w,i}, P_{w,i}]$ 内的置信度不小于 α。

(2) 负荷峰谷差约束:

$$\Pr[\max(D'_i - D'_j) \geqslant \max(D_i - D_j)] \leqslant \beta \tag{6-39}$$

式中,D'_i、D'_j 为实现 DR 后第 i、j 时段的负荷。

由于风电出力大多具有反调峰特性,大多数时候为抑制风电波动设计的 DR 机制恰好能够减小峰谷差。但也存在相反情况,这时峰谷差增大的置信度应不大于 β,尽量减小额外的系统运行负担。

(3) 基于激励的 DR 容量上下限约束:

$$\underline{D}_{du} \leqslant \Delta D_{du,i} \leqslant \bar{D}_{du} \tag{6-40}$$

$$\underline{D_{dd}} \leqslant \Delta D_{dd,i} \leqslant \overline{D_{dd}} \qquad (6\text{-}41)$$

式中，$\overline{D_{du}}$、$\underline{D_{du}}$ 是上行备用总量上下限；$\overline{D_{dd}}$、$\underline{D_{dd}}$ 是下行备用总量上下限。

（4）基于激励的 DR 负荷增减能力约束：

$$\Delta D_{dd,i} \leqslant \sum_{m \in S_d} r_{dd,im} \qquad (6\text{-}42)$$

$$\Delta D_{du,i} \leqslant \sum_{m \in S_d} r_{du,im} \qquad (6\text{-}43)$$

式中，$r_{du,im}$、$r_{dd,im}$ 为第 m 个基于激励的 DR 增负荷和减负荷速度（MW/h）；S_d 为全部激励型 DR 集合。

（5）电价的上下限约束：

$$\underline{\Delta l_i} \leqslant \Delta l_i \leqslant \overline{\Delta l_i} \qquad (6\text{-}44)$$

式中，$\overline{\Delta l_i}$、$\underline{\Delta l_i}$ 是需求侧竞价确定的电价改变量上下限。

对由式(6-38)，式(6-39)确定的机会约束，可利用随机模拟技术检验机会约束是否成立。根据风电出力概率分布产生 N 个独立随机变量，分别代入机会约束条件，检验机会函数 G 成立的次数，设为 N'，根据大数定律，若 N'/N 大于给定条件，则表示机会约束成立。

基于随机模拟的粒子群算法步骤如下：①参数和初始值设置，将非机会约束条件转化为罚函数，并入目标函数；②随机生成电价改变量和激励型 DR 负荷改变量粒子；③利用随机模拟检验所有粒子，若不成立转入步骤 2；④计算粒子适应度函数，保存最优粒子；⑤更新粒子并重复步骤 3、4，直到符合终止设置。

采用某实际电网数据对模型进行仿真验证。该电网夏季典型日负荷数据如图 6-13 所示，本地电源最大出力总和为 2215MW，仅占高峰负荷的 18％左右，除热电联产机组外，其余容量全部设置为系统的调频调峰备用，电力供应主要依靠外送电，是典型的受端系统。

假定目前有某额定功率为 500MW 的规模风电场接入电网，风能参数中 c、k 值分别取 8、2。由于该电网可调机组容量贫乏，因此在风电消纳计划中仅考虑需求响应的作用；并且假设该电网各时段参加日前实时电价响应项目的负荷为 15％，每时段基于激励的需求响应资源为 $[-100,100]$MW。

其他计算条件包括：

（1）初始电价为 420 元/(MW·h)，需求侧竞价确定的电价上下限为 $[0,550]$ 元/MW·h。

（2）激励型 DR 的激励措施。增负荷的折扣电价为实时电价的 50％，减负荷或电动汽车放电的补偿电价为初始电价的 2 倍。

（3）置信度参数 $\alpha = 0.95$、$\beta = 0$，即约束 2 为强约束，要求需求响应后负荷峰

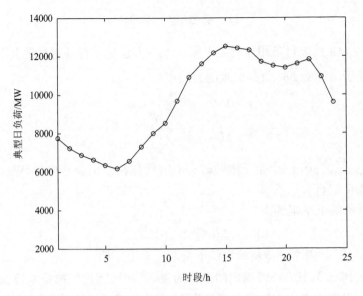

图 6-13　某实际系统夏季典型日负荷

谷差不能拉大。

（4）机会约束条件处理。约束 1 采用随机模拟方法检验，约束 2 由于 $\beta=0$，可转化为

$$\max(D_i - D_j) \geqslant \max(E[D'_i] - E[D'_j]) \tag{6-45}$$

采用外点法，令

$$g_i(x) = \max(D_i - D_j) - \max(E[D'_i] - E[D'_j]) \tag{6-46}$$

将其转化为目标函数的罚函数 $\min(g_i(x),0)^2$。

（5）假设各时段自弹性系数和互弹性系数分别相同，自弹性系数取 -0.3，互弹性系数取 0.17。

（6）程序设置。随机模拟次数 10000 次，粒子数 100，迭代次数 10000 次，收敛判据 10^{-6}，为提高算法收敛性，采用自适应变异和线性递减惯性权重技术。

采用 Matlab R2009b 版本，按照以上计算条件进行计算，得到各时段的日前实时电价、基于激励的 DR 调用功率和实时电价引起的负荷改变量，如表 6-16。

由于风电出力有较为明显的反调峰特性，因此针对抑制风电波动的 DR 方案对削峰填谷也有一定作用。图 6-14 和表 6-17 为有无 DR 情况下负荷峰谷差和售电收益对比。

DR 消纳前后，系统的峰谷差明显减小，从表 6-17 可知减小量为 448MW。表 6-17 中还给出了有无 DR 的售电收益变化，比较可知收益增加了 17.19 万元，除掉基于激励的 DR 调用成本 13.58 万元，盈余 3.6 万元。考虑到减少的风电备用和运行成本,利用需求响应消纳风电具有良好的经济效益,同时也提高了电网消纳新能源发电的能力。

表 6-16　24 小时电价和负荷改变量计算结果

时段	电价改变量/(元/MW·h)	基于激励 DR 调用量/MW	电价引起的负荷改变量/MW
1	39.13	−17.49	−25.1
2	114.31	−0.88	−106.6
3	84.66	3.82	−70.17
4	101.73	−20.72	−84.94
5	−119.79	19.88	134.71
6	−319.81	61.47	319.75
7	53.50	0.12	−35.69
8	14.71	−48.45	3.78
9	108.40	0.41	−110.89
10	−123.92	66.28	185.72
11	−11.98	0	44.64
12	−111.44	29.4	217.23
13	−55.44	10.39	131.24
14	100.45	43.5	−153.99
15	72.34	0	−104.36
16	90.18	23.08	−137.56
17	77.51	0	−112.46
18	4.97	30.97	23.61
19	−47.05	8.59	115.25
20	40.41	0	−39.16
21	66.76	16.92	−86.87
22	−43.46	0	111.74
23	−61.01	29.04	133.03
24	−25.17	20.88	63.89

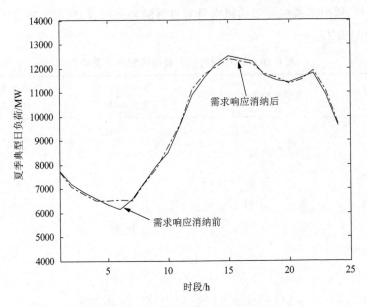

图 6-14　DR 消纳风电前后的负荷曲线

表 6-17　负荷峰谷差和售电收益

有无 DR	最大负荷/MW	最小负荷/MW	峰谷差/MW	售电收益/万元
无	12500	6150	6350	1456.81
有	12396	6494	5902	1474.00

6.4　本章小结

　　本章重点讨论新能源电力系统调度问题。介绍了我国电力系统调度的概况及传统电力系统优化调度的模型；基于对传统电力系统和新能源电力系统可调度资源的分析讨论，给出了新能源电力系统调度的特点，并对新能源电力系统的各类可调度资源的可调度性进行了讨论，建立新能源电力系统的优化调度模型，包括日前调度模型和实时调度模型；针对新能源电力系统调度模型的复杂性，提出了新能源电力系统的协调优化调度体系，将其优化调度问题分解为包括时间维度、空间维度、目标维度和调度资源维度等不同维度下的一系列优化子问题，介绍了不同维度下新能源电力系统协调优化调度模型和相应的优化算法，并给出了实例验证。

参 考 文 献

[1] 吴文传,张伯明,孙宏斌. 电力系统调度自动化[M]. 北京:清华大学出版社,2011.

[2] Wood A J, Wollenberg B F. Power Generation, Operationand Control(2nd Edition)[M], Beijing: Tsinghua University Express, 2003.

[3] 张文亮,丘明,来小康. 储能技术在电力系统中的应用[J]. 电网技术,2008;32(7):1-9.

[4] 王洪泊,涂序彦. 协调智能调度[M]. 北京:国防工业出版社,2011.

[5] 何光宇,孙英云,梅生伟,等. 多目标自趋优智能电网[J]. 电力系统自动化,2009,33(17):1-5.

[6] 郭玥. 大规模风电接入下最优潮流问题研究[D]. 北京:华北电力大学硕士论文,2012.

[7] 刘宝碇,赵瑞清. 随机规划与模糊规划[M]. 北京:清华大学出版社,1998.

[8] 张伯明,吴文传,郑太一,等. 消纳大规模风电的多时间尺度协调的有功调度系统设计[J]. 电力系统自动化,2011,35(1):1-6.

[9] Mokadem M, Courtecuisse V, Saudemont C, et al. Fuzzy Logic Supervisor-Based Primary Frequency Control Experiment sofa Variable-Speed Wind Generator[J]. IEEE Transaction son power systems, 2009,24(1):407-417.

[10] 刘晓. 新能源电力系统广域源荷互动调度模式理论研究[D]. 北京:华北电力大学博士论文,2012.

[11] Marler R T, Arora J S. Survey of multi-objective optimization methods forengineering [J]. Structural and multidisciplinary optimization, 2004,26(6):369-395.

第7章 新能源电力系统稳定性建模、分析与控制方法

7.1 新能源电力系统稳定性问题

7.1.1 新能源电力系统稳定基本问题

　　与常规电力系统一样,新能源电力系统稳定性是指电力系统受到事故扰动后保持稳定运行的能力。通常根据动态过程的特征和参与动作的元件及控制系统,将电力系统稳定分为功角稳定(angular stability)、电压稳定(voltage stability)和频率稳定(frequency stability)3大类,如图7-1所示。

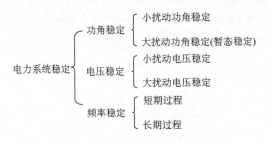

图 7-1　电力系统稳定性分类

1. 功角稳定

　　功角稳定是指互联系统中的同步发电机受到扰动后保持同步运行的能力。对于电力系统,扰动后同步发电机转矩的变化量包含同步转矩分量和阻尼转矩分量,缺乏同步转矩会造成功角非周期失稳,缺乏阻尼转矩会造成功角振荡失稳。为便于分析和深入理解稳定问题,根据扰动的大小将功角稳定分为两类:小扰动稳定和暂态稳定。

　　小扰动稳定(小信号稳定)是指电力系统在小扰动下保持同步的能力。小扰动在电力系统中时刻存在,例如负荷的随机变化及随后的发电机组调节、因风吹引起架空线路线间距离变化而导致线路等值电抗的变化等等。由于小扰动足够小,可在平衡点处将电力系统非线性微分方程线性化以对系统进行稳定性分析。遭受小扰动后的系统能否稳定与很多因素有关,主要包括:系统初始运行状态,输电系统中各元件联系的紧密程度,以及各种控制装置的特性等。小扰动功角稳定可能表

现为转子同步转矩不足引起的非周期失稳以及阻尼转矩不足而造成的转子增幅振荡失稳。振荡失稳分为本地模式振荡和互联模式振荡两种情形。小扰动功角稳定研究的时间框架通常是扰动之后 10～20s。

大扰动功角稳定又称为暂态功角稳定，是指电力系统遭受输电线短路等大扰动时保持同步运行的能力，它由系统初始运行状态和扰动严重程度共同决定。大扰动一般指大型负荷的投入和切除、发电机或线路的突然断开、短路故障及其切除等，一般伴随系统的结构变化。暂态功角稳定可能表现为非周期失稳（第一摆失稳）和振荡失稳两种形式。对于非周期失稳的大扰动功角稳定，研究时间框架通常是扰动之后 3～5s；对于振荡失稳的大扰动功角稳定，研究时间框架需延长到扰动之后 10～20s。小扰动功角稳定和暂态功角稳定均为一种短期现象。

2. 电压稳定

电压稳定性是指在给定的初始运行状态下，电力系统遭受扰动后系统中所有母线维持稳定电压的能力，它依赖于负荷需求与系统供电之间保持/恢复平衡的能力。根据扰动的大小，将电压稳定分为小扰动电压稳定和大扰动电压稳定两种，如图 7-1 所示。

小扰动电压稳定是指电力系统受到诸如负荷增加等小扰动后，系统所有母线维持稳定电压的能力。小扰动电压稳定可能是短期的或长期的。短期电压稳定与响应迅速的感应电动机负荷、电力电子控制负荷以及高压直流输电（high voltage direct current，HVDC）换流器等的动态特性有关，研究时段大约为数秒钟。短期电压稳定研究必须考虑动态负荷模型，而临近负荷的短路故障分析对该项研究非常重要。长期电压稳定与慢动态设备有关，如有载调压变压器、恒温负荷和发电机励磁电流限制等，长期电压稳定的研究时段是数分钟或更长时间。长期电压稳定问题通常是由连锁的设备停运而造成的，与最初的扰动严重程度无关。

大扰动电压稳定是指电力系统遭受大扰动（如系统故障、失去发电机或线路）之后，系统所有母线保持稳定电压的能力。大扰动电压稳定研究中必须考虑非线性响应，其研究时段可根据需要从数秒到数十分钟。

3. 频率稳定

频率稳定是指电力系统发生突然的有功功率扰动后，系统频率能够保持或恢复到允许范围内而不致频率崩溃的能力。主要用于研究系统的旋转备用容量和低频减载配置的有效性与合理性，以及机网协调问题。

功角稳定和电压稳定的区别并非基于有功功率/功角和无功功率/电压幅值之间的弱耦合关系。实际上，对于重负荷状态下的电力系统，有功功率/功角和无功功率/电压幅值之间具有强耦合关系，功角不稳定与电压不稳定的发生常常交织在一起,功角稳定和电压稳定二者均受扰动前有功和无功潮流的影响。本书将主要详细介绍功角稳定。

7.1.2　新能源电力系统稳定问题的特殊性

新能源电源的动态特征包括:

(1) 随机波动性,一次能源风能、太阳能的随机波动性决定了风电、太阳能发电的随机波动性。

(2) 无惯性(或弱惯性),由于新能源电源并网的电力电子设备没有惯性。

(3) 时空关联性,广域范围内新能源之间具有良好的时空互补性。

新能源电源的特点决定了新能源电力系统的稳定性将发生变化,由于新能源电源通过电力电子设备与系统非同步相连,因此新能源电源自身并不直接参加系统机电振荡模式,而是通过以下三种方式影响电力系统稳定:

(1) 改变系统惯性分布,如将新能源电源替代同等容量的同步发电机。

(2) 改变系统潮流分布,如将新能源电源直接接入电力系统。

(3) 新能源电源自身的控制系统与电网的交互耦合作用。

1. 风电接入系统对小扰动稳定性影响

风力发电系统按照发电机运行方式可分为恒速恒频(constant speed constant frequency,CSCF)风力发电系统和变速恒频(variable speed constant frequency,VSCF)风力发电系统。恒速恒频方式保持发电机转速不变,从而获得恒频电能,其缺点在于:风速变化时,风能利用系数不能保持最佳值。变速恒频风力发电是20 世纪 70 年代中后期发展起来的一种新型风力发电技术,其优点在于:发电机以变速运行进而实现风能最大转换效率。目前,新建风电场以变速恒频的双馈变速风电机组和永磁直驱风电机组为主。

恒速风力发电机组的电气部分没有控制器,大部分学者对于其并网对小扰动稳定性的影响没有争议。然而,对于变速风力发电机机组,由于动态特性不同,使其对小扰动稳定性的影响不同。实际上,变速风力发电机组通过无功控制和有功控制环节,与电力系统存在一定的交互耦合作用,从而影响系统机电振荡模式的阻尼特性。

Slootweg 等于 2003 年指出恒速风力发电机和变速风力发电机对小扰动稳定存在一定影响[1]。在系统潮流分布不变的情况下,将同步发电机替代为恒速风力发电机,能够改善系统中机电振荡模式的阻尼特性,众多学者在这方面已经达成共识。对于变速风力发电机而言,Hagstrom 等利用北欧电力系统得出双馈风机和直驱永磁风机均使得区间低频振荡模式阻尼减小的结论[2],相反,Anaya-Lara 等却认为双馈风机能够改善系统的阻尼特性[3]。Slootweg 等则认为不同类型的变速风力发电机组对小扰动稳定的影响不同[1]。最优风电接入容量的观点于 2013 年提出[4]——伴随系统中风电穿透率的增加,振荡模式对应的阻尼比先上升而后下降。系统中的风电穿透率要保持在适度的水平,过高对系统的稳定不利;过低则不能充分利用风能。Gautam 利用特征根灵敏度分析方法对惯性参数进行分析[5]并指出,双馈风电场中有些参数能够改善阻尼,有些参数会恶化阻尼。变速风机中锁相环的作用在于跟踪电网电压的频率和相位,使 dq 坐标系与工频保持同步。研究表明,锁相环的比例、积分参数对系统的小扰动稳定性影响较大,而定子磁链暂态过程对双馈感应电机接入系统的小扰动稳定性则有较为显著的影响。

可以看出,当前关于变速风力发电机组对小扰动稳定的影响广存争议,影响因素包括:①机电振荡模式的类型;②风电接入地点、接入方式以及风电渗透率;③系统负荷水平;④变速风机的控制模式。前三者同样适用于恒速风力发电机组。当风力机组替代与振荡模式不相关的同步发电机时,对系统稳定性无影响。当风力机组替代与振荡模式相关的同步发电机时,大部分情况下能够改善系统阻尼。

需要注意以下几点:①大部分学者利用等容量的风电场替代同步发电机,但事实上这种情况在实际系统中很少发生。②风电场的建立势必会导致潮流分布发生变化,因此负荷水平和风电渗透率对阻尼特性有着重要影响。③对于变速风力发电机,最大功率跟踪系统是最基本的有功功率控制策略,但实际上,其主要目的并不是抑制低频振荡。④电压控制或无功功率控制的应用虽然目前并没有推广,但对阻尼特性也有潜在的影响。

2. 风电接入系统对暂态稳定性的影响

在我国,风电多是大容量集中多点并入电网的,并且远离负荷区域,因此传输距离远、机网间联系薄弱,相对于小容量、分散并网情况,电网受风电影响的范围更广、影响程度更大,由于风电不同于常规发电机的特性,不同类型风电场的特性差异很大,并且它们的控制模式各有特点,致使风电并入后电网的分析、运行与控制更加复杂。

故障期间的风电并网系统暂态稳定具有以下特性:

（1）对于并网风电场而言,正常时风电场的电磁功率越大,则故障瞬间由于风电场电磁功率减少量增大、等值同步发电机机械功率变化,导致加速面积变大,对系统的暂态稳定越不利。

（2）故障点距离风电场越近,故障时风电场机端电压降幅越大,风电场出力限制越大,风电场对系统的暂态稳定影响越大。

（3）风电场的转速与功率控制、转速控制、桨距控制不但能有效降低风电机组转速,而且可以有效减少系统的加速面积,有利于系统的暂态稳定。

故障切除后的风电并网系统暂态稳定有如下特性:

（1）故障切除后风电场电磁功率的迅速恢复，使系统等值机械功率降低，从而使得减速过程中的减速能量增大，系统的最大减速面积增大，有利于系统的暂态稳定。

（2）变速风电场的转速与功率控制在一定程度上减少了系统故障切除后的减速面积，相对而言，此时恒速定桨距风电机组对系统暂态稳定更加有利。但总体来说，风电场电磁功率在故障切除后，并网点电压的快速恢复明显增大了系统的减速面积，有利于系统的暂态稳定。

影响风电并网系统暂态稳定的因素很多，如短路容量、无功补偿容量、故障位置、转动惯量、共振频率、风速以及风电出力等均对系统暂态稳定性产生一定影响，评价风电场对系统暂态稳定的影响需要综合考虑上述诸多因素。

3. 光伏发电系统对小扰动稳定性的影响

在今后的十几年中，我国的光伏发电市场将会由独立发电系统转向并网发电系统，数量规模之大将前所未有，因此，光伏发电系统并网对电力系统稳定性的影响不容忽视。与变速风机对小扰动稳定影响机理类似，光伏发电系统通过以下三种方式影响系统的小扰动稳定性：

（1）改变系统惯性分布。

（2）改变系统潮流分布。

（3）通过光伏发电控制系统与电网的交互耦合作用。

通过灵敏度分析可知，在控制系统中，最大功率点跟踪系统（maximum power point tracking，MPPT）和电流内环控制器参数对系统小扰动稳定性的影响较大，电压外环控制参数对其影响很小。通过合理选择系统控制参数，可以改善系统的小扰动稳定性。

需要注意的是，影响常规电力系统小扰动稳定的因素，如负荷变化、发电机出力变化等同样会影响光伏发电并网系统的稳定性。

4. 光伏发电系统并网对暂态稳定性的影响

光伏发电系统出力的随机性不同于传统电源的暂态特性，因此其接入必将对电力系统造成各种新的影响。

（1）一种观点认为光伏电源没有转动部分，在故障后不会出现加速过程，用光伏电源替代常规电源可以减小系统故障后各个发电机组之间的功角差，有利于暂态稳定性。

（2）一种观点认为光伏发电系统并网存在最优渗透率，过高渗透率使系统暂态稳定性变差，具有低电压穿越能力的光伏发电系统对系统暂态稳定影响更为严重，因此有必要采取适当控制措施以提高系统的稳定性。

目前,对光伏并网系统稳定性及控制方面的研究尚有诸多空白,现有文献多集中于独立光伏系统自身的稳定性分析与控制。

7.1.3 实例分析

1. 含大规模风电场的多模式振荡系统

采用图 7-2 所示的 IEEE16 机 68 节点[6]的互联系统分析大规模风电接入对系统稳定性的影响。发电机采用 6 阶详细模型,励磁采用 IEEE-DC1 型励磁。区域 4 为纽约系统,区域 5 为新英格兰系统,发电机 G_{13}、G_{14}、G_{15} 和 G_{16} 为等值系统。等值发电机 G_{13} 出力为 3591MW,等值发电机 G_{14} 出力为 1785MW,等值发电机 G_{15} 出力为 1000MW,等值发电机 G_{16} 出力为 3746.89MW,系统总负荷为 18155.52MW。

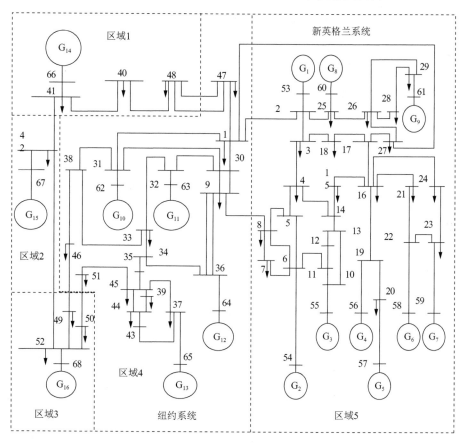

图 7-2   16 机 68 节点电网结构图

2. 双馈风机动态模型

1) 发电机—变换器模型

发电机—变换器模型如图 7-3 所示,利用锁相环(phase-locked loop,PLL)使发电机转子电流和定子电流保持同步,U_{cmd} 为电压命令值,I_{cmd} 为电流命令值,U_T 和 I_i 分别为电网侧的机端电压和注入电流,T_p 和 T_q 分别为有功和无功电流控制时间常数,U_q 为控制无功功率的电压值,I_p 为控制有功功率的电流值,K_p 为锁相环比例系数,K_{Ip} 为锁相环积分系数,X_{eq} 为发电机等效电抗,$dq{\rightarrow}xy$ 表示 dq 坐标系到 xy 坐标系的转换,$xy{\rightarrow}dq$ 表示 xy 坐标系到 dq 坐标系的转换。

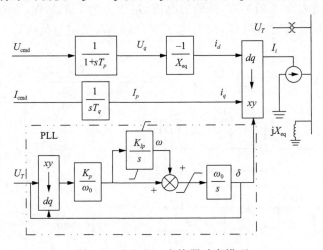

图 7-3　发电机—变换器动态模型

2) 机械系统模型

风力机轴的刚性明显地低于火电厂中汽轮机轴的刚性,在分析双馈风力发电系统的稳定性时考虑风力机的轴系是十分必要的。目前,多采用两质量块轴系对风力发电系统中的机械传动装置模型进行较精确的描述[7]。

3) 电气控制模型

电气控制模型包括无功功率模型和有功功率模型。无功功率控制动态模型如图 7-4 所示,其控制方式有三种类型:通过监测母线电压控制、通过功率因数控制和通过无功功率参考值控制。由此得到无功功率的命令值及传送给发电机模块的电压命令值。图中 1、2、3 分别为 3 种控制方式,U_c 为监测母线电压,PF 为功率因数,Q_{ref} 为无功功率参考值,Q_g 为发电机发出的无功功率,K_{qi} 为 MVar/电压增益,K_{qu} 为电压/MVar 增益。

如图 7-5 所示为有功功率控制动态模型,发电机有功功率作为输入,通过转速功率曲线获得发电机转速参考值,将之与发电机实际转速比较而得偏差参考值,通

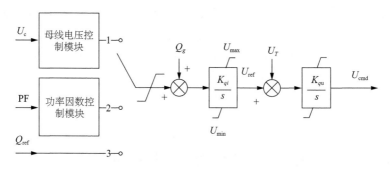

图 7-4　无功功率控制动态模型

过转矩控制环节的 PI 控制器获得转矩命令值以及最终的有功功率参考值。其中，T_W 和 T_{pc} 均为一阶惯性环节的时间常数，K_{tr1} 为 PI 控制器比例因子，K_{tr2} 为 PI 控制器积分因子。

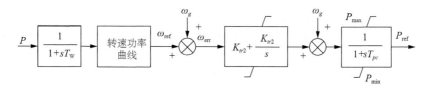

图 7-5　有功功率控制动态模型

4）桨距控制模型

大型风力发电机组采用变桨距控制，即通过调整桨距角以进行功率调整，其动态模型如图 7-6 所示，包括桨距角控制模块和桨距角补偿模块。在风速低于额定风速时，桨距角 $\beta=0°$，通过变速恒频装置使发电机转子转速伴随风速相应变化，从

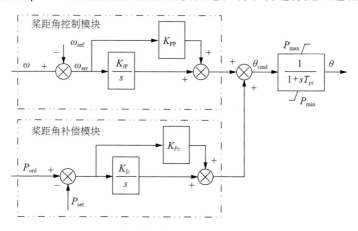

图 7-6　桨距角控制动态模型

而保证风能利用系数最大,捕获最大风能;在风速高于额定风速时,调节桨距角以减少叶轮输入功率,使发电机输出功率稳定在额定功率。其中,K_{PP} 为 PI 控制器比例因子,K_{iP} 为 PI 控制器积分因子,K_{Pc} 为补偿器的比例因子,K_{Ic} 为补偿器的积分因子,P_{ord} 为有功功率指令值,T_{pi} 为桨叶反应时间常数,θ_{cmd} 为桨距角命令值。

3. 特征分析法

特征分析法是目前在理论上最为成熟的小扰动稳定分析方法,其实质是李雅普诺夫线性化方法。特征分析法可以提供线性系统振荡模式、特征向量、参与因子等众多信息,基于特征分析法的一系列研究成果,如系统主导振荡模式识别、阻尼控制器参数设计等已经得到了广泛应用。

特征分析法的关键在于可靠高效地计算特征矩阵的特征根,作为低频振荡研究,尤其关心系统中弱阻尼振荡模式的求解。伴随电力系统规模的不断扩大以及大量动态元件如快速励磁系统、调速系统、电力系统稳定器和各种 FACTS 元件的使用,在分析大型互联系统的区域振荡模式时,必须对大量动态元件详细建模,这就使状态矩阵的维数高达几千、甚至上万,远远超出 QR 算法所能承受的 1000 阶的求解范围,"维数灾"问题就此凸显,各种降阶方法因之而得到越来越广泛的应用,其共同特点是求得与低频振荡相关的特征根子集,从而对系统的稳定性进行分析。主要方法有:选择模式分析法自激法、奇异值摄动法等。20 世纪 80 年代初 Moore 提出的内平衡实现理论为模型降阶方法带来了一次变革,针对稳定的可控可观系统,Moore 提出了一种渐近稳定的平衡降阶方法。该方法在电力系统中的应用广受关注,许多经典方法一旦与该平衡理论相结合,即可形成更加简洁、有效的降阶方法。

电力系统的动态行为可以用一组代数微分方程进行表示:

$$\Delta \dot{x} = A\Delta x + B\Delta u \tag{7-1}$$
$$\Delta y = C\Delta x + D\Delta u \tag{7-2}$$

式中,Δx 为 n 维状态向量;Δy 为 m 维输出向量;Δu 为 r 维输入向量;A 为 $n \times n$ 阶状态矩阵,B 为 $n \times r$ 阶输入矩阵;C 为 $m \times n$ 阶输出矩阵;D 为 $m \times r$ 阶前馈矩阵。由李雅普诺夫稳定性第一定律可知,线性系统的小范围稳定性是由系统线性化后特征方程的根,即状态矩阵 A 的特征根所决定的:

(1) 当特征根有负实部时,系统是渐近稳定的,即在小扰动后随着 t 的增加系统返回到原始状态。

(2) 当至少有一个正实部的特征根时,系统是不稳定的。

(3) 当特征根有零实部时,恰好处于稳定与不稳定分界线上,由于特征方程是线性化后得到的,不能明确系统的稳定性。

为确定状态变量和模态之间的关系,可以把状态矩阵 $\boldsymbol{A}$ 的右特征向量和左特征向量结合起来,形成如下参与矩阵 $\boldsymbol{P}$,用以度量状态变量与模态之间的关联程度:

$$\boldsymbol{P} = \begin{bmatrix} u_{11}v_{11} \cdots u_{1i}v_{1i} \cdots u_{1n}v_{1n} \\ \vdots \qquad \vdots \qquad \vdots \\ u_{k1}v_{k1} \cdots u_{ki}v_{ki} \cdots u_{kn}v_{kn} \\ \vdots \qquad \vdots \qquad \vdots \\ u_{n1}v_{n1} \cdots u_{ni}v_{ni} \cdots u_{nn}v_{nn} \end{bmatrix} \qquad (7\text{-}3)$$

式中,u_{ki} 及 v_{ki} 分别为第 i 个特征根的左特征向量 U_i 及右特征向量 V_i 中第 k 个元素。$p_{ki} = u_{ki} \times v_{ki}$ 称为参与因子,它是由左特征向量与右特征向量中相同行及相同列的元素相乘构成的,用以度量第 i 个模态与第 k 个状态变量 Δx_k 的相互参与程度。由于 v_{ki} 度量 Δx_k 在第 i 个模态中活动的状况,而 u_{ki} 加权这个活动对模态的贡献,它们的乘积 p_{ki} 即可度量净参与程度。左、右特征向量相应元素的乘积导致 p_{ki} 无量纲。

设 $\Delta x(0) = e_k$,即 $\Delta x_k(0) = 1$ 且 $\Delta x_{j \neq k}(0) = 0$,可得

$$\Delta x_k(t) = \sum_{i=1}^{n} v_{ki} u_{ki} \mathrm{e}^{\lambda_i t} = \sum_{i=1}^{n} p_{ki} \mathrm{e}^{\lambda_i t} \qquad (7\text{-}4)$$

式(7-4)表明被初值 $\Delta x_k(0) = 1$ 激活的第 i 个模态,以系数 p_{ki} 参与在响应 $\Delta x_k(t)$ 中。

对于所有模态或所有状态变量,容易得到矩阵 $\boldsymbol{P}$ 的第 k 行元素之和为 1。

$$\sum_{i=1}^{n} p_{ki} = \sum_{k=1}^{n} p_{ki} = 1 \qquad (7\text{-}5)$$

参与因子 p_{ki} 实际上等于特征根 λ_i 对状态矩阵 $\boldsymbol{A}$ 的对角元素 a_{kk} 的灵敏度:

$$p_{ki} = \frac{\partial \lambda_i}{\partial a_{kk}} \qquad (7\text{-}6)$$

利用特征分析方法可以得出图 7-2 所示系统存在 4 个区间振荡模式,参见表 7-1。它们均为弱阻尼振荡模式,振荡模态如图 7-7 所示。具体而言,模式 1 表现为发电机 G_{15} 和发电机 G_{14} 和 G_{16} 之间的振荡;模式 2 表现为区域 4 和区域 5 之间的振荡;模式 3 表现为区域 1、5 和区域 3 之间的振荡;模式 4 参与机组最多,表现为区域 1、2、3 和区域 4、5 之间的振荡。

表 7-1　低频振荡主导模式

模式	1	2	3	4
频率	0.7890	0.6052	0.5232	0.4170
阻尼比/%	3.51	1.35	0.77	1.07

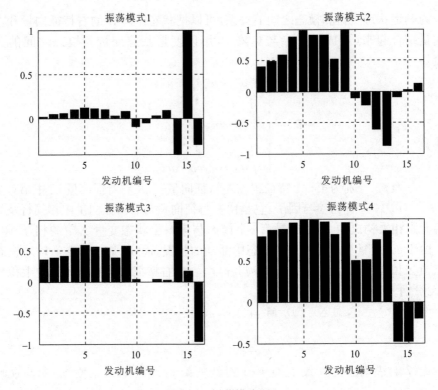

图 7-7　振荡模式图

　　由于单台风机的额定功率较小,通常由多台风机组成风电场并入电网。为了简化分析,假设参数和运行状态均相同的多台双馈风电机组并联组成风电场单点接入电网,风电场总的输出功率由所有双馈风电机组的输出功率相加获得,并采用单机模型作为风电场的集总模型来代替整个风电场。在增大风电场输出功率的同时调整相应同步发电机的输出功率,以保证系统的潮流不变。分别在母线 37、母线 41 以及母线 52 处接入双馈风电机组,考察利用母线电压和功率因数的无功功率控制在不同风电渗透率下对该系统阻尼特性的影响。

　　4. 仿真结果及分析

　　1）风电接入点为母线 37

　　在母线 37 节点接入风电,随着风电场出力的变化,通过降低发电机 G_{13} 的出力保证系统潮流不变,系统可接纳风电场的最大容量为 3591MW。风电渗透率分别设置为 1%、1.5%、2%、2.5%、5%、7.5%、10%、12.5%、15%、17.5%、20%。无功功率控制方式分别为利用监测母线电压控制方式和功率因数控制方式。4 个振荡模式的频率和阻尼比在不同控制方式下对风电渗透率的变化曲线如图 7-8 所示。其中,利用监测母线电压的无功功率控制方式下的变化曲线以圆圈标注,利用功率因数的无功功率控制方式下的变化曲线以星花标注。

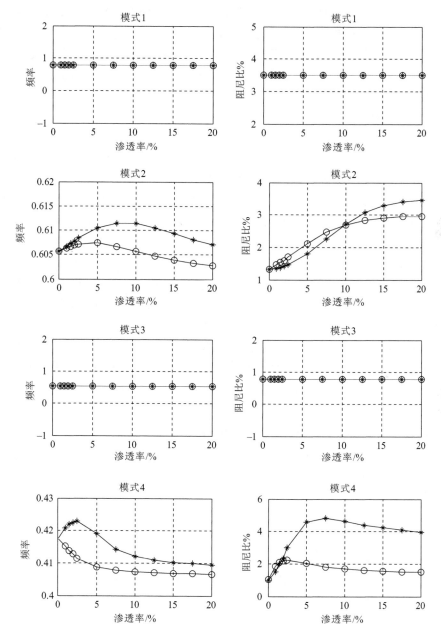

图 7-8　母线 37 为风电接入点,系统频率和阻尼比随风电渗透率变化曲线
〇代表利用母线电压的无功率控制方式;＊代表利用功率因素的无功功率控制方式

从图 7-8 可以看出,随着风电渗透率的增大,在两种控制方式下,模式 1 和模式 3 的频率和阻尼比均未发生变化。究其原因是发电机 G_{13} 在模式 1 和模式 3 中的参与程度几乎为零,因此在母线 37 处增大或减少风电渗透率,对模式 1 和模式 3 不会产生影响。而模式 2 和模式 4 随着风电渗透率的增加阻尼比有一定的改善,频率发生一些微小变化。在两种控制方式下,模式 2 的阻尼比均增大,有利于系统稳定,而模式 4 的阻尼比在两种控制方式下均是先增大然后减小。对于模式 4,其阻尼比在利用功率因数的无功功率控制方式下变化幅度更大,而且两者峰值所对应的风电渗透率不同。

2) 风电接入点为母线 41

在母线 41 处接入风电,随着风电场出力的变化,通过降低发电机 G_{14} 的出力保证系统潮流不变,系统可接纳风电场的最大容量为 1785MW。风电渗透率分别设置为 1%、2%、3%、4%、5%、6%、7%、8%、9%。4 个振荡模式的频率和阻尼比在不同控制方式下对风电渗透率的变化曲线如图 7-9 所示。其中,利用监测母线电压的无功功率控制方式下的变化曲线以圆圈标注,利用功率因数的无功功率控制方式下的变化曲线以星花标注。

从图 7-9 可以看出,随着风电渗透率的增大,模式 2 的频率和阻尼比未发生变化。从图 7-7 中可以得知,发电机 G_{14} 在模式 2 中的参与程度很小,可以忽略不计,因此在母线 41 处变化风电渗透率,对模式 2 不会产生影响。而模式 1、模式 3 和模式 4 随着风电渗透率的增加阻尼比和频率均发生变化;对于模式 1,随着风电渗透率的增大,阻尼比先减少后增加,但是变化幅度不大,在无功功率采用监测母线电压控制方式下,其阻尼比变化相对较大;对于模式 3 和模式 4,在利用监测母线电压的无功功率控制方式下,阻尼比单调增大,而在利用功率因数的无功功率控制方式下,阻尼比先减小后增大。这就表明,在不同的控制方式下,风电渗透率的增大对不同振荡模式阻尼特性的影响不尽相同。

3) 风电接入点为母线 52

在母线 52 节点接入风电,随着风电场出力的变化,通过降低发电机 G_{16} 的出力保证系统潮流不变,系统可接纳风电场的最大容量为 3746MW。风电渗透率分别设置为 1%、1.5%、2%、2.5%、5%、7.5%、10%、12.5%、15%、17.5%、20%。4 个振荡模式的频率和阻尼比在不同控制方式下对风电渗透率的变化曲线如图 7-10 所示。其中,利用监测母线电压的无功功率控制方式下的变化曲线以圆圈标注,利用功率因数的无功功率控制方式下的变化曲线以星花标注。

从图 7-10 可以看出,随着风电渗透率的增大,相对模式 3 和模式 4,模式 1 和模式 2 的阻尼比变化幅度较小,4 个模式的阻尼比均是先减小后增大。对于模式 3 和模式 4,随着风电渗透率增大,阻尼比逐渐减小。在利用监测母线电压的无功功率控制方式下,模式 3 和模式 4 的阻尼比最小值依旧为正值,而在利用功率因数的

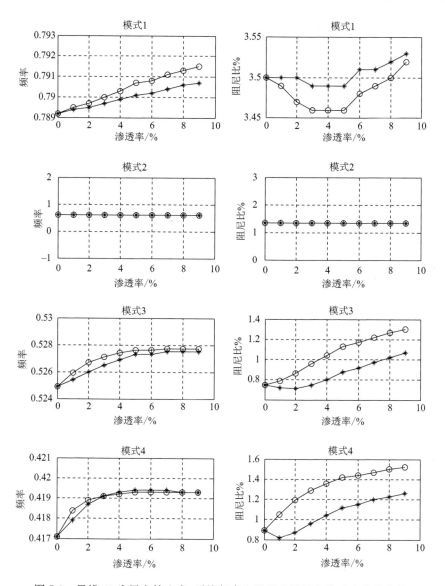

图 7-9 母线 41 为风电接入点,系统频率和阻尼比随风电渗透率变化曲线

无功功率控制方式下,其阻尼比最小变为负值,系统此时不再稳定,随着风电出力的持续增大,阻尼比逐渐变为正值,系统再次稳定。在利用功率因数的无功功率控制方式下,模式 2、模式 3 和模式 4 的阻尼比变化更为剧烈。

4) 综合比较

为了综合比较三个变化因素对系统阻尼特性的影响,做出各种情况下的不同模式的根轨迹,如图 7-11 所示。其中有圆圈标识的曲线表示风电接入母线 37 的

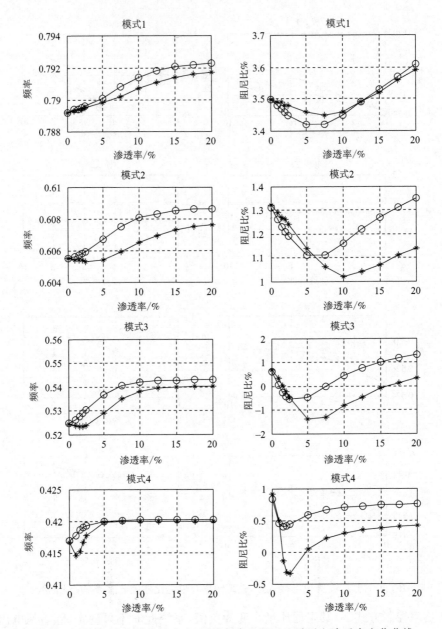

图 7-10　母线 52 为风电接入点，系统频率和阻尼比随风电渗透率变化曲线

根轨迹，有点标识的曲线表示风电接入母线 41 的根轨迹，有方块标识的曲线表示风电接入母线 52 的根轨迹。实线对应于利用监测母线电压的无功功率控制方式，虚线对应于利用功率因数的无功功率控制方式。所有的根轨迹随着风电渗透率的增加从同一个点向外部扩散。可以看出，对于模式 1，风电接入母线 37 对系统阻

尼特性没有影响,当接入点为母线 52 时,阻尼比达到最大改善。对于模式 2,风电接入母线 37 对阻尼比的改善影响最大,其次是母线 52,母线 41 对阻尼变化无影响。对于模式 3,对阻尼比影响最大的风电接入点为母线 52,其次为母线 41,母线 37 则对阻尼比无影响。对于模式 4,对阻尼比变化影响最大的是母线 37,其次是母线 52,最小的是母线 41。

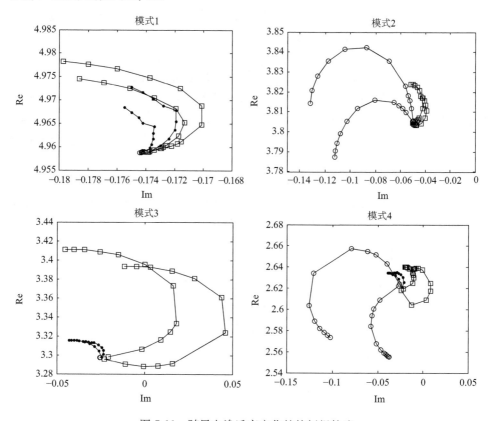

图 7-11   随风电渗透率变化的特征根轨迹

从仿真分析结果可以概括出以下结论:

(1)在多区域互联风电系统中,双馈风电机组渗透率对某个模式影响程度的大小取决于风电接入点对该振荡模式参与程度的大小。风电接入点对该振荡模式参与程度越大,则风电机组渗透率对该模式的影响就越大,反之亦然;特别地,当风电接入点不参与该振荡模式时,风电接入对该振荡模式无影响。

(2)当风电接入地点相同时,不同无功功率控制方式对不同振荡模式的影响趋势基本一致,但是影响程度并不一致。两种不同的控制方式对应的最优风电渗透率并不相同,因此,选择合适的无功功率控制方式能够最大程度地改善系统的阻尼特性。

7.2　光伏发电接入电力系统的稳定性建模与分析

近二十年来,光伏发电技术迅猛发展,光伏发电(photovoltaic,PV)势必成为未来规模最大的新能源之一。数据表明,对太阳能的需求以每年20%的速度持续增长,可以预见,在未来电力系统中,光伏发电必将具有很高的渗透率。因此,不仅需要研究如何可靠、高效地将光伏发电并网,而且需要仔细研究光伏发电系统和常规电力系统之间的交互作用方式及其成因。

本节将首先介绍电力系统小扰动功角稳定性研究的阻尼转矩分析法。其次,建立含有光伏电站的单机无穷大系统的综合模型,利用阻尼转矩法对该系统进行分析,讨论并网光伏系统的小扰动稳定性。结果表明,光伏发电没有旋转部分,会引入新的机电振荡模式;但它可以通过向电网提供正阻尼转矩或负阻尼转矩的方式而对系统小扰动稳定产生影响,因此,存在临界运行工况,在此工况下,由光伏电站提供的阻尼转矩正负将发生变化。最后,针对不同的运行工况(不同负荷水平、不同发电机出力和不同 PV 渗透率),由实例计算和进行非线性时域仿真,演示和验证阻尼转矩法理论分析结果的正确性。

7.2.1　阻尼转矩法

阻尼转矩分析法(damping torque analysis,DTA)[8]建立在发电机转子运动将获得阻尼转矩这一实际概念上,具有清晰的物理释义,在单机系统中一直是进行机理研究的首选方法。DTA 方法可以提供运行人员所要求的内部机理信息。

1. Phillips-Heffron 模型

将电力系统动态方程在平衡点进行线性化,得到式(7-7)和(7-8),其中 $U_t = U_{t0}$、$U_{td} = U_{td0}$、$U_{tq} = U_{tq0}$、$\delta = \delta_0$、$\omega_0 = 1$、$E'_q = E'_{q0}$、$E_{fd} = E_{fd0}$

$$
\begin{cases}
\dot{\Delta\delta} = \omega_0 \Delta\omega \\
\dot{\Delta\omega} = \dfrac{1}{M}(-\Delta P_t - D\Delta\omega) \\
\dot{\Delta E'_q} = \dfrac{1}{T'_{do}}(-\Delta E_q + \Delta E'_{fd}) \\
\dot{\Delta E'_{fd}} = -\dfrac{1}{T_A}\Delta E'_{fd} - \dfrac{K_A}{T_A}(\Delta U_t - \Delta u_{pss})
\end{cases}
\tag{7-7}
$$

$$
\begin{cases}
\Delta P_t = K_1 \Delta\delta + K_2 \Delta E'_q \\
\Delta E_q = K_3 \Delta E'_q + K_4 \Delta\delta \\
\Delta U_t = K_5 \Delta\delta + K_6 \Delta E'_q
\end{cases}
\tag{7-8}
$$

$$
式中，
\begin{cases}
K_1 = \dfrac{E'_{q0}U_b}{x'_{d\Sigma}}\cos\delta_0 - \dfrac{U_b^2\,(x_q - x'_d)}{x'_{d\Sigma}x_{q\Sigma}}\cos2\delta_0 \\[3mm]
K_2 = \dfrac{U_b}{x'_{d\Sigma}}\sin\delta_0 \\[3mm]
K_3 = \dfrac{x_{d\Sigma}}{x'_{d\Sigma}} \\[3mm]
K_4 = \dfrac{(x_d - x'_d)\,U_b\sin\delta_0}{x'_{d\Sigma}} \\[3mm]
K_5 = \dfrac{U_{td0}}{U_{t0}}\dfrac{X_qU_b\cos\delta_0}{x_{q\Sigma}} - \dfrac{U_{tq0}}{U_{t0}}\dfrac{U_{b0}x'_d\sin\delta_0}{x'_{d\Sigma}} \\[3mm]
K_6 = \dfrac{U_{tq0}}{U_{t0}}\dfrac{x_t}{x'_{d\Sigma}}
\end{cases}
$$

将式(7-8)代入式(7-7)可得

$$
\begin{cases}
\dot{\Delta\delta} = \omega_o\Delta\omega \\[2mm]
\dot{\Delta\omega} = \dfrac{1}{M}(-K_1\Delta\delta - K_2\Delta E'_q - D\Delta\omega) \\[2mm]
\dot{\Delta E'_q} = \dfrac{1}{T'_{do}}(-K_3\Delta E'_q - K_4\Delta\delta + \Delta E'_{fd}) \\[2mm]
\dot{\Delta E'_{fd}} = -\dfrac{1}{T_A}\Delta E'_{fd} - \dfrac{K_A}{T_A}(K_5\Delta\delta + K_6\Delta E'_q - \Delta u_{pss})
\end{cases}
\tag{7-9}
$$

式(7-9)为单机无穷大系统的 Phillips-Heffron 模型，如图 7-12 所示。

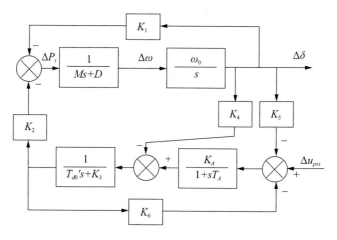

图 7-12　单机无穷大系统的 Phillips-Heffron 模型

Phillips-Heffron 模型亦可采用状态空间表达，具体如下：

$$
\dot{\boldsymbol{X}} = \boldsymbol{A}\boldsymbol{X} + \boldsymbol{b}\Delta u_{pss}
\tag{7-10}
$$

式中，$\boldsymbol{X} = \begin{bmatrix} \Delta\delta \\ \Delta\omega \\ \Delta E'_q \\ \Delta E'_{fd} \end{bmatrix}$，$\boldsymbol{A} = \begin{bmatrix} 0 & \omega_o & 0 & 0 \\ -\dfrac{K_1}{M} & -\dfrac{D}{M} & -\dfrac{K_2}{M} & 0 \\ -\dfrac{K_4}{T'_{do}} & 0 & -\dfrac{K_3}{T'_{do}} & \dfrac{1}{T'_{do}} \\ -\dfrac{K_A K_5}{T_A} & 0 & -\dfrac{K_A K_6}{T_A} & -\dfrac{1}{T_A} \end{bmatrix}$，$\boldsymbol{b} = \begin{bmatrix} 0 \\ 0 \\ 0 \\ -\dfrac{K_A}{T_A} \end{bmatrix}$

2. 阻尼转矩分析法

阻尼转矩分析法于 20 世纪 60 年代首次提出，用于分析单机无穷大系统中励磁控制（如 AVR）对小扰动稳定性的影响。图 7-13 为单机无穷大系统 Phillips-Heffron 模型的机电振荡环。其中，电气转矩 ΔT 作为输入信号，因此从图 7-13 可以得到

$$\ddot{\Delta\delta} + \frac{D}{M}\dot{\Delta\delta} + \frac{\omega_0 K_1}{M}\Delta\delta + \frac{\Delta T}{M} = 0 \tag{7-11}$$

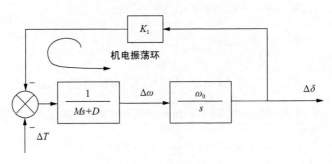

图 7-13　发电机机电振荡环

当不考虑输入信号 ΔT 时，图 7-13 中机电振荡环可以由式（7-12）所示的二阶微分方程表示。在式（7-12）中只考虑了转子动态特性，而忽略了励磁系统和自动电压调整系统的动态特性。

$$\ddot{\Delta\delta} + \frac{D}{M}\dot{\Delta\delta} + \frac{\omega_0 K_1}{M}\Delta\delta = 0 \tag{7-12}$$

求解微分方程式（7-12），得到

$$\Delta\delta(t) = \alpha e^{-\frac{D}{2M}t}\cos\omega_{\mathrm{NOF}}t + \beta \tag{7-13}$$

式中，α 和 β 是常数；$\omega_{\mathrm{NOF}} = \dfrac{1}{2}\sqrt{\left(\dfrac{D}{M}\right)^2 - \dfrac{4\omega_0 K_1}{M}}$。

式（7-13）描述了在电力系统发生小扰动后，发电机转子发生加速或减速，从而导致发电机提供的有功功率发生变化。当 $D/2M$ 很小或者为负值时，会发生弱阻

尼或者发散振荡的现象,这就是同步机转子运动的机电振荡。电力系统低频振荡属于机电振荡。式(7-13)中,ω_{NOF} 为自然振荡角频率。在单机无穷大电力系统中,功角振荡频率 ω_s 与自然振荡角频率十分接近。式(7-13)表明,发电机机电振荡环中的振荡阻尼由式(7-12)中一阶导数的系数 D/M 决定。因此,当功角振荡频率为 ω_s 时,Phillips-Heffron 模型的电气转矩由两部分组成:

$$\Delta T = T_D\Delta\omega + T_S\Delta\delta \tag{7-14}$$

从而得到

$$\ddot{\Delta\delta} + \left(\frac{D}{M} + \frac{T_D}{M\omega_0}\right)\dot{\Delta\delta} + \left(\frac{\omega_0 K_1}{M} + \frac{T_s}{M}\right)\Delta\delta = 0 \tag{7-15}$$

从式(7-15)可以看出,转矩 ΔT 由两部分组成,$T_D\Delta\omega$ 为系统振荡提供阻尼,称为阻尼转矩,$T_S\Delta\delta$ 为同步转矩。

7.2.2　光伏并网系统的数学模型

1. 光伏电站的数学模型

图 7-14 为含有光伏电站的单机无穷大系统,光伏电站连接在母线 s 上,光伏发电典型的电压-电流特性如式(7-16)所示:

$$V_{\mathrm{pv}} = \frac{N_s nkT}{q}\ln\left(\frac{\dfrac{N_p I_{\mathrm{sc}} I_{\mathrm{r}}}{100} - I_{\mathrm{pv}}}{N_p I_0} + 1\right) \tag{7-16}$$

式中,T 为温度;I_{r} 为辐射度;N_s 为串联光伏电池的数目;N_p 为并联光伏电池的数目;n 为理想因子;k 为玻尔兹曼常量;q 为电子电量;I_{sc} 为短路电流;I_0 为饱和

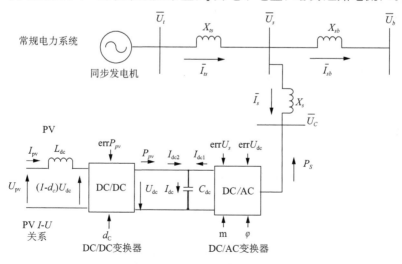

图 7-14　含有 PV 发电的电力系统

电流。文献[9]经过大量实验表明,式(7-16)中的 PV 模型可以用来分析电力系统的稳定性。

2. DC/DC 变换器的动态控制模型

在图 7-14 中,PV 电站通过两级式变换器与电力系统相连,两级式变换器在并网系统是最常用的。除了维持直流电压,DC/DC 变换器主要用于最大功率跟踪(maxmum power point tracking,MPPT)控制。从式(7-16)可以看出,PV 的输出电流和输出电压受很多因素影响,如辐射度 I_r 等。为了充分利用 PV 电池,MPPT 通过控制 DC/DC 变换器的占空比 d_c 最大可能地转换能量。设计与实现 MPPT 是 PV 发电系统中最重要的研究问题之一,目的就是通过控制 d_c 保证 PV 发电系统能够输出最大功率 P_{pvmax}。

$$d_c = d_{c0} + K_{pv}(s)(P_{pv} - P_{pvmax}) \tag{7-17}$$

式中,$K_{pv}(s)$ 是 MPPT 的传递函数,而 DC/DC 变换器的动态方程为

$$\dot{I}_{pv} = \frac{1}{L_{dc}}[U_{pv} - (1 - d_c)V_{dc}] \tag{7-18}$$

由 $P_{pv} = I_{pv}U_{pv} = I_{dc2}U_{dc} = (1 - d_c)U_{dc}I_{pv}$ 可得

$$I_{dc2} = (1 - d_c)I_{pv} \tag{7-19}$$

根据式(7-17)和式(7-18)可知,MPPT 控制实际上是控制 PV 阵列的输出电流,从而实现 MPPT。在 PV 发电的实际运行中,最大功率 P_{pvmax} 的跟踪测量值并不是确定的,这需要在 MPPT 设计中予以考虑。在电力系统中,PV 发电的数学模型如式(7-16)所示,最大功率 P_{pvmax} 可以通过计算得到,因此式(7-16)所示 MPPT 数学模型是 PV 发电数学模型的组成部分。

3. DC/AC 变换器的动态控制模型

图 7-15 所示的 DC/AC 常用在脉宽调制(pulse width modulation,PWM)控制中,通过控制 PMW 算法的调制比 m 和相角ϕ,从而调整 PV 发电站和电网之间交互的有功功率和无功功率。AC 和 DC 电压控制为

$$m = m_0 + K_{ac}(s)(U_s - U_{sref}) \tag{7-20}$$

$$\phi = \phi_0 + K_{dc}(s)(U_{dc} - U_{dcref}) \tag{7-21}$$

式中,$K_{ac}(s)$ 是 AC 电压控制传递函数;$K_{dc}(s)$ 是 DC 电压控制传递函数。

DC/AC 交流侧端电压 $\bar{U}_c$ 在 dq 坐标系下的表达式为

$$\bar{U}_c = mkV_{dc}(\cos\psi + \mathrm{j}\sin\psi) = mkU_{dc}\angle\psi \tag{7-22}$$

式中,k 为变换器变比、U_{dc} 为通过电容器 C_{dc} 的直流电压。DC/AC 变换器从电网吸收的有功功率为

$$U_{dc}I_{dc1} = i_{sd}v_{cd} + i_{sq}v_{cq} = i_{sd}mkV_{dc}\cos\psi + i_{sq}mkV_{dc}\sin\psi$$

其中,下标 d 和 q 分别表示相应变量的 d 轴分量和 q 轴分量,而

$$I_{dc1} = i_{sd}mk\cos\psi + i_{sq}mk\sin\psi \tag{7-23}$$

因此,DC/AC 变换器的动态方程为

$$\dot{V}_{dc} = \frac{1}{C_{dc}}(I_{dc1} + I_{dc2}) = \frac{1}{C_{dc}}[i_{sd}mk\cos\psi + i_{sq}mk\sin\psi + (1-d_c)I_{pv}] \tag{7-24}$$

式(7-17)、式(7-18)、式(7-20)、式(7-21)和式(7-24)描述了 PV 阵列和电力系统通过双级式电力电子器件相连的动态与控制方程组。

4. 同步发电机的数学模型

同步发电机的通用数学模型为 $\dot{\boldsymbol{X}}_g = \boldsymbol{F}(\boldsymbol{X}_g, \bar{\boldsymbol{I}}_{ts})$,其中 $\boldsymbol{X}_g$ 是发电机动态模型的状态向量,$\bar{\boldsymbol{I}}_{ts}$ 是发电机输出电流,利用以下发电机模型进行小扰动稳定分析。

$$\begin{aligned}
\dot{\delta} &= \omega_0(\omega - 1) \\
\dot{\omega} &= \frac{1}{M}[P_m - P_t - D(\omega - 1)] \\
\dot{E}'_q &= \frac{1}{T'_{d0}}(-E_q + E_{fd}) \\
E'_{fd} &= TE(s)(U_{tref} - U_t)
\end{aligned} \tag{7-25}$$

本节所用自动电压控制(AVR)的传递函数为一阶系统 $TE(s) = \dfrac{K_A}{1 + sT_A}$,

另有

$$\begin{aligned}
P_t &= E'_q i_{tsq} + (x_q - x'_d)i_{tsd}i_{tsq} \\
E_q &= E'_q - (x_d - x'_d)i_{tsd} \\
U_t &= \sqrt{u_{td}^2 + u_{tq}^2} = \sqrt{(x_q i_{tsq})^2 + (E'_q - x'_d i_{tsd})^2}
\end{aligned} \tag{7-26}$$

5. 网络方程

从图 7-15 可以得到

$$\begin{aligned}
\bar{U}_t &= jx_{ts}\bar{I}_{ts} + \bar{U}_s \\
\bar{U}_s &= jx_s\bar{I}_s + \bar{U}_c \\
\bar{U}_s - \bar{U}_b &= jx_{sb}(\bar{I}_{ts} - \bar{I}_s)
\end{aligned} \tag{7-27}$$

对式(7-27)进行推导,可得

$$j x_s \bar{I}_s + \bar{U}_c - \bar{U}_b = j x_{sb}(\bar{I}_{ts} - \bar{I}_s)$$
$$\bar{U}_t = j x_{ts} \bar{I}_{ts} + j x_{sb}(\bar{I}_{ts} - \bar{I}_s) + \bar{U}_b \tag{7-28}$$

在 dq 轴坐标下,由式(7-28)得到

$$\begin{bmatrix} x_{sb} & -x_s - x_{sb} \\ x_q + x_{ts} + x_{sb} & -x_{sb} \end{bmatrix} \begin{bmatrix} i_{tsq} \\ i_{sq} \end{bmatrix} = \begin{bmatrix} -U_c \cos\psi + U_b \sin\delta \\ U_b \sin\delta \end{bmatrix}$$
$$\begin{bmatrix} x_{sb} & -x_s - x_{sb} \\ x_d' + x_{ts} + x_{sb} & -x_{sb} \end{bmatrix} \begin{bmatrix} i_{tsd} \\ i_{sd} \end{bmatrix} = \begin{bmatrix} U_c \sin\psi - U_b \cos\delta \\ E_q' - U_b \cos\delta \end{bmatrix} \tag{7-29}$$

通过联立式(7-16)～(7-18)、式(7-20)、式(7-21)和式(7-24)PV 发电系统和变换器模型,式(7-25)和式(7-26)发电机模型以及式(7-29)网络方程,即可获得电力系统非线性数学模型。

7.2.3　PV 发电提供的阻尼转矩

阻尼转矩分析方法是一种基于线性模型的研究电力系统小扰动稳定的有效方法,该方法容易理解且使用方便。在单机无穷大系统中,阻尼转矩方法利用特定电源在同步发电机机电振荡环中提供的阻尼转矩,以考察该电源对电力系统小扰动稳定的影响。为了研究 PV 发电对电力系统小扰动稳定的影响,对前述非线性方程进行线性化以建立线性化模型[10]。图 7-15 为 PV 发电并网部分,图 7-16 为 PV 系统和控制部分。

从图 7-15 和图 7-16 可以清晰地看到 PV 发电和常规同步发电机之间的动态连接。图 7-15 与常规的 Phillips-Heffron 模型很类似,基于此即可进行阻尼转矩分析。虽然 PV 发电没有转动部分,但是通过提供阻尼转矩与发电机进行交互作用。如图 7-15 所示,PV 发电所提供的电气转矩包括两部分:直接电气转矩 ΔT_{det} 和非直接电气转矩 ΔT_{iet}。通过阻尼转矩分析法,电气转矩可以分成两个组成部分:同步转矩和阻尼转矩。PV 发电提供的阻尼转矩决定了其对电力系统振荡阻尼的影响。

在图 7-15 中,通过通道 a 和通道 b 的信号在形成非直接阻尼转矩之前需通过滞后环节而大幅衰减,因此直接阻尼转矩远远大于非直接阻尼转矩,$\Delta T_{ddt} \gg \Delta T_{idt}$,在阻尼转矩分析中,仅需考虑直接阻尼转矩。由于 $\Delta E_q'$ 的作用只形成非直接阻尼转矩,这就意味着 $\Delta E_q'$ 的作用在阻尼转矩分析中可以忽略不计。因此,忽略 $\Delta E_q'$ 的作用,这就大大降低了转矩分析法的难度。下面考察 PV 发电对同步发电机提供的阻尼转矩,具体分析如下。

利用线性系统的叠加原理,图 7-16 所示的 3 个控制(MPPT、交流电压控制和直流电压控制)系统提供的阻尼转矩可以分别计算得到。首先,只考虑交流电压控

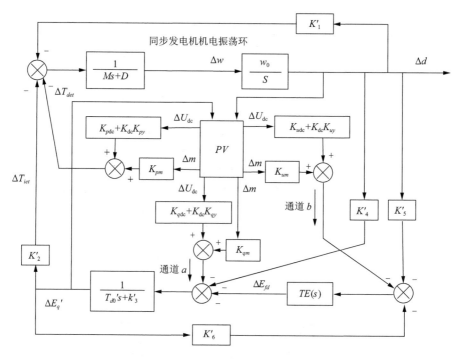

图 7-15　PV 发电系统并网线性模型

制时，C_5、C_2 和 K_{dc} 可以设置为 0；由于 $\Delta E_q'$ 可以忽略，C_4 和 B_7 也可以认为是 0。此外，从图 7-16 可以看出，交流电压控制环节提供的电气转矩有两个通道。通过通道 2 的信号经过滞后环节 $\dfrac{1}{s - C_3}$ 后而大幅衰减，因此交流电压控制部分提供的直接电气转矩可近似等于通过通道 1 的电气转矩，即

$$\Delta T_{ac-et} \approx K_{pm} \frac{K_{ac}}{1 - K_{ac} b_4} B_6 \Delta \delta \tag{7-30}$$

显然，式(7-30)为同步转矩，因此 PV 发电交流电压控制环节对电力系统振荡阻尼的影响很小。

其次，考虑 PV 发电的 MPPT 和直流电压控制环节，K_{ac} 为 0 使得 $m=0$。从图 7-15 可以看出，MPPT 和直流电压控制环节提供的直接阻尼转矩系数为

$$K_{pdc} + K_{dc} K_{p\psi} = \frac{\partial P_t}{\partial V_{dc}} + K_{dc} \frac{\partial P_t}{\partial \psi} \tag{7-31}$$

从式(7-29)可以得到：

$$\frac{\partial i_{tsq}}{\partial U_{dc}} = \frac{x_{sb} m_0 k \cos\psi_0}{X_{q\Sigma}}, \frac{\partial i_{tsd}}{\partial U_{dc}} = -\frac{x_{sb} m_0 k \sin\psi_0}{X_{d\Sigma}}$$

$$\frac{\partial i_{tsq}}{\partial \psi} = -\frac{x_{sb} m_0 k U_{dc0} \sin\psi_0}{X_{q\Sigma}}, \frac{\partial i_{tsd}}{\partial \psi} = -\frac{x_{sb} m_0 k U_{dc0} \cos\psi_0}{X_{d\Sigma}} \tag{7-32}$$

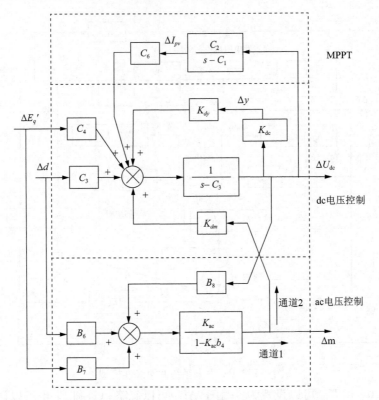

图 7-16　PV 发电系统和控制系统线性化模型

式中，$X_{q\Sigma} = (x_s + x_{sb})(x_q + x_{ts} + x_{sb}) - x_{sb}^2$，$X_{d\Sigma}' = (x_s + x_{sb})(x_d' + x_{ts} + x_{sb}) - x_{sb}^2$。

从式(7-26)、式(7-32)可以得到

$$K_{p\,dc} + K_{dc}K_{p\psi} = \frac{\partial P_t}{\partial U_{dc}} + K_{dc}\frac{\partial P_t}{\partial \psi}$$

$$= \left[E_{q0}' + (x_q - x_d')i_{tsd0}\right]\left(\frac{\partial i_{tsq}}{\partial U_{dc}} + K_{dc}\frac{\partial i_{tsq}}{\partial \psi}\right) + (x_q - x_d')i_{tsq0}\left(\frac{\partial i_{tsd}}{\partial U_{dc}} + K_{dc}\frac{\partial i_{tsd}}{\partial \psi}\right)$$

$$= \left[E_{q0}' + (x_q - x_d')i_{tsd0}\right]\frac{x_{sb}m_0 k}{X_{q\Sigma}}(\cos\psi_0 - K_{dc}U_{dc0}\sin\psi_0)$$

$$- (x_q - x_d')i_{tsq0}\frac{x_{sb}m_0 k}{X_{d\Sigma}'}(\sin\psi_0 + K_{dc}U_{dc0}\cos\psi_0)$$

$$(7\text{-}33)$$

从式(7-33)可以看出，可能存在一个运行点 $\psi_0 = \psi_{\text{critical}}$ 使得 $K_{p\,dc} + K_{dc}K_{p\psi} = 0$。如果该运行点存在，那么 ψ_{critical} 使得该运行点成为一个临界运行点，PV 发电在该临界点提供的阻尼转矩的符号由正变负。在 $\psi_0 = \psi_{\text{critical}}$ 之外，PV 发电向电网提供负阻尼转矩，恶化系统小扰动稳定。显然，ψ_{critical} 可以通过以下迭代进行计算：

$$\frac{\partial P_t}{\partial U_{dc}} + K_{dc} \frac{\partial P_t}{\partial \psi} = 0 \tag{7-34}$$

就小扰动稳定而言，$\psi_{critical}$ 表明了 PV 发电的运行稳定极限。

以上分析表明，PV 发电并没有增加电力系统的振荡模式，但与常规电力电流系统的交互作用而为同步发电机的机电振荡环提供阻尼转矩，从而影响系统小扰动稳定。

7.2.4　实例分析

图 7-14 所示含光伏发电的单机无穷大系统的参数和初始运行状态均示于文献[10]的附录 2 中。在这个测试系统中，系统变量和参数采用标幺值表示。目前，大多数 PV 发电系统连接于配网，或者容量远远小于常规发电机容量。本节主要研究大规模 PV 发电接入输电网的振荡阻尼特性，因此采用的 PV 发电站容量与常规发电机容量相当，这实际上描述了多个 PV 发电站集中接入输电网的情形，以适应未来 PV 发电的发展趋势。

1. 阻尼转矩分析结果

基于图 7-15 和图 7-16 的线性模型，利用阻尼转矩计算方法得到的系统振荡模式示于表 7-2 和表 7-3。在表 7-2 中，发电机和 PV 发电站提供的总有功功率设置为 1.0p. u.，但改变二者比例。在表 7-3 中，PV 发电站的输出功率设置为 0.3p. u.，仅改变发电机的输出有功功率。

表 7-2　总有功功率设置为 1. 0 p. u. ($P_{t0} + P_{pv0} = 1.0\text{p. u.}$) 时的计算结果

P_{t0}	P_{pv0}	$\psi_0 /(°)$	ΔT_{dt}	ΔT_{ddt}	ΔT_{dt-ac}	振荡模式
1.0	0.0	54.3	1.80	1.43	0.0006	$-0.57 \pm j\,3.86$
0.9	0.1	58.6	1.12	0.79	0.0015	$-0.43 \pm j\,3.97$
0.8	0.2	62.9	0.49	0.21	0.0021	$-0.31 \pm j\,4.09$
0.7	0.3	67.4	-0.09	-0.32	0.0023	$-0.22 \pm j\,4.49$
0.6	0.4	72.1	-0.62	-0.81	0.0021	$-0.15 \pm j\,4.29$
0.5	0.5	76.8	-1.11	-1.27	0.0017	$-0.09 \pm j\,4.39$
0.4	0.6	81.5	-1.56	-1.68	0.0010	$-0.04 \pm j\,4.47$
0.3	0.7	86.4	-1.97	-2.06	-0.0000	$0.01 \pm j\,4.55$
0.2	0.8	91.3	-2.36	-2.42	-0.0012	$0.04 \pm j\,4.62$
0.1	0.9	96.1	-2.72	-2.75	-0.0003	$0.07 \pm j\,4.69$

表 7-3 PV 发电站输出功率设置为 0.3p. u. ($P_{pv0}=0.3$p. u.)时的计算结果

P_{t0}	ψ_0 /(°)	ΔT_{dt}	ΔT_{ddt}	ΔT_{dt-ac}	振荡模式
0.1	89.6	−2.04	−2.07	−0.0000	−0.01±j8.13
0.2	85.8	−1.75	−1.81	0.0001	−0.06±j8.09
0.3	81.9	−1.45	−1.55	0.0003	−0.12±j8.05
0.4	78.2	−1.14	−1.27	0.0006	−0.17±j7.99
0.5	74.6	−0.81	−0.99	0.0010	−0.23±j7.93
0.6	70.9	−0.46	−0.67	0.0016	−0.29±j7.85
0.7	67.5	−0.09	−0.33	0.0023	−0.36±j7.76
0.8	64.1	0.33	0.05	0.0031	−0.44±j7.64
0.9	60.8	0.80	0.49	0.0042	−0.52±j7.51
1.0	57.6	1.34	0.97	0.0056	−0.61±j7.35

从表 7-2 和表 7-3 可以概括出如下结论。

(1) 由 PV 发电提供的直接阻尼转矩 ΔT_{ddt} 与总阻尼转矩 ΔT_{dt} 近似,与前面所得结论吻合。

(2) PV 发电站的交流电压控制提供的阻尼转矩 ΔT_{dt-ac} 很小,跟前面分析结论一致。

(3) 随着常规发电机和 PV 发电混合发电比例的不同,PV 发电站提供的阻尼转矩发生变化,可能呈现正阻尼或者负阻尼(参见表 7-2)。在无穷大母线负荷水平一定的情况下,PV 发电站出力越多,其提供的负阻尼转矩就越多,系统小扰动稳定就越容易恶化。

(4) 当 PV 发电出力设置为定值,但其在全系统中的出力比例不同时,PV 发电站提供的阻尼转矩也将发生从正到负的变化。在这种情况下,常规发电机出力越少,系统小扰动稳定越容易恶化。

(5) 由式(7-34)得到的计算结果为 $\psi_{critical}=65.2704°$,表 7-2 和表 7-3 的结果进一步验证了计算结果。在表 7-2 中,PV 发电站提供的阻尼转矩符号在 $\psi_0=62.9°$ 和 $\psi_0=67.4°$ 之间发生变化;而在表 7-3 中,阻尼转矩符号在 $\psi_0=64.1°$ 和 $\psi_0=67.5°$ 之间发生变化。因此,PV 发电站应该避免运行在 $\psi_0>\psi_{critical}$ 情况下,因此 PV 发电站向电网提供负阻尼转矩。

就电力系统小扰动稳定而言,以上结论(3)、(4)和(5)进一步证实了前文所提出的存在临界运行点的可能性。在该运行点之外,PV 发电站向电网提供负阻尼转矩,恶化系统小扰动稳定。

2. 时域仿真分析结果

时域仿真法是指将电力系统各元件的模型根据元件间的拓扑关系构建成全系

统模型,即一组联立的微分方程组和代数方程组,然后以稳态工况或潮流解为初值,求扰动下的数值解,即逐步求得系统状态量和代数量随时间的变化曲线,并根据发电机转子摇摆曲线来判别系统在大扰动下能否保持同步运行,即其暂态稳定性。时域仿真法的核心是当 t_n 时刻的变量值已知时,如何求出 t_{n+1} 时刻的变量值,并在系统有操作或发生故障时做适当处理。而 t_n 时刻的值可以根据 t_0 时刻的变量初值(一般是潮流计算获得的稳态工况变量值),对 $t_1,t_2,\cdots,t_{n-1}$ 时刻逐步迭代而得到。在求解 t_{n+1} 时刻的值时,目前工程上倾向采用隐式梯形积分法进行暂态稳定仿真,以确保数值稳定性。隐式梯形积分法属于单步、隐式的数值积分方法,数值稳定性好,对于“刚性”方程适应性较强,是用于大规模电力系统暂态稳定时域仿真的理想方法,并且具有二阶精度、三阶截断误差。

　　利用前文提供的非线性模型进行非线性仿真,进一步验证数学模型和线性模型计算结果的有效性和正确性。图 7-17 为辐射度在 $t=1s$ 时发生变化的仿真结果,辐射度变化步长为每 0.1s 增长 1%,持续增长 2s。图 7-17(a)为一簇 PV 发电和最大功率跟踪 U-I 曲线,图 7-17(b)表示 DC/DC 和 DC/AC 变换器的输出功率。从图 7-17 可以看出,MPPT 控制系统能够很好地跟踪最大功率点,这就验证了MPPT 数学模型的正确性。

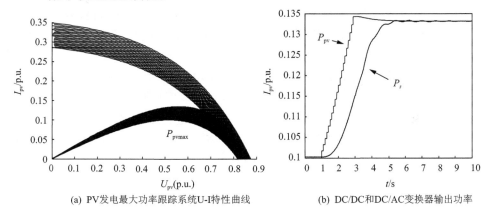

(a) PV发电最大功率跟踪系统U-I特性曲线　　　　(b) DC/DC和DC/AC变换器输出功率

图 7-17　辐射度发生变化时仿真结果

　　图 7-18 给出了 PV 发电站中装设交流电压控制和未装设交流电压控制的仿真结果。$t=1s$ 时,在传输线上发生三相故障,持续时间为 100ms。比较图 7-18(a)和图 7-18(b)可知,交流电压控制系统对系统振荡阻尼的影响很小。这就验证了表 7-2 和表 7-3 所示计算结果:由交流电压控制环节向机电振荡环节提供的阻尼转矩 ΔT_{dt-ac} 很小。在图 7-17 和图 7-18 仿真系统中,$P_{t0}=0.5\text{p.u.}$ 和 $P_{pv0}=0.1\text{p.u.}$ 。

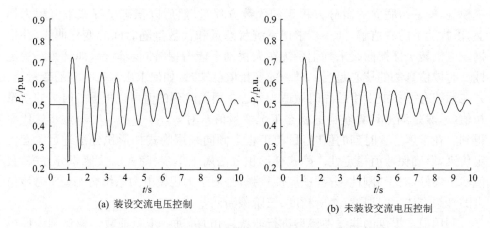

(a) 装设交流电压控制　　　　　　　　　　(b) 未装设交流电压控制

图 7-18　装设和未装设交流电压控制时的仿真结果

　　图 7-19 表示无穷大母线上负荷水平设置为 1.0 p.u.，但常规电源和 PV 发电比例不同情况下的仿真结果。从图 7-19 可以看出，当系统总出力固定不变时，PV发电站出力越多，系统的小扰动稳定性越容易恶化，这进一步验证了表 7-2 中的计算结果。图 7-20 为常规电源和 PV 发电不同出力比例下（PV 出力设置为0.3 p.u.）的仿真结果。从中可以看出，当 PV 发电出力固定时，常规发电机负荷水平越小，PV 发电站提供的阻尼转矩越容易为负值。因此，图 7-20 进一步验证了表 7-3 的计算结果。

　　图 7-19 和图 7-20 给出了 PV 阵列输出有功功率 P_{pv} 和 PV 发电站注入到电网的有功功率 P_{s} 的仿真结果。从中可以看出，由于 DC/DC 变换器中含有 MPPT 控制系统，系统发生故障时，PV 阵列在系统动态运行过程中输出有功功率的变化量远远小于 PV 发电站输入到电力系统的有功功率。因为电容 C_{dc} 充放电和 DC/AC的控制作用，外部扰动对 PV 系统运行的影响大为减弱。

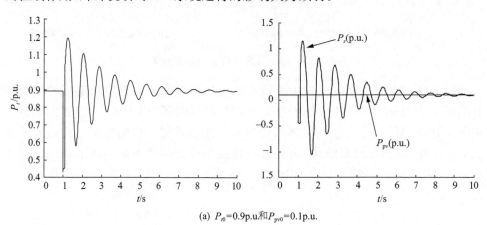

(a) P_{t0}=0.9p.u.和P_{pv0}=0.1p.u.

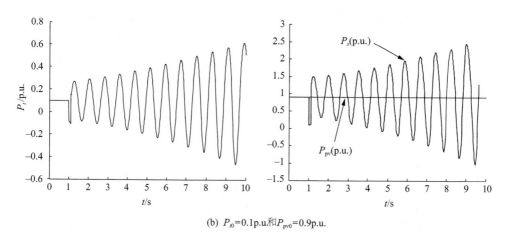

(b) $P_{t0}=0.1\text{p.u}$和$P_{pv0}=0.9\text{p.u.}$

图 7-19　无穷大母线负荷设置为 1.0 p.u.，两种不同出力比例情况下的仿真结果

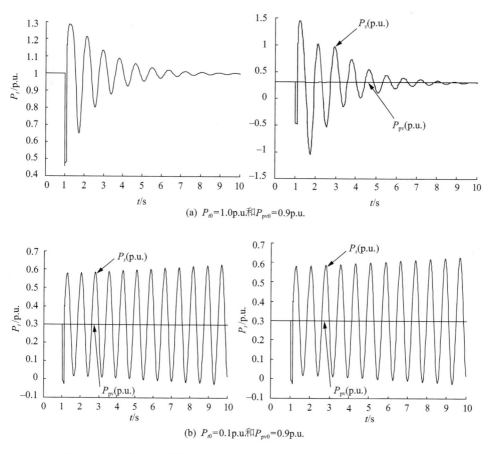

(a) $P_{t0}=1.0\text{p.u}$和$P_{pv0}=0.9\text{p.u.}$

(b) $P_{t0}=0.1\text{p.u}$和$P_{pv0}=0.9\text{p.u.}$

图 7-20　PV 发电出力设置为 0.3 p.u.，两种不同负荷水平下的仿真结果

含有 PV 发电站的单机无穷大系统的非线性仿真结果验证了阻尼转矩的计算结果。当系统运行在临界运行点之外时,PV 发电对系统小扰动稳定的影响是负面的。高渗透率的 PV 发电并网系统容易恶化小扰动稳定。当 PV 渗透率固定时,常规发电机的出力减少同样会使系统运行在临界运行点。

7.3　风电并网概率稳定性建模与分析

在分析处理电力系统不确定因素方面,概率法具有无可比拟的优势。概率法分为数值方法(如蒙特卡罗仿真法)和分析方法。作为一种概率分析的数值方法,蒙特卡罗仿真主要根据不确定性源(如风速)的分布密度生成大量的计算场景,并对每一个场景进行确定性小扰动稳定性计算,然后再将计算结果进行累积,最终形成系统关键特征根的概率分布密度,从而确定电力系统的概率稳定性。显然,对于大规模电力系统的概率稳定性研究,蒙特卡罗仿真法是一种极为耗时的方法,概率分析方法显然更具实用性。

电力系统小扰动稳定性概率分析方法由 Burchett 和 Heydt 于 1978 年在文献[11]中提出,它表征服从正态分布的多个系统参数的不确定性对电力系统小扰动稳定性概率分布的影响。电力系统小扰动概率稳定性分析方法[12],已经成为电力系统稳定性研究领域的一个重要分支。在众多概率分析方法中,基于 Gram−Charlier 展开式的概率分析方法在电力系统随机分析中已经得到了广泛应用[13,14],它可适用于不同概率分布情况,并能高效率地处理大规模系统。

针对并网风电的随机波动性,本节将演示电力系统的小扰动功角和电压稳定性概率分析方法。该方法可以一次性计算系统小扰动稳定性的概率,相对于蒙特卡罗仿真方法,具有计算快速、简便的优点,尤其适用于有风电并网的大规模电力系统概率稳定性分析。在此基础上,进一步考虑风电场之间的空间关联性。最后,利用 16 机仿真系统进行仿真以验证小扰动稳定性概率分析法的有效性和正确性。

7.3.1　风电并网系统的小扰动稳定概率法

韦布尔分布是描述风力发电随机波动最常用的分布之一,由其表示的风电输出功率的概率分布函数是

$$f_{\text{wpoweri}}(P_{ui}) = \begin{cases} \left[1 - (F_{\text{wspeedi}}(v_{fi}) - F_{\text{wspeedi}}(v_{ci}))\right]\delta(P_{ui}), & (P_{ui} = 0) \\ \dfrac{b_i}{d_i}\left(\dfrac{P_{ui} - h_i}{d_i}\right)^{b_i-1}\exp\left[-\left(\dfrac{P_{ui} - h_i}{d_i}\right)^{b_i}\right], & (0 < P_{ui} < P_{ri}) \\ \left[F_{\text{wspeedi}}(v_{fi}) - F_{\text{wspeedi}}(v_{ri})\right]\delta(P_{ui} - P_{ri}), & (P_{ui} = P_{ri}) \\ 0, & (P_{ui} < 0 \text{ 或 } P_{ui} > P_{ri}) \end{cases}$$

$$(7\text{-}35)$$

式中，$b_i = \left(\dfrac{\sigma_i}{\mu_i}\right)^{-1.086}$；$d_i = \dfrac{P_{ri}\mu_i}{(v_{ri} - v_{ci})\Gamma(1 + 1/b_i)}$；$h_i = -\dfrac{P_{ri}v_{ci}}{v_{ri} - v_{ci}}$。$\Gamma(\cdot)$ 为伽马函数；μ_i 是风速均值；σ_i 是风速标准差；P_{ui} 是连接在多机系统中的第 i 个风电场提供的有功功率；$f_{\text{wpoweri}}(\cdot)$ 为风功率的概率分布函数；v_{ci} 为切入风速；v_{ri} 为额定风速；v_{fi} 为波动风速；$F_{\text{wspeedi}}(\cdot)$ 为风速的威布尔累计分布函数；$\delta(\cdot)$ 为冲击函数；P_{ri} 为额定风功率。

1. 小扰动功角稳定性概率分析法

由式(7-35)所描述的风电的随机特性，可以一次性计算出其并网后，由关键特征根决定的电力系统小扰动概率稳定性。具体计算步骤如下。

1）计算并网风电的阶距和半不变量

风电功率变化可定义为 $\Delta P_{ui} = P_{ui} - P_{u0i}$，其中 P_{u0i} 为风电功率的稳态值。根据概率理论，风电功率变化量 ΔP_{ui} 的第 n 阶阶距可以由下式计算：

$$
\begin{aligned}
\alpha_{n\_\Delta P_{ui}} &= \int_{-P_{u0i}}^{P_{ri}-P_{u0i}} x^n \, \mathrm{d}F_{\text{wpoweri}}(x) = \int_{-P_{u0i}}^{P_{ri}-P_{u0i}} x^n f_{\text{wpoweri}}(x)\,\mathrm{d}x \\
&= \int_{-P_{u0i}}^{-P_{u0i}} x^n \left[1 - (F_{\text{wspeedi}}(v_{fi}) - F_{\text{wspeedi}}(v_{ci}))\right] \delta(x + P_{u0i})\,\mathrm{d}x \\
&\quad + \int_{-P_{u0i}}^{P_{ri}-P_{u0i}} x^n \frac{b_i}{d_i} \left(\frac{x - h_i + P_{u0i}}{d_i}\right)^{b_i-1} \mathrm{e}\left[-\left(\frac{x - h_i + P_{u0i}}{d_i}\right)^{b_i}\right]\mathrm{d}x \\
&\quad + \int_{P_{ri}-P_{u0i}}^{P_{ri}-P_{u0i}} x^n \left[F_{\text{wspeedi}}(v_{fi}) - F_{\text{wspeedi}}(v_{ri})\right] \delta\left[x - (P_{ri} - P_{u0i})\right]\mathrm{d}x \\
&= \left[1 - (F_{\text{wspeedi}}(v_{fi}) - F_{\text{wspeedi}}(v_{ci}))\right](-P_{u0i})^n \\
&\quad + \left[F_{\text{wspeedi}}(v_{fi}) - F_{\text{wspeedi}}(v_{ri})\right](P_{ri} - P_{u0i})^n \\
&\quad + \int_{-P_{u0i}}^{P_{ri}-P_{u0i}} x^n \frac{b_i}{d_i}\left(\frac{x - h_i + P_{u0i}}{d_i}\right)^{b_i-1} \mathrm{e}\left[-\left(\frac{x - h_i + P_{u0i}}{d_i}\right)^{b_i}\right]\mathrm{d}x
\end{aligned}
\tag{7-36}
$$

通过 $t = x - h_i + P_{u0i}$ 和 $\tau = \left(\dfrac{t}{d_i}\right)^{b_i}$ 两次变量变换，式(7-36)可以写成

$$
\begin{aligned}
\alpha_{n\_\Delta P_{ui}} &= \left[1 - (F_{\text{wspeedi}}(v_{fi}) - F_{\text{wspeedi}}(v_{ci}))\right](-P_{u0i})^n \\
&\quad + \left[F_{\text{wspeedi}}(v_{fi}) - F_{\text{wspeedi}}(v_{ri})\right](P_{ri} - P_{u0i})^n \\
&\quad + \int_{\left(-\frac{h_i}{d_i}\right)^{b_i}}^{\left(\frac{P_{ri}-h_i}{d_i}\right)^{b_i}} \left[d_i \tau^{\frac{1}{b_i}} + (h_i - P_{u0i})\right]^n \mathrm{e}^{-\tau}\,\mathrm{d}\tau \\
&= \left[1 - (F_{\text{wspeedi}}(v_{fi}) - F_{\text{wspeedi}}(v_{ci}))\right](-P_{u0i})^n \\
&\quad + \left[F_{\text{wspeedi}}(v_{fi}) - F_{\text{wspeedi}}(v_{ri})\right](P_{ri} - P_{u0i})^n \\
&\quad + \sum_{k=0}^{n} C_n^k (d_i)^k (h_i - P_{u0i})^{n-k} \int_{\left(-\frac{h_i}{d_i}\right)^{b_i}}^{\left(\frac{P_{ri}-h_i}{d_i}\right)^{b_i}} \tau^{\frac{k}{b_i}} \mathrm{e}^{-\tau}\,\mathrm{d}\tau
\end{aligned}
\tag{7-37}
$$

式中，$C_n^k = \dfrac{n!}{k!\,(n-k)!}$，$\displaystyle\int_{\left(\frac{-h_i}{d_i}\right)^{b_i}}^{\left(\frac{P_{ri}-h_i}{d_i}\right)^{b_i}} \tau^{\frac{k}{b_i}}\, \mathrm{e}^{-\tau}\,\mathrm{d}\tau$ 为一个不完全伽马函数。

风功率变化的第 n 阶半不变量 $\gamma_{n\_\Delta P_{ui}}$ 可以采用由 $\alpha_{1\_\Delta P_{ui}}$，$\alpha_{2\_\Delta P_{ui}}$，$\cdots$，$\alpha_{n\_\Delta P_{ui}}$ 组成的多项式表示，具体如下：

$$
\begin{aligned}
\gamma_{1\_\Delta P_{ui}} &= \alpha_{1\_\Delta P_{ui}} \\
\gamma_{2\_\Delta P_{ui}} &= \alpha_{2\_\Delta P_{ui}} - \alpha_{1\_\Delta P_{w}i}^2 \\
\gamma_{3\_\Delta P_{ui}} &= \alpha_{3\_\Delta P_{ui}} - 3\alpha_{1\_\Delta P_{ui}}\alpha_{2\_\Delta P_{ui}} + 2\alpha_{1\_\Delta P_{ui}}^3 \\
&\cdots
\end{aligned}
\tag{7-38}
$$

因此，利用式(7-38)即可计算第 n 阶半不变量 $\gamma_{n\_\Delta P_{ui}}$。

2) 计算电力系统关键特征根随机变化量的半不变量和中心距

由概率论可知[15]，如果随机变量 ρ 和 m 呈线性关系，$\rho = a_1\eta_1 + a_2\eta_2 + \cdots + a_m\eta_m$，则其 n 阶半不变量满足

$$
\gamma_{n\_\rho} = a_1^n\gamma_{n\_\eta_1} + a_2^n\gamma_{n\_\eta_2} + \cdots + a_m^n\gamma_{n\_\eta_m}
\tag{7-39}
$$

假设电力系统中的关键特征根是 $\lambda_k = \xi_k + \mathrm{j}\omega_k$，则在小扰动稳定性分析中可以建立如下线性关系：

$$
\begin{aligned}
\Delta\lambda_k = \Delta\xi_k + \mathrm{j}\Delta\omega_k &= \sum_{i=1}^{m}\left[\,(\partial\lambda_k/\partial P_{ui})\Delta P_{ui}\,\right] \\
&= \sum_{i=1}^{m}\left\{\left[\mathrm{Re}(\partial\lambda_k/\partial P_{ui})\right]\Delta P_{ui} + \mathrm{j}\left[\mathrm{Im}(\partial\lambda_k/\partial P_{ui})\right]\Delta P_{ui}\right\}
\end{aligned}
\tag{7-40}
$$

式中，$\mathrm{Re}(\cdot)$ 和 $\mathrm{Im}(\cdot)$ 分别为复数变量的实部与虚部，关键特征根的灵敏度可以使用数值方法计算[16]：

$$
\frac{\partial\lambda_k}{\partial P_{ui}} = \frac{\lambda_k(P_{ui}+\Delta P_{ui}) - \lambda_k(P_{ui})}{\Delta P_{ui}}, \qquad i = 1,2,\cdots,m
\tag{7-41}
$$

由式(7-39)、式(7-40)可以计算关键特征根实部随机变化量 $\Delta\xi_k$ 的第 n 阶半不变量：

$$
\gamma_{n\_\Delta\xi_k} = \sum_{i=1}^{m}\left\{\left[\mathrm{Re}\left(\frac{\partial\lambda_k}{\partial P_{ui}}\right)\right]^n\gamma_{n\_\Delta P_{ui}}\right\}
\tag{7-42}
$$

式中，$\gamma_{n\_\Delta\xi_k}$ 是关键特征根实部随机变量的第 n 阶阶距；$\Delta\xi_k$ 的均值为 $\mu_{\Delta\xi_k} = \gamma_{1\_\Delta\xi_k}$。需要注意，式(7-42)的前提假设是所有风电电源彼此相互独立。在实际电力系统中，风电场之间的物理距离相隔甚远，因此这种假设是成立的。

$\Delta\xi_k$ 的第 n 阶中心距 $\beta_{n\_\Delta\xi_k}$ 可由其半不变量求出，风电场之间的时空关系将在7.3.2小节进行介绍。

$$\beta_{1\_\Delta\xi_k} = 0$$

$$\beta_{2\_\Delta\xi_k} = \gamma_{2\_\Delta\xi_k} = \sigma_{\Delta\xi_k}^2$$

$$\beta_{3\_\Delta\xi_k} = \gamma_{3\_\Delta\xi_k} \tag{7-43}$$

$$\beta_{4\_\Delta\xi_k} = \gamma_{4\_\Delta\xi_k} + 3\gamma_{2\_\Delta\xi_k}^2$$

$$\cdots$$

式中，$\sigma_{\Delta\xi_k}$ 为 $\Delta\xi_k$ 的标准偏差。

3）Gram-Charlier 级数展开

关键特征根实部随机变化量 $\Delta\xi_k$ 的概率分布函数可以按 Gram-Charlier 级数展开计算。标准化形式的关键特征根实部随机变化量 $\Delta\bar{\xi}_k = \dfrac{\Delta\xi_k - \mu_{\Delta\xi_k}}{\sigma_{\Delta\xi_k}}$ 的概率分布函数和概率密度函数可由 Gram-Charlier 级数展开计算：

$$F_{\Delta\bar{\xi}_k}(x) = g_0\Phi(x) + \frac{g_1}{1!}\Phi^{(1)}(x) + \frac{g_2}{2!}\Phi^{(2)}(x) + \frac{g_3}{3!}\Phi^{(3)}(x) + \cdots \tag{7-44}$$

式中，$F_{\Delta\bar{\xi}_k}(x)$ 为 $\Delta\bar{\xi}_k$ 累积分布函数；$\Phi(x)$ 为标准正态分布的概率分布，上标 n 表示 $\Phi(x)$ 示第 n 阶导数。

Gram-Charlier 级数的各项系数可以由 $\Delta\xi_k$ 的中心距多项式表达式计算：

$$g_0 = 1$$

$$g_1 = g_2 = 0$$

$$g_3 = -\frac{\beta_{3\_\Delta\xi_k}}{\sigma_{\Delta\xi_k}^3} \tag{7-45}$$

$$g_4 = \frac{\beta_{4\_\Delta\xi_k}}{\sigma_{\Delta\xi_k}^4} - 3$$

$$\cdots$$

这样，$\Delta\xi_k$ 的概率分布函数可由 $\Delta\bar{\xi}_k$ 的概率分布函数得到：

$$F_{\Delta\xi_k}(x) = F_{\Delta\bar{\xi}_k}\left(\frac{x - \Delta\mu_{\Delta\xi_k}}{\sigma_{\Delta\xi_k}}\right) \tag{7-46}$$

4）关键特征根实部的概率分布函数和概率密度分布函数

由于 $\Delta\xi_k = \xi_k - \xi_{k0}$（$\xi_{k0}$ 是实部 λ_k 的确定值），ξ_k 的概率分布函数由式(7-47)描述：

$$F_{\xi_k}(x) = F_{\Delta\xi_k}(x - \xi_{k0}) \tag{7-47}$$

而 ξ_k 的概率密度分布函数（probability density function，PDF）$f_{\xi_k}(x)$ 可以通过对式(7-47)求导获得。

由式(7-35)描述的风电功率分布是不连续的，因此 $f_{\xi_k}(x) \neq 0$ 仅在 ξ_k 的某个区间内成立，记之为 $[\xi_{k\_left}, \xi_{k\_right}]$。由式(7-47)得到的概率分布函数和概率密度分布函数即针对区间 $[\xi_{k\_left}, \xi_{k\_right}]$，区间左端（$\xi_k = \xi_{k\_left}$）和右端（$\xi_k = \xi_{k\_right}$）的边界值自然需

要分别计算。因此,对式(7-47)进行修正。首先,将风电功率源分成两个群:A 群、B 群。A 群的实部 $\mathrm{Re}(\partial\lambda_k/\partial P_{ui})$ 为正值,B 群的实部 $\mathrm{Re}(\partial\lambda_k/\partial P_{ui})$ 为负值。在确定性特征根分析中,假定 A 群中风电电源在切入风速情况下($P_{ui}=0, i\in A$),而 B 群中风电电源在波动风电功率情况($P_{ui}=P_{ri}, i\in B$)下,计算 ξ_{k_left};假定 A 群中风电电源在波动风电功率下,而 B 群中风电电源在切入风速情况下,计算 ξ_{k_right}。修正后的概率分布函数和概率密度分布函数如下:

$$f_{\xi_k}(x)=\begin{cases}\displaystyle\prod_{i_1\in A,i_2\in B}\left\{\begin{matrix}[1-(F_{\mathrm{wspeed}i_1}(v_{fi_1})-F_{\mathrm{wspeed}i_1}(v_{ai_1}))]\times\\ [F_{\mathrm{wspeed}i_2}(v_{fi_2})-F_{\mathrm{wspeed}i_2}(v_{ri_2})]\end{matrix}\right\}\times\delta(x-\xi_{k\_\mathrm{left}}),x=\xi_{k\_\mathrm{left}}\\[2mm]\text{对式 (7-47) 求导,}\qquad \xi_{k\_\mathrm{left}}<x<\xi_{k\_\mathrm{right}}\\[2mm]\displaystyle\prod_{i_1\in B,i_2\in A}\left\{\begin{matrix}[1-(F_{\mathrm{wspeed}i_1}(v_{fi_1})-F_{\mathrm{wspeed}i_1}(v_{ai_1}))]\times\\ [F_{\mathrm{wspeed}i_2}(v_{fi_2})-F_{\mathrm{wspeed}i_2}(v_{ri_2})]\end{matrix}\right\}\times\delta(x-\xi_{k\_\mathrm{right}}),x=\xi_{k\_\mathrm{right}}\\[2mm]0,\qquad x<\xi_{k\_\mathrm{left}}\quad\text{or}\quad x>\xi_{k\_\mathrm{right}}\end{cases}$$

$$F_{\xi_k}(x)=\begin{cases}0,\qquad\qquad x\leqslant\xi_{k\_\mathrm{left}}\\ \text{式}(7\text{-}47),\qquad \xi_{k\_\mathrm{left}}<x<\xi_{k\_\mathrm{right}}\\ 1,\qquad\qquad x\geqslant\xi_{k\_\mathrm{right}}\end{cases}$$

$$(7\text{-}48)$$

最后,含有 m 个风电场的计及并网风电随机性的系统小扰动概率稳定性为

$$P(\xi_k<0)=F_{\xi_k}(0)=\int_{-\infty}^0 f_{\xi_k}(x)\mathrm{d}x \qquad (7\text{-}49)$$

式中,$F_{\xi_k}(x)$ 和 $f_{\xi_k}(x)$ 分别为第 k 个特征根(关键特征根)的概率分布函数和概率密度分布函数。

2. 小扰动电压稳定性概率分析法

电力系统小扰动电压稳定性分析可以通过对稳态时的降阶雅克比矩阵做特征根分解而进行。

线性化稳态电压方程可以写为

$$\begin{bmatrix}\Delta\boldsymbol{P}\\\Delta\boldsymbol{Q}\end{bmatrix}=\begin{bmatrix}\boldsymbol{J}_{P\theta}&\boldsymbol{J}_{PU}\\\boldsymbol{J}_{Q\theta}&\boldsymbol{J}_{QU}\end{bmatrix}\begin{bmatrix}\Delta\boldsymbol{\theta}\\\Delta\boldsymbol{U}\end{bmatrix} \qquad (7\text{-}50)$$

式中,$\Delta\boldsymbol{P}$ 是母线注入有功功率的变化量;$\Delta\boldsymbol{Q}$ 是母线注入无功功率的变化量;$\Delta\boldsymbol{\theta}$ 是母线电压相角变化量;$\Delta\boldsymbol{U}$ 是母线电压幅值变化量。当研究系统为 DC 网络时,消去除变换器交流母线外的所有交流母线,式(7-50)变为

$$\begin{bmatrix}\Delta\boldsymbol{P}_c\\\Delta\boldsymbol{Q}_c\end{bmatrix}=\begin{bmatrix}\boldsymbol{J}_{P\theta\_c}&\boldsymbol{J}_{PU\_c}\\\boldsymbol{J}_{Q\theta\_c}&\boldsymbol{J}_{QU\_c}\end{bmatrix}\begin{bmatrix}\Delta\boldsymbol{\theta}_c\\\Delta\boldsymbol{U}_c\end{bmatrix} \qquad (7\text{-}51)$$

式中,下标 c 表示与变换器母线相关的相量或者矩阵。

设置 $\Delta \boldsymbol{P}_c = \boldsymbol{0}$ 对式(7-51)进行降阶,可得

$$\Delta \boldsymbol{Q}_c = \boldsymbol{J}_R \Delta \boldsymbol{U}_c, \quad C_P = 0.5176 \left(116 \frac{1}{\lambda_i} - 0.4\beta - 5 \right) e^{-21\frac{1}{\lambda_i}} + 0.0068\lambda \quad (7-52)$$

式中,$\boldsymbol{J}_R$ 为变换器母线相关的降阶雅克比矩阵,并且 $\boldsymbol{J}_R = \boldsymbol{J}_{QU\_c} - \boldsymbol{J}_{Q\theta\_c} \boldsymbol{J}_{P\theta\_c}^{-1} \boldsymbol{J}_{PU\_c}$。

DC 网络电压稳定判据为 $\boldsymbol{J}_R$ 的所有特征根为正值。因此,$\boldsymbol{J}_R$ 的最小特征根 $\lambda_{J_R\_min}$ 可以作为 AC/DC 电力系统的小扰动电压稳定指数。将图 7-21 所示的功角稳定用 $\lambda_{J_R\_min}$ 代替 $\lambda_{A\_cr} = \xi_{A\_cr} + j\omega_{A\_cr}$,从而评估多端直流网络的小扰动电压概率稳定性。

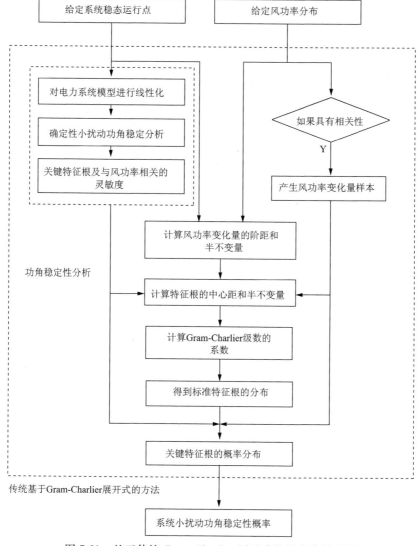

图 7-21　基于传统 Gram-Charlier 展开式的概率分析步骤

3. 多运行点线性化

若采用多运行点线性化,则在这些运行点附近评估得出的概率稳定性将具有更高准确度。因此,在不同风速运行工况下,在多个稳态运行点对系统进行线性化,图 7-21 所示方法就能更好地计及电力系统的非线性,从而对并网风电小扰动功角概率稳定性和小扰动电压概率稳定性进行有效估计。基于多运行点线性化的改进方法,步骤如图 7-22 所示。

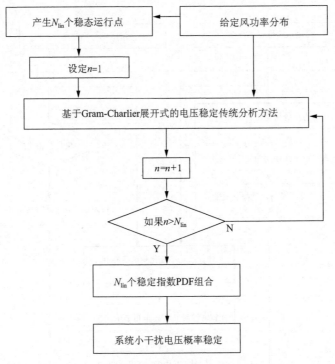

图 7-22　基于多点线性化的概率稳定分析步骤

以 AC/DC 系统中第 i 个海上风电场为例。风电场输出有功功率 P_{ui} 从 0 变为 P_{ri} (额定风功率),即其变化区间为 $[0, P_{ri}]$。首先,将该变化区间平均分为 $2N_{\text{lin}}$ 个次区间,所有次区间的区间端点记为一个相量 $[P_{ui\_0}, P_{ui\_1}, \cdots P_{ui\_2N_{\text{lin}}-1}, P_{ui\_2N_{\text{lin}}}]_{(2N_{\text{lin}}+1)\times 1}$。如果 $\xi_{A\_\text{cr}}(\lambda_{J_R\_\text{min}})$ 与第 i 个输出风功率的灵敏度为正值(负值),那么区间端点就标记为正常的顺序(比如 $P_{ui\_0}=0$, $P_{ui\_2N_{\text{lin}}}=P_{ri}$)。反之,区间端点值就记为相反的顺序(比如,$P_{ui\_0}=P_{ri}$, $P_{ui\_2N_{\text{lin}}}=0$)。假设在电力系统中有 n 个风电场,那么能够得到 $2N_{\text{lin}}+1$ 个初始运行点(比如,$[P_{w1\_j}, P_{w2\_j}, \cdots P_{wn-1\_j}, P_{wn\_j}]_{m\times 1}$,$j=0,1,\cdots 2N_{\text{lin}}$)。其次,当 j 是偶数时,利用确定性特征根计算方法计算第 j 个初始运行工况下的 ξ_{A_cr} 和 $\lambda_{J_R\_\text{min}\_j}$,计算 $N_{\text{lin}}+1$ 次;当 j 为奇数时,选择余下的 N_{lin} 个初始运行工况,进而,利用基于传统

Gram-Charlier 展开式的方法推导所选择运行点的概率密度分布函数。最后，当 j 是偶数时，对在每个运行点 $\xi_{A\_cr\_j}$ 和 $\lambda_{J_R\_min\_j}$ 的 N_{lin} 个概率密度函数进行适当组合，得到 ξ_{A_cr} 和 $\lambda_{J_R\_min}$ 的多点线性化的最终概率密度函数。

含有 m 个并网海上风力发电厂的 AC/DC 系统的小扰动电压概率稳定可以通过下式得到：

$$P(\lambda_{J_R\_min} > 0) = \int_0^\infty f_{\lambda_{J_R\_min}}(x)\,\mathrm{d}x \qquad (7\text{-}53)$$

式中，$f_{\lambda_{J_R\_min}}$ 为 $\lambda_{J_R\_min}$ 的概率密度函数.

在大多情况下，利用多点线性化得到的稳定指数的最终 PDF 曲线下的面积并不是严格等于 1 的。由于所选稳定运行工况是均匀分布的，这就意味着当稳定指数与输出风功率相关的灵敏度很小时，进行线性化的工况距离接近，由此得到的 PDF 曲线更为精确，因此，PDF 曲线及其下面积可以对较小灵敏度一侧计算得到。当 PDF 曲线下的面积达到 1 时，PDF 的其余部分可以设置为 0。

7.3.2　考虑风电场关联性的小扰动稳定性概率

1. 风电场之间的空间关联性

风电场之间的关系与它们之间的地理距离紧密相关。两者距离超过 1200km 时，关联系数为 0；距离小于 100km 时，关联系数接近 1[17]。可以据此近似估计关联系数，并建立含有 m 个风电场的关联系数矩阵 $[\rho_{ij}]_{m\times m}$。

如果能够得到充分的风速数据，风速之间的关联度可以由下式计算：

$$\rho_{ij} = \frac{\mathrm{cov}(v_i, v_j)}{\sigma_{v_i}\sigma_{v_j}} \qquad (7\text{-}54)$$

式中，v_i 和 v_j 为两个风电功率源的风速随机变量；$\mathrm{cov}(v_i, v_j)$ 为 v_i 和 v_j 的协方差；σ_{v_i} 和 σ_{v_j} 分别为 v_i 和 v_j 的标准差。对每个风速随机变量 v_i 或者 v_j，可以相应生成风速样本。每个风速样本均符合威布尔分布，且具有空间关联性。

得到风速样本后，利用风速功率特性曲线即可获得具有相关性的风功率样本（$[P_{wi}]_{N_{sample}\times 1}$）。而风功率变量样本 $[\Delta P_{wi}]_{N_{sample}\times 1}$ 可以利用下式得到：

$$[\Delta P_{wi}]_{N_{sample}\times 1} = [P_{wi}]_{N_{sample}\times 1} - [P_{w0i}]_{N_{sample}\times 1},\ i = 1, 2, \cdots, m \qquad (7\text{-}55)$$

式中，N_{sample} 为每个风功率样本的数目；$[P_{w0i}]_{N_{sample}\times 1}$ 是确定值 P_{w0i} 组成的向量。

2. 计及风电场关联系数而修正式(7-42)

计及不同风电场关联系数，对式(7-42)进行修正并计算 $\Delta\xi_k$ 的 n 阶累积量，可得

$$\gamma_{n\_\Delta\xi_k} = \sum_{i_1=1}^m \sum_{i_2=1}^m \cdots \sum_{i_n=1}^m \left[\underbrace{\mathrm{Re}\left(\frac{\partial\lambda_k}{\partial P_{wi_1}}\right)\mathrm{Re}\left(\frac{\partial\lambda_k}{\partial P_{wi_2}}\right)\cdots\mathrm{Re}\left(\frac{\partial\lambda_k}{\partial P_{wi_n}}\right)\gamma_{n\_\Delta P_{wi_1 i_2 \cdots i_n}}}_{n} \right] \qquad (7\text{-}56)$$

式中，$\gamma_{n\_\Delta P_{ui_1 i_2 \cdots i_n}}$ 为多风功率变量的 n 阶累积量，对于相互独立的风功率源，$i_1 = i_2 = \cdots = i_n = i$，半不变量 $\gamma_{n\_\Delta P_{ui_1 i_2 \cdots i_n}}$ 即等于 $\gamma_{n\_\Delta P_{ui}}$，式(7-56)即为式(7-42)。

高阶 $\Delta\xi_k$ 互累积量对 ξ_k 的概率分布和概率密度分布影响很小。因此，只需利用包含关联关系的式(7-56)计算 $\Delta\xi_k$ 的前三阶互累积量，而高阶互累积量可以利用式(7-42)计算以降低复杂度。风功率变量的一阶互累积量为 $\gamma_{1\_\Delta P_{ui}}$，二阶和三阶互累积量可以利用下式计算：

$$\gamma_{2\_\Delta P_{ui_1 i_2}} = \beta_{2\_\Delta P_{ui_1 i_2}} = E\big[(\Delta P_{ui_1} - \mu_{\Delta P_{ui_1}})(\Delta P_{ui_2} - \mu_{\Delta P_{ui_2}})\big]$$

$$\gamma_{3\_\Delta P_{ui_1 i_2 i_3}} = \beta_{3\_\Delta P_{ui_1 i_2 i_3}} = E\big[(\Delta P_{ui_1} - \mu_{\Delta P_{ui_1}})(\Delta P_{ui_2} - \mu_{\Delta P_{ui_2}})(\Delta P_{ui_3} - \mu_{\Delta P_{ui_3}})\big]$$

$$(7\text{-}57)$$

式中，$\beta_{n\_\Delta P_{ui_1 i_2 \cdots i_n}}$ 是 n 阶互中心距；$\mu_{\Delta P_{ui_n}}$ 是 ΔP_{ui_n} 的均值。式(7-57)的期望值可以直接通过每个风功率变量样本得到。因此，利用式(7-56)、式(7-57)，可以计算 $\Delta\xi_k$ 的前三阶互累积量。

3. 计及风电场关联系数而修正式(7-48)

首先，ξ_k 近似值组成的向量计算如下：

$$\big[\xi_k\big]_{N_{sample}\times 1} = \big[\xi_{k0}\big]_{N_{sample}\times 1} + \sum_{i=1}^{m}\left\{\Big[\mathrm{Re}\Big(\frac{\partial\lambda_k}{\partial P_{ui}}\Big)\Big]\big[\Delta P_{ui}\big]_{N_{sample}\times 1}\right\} \quad (7\text{-}58)$$

式中，$\big[\xi_{k0}\big]_{N_{sample}\times 1}$ 为所有样本中的确定值 ξ_{k0} 组成的向量，其中的最大和最小值需要确定。

必须注意，在某些案例中，会存在多个最大值、最小值的情况。记录与 $\big[\xi_k\big]_{N_{sample}\times 1}$ 中最大值和最小值相关的所有风功率数据，每个风功率集合 $\big[P_{w1}, P_{w2}, \cdots P_{wm}\big]_{1\times m}$ 包含 m 个风功率数据，该数据分别来自于 $\big[P_{ui}\big]_{N_{sample}\times 1}$ 的同一行，将其作为 $\big[\xi_k\big]_{N_{sample}\times 1}$ 中的最大或者最小值。

其次，利用上述 m 个风功率源输出功率组成的风功率数据集合进行确定特征根分析，从而计算 ξ_k。设 ξ_{k_left} 为确定特征根 ξ_k 中的最大值，ξ_{k_right} 为其最小值。ξ_{k_left} 和 ξ_{k_right} 的概率密度可利用下式计算：

$$\frac{N_{\xi_{k\_left}}}{N_{sample}}\delta(x - \xi_{k\_left}),\ \text{for}\ x = \xi_{k\_left}$$

$$\frac{N_{\xi_{k\_right}}}{N_{sample}}\delta(x - \xi_{k\_right}),\ \text{for}\ x = \xi_{k\_right}$$

$$(7\text{-}59)$$

式中，$N_{\xi_{k\_left}}$ 和 $N_{\xi_{k\_right}}$ 分别为 ξ_{k_left} 和 ξ_{k_right} 在确定特征根分析中出现的次数。此时，即可得到修正后 ξ_k 的概率密度分布函数和概率分布函数。二者的形式与式(7-48)相似，但由式(7-56)可知：左端和右端概率密度值发生变化。

电力系统小扰动稳定概率分析步骤总结如下：

（1）当并网的风电场之间具有空间关联性时，风功率变化样本通过利用关联系数矩阵计算得到；如果没有空间关联性，直接到步骤(2)。

(2) 确定含有 m 个风电场并网系统的随机分布。

(3) 利用式(7-37)计算 n 阶阶距，然后利用式(7-38)计算每个风功率变化量的 n 阶半不变量。

(4) 利用式(7-42)或式(7-56)计算关键特征根实部变化量的 n 阶半不变量，从而利用式(7-43)计算 n 阶中心距。

(5) 利用式(7-44)和式(7-45)计算标准 $\Delta\xi_k$ 的概率分布函数和概率密度分布函数。

(6) 利用式(7-46)和式(7-47)将 ξ_k 的概率分布函数和概率密度分布函数转换为 $\overline{\Delta\xi_k}$ 的概率分布函数和概率密度分布函数。

(7) 利用式(7-48)或者式(7-48)、式(7-59)对 ξ_k 的概率分布函数和概率密度分布函数进行修正。

(8) 利用式(7-49)确定系统的概率稳定性。

步骤(2)—步骤(7)也可以通过蒙特卡罗仿真方法得到。

7.3.3　实例分析 1 (功角稳定)

利用图 7-2 所示的含有 3 个风电场的 16 机 5 区系统对小扰动概率分析法进行验证。风机接入地点不是本章所关注的，因此假设风电场已经接于母线 69、70、71。该假设不会对概率分析方法的测试产生影响。

由于本部分内容侧重于风电场对电力系统小扰动稳定的影响，因此所有同步发电机的励磁采用简单的一阶模型，没有 PSS。风机参数如下[18]：惯性时间常数 $T_{\mathrm{DFIG}} = 3.4\mathrm{s}$，阻尼 $D_{\mathrm{DFIG}} = 0$，定子漏抗 $x_s = 2.9$，转子漏抗 $x_r = 2.9$，互感抗 $x_m = 2.6$，转子电阻 $r_s = 0$，定子电阻 $r_r = 0.0013$，输出功率确定部分 $P_{w0} = 0.3333$，滑差 $s = 0.1$。其动态模型考虑了转子侧变换器控制。值得注意，相对于网侧变换器控制，转子侧变换器控制对电力系统小扰动稳定的影响更大。风速分布和风速－输出功率特性曲线均值 $\mu = 6.2 \mathrm{m/s}$，标准差 $\sigma = 2.5$。

1. 概率分析法和蒙特卡罗仿真结果对比

1) 实例 A (基准负荷水平，风电场之间相互独立)

通过确定性小扰动稳定分析，第 29 个特征根为关键振荡模式 $\lambda_{29} = -0.0106 \pm \mathrm{j}3.3004$，因此该系统是稳定的。接入母线 69、70 和 71 的 3 个风电场分别为第 1、第 2 和第 3 个风功率源。3 个风功率源对关键特征根的灵敏度为：$\dfrac{\partial\lambda_{29}}{\partial P_{w1}} = 0.0096 - \mathrm{j}0.0489$，$\dfrac{\partial\lambda_{29}}{\partial P_{w2}} = 0.0083 - \mathrm{j}0.0466$，$\dfrac{\partial\lambda_{29}}{\partial P_{w3}} = 0.0075 - \mathrm{j}0.0394$。

表 7-4 为利用式(7-37)、式(7-38)计算得到的 3 个风功率变化量的前 5 阶阶距和半不变量。表 7-5 为利用式(7-42)、式(7-43)计算得到的关键特征根实部的前 5 阶阶距和半不变量。表 7-6 给出了 Gram-Charlier 展开式前 6 项的展开系数。利用式(7-44)、式(7-45)得到标准关键特征根的概率分布,然后利用式(7-46)、式(7-47)得到关键特征根的概率密度分布函数。最后,利用式(7-48)对概率密度分布曲线进行修正,具体如下:利用确定特征根分析,在所有风功率源为切入风速(0p. u.)、波动风功率(1p. u.)时,计算得到 ξ_{29_left} 为 -0.0185、ξ_{29_right} 为 0.0094;根据风速 $F_{wspeedi}(\cdot)$ 的概率分布函数,计算得到 ξ_{29_left} 的概率密度值为 $0.0117\delta(x+0.0185)$,ξ_{29_right} 的概率密度值为 $0.0003\delta(x-0.0094)$;进而,根据式(7-48)得到关键特征根实部的修正概率密度分布曲线,如图 7-24 所示。

表 7-4　3 个风电功率变化量阶距和半不变量

阶距	$\alpha_{1\_\Delta P_{ui}}$	$\alpha_{2\_\Delta P_{ui}}$	$\alpha_{3\_\Delta P_{ui}}$	$\alpha_{4\_\Delta P_{ui}}$	$\alpha_{5\_\Delta P_{ui}}$
	0.0319	0.1080	0.0281	0.0262	0.0126
半不变量	$\gamma_{1\_\Delta P_{ui}}$	$\gamma_{2\_\Delta P_{ui}}$	$\gamma_{3\_\Delta P_{ui}}$	$\gamma_{4\_\Delta P_{ui}}$	$\gamma_{5\_\Delta P_{ui}}$
	0.0319	0.1070	0.0178	0.0111	0.0104

表 7-5　关键特征根实部变化量的半不变量和中心距

半不变量	均值	协方差	$\gamma_{3\_\Delta\xi_{29}}$	$\gamma_{4\_\Delta\xi_{29}}$	$\gamma_{5\_\Delta\xi_{29}}$
	8.10×10^{-4}	2.32×10^{-5}	3.35×10^{-8}	-1.82×10^{-10}	-1.51×10^{-12}
中心距	$\beta_{1\_\Delta\xi_{29}}$	$\beta_{2\_\Delta\xi_{29}}$	$\beta_{3\_\Delta\xi_{29}}$	$\beta_{4\_\Delta\xi_{29}}$	$\beta_{5\_\Delta\xi_{29}}$
	0	2.32×10^{-5}	3.35×10^{-8}	1.44×10^{-9}	6.26×10^{-12}

表 7-6　Gram-Charlier 级数展开系数

g_0	g_1	g_2	g_3	g_4	g_5
1	0	0	0.2989	0.3382	0.5794

众所周知,Gram-Charlier 展开式的收敛速度依赖于不同条件,其收敛阶数不能通过简单的理论方法确定,只能通过探测决定。因此,本章对小扰动概率稳定进行了广泛探测,结果表明:Gram-Charlier 的 5 阶展开式即可逼近利用蒙特卡罗仿真(5000 次)而得到的概率密度曲线,如图 7-23 所示。

根据图 7-23 所示的概率密度分布函数,可以得到

$$P(\xi_{29} < 0) = \int_{-\infty}^{0} f_{\xi_{29}}(x)\mathrm{d}x = 0.9710 \tag{7-60}$$

式(7-60)表明:当考虑并网风电的随机变化时,系统的关键特征根处于左半平面的概率为 97.10%,尽管系统在确定性小扰动稳定性计算中是稳定的,但由于风电不

确定性的影响,系统仍有 2.9% 的概率失去稳定。

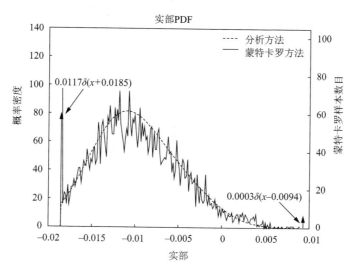

图 7-23　利用分析方法和蒙特卡罗仿真得到的关键特征根实部概率密度分布(实例 A)

2) 案例 B(负荷处于静态稳定极限,风电场之间相互独立)

在极限负荷水平下,第 29 个特征根为关键振荡模式 $\lambda_{29} = -0.0005 \pm j3.2445$。通过确定性分析得到该系统是稳定的,只是接近静态稳定极限。3 个风功率源对关键特征根的灵敏度为:$\dfrac{\partial \lambda_{29}}{\partial P_{w1}} = 0.0116 - j0.0614$,$\dfrac{\partial \lambda_{29}}{\partial P_{w2}} = 0.0100 - j0.0589$,$\dfrac{\partial \lambda_{29}}{\partial P_{w3}} = 0.0085 - j0.0516$。

利用与实例 A 相同的步骤,得到关键特征根实部的概率密度分布曲线,并与蒙特卡罗仿真(5000 次)结果对比,可以得到本章所提出的一次性分析计算方法是准确的,如图 7-24 所示。

根据图 7-24 所示的概率密度分布函数,可以得到

$$P(\xi_{29} < 0) = \int_{-\infty}^{0} f_{\xi_{29}}(x)\,\mathrm{d}x = 0.6112 \tag{7-61}$$

式(7-61)表明:当系统运行在静态稳定极限时,考虑并网风电的随机变化,系统的关键特征根处于左半平面的概率仅为 61.12%,因此,当考虑风功率的随机变化时,系统将具有很高的不稳定概率。

3) 实例 C(基准负荷水平,风电场之间不相互独立)

在实例 C 中考虑三个风电场之间的关联性,但其负荷水平和实例 A 相同,因此确定性小扰动稳定分析和灵敏度分析的结果与实例 A 一致。因此根据三个风电场之间的距离假设关联系数矩阵 $[\rho_{ij}]_{3 \times 3}$。

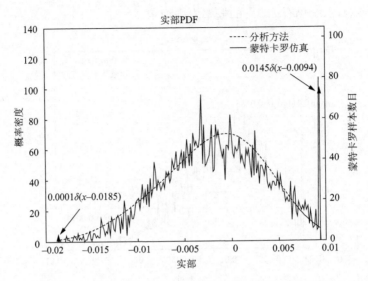

图 7-24　利用分析方法和蒙特卡罗仿真得到的关键特征根实部概率密度分布（实例 B）

$$\left[\,\rho_{ij}\,\right]_{3\times3} = \begin{bmatrix} 1 & 0.8 & 0 \\ 0.8 & 1 & 0 \\ 0 & 0 & 1 \end{bmatrix} \tag{7-62}$$

式(7-62)表明，前两个风电场是强相关的，第 3 个与其他 2 个风电场距离相对较远，因此是相互独立的。利用 7.3.2 小节所述步骤，$\Delta\xi_{29}$ 的第 2 阶和第 3 阶互累积量可以通过式(7-56)计算得到：

$$\gamma_{2\_\Delta\xi29} = 3.63 \times 10^{-5}, \quad \gamma_{3\_\Delta\xi29} = 9.02 \times 10^{-8}$$

利用式(7-59)计算得到 ξ_{29_left} 和 ξ_{29_right} 的概率密度：

$$\frac{N_{\xi_{29\_left}}}{N_{sample}}\delta(x - \xi_{29\_left}) = 0.0396\delta(x + 0.0185)$$

$$\frac{N_{\xi_{29\_right}}}{N_{sample}}\delta(x - \xi_{29\_right}) = 0.0028\delta(x - 0.0094)$$

最后，得到关键特征根实部的概率密度分布曲线，与蒙特卡罗仿真(5000 次)结果是吻合的，如图 7-25 所示。这进一步证明：在计及风功率源关联关系的情况下，本章所提出的分析计算方法仍然适用并且正确。

根据图 7-25 所示的概率密度分布函数，可以得到：

$$P(\xi_{29} < 0) = \int_{-\infty}^{0} f_{\xi_{29}}(x)dx = 0.9334 \tag{7-63}$$

式(7-63)表明：当考虑风电场之间的关联性时，系统小扰动概率稳定性会发生相应的变化。然而，通过与实例 B 相对比，可以看出：关联性对小扰动概率稳定性的影响小于负荷水平的变化。

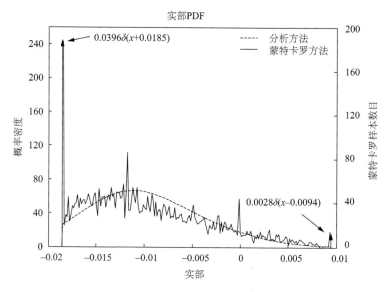

图 7-25　利用分析方法和蒙特卡罗仿真得到的关键特征根实部概率密度分布（实例 C）

2. 不同风电渗透率的概率稳定性

风电场风速的改变将造成并网风电功率的随时变化，因而导致其对电力系统小扰动概率稳定性的影响发生变化。在不同的风电接入功率 $P_{wi0}(i=1,2,3)$ 下（$0\sim$ 1p.u.），使用本章所提方法进行电力系统小扰动概率稳定性计算，结果如图 7-26 所示。由此可知，随着并网风电量的增加，电力系统小扰动概率稳定性大幅下降；最不利的情形出现在三个风电场处于额定出力，此时系统只有大约 20% 的概率保持小扰动稳定性。

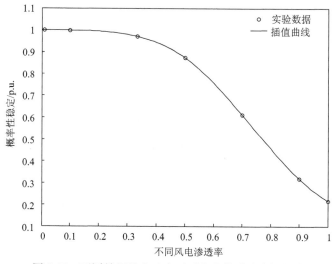

图 7-26　不同并网风电功率下系统小扰动稳定性概率

7.3.4　实例分析 2（电压稳定）

图 7-27 为含有两个并网海上风电场的交直流混合系统，海上风电场通过一两端直流网接于交流电网。风电机组参数和风速分布与实例分析相同。由于转子侧变换控制器相比网侧变换控制器对电力系统小扰动稳定的影响更为明显，考虑 DFIG 转子侧变换控制器的动态模型[18]。

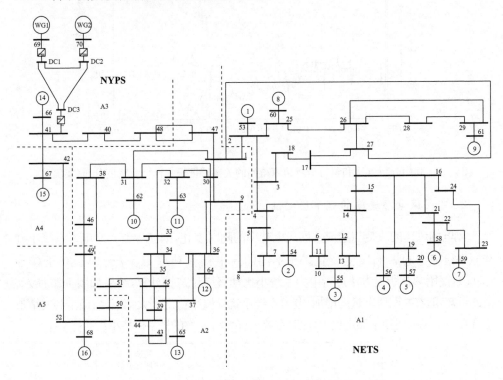

图 7-27　含有海上风电场的 16 机 5 区 AC/DC 系统

1. 实例 A（基准负荷水平，风电场之间相互独立）

利用确定性小扰动电压稳定分析，得到降阶雅可比矩阵 J_R 的最小特征根 $\lambda_{J_R\_min}$ 为 0.2651。因此，利用确定性分析可以判定：系统是稳定的。计算与两个风电场相关的稳定指数的灵敏度：$\dfrac{\partial \lambda_{J_R\_min}}{\partial P_{w1}} = \dfrac{\partial \lambda_{J_R\_min}}{\partial P_{w2}} = -0.3351$。

对 13 个运行点进行多点线性化，13 种不同的风电场出力作为 13 个不同的稳态运行点。利用确定分析法计算与输出风电（y 轴）相关的稳定指数及相应灵敏度（x 轴），如图 7-28 所示。

从图 7-28 中可以看出，随着风电渗透的增大，稳定指数的灵敏度发生明显变化。这表明基于一点线性化的传统方法难以提供精确的结果。

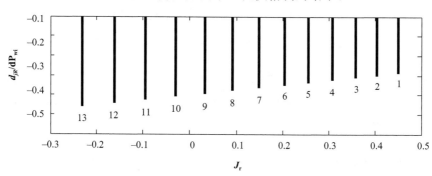

图 7-28　13 个稳态运行点的稳定指数及其与输出风功率相关的灵敏度

基于 13 点线性化的分析方法计算最终的 $\lambda_{J_{R\_min}}$ 概率密度分布函数如图 7-29 所示。将基于多点线性化分析方法、基于传统 Gram-Charlier 展开式分析方法以及蒙特卡罗仿真方法的最终结果进行对比，如图 7-29 所示，而相应的小扰动电压概率稳定的计算结果示于表 7-7。从图 7-29 和表 7-7 可以看出，虽然利用不同方法得到 PDF 没有显著差异，但多点线性化方法在评估系统小扰动电压稳定方面具有更高准确度。

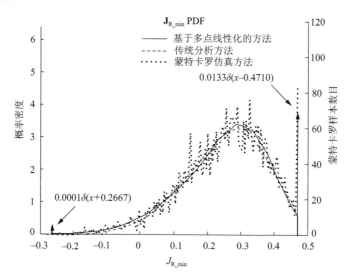

图 7-29　利用分析方法和蒙特卡罗仿真得到的 $\lambda_{J_{R\_min}}$ 概率密度分布（实例 A）

表 7-7　利用不同方法得到稳定性概率（实例 A）

概率	蒙特卡罗仿真	传统分析方法	基于多点线性化的分析方法
$P(\lambda_{J_{R\_min}} > 0)$	0.9634	0.9757	0.9635

表 7-7 表明,虽然确定性分析方法判定该 AC/DC 系统是小扰动电压稳定的,但若计及风功率变化量后,则存在 3.66% 的系统不稳定概率。

2. 实例 B(负荷水平接近稳定极限,风电场之间相互独立)

在重负荷运行工况下,利用确定性分析方法得到 $\lambda_{J_{R\_min}} = 0.0213$。因此,利用确定性分析方法判定系统是接近静态稳定极限的。计算与风功率相关的稳定指数的灵敏度:$\dfrac{\partial \lambda_{J_{R\_min}}}{\partial P_{w1}} = \dfrac{\partial \lambda_{J_{R\_min}}}{\partial P_{w2}} = -1.0717$。

PDF 的计算结果如图 7-30 所示。可以看出,当系统运行在稳定极限工况附近时,$\lambda_{J_{R\_min}}$ 的灵敏度变化非常剧烈,这表明 PDF 曲线具有强非线性。该系统的小扰动电压概率稳定性计算结果如表 7-8 所示。

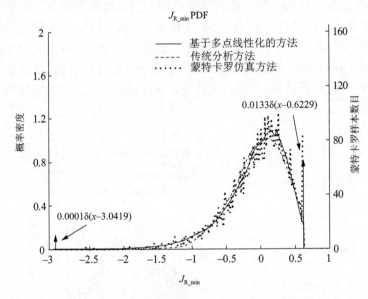

图 7-30　利用分析方法和蒙特卡罗仿真得到的 $\lambda_{J_{R\_min}}$ 概率密度分布(实例 C)

表 7-8　利用不同方法得到稳定性概率(实例 B)

概率	蒙特卡罗仿真	传统分析方法	基于多点线性化的分析方法
$P(\lambda_{J_{R\_min}} > 0)$	0.5284	0.5194	0.5292

表 7-8 表明,该系统运行在接近稳定极限的重负荷工况时,$\lambda_{J_{R\_min}}$ 的概率迅速降为 52.84%。因此,该系统在考虑并网海上风电场的随机变化后,容易出现不稳定现象。

3. 实例 C（基准负荷水平，考虑风电场之间的关联性）

风电场之间的关联性会对电力系统概率分析结果产生影响。在案例 A 的负荷水平下，考虑两个风电场之间的关联系数矩阵 $\left[\rho_{ij}\right]_{2\times2}$，该关联系数矩阵根据本系统中的两个风电场之间的物理距离确定。

$$\left[\rho_{ij}\right]_{3\times3} = \begin{bmatrix} 1 & 0.5 \\ 0.5 & 1 \end{bmatrix} \tag{7-64}$$

式(7-64)表明，这两个风电场是部分关联的。根据图 7-22 所示的考虑关联变量的步骤进行分析，得到 $\lambda_{J_{R\_min}}$ 的 PDF 曲线并与蒙特卡罗仿真结果对比，如图 7-31 所示。二者是吻合的，这进一步验证了所提分析方法的正确性。该系统的小扰动电压概率稳定性计算结果如表 7-9 所示。

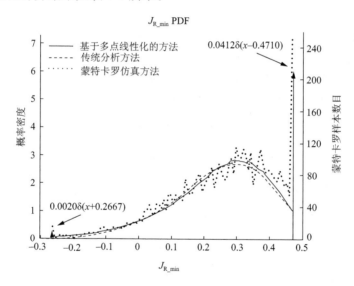

图 7-31　利用分析方法和蒙特卡罗仿真得到的 $\lambda_{J_{R\_min}}$ 概率密度分布（实例 C）

表 7-9　利用不同方法得到稳定性概率（实例 C）

概率	蒙特卡罗仿真	传统分析方法	基于多点线性化的分析方法
$P(\lambda_{J_{R\_min}} > 0)$	0.9314	0.9453	0.9295

表 7-9 的结果表明，基于 13 点线性化的分析方法在系统小扰动稳定评估方面具有更高准确度。另外，考虑风电场关联性会改变系统的小扰动电压概率稳定，主要原因在于：具有关联性的风电场在时空互补性方面弱于相互独立的风电场，从而导致测试系统小扰动稳定裕度降低。

7.4 风电并网低电压穿越的功角控制方法

随着接入系统的风电规模迅速增大,很多国家已经对并网风电场的故障穿越能力提出了诸多要求。双馈感应发电机(DFIG)是目前应用最为广泛的变速风机,但 DFIG 对电网扰动,尤其是电压跌落非常敏感。电网电压的突然降落将导致风机机械功率输入和电磁功率输出的不平衡,引起 DFIG 定子和转子电压发生瞬间变化。如果不采取适当的保护控制措施,转子绕组中的过电压和过电流将损坏转子侧变换器。提高 DFIG 故障穿越能力的主要方法有:①投切撬棒电流;②连接在直流母线处的储能系统或者转子动能储存系统;③利用转子电流控制定子磁链;④利用无功补偿控制或者电压控制;⑤利用附加串联网侧变换器。

当电网发生故障时,转子侧电流冲击和端电压降落是影响 DFIG 暂态行为的最主要的两种因素。当电网发生故障(一般指短路故障)时,DFIG 的定子电流突变、定子磁链出现暂态分量(或称直流分量,以转子转速切割转子绕组),于是在转子侧感应浪涌电动势,致使 DFIG 转子过流;而 DFIG 的定子侧直接联接电网,这使其端电压伴随电网电压的骤降而发生跌落。本节在定义 DFIG 功角的基础上,考察其暂态行为,旨在揭示 DFIG 的弱抗扰动能力。

7.4.1 DFIG 暂态行为分析

1. DIFG 功角定义及暂态特性

图 7-32(a)为 DFIG 系统的等效电路。其中 s 为 DFIG 滑差,r_s 为定子电阻,r_r 为转子电阻,x_s 为定子漏抗,x_r 为转子漏抗,x_m 为互感电抗,$x' = x_{ss} - \dfrac{x_m^2}{x_{rr}}$ 为 DFIG 暂态电抗。转子侧电路及互感电抗在定子侧等值电路中等效为电压源,记为内电势 $\bar{E}_{ig}$(暂态电抗后电压),$\bar{U}_s$ 为端电压。

图 7-32(b)为并网 DFIG 在多机系统中的相量图。其中,dq 和 xy 分别是 DFIG 自身坐标和系统同步旋转坐标,$\bar{\psi}_s$ 和 $\bar{\psi}_r$ 分别是定子和转子磁通,δ_{ig} 为 DFIG 内电势 $\bar{E}_{ig}$ 和端电压 $\bar{U}_s$ 之间的夹角,用于实现 FMAC。

借鉴同步电机功角的概念定义并网 DFIG 的功角为 δ_{dfig}(xy 坐标系下 $\bar{E}_{ig}$ 和 x 轴的夹角)如图 7-32(b)所示。DFIG 本质上属于异步感应电机,其转子结构和励磁原理与同步电机不同,因而转子磁链位置与转子的空间位置没有直接联系。这就是说,DFIG 功角的变化与转子机械运动无关,其功角暂态特性属于电磁暂态,不同于同步电机功角所具有的机电暂态特性。因此,DFIG 的功角对于系统扰动非常敏感，在故障期间可能随时发生大范围突变。

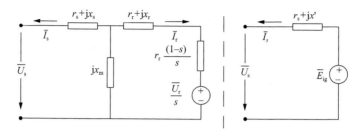

(a) 并网DFIG稳态及定子侧等值电路

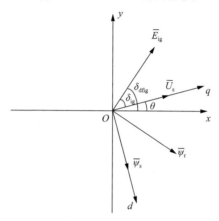

(b) 并网DFIG空间矢量

图 7-32　并网风机示意图

2. 故障穿越中的 DFIG 转子侧浪涌电流机理分析

一般采用 DFIG 的派克模型分析故障穿越时 DFIG 转子侧浪涌电流产生的机制。同步旋转坐标系下的电压相量模型可以写成

$$\bar{U}_r = -r_r\bar{I}_r + \frac{\mathrm{d}}{\mathrm{d}t}\bar{\psi}_r + \mathrm{j}s\omega_s\bar{\psi}_r \tag{7-65}$$

式中，r_r 为转子电阻；$\bar{I}_r$ 为转子侧电流；s 为滑差；ω_s 为同步角频率；$\bar{\psi}_r$ 和 $\bar{E}_{ig}$ 之间的关系为 $\bar{E}_{ig} = \mathrm{j}\omega_s\dfrac{L_m}{L_{rr}}\bar{\psi}_r$。将内电压 $\bar{E}_{ig}$ 替代式(7-65)中的 $\bar{\psi}_r$，可得

$$\bar{U}_r = -r_r\bar{I}_r + \frac{L_{rr}}{L_m}\left(-\mathrm{j}\frac{\mathrm{d}}{\omega_s\mathrm{d}t} + s\right)\bar{E}_{ig} \tag{7-66}$$

式中，L_{rr}、L_m 分别为 DFIG 的转子自感抗、转子互感抗。

式(7-66)给出的转子电压包括两部分，一部分是转子电阻的电压降落，另一部

分主要与 $\bar{E}_{ig}$ 有关，记为 $\bar{U}_{re}$。

$$\bar{U}_{re} = \frac{L_{rr}}{L_m}\left(-j\frac{d}{\omega_s dt} + s\right)\bar{E}_{ig} \tag{7-67}$$

因此，根据式(7-66)、式(7-67)，可以做出 DFIG 的转子等效电路，如图 7-33 所示，包括电压 $\bar{U}_{re}$ 和转子侧变换器。

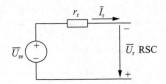

图 7-33　DFIG 转子等效电路模型

根据式(7-67)和 $\bar{E}_{ig} = |\bar{E}_{ig}|\angle\delta_{dfig}$，在 xy 坐标下，$\bar{U}_{re}$ 的幅值可以写成

$$|\bar{U}_{re}| = \frac{L_{rr}}{L_m}\sqrt{(s|\bar{E}_{ig}|)^2 + 2s|\bar{E}_{ig}|^2\frac{d\delta_{dfig}}{\omega_s dt} + \left(|\bar{E}_{ig}|\frac{d\delta_{dfig}}{\omega_s dt}\right)^2 + \left(\frac{d|\bar{E}_{ig}|}{\omega_s dt}\right)^2}$$

$$= \frac{L_{rr}}{\omega_s L_m}\sqrt{\left(\omega_s s + \frac{d\delta_{dfig}}{dt}\right)^2 |\bar{E}_{ig}|^2 + \left(\frac{d|\bar{E}_{ig}|}{dt}\right)^2}$$

$$\tag{7-68}$$

根据式(7-68)可知：暂态时，由于 δ_{dfig} 的暂态特性发生突变，并且滑差 s 一般限定在 $-0.2\sim0.2$，转子侧变换器参与直接或间接控制，δ_{dfig} 的变化一般大于 $|\bar{E}_{ig}|$，导致 $|\bar{U}_{re}|$ 可能远远大于其稳态值 $|\bar{U}_{re0}|$。

从图 7-33 转子等效电路、式(7-68)可以看出：在故障穿越时，转子侧变换器应该提供与 $|\bar{U}_{re}|$ 最大值相等的电压，尽可能与之平衡以降低 $|\bar{I}_r|$，避免转子电流失去控制以保护脆弱的转子侧变换器。这就要求提升转子侧变换器的容量使之足够大，因而成本高昂。但其目的仅仅是降低 $|\bar{I}_r|$ 而已，可谓得不偿失。因此，必须适当进行 DFIG 功角控制，保证转子侧变换器在一定容量下安全穿越电网故障。

在故障持续期间，dq 轴转速显著变化，导致其与同步转速之差发生剧烈变化。因此，在根据式(7-65)与派克变换理论推导式(7-68)的过程中，采用 xy 同步旋转坐标而非 dq 坐标。并且在 dq 轴坐标下，即使 $\bar{E}_{ig}$ 的角度得到适当控制，$|\bar{U}_{re}|$ 仍然急剧增大，这对转子侧变换器控制也是不利的。

3. 故障穿越中的 DFIG 端电压跌落机理分析

采用一个单台 DFIG 连接无穷大母线电力系统对故障穿越时 DFIG 端电压

跌落的机理进行研究分析,这种接入方式可以代表 DFIG 并网接入大规模电力系统的一般情况。当此系统发生短路故障时,其结构如图 7-34 所示。其中,x_g是接地电抗,通常较小。为了简化分析,在故障时刻忽略 DFIG 转子网侧变频器的输出电流。此时,将定子侧电流作为对网络的注入电流 $\bar{I}_s$,如图 7-34 所示。这种假设依据有两个:①通常转子网侧变频器输出电流相对于定子侧电流较小(一般小于 10%);②在故障情况下,转子网侧变频器输出电流与定子侧电流相比,大小相差更加悬殊,这是因为故障时定子侧电流突增而转子网侧变频器对输出电流施加限制。

根据图 7-34 所示故障时的系统结构,DFIG 基本电压方程和故障时刻网络方程可以写为

$$
\begin{cases}
\bar{U}_s - \bar{U}_f = \mathrm{j}x_{e1}\bar{I}_s \\[2mm]
\dfrac{\bar{U}_f - \bar{U}_b}{\mathrm{j}x_{e2}} + \dfrac{\bar{U}_f}{\mathrm{j}x_g} = \bar{I}_s \\[2mm]
\bar{U}_s + \mathrm{j}x'\bar{I}_s = \bar{E}_{ig}
\end{cases}
\tag{7-69}
$$

式中,忽略了 DFIG 的定子电阻 r_s;而 x_{ss} 为 DFIG 的定子自感抗;x_{rr} 转子自感抗;x_m 为定、转子互感抗,$x_{ss} = x_s + x_m$,$x_{rr} = x_r + x_m$。

消去式(7-69)中的 $\bar{I}_s$ 和 $\bar{U}_f$,可得

$$
\left[1 + \frac{x'}{x_{e1}}\left(1 - \frac{\dfrac{1}{x_{e1}}}{\dfrac{1}{x_{e1}} + \dfrac{1}{x_{e2}} + \dfrac{1}{x_g}}\right)\right]\bar{U}_s = \bar{E}_{ig} + \frac{x'}{x_{e1}}\left(\frac{\dfrac{1}{x_{e2}}}{\dfrac{1}{x_{e1}} + \dfrac{1}{x_{e2}} + \dfrac{1}{x_g}}\right)\bar{U}_b
\tag{7-70}
$$

式(7-70)可以简化表示为

$$
\bar{U}_s = a\bar{E}_{ig} + b\bar{U}_b
\tag{7-71}
$$

式中,

$$
a = 1 \bigg/ \left[1 + \frac{x'}{x_{e1}}\left(1 - \frac{\dfrac{1}{x_{e1}}}{\dfrac{1}{x_{e1}} + \dfrac{1}{x_{e2}} + \dfrac{1}{x_g}}\right)\right],
$$

$$
b = \frac{x'}{x_{e1}}\left(\frac{\dfrac{1}{x_{e2}}}{\dfrac{1}{x_{e1}} + \dfrac{1}{x_{e2}} + \dfrac{1}{x_g}}\right) \bigg/ \left[1 + \frac{x'}{x_{e1}}\left(1 - \frac{\dfrac{1}{x_{e1}}}{\dfrac{1}{x_{e1}} + \dfrac{1}{x_{e2}} + \dfrac{1}{x_g}}\right)\right]
$$

显然,$0 < a < 1$,$0 < b < 1$。

在同步旋转坐标系下,$\bar{U}_b = 1$,式(7-71)变为

$$v_{sx} + jv_{sy} = ae_{igx} + b + jae_{igy} \tag{7-72}$$

式中,下标 x 和 y 分别表示变量在 x 轴和 y 轴上的分量。由于 $e_{igx} = |\bar{E}_{ig}| \cos\delta_{dfig}$, $e_{igy} = |\bar{E}_{ig}| \sin\delta_{dfig}$,则端电压幅值 $\bar{U}_s$ 为

$$|\bar{U}_s| = \sqrt{(a|\bar{E}_{ig}|\cos\delta_{dfig} + b)^2 + (a|\bar{E}_{ig}|\sin\delta_{dfig})^2}$$

$$= \sqrt{a^2 |\bar{E}_{ig}|^2 + 2ab|\bar{E}_{ig}|\cos\delta_{dfig} + b^2} \tag{7-73}$$

式(7-73)表明故障时刻 $|\bar{U}_s|$ 与 $\bar{E}_{ig}$ 的角度和幅值之间的关系。可以看出,当采用磁通幅值/角度控制(flux magnitude and angle control,FMAC)FMAC 时,在故障期间磁通幅值相角控制器可以有效地控制 $|\bar{E}_{ig}|$ 和 δ_{dfig} 。然而,DFIG 功角 δ_{dfig} 对于系统故障非常敏感, δ_{dfig} 仍然会大幅突变从而导致 $|\bar{V}_s|$ 的变化。在一些极端情况下,故障刚刚发生 δ_{dfig} 就突变至 $180°$左右,使电压跌落现象非常明显,如图 7-34(b)所示。

因此,并网 DFIG 的功角暂态特性在故障穿越时对端电压降落的影响是最为明显的。如果能够有效控制 δ_{dfig} ,DFIG 就可以在电网故障后不致脱网,仍然并网运行,从而为电网电压提供有力支撑,有效提高电力系统暂态稳定性。

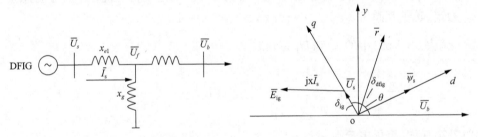

(a) 单机无穷大母线系统短路故障单线图　　　　　(b) 并网DFIG短路故障时相量图

图 7-34　故障时单双馈发电机无穷大母线系统

7.4.2　改进的 FMAC 策略

以上分析说明,虽然采用了 FMAC 策略,但故障所激发的 DFIG 功角固有的暂态特性仍将导致端电压跌落。DFIG 的 FMAC 策略比传统 PQdq 控制具有明显优势,但 FMAC 在同步旋转坐标系下针对 DFIG 转子磁链矢量的幅值和物理位置分别进行控制,并未涉及端电压角度 θ 突变的控制。

式(7-68)和式(7-73)中的 $\delta_{dfig} = \delta_{ig} + \theta$,对 δ_{ig} 的控制未必可以限制 δ_{dfig} 的突变。当发生严重故障时,一旦 δ_{dfig} 超过 $90°$仍可能导致 DFIG 端电压跌落。因此,对 FMAC 进行了改进,提出了一种附加 δ_{dfig} 控制的改进控制策略 IFMAC(Improved flux magnitude and angle control,IFMAC),以期解决端电压角度 θ 带来的干扰问题。如图 7-35(a)所示,相对于 FMAC,IFMAC 可以有效地避免端电压角度 θ 暂态变化的干扰,从而对 δ_{dfig} 进行直接控制;并且,IFMAC 对 θ 的突变也有一定的限制作用。

图 7-35(a)表示加入功角控制的 IFMAC 模型。图 7-35(a)中,δ_{dfig} 可以借鉴同步电机功角的间接测量法测量。θ_{ref} 是 θ 的稳态值,可以在稳态下应用 PMU 测量,故障期间无需实时测量。在测量 U_s 和 I_s 之后,利用图 7-32(b)所示等效电路计算 $|\overline{E}_{\mathrm{ig}}|$。$\delta_{\mathrm{irxy}}$ 为转子电压矢量 $\overline{U}_r$ 与 xy 坐标系下 x 轴的夹角。可以看出,在 IFMAC 模型中 $\overline{E}_{\mathrm{ig}}$ 也可以得到合理控制。转子电压矢量 $|\overline{U}_r|$ 和 δ_{irxy} 经过极坐标至 xy 坐标、xy 坐标至 dq 坐标的变换而最终成为 PMW 发生器的输入信号。

另外,在 DFIG 上加装辅助控制以提供类似同步电机中 PSS 的功能。PSS 能够提供电网阻尼,可以有效抑制故障后 DFIG 的输出有功功率。辅助控制如图 7-35(b)所示,包括一个 1 阶隔直环节、一个 2 阶补偿环节和限幅环节。辅助控制的输入信号可以是定子输出功率 P_s 或者 DFIG 的滑差 s。图 7-36 中,输出信号记为 u_{pss}。

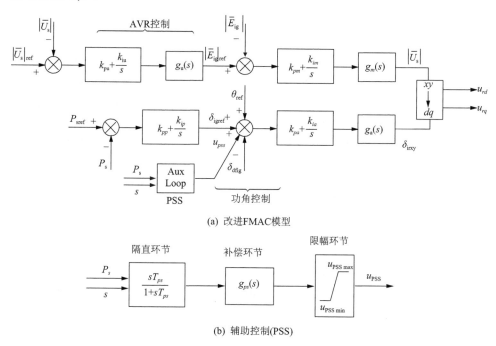

(a) 改进FMAC模型

(b) 辅助控制(PSS)

图 7-35　改进 FMAC 策略

7.4.3 实例分析

1. 实例 1

采用 3 机测试系统验证 IFMAC 相对于常规 FMAC 的优越性。图 7-36 为测试系统的结构图,发电机 1 和 3 为同步发电机,发电机 2 用一台 DFIG 代表风电场的集体行为。DFIG 控制系统模型和参数与 7.3 节相同。

采用仿真系统对 FMAC 和 IFMAC 两种控制方法进行对比。设置母线 4 在 t ＝00ms 时发生三相短路故障,故障消除时间为 100ms,仿真时长为 600ms。DFIG 处于次同步运行工况(s＝0.1)下的仿真结果,如图 7-37(1)所示。为了测试 IF-MAC 的鲁棒性,对 DFIG 超同步运行工况(s＝$-$0.1)做了仿真,结果如图 7-37(2)所示。

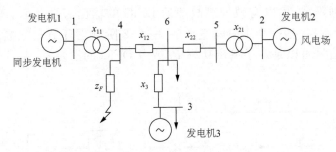

图 7-36　3 机系统单线图

从图 7-37(1)和 7-37(2)的仿真结果可以看出:①FMAC 和 IFMAC 均能合理控制 δ_{ig} ;②$|\bar{E}_{ig}|$ 在故障时能够控制在 1.0 p.u. 附近(IFMAC 效果更好);③只有在 IFMAC 下,功角 δ_{dfig} 才能得到适当控制。从图 7-37(1)可以看出,当投入 FMAC 后,δ_{dfig} 迅速增加到将近 180°,然后突然降为 60°(虽然 δ_{ig} 得到控制)。导致的后果之一是:即使当转子电压增加到 0.22 p.u. 时,转子侧电流仍然突增,如图 7-37(3)、图 7-37(4)。另一后果则是端电压降落,如图 7-37(5)所示。从图 7-37(3)和 7-37(5)可以看出,采用改进 FMAC 时,即使转子侧变换器的容量相对较小,转子侧电流幅值 $|\bar{I}_r|$ 仍然能够得到很好的抑制,对 $|\bar{U}_s|$ 跌落的抑制效果明显优于 FMAC。相应地,由于改进 FMAC 对 DFIG 端电压的幅值和角度实施控制,降低了故障时的加速面积,但增加了故障后的加速面积,从而使同步发电机的暂态稳定裕度得以明显提高,如图 7-37(6)所示。图 7-37(7)表明,由于在故障期间 DFIG 不能全额输出有功,IFMAC 试图将多余能量从转子电路中转移至转子机械运动,这就是转子电路电流被抑制而减小的原因。

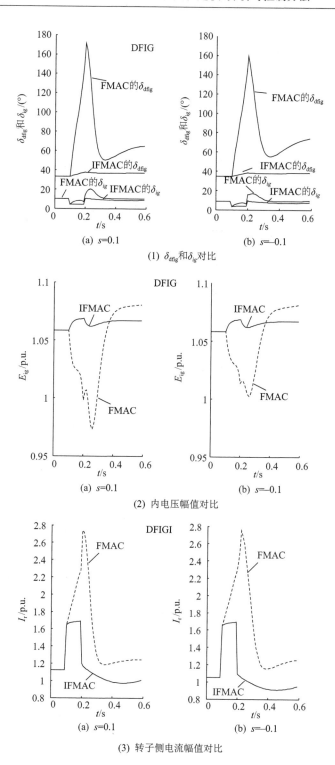

(a) s=0.1　　(b) s=—0.1

(1) δ_{dfig}和δ_{ig}对比

(a) s=0.1　　(b) s=—0.1

(2) 内电压幅值对比

(a) s=0.1　　(b) s=—0.1

(3) 转子侧电流幅值对比

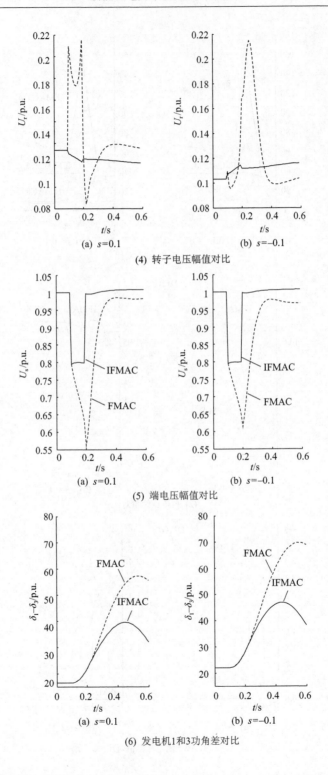

(4) 转子电压幅值对比

(5) 端电压幅值对比

(6) 发电机1和3功角差对比

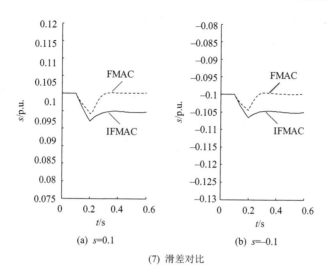

(7) 滑差对比

图 7-37 分别采用 FMAC 和改进 FMAC 的 DFIG 响应

对于图 7-36 所示的 3 机测试系统,式(7-73)变为

$$|\bar{U}_s| = |\bar{U}_2| = \sqrt{(a|\bar{E}_{ig}|\cos\delta_{dfig} + bv_{3x})^2 + (a|\bar{E}_{ig}|\sin\delta_{dfig} + bv_{3y})^2}$$

$$= \sqrt{(a|\bar{E}_{ig}|\cos\delta_{dfig} + b|\bar{U}_3|\cos\beta)^2 + (a|\bar{E}_{ig}|\sin\delta_{dfig} + b|\bar{U}_3|\sin\beta)^2}$$

$$= \sqrt{a^2|\bar{E}_{ig}|^2 + b^2|\bar{U}_3|^2 + 2ab|\bar{E}_{ig}||\bar{U}_3|\cos(\delta_{dfig} - \beta)}$$

$$(7\text{-}74)$$

式中,β 是 $\bar{U}_3$ 在同步旋转 xy 坐标系下的角度。

以 DFIG 次同步运行状态 IFMAC 场景为例,根据文献[25]中的网络数据利用式(7-74)计算得到 $t = 150\text{ms}$ 时刻的 $|\bar{U}_s|$:

$$|\bar{U}_s| = \sqrt{a^2|\bar{E}_{ig}|^2 + b^2|\bar{U}_3|^2 + 2ab|\bar{E}_{ig}||\bar{U}_3|\cos(\delta_{dfig} - \beta)} = 0.8044\text{p. u.}$$

$$(7\text{-}75)$$

式中,$a = 0.6785$;$b = 0.1072$;$|\bar{E}_{ig}| = 1.0674\text{p. u.}$($t = 150\text{ms}$);$\delta_{dfig} = 0.6328\text{rad}$ ($t = 150\text{ms}$);$|\bar{U}_3| = 0.8230\text{p. u.}$($t = 150\text{ms}$);$\beta = 0.1766\text{rad}$($t = 150\text{ms}$)。

从仿真结果的图 7-37(5)可以看出,在 $t=150\text{ms}$ 时,$|\bar{U}_s| \approx 0.8044\text{p. u.}$。因此,推导式(7-73)和(7-74)的假设成立。

为了进一步验证故障后辅助控制(PSS)的有效性,仿真时间扩展至 10s。定子输出功率 P_s 作为辅助控制的输入信号。DFIG 输出有功功率和同步发电机功角在次同步和超同步运行状态下的仿真结果,如图 7-38(a)和图 7-38(b)所示。仿真

结果表明,辅助控制能够有效抑制 DFIG 有功功率的振荡,并提高电力系统振荡阻尼(在两种运行状态下阻尼比提高 5%)

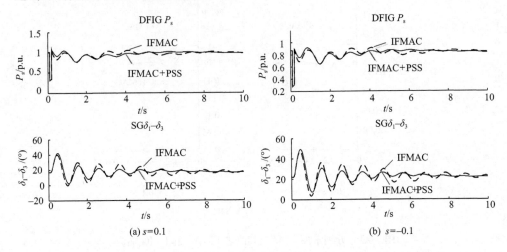

图 7-38　加装和未加装 PSS 的 DFIG 输出有功功率和发电机 1 和 3 功角差

2. 实例 2

选择中国华东电网验证 IFMAC 在并网 DFIG 故障穿越中的有效性。该系统包含 53 台发电机,13 台并网 DFIG 和 1713 个母线,DFIG 连接在华东电网风力资源丰富的沿海位置。500kv 和 200kv 等级输电网。所有的 DFIG 运行在额定超同步运行工况下($s=-0.2$)。

采用 4 种不同的 DFIG 控制策略进行仿真对比。这 4 种控制策略为:dq 轴有功无功控制(PQdg)、FMAC、IFMAC、IFMAC 加 PSS。故障设置于 $t=100$ms 时刻,母线 1114 处发生三相短路,故障清除时间为 100ms,总仿真时长为 600ms。由于第 10 台 DFIG(母线 63)是所有 DFIG 中容量最大的,它的暂态行为应该对系统稳定影响最大的,以其动态响应作为观察量。第 20 台同步发电机(母线 20)离第 10 台 DFIG 最近,因此亦选择其动态响应作为观察量。仿真结果如图 7-39 所示($S_B = 100$MVA)。

从图 7-39(a)可以看出,DFIG 的功角 δ_{dfig} 在 PQdq 控制和 FMAC 两种控制策略下,跳变超过 50°然后突然降到 30°;但在 IFMAC 控制策略下,却可以得到很好的控制。另外,图 7-39(b)和(c)显示:在 FMAC 策略下,DFIG 的转子侧电流突增和端电压降落能够分别控制在 4 p.u. 和 0.7 p.u.,效果优于传统 PQdq 控制,但是 IFMAC 控制策略效果更佳。

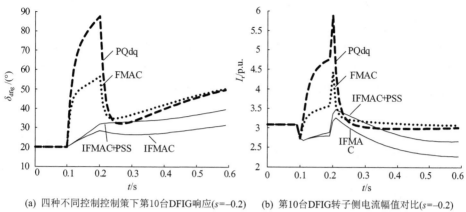

(a) 四种不同控制控制策下第10台DFIG响应(s=−0.2)　　(b) 第10台DFIG转子侧电流幅值对比(s=−0.2)

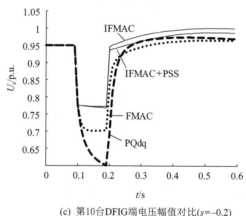

(c) 第10台DFIG端电压幅值对比(s=−0.2)

图 7-39　四种不同控制策略下 DFIG 响应

7.5　本 章 小 结

本章介绍新能源电力系统的稳定性与控制。

第一节介绍新能源电力系统稳定的基本问题及其特殊性,并对大规模风电和光伏发电对电力系统稳定性的影响做了回顾与总结。

第二节建立含有光伏电站的单机无穷大系统的综合模型。利用阻尼转矩法对该系统进行分析,测试并网光伏系统的小扰动稳定性。研究结果表明:光伏发电以向电网提供正阻尼转矩或者负阻尼转矩的方式,对其小扰动稳定产生影响,存在临界稳定性。

第三节针对风电出力的随机波动性,演示风电并网系统的小扰动功角和电压稳定性概率分析方法,并介绍计及风电场关联性的小扰动稳定性概率分析方法;与蒙特卡罗仿真方法相比,分析方法计算快捷、简便,尤其适用于含并网风电的大规模电力系统的概率稳定性分析。

　　第四节针对含并网 DFIG 的多机电力系统,提出 DFIG 的功角概念,并揭示了该功角与 DFIG 端电压跌落的关系;进而提出了改进的磁通幅值/相角控制策略,可以在系统故障期间更好地支撑 DFIG 端电压,提高其故障穿越能力并改善系统的暂态稳定裕度。

　　新能源电力系统的稳定性与控制是一个正在展开的研究课题,有许多问题仍待探索或进一步深入研究。本章选择介绍了这一方向上几项研究工作的最新进展,内容涵括风电、光电接入,新能源电力系统功角和电压稳定性,确定性和随机系统分析,以及稳定性建模、分析与控制等。

参 考 文 献

[1] Slootweg J G, Kling W L. The impact of large scale wind power generation on power system oscillations [J]. Electric Power Systems Research, 2003, 67(1): 9-20.

[2] Hagstrom E, Norheim I, Uhlen K. Large-scale wind power integration in Norway and impact on damping in the Nordic grid[J]. Wind Energy, 2005, 8(3): 375-384.

[3] Anaya-Lara O, Hughes F M, Jenkins N, et al. Influence of wind farms on power system dynamic and transient stability[J]. Wind Engineering, 2006, 30(2): 107-27.

[4] 陈树勇,常晓鹏,孙华东,等. 风电场接入对电力系统阻尼特性的影响[J]. 电网技术,2013,37(06): 1570-1577.

[5] Ramtharan G, Jenkins N, Anaya-Lara O, et al. Influence of rotor structural dynamics representations on the electrical transient performance of FSIG and DFIG wind turbines[J]. Wind Energy, 2007, 10(4): 293-301.

[6] Rogers G. Power System Oscillations[M]. New York: Kluwer, 2000.

[7] Vowles D J, Samarasinghe C, Gibbard M J, et al. Effect of wind generation on small-signal stability-a New Zealand example[J]. 2008 IEEE Power and Energy Society General Meeting, Pittsburgh, 2008, pp. 5217-5224.

[8] Yu Y N. Electric Power System Dynamics[M]. New York: Academic Press Inc. , 1983

[9] Kjaer S B, Pedersen J K, Blaabjerg F. A review of single-phase grid-connected inverters for photovoltaic modules[J]. IEEE Transactions on Industry Applications, 2005, 41(5): 1292-1306.

[10] Du W, Wang H F, Dunn R. Power system small signal oscillation stability as affected by large scale pv penetration[C]. International Conference on Sustainable Power Generation and Supply, Nanjing, 2009: 1-6.

[11] Burchett R C, Heydt G T. Probabilistic methods for power system dynamic stability studies[J]. IEEE Transactions on Power Apparatus and Systems, 1978, PAS-97: 695-702.

[12] Chung C Y, Wang K W, Tse C T, et al. Probabilistic eigenvalue sensitivity analysis and PSS design in multimachine systems[J]. IEEE Transactions on Power Systems, 2003, 18(4): 1439-1445.

[13] Zhang P, Lee S T. Probabilistic load flow computation using the method of combined cumulants and Gram-Charlier expansion[J]. IEEE Transactions on Power Systems, 2004, 19(1): 676-682.

[14] Hu Z, Wang X F. A Probabilistic load flow method considering branch outages[J]. IEEE Transactions on Power Systems, 2006, 21(1): 507-514.

[15] Kendall M. Kendall's Advanced Theory Statistics[M]. New York: Oxford University Press, 1987.

[16] Ma J, Dong Z Y, Zhang P. Eigenvalue sensitivity analysis for dynamic power system[C]. International Conference on Power System Technology. Chongqing, 2006:1-7.

[17] Freris L, Infield D. Renewable Energy in Power Systems[M]. New York: John Wiley and Sons, 2008.

[18] Bu S Q. Probabilistic small-signal stability analysis and improved transient stability control strategy of grid-connected doubly fed induction generators in large-scale power systems[D]. Belfast: The Queen's University of Belfast, 2011.

第8章 新能源电力系统安全控制

8.1 新能源电力系统安全性分析

电力系统安全至关重要。电网安全控制是决定系统安全运行水平的关键因素,也是影响电网电力输送极限及大范围资源优势互补能力的又一重要因素。依据《电力系统安全稳定导则》[1],电力系统承受大扰动后,安全稳定标准及安全控制措施分为三级。

第一级标准:正常运行方式下的电力系统受到单一元件故障扰动后,保护、开关及重合闸正确动作,不采取稳定控制措施,必须保持电力系统稳定运行和电网的正常供电,其他元件不超过规定的事故过负荷能力,不发生连锁跳闸。即继电保护是保障系统安全的第一道防线,其任务是在电网发生常见的单一故障时确保系统稳定运行和电网的正常供电。

第二级标准:正常运行方式下的电力系统受到较严重的故障扰动后,保护、开关及重合闸正确动作,应能保持稳定运行,必要时允许采取切机和切负荷等稳定控制措施。即安全稳定控制系统(装置)是保障系统安全的第二道防线,其任务是在电网发生概率较低的严重故障时,保持系统稳定运行,但允许损失部分负荷。

第三级标准:电力系统承受较严重故障扰动而导致稳定破坏时,必须采取措施,防止系统崩溃,避免造成长时间大面积停电和对最重要用户(包括厂用电)的灾害性停电,使负荷损失尽可能减少到最小,电力系统应尽快恢复正常运行。即失步解列、频率电压紧急控制装置是保障系统安全的第三道防线,其任务是当电网遇到概率很低的多重严重事故而不能保持稳定运行时,必须防止系统崩溃并尽量减少负荷损失电力系统。

电力系统发生短路故障不可避免,伴随着短路,出现电流增大、电压降低,从而导致设备损坏、绝缘破坏、断电和稳定破坏,甚至使整个电力系统瘫痪。此外,电力系统还会出现不正常运行情况,如过负荷、频率降低、过电压等。继电保护装置的作用是自动、迅速、有选择地向断路器发出跳闸命令,将故障元件从电力系统中切除,保证其他无故障部分迅速地恢复正常运行;反应元件的不正常运行状态,发出信号,或进行自动调整甚至跳闸。动作于跳闸的继电保护,在技术上应满足"可靠性、选择性、速动性、灵敏性"的四项基本要求(简称"四性")。然而,常规继电保护装置仅采集被保护元件的本地信息,识别系统故障与不正常运行状态,在新能源电力系统中越来越难同时满足继电保护"四性"的要求。

安全稳定控制系统(装置)是电力系统第二道防线的核心内容。根据电力系统的负荷约束条件和运行约束条件,系统运行状态可分为四种:正常状态、警戒状态、紧急状态和恢复状态。安全稳定控制是在紧急状态下,通过采取适当的措施,使电力系统恢复到正常状态或者暂时进入恢复状态的控制。按其信息采集、传递和控制决策方式的不同主要分为三类:就地控制模式、集中控制模式和区域控制模式[2];依据决策表不同的制定情况,可以分为两种:离线决策、实时匹配和在线预决策、实时匹配。无论是哪种控制决策方式,决策表的制定都是最重要和困难的问题。广域同步相量测量(wide area measurement system,WAMS)、监控与数据采集(supervisory control and data acquisition,SCADA)系统、能量管理系统(EMS)和故障录波等信息平台的联合可实时获得系统的动态响应,这就为在线稳定控制决策方案提供了可能性,有望摆脱离线制定决策表所带来的计算量大及控制失配的问题,提高安全控制装置的适应性和协调性。

失步解列是电力系统第三道防线的主要手段。长期的运行实践表明,不论对稳定性的要求如何严格,措施如何完善,总可能因一些事先不可预料的偶然因素的叠加,产生稳定破坏事故的发生,如果处理不当,最终将会以巨大的经济损失为代价。当系统的稳定性遭到破坏时,将失去稳定的两个系统在适当的地点进行快速解列,可以有效地将故障限定在有限的区域内,从而保证大系统的稳定运行,最大程度上减小经济损失。

对于新能源电力系统来说,新能源电力设备运行环境恶劣、工况多变等客观条件使其故障概率增大,增加了系统发生事故的风险;新能源电源输出的随机波动性导致系统运行水平变化范围大,进一步加大了系统安全控制的难度。为此,对影响新能源电力系统安全性的因素进行分析,研究提出相应的保护控制策略是新能源电力系统的一项重要内容。

1) 新能源电力设备故障概率高

相比传统电力设备,新能源电力设备运行环境与工况更恶劣,设备故障率更高,且故障过程更为复杂。在我国,新能源电力设备大多装设在风光资源比较多的西北地区,发电和电气设备容易受到天气、沙尘、低温等因素的影响而故障。此外,雷击也是导致新能源电力设备故障的重要因素之一。风力发电机组单机容量越来越大,为了吸收更多能量,轮毂高度和叶轮直径随着增加,风机的高度和安装位置决定了它易遭受雷击,而且风机内部集中了大量敏感的电气、电子设备,雷击带来的损失是非常大的。

新能源电力设备在复合电压、电流、振动与复杂环境等多因素下作用下本身也容易发生故障。新能源电力设备大多需要交直流变换,逆变器是新能源发电设备的核心构成元件之一。由于功率开关管的脆弱性和其控制的复杂性,使得逆变器成为系统中最容易发生故障的薄弱环节。

2）新能源电力设备对电网扰动具有敏感性

新能源电力设备对电网扰动非常敏感,这主要是由于电力电子器件的耐压水平和通流能力弱造成的。当电网发生扰动或故障时,其暂态过程可能使新能源电力设备切除或损坏。例如,对于未设置特定保护的风电机组,当电网发生短路故障时,将引起发电机定子电流增加,由于发电机转子与定子之间的强耦合关系,快速增加的定子电流会引起转子电流急剧上升,容易导致转子侧变换器损坏。

新能源电力设备对电网扰动的敏感性一方面容易导致新能源电力设备的故障概率增加,影响新能源电源的安全高效运行;另一方面会使得电网扰动时新能源电力设备大面积切除,扩大事故影响范围,严重时甚至导致大面积停电事故。

3）新能源电源输出的随机波动性对电网安全带来不利影响

新能源电源输出的随机波动性对电网安全带来不利影响。一方面体现在新能源电力的随机性带来的随机功率差额给电网带来的冲击。随着新能源所占比例越来越大,新能源电力输出的不稳定性对电网的功率冲击效应也不断增大,对系统稳定性的影响就更加显著,严重情况下,可能会使系统失去动态稳定性,导致整个系统的瓦解。另一方面,新能源电力的随机波动导致电网运行水平变化范围大,而现有安全控制系统多针对电网指定运行方式和预想事故设计,因此新能源电力的随机波动性对安全控制系统的适应性提出了更高的要求。

4）信息安全是新能源电力系统安全的重要组成部分

由于新能源电力系统覆盖地域广,安全控制难度大,不可避免地要借助先进的通信手段来获取电网信息,实现安全控制。这同时使得新能源电力系统安全控制系统存在信息安全隐患。如果没有足够的安全措施,一旦信息泄漏,将威胁系统安全运行。

新能源电力系统信息集成度更高,并且随着新的信息通信技术的采用,比如WiFi、WCDMA、3G 等,它们在为系统生产、管理、运行带来支撑的同时,也会将新的信息安全风险引入到系统的各个环节。与此同时,新能源的接入以及互联大电网的形成,电力系统结构的复杂性将显著增加,这导致接口数量激增、子系统之间的耦合度更高,因此很难在系统内部进行安全域的划分,这使得信息的安全防护变得尤为复杂。鉴于数据信息在新能源电力系统中的重要性,信息安全成为新能源电力系统安全控制的重要一环,如何保证信息安全也是新能源电力系统需要研究的重要课题。

8.2　基于广域同步信息的新能源电力系统保护

传统后备保护利用被保护元件单侧信息识别故障,存在整定计算繁琐、对电网复杂运行方式适应性差、在大范围潮流转移时可能连锁动作等突出问题。为保证新能源电力系统安全可靠运行,考虑电网全局信息的后备保护系统研究迫在眉睫。

WAMS 技术为有效识别潮流转移、构成新的后备保护带来了技术手段。同时,后备保护的整定延时使得它有足够的时间来获取系统中的 WAMS 信息。如果后备保护能够利用系统中多点同步信息识别潮流转移造成的过负荷,在到达元件热稳定极限前不作用于断路器跳闸,对遏制连锁跳闸事故,延缓系统崩溃过程有重要意义。

8.2.1　潮流转移因子的定义

电力系统的潮流转移通常发生在网络拓扑结构发生变化之后,且支路切除造成的潮流转移必然与被切除支路的原有潮流存在一定的比例关系。因此,下面通过数学途径来定义潮流转移因子[3,4]。

支路的切除可以分为两种情况:无故障切除过程和发生故障并被切除过程,这两种情况下的潮流转移均适用于以下分析方法,在这里统称作支路切除事件。

为了介绍潮流转移因子的意义,在此首先引入潮流转移等值网络的概念:设支路切除事件发生在支路 i 上,将系统中发电机、负荷注入支路从网络中移去,再将支路 i 以一个电流源代替,且该电流源大小等于发生支路切除事件前支路 i 上的电流,但方向相反,变换后得到的子网络被称作原网络发生支路 i 切除事件的潮流转移等值网络。这一变换同样适用于多条支路切除的情况。

对于发生单个支路 i 切除事件的潮流转移等值网络来说,如图 8-1 所示由于在等值网络中只存在一个激励源 $\dot{I}'_{i,\mathrm{M}}$,根据电路基本原理,对等值网络中的任一支路 k 来说,必然存在

图 8-1　发生支路 i 切除事件的
潮流转移等值网络

$$G_{ki}(s) = \dot{I}_{k,\mathrm{T}} / \dot{I}'_{i,\mathrm{M}} \qquad (8\text{-}1)$$

式中,$G_{ki}(s)$ 称为从支路 i 到支路 k 的电流传递比例函数;$\dot{I}_{k,\mathrm{T}}$ 表示发生支路 i 切除事件的潮流转移等值网络中支路 k 上的电流,称为潮流转移分量。

若不计系统中的电力电子等非线性元件,由于电网是运行在基准频率下的系统,网络参数基本为常数,潮流转移等值网络可以看作在基准频率下运行的一个线性网络。所以,$G_{ki}(s)$ 为一个常数,潮流转移分量 $\dot{I}_{k,\mathrm{T}}$ 与激励源 $\dot{I}'_{i,\mathrm{M}}$ 呈线性关系。根据潮流转移等值网络的电流传递比例函数特性,潮流转移因子(flow transferring relativity factor,FTRF,下称"转移因子")的定义为:电网中发生支路切除事件后,被切除支路的原有潮流将按照一定的比例转移到电网中的其他支路上,将这一比例定义为潮流转移因子。支路 i 相对于支路 k 的转移因子用符号 τ_{ki} 表示。其计算公式为

$$\tau_{ki} = \dot{I}_{k,\mathrm{T}} / \dot{I}'_{i,\mathrm{M}} \qquad (8\text{-}2)$$

式中,$\dot{I}_{k,\mathrm{T}}$、$\dot{I}'_{i,\mathrm{M}}$ 分别表示发生支路 i 切除事件的潮流转移等值网络中支路 k 上的潮流转移分量和激励源电流。

一旦网络的拓扑结构确定后,不论电网中的潮流如何变化,网络的参数是不会

发生变化的,而网络的电流传递比例函数也相应被确定下来,因此,转移因子是一个仅与网络拓扑结构和参数有关的比例系数,可在发生支路切除事件之前计算出来。

对于一个拓扑结构和网络参数给定的电网,可以求出各支路之间的转移因子,由支路 i 相对于网络中其他各支路的转移因子构成支路 i 的转移因子列向量,再由各支路的转移因子列向量构成整个网络的转移因子矩阵如下:

$$\Gamma_{b*b} = \begin{bmatrix} \tau_{ki} \end{bmatrix} = \begin{bmatrix} - & \tau_{12} & \cdots & \tau_{1b} \\ \tau_{21} & - & \cdots & \tau_{2b} \\ \vdots & \vdots & \ddots & \vdots \\ \tau_{b1} & \tau_{b2} & \cdots & - \end{bmatrix} \tag{8-3}$$

式中,b 为原有网络的潮流转移等值网络中的支路数。

8.2.2　潮流转移识别初步判据

潮流转移识别的思路是:由于转移因子可以在发生支路切除事件前计算出来,从而能够根据电网的运行方式在线形成转移因子矩阵;通过 WAMS 在线监测支路的电流分布,一旦发生支路切除事件,就可以结合转移因子和发生支路切除事件前的支路电流,计算支路切除后的转移电流量,进而计算出支路切除后的电流分布,将其与支路切除后的实时测量电流进行比较,以判断是否发生潮流转移。

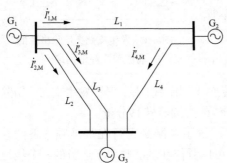

以图 8-2 所示的简单电网为例,通过 WAMS 可直接测得故障前线路 L_1、L_2、L_3 和 L_4 上的电流分布,用 $\dot{I}'_{k,M}(k=1,2,3,4)$ 表示;同样,发生线路 L_1 切除事件后,各线路上的电流也可通过实测获得,用 $\dot{I}_{k,M}$ $(k=2,3,4)$ 表示。

根据转移因子的定义,潮流转移分量 $\dot{I}_{k,T}$ 可以根据转移因子与被切除线路 L_1 的故障前电流得出,为

图 8-2　故障前潮流分布情况

$$\dot{I}_{k,T} = \tau_{k,1} * \dot{I}'_{1,M} \tag{8-4}$$

将式(8-4)代入式 $\dot{I}_{k,E} = \dot{I}'_{k,M} + \dot{I}_{k,T}$ 可得出

$$\dot{I}_{k,E} = \dot{I}'_{k,M} + \tau_{k,1} * \dot{I}'_{1,M} \tag{8-5}$$

同理,对于任一电网中发生支路 i 切除事件后的其他支路 k 来说,其计算电流为

$$\dot{I}_{k,E} = \dot{I}'_{k,M} + \tau_{k,i} * \dot{I}'_{i,M} \quad (k=1,2,\cdots,n \,\&\, k \neq i) \tag{8-6}$$

也就是说,支路 i 被切除后,电网中其他线路上的电流可根据故障前实测潮流

和转移因子计算出来。如果在发生支路 i 切除事件后，其他线路由于潮流转移引起过负荷从而导致保护启动，则相应线路上的在线测量电流值 $\dot{I}'_{k,\mathrm{M}}$ 应与式(8-6)得出的计算电流值 $\dot{I}_{k,\mathrm{E}}$ 基本一致。因此，可得出如下潮流转移识别判据：

$$| \dot{I}_{k,\mathrm{M}} - \dot{I}_{k,\mathrm{E}} | < \varepsilon | \dot{I}'_{k,\mathrm{E}} | \tag{8-7}$$

式中，$\dot{I}'_{k,\mathrm{M}}$ 为发生支路 i 切除事件后支路 k 上的实测电流；$\dot{I}'_{k,\mathrm{E}}$ 为根据式(8-6)得出的计算电流；ε 为考虑电网暂态过渡过程和各种误差的阈值。当不等式成立时，判断保护的启动是潮流转移引起的；否则视为故障。

采用式(8-7)得出的计算电流的判据又称为稳态判据，适用于系统在发生支路切除事件前后的运行点变化不大的情况。且由于判据中的阈值要计及电流的暂态波动和各种误差，因此当系统的暂态过程波动幅度较大时，需要适当放宽 ε 的取值。影响 ε 取值的因素有：①保护安装点母线电压幅值变化所引起的最大误差；②电网暂态振荡过程中所能引起的最大误差；③支路电容电流的影响；④保证判据可靠性所需的裕度。

8.2.3　潮流转移广域后备保护方案设计

由于潮流在网络中的转移要涉及电网中多个元件，需要电网中多点位置的信息才可以进行潮流转移的识别。本节提出采用保护与监测中心（protection and monitoring center，PMC）和就地保护装置之间的配合来实现潮流转移识别功能，具体系统实现框图如图 8-3 所示。

PMC 中的潮流转移识别流程如图 8-3(a)所示。通过 WAMS 在线监测各支路的电流、电压和断路器触点的开/合信息，并将这些数据送至 PMC。根据断路器的开/合信息可在 PMC 中形成电网的拓扑结构，结合网络参数可计算出网络的 FTRF 矩阵。根据当前网络的运行方式形成 FTRF 矩阵后，PMC 将这些转移因子发送给相应的保护装置（即将 τ_{ki} $(i = 1,2,\cdots,n)$ 发送给安装在编号为 k 的支路上的保护装置）。当网络的拓扑结构发生变化（例如某条支路被切除）时，这一变化可通过在线监测该支路对应的断路器触点的开/合状态得知，断路器的状态信号可在 $20\sim50$ ms 内通过 WAMS 送至 PMC。当 PMC 获知网络拓扑结构发生变化时，PMC 将被切除支路的编号及该支路被切除前的电流值发送到其他支路的保护装置，以激活保护装置中的潮流转移识别判据。各保护装置在判断出所保护的支路是否发生了因潮流转移而引起的保护启动之后，将判断结果送回给 PMC。若网络拓扑结构发生变化后潮流转移导致网络中其他支路的保护进入动作范围，判据将闭锁跳闸信号并向 PMC 发送告警信息；若没有引起其他支路保护启动，PMC 将根据当前的网络拓扑结构重新形成新的 FTRF 矩阵。

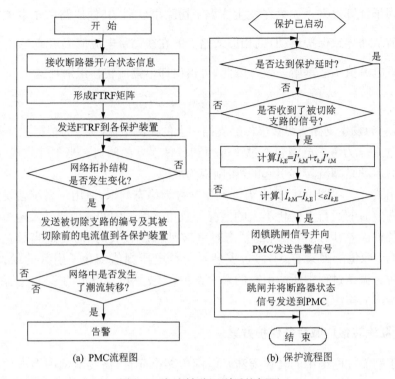

图 8-3　潮流转移识别系统框图

　　分布在电网中的保护装置收到来自 PMC 的支路切除信息后,潮流转移识别判据将被激活,其保护流程如图 8-3(b)所示。保护启动后,其原有功能保持不变,即保护在达到规定的延时之后发出跳闸信号。对于后备保护来说,其跳闸延时一般为 0.5s 以上,因此有足够的时间接收来自 PMC 的信息。保护装置一旦收到 PMC 发送的被切除支路编号及其切除前的电流值,即可计算出网络拓扑发生变化后的计算电流,并进入潮流转移判据。若判据成立,保护将在到达支路热稳定极限前闭锁跳闸信号,以防止过载支路的切除导致系统情况的进一步恶化;同时,向 PMC 发送支路过载告警信息。若判据不成立,将由常规保护完成支路的保护,并向 PMC 发送信息。

　　要消除潮流转移引起的支路过载,应将广域后备保护与稳控装置(如自动切负荷装置)相结合,WAMS 的信息共享平台为二者的有机结合提供了有利的条件。

8.2.4　算例分析

　　下面采用新英格兰 10 机 39 节点系统对所提出的潮流转移识别判据进行仿真,仿真系统的单线图及其支路编号如图 8-4 所示。根据各支路的初始潮流分布和转移因子的大小,分别给出了支路初始潮流较大的线路 L11 和 L29 因故障被切除,进而引发潮流转移的算例。

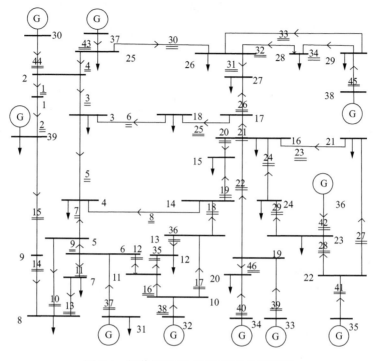

图 8-4　新英格兰 10 机 39 节点仿真系统

　　线路 L29 在 15 个工频周期发生无故障切除事件。仿真结果均表明,在切除线路 L29 后的网络中,线路 L23 和 L27 的潮流增幅最大,其电流波形仿真结果如图 8-5 所示。

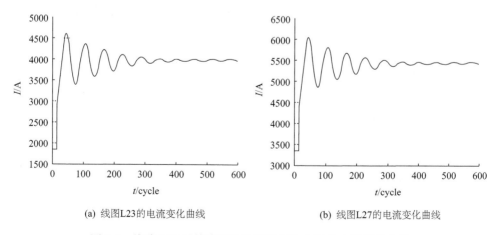

(a) 线图L23的电流变化曲线　　　　　　　　　(b) 线图L27的电流变化曲线

图 8-5　线路 L29 无故障切除后线路 L23、L27 的电流变化曲线

由图 8-5 可以看出，线路 L29 切除后，线路 L23、L27 上的电流存在大幅度的突增，其原因是线路 L29 上的负荷转移到线路 L23、L24、L27、L28 构成的环网上输送。由于 L29 相对于 L24 和 L28 的转移因子为接近于 −1 的负值，不会造成这两条线路上电流的大幅度增加，表 8-1 仅列出了线路 L23、L27 的仿真结果及其与式(8-8)得到的计算电流的比较。

表 8-1　线路 L29 无故障切除后的潮流结果比较

线路编号		L29	L23	L27
转移因子		—	0.9880+0.0007i	0.9910+0.0005i
初始值/A	电流相量	1955.2−37.406i	1855.6−21.246i	3329.4−651.93i
	电流幅值	1955.6	1855.7	3392.6
初始值/A	电流相量	—	3787.4−56.818i	5267.1−687.96i
	电流幅值	—	3787.8	5311.9
最大值/A	电流相量	—	4585.3+582.03i	6049.2+112.14i
	电流幅值	—	4622.1	6050.2
	出现时刻	—	44th	44th
	估计误差	—	797.93+638.84i	782.01+800.1i
	误差百分比	—	26.986	21.062
稳态值/A	电流相量	—	3954.6+388.38i	5410.1−134.87i
	电流幅值	—	3973.6	5411.8
	估计误差	—	167.19+445.19i	142.99+553.1i
	误差百分比	—	12.555	10.755

扰动点接近发电机节点 N35 和 N36，因此出现波动较大的暂态过程，使得被转移线路最大暂态电流与计算电流之间存在较大的差值。

对于故障后网络中具有最大暂态电流的线路 L27 来说，其电流峰值出现在第 44 个工频周期，大小为 6050.2 A，此时在母线 22 侧的视在阻抗为 9.6453 Ω；超过了保护启动的允许值（12 Ω），进入距离Ⅲ段保护的动作范围。广域保护装置将启动潮流转移识别程序，根据判据有

$$|\dot{I}_{27,M} - \dot{I}_{27,E}| = 1118.8 \text{ A} < 30\% \times |\dot{I}_{27,E}| = 1593.57 \text{ A}$$

可见，计算结果满足潮流转移判据条件，因此，广域保护装置将发出闭锁信号，从而避免了因潮流转移引起线路 L27 误切除。

8.3　基于广域同步信息的新能源电力系统闭环控制

大容量新能源的接入使得电网的动态行为更加复杂多变,更易引发电力系统稳定问题,若处理不当,将威胁系统安全运行,甚至会造成大停电事故。缺乏有效的在线稳定分析方法和快速的控制策略是错失紧急控制时机、引发大停电事故的重要原因之一。

目前的暂态稳定控制策略是基于预想事故集,通过对电力系统模型离线求解得到的,而模型和参数的不准确可能使得仿真轨迹与实际运行轨迹相差甚远,因此而得到的暂态稳定评估和控制策略也是不准确的。同时,现有的 SCADA/EMS 系统的主站刷新数据时间较长,得到的系统数据是历史的,而不是同步的;且仅采集电压、电流、功率的有效值,缺乏系统动态行为密切相关的相角量,只能监测系统的稳态或准稳态运行情况。因此,基于 SCADA/EMS 平台的高级应用软件不能满足电网在线动态稳定分析与控制的要求,不能实时提供给运行人员电网稳定裕度。同时,在电网失稳后,无法针对系统全局制定紧急控制措施,使得在有不可控的突发事件发生时,无法掌握主动权,甚至会导致连锁反应,使得电网完全崩溃。因此,在全球范围内,迫切需要可获得全系统动态信息的测量技术,研究基于动态信息的电力系统实时动态稳定分析与控制策略。

WAMS 主站刷新数据时间短,可达到毫秒级,完全可满足系统动态信息的同步传输。另外,WAMS 可监测除 EMS 采集量以外的相角、发电机内电势及其派生量,而这些正是描述系统机电动态行为的重要量。因此,WAMS 可在时、空、幅值三维坐标下同时并实时观察系统全局的动态全貌。基于实际轨迹信息的"在线测量—轨迹预测—稳定性分析—控制"闭环校正控制将是一条研究电力系统暂态稳定性分析和实时控制的可行道路。采用该思路主要需解决的问题如下:

(1) 如何基于实时同步轨迹对电力系统暂态受扰轨迹进行预测。提前对系统未来运行轨迹进行预测,可为下一步基于轨迹信息的稳定性评估和控制策略的制定赢得时间。

(2) 如何利用 WAMS 实时轨迹和上一步的预测轨迹对系统的暂态稳定性进行评估。基于轨迹信息的稳定评估方法研究中又包含两个关键问题:①轨迹信息中包含了系统稳定性的规律,如何定性分析轨迹特征和系统稳定性之间的关系。②仅定性分析轨迹特征和系统稳定性的关系是不全面的,如何用理论来证明此关系的正确性是必须解决的难题。而系统受扰程度和系统中的暂态能量密切相关,因此基于轨迹信息的暂态稳定性评估方法应将轨迹信息和系统能量函数结合起来,利用轨迹信息求解能量,利用暂态能量函数来挖掘轨迹信息隐含的规律,两者相辅相成。

（3）在前面所提出的稳定指标的基础上，如何制定控制策略。可从全系统的角度提出正确的控制策略，控制策略的内容主要包括控制类型的选取、控制地点的选择、控制量的计算。可在系统真正进入紧急状态之前就制定控制策略，时间相对宽松，为闭环校正控制方案实现提供了可能。

8.3.1　基于 WAMS 的暂态受扰轨迹预测方法

WAMS 出现以前，时域法是预测系统轨迹的主要方法，时域法可适应各种元件模型及保护和控制装置模型，离散操作和大规模电力系统，计算时间跨度不受限制。时域法采用逐步积分，计算速度慢、机时多，不适合在线稳定分析和控制；同时，时域法是建立在系统模型基础上的计算方法，系统模型和参数的不准确将会导致该法的计算结果可能出现很大偏差，这一现象在美国的 WSCC 和中国东北短路试验数据中均可得到证明。时域法存在计算精度和计算速度之间的矛盾，并且其计算结果强烈依赖于系统模型和参数的准确性。基于 WAMS 数据平台实时动态轨迹可望为电力系统暂态受扰轨迹预测研究提供一条新的思路，目前已有大量的文献研究基于 WAMS 的暂态受扰轨迹预测方法。

本节介绍一种基于三角函数系的系统暂态受扰轨迹预测方法[5]。首先通过对调速控制系统模型的详细分析，得出在电力系暂态过程中功角—时间关系呈衰减的三角函数关系的结论，进而采用三角函数系进行功角曲线拟合并预测一定时间内的功角轨迹，该法计算简单，易于实现。WAMS 系统可实时同步测量全系统中发电机的功角信息，这使得构造一个能反映这些数据变化规律的函数，通过最小二乘法来拟合故障后功角摇摆曲线，进而预测受扰轨迹的思路变得可行。

1. 功角—时间曲线的定性分析

图 8-6 和图 8-7 是一个三机系统中某台发电机在系统受扰后状态分别为稳定和多摆失稳时的功角—时间曲线。从曲线中可以看出：发电机在系统稳定时的曲线和多摆失稳时曲线的前部分（0～1s）都为振荡型。

在实际的多机系统中，互联同步发电机之间是通过彼此之间相互作用力保持同步的。在稳态条件下，每台发电机的输入机械转矩和输出电磁转矩平衡，转速保持不变。如果系统受到干扰，这种平衡被破坏，每台发电机的转子将按旋转体的运动定律加速或减速。在他们各自加速和减速过程中，会导致机械转矩比输出电磁转矩时大时小，因此他们的转速也时增时减，进而功角也呈振荡形式。与此同时，每台发电机之间也存在相互作用力，若某台发电机一时比其他发电机转得快，则它的转子位置相对于那些转得慢的发电机功角会超前。这样所产生的角度差将按功角特性关系把较慢发电机所带的部分负荷转移给较快的发电机，从而会使快的机组减速，慢的机组加速。总之，从这些物理现象上看，每台发电机的功角随时间呈

振荡趋势。由上述的定性分析可知,每台发电机的功角—时间曲线可考虑用三角
函数系作为拟合函数。

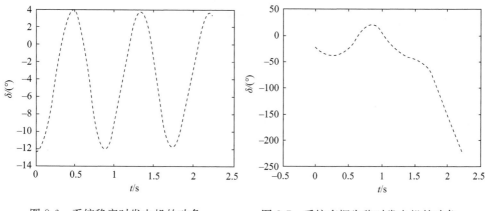

图 8-6　系统稳定时发电机的功角—
　　　　时间曲线图

图 8-7　系统多摆失稳时发电机的功角—
　　　　时间曲线

2. 功角—时间关系式

目前,随着控制技术的发展,调速控制系统性能日益改善,失灵区缩小,各环节
的时间常数减少,对于提高电力系统的暂态稳定性有更大的作用,因此可以考虑从
调速控制器方面研究电力系统暂态稳定性。通常,电力系统中大扰动的暂态仿真
只有十几秒的范围,可以假设主蒸汽压力在机电暂态过程中保持不变,汽轮机输出
功率由速度控制的汽门开度控制[6,7],因此在电力系统机电暂态分析中一般可以
采用速度控制系统的线性化的简单模型。

一个典型汽轮发电机的速度控制系统框图如图 8-8 所示。用纯增益 $K_G=1/R$
表示调速器。用发电机的总惯量表示发电机。汽轮机是串联复合单再热型,它的
传递函数可近似表示为

$$\frac{\Delta T_m}{\Delta V_{cv}} = \frac{1+F_{HP}T_{RH}s}{1+T_{RH}s} \qquad (8\text{-}8)$$

式中,ΔT_m 为汽轮机转矩扰动值;ΔV_{cv} 为控制阀位置扰动值;F_{HP} 为由高压涡轮级产
生的功率在总汽轮机功率中所占部分;T_{RH} 为再热器的时间常数;s 为拉普拉斯
算子。

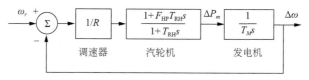

图 8-8　典型汽轮发电机速度控制系统框图

则其传递函数可用下式表示：

$$\frac{\Delta\omega}{\omega_r} = \frac{1 + F_{HP}T_{RH}s}{T_{RH}T_M Rs^2 + (T_M R + F_{HP}T_{RH})s + 1} \tag{8-9}$$

式中，T_M 是发电机机械起动时间；ω_r 是发电机转速的参考值；$\Delta\omega$ 是发电机实际转速与参考值的偏差。

进而有

$$\Delta\omega = \frac{(1 + F_{HP}T_{RH}s)\omega_r}{T_{RH}T_M Rs^2 + (T_M R + F_{HP}T_{RH})s + 1} \tag{8-10}$$

对式(8-10)进行拉氏反变换，可得

$$\Delta\omega = \sqrt{A^2 + B^2}\, e^{-at} \sin(bt + c) \tag{8-11}$$

式中，$A = \dfrac{\omega_r}{b} - \dfrac{(T_M R + F_{HP}T_{RH})F_{HP}T_{RH}\omega_r}{2T_{RH}T_M Rb}$；$B = F_{HP}T_{RH}\omega_r$；$a = \dfrac{T_M R + F_{HP}T_{RH}}{2T_{RH}T_M R}$；

$b = \dfrac{\sqrt{4T_{RH}T_M R - (T_M R + F_{HP}T_{RH})^2}}{2T_{RH}T_M R}$；$c = \arctan(B/A)$。

又由转子运动方程可知

$$\frac{\mathrm{d}\hat{\delta}}{\mathrm{d}t} = \Delta\omega \tag{8-12}$$

等式两边积分得

$$\delta = \int \Delta\omega \mathrm{d}t + \delta_0 = \int \sqrt{A^2 + B^2}\, e^{-at} \sin(bt + c)\mathrm{d}t + \delta_0 = De^{-at}\sin(bt + h) + k \tag{8-13}$$

式中，$D = \dfrac{b}{\sqrt{a^2 + b^2}}$；$h = c + \arctan\dfrac{b}{a}$；$k$ 为常数。

由式(8-13)可以看出，发电机功角随时间变化的轨迹是一条衰减的三角函数曲线。因此，本章选取三角函数来拟合发电机功角受扰轨迹，进而预测功角的未来发展趋势。

3. 基于三角函数拟合的受扰轨迹预测算法

根据数学理论，一个周期函数 $f(t)$ 只要满足狄氏条件，则它可以展开成三角多项式形式的傅里叶级数，即

$$f(t) = \sum_{k=0}^{\infty} \left[a_k \cos(kt) + b_k \sin(kt) \right] \tag{8-14}$$

由前面的分析知，功角摇摆轨迹是一种连续的往复过程，能够满足狄氏条件。因此，总可以用如下有限形式的三角多项式对功角受扰曲线进行拟合。

$$\hat{\delta}(t) = \sum_{k=0}^{n} \left[a_k \cos(kt) + b_k \sin(kt) \right] \tag{8-15}$$

式中，$\hat{\delta}(t)$ 为功角的估计值；n 为三角函数的拟合阶数；a_k、b_k 为三角函数拟合系数。

从式(8-15)可知，这里的关键是对三角函数拟合系数 a_k 和 b_k 的求取。PMU 子站会每隔 10ms 或 20ms 上传各发电机内电势相角即发电机的绝对功角 δ_i，因此系统受扰后的各功角可以实时得到，通过不断记录每次数据，可以得到受扰后一段时间的每台发电机功角数据，即受扰后功角的历史数据和当前数据可以在 PMU 上获得。这里的三角函数系数就是利用这些历史数据，通过最小二乘算法[8,9]来计算的。

假设故障切除时刻为 0 时刻，PMU 的采样间隔记为 Δt，历史数据的数目记为 m，那么从 PMU 上得到的受扰后功角的历史数据可以写成 $\delta=[\delta(\Delta t), \delta(2\Delta t), \cdots, \delta(m\Delta t)]^{\mathrm{T}}$，且 $m>(2n+1)$ 的形式，则受扰轨迹拟合函数可写成如下矩阵形式：

$$\boldsymbol{\delta} = \hat{\boldsymbol{\delta}} + \boldsymbol{E} = \boldsymbol{\Phi}\boldsymbol{A} + \boldsymbol{E} \tag{8-16}$$

式中，

$$\boldsymbol{\Phi} = \begin{bmatrix} 1 & \sin\Delta t & \cos\Delta t & \cdots & \sin n\Delta t & \cos n\Delta t \\ 1 & \sin(2\Delta t) & \cos(2\Delta t) & \cdots & \sin n(2\Delta t) & \cos n(2\Delta t) \\ \vdots & \vdots & \vdots & & \vdots & \vdots \\ 1 & \sin(m\Delta t) & \cos(m\Delta t) & \cdots & \sin n(m\Delta t) & \cos n(m\Delta t) \end{bmatrix} \tag{8-17}$$

$\boldsymbol{A} = [a_0, a_1, b_1, \cdots, a_n, b_n]^{\mathrm{T}}$ 为三角系数向量；$\boldsymbol{E} = [e(1), e(2), \cdots, e(m)]^{\mathrm{T}}$ 为残差向量。

这里选取误差平方为目标函数 J，则

$$J = \sum_{j=1}^{m} e(j)^2 = (\boldsymbol{\delta} - \boldsymbol{\Phi}\boldsymbol{A})^{\mathrm{T}}(\boldsymbol{\delta} - \boldsymbol{\Phi}\boldsymbol{A}) \tag{8-18}$$

三角函数的估计值 $\hat{\boldsymbol{A}}$ 可通过使目标函数 J 为最小而计算得到如下结果：

$$\hat{\boldsymbol{A}} = (\boldsymbol{\Phi}^{\mathrm{T}}\boldsymbol{\Phi})^{-1}\boldsymbol{\Phi}^{\mathrm{T}}\boldsymbol{\delta} \tag{8-19}$$

这里需注意的是三角函数拟合阶数 n 的选取，如果 n 过小，则拟合曲线不准确，n 过大，则会增加计算时间。这里采用如下的选取方法。

首先假设 n 的选取合适，则 $\hat{\boldsymbol{A}} = \boldsymbol{A}$，那么 $e(j) = \delta(j\Delta t) - \boldsymbol{\Phi}_j\hat{\boldsymbol{A}}$ 是一个独立的随机过程。因此 n 可以通过下列自相关序列来选取：

$$R(\tau) = \frac{1}{m}\sum_{j=1}^{m} e(j)e(j+\tau), \tau = 1, 2, \cdots, (m-1) \tag{8-20}$$

当 $n=1, 2, 3, \cdots, n_1, \cdots$，将会分别对应一个 $R(\tau)$。当 $n \geqslant n_1$ 时，如果相对应的 $R(\tau)$ 在零附近波动并且随着 n 的增加，波动幅度将不会有大的变化，这时可以认为 n_1 就是所寻的合适的拟合阶数。

在利用功角的 m 个历史数据得到了三角函数拟合系数 $\hat{\boldsymbol{A}}$ 后，功角 δ 的第 i 个数据即可用如下表达式来预测：

$$\hat{\delta}(i\Delta t) = \boldsymbol{\Phi}_i \hat{A} \quad i = m+1, m+2, \cdots, m+k \tag{8-21}$$

式中，$\boldsymbol{\Phi}_i$ 是矩阵 $\boldsymbol{\Phi}$ 的第 i 行。

由于电力系统的状态是时刻变化的，同时可以不断得到新的功角数据。仅用固定的三角函数系数来预测功角轨迹显然是不准确的。考虑建立一个随时间滚动的数据区间，并保持该区间长度即功角数据窗的长度 m 不变。当有一个新数据加入时，最早的一个数据相应的从 m 区间中滚动出去。即对于功角未来轨迹中任意一时刻 $i\Delta t$ 的数据可通过下式计算：

$$\boldsymbol{\delta} = \begin{bmatrix} \delta(i-1)\Delta t & \delta(i-2)\Delta t & \cdots & \delta(i-m)\Delta t \end{bmatrix}^{\mathrm{T}} \tag{8-22}$$

$$\hat{A} = (\boldsymbol{\Phi}^{\mathrm{T}}\boldsymbol{\Phi})^{-1}\boldsymbol{\Phi}^{\mathrm{T}}\boldsymbol{\delta} \tag{8-23}$$

$$\hat{\delta}(i\Delta t) = \boldsymbol{\Phi}_i \hat{A} \tag{8-24}$$

这样，随着电力系统状态的变化，功角数据区间不断更新，相应的三角函数拟合模型中的系数 $\hat{A}$ 也不断得到更新，功角轨迹的预测精度得到了有效的提高，同时更有利于实现对电力系统发生多摆失稳时的预测。

4. 算例

在 IEEE-9 节点系统中假设故障为线路 B_A-B_2 的首端发生三相短路，故障的持续时间分别为 $0.1s$（系统稳定）和 $0.3s$（系统失稳）。三角函数拟合中各系数的求解以及对轨迹的预测是由 Matlab 编程实现的。

在验证中，采用了故障发生后的 30 ($m=30$) 个历史数据来计算三角函数系数。拟合阶数取为 $2(n=2)$。随着时间窗的滚动，利用前 30 个数据可不断的预测后面 30 个数据。一些故障后功角轨迹预测曲线如图 8-9、图 8-10 所示。

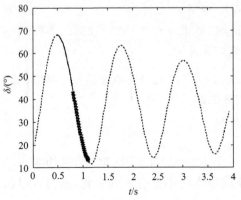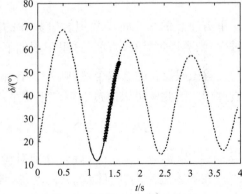

图 8-9　在 0.5s 时受扰曲线拟合的结果图　　　图 8-10　在 1s 时受扰曲线拟合的结果

　　图中,设定故障切除时刻为 0。虚线代表由 BPA 计算出的功角曲线(即功角的实测值),实线是算法所需的历史数据,而星形线是算法预测出来的受扰后轨迹。

　　图 8-9 和图 8-10 是故障持续时间为 0.1s 时的部分有代表性的功角摇摆曲线。在这个算例里,系统是稳定的,因此功角的摇摆变得越来越小。从图中可以看出,应用滚动时间窗算法,即使是在曲线的拐点处,未来每个时间点的预测结果的精度都比较高。因此,该法可以更有效的应用于振荡失稳的情况。

8.3.2　基于 WAMS 的电力系统稳定评估方法

　　WAMS 信息平台可提供电力系统实时轨迹信息。近年来,将这些大量的轨迹信息应用于快速暂态稳定评估是研究的热点。WAMS 为轨迹分析法注入了新的活力。其基本思想是利用 PMU 提供的系统轨迹信息,挖掘轨迹信息背后的规律和机理,找出轨迹信息与系统稳定性之间的关系,从而获得稳定判据和稳定裕度。

　　1. 数学模型简介

　　假设系统中共有 n 台发电机,若忽略系统中阻尼,则在惯性中心(center of in-ertia, COI)坐标下每台发电机的转子运动方程式为

$$\begin{cases} \dfrac{\mathrm{d}\theta_i}{\mathrm{d}t} = \widetilde{\omega}_i \\ M_i \dfrac{\mathrm{d}\widetilde{\omega}_i}{\mathrm{d}t} = P_{mi} - P_{ei} - \dfrac{M_i}{M_T}P_{\mathrm{COI}} = f_i(\theta) \end{cases} \tag{8-25}$$

式中,M_T、θ_i、$\widetilde{\omega}_i$ 分别为系统中所有发电机的转子总惯性时间常数、惯性中心坐标系下发电机 i 的功角和角速度偏差;M_i、δ_i、ω_i 分别为发电机 i 的转子惯性时间常数、同步坐标下发电机的功角和角速度偏差;P_{mi} 和 P_{ei} 分别为同步坐标下发电机 i 的输入机械功率和输出电磁功率;P_{COI} 为惯性中心的加速功率。

　　定义系统中任意一台发电机 i 的动能函数为

$$V_{Ki} = \frac{1}{2}M_i\widetilde{\omega}_i^2(t) \tag{8-26}$$

　　由于 $\widetilde{\omega}_i$ 表示发电机 i 的角速度与同步速的偏差,式(8-26)表示发电机 i 在 t 时刻具有的相对动能,以下不作特殊说明动能均指相对动能。

　　2. 发电机动能—功角曲线分析

　　图 8-11~图 8-13 是一个 3 机系统运行状态分别稳定、多摆失稳和首摆失稳时,其中一台发电机的动能—功角曲线。从这几条曲线可以看出,发电机稳定的轨迹与失稳的轨迹有截然不同的特点,曲线越凸,外凸的曲率越大,发电机越稳定;反之曲线越凹,内凹的曲率越大,发电机越易失稳。因此,考虑利用曲线曲率的方向

和大小判别系统多摆失稳,得到稳定裕度并构造失稳指标。

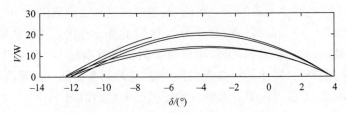

图 8-11　发电机稳定时的动能——功角曲线

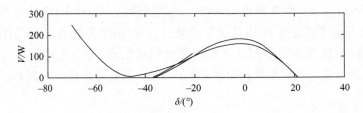

图 8-12　发电机多摆失稳时的动能——功角曲线

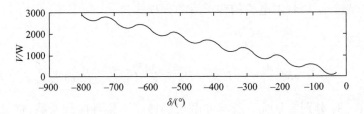

图 8-13　发电机首摆失稳时的动能——功角曲线

3. 稳定测度函数的定义及相关证明

1) 发电机动能—功角曲线性质的证明

发电机 i 的动能对其功角的一阶偏导数和二阶偏导数分别计算如下:

$$\frac{\partial V_{Ki}}{\partial \theta_i} = \frac{\partial V_{Ki}}{\partial t} \cdot \frac{\partial t}{\partial \theta_i} = M_i \widetilde{\omega}_i \frac{\mathrm{d}\widetilde{\omega}_i}{\mathrm{d}t} \cdot \frac{1}{\widetilde{\omega}_i} = M_i \frac{\mathrm{d}\widetilde{\omega}_i}{\mathrm{d}t} = M_i \frac{\mathrm{d}^2 \theta_i}{\mathrm{d}t^2} \tag{8-27}$$

$$\frac{\partial^2 V_{Ki}}{\partial \theta_i^2} = \frac{\partial}{\partial t}\left(\frac{\partial V_{Ki}}{\partial \theta_i}\right) \cdot \frac{\partial t}{\partial \theta_i} = \frac{\partial}{\partial t}\left(M_i \frac{\mathrm{d}\widetilde{\omega}_i}{\mathrm{d}t}\right) \cdot \frac{\partial t}{\partial \theta_i} = M_i \frac{\mathrm{d}^2 \widetilde{\omega}_i}{\mathrm{d}t^2} \frac{1}{\widetilde{\omega}_i} \tag{8-28}$$

式中,$\partial V_{Ki}/\partial \theta_i$ 代表一种施加在 θ 空间等动能曲面上的不平衡力;$\partial^2 V_{Ki}/\partial \theta_i^2$ 代表该力的变化。从式(8-27)、式(8-28)可见,计算发电机 i 的 $\partial V_{Ki}/\partial \theta_i$ 和 $\partial^2 V_{Ki}/\partial \theta_i^2$ 仅需发电机 i 相对于惯性中心的角速度 $\widetilde{\omega}_i$。

假设 θ_i^* 是某台发电机 i 扰动后的某一平衡点(即该点处发电机 i 的不平衡力 $f_i(\theta)=0$),下面证明由该点动能对功角的二阶导数值的正负即可识别出该机是否稳定,即 θ_i^* 是稳定平衡点还是不稳定平衡点。

由 $M_i \mathrm{d}^2\theta_i/\mathrm{d}t^2 = \partial V_{Ki}/\partial\theta_i$ 通过小扰动分析[10]得

$$M_i \frac{\mathrm{d}^2(\theta_i^* + \Delta\theta_i)}{\mathrm{d}t^2} = M_i \frac{\mathrm{d}^2\theta_i^*}{\mathrm{d}t^2} + M_i \frac{\mathrm{d}^2\Delta\theta_i}{\mathrm{d}t^2} \tag{8-29}$$

$$\frac{\partial V_{Ki}(\theta_i^* + \Delta\theta_i)}{\partial\theta_i} = \frac{\partial V_{ki}(\theta_i^*)}{\partial\theta_i} + \frac{\partial^2 V_{ki}(\theta_i)}{\partial\theta_i^2}\Big|_{\theta_i^*}\Delta\theta_i \tag{8-30}$$

因为 $M_i \dfrac{\mathrm{d}^2\theta_i^*}{\mathrm{d}t^2} = \dfrac{\partial V_{Ki}(\theta_i^*)}{\partial\theta_i}$,所以得 $M_i \dfrac{\mathrm{d}^2\Delta\theta_i}{\mathrm{d}t^2} = \dfrac{\partial^2 V_{Ki}(\theta_i)}{\partial\theta_i^2}\Big|_{\theta_i^*}\Delta\theta_i$ 。

当 $\partial^2 V_{ki}(\theta_i)/\partial\theta_i^2|_{\theta_i^*} < 0$ 时, θ_i^* 是稳定平衡点,当 $\partial^2 V_{ki}(\theta_i)/\partial\theta_i^2|_{\theta_i^*} > 0$ 时, θ_i^* 是不稳定平衡点。即当发电机 i 的运行轨迹到达其平衡点时,此时的不平衡力变化 $\partial^2 V_{Ki}/\partial\theta_i^2$ 的方向是背离还是逼近故障后平衡点,分别对应发电机 i 将失稳(即 $\partial^2 V_{Ki}/\partial\theta_i^2 > 0$)和发电机 i 将稳定(即 $\partial^2 V_{Ki}/\partial\theta_i^2 < 0$)。

对于某一发电机 i 运行中的任意点(不一定是平衡点), $\partial^2 V_{Ki}/\partial\theta_i^2$ 值从负方向上远离零值的距离,将系统拉回稳定平衡点的力的变化大小可以反映该时刻系统的稳定程度,反之不成立,即 $\partial^2 V_{Ki}/\partial\theta_i^2 < 0$ 是该点处发电机 i 稳定的充分条件,且 $|\partial^2 V_{Ki}/\partial\theta_i^2|$ 值越大该点处发电机 i 稳定程度越高,但是并不意味着在某点 $\partial^2 V_{Ki}/\partial\theta_i^2 > 0$ 就可直接判别出系统失稳了。在多机系统中,特别是附加各种控制装置的多机系统中,系统表现是非哈密顿性质,即尽管系统中的某一发电机 i 在某些点的 $\partial^2 V_{Ki}/\partial\theta_i^2$ 值大于零,有失稳迹象,但是由于其他机组或控制器的作用,改变了不返回点(即轨迹一旦到达该点就失稳且不再返回的点)的位置,将该机组又拉回了稳定。因此不能单纯依靠发电机 i 运行轨迹上任意一点的 $\partial^2 V_{Ki}/\partial\theta_i^2 > 0$ 就认为系统将要失稳。

对上述动能—功角曲线的 $\partial^2 V_{Ki}/\partial\theta_i^2$ 性质分析说明:曲线任意一点的 $\partial^2 V_{Ki}/\partial\theta_i^2$ 为负值时能反映稳定程度,但是纯粹依靠 $\partial^2 V_{Ki}/\partial\theta_i^2$ 正负无法正确判断发电机是否失稳。因此下面将引入与 $\partial^2 V_{Ki}/\partial\theta_i^2$ 相关的曲率矢量作为稳定测度函数,并提出基于该矢量的稳定识别判据。

2) 曲率矢量的定义及有关性质

规范轨迹:在发电机 i 的动能由最大值单调递减到最小值过程中,其加速力的平方 $(M_i \mathrm{d}\widetilde{\omega}_i/\mathrm{d}t)^2$ (在数值上等于 $(\partial V_{Ki}/\partial\theta_i)^2$)单调增加;相应的,在发电机 i 的动能由最小值单调增加到最大值的过程中,其加速力的平方 $(M_i \mathrm{d}\widetilde{\omega}_i/\mathrm{d}t)^2$ 单调减小,则称发电机 i 具有规范轨迹。

多种计算实例表明,实际的多机系统多数发电机均具有规范轨迹。如果将具有规范轨迹的发电机动能—功角曲线上的这些特性结合起来,可以更有效地分析系统稳定。因此,本章采用数学中对曲线曲率的定义类似地定义了动能—功角曲线的曲率矢量。

定义动能—功角曲线的曲率矢量为

$$R = \frac{y''}{(\sqrt{1+y'^2})^3} \tag{8-31}$$

式中，$y' = \dfrac{\partial V_{Ki}}{\partial \theta_i}$；$y'' = \dfrac{\partial^2 V_{Ki}}{\partial \theta_i^2}$。

本书以单机—无穷大系统证明采用曲率矢量作为稳定识别和稳定裕度分析的测度函数的合理性。在单机—无穷大系统中，忽略系统阻尼，发电机摇摆方程为

$$\begin{cases} \dfrac{\mathrm{d}\delta}{\mathrm{d}t} = \omega \\[2mm] \dfrac{\mathrm{d}\omega}{\mathrm{d}t} = \dfrac{1}{M}(P_m - P_{ei\max}\sin\delta) \end{cases} \tag{8-32}$$

式中，δ 为单机的功角；ω 为单机转速与同步速之间的偏差；M 为单机的惯性常数；P_m 为单机的机械输入功率；$P_{ei\max}$ 为单机的最大电磁输出功率。

由转子运动方程式(4-5)可推导出 ω 对时间 t 的二阶偏导数和三阶偏导数分别为

$$\frac{\mathrm{d}^2\omega}{\mathrm{d}t^2} = -P_{ei\max}\omega(\cos\delta)/M \tag{8-33}$$

$$\frac{\mathrm{d}^3\omega}{\mathrm{d}t^3} = \left[P_{ei\max}\omega^2\sin\delta - P_{ei\max}(\cos\delta)\frac{\mathrm{d}\omega}{\mathrm{d}t} \right] \Big/ M \tag{8-34}$$

式中，速度偏差 ω 一般很小，据 PMU 现场实测数据得知，在大扰动情况下，其一个周期内的变化一般不超过 0.2%。

性质 1：在单机的一次反摆（即 $\omega < 0$）过程中，δ 分别位于不同的象限，加速度 $\mathrm{d}\omega/\mathrm{d}t$ 分别为正方向和负方向时，对于 $\mathrm{d}^2\omega/\mathrm{d}t^2$ 和 $\mathrm{d}^3\omega/\mathrm{d}t^3$ 值的符号可能情况，常见的为

$$0 < \delta < \frac{\pi}{2}, \omega < 0 \text{ 且} \frac{\mathrm{d}\omega}{\mathrm{d}t} < 0, \text{则} \frac{\mathrm{d}^2\omega}{\mathrm{d}t^2} > 0, \frac{\mathrm{d}^3\omega}{\mathrm{d}t^3} > 0 \tag{8-35}$$

$$0 < \delta < \frac{\pi}{2}, \omega < 0 \text{ 且} \frac{\mathrm{d}\omega}{\mathrm{d}t} > 0, \text{则} \frac{\mathrm{d}^2\omega}{\mathrm{d}t^2} > 0, \frac{\mathrm{d}^3\omega}{\mathrm{d}t^3} < 0 \tag{8-36}$$

$$-\frac{\pi}{2} < \delta < 0, \omega < 0 \text{ 且} \frac{\mathrm{d}\omega}{\mathrm{d}t} > 0, \text{则} \frac{\mathrm{d}^2\omega}{\mathrm{d}t^2} > 0, \frac{\mathrm{d}^3\omega}{\mathrm{d}t^3} < 0 \tag{8-37}$$

在性质 1 中，式(8-35)、式(8-36)组合，式(8-35)～式(8-37)组合，分别对应于单机运行可能的 2 种规范轨迹。

性质 2：在具有规范运行轨迹的单机动能—功角一次摆动曲线中，曲率矢量 R 有如下性质：R 随时间的变化规律是先单调递增，然后单调递减，达到最小值时为单机动能最大值点（记为中心点 CP），然后再单调递增和单调递减。

性质 3：在具有规范运行轨迹的单机动能—功角一次摆动曲线中，单机动能在经过最大值后，如果能遇到 $d\omega/dt=0$，且 $R=0$ 的点（该点记为临界不稳定点），那么单机经过临界不稳定点之后将不再返回。

大量仿真结果的分析表明，系统分离并不依赖于全系统的能量，而是依赖倾向于从系统的其余部分分离开的单个发电机或发电机群的暂态能量。在暂态稳定估计中，大部分的发电机相互间保持同步，只有少数的几台受扰严重的发电机被驱动摇摆离开系统[11]。因此，每台受扰严重机组的运行相对于系统中的其他剩余机组来说可以看成是单机对无穷大系统。

4. **基于动能—功角曲线曲率的系统稳定性判据**

前面的分析和证明都是针对无控制器系统中的某台受扰严重机组 i，当系统中的受扰严重机组不只有发电机 i 时，这时发电机 i 会受到其他受扰严重机组的作用，因此，即使是无控制器的系统也不再是哈密顿系统。综合前面对单机的稳定测度函数 R 性质和多机系统的非哈密顿性质分析，得出多机系统中某台受扰严重机组 i 的稳定判据为：如果发电机 i 一次摇摆过程中（发电机的连续两次速度变号之间认为是一个摇摆过程），过了 CP 后，如果在后来的这摆中一直没有到达 $d\omega/dt=0$ 的点就结束了，则这一摆是稳定的；如果再一次到达 $d\omega/dt=0$ 点时，R 为负值，则这一摆是稳定的（该点记为临界不稳定点）；如果遇到临界不稳定点，则这一摆是临界失稳的；如果再一次到达 $d\omega/dt=0$ 的点时，R 仍为正值，那么这一摆将要失稳。R 的离散值求解形式为：

$$R = \frac{y''}{\left(\sqrt{1+y'^2}\right)^3} = \frac{M(d^2\omega/dt^2)/\omega}{\left[\sqrt{1+(Md\omega/dt)^2}\right]^3}$$

$$= \frac{M\left[\dfrac{\dfrac{\omega(n)-\omega(n-1)}{\Delta t}-\dfrac{\omega(n-1)-\omega(n-2)}{\Delta t}}{\Delta t}\right]\dfrac{1}{\omega(n)}}{\left\{\sqrt{1+\left[M\dfrac{\omega(n)-\omega(n-1)}{\Delta t}\right]^2}\right\}^3}$$

(8-38)

可以看出 R 的计算方法简单，只需连续 3 个点的发电机速度偏差值即可。

在受扰严重机组 i 受扰后的摇摆过程中，它的动能和势能是相互转化的。发电机 i 失稳的原因是在这一摆中，动能没有完全转化为势能。前面证明了发电机 i 的轨迹一旦经过临界不稳定点就不再返回了。说明发电机 i 的运行轨迹到达该点时，动能仍没有完全转化成势能。该点的动能值越大，系统动能转化为势能的剩余值越大。因此可以用其轨迹经过临界不稳定点时的动能值大小作为发电机 i 的失稳指标。

当且仅当系统中所有受扰严重机组都判别为稳定时,才称系统是稳定;否则,系统是失稳的。这样,系统稳定只需判别系统中的受扰严重机组即可。由于故障时注入系统的干扰能量主要是以绝对动能增量的形式注入发电机组,所以故障期间机组的绝对动能增量是判别受扰严重机组的一个重要依据。某台机组 i 在故障切除时刻相对动能的数值正比于故障期间该机组的绝对动能增量,故可判定故障切除时刻相对动能较大的机组为受扰严重机组。

5. 算例

利用 BPA 程序对中国电力科学研究院 6 机 22 节点系统(系统模型包含励磁器、调速器等控制元件)的不同地点发生故障和不同故障持续时间做了大量仿真,并对仿真数据进行了计算分析。下面仅选取了如图 8-14 中线路 S_{11}-S_{12} 首端发生三相短路故障,故障持续时间为 100ms(系统稳定)时 1 号发电机在第 2 摆中仿真数据和计算结果。

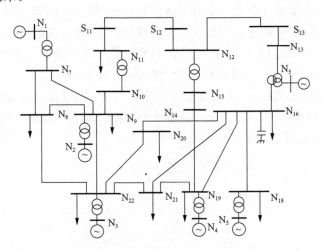

图 8-14　6 机 22 节点系统单线图

图 8-15 为 6 台发电机功角曲线,从图中可见,每台发电机的功角摇摆随时间逐渐衰减,他们之间的相对最大功角也逐渐衰减,那么从功角的仿真曲线上看,系统是稳定的。

图 8-16 为 1 号发电机动能—功角曲线,从图中可见,曲线的运行比较杂乱,不像前面的 3 机系统规则,这是由于系统中发电机台数比较多,并且有控制器的作用而造成的,定性分析很难看出该机的稳定情况。所有机组在各摆的运行情况做了类似下面的验证。表 8-2 是以选取 1 号机在第 2 摆中的运行情况为例来说明。

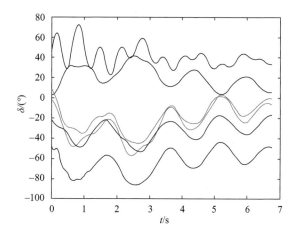

图 8-15　六台发电机功角曲线图

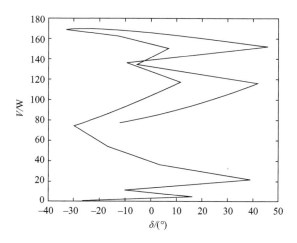

图 8-16　1 号发电机动能—功角曲线

表 8-2　1 号发电机第 2 摆中的结果

第 2 摆中的采样点数	曲率矢量 R	加速度 $\mathrm{d}\omega/\mathrm{d}t/(\mathrm{rad/s^2})$	速度 $\omega/(\mathrm{rad/s})$
1	3.624×10^{-5}	7.1461	0.09761
2	6.8949×10^{-6}	7.6581	0.24053
3	1.3873×10^{-6}	7.9535	0.39369
4	-1.3305×10^{-6}	8.0625	0.55277
5	-2.5712×10^{-6}	7.9096	0.71402
6	-3.9413×10^{-6}	7.5493	0.87221
7	-5.9758×10^{-6}	6.9627	1.0232

第 2 摆中的采样点数	曲率矢量 R	加速度 $d\omega/dt/(rad/s^2)$	速度 $\omega/(rad/s)$
8	-9.3148×10^{-6}	6.1442	1.1624
9	-1.6436×10^{-5}	5.1481	1.2853
10	-3.7372×10^{-5}	4.0049	1.3883
11	-1.2137×10^{-4}	2.6831	1.4684
12	-1.0272×10^{-3}	1.3178	1.5221
13	-2.1743	-0.10143	1.5484
14	-6.0381×10^{-5}	-1.5053	1.5464
15	-9.119×10^{-5}	-2.7684	1.5163
16	-2.8111×10^{-5}	-3.9318	1.4609
17	-1.2442×10^{-5}	-4.9219	1.3823
18	-6.4427×10^{-6}	-5.7351	1.2838
19	-3.4862×10^{-6}	-6.3539	1.1691
20	-1.7907×10^{-6}	-6.7686	1.0421
21	-4.2002×10^{-7}	-6.9981	0.90669
22	1.0922×10^{-6}	-7.0498	0.76672
23	3.2336×10^{-6}	-6.9334	0.62573
24	7.5925×10^{-6}	-6.666	0.48706
25	1.697×10^{-5}	-6.2315	0.35374
26	4.1845×10^{-5}	-5.6554	0.22911
27	1.3935×10^{-6}	-4.9677	0.116

从表 8-2 中可以看出，R 由正大变成正小（第 1~3 点），然后变成负小再变成负大（第 4~13 点），在第 13 点获得动能最大值，对应此时的 $d\omega_{max}/dt = -0.10143$，观测后面的各点至这摆结束，虽然在第 22 点后的点的 R 值均为正值，但是一直没有发现 $d\omega/dt$ 的数值与 -0.10143 等数量级的点，因此判断该摆稳定。第 22 点以后的各点 R 值为正值，其主要是由多机系统，附加的各种控制器带来的非哈密顿性引起的。从这个算例上可见，该判据对于强哈密顿性质的多机系统的稳定识别和 BPA 长时间仿真曲线分析结果一致。

8.3.3　闭环紧急控制策略的制定

1. 受控系统数学模型

假设系统中共有 n 台发电机，计及系统动态过程中的阻尼和调节器作用，并且

考虑暂态过程中的切机、切负荷为发电机等效注入能量的改变,则在惯性中心坐标下每台发电机的转子运动方程式为

$$
\begin{cases}
\mathrm{d}\theta_i / \mathrm{d}t = \widetilde{\omega}_i \\
M_i \dfrac{\mathrm{d}\widetilde{\omega}_i}{\mathrm{d}t} = P_{mi} - P_{ei} - \dfrac{M_i}{M_T} P_{\mathrm{COI}} - D_i(\widetilde{\omega}_i + \omega_{\mathrm{COI}}) \qquad i = 1, 2, \cdots, n \quad \text{(8-39)}\\
\qquad\qquad + \dfrac{M_i}{M_T} \sum_{j=1}^{n} D_j(\widetilde{\omega}_j + \omega_{\mathrm{COI}}) + u_i
\end{cases}
$$

式中,$\delta_{\mathrm{COI}} = 1/M_T \sum_{i=1}^{n} M_i \delta_i$; $\omega_{\mathrm{COI}} = 1/M_T \sum_{i=1}^{n} M_i \omega_i$; $\theta_i = \delta_i - \delta_{\mathrm{COI}} = \delta_i - 1/M_T \sum_{i=1}^{n} M_i \delta_i$; $\widetilde{\omega}_i = \omega_i - \omega_{\mathrm{COI}} = \omega_i - 1/M_T \sum_{i=1}^{n} M_i \omega_i$; $M_T = \sum_{i=1}^{n} M_i$; $P_{\mathrm{COI}} = \sum_{i=1}^{n} (P_{mi} - P_{ei})$;M_T、θ_i、$\widetilde{\omega}_i$、D_i 分别为系统中所有发电机的转子总惯性时间常数、惯性中心坐标系下发电机 i 的功角、角速度偏差和阻尼系数;M_i、δ_i、ω_i 分别为发电机 i 的转子惯性时间常数、同步坐标下发电机 i 的功角和角速度偏差;P_{mi}、P_{ei}、u_i 分别为同步坐标下发电机 i 的输入机械功率、输出电磁功率和切机或切负荷量;P_{COI} 为惯性中心的加速功率;u_i 为控制量。

这里假设每台发电机均是有 m 台性质相同的机组构成,则对于每个切机点可分为 m 级操作,若不作特殊说明下同。假设是符合实际电力系统的。

当 u_i 为离散整数时,$u_i < 0$ 为切机控制,$u_i > 0$ 为切负荷控制;当 u_i 为连续数时,$u_i < 0$ 为快关汽门控制,$u_i > 0$ 为电气制动控制;当 $u_i = 0$ 时系统没有进行切机、切负荷紧急控制。

发电机 i 的相对动能、势能和总暂态能量的表达式分别为

$$V_{KEi} = (1/2) M_i \widetilde{\omega}_i^2(t) \tag{8-40}$$

$$V_{PEi} = -\int_{\theta_i^s}^{\theta_i(t)} \left(P_{mi} - P_{ei} - \frac{M_i}{M_T} \cdot P_{\mathrm{COI}} \right) \mathrm{d}\theta_i \tag{8-41}$$

$$V_i = V_{KEi} + V_{PEi} \tag{8-42}$$

由受控系统转子运动方程知

$$M_i \left(\frac{\mathrm{d}\widetilde{\omega}_i}{\mathrm{d}t} \right) - P_{mi} - P_{ei} - \left(\frac{M_i}{M_T} \right) P_{\mathrm{COI}} = -D_i(\widetilde{\omega}_i + \omega_{\mathrm{COI}}) + \left(\frac{M_i}{M_T} \right) \sum_{j=1}^{n} D_j(\widetilde{\omega}_j + \omega_{\mathrm{COI}}) + u_i$$

$$\tag{8-43}$$

那么发电机 i 的暂态不平衡能量随时间的变化率为

$$
\begin{aligned}
\mathrm{d}V_i / \mathrm{d}t &= M_i \widetilde{\omega}_i (\mathrm{d}\widetilde{\omega}_i / \mathrm{d}t) - [P_{mi} - P_{ei} - (M_i/M_T) P_{\mathrm{COI}}] \widetilde{\omega}_i \\
&= \{ M_i (\mathrm{d}\widetilde{\omega}_i / \mathrm{d}t) - [P_{mi} - P_{ei} - (M_i/M_T) P_{\mathrm{COI}}] \} \widetilde{\omega}_i \\
&= \left[-D_i(\widetilde{\omega}_i + \omega_{\mathrm{COI}}) + (M_i/M_T) \sum_{j=1}^{n} D_j(\widetilde{\omega}_j + \omega_{\mathrm{COI}}) + u_i \right] \widetilde{\omega}_i
\end{aligned}
\tag{8-44}
$$

2. 控制类型的选取原则

制定策略表首先需要确定控制措施的类型,目前,提高电力系统暂态稳定性的措施[12,13]主要有以下几种。

(1) 快速切除故障的继电保护装置及自动重合闸装置。

(2) 切除发电机、切除负荷、汽/水轮机快关汽/水门、电阻动态制动(电气制动)、备用电源自动投入、超导贮能等。

(3) 发电机励磁附加稳定控制(如电力系统稳定器、线性最优励磁控制器、非线性励磁控制器等)、输电系统中的静止无功调节设备等。

(4) 快速投入串联电容补偿、高压直流输电线的功率快速调制、快速投切并联电抗器以及一些新型的 FACTS 设备等。

当系统受扰后,为防止系统失稳,采用快速切除故障的继电保护装置及自动重合闸装置控制,快速、经济,效果最好。而当系统受到严重扰动,进入了紧急状态时,采用切除发电机、切除负荷控制,能迅速平息功率振荡,保持系统稳定性,是普遍采用的暂态稳定控制措施。快关汽门具有较长的动作响应时间(可能数秒至数十秒),在一些系统进行了试验研究,但正式投入运行还有一定难度。切除发电机、切除负荷控制和电气制动通过开关切换,属于快速动作的控制措施,方便实现;另外切除发电机、切除负荷相当于直接对系统总能量的注入或抽取,具有明确的物理意义,且有利于实现结合系统模型的算法,因此这类控制的研究有很多。文献[14]提出一种非线性系统稳定域边界理论与稳定控制结合起来的方法,该方法运用线性化方法使控制方案的非线性搜索过程线性化,减少了计算量。实际的紧急控制系统一般运用局部系统信息和固定逻辑,通过查阅表或在线估算等方法来决定切机控制规律,包括是否需要切除发电机以及切除哪几台发电机。因此,本章将选用切除发电机、切除负荷控制措施来平息系统暂态失稳。下面是确定采取切除发电机、切除负荷中,哪种控制类型的理论分析过程。

由计算和分析可知:在非受控系统中,发电机 i 的暂态不平衡能量随时间的变化率为

$$dV_i/dt = M_i\widetilde{\omega}_i(d\widetilde{\omega}_i/dt) - [P_{mi} - P_{ei} - (M_i/M_T)P_{COI}]\widetilde{\omega}_i$$

$$= \left[-D_i(\widetilde{\omega}_i + \omega_{COI}) + (M_i/M_T)\sum_{j=1}^{n} D_j(\widetilde{\omega}_j + \omega_{COI})\right]\widetilde{\omega}_i \quad (8\text{-}45)$$

比较式(8-44)和式(8-45)得知施加切除发电机、切除负荷控制后,发电机 i 的暂态不平衡能量随时间变化率的变化量(简称剩余能量变化率增量)为

$$\Delta(dV_i/dt) = u_i\widetilde{\omega}_i \quad (8\text{-}46)$$

若发电机在边界点上的暂态不平衡能量变化率大于零,则发电机将失稳;若发电机在边界点上的暂态不平衡能量变化率小于等于零,则发电机是稳定的,说明发

电机的暂态不平衡能量变化率大于零的部分和系统失稳关系密切。如果当发电机 i 轨迹到达边界点时,且其暂态不平衡能量变化率大于零,若用一种控制措施把这台将要失稳的发电机 i 的暂态不平衡能量变化率降下来,则发电机 i 有望回复到稳定状态。由式(8-46)可知,只需使发电机 i 剩余能量变化率增量小于零,即 $\Delta(\mathrm{d}V_i/\mathrm{d}t)<0$,则可实现目标。为受控系统的暂态不平衡变化率,右边等于控制量与对应发电机 i 的速度偏差的乘积,发电机 i 的速度偏差有正有负,因此对应着不同的控制措施。对于发电机 i 其控制类型的选取原则为:

(1) 当发电机 i 的速度偏差小于零,即 $\widetilde{\omega}_i<0$,那么为了保证 $\Delta(\mathrm{d}V_i/\mathrm{d}t)<0$,则 $u_i>0$,即切除该发电机的部分负荷。

(2) 当发电机 i 的速度偏差大于零,即 $\widetilde{\omega}_i>0$,那么为了保证 $\Delta(\mathrm{d}V_i/\mathrm{d}t)<0$,则 $u_i<0$,即切除该机的部分机组。

由稳定性评估方法可知,发电机判为失稳时刻必为其加速度变号时刻。若在此刻,发电机组 i 的速度偏差为正值,且其加速度由负变成正;或该发电机的速度偏差为负值,且其加速度由正变成负,这些表明该发电机速度偏差与加速度的乘积大于零,即 $\widetilde{\omega}_i\cdot(\mathrm{d}\widetilde{\omega}_i/\mathrm{d}t)>0$,那么发电机将会不断向正方向或反方向加速而失稳的,为了使施加控制后,发电机能恢复稳定,这时应考虑如何使发电机加速度的绝对值减小。这里分两种情况讨论:

(1) 若发电机的速度偏差为负值,且加速度由正变负时,由转子运动方程第二式知,此时加速度为负值,即 $P_{mi}<P_{ei}$ 或 $\Delta P_i=P_{mi}-P_{ei}<0$,为了使不平衡功率绝对值 $|\Delta P_i|$ 减小,那么切掉部分负荷,即 P_{ei} 减少,$|\Delta P_i|$ 减小,也即负加速度的绝对值减少,这样将有利于将发电机拉回稳定状态。

(2) 若发电机的速度偏差为正值,且加速度由负变成正时,由转子运动方程第二式知,此时加速度为正值,即 $P_{mi}>P_{ei}$ 或 $\Delta P_i=P_{mi}-P_{ei}>0$,为了使不平衡功率绝对值 $|\Delta P_i|$(这里 $\Delta P_i>0$,$|\Delta P_i|=\Delta P_i$)减小,那么切掉部分发电机,即 P_{mi} 减少,ΔP_i 减小,也即正加速度减少,这样将有利于将发电机拉回稳定状态。

综上所述,由暂态不平衡功率变化率公式推导得到的有益结论和实际物理过程相符合。当判别为系统失稳时,应对系统施加控制。若最先失稳机组在失稳时刻其速度偏差大于零,则应切除其部分机组;否则,应切除其所带的部分负荷。

3. 控制地点的确定

对于一个大系统,当故障切除后,系统受扰就会结束,其过程首先根据发电机相对动能的大小和电磁功率的变化量来识别受扰严重机组,然后针对这些受扰严重机组进行稳定判别。若判断出其中一台机组失稳,那么整个系统即失稳,而这些受扰严重机组失稳程度不尽相同,到达失稳边界的时间也有先后。一般地,受扰最严重的机组从同步机组中首先飞离出去,如果选择在判别为该机组失稳时对其采取控制措施,将会有效地延缓系统恶化的进程甚至能阻止系统稳定性进一步的恶化,并且对系统中受扰严重机组进行控制,也是一种较经济的方法,因此需选择对最先失稳机组进行相应的控制。

另外,和传统的单独切除发电机、切除负荷控制措施面临的问题一样,若对系统中某一台发电机施加单独切机或切负荷措施时,全系统中功率的供需将无法平衡,因此单独施加这类控制措施时,系统相当于又一次受到一个扰动,有可能反而会进一步恶化系统的当前运行情况。切除发电机和切除负荷正好是控制作用相反的两类控制,因此,这里和传统方法解决方案一致,本节考虑在每一次的控制中,同时采用这两种控制类型,即若判断出某台机组需切部分机组时,则同时考虑在其他位置切除同等量的负荷;若判断出某台机组需切其所带的部分负荷时,则同时考虑在其他位置切同等量的发电机。这样使每次系统中的功率供需得到平衡,避免了对系统的冲击。

显然,这里如何选择合适位置进行同等量作用相反的控制也是非常关键的。控制类型与发电机速度偏差的符号密切相关,而附加的这类控制的作用是相反的,只需选择与最先失稳机组速度偏差符号相反的发电机即可。然而,对该发电机施加作用相反的控制所产生的效果和正控制所产生的效果一样,均是减少机组的暂态不平衡能量变化率,对新选择控制的发电机而言,其暂态不平衡能量变化率从负方向更加远离了零值,将会变得越来越快地恢复稳定。因此这类发电机的选取原则一般为:首先找和最先失稳机组运行的速度偏差方向相反的发电机,然后在这些机组中找出动能最大者。下面将对这些控制措施进行定量分析。

4. 控制措施的量化分析

当发电机 i 的运行轨迹到达稳定边界点时,如果其暂态不平衡能量变化率仍然大于零,则发电机 i 将会失稳,此时的暂态不平衡能量变化率在数值上可以表征系统的失稳程度。因此本节将考虑利用发电机此时的暂态不平衡变化率,找出其与控制量的关系,进而达到量化控制的目的。

根据式(8-45)似乎可得出控制量的大小,但是对某一台或某几台机组施加控制后不仅需考虑对该台机本身的作用,而且要考虑对整个系统作用。因此,为了找到合适的控制量,需从系统整体考虑。$\Delta \mathrm{d}V_i/\mathrm{d}t$ 仅表示发电机 i 在稳定边界时刻自身的绝对剩余能量变化率增量,由式(8-45)得到的控制量是不够的。系统中的各台发电机是一个相互联系的整体,系统中任何一台发电机运行轨迹的一个微小扰动都会波及整个系统,相当于产生了波动效应。为了更好的说明这种波动效应,这里需引入发电机 i 的相对剩余能量变化率增量的概念。

由于系统的波动效应,发电机 i 的绝对剩余能量变化率增量对整个系统产生了剩余能量变化率增量扩大的影响,这种扩大后的剩余能量变化率增量称为发电

机 i 的相对剩余能量变化率增量 $\Delta(\mathrm{d}V_i/\mathrm{d}t)_{RE}$。

为了量化发电机 i 的相对剩余能量变化率增量和绝对剩余能量变化率增量的关系,这里将发电机 i 的惯性时间常数占整个系统的惯性时间常数的比例之倒数作为扩大系数,那么两者之间的关系为

$$\Delta(\mathrm{d}V_i/\mathrm{d}t)_{RE} = (M_T/M_i)\,\Delta\mathrm{d}V_i/\mathrm{d}t \tag{8-47}$$

由分析可知,只有根据发电机 i 的相对剩余能量变化率增量才能真正确定切除发电机、切除负荷控制量的大小。因此为了平息整个系统所受的扰动影响而确定的新切除发电机、切除负荷量 u_i' 应为

$$u_i' = \frac{M_T}{M_i}\Delta\frac{\mathrm{d}V_i}{\mathrm{d}t}\Big/\widetilde{\omega}_i \tag{8-48}$$

u_i' 相对于 u_i 而言,仅仅是多了一个常系数,因此对 u_i 的一些定性分析对 u_i' 也是适用的。

注意:由于切负荷控制不会影响发电机的惯性时间常数,可由式(8-45)直接计算,在切机控制时,由于发电机的惯性时间常数也变化了,需考虑控制引起的惯性时间常数的变化。

8.3.4　闭环紧急控制的整体方案

系统受扰后,系统中不只是某一台发电机受到扰动影响,而是所有发电机受到影响,只是影响的程度不同,有的维持稳定,有的失去稳定,而且失去稳定的先后也不同。前文仅是对系统受扰后最先失稳的那台发电机的分析与相关控制,并未针对其他发电机的受扰影响而采取控制措施。当存在多台发电机受扰严重的情况时,仅对某一台发电机的失稳而采取控制措施后,系统仍然不能恢复稳定状态。针对该问题,本节提出了一套整体紧急控制方案。

1. 紧急控制的整体系统模型

研究紧急控制问题时,需考虑系统从稳定到受扰再到采取控制后整个系统运行情况,这个全过程的电力系统模型可概括为

$$\begin{aligned}\dot{X}(t) &= f(X(t),U(t),u(t),d(t),t) \qquad X(0)=X_0 \\ 0 &= g(X(t),U(t),u(t),d(t),t)\end{aligned} \tag{8-49}$$

式中, X 为系统状态变量; u 为节点电压向量; d 为系统干扰变量; u 为控制变量。

该系统发展全过程按照时间的先后,又可用如下几个子方程组的组合来描述。

(1) 受扰前系统

$$\begin{aligned}\dot{X}(t) &= f(X(t),U(t)) \qquad X(0)=X_0 \\ 0 &= g(X(t),U(t)) \qquad\quad 0\leqslant t\leqslant t_f\end{aligned} \tag{8-50}$$

(2)受扰中系统

$$\dot{X}(t) = f(X(t), U(t), d(t)) \qquad X_0 = X(t_f)$$
$$0 = g(X(t), U(t), d(t)) \qquad t_f \leqslant t \leqslant t_{cl} \tag{8-51}$$

(3)受扰后至受控时刻的系统

$$\dot{X}(t) = f(X(t), U(t), u(t)) \qquad X_0 = X(t_{cl})$$
$$0 = g(X(t), U(t), u(t)) \qquad t_{cl} \leqslant t \leqslant t_{co} \tag{8-52}$$

(4)控制后系统

$$\dot{X}(t) = f(X(t), U(t)) \qquad X_0 = X(t_{co})$$
$$0 = g(X(t), U(t)) \qquad t_{co} \leqslant t \tag{8-53}$$

其中,t_f、t_{cl}、t_{co}分别对应着系统发生大扰动时刻,扰动清除时刻和施加紧急控制时刻。

2. 紧急控制的整体方案

紧急控制主要考虑扰动清除后,系统(式(8-52))的稳定情况,若失稳,应采取何种控制措施,在何处施加控制措施,才能将系统拉回稳定。紧急控制的目标是经过紧急控制后,系统(式(8-53))能维持暂态稳定。

紧急控制的控制方案很多种,由于紧急控制要求快速动作,实际中的紧急控制方案一般选用开环控制。开环控制是指依赖于事故预想分析评估,制定合适的控制策略的决策方式。基于离线计算的事故预想集可以实现快速动作,但是由于是离线计算得到的控制策略,并且没有来自全系统的反馈信息做指导,常会出现少切或过切的问题,这均会导致系统无法恢复稳定[15]。前面提出的控制策略只是针对最先失稳机组,未计及系统中其他受扰机组,若采用无系统反馈信息开环的控制方案,则可能存在控制欠量问题。因此本节选用实测轨迹—轨迹预测—稳定性评估—制定控制策略—系统的闭环校正方案作为整体紧急控制方案,整个紧急控制框架如图 8-17 所示。

紧急控制方案实现步骤如下:

(1) 暂态受扰轨迹预测。利用全系统动态信息,预测系统未来运行轨迹。本节采用三角函数系拟合法和基于简单系统模型的几种方法相结合,同时进行轨迹预测,对于扰动较轻的情况,取三角函数拟合法的判别结果,对于扰动较严重的情况,取二者中严重者的判别结果。

(2) 暂态稳定分析。基于预测轨迹信息,采用有效的稳定评估方法判别系统稳定性和稳定裕度。本节采用所提出的两种稳定评估方法来对系统判稳,即动能—功角曲线曲率法和暂态不平衡能量变化率法。取两者中的严重者来进行判

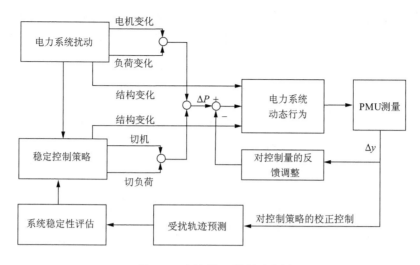

图 8-17　闭环校正控制示意图

别,若失稳,则计算失稳指标。

（3）形成控制策略。利用失稳指标,确定控制策略,主要包括控制类型的选择,控制地点和控制量的确定。本节基于 COI 坐标下单机在边界点处暂态不平衡变化率与系统稳定边界的关系,确定控制类型、地点和控制量,最终形成一张控制策略表。

（4）施加控制。按照控制策略表的要求,在设定时刻将控制施加到系统中,继续重复第（1）步和第（2）步,如果系统恢复稳定,则无需进入第（3）步;如果系统仍失稳,则进入第（3）步,重复前面的步骤。即考虑在第一次切机、切负荷控制完成后,继续不断评估系统稳定性,若稳定,则表明其他机组受扰的程度较轻,只需这一次控制措施即可;若失稳,则表明其他机组受扰程度较严重,对系统稳定性的影响很大,还需进一步采取控制措施。和前一次采取控制措施的步骤相同,首先选择该次稳定判别中最先失稳机组,然后利用该机的暂态不平衡能量、角速度偏差来确定控制类型、控制量和控制地点。

其中,需要指出两点:

（1）本节所提出的系统稳定性评估方法计及了阻尼、调速器和励磁器等连续控制器作用,即将系统当作非哈密顿性质系统处理,并经过严格理论证明了动能—功角曲线曲率和系统的暂态不平衡能量变化率的一些重要性质,因此两种方法适用于非哈密顿性质的系统多摆判稳。而施加了切机、切负荷控制后的系统,同样是一个非哈密顿系统,只是非哈密顿性质更强,因此前面的系统稳定性判别方法同样适用于实施了切机、切负荷控制后的系统。

（2）每次控制的控制策略是针对最先失稳机组 i,即此刻的受扰最严重机组,因此,基于发电机 i 的暂态不平衡变化率而采取的控制是最及时的,控制作用也是最有效的,即使在一些严重情况下不能使系统立刻恢复稳定运行,但是毕竟缓解了系统进一步恶化的程度,从而延迟了系统失稳的进程。

3. 算例

在 IEEE-9 系统中,发电机采用经典模型,无励磁器、调速器,负荷采用纯阻抗特性。分别在不同地点发生故障和不同故障持续时间做了仿真分析,下面仅选取了线路 B_A-B_2 首端发生三相短路时,故障持续时间为 250ms,系统发生多摆失稳的算例。

故障持续时间 250ms,切除故障后,三台机组的功角曲线图如图 8-18 所示。从图中可见,在不采取任何控制措施情况下,3 号发电机将率先失稳,接着 2 号发电机也会随后失稳甩出去。故障切除后,三台发电机组在运行过程中的最大相对功角曲线,如图 8-19 所示,从图中可见,发电机的相对功角从一开始振荡,后来不断拉大,最后导致了系统的多摆失稳。

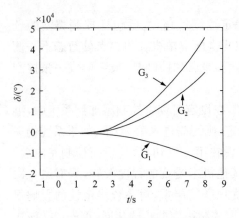
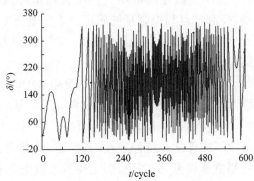

图 8-18　三台发电机绝对功角曲线　　　　图 8-19　发电机最大相对功角曲线

表 8-3 是 3 号发电机到达第 5 摆(即失稳那一摆)时,三台发电机的部分仿真数据和控制策略的计算数据。

表 8-3　三台发电机的速度偏差

序号	1♯ 发电机	2♯ 发电机	3♯ 发电机
1	0.001334	−0.0057	0.001634
2	0.000469	−0.00388	0.004566
3	−0.00039	−0.00194	0.007217
4	−0.00125	0.000139	0.00952

续表

序号	1♯发电机	2♯发电机	3♯发电机
5	−0.00209	0.002339	0.011422
6	−0.0029	0.00465	0.012872
7	−0.00367	0.007049	0.013829
8	−0.00439	0.009498	0.014271
9	−0.00504	0.011949	0.014184
10	−0.00561	0.014345	0.01359
11	−0.00609	0.016616	0.012528
12	−0.00647	0.01869	0.01108
13	−0.00674	0.020488	0.009347
14	−0.00689	0.02194	0.007465
15	−0.00693	0.022981	0.00558
16	−0.00687	0.023572	0.003838
17	−0.00672	0.023698	0.002378
18	−0.00649	0.023376	0.001302
19	−0.00622	0.022647	0.000667
20	−0.0059	0.021582	0.000485
21	−0.00558	0.020265	0.000725
22	−0.00525	0.018774	0.001321

表 8-3 为三台发电机的速度偏差 ω（简称速度，下同）；表 8-4 为三台发电机的加速度，即 $d\omega/dt$ 值；表 8-5 为三台发电机的不平衡能量变化率函数值，即 dV/dt 值。

表 8-4　三台发电机的加速度

序号	1♯发电机	2♯发电机	3♯发电机
1	−0.000138	0.0002891	0.00046658
2	−0.000138	0.0003095	0.00042193
3	−0.000136	0.0003302	0.00036658
4	−0.000133	0.0003502	0.00030273
5	−0.000129	0.0003679	0.00023072
6	−0.000123	0.0003818	0.00015232
7	−0.000114	0.0003898	7.04×10^{-5}
8	−0.000104	0.0003901	-1.39×10^{-5}

序号	1♯发电机	2♯发电机	3♯发电机
9	-9.12×10^{-5}	0.0003813	-9.46×10^{-5}
10	-7.64×10^{-5}	0.0003616	-0.000169
11	-6.00×10^{-5}	0.00033	-0.0002305
12	-4.24×10^{-5}	0.0002863	-0.0002758
13	-2.44×10^{-5}	0.000231	-0.0002995
14	-6.67×10^{-6}	0.0001658	-0.0003
15	9.86×10^{-6}	9.39×10^{-5}	-0.0002772
16	2.41×10^{-5}	2.02×10^{-5}	-0.0002324
17	3.57×10^{-5}	-5.13×10^{-5}	-0.0001712
18	4.43×10^{-5}	-0.000116	-0.0001011
19	4.96×10^{-5}	-0.00017	-2.89×10^{-5}
20	5.19×10^{-5}	-0.00021	3.81×10^{-5}
21	5.22×10^{-5}	-0.000237	9.49×10^{-5}
22	5.07×10^{-5}	-0.000252	0.00013798

由表 8-3 和表 8-4 可知,3 号发电机在这一摆中的第 19 和第 20 点之间又一次经过了加速度变号,即到达了 BP。由表 8-5 知在 BP 时,发电机的不平衡能量变化率大于零,因此 3 号机失稳了。

表 8-5　三台发电机的不平衡能量变化率

序号	1♯发电机	2♯发电机	3♯发电机
1	-5.53×10^{-6}	-0.0002767	-7.26×10^{-5}
2	3.13×10^{-6}	-0.0001943	-0.00025915
3	-7.26×10^{-6}	-9.65×10^{-5}	-0.00049251
4	-3.87×10^{-5}	6.43×10^{-6}	-0.00073592
5	-9.78×10^{-5}	9.07×10^{-5}	-0.00097798
6	-0.0001867	0.00012953	-0.0011878
7	-0.0003044	8.15×10^{-5}	-1.31×10^{-3}
8	-0.0004608	-9.10×10^{-5}	-1.36×10^{-3}
9	-6.20×10^{-4}	-0.0004034	-1.26×10^{-3}
10	-7.88×10^{-4}	-0.000881	-0.0010727
11	-9.31×10^{-4}	-0.0015161	-0.00077057
12	-1.04×10^{-3}	-0.0022455	-0.00044821

续表

序号	1♯发电机	2♯发电机	3♯发电机
13	-1.08×10^{-3}	-0.002993	-0.00013065
14	-1.06×10^{-3}	-0.0036739	9.96×10^{-5}
15	-9.73×10^{-4}	-4.12×10^{-3}	0.00021803
16	-8.01×10^{-4}	-4.20×10^{-3}	0.00023664
17	-5.96×10^{-4}	-3.93×10^{-3}	0.00018372
18	-4.01×10^{-4}	-0.0033828	0.00010798
19	-2.15×10^{-4}	-0.0026075	5.37×10^{-5}
20	-5.35×10^{-5}	-0.0017313	3.45×10^{-5}
21	3.91×10^{-5}	-0.0010224	4.16×10^{-5}
22	9.61×10^{-5}	-0.000429	5.44×10^{-5}

　　由前面的控制原则和 3 号机的速度的方向、大小和不平衡能量变化率值易得：应对 3 号机施加切机控制,控制量为 81MW,同时对 1 号机进行等量切负荷控制。施加控制后系统恢复了稳定状态如图 8-20 所示。

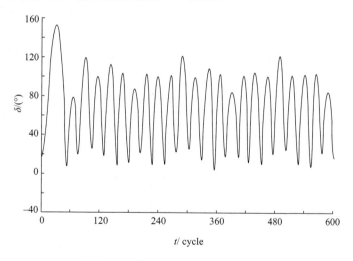

图 8-20　发电机最大相对功角曲线

　　图 8-20 为发电机最大相对功角曲线图,由于系统中发电机采用经典模型,无其他控制元件,系统的最大功角差在平衡点附近等幅振荡,如果有阻尼作用,系统将稳定于一个平衡点上。

8.4　电力信息系统安全

电力信息网络安全威胁不仅来自病毒侵害、网络攻击,更严重的是来自有组织的蓄意破坏。根据 CERT(computer network emergency response technical team)的报告,每年对电力、能源信息网络的攻击次数占网络攻击的 80%以上。因而,建立电力信息系统安全防御体系,研究电力信息安全防御关键技术[16]已成为新能源电力系统安全控制的重要内容。

8.4.1　电力信息系统安全防御体系

随着网络和计算机技术的快速发展,网络安全威胁呈现出日益复杂化的趋势,对网络的攻击技术呈现出智能化和自动化的特点。木马软件是新型网络威胁的主要代表。木马技术突破了传统 PDR(protection, detection, response)的安全模型。木马采用隐蔽和伪装技术,可以躲开传统的防火墙、防毒软件的防护,悄无声息地嵌入应用服务器或者个人电脑,窃取机密数据或者破坏重要业务系统。木马还具有不怕查杀、自动恢复的能力。传统的依据病毒库、漏洞库和特征码库进行查杀的安全防护技术,不能查处并阻止木马的攻击。而且,传统的安全防护策略和技术是一种亡羊补牢机制,不能避免第一次侵害的发生,不能满足电力信息安全的保护要求。电力信息系统安全需要一种具有主动可控的防御体系提供保障[17]。

1. 主动可控安全防御体系

主动可控防御可以描述为对一切可能发生的侵害都可以预防,能够将可能发生的侵害过程制止,或将其控制在一定的区域,并能在一定的时间内消除,其基本特征是预警、纵深防护,及自身强固。主动就是对已知的侵害有针对性的预防,对安全威胁有侦测和预警;防御是对信息系统自身的加固,使其对一切侵害(包括已知的和未知的)具有足够的抗击力;可控是对安全保护的范围、时间和程度可调。

主动防御的核心是增强系统自身的"免疫力",即以网络安全隔离和建立可信网络环境形成免疫能力,使系统不仅可以防止已知的侵害,还能防止未知的侵害。主要技术包括:进程强制运行技术、强制硬件确认技术、网络二极管技术、安全接入技术、安全自治愈技术、文件保护技术。主要解决的问题有:①弥补 IP 协议开放性的先天缺陷;②弥补目前主流的网络防护系统和软件的不足;③解决反计算机入侵的问题;④解决本地网络失泄密的问题;⑤解决个人主机安全问题;⑥解决预埋后门隐患问题。最终实现的目标是:外部入侵进不来、非法外接出不去、内外勾结拿不走、拿走东西看不懂、侥幸潜入活不了。

主动可控防御体系以网络、数据、业务为对象,构建安全的网络防护体系、数据安全防护体系和网络业务防护体系；将信息系统划分为端系统、网络、接口和人员管理四个环节，并分别对每一环节制定防御策略，采用密码学、网络学、计算机系统学、安全应用学等综合知识体系，保证各个环节的安全性。

2. 电力信息系统主动可控防御体系

传统的信息安全是基于数据内容的安全保护，主要是信息的私密性和信息的完整性的保护。信息的私密性就是数据内容不可泄露给非授权者。信息的完整性是保护数据内容的完整性。

电力信息安全主要是保护运行于网络之上的业务系统安全，包括网络业务的私密性、完整性、可靠性、实时性及操作的抗抵赖性。网络业务由网络程序和程序对应的数据集构成。网络业务的私密性是指对网络业务程序的运行保护，对程序对应的数据集的写操作保护。网络业务的完整性保护是程序运行的完整性和业务操作的完整性。网络业务的可靠性、实时性保护是指网络提供的 QoS（Quality of Service）保障。网络业务的抗抵赖性保护是指业务操作的不可否认性。

1）基于业务的安全分区

电力信息系统涵盖生产自动化系统，以及生产管理、电力营销和企业管理多种业务。不同类型的业务具有不同的安全保护要求，按照安全保护的要求需要按照不同的业务安全保护等级进行网络区域划分。这些不同等级的网络区域之间，为了企业经营管理和生产指挥的应用需要，需要进行数据交换。为了保证不同等级网络业务区间数据交换的安全性，需要设计一个既满足数据交换要求，又要保证业务区域安全的防护模型。基于网络业务安全保护模型描述为"上不读下，下不写上；上可写下，下可读上"。

（1）安全级别高的网络业务区，不可向安全级别低的网络业务区读数据；

（2）安全级别低的网络业务区，不可向安全级别高的网络业务区写数据；

（3）安全级别高的网络业务区，可向安全级别低的网络业务区写数据；

（4）安全级别低的网络业务区，只可向安全级别高的网络业务区读数据。

模型按网络业务保护要求划分为四个等级，即四个业密安全区，针对网络业务安全保护模型，不同业密区之间通过网络二极管，实现数据从高业密区向低业密区的单向传输。根据企业数据内容的安全保护要求，将企业数据安全保护划分为两个等级，即两个数密安全区，数密安全Ⅰ区为涉密数据区（商密），数密安全Ⅱ区为不涉密区（公开）。不同数密区之间遵循数密安全保护规则，通过网络二极管实现数据从低数密区向高数密区的单向传输。模型定义的安全区、网络接口、安全连接方式，以及上下不同层级的网络的连接方式，可适用不同层次的电力信息系统的安全保护。

对于分散在业务安全区（如管理信息大区）中的敏感数据，采用安全文件夹技术,对数据进行加密和访问控制保护,实现敏感数据的逻辑隔离,形成敏感数据保护区。

2) 电网信息系统安全防御体系设计

电力企业不同安全等级的业务之间存在一种信息的依赖关系,即等级低的业务需要等级高的业务数据作支撑,等级低的业务数据的完整性,依赖等级高的业务数据完整性。如调度生产管理业务过程需要用到调度自动化系统的数据;调度生产管理业务过程所使用的调度自动化系统的数据随调度自动化系统的数据集的变化而变化。

电力企业按业务保护的要求可分为不同的安全等级,不同等级的业务数据的私密性等级相同,可简单分为非公开和公开。基于新能源电力信息系统的主动可控安全防御体系包括:涉密数据区、业务系统区、可信网络代理、安全监控器。

企业重要的涉密数据统一划分在涉密数据区,业务系统产生的涉密数据经过单向安全隔离装置传输到涉密数据区。

业务系统区按照业务系统的重要程度依次划分为业务一区、业务二区、业务三区、业务四区。调度自动化系统业务是电网企业的核心业务,具有高可靠性、高稳定性、高实时性,以及操作的不可抵赖性保护要求,划为业务一区业务。调度生产管理系统业务,包括水调自动化系统、电量计量系统、电力市场交易系统、扩展的EMS 系统等业务是次于调度自动化系统业务的调度生产辅助业务,具有可靠性、稳定性、实时性保护要求,划为业务二区业务。电力企业生产经营管理业务,包括生产管理系统、电力营销系统、ERP(enterprise resource planning)系统等业务,是企业生产指挥和经营决策的主要业务,具有可靠性、稳定性、实时性保护要求,划为业务三区业务。电力企业综合管理、综合数据集成、综合数据分析应用等业务,实现企业信息共享和决策支持的信息服务功能,划为业务四区业务。

可信代理(trusted agent)是基于智能 agent 技术实现的,主要目的是防范由于对业务系统的访问而带来的安全隐患,在访问终端访问业务系统之前,增加一层可信网络代理层。可信网络代理负责响应访问终端的业务访问请求,然后将访问请求进行安全过滤和审查,之后将符合安全要求的业务访问请求传输给业务系统,最终将业务系统返回的业务访问结果再传输给访问终端。这样,当有恶意终端试图进行恶意操作时,在可信网络代理层即可发现并截获,有效保证业务系统的安全。

安全监控器(security monitor)的主要作用是对电力信息系统网络中的所有行为进行实时监控和审计,基于强制运行控制理论来实现"行为状态可监测、异常行为可控制"。

电网企业信息系统安全防御体系的具体设计模型如图 8-21 所示。模型中首先在数密安全区定义了对涉密数据的安全保护,在四个业密区中定义了对企业各业务的安全保护;其次,模型根据对安全保护的实际要求,对各个安全区之间的数据流向进行了规定;最后,模型对企业内部各安全区与下级单位网络的连接方式、与外部网络的连接方式以及对移动终端的安全接入进行了设计和规定。

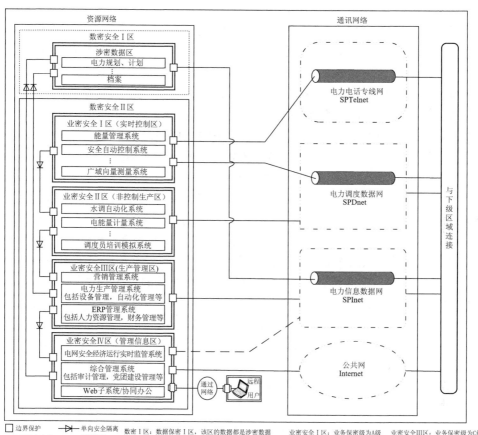

图 8-21　电网企业信息系统安全防御体系模型

3. 电力信息系统安全保护

(1) 数据安全。数据安全可以定义为数据本身的安全,包括数据载体(纸、磁盘)的安全和数据符号(纸上的文字以及磁盘上的 0、1)的安全。保护数据安全有加密保护和访问控制两种方式。对数据安全保护的最直接的方法就是加密。密码学技术是保障信息安全的基础。除了加密以外,保障数据安全的另外一个有效的办法就是提供访问控制,访问控制也是对私密性、完整性和可用性这三大安全属性的有效保护措施。

(2) 网络安全。网络安全保护是指对网络本身的安全保护。网络安全是以开放系统互联安全体系结构(OSI 安全体系结构)为标准,在安全协议、安全机制、安全服务三个层次保障网络安全。

OSI 安全体系结构的核心内容是：以 OSI/RM 七层协议为基础，以实现完备的网络安全功能为目标，将 6 大类安全服务以及提供这些服务的 8 大类安全机制和相应的 OSI 安全管理，配置于开放系统互联/参考模型（OSI/RM）7 层结构的相应层之中。其中 6 大类安全服务是指对等实体鉴别服务、访问控制服务、数据保密服务、数据完整性服务、数据源点鉴别服务、不容否认服务，又称抗抵赖服务；8 大类安全机制是指加密机制、数字签名机制、访问控制机制、数据完整性机制、交换鉴别机制、信息流填充机制、路由控制机制、公证机制。

在网络安全的保护方面，除了要构建网络安全体系结构，遵从安全机制的要求，使用防火墙、网络隔离装置等设备意外，为了进一步保障电力信息系统的网络安全，需要为电力信息系统构建一套可信网络。

一个可信的网络应该是网络和用户的行为及其结果总是可预期与可管理的，能够做到行为状态可监测，行为结果可评估，异常行为可管理。具体而言，网络的可信性应该包括一组属性，从用户的角度需要保障服务的安全性和可生存性，从设计的角度则需要提供网络的可管理性。不同于安全性、可生存性和可管理性在传统意义上分散、孤立的概念内涵，可信网络将在网络可信的目标下融合这三个基本属性，形成一个有机整体。

（3）网络业务安全[18]。网络业务是指运行在网络之上的企业管理系统的业务，或生产自动化系统的控制过程。它由运行于网络平台上的功能程序构成，实现企业的管理业务流程和生产控制逻辑。在网络环境下，工作人员按照业务管理软件的逻辑和节奏工作，或按照控制逻辑的操作过程，就构成了网络业务的实现。从计算机网络系统的层面上看，网络上业务是由网络进程集、数据集及进程操作序列集构成。网络业务的安全是网络进程集、数据集的安全（这里数据集的安全是严格区分为通常的数据安全，这里安全保护的对象是数据符号本身，而不是数据内容），更确切地说，是网络进程集的运行安全和数据集的写操作安全。因此网络业务安全可以描述为网络进程集和数据集的完整性，网络进程集运行的可靠性、实时性，以及进程集运行和数据写操作的抗抵赖性。网络业务安全的内容是业务运行的可靠性、稳定性和实时性，业务流程的连续性，业务操作（数据的写操作）的私密性和不可抵赖性。基于网络业务的安全保护，对数据内容的私密性没有保护要求，网络业务过程数据属于公开性数据，即对数据的读操作可不作保护。

8.4.2　电力信息安全防御关键技术

电力信息安全防御体系根据电力信息安全的特殊要求，针对网络信息安全威胁主要方面，制定了整体的安全防御策略和方案。然而电力信息系统安全防御体系的实施需要一些关键技术的支撑。涉及的关键技术包括：进程强制运行技术、强制硬件确认技术、网络二极管技术、安全接入技术、安全自治愈技术、文件保护技术等。

1. 强制运行控制技术

强制运行控制(mandatory running control,MRC)技术[19]是基于对程序运行控制的思想提出的。MRC 通过对操作系统内核进程的实时监控,实现对可信进程的运行控制和对不可信进程运行阻止。

在复杂的网络环境下,应用软件常常会出现不可预见的"死机"现象。"死机"会造成业务中断,有时甚至会使整个应用系统崩溃,这严重影响了应用系统的可靠性和安全性。强制运行控制技术实现从操作系统内核层上解决复杂网络环境中应用软件系统不可预见的"死机"问题,同时,采用新型的进程监控调度方法限制进程的行为,并通过在新型的进程监控调度算法中,建立可信网络进程列表和进程运行权限列表,实现对系统中的运行进程的实时监控,对非法进程的强制终止,对非授权运行的进程进行查处,达到对系统中业务操作的安全防护。MRC 技术对系统的安全防护主要是通过以下具体内容实现的。

(1) 新型的进程监控调度方法。通过对内核中相关数据结构的分析,提炼出进程监控程序所需的数据结构。进程监控程序通过读取操作系统内核文件来获得监控过程所需的数据。同时采用可信网络进程列表和进程运行权限列表配合数据结构的使用。

可信网络进程列表必须在初始系统安全的环境下搜集和建立,并形成一张初始可信进程列表,作为进程监控调度的依据。在调度过程中,如果发现当前进程未在初始可信网络进程列表中登记注册,则马上通过终端告知用户,等待用户处理。在等待过程中,终止调度该进程。只有当用户通过本地的键盘、鼠标确认放行后,该进程才可以运行;同时将该进程信息注册到可信网络进程列表中,以完善该列表。

进程运行权限列表是根据可信网络进程列表以及实际系统的情况,形成进程运行权限列表。进程运行权限列表中记录了系统中所有可信进程的运行权限。在对系统中各进程实时监测的过程中,一旦发现某个可信进程非授权运行,则立即阻止该进程继续运行。在系统的运行过程中,随着可信网络进程列表不断更新和完善,进程运行权限列表也随之更新和完善。

(2) 实时、高效的进程监控流程。监控程序实时对操作系统中的关键业务进程进行监控,及时发现异常进程并进行处理。通过测量和统计的方法,对操作系统中的所有关键业务进程都计算一个正常运行情况下占用各项系统资源的标称值,此标称值作为进程出现异常情况的阈值。监控进程实时地监控操作系统中的所有关键业务进程,当某个进程对操作系统的 CPU 使用率或者内存使用情况超过了阈值,则认为该进程为异常进程,监控程序将该进程终止,释放其所占用的系统资源。经过设定时间 Δt 后,监控程序将重新启动该进程,恢复该业务进程正常运行。

(3) C/S 模式下客户端的配合使用。当某个业务进程被监控程序终止后,客户端进程就不能与其正常连接,为了保证业务进程提供的服务不中断,客户端进程在连接失败后会自动重新建立连接,直到业务进程重新启动。C/S 模式下客户端重连机制的配合,保证了业务进程提供的服务不中断。

2. 强制硬件确认控制技术

强制硬件确认控制(mandatory hardware confirming control,MHCC)技术是基于操作系统内核设备驱动程序和 I/O 管理进程控制的,并与 MRC 技术协同工作,实现对特殊进程操作的键盘信号硬件确认控制机制,从而防止外部入侵或内部网络的恶意操控,保证网络关键业务的可信操作,并实现不可抵赖性。

MHCC 技术是基于操作系统内核的技术,它通过主机操作系统内核设备驱动程序和 I/O 管理及进程管理模块,建立特殊进程硬件确认列表,通过和 MRC 技术协同工作,实时监控特殊进程,对特殊进程的操作实行键盘信号等硬件确认,从而实现特殊进程运行的(特殊操作)强制控制运行,防止信息系统受到外部入侵或内部网络的恶意操控,保证网络关键业务的连续可用,并实现不可抵赖性。通过与操作系统内核的紧密结合,MHCC 技术也能保证自身不受恶意代码修改或破坏。

MHCC 技术主要由三个模块组成:位于用户模式的 MHCC 用户模块,位于内核模式的 MHCC 调用过滤模块和硬件监测模块。在系统调用接口和内核之间插入系统调用过滤模块,用来拦截用户应用程序对某些敏感数据的访问或某些行为。在系统内核的 I/O 管理模块与硬件驱动程序之间插入过滤驱动,用来检测硬件响应。MHCC 用户模块用来显示请求硬件确认的用户界面。

(1) 用户模块。MHCC 用户模块由 MHCC 过滤模块调用,用来向用户展示请求硬件确认的界面,并显示计时信息。它运行在用户模式,跟普通的应用程序一样,但是要解决好它与内核模式下的过滤模块的通信问题。如果只在某个用户应用程序中使用强制硬件确认功能,MHCC 用户模块就集成于应用程序之中,内核中的 MHCC 过滤模块也不需要了,因为应用程序自己知道什么时候需要请求硬件确认。

(2) 过滤模块。对于已经存在的业务系统的应用程序,它们设计和开发时并没有考虑强制硬件确认,如果要进行控制,则需要利用 MHCC 过滤模块拦截它们对某些数据的访问及关键操作,判断是否需要硬件确认,如果需要硬件确认,使用 MHCC 用户模块显示请求硬件确认的界面,在一定时间内如果检查到硬件信号就放行应用程序的操作,否则拒绝应用程序的操作。

（3）硬件监测模块。MHCC 硬件信号检测模块通过位于内核空间的驱动程序来完成。要通过驱动程序获取硬件信号，不仅要检查有没有硬件信号，如果有硬件信号，还要判断是不是目标进程所需的硬件信号。

硬件设备通过接口和系统总线相联，接口一般都包含状态寄存器、控制寄存器、输入输出寄存器等，可以通过检测这些端口的状态和数据来判断硬件信号。

3. 网络二极管技术

由单向传输的需求看出，使用网络二极管技术的场合安全级别非常的高，所以指导该技术研究的理念应与传统理念不同，传统安全产品（如防火墙、反病毒产品）的设计理念是不适合的。

从技术设计理念和实现目标来看，网络二极管技术的实现应该具备以下特性和要求：①必须在硬件物理特性上满足单向数据传输，并非靠软件逻辑来实现单向数据传输（即使系统内的软件遭受恶意篡改，也无法实现反向的数据传输）；②需要三个处理单元来完成传输与配置，在这些处理单元间采用光单向传输特性的部件来进行数据单向传输。三个处理单元即发送处理单元、接收处理单元和配置处理单元。发送处理单元用于接收来自于发送端网络的数据并发送到接收处理单元，接收处理单元用于接收来自于发送处理单元的数据并发送到接收端网络，配置处理单元用于接受用户配置并将配置信息下发到发送处理单元和接收处理单元，如图 8-22 所示。

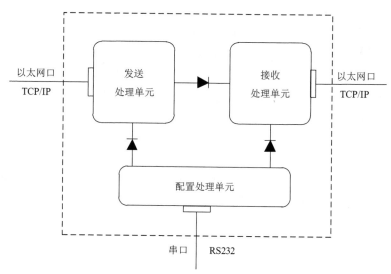

图 8-22　传输与配置单元图示

4. 移动终端安全接入技术

移动终端安全接入是安全防御体系的关键技术。移动终端安全接入技术主要解决用户应用方便性和系统安全性一致的保障。平台的系统架构包括:移动终端主机行为控制、移动终端安全检查、移动终端入网认证、移动终端安全通信和移动终端安全接入网关。对于通过外网访问内网业务且涉及重要信息的外网终端,其安全防护级别应该达到内网接入终端的防护级别,并需要通过安全接入平台接入内网,以保证内网的安全,对于不涉及内网重要信息的外网,终端按原方式访问相应应用即可。

(1) 移动终端主机行为控制系统。移动终端主机行为控制系统基于强制运行控制技术,提供三级安全保护:普通级安全保护、专业级安全保护和强制级安全保护。普通级安全保护适于个人自由使用,不涉及敏感信息,能够有限阻止有特征的非法侵害,可以与其他防护软件配合使用;专业级安全保护适于具有一定信息安全基础的专业人员使用,除具有普通级的防护功能外,允许用户自行放行或阻止非信任进程;强制级保护仅允许运行规定的应用系统和访问特定的网页资源,对于规定以外的其他进程一律阻止。管理员可以根据具体应用系统的安全等级采取不同级别的保护,保证移动终端的安全接入。

(2) 移动终端安全检查模块。移动终端访问内网资源前,需进行终端安全性检查,不符合检查策略的终端将禁止访问内网资源。安全检查模块对终端的操作系统版本、系统的补丁版本、系统的启动项、特殊位置的磁盘文件等进行严格检查,根据检查策略,安全接入网关在处理终端接入时,会先检查移动终端上是否具备上述一项或几项特征参数,依据检查结果判断是否允许该终端与安全接入网关建立安全隧道,同时判断出该终端的某些特征是否存在伪造信息,彻底杜绝不健康终端接入内网网络,确保移动终端接入的安全,从源头杜绝威胁。

(3) 移动终端入网认证模块。移动终端入网认证模块实现在移动终端上增加入网认证模块,将权威机构签发的数字证书存放在具有安全加密功能和身份认证功能的硬件认证卡中,并为每一个外出办公的员工配备相应的硬件认证卡。移动终端在接入企业内网之前必须进行由硬件认证卡和内网 CA 认证服务器共同保证的身份认证,实现只有通过入网认证的终端才可以接入到企业内网中,防止接入的移动终端是被伪造过的非法用户。

(4) 移动终端安全通信模块。移动终端安全通信模块的功能是使用安全通信协议与移动终端安全接入网关建立安全通道,保证传输数据的安全。安全通信模块通过与接入网关进行密钥交换算法、数据加密算法、数据完整性检查算法的协商、客户端和服务端的双向认证以及确定会话密钥,建立安全通道,防止数据在传输过程中被窃听、篡改、破坏、插入重放攻击,保证数据传输的安全。

（5）移动终端安全接入网关。移动终端安全接入网关是安全接入平台的核心之一，负责建立安全通道和对用户进行访问控制，能够保证接入传输的安全和内部被访问的应用系统的安全。移动终端通过安全通信协议与安全接入网关建立安全通道，对传送的数据进行加密，防止数据在传送的过程中被截获、篡改和破坏。同时，安全接入网关还可以对移动终端的身份进行身份认证，保证终端的可信性。

5. 安全文件夹技术

文件保护系统提出了安全文件夹的概念，安全文件夹为用户提供了一个主机文件保险箱。所有的安全防护都针对安全文件夹进行。用户通过将要保护的文件存放到安全文件夹中，即可使文件受到保护。

安全文件夹技术是在强制运行控制技术和强制硬件确认控制技术的基础上，结合加解密技术、身份认证技术等研发的一种新的技术。

安全文件夹技术采用安全快速的加密算法对数据进行加密保护，经过它加密的数据，除非在知道密码的情况下才能打开。否则，数据在当前正在运行的操作系统下不能被非法访问，即使利用其他操作系统引导或者将硬盘卸下的情况下也无法破解。为了用户使用方便，系统提供了随机密码功能。随机密码是根据主机硬件特征码生成的，因此使用随机密码加密的文件只能在本机上解密；使用用户输入密码加密的文件，可复制到其他计算机上解密使用。这样既简化了用户加解密操作，又确保文件不被非法拷贝使用。

安全文件夹技术实时严密监控受保护文件夹中的数据，对安全文件夹中数据进行访问控制，安全文件夹中的文件需要用户输入安全密码之后才能访问。当拦截到受保护文件的打开动作时，使用强制硬件确认技术判断该动作是本地用户发出的，还是黑客从远程发出的命令；是用户通过键盘鼠标发出的，还是程序自动发出的命令，对于一切非本地用户通过本地的鼠标键盘发出的文件打开命令均实施拦截，最终由本地用户通过鼠标键盘来进行文件操作，否则将被拒绝。已经打开了受保护文件的进程将被拒绝访问任何网络，正在访问网络的进程将被拒绝访问受保护的文件，杜绝了木马程序将受保护文件通过网络窃走。

安全文件夹技术从驱动层对自身进行强大的防护，防止木马病毒针对它破坏从而使保护失效。由于安全文件夹软件驱动比其他任何第三方驱动都早一步加载，理论上可以防止一切木马对受保护文件的窃取。

6. 安全自治愈技术

安全自治愈技术是构建主动可控防御体系的不可或缺的技术。自治愈技术重点解决可控性问题。安全自治愈技术可以构建一个自治的入侵容忍系统，以此来防止复杂的和无限制的攻击。系统以动态响应方式提供有效的入侵缓解、故障隔离和自我治愈。构建具有自适应性和网络防御能力的安全网络系统主要涉及的安全控制技术包括：可防御化、自治动态响应、不可预测性的使用、高容错性、生存性体系结构、基于认知方法的可生存系统。

（1）可防御化。首先，可防御化要识别哪些潜在的攻击是最致命的，并且根据攻击者相应的收获和付出的代价来划分等级。其次，主要针对那些最会影响系统稳定运行的攻击，开发防御策略。最后，在中间件层实现相应的防御策略。这样可以有效分离应用功能和额外的防御功能。这种分离可以使系统防御的开发独立于应用服务的开发和设备的重用。

（2）自治动态响应。随着将防御化应用于多个应用程序，使得能够在多个可重用的软件包当中封装多个可重用的防御策略，提高了防御策略的可重用性。整个防御策略通过管理被防御系统的缺陷和故障来显著加强防御能力。这种方式支持层次分解，通过实现相关的子策略、防御微策略等机制来实现整个防御策略。这一概念和面向服务的架构（service-oriented architectures，SOAs）中的组合概念很相似。

根据上述分析，可以看到实现自治动态响应功能的核心组件是结合了防御策略的自治管理器；它负责实现系统管理功能的自动化。设计自治管理器是为了实现控制回路，即从系统中收集数据信息，并根据收集到的数据信息采取措施。自治管理器主要包括监视部件、分析部件、规划部件和执行部件的 4 个功能，如图 8-23 所示。

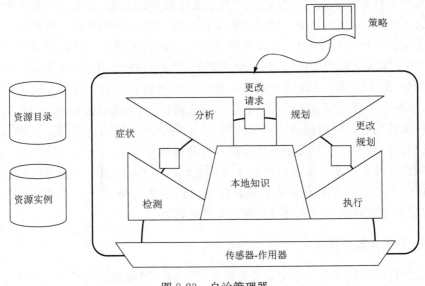

图 8-23 自治管理器

（3）不可预测性的使用。实践证明确定不变的防御型响应最终将是无效的，因为只要有足够的时间观察系统及其在活动中的防御情况,攻击者就能够预测相关的防御响应并做出相应的应对措施。例如,在某个系统中,所产生的新数据备份的位置信息如果始终是不变的,就使得攻击者能够计划和执行复杂的多步攻击,来最大化攻击的效果,同时将开销降至最低。研究了在多个 OSI 层次上的响应中使用的不可预测性,从而提高攻击者进行脚本攻击的难度。为了在网络层注入不确定性,首先利用了基于(network address tanslation, NAT)端口和地址跳跃机制,以在固定的时间间隔动态改变终端的信息,其次通过改变防火墙的拒绝规则以引起低级别的套接字行为的改变,例如 ICMP 拒绝或者丢弃数据包。

（4）高容错性。容错(fault tolerance)是提高计算机系统可靠性的重要手段。容错的含义是指在"在内部出现故障的情况下,计算机仍然能正确地执行指定算法"。容错技术在系统开发阶段实现,在系统的运行阶段发挥作用,从而提高了整个计算机系统的可靠性。软件系统容错功能实现时包括两个阶段:故障诊断阶段和系统恢复阶段。容错是通过冗余(redundancy)技术实现的,冗余的具体形式包括硬件冗余、软件冗余、时间冗余和信息冗余。

提高冗余度可以防止崩溃性失败。但是精明的攻击者会通过攻击应用系统导致拜占庭故障(byzantine failures),即发生拜占庭故障的节点可以产生任意行为,破坏系统结果的正确性,从而造成更严重的损失。为了处理这类缺陷,需要设计了一个冗余体系结构,该体系结构可以容忍任意的拜占庭式的攻击。该体系结构首先通过网关透明地复制已经存在的应用程序对象,其次通过杀死已损坏的副本和创建新的副本来动态地管理副本,再次通过使用选举投票算法以容忍任意副本的损坏。通过设置一些限制和不同的边界来管理主机,并将主机按照不同的安全域进行组织和划分,每个主机上都运行了一个管理进程。该进程执行一个专门的选举投票协议,从而决定副本的活动周期。

（5）生存性体系结构。在设计了一系列防御机制并使用它们来支持多样的防御策略之后,又尝试使用现有的防御机制和安全技术,来构建一个存活性强的信息系统。设计并评估一个生存性体系结构来保证对攻击的容忍和存活,以及对入侵的容忍和环境识别。

这个架构基于以下的设计原则:通过为关键部件增加冗余来实现单点故障保护;通过划分区域的方式来实现物理隔离,防止特权提升;通过使用可靠的硬件来实现基本的算法,构建强健的纵深防御;使用若干种不同的实现方法访问关键数据;强化区域限制,从而限制攻击的跨界传播;建立适应性响应,以快速地发起某种动作,以产生局部的影响或者消除某种影响,从而防止更危险的破坏行为;规范化的自动配置生成机制以防止不一致性。

虽然在系统生存性体系结构中成功使用 4 倍冗余机制,并且有效降低了攻击侵害,但最初的 4 倍冗余在硬件组件上的开销在大多数环境下还是难以负担。研究如何可靠的实现动态地调整冗余和多样性分布是非常有必要的。生物系统提供了很好的启发,例如:在种群中如何动态管理基因、行为的多样性的分布。

(6) 基于认知方法的可生存系统。建立并评估一个可生存原型系统,该原型系统在限制和阻止攻击方面表现出优异的防御能力,甚至攻击者被赋予了相当大的许可和特权的情况下,该原型系统依然有效。但是,这种方式需要专业人员来解释警报和解读事件报告,并对防御性响应做出决定,由于人员参与是昂贵的,所以在下一代自恢复可生存系统中,需要更高效可靠的自动控制机制以减少人员在系统中的作用。

8.5　本章小结

新能源电力系统安全至关重要,而系统安全控制是决定系统安全运行水平的关键因素。本章在概述传统电力系统安全稳定分级标准和基于"三道防线"的安全防御体系的基础上,重点分析影响新能源电力系统安全的因素,指出新能源电力设备故障高发性、对电网扰动的敏感性、输出功率的随机波动性以及信息安全问题将加大新能源电力系统安全控制的难度。现有的电网保护与安全防御策略往往仅利用本地信息,且大都采取离线仿真方式按最恶劣的情况制定保护控制策略,因此只能采取"以保守性换可靠性"的策略,不利于系统的安全运行,有必要研究新的电力系统安全控制方案及理论方法。

采用电网全局信息的后备保护是新能源电力系统安全控制的重要手段之一。本章第 2 节提出一种可识别潮流转移的广域后备保护方案,给出潮流转移因子的数学描述,提出识别潮流转移的初步判据,介绍了该广域后备保护方案的系统构成框图,并给出了仿真分析结果。提出的广域后备保护方案能够利用系统中多点同步信息识别潮流转移造成的过负荷,对遏制连锁跳闸事故,延缓系统崩溃过程有重要意义。

基于广域同步信息的闭环校正控制对于保障新能源电力系统安全具有重要意义。本章第 3 节提出了一种基于 WAMS 信息的闭环校正控制方案,给出了基于 WMAS 轨迹的轨迹预测方法、多机系统稳定评估方法和相应的闭环紧急控制的整体方案。

信息安全是新能源电力系统安全控制的重要一环,如何保证信息安全也是新能源电力系统需要研究的重要课题。本章第 4 节论述了电力信息系统安全的主动可控防御体系,制定了整体的安全防御策略,并详细介绍了电力信息系统安全防御体系的关键技术。

参 考 文 献

[1] 中华人民共和国国家经济贸易委员会. DL755－2001 电力系统安全稳定导则[S]. 北京:中国电力出版社,2001.

[2] 宋方方. 基于广域同步信息的暂态稳定评估方法和控制策略研究[D]. 北京:华北电力大学,2007.

[3] 徐慧明,毕天姝,黄少锋,杨奇逊. 基于 WAMS 的潮流转移识别算法[J]. 电力系统自动化,2006,30(14): 14-19.

[4] 徐慧明,毕天姝,黄少锋,杨奇逊. 基于潮流转移因子的广域后备保护方案[J]. 电网技术,2006,30(15): 65-71.

[5] 徐慧明. 可识别潮流转移的广域后备保护及其控制策略研究[D]. 北京:华北电力大学,2007.

[6] 汤涌. 电力系统全过程动态(机电暂态与中长期动态过程)仿真技术与软件研究[D]. 北京:中国电力科学研究院,2002.

[7] 邱关源. 电路[M]. 北京:高等教育出版社,2000.

[8] 石振东,刘国庆. 实验数据处理与曲线拟合技术[M]. 哈尔滨:哈尔滨船舶工程学院出版社,1991.

[9] 沈善德. 电力系统辨识[M]. 北京:清华大学出版社,1993.

[10] 刘笙,汪静. 电力系统暂态稳定的能量函数分析[M]. 上海:上海交通大学出版社,1996.

[11] 余贻鑫,陈礼义. 电力系统的安全性和稳定性[M]. 北京:科学出版社,1988.

[12] 李光琦. 电力系统暂态稳定分析[M]. 北京:中国电力出版社,1995.

[13] 袁季修. 电力系统安全稳定控制[M]. 北京:中国电力出版社,1996.

[14] 张瑞琪,闵勇,侯凯元. 电力系统切机/切负荷紧急控制方案研究[J]. 电力系统自动化,2003,7(18): 6-12.

[15] 鲍颜红,徐泰山,孟昭军,等. 暂态稳定控制切机负效应问题的 2 个实例[J]. 电力系统及其自动化, 2006,30(6):12-15.

[16] Wu K H, Zhang T, Chen F. Research on active controllable defense model based on zero-PDR model [C]. 3rd International Symposium on Intelligent Information Technology and Security Informatics, 2010, Jinggangshan 572-575.

[17] 吴克河,刘吉臻,张彤,李为. 电力信息系统安全防御体系及关键技术[M]. 北京:科学出版社,2011: 20-25.

[18] Zhang T, Wu K H, Ma G, et al. A network business security model based on developed BLP model in electric power enterprise[J]. Electrical Review. 2012, 88(3b):63-66.

[19] Wu K H, Zhang T, Chen F. The design and implementation of security defense technology based on mandatory running control[J]. Jounal of Information Assurance and Security. 2010, 5:218-223.

第 9 章　需求侧响应特性与供需协同优化

负荷响应是构成新能源电力系统发展模式的重要部分,其关键在于充分挖掘需求侧可平移负荷资源,并建立电网友好型新型用电方式和供需间的协同机制。从概念上讲,负荷响应等同于需求侧响应,可平移负荷是一类重要的需求侧资源。研究需求侧响应特性及需求侧资源参与供需协同优化对新能源电力系统的发展具有重要意义。

从系统调度的角度来看,根据需求侧资源的"透明"程度以及参与系统运行的程度,可以将对需求侧的认知划分为三个阶段,即黑箱阶段、灰箱阶段和白箱阶段。

对于传统的电力系统来说,电力调度机构根据用户负荷需求的变化对发电侧下达调度指令,通过控制发电机组出力满足负荷需求。当发电侧的可调度容量难以满足负荷需求以及可能发生影响电网安全稳定运行的情况时,电力调度将采取强制措施切除用户负荷。也就是说,传统的电力调度过程中,负荷需求被视为刚性需求,调度者默认用户没有能力或者不愿意改变自身的用电行为。由于并不了解需求侧资源的潜力,对于电力调度者来说,需求侧就好比一个"黑箱"。在需求侧黑箱阶段,负荷预测并没有考虑需求侧资源存在的潜力,供应侧的发电资源只能单方面的满足用户侧的电力需求。

随着需求侧负荷的增加以及用电设备的技术进步,需求侧资源的作用逐步得到体现。调度者认识到需求侧资源在保障电力供求平衡方面具有积极作用,并有意识地掌握需求侧资源对负荷变化的影响及其内在的运行规律。但这时电力需求仍然呈现刚性,调度者可以预知需求侧资源影响下的负荷变化,但无法有效控制需求侧资源参与系统运行。这时需求侧的透明度有所增加,可以将其看作一个"灰箱"。在需求侧灰箱阶段,调度者可以在对需求侧资源有效预测的基础上,合理安排日前调度及相关的辅助服务,发电侧资源可以根据需求侧资源的变化做出一些互动。

随着智能电网的发展,电网和用户之间的交互性逐步增强,电力系统运行和管理的手段逐步多样化。未来调度者将能够完全掌握需求侧资源的变化规律,并将其作为一种可调度的资源。这个时候,电力需求由刚性过渡为柔性,需求侧将完全透明,可以将其看成一个"白箱"。在需求侧白箱阶段,电力负荷在调度指令下能够实现主动响应,发电侧资源和需求侧资源可以协同优化,需求侧资源"电网友好"的特点将充分体现。

可以看出,需求侧的透明度由"黑"到"灰"到"白"的过程实际上是需求侧资源从"不可知、不可调"到"可预知、不可调"再到"可预知、可调度"的一个渐进发展过程。这一发展变化不仅符合电力运行管理的内在规律,而且客观上也满足新能源电力系统的发展要求。一方面,需求侧负荷增长使得电网峰谷差逐年增加,负荷变化的不确定性越来越大,单纯依靠新增发电机组装机和输变电扩容在技术层面和经济层面都面临巨大压力;另一方面,新能源电力系统中具有波动性和间歇性的发电资源大规模接入,使得发电侧出力同样难以预测。在供应侧不确定因素逐渐增加的情况下,单纯依靠供应侧满足电力供需平衡将逐渐不可行。因此,未来新能源电力系统中需要需求侧资源参与系统运行,并作为一类重要的可调度资源,传统的负荷预测方法需要考虑在需求侧资源主动响应潜力的基础上进行修正。最终实现需求侧资源和供应侧资源的有效互动、协同优化,共同保障电力供需平衡和电网的安全经济运行。

需要指出,需求侧资源的有效利用和供需协同机制的建立正是智能电网发展的重要内容和目标,同时,智能电网技术也是需求侧资源参与供需协同优化的技术保障。因此,未来需要发展相关的技术手段来支持需求侧资源作用的充分发挥。

本章首先提出需求侧响应的概念,探讨需求侧响应的基本原理并分析需求响应特性;其次,研究并提出兼容需求侧资源的负荷预测方法;再次,分析阐述兼容需求侧资源的供需协同优化问题,构建供需协同优化模型;最后,梳理相关的支持需求侧响应的关键技术手段。

9.1　需求侧响应的基本原理

在新能源电力系统中引入需求侧响应机制需要重点回答并解决以下问题:①应该设计怎样的需求侧响应机制才能形成足够的需求响应资源;②需求侧响应资源在新能源电力系统中具有怎样的效用。本节给出需求侧响应机制的概念及分类,系统介绍需求侧响应的基本原理,深入分析不同需求侧响应机制在新能源电力系统中的作用。

9.1.1　需求侧响应的概念及其经济学原理

1. 需求侧响应的概念

美国在电力市场化改革后,针对需求侧管理如何在竞争性的电力市场中充分发挥作用以维持系统可靠性和提高市场运行效率,提出了需求侧响应的概念。广义上来说,需求侧响应可以定义为:电力市场中的用户针对市场价格信号或者激励机制作出响应,并改变正常电力消费模式的市场参与行为。需求侧响应机制即是通过价格或激励手段,在满足用电需求的原则下,引导用户自愿改变用电行为的手段、策略及制度[1]的总和。用户改变自身用电行为的方式具体包括调整用电时间、合理消费电能、多用低谷电和季节电、采用高效率用电设备等。

2. 需求侧响应的经济学原理

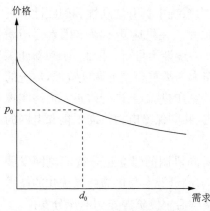

图 9-1 电力的需求-价格曲线

根据经济学理论,与一般商品市场相似,电力的需求也会随着价格的上涨而下降。电力的需求-价格曲线如图 9-1 所示。

对需求侧响应一般采用需求-价格弹性进行分析,需求-价格弹性即图 9-1 中需求与价格响应曲线的斜率,可以用式(9-1)所示。

$$\varepsilon = \frac{\dfrac{\Delta d}{d_0}}{\dfrac{\Delta p}{p_0}} \tag{9-1}$$

式中,Δd 是需求的变化量;Δp 是价格的变化量;d_0 是某一均衡点对应的原始需求量;p_0 是某一均衡点对应的原始价格。

需求-价格弹性表明了价格的相对变化所引起的商品需求的相对变化量。在实际电力市场中,需求随时间和价格的变化而变化。价格和需求在不同时间点是相互关联的。因此,与某一时点内价格相对应的负荷,同时也会对其他时点价格所对应的负荷产生交叉影响。这些交叉时间影响可以通过交叉时间系数来描述。在这里的分析中需要定义两种系数,分别为自弹性系数和交叉弹性系数。自弹性系数 ε_{ii} 表明在时点 i 下的负荷对价格的影响;交叉弹性系数 ε_{ij} 描述了时点 i 的负荷和时点 j 的价格之间的关系。一般来说,自弹性系数是一个负值,交叉弹性系数是一个非负值。这两种弹性系数的表达式分别用式(9-2)和式(9-3)所示。

$$\xi_{ii} = \frac{\dfrac{\Delta d(t_i)}{d_0}}{\dfrac{\Delta p(t_i)}{p_0}} \tag{9-2}$$

$$\xi_{ij} = \frac{\dfrac{\Delta d(t_i)}{d_0}}{\dfrac{\Delta p(t_i)}{p_0}} \tag{9-3}$$

考虑 24h 中每小时的负荷变化量,可以在一个 24 阶的矩阵 E 中把弹性系数进行排序。矩阵中,对角元素表示自弹性系数,副对角元素为对应的交叉弹性系数。矩阵中的列表示了某时点价格的变化量对其他时点负荷的影响。在对角线上的非零元素表示用户面对高价格作出提前消费的反应。对角线下的非零元素表示用户延迟消费以避免高价格时期的消费。如果用户在所有的时点中都有能力重新计划其用电时段的话,那么非零元素将变得离散。

重新安排用电方式意味着用户减少了在一些时点的电力消费,而增加了其他时间的消费量。由用户期望的日前价格的误差引起的时点 i 的负荷变化量可以用式(9-4)表示。

$$\Delta d_i = \sum_{j=1}^{24} \varepsilon_{ij} \left(\frac{\Delta p_j}{p_0} \right) d_0 \tag{9-4}$$

式中,Δd 是时间 i 的负荷变化量;ε_{ij} 是弹性系数,当 $i = j$ 时,该值表示自弹性系数,当 $i \neq j$ 时,该值表示交叉弹性系数;Δp_j 是用户在时点 j 的期望价格的误差值。

因此,24h 的负荷变化量可用式(9-5)表示。

$$\Delta d = \boldsymbol{E} \times \left(\frac{\Delta \boldsymbol{p}}{p_0} \right) \cdot d_0 \tag{9-5}$$

式中,Δd 是 24h 负荷变化量的向量;$\boldsymbol{E}$ 是弹性矩阵;$\Delta \boldsymbol{p}$ 是价格误差的向量。

9.1.2 需求侧响应机制的分类及作用机理

1. 需求侧响应机制的分类

按照需求响应信号类型可以将需求响应机制分为价格型需求响应机制和激励型需求响应机制[2]。图 9-2 对各种需求响应机制进行了分类汇总。从理论和实践上来说,可以将不同的需求响应机制进行组合,为了清晰起见,在阐述各种需求侧响应机制时,都将其看做是独立的,即认为每一种需求响应机制具有单一特性。

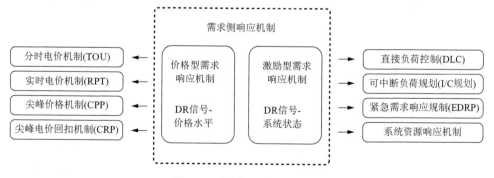

图 9-2 需求侧响应机制分类

在价格型需求响应机制中,电力终端用户直接面对批发市场价格或与批发市场价格挂钩的零售市场价格,并对价格信号做出响应,从而改变自身的电能消费方式或消费行为(表现是消费数量或者消费时间的变化,或者二者同时变化)。这一类需求响应机制的基本目标是将反映潜在生产成本的批发市场价格信号传递给终端消费者,让一部分消费者承担这种价格信号,实现资源更为有效地配置。价格型需求响应机制包括:分时电价机制、实时电价机制、尖峰价格机制以及尖峰价格回扣机制。这些需求侧响应机制在一些电力市场化程度较高的国家中已经有了广泛的实践。

在激励型需求响应机制中,系统运营者在需要维护系统稳定性时,以电价的形式向所有市场参与者发出购买的需求侧响应信号,有条件并愿意接受这一信号的市场参与者在做出回应并执行相应的用电负荷调整后,可以获得事前约定的负荷改变补贴。在竞争的电力市场环境中,系统的安全稳定运行和系统的绩效标准挂钩,所以激励型需求响应机制经常是由监管机构督促提供,并且系统监管机构会对做出响应的市场参与者给予相应的市场外补贴(即负荷改变补贴)。该补贴一方面用于激励需求侧用户在市场中更加有效地做出响应;另一方面补偿电力公司因执行负荷削减项目导致的净收益损失。具体的激励型负荷响应机制包括直接负荷控制、可中断负荷规划、紧急需求响应机制以及系统资源响应机制。其中系统资源响应机制包括:容量资源响应机制、电能资源响应机制以及辅助服务资源响应机制。

2. 需求侧响应机制的作用机理

1) 分时电价机制

分时电价机制(time of use,TOU)是一种最为普遍的动态时间电价机制,其时间段的划分由粗到细可以有很多种。可以是最简单地将一年分为两季或多于两季的电价,如丰枯电价、旱季雨季电价、采暖季非采暖季电价等,也可以更为细致地将每一天归到工作日电价、周末和节假日电价等。对于装设了分时计量表的用户,则可以更进一步将每天 24h 划分为峰、非峰两种电价,或峰、谷、平三种电价,或尖、峰、平、谷四种电价等。

分时电价项目通常要求电力公司或者零售商与消费者提前商定各个时段的用电价格,如提前确定每天各个小时、一星期中各天或者一年中各个季度的时段电价,而且,在具体的定价过程中要充分考虑峰荷电价、基荷电价、峰谷电价对分时电价的影响。传统的分时电价项目在平衡电力市场中的供求关系上起到了关键的作用,同时也为供电公司提供了一种有效控制负荷与管理风险的途径,已被国外许多电力公司广泛使用。美国联邦能源委员会曾在 1975 年到 1981 年资助过 16 个示范性分时电价项目。根据 FERC 在 2006 年的调查,全美共有 187 家供电公司提供分时电价项目,其中 148 家提供给居民用户,39 家提供给非居民用户。这 187 家电力公司以公众所有的公共电力公司为主,其中合作社性质供电公司、市政所有的供电公司和政府部门分支机构性质的供电公司占一半以上。如果用提供分时电价的供电公司所覆盖的居民用电量占该区域居民总用电量的比例来反映居民用户分时电价的普及率,分时电价在美国各区域居民用户中的普及率都在 40% 以上,其中佛罗里达州最高,达到 78%。据统计,截止到 2010 年,全美国参与分时电价项目的居民用户达到 560 万户,其中超过 80% 的参与者在不减少总用电量的基础上每年的电费节约在 240 美元以上。所有用户每年贡献的需求响应容量资源在 $228 \times 10^4 \mathrm{kW}$ 左右,其中,工商业用户需求响应容量为 $213 \times 10^4 \mathrm{kW}$。

从众多的分时定价机制推行经验来看,美国亚利桑那州 APS 的项目具有代表性和启示性。APS 提供两个分时电价项目和一个固定电价项目,其中一个分时电价项目称为时间优势项目(time advantage plan),该项目为一部制电量电价,对于那些 60% 以上用电为非峰期的用户非常合适;另一个分时电价项目称为联合优势项目(combined advantage plan),该项目为两部制电价,包含一个很低的电量电价,但同时包含一个由最高用电量决定的需量电价。两个项目都只设峰荷与非峰荷两种电价,没有尖荷时段等划分,且每个季节的峰荷与峰荷时段各不相同。在公司的网站上,有不同机制下用电费用比较的计算器,以及一些如何节约电费的经验交流,可以帮助用户依据其用电状况及负荷曲线来选择适宜的电价机制。

但同时应看到,与实时电价机制相比,由于分时电价机制的某些局限性,系统中许多潜在的经济效益还没有充分地发掘出来。例如,在自由竞争型电力市场中,分时电价的优点表现得不那么明显。这是因为分时电价是电力公司与消费者提前共同商定的,并且在一段时间内固定(通常是一年重新评估一次)。在已经实现自由化竞争的电力市场中,批发市场实时价格波动非常明显,从而会对分时电价项目带来很大的负面影响。在电价波动的批发市场中,虽然分时电价项目可以使零售商的购电风险在一定程度上有所降低,但其前提是零售商在设计分时电价时要对批发市场中电价的走势、用户未来负荷需求量和电价的需求弹性有较为准确的预测。这与下文所谈到的实时电价机制有所不同。

2) 实时电价机制

实时电价机制(real time price,RTP)和分时定价机制不同,其电价不是提前设定的,而是每天持续波动,直接反映批发市场价格。实时电价的基本原理就是让终端用户所面对的电价直接或间接地与批发市场中的出清价格相联系。这样一种将批发市场价格和零售价格直接联系起来的机制,起到了将价格响应直接引入到零售市场,将两个市场联动起来的作用。从国外的实施情况来看,美国第一个 RTP 项目是 20 世纪 80 年代在加利福尼亚州实施的试验项目,其目的在于测试用户的价格响应性及其对实时电价的接受程度。其后在乔治亚电力公司也成功地实施了实时电价机制。根据 FERC 在 2006 年的调查,全美国共有 47 家电力公司提供 RPT 电价机制,有 4310 户用户参与这一电价机制。参与用户基本上都是大型工商业用户,早期实施的地区将这一电价机制作为大用户的一个可选择电价机制,后期一些地区则逐步将实时电价作为大工商业用户的强制性电价机制。

实时电价机制分为两类。一类是事先给出一天 24h 的电价,称为 DA-RPT;

另一类是在用户已经用完这部分电能之后的 60min 内给出该小时的用电价格,称为 RT-RTP。

实时定价产品通过固定电价、市场电价以及各种前向合同(协议)中的电价组合为供电商和消费者提供了一系列规避风险、提高各自收益的选择。实时电价机制不仅适用于时间敏感性较高的时前市场,而且在时段价格固定的居民类零售市场中也起着关键性作用。例如,国外一项研究中以乔治亚电力公司为案例,研究了一个与日前市场和时前市场的快速反应市场联动的零售市场。这一研究中指出,用户对所消费电能实时价格的响应是明显且持续的,并且用户在实时价格较高的时段里的需求侧响应也更为强烈。研究中还提到了以下几个关键数据:在自由竞争的电力市场中,如果对 5% 的零售负荷实行实时定价机制,哪怕市场中需求弹性只有 0.1,峰荷电价也会降低近 40%;如果让 10% 的零售负荷面对实时现货价格,假设其需求弹性只有 0.2,则峰荷价格也可以下降 73% 以上。对于实时电价产品的进一步经济分析表明,动态的实时电价比传统的分时电价的经济效益要大得多。

3) 尖峰价格机制

尖峰价格机制(critical peak price,CPP)是在分时电价机制和实时电价机制的基础上发展起来动态电价机制,其关键在于在普通电价或分时电价的基础上,设置了一个关键峰荷期电价,即通过在分时电价上叠加尖峰费率而形成。关键峰荷期可以由系统紧急情况触发,也可以由电力公司在批发市场购电时所面临的高电价触发。一般分时电价的峰荷时段在一年或一季中是确定的,但尖峰价格期的发生不是确定的,而是在需要的时候,通过一个有限期的提前通知来临时确定,每一年只有有限的几天或几个时段。也有一些尖峰价格项目是在事后再来回头选取几个最高负荷日或时段。

美国最早的一个尖峰电价项目是海湾电力公司在 2000 年开始实施的。在 1988 年至 2001 年,美国出现的电力危机和不断出现的批发市场价格钉现象,使得各个电力公司意识到,如果能够更多地实施实时电价或类似实时电价的项目,将可以明显地降低尖峰负荷。从这以后,尖峰价格项目在美国得以集中出现,2006 年 FERC 的调查显示,已经有 25 个电力公司在推行尖峰价格项目,全美共有 11000 户用户参与这一电价机制。许多关键峰荷电价都是以试验性项目的形式存在。参与用户最多的 5 家电力公司的参与用户数目占全国参与用户数的 96%。

尖峰价格机制是在一个特定时间段内设定单一价格,或者设计成变化的动态价格。尖峰价格机制仅仅用于特定的系统运行状况或者特定的市场状况,例如系统中备用容量短缺或者电价超过一定限度时。典型的关键峰荷定价项目是在传统的、全年执行的分时电价项目的基础上,提出一部分天数作为关键峰荷时段,并执行非常高的电价。其中,实行尖峰价格机制项目的天数是事先确定的,但是具体的实时日期以及关键峰荷时段的电价都没有提前确定。当然,通常情况下,实时关键峰荷项目的具体日期和电价会在执行这一机制的前一天由系统运营商通过自动通信系统通知给用户。

目前法国电力公司运行着世界上最大的称之为"Tempo"的关键峰荷电价项目，并且有将近 1000 万用户参与了这一项目。从该项目的运行结果来看，关键峰荷电价如果翻一番，高峰负荷将会下降 20％以上。当消费者对关键负荷电价的需求弹性为 0.3 时，关键峰荷价格水平变化 15％，可以导致 5％的需求削减。

4）尖峰价格回扣机制

尖峰电价回扣机制（critical peak rebate，CPR）与尖峰价格机制基本类似，所不同的是尖峰电价回扣机制仅仅对于用户低于事先确定的基本用电量的部分给予优惠价格，并且这种优惠价格是事先确定的，其他部分用电量则是基于另外的标准来定价和收费。用户保留原有的单一固定电价制度，如果用户在尖峰时段削减负荷，可以获得相应补贴。尖峰电价回扣机制的内涵是对于在特定时间段内相对于基本用电量水平能够降低一部分用电量的用户给予一定比例的电价回扣，而其他动态定价机制则是对于特定时间段确定一个特定电价。

美国加利福尼亚州的 SPP 项目的统计结果表明，参与尖峰价格回扣机制的用户满意度非常高，有 87％的用户认为该项目设计得非常公平。相比工业用户，虽然居民用户的尖峰时段负荷削减和获得的电费节省更少，但对尖峰价格回扣机制的响应程度却高出 15％，这突破了认为居民用户响应程度低于工商业用户的传统观点。另外，高级计量装置（advanced metering in frastructure）在用户对尖峰价格回扣机制的响应频率方面起到了关键作用，大约 2/3 的负荷削减需要通过 AMI 来实现。

5）直接负荷控制

系统运营者在批发市场电价发生波动或系统可靠性受到威胁时，采用直接负荷控制（direct load control，DLC）的方法来确保系统的正常运行。所谓直接负荷控制是指系统运营者在系统用电高峰时段通过强制措施切断所需控制负荷（wanted control load，WLC）与系统的联系。由于在不同时段对不同负荷进行控制（即控制方式是循环和分布式的），可以降低系统高峰负荷，提高负荷率，并且尽可能地降低对用户和电力公司的影响。

在国外，直接负荷控制一般适用于居民或小型的商业用户，参与的可控制负荷一般是那种短时间的停电对其供电服务质量影响不大的负荷，例如电热水器和空调等具有热能存储能力的负荷，参与用户可以获得相应的负荷中断补偿。直接负荷控制项目完全由系统运营者来实施，如系统运行者可以在不征得消费者同意的情况下确定对终端用户负荷削减的时间和负荷削减量。负荷中断项目实施的前提是系统运行者首先要与消费者签订相应的合同，即建立一种参与机制的商业条款，使得系统运行者在必要的时候可以在不征得终端用户许可的情况下对其负荷进行削减。对于工业大用户而言,合同中要涉及具体的负荷削减数量和负荷削减时间,相应的负荷控制过程可以采用遥控装置实现,也可以通过大工业大用户所设立的值班管理人员控制实现,而针对普通居民用户,合同中要涉及需要负荷控制的数量、控制周期、负荷削减量、负荷削减期限,以及对参与直接负荷控制项目的支付额,其中具体的支付额是根据用户实际负荷削减量(负荷削减量等于事先核定的负荷消费基线与实际负荷消费量之间的差值)确定的。直接负荷控制项目中,对用户的支付方式可以是电费冲减,也可以是直接补贴。由于对居民用户的直接负荷控制项目的设计主要集中于制冷制热系统和转动设备的转速上,所以需要事先安装这种干预装置,并在系统需要的时候对电制热、空调、游泳池、水泵等设备的运转进行干预。这种直接负荷控制可以通过安装在终端的负荷控制设备上实现,也可以通过能源管理系统或感温装置系统来实现。同样,相应的干预装置可以是自动控制,也可以通过无线电控制、微波控制、干线控制、远动控制等遥控手段加以实现。

6) 可中断负荷规划(I/C 规划)

可中断负荷规划是根据供需双方事先的合同约定,在电网高峰时段由系统调度机构向用户发出负荷中断请求信号,经用户响应后中断部分供电的一种控制方法。可中断负荷规划与电力系统安全、经济运行关系密切,还可以调整用户侧的需求弹性,从而达到削峰填谷以及改善负荷曲线的目的。对用电可靠性要求不高的用户,可以减少或停止部分用电,避开电网高峰期,并且可以获得相应的中断补偿。可中断负荷项目与直接负荷控制项目在功能上大致相同,但其主要是针对需求弹性较大的工业用户。这类用户通常总会有一部分用电负荷不需要百分之百地满足,可以在不需要提前通知的前提下中断一部分用电负荷。对具体的操作过程可以由自动化系统对负荷实施控制,也可以通过手动方式来中断。例如,在美国得克萨斯州的大工业用户安装有"under-frequency"的中继装置,在系统出现紧急状况需要求迅速降低用电负荷时,调度机构可以使用该中继装置来中断部分用电负荷。

可中断负荷规划的实施机制主要是通过电力公司和用户签订合同。当系统高峰时段电力供应不足时,电力公司可以按照预先与这些用户签订的可中断电价合同暂时中断用户部分负荷,从而减少高峰时段电力需求,改善负荷曲线形状,推迟发电投资决策,提高系统整体经济效益。合同中通常会明确提前通知时间、响应持续时间、中断容量和补偿方式等因素。而这些可中断负荷合同一般都需要具有引导理性用户披露其真实缺电成本的激励相容特性。可以利用金融工具设计可中断负荷合同,如电力供应商买入看涨期权而用户卖出看涨期权的可中断负荷合同、电力供应商买入看跌期权而独立发电商卖出看跌期权的可中断负荷合同、引入双值看涨期权的可中断负荷合同、带双边期权的可中断负荷合同。也可以基于用户缺电成本设计可中断负荷合同,如基于二次的用户缺电成本函数分别引入连续和离散取值的用户类型参数的可中断负荷合同,以及进一步考虑了用户最大可中断负荷限制的合同。

　　7) 紧急需求响应机制

　　当电力系统的安全稳定性连续受到威胁时,将有可能发生大面积停电事故,系统运营者会宣布系统进入紧急状态。紧急需求响应机制(emergency demand response program,EDRP)就是为应对类似紧急状态所设立的一系列措施之一,是在电力系统的运行状况恶化到最低边际备用容量已经无法保证的情况下而降低用电负荷(提供需求响应资源)的方法。系统运营者根据安全可靠性标准对紧急事件进行评级并事先向相关用户公布。系统运营机构设置一个激励性支付价格,在出现可靠性事故时,消费者削减负荷则可获得相应的激励支付。这些需求响应规划通常是用户自愿参加的,并且根据用户实际降低的用电负荷给予用户相应的经济补偿,消费者也可以忽略系统运营机构发出的通知请求,并不会受到惩罚。激励型支付水平是预先规定好的,在美国一般是 350～500 美元/(MW·h)。在用户选择参与紧急需求响应机制后,电力公司对于用户实际降低的用电负荷进行度量验证,根据度量结果确定对于用户的经济补偿或者经济惩罚。一般来说参与紧急需求侧响应项目的用户会提前 24h 收到系统运营者的通知,并且在接近实时响应的时候再一次收到确认通知。

　　根据 FERC 在 2008 年的调查,全美共有 27 个批发市场或系统运营机构实施了紧急需求侧响应项目,表 9-1 给出了其中几个项目的实施情况。其中,纽约州的独立系统运营商(independent system operator),所运营的紧急需求侧响应项目较为成功,参与用户较多,该项目近些年在系统储备不足时提供了重要而关键的负荷削减。譬如在 2006 年 7 月末,纽约州独立系统商运营 NYISO 就成功地运作了一次紧急需求响应:在 7 月 29 日,出现系统容量储备不足,导致现货市场价格飙升;考虑到后几天容量储备无法改善且天气更热,NYISO 启动了紧急需求响应机制和容量项目,在二者的联合作用下,接下来 2 天负荷下来了,现货市场价格也迅速平稳下来。当然由于紧急需求侧响应项目的自愿性质,使得这种项目同样无法成为一种可靠的负荷削减资源。

表 9-1　美国和加拿大部分现行的 EDRP 项目

公司名称	项目类型	最小规模	激励方式	惩罚措施
安大略独立市场运营商	紧急需求响应项目		实时电价	
美国国有公用事业公司	选择性负荷削减项目	总负荷的 15%,每次 5%	避免强制停电	超用电量支付 6000 美元/(MW·h)
美国 PJM 独立市场运营商	紧急需求响应项目	负荷削减 1MW	500 美元/(MW·h)或区域价格的最高值	

公司名称	项目类型	最小规模	激励方式	惩罚措施
加利福尼亚州独立系统运营商	需求侧负荷缓解项目	负荷削减 1MW	20000 美元/月和 500 美元/(MW·h)	容量费与响应情况考核挂钩
圣地亚哥天然气电力公司	紧急负荷削减项目	最大负荷削减 15%,最少 100kW	200 美元/(MW·h)	
纽约独立市场运营商	紧急需求响应项目	负荷削减 100kW	500 美元/(MW·h)和实时价中取大值	

8) 系统资源响应机制

多种资源响应机制包括容量资源响应机制、电能资源响应机制以及辅助服务资源响应机制。

容量资源响应机制(capacity resource response mechanism,CRRM)可以看作是可中断负荷规划和紧急需求响应项目的结合,在这种机制中,用户承诺在系统紧急情况出现时,执行一个事先约定或规定好的负荷削减,并获得一个确定的经济补偿,其前提条件是用户在系统调度机构所要求的时间段内削减了所要求的用电负荷数量,并且如果用户没有能够按照调度机构确定的削减负荷时间和事先确定的削减负荷数量要求,用户也要受到相应的经济惩罚。容量资源响应可以看做是一种保险,不管可靠性事件发生与否,参与者都能获得一个固定的经济补偿,就如同得到一个保费收入一样,在一些年份可能根本不会被通知削减负荷。容量资源响应机制的市场参与者除了要在要求的时候削减负荷的承诺,同时还要证明其有能力保证这种削减的随时可得性和可持续性。譬如纽约 ISO 的 SCRP 项目对参与者的要求是:至少有削减 100kW 负荷的能力,至少须持续 4h,提前通知时间为 2h,每一个审查期要进行一次能力测试和审计。符合条件参与该项目的负荷服务机构(load service entity,LSE)可以获得容量支付,或者冲抵发电装机市场的容量要求。

电能资源响应机制(electricity resource response mechanism,ERRM)能够为用户提供一个直接或者间接参与批发电力市场的机会,用户在批发电力市场当中通过改变自己的用电模式(用电数量和时间),促使市场均衡具有更高的经济效率。也就是说,由于引入了用户的需求侧资源而使得市场竞争更加充分和高效,所达到的市场均衡具有更高的经济效率,而用户也因此得到相应的经济补偿。如果用户没有机会参与到批发电力市场当中,那么用户就没有需求响应的机会和能力,同时也没有提供需求响应资源的动力,那么用户就只能是"刚性"用电,则市场就是一个卖方市场,而这些市场的经济效率是比较低的,其供电风险也比较高。

辅助服务响应机制(ancillary service response mechanism,ASRM)可以让消费者以其削减的负荷作为运行备用容量直接参与辅助服务市场。实施这一机制能够促使用户为系统提供运行备用服务,并且在一些情况下还可以为系统提供调频服务。作为等价交换,用户可以根据当时电能批发市场的价格来获取相应的辅助服务费用。辅助服务市场对参与用户的要求比前些项目都高。首先是反应速度要求很高,响应时间按分钟计而不是如前些项目按小时计;其次是最小容量要求较高;第三是参与用户必须装设先进的实时遥信计量装置。比较理想的参与负荷是某些水泵负荷、电弧炼铁炉负荷以及遥控空调和热水负荷等。目前美国的加利福尼亚州和德克萨斯州实行了辅助服务响应机制。加利福尼亚州是让符合要求的用户直接参与非旋转备用、替代备用和附加电量市场的投标。目前主要用户参与者是加利福尼亚州水利部,其水泵负荷是一种理想的辅助服务提供负荷。德克萨斯州的负荷资源项目通过自动低周减载继电保护控制约 180×10^4 kW 的可响应负荷,这些负荷的负载状态、断路器状态和继电器状态都有实时远方监控。

3. 需求侧响应的信号分析

从需求响应机制分类中可以看出,价格型需求响应机制中,用户通过自动或者手动的方式在某个时间段内调整自己的用电量,激励型需求响应机制中,电力公司可以对用电终端直接进行控制。在清楚了各种需求侧响应机制的作用机理以后,何时实施以及如何实施这些需求响应机制是摆在系统运营者或调度机构面前的关键问题,回答这一问题需要对需求响应信号进行分析。

需求响应信号包括需求响应的提前通知时间、需求响应的持续时间以及需求响应的频率。从国外的经验来看,这些需求响应信号通常来自用电服务机构(load service entity,LSE)或者终端用户整合机构(aggregated resource center,ARC)。LSE 和 ARC 是帮助用户参与需求侧响应机制的机构或公司,这些机构或公司在提供需求响应资源或分布式能源的终端用户和其他市场实体之间充当中间人的角色。影响需求响应信号的主要因素包括:一年当中电力系统出现紧急状态或紧急事件的最大次数、两次紧急事件之间的时间间隔,时间信号变化提前通知时间以及系统事件的最长持续时间。这些因素对 LSE 或 ARC 引导用户改变用电负荷具有重要影响。LSE 或者 ARC 需要基于这些信号来告诉终端用户在什么时间开始改变其用电量以及用电量改变的持续时间。表 9-2 汇总了各类需求侧资源所需要的提前通知时间、信号变化的持续时间和次数。

表 9-2　DR 资源的特征汇总

DR 的机会	时间段长短		
	DR 提前通知时间	DR 的持续时间	DR 的频率
价格型需求响应机制			
分时电价机制	大于 6 个月	高峰期的长度	日、季节,等等
实时电价机制	2~24h	尖峰期长度	小于 100h/a

DR 的机会	时间段长短		
	DR 提前通知时间	DR 的持续时间	DR 的频率
价格型需求响应机制			
尖峰价格机制	24h	取决于价格水平	取决于价格水平
尖峰电价回扣机制	5min～1h	取决于价格水平	取决于价格水平
激励型需求响应机制			
直接负荷控制	没有	5～60min	有时候在价格上有限制
可中断负荷	30～60min	取决于合同	有时候在价格上有限制
紧急状况 DR 资源	2～24h	最低限 2～4h	通常低于 100h/a
容量资源	2～24h	最低限 2～4h	通常低于 100h/a
电能资源	5min～24h	取决于价格水平	取决于价格水平
辅助服务资源	5s～30min	10min～2h	取决于供电可靠性水平

1) 提前通知时间

为了让用户有一个调整用电负荷的准备时间,系统调度人员在实施需求响应措施时要提前通知,用户在这段时间内确定其负荷调整方案,既满足系统调度机构的要求,同时又尽可能减少因改变用电方式对生产和生活造成的影响。要想给出合适的提前通知时间,就要求 LSE 或者 ARC 有能力确定用电负荷改变的开始时间和持续时间,从而保证既不提前也不滞后地通知用户。

对于激励型需求响应机制来说,由电力公司或者系统调度机构直接控制的一些用电终端负荷(包括游泳池的电动水泵、电热水器以及居民采暖、通风与空调系统(HVAC 系统))的控制时间段较短,通常不到一小时,提前通知与否对于需求响应机制的效果没有明显影响,因此是否对这类用户提前通知无关紧要。但是,对于其他类型的需求响应机制而言,大量用户都需要提前通知。这些用户通常需要通过自动化手段或者手动方式来调整其用电行为,所以都需要一定的准备时间。因此,提前通知时间的确定关系到用户是否有能力及时调整自己的用电需求来提供需求响应资源,以及用户是否愿意提供需求响应资源(是否愿意参与这些需求侧响应规划)。

2) 响应持续时间

目前所能够提供的所有的需求响应资源都是假设各类用户能够在不同长短时间段(从几分钟到几个小时的时间段)内调整自己的用电需求,至于哪些用户能够在多长时间段内调整用电需求以及能够调整多大比例,取决于不同用户的需求响应能力。从最低限度上说,对于每一种需求响应资源而言,需求响应的持续时间是需求响应信号发布时间段长短的函数,这是所要求的需求响应持续时间的底线(例如对于逐个小时实时响应的情况)。从最高限度上说,需求响应持续时间是需求响应信号保持时间长短的函数(例如对于在实时电价之下的多小时高价格情况)。基于目前所设计的实时电价,需求响应持续时间不会低于 1h,这是因为价格是逐个小时发布的。同样,尖峰价格机制以及尖峰电价回扣机制所产生的需求响应的持续时间通常要包括几个连续时间段内事先确定的事件发生时间。

需要注意的是,市场中有许多用户即使有需求响应能力也未必愿意让调度机构较长时间地中断其用电负荷。在美国,对于 ISO/RTO 组织实施的几个需求响应机制进行了分析评估,其目的是通过实证分析来确定在不同长短时间段内中断用户的用电负荷时,用户的接受程度如何,以此确定这些需求响应机制的效果。结果表明大多数居民用户通常希望对于持续时间较长的事件进行需求响应,也就是说用户不希望频繁地改变需求响应信号。而对于大型商业或者工业用户而言,如果它们能够有足够的提前准备时间,它们能够延长需求响应持续时间(例如造纸业,它们可以利用大型纸浆设备来储能)。但是,对于大量的中小用户而言,它们的需求响应能力难以做出准确判断。从技术上说,中小用户的各种用电终端可以采用相关的负荷控制技术,但是这类用户的需求响应能力以及它们的意愿则是另外一回事。例如,在商业办公建筑当中,普遍使用的一个需求响应策略就是让夏季室内的温度比其他地方的温度高几度。但是,一旦一个温度临界值出现之后,室内的冷暖舒适度就成为一个问题,而且商业办公建筑的运行管理者仅仅愿意将温度设定值提高几度。因此,对于大多数用户而言,很难要求他们必须快速地改变自己的用电需求(从一个用电水平迅速地变化到另一个用电水平)。例如当要求用户通过手动方式快速改变热电偶的温度设定值以控制空调的用电负荷,或者要求用户采用自动控制技术在短时间内(数秒至几分钟)进行信号扩展时,其接受意愿明显降低。

3) 需求响应频率

需求响应信号还包括系统调度机构要求用户调整其用电需求的频率。也就是说,用电需求变化的次数不同,相应的需求响应资源的效果和作用也会不同。需求响应的频率既是信号期长短的函数,也是在整个信号期内信号变化次数的函数。例如,分时电价机制为大量用户提供了改变用电需求的机会,即在价格高的时候降低用电需求,在价格低的时候增加用电需求。这个机会主要取决于高价和低价发生的频率,而不同的月份以及不同的年份,高价和低价发生的频率都是不同的。对于其他形式的需求侧响应机制,也存在这种情况。需求响应资源的这种特征会在一定程度上影响需求响应的效果。如果系统运行机构和系统规划机构以一种集中的、重复的方式发布信号要求用户多次地调整用电需求,用户的需求响应资源效果将会逐步降低。在这种情况下,系统运行机构或者规划机构需要明确,当系统出现紧急状况而需要降低用电负荷的时候,能够指望需求响应资源降低多少用电负荷,以及在什么时间段用电负荷可以恢复。

研究发现在居民采暖、通风与空调系统上安装有简单负荷控制装置的用户愿意并且能够对于频繁变化的需求响应信号产生响应。对于 2010 年纽约独立系统运营商的需求响应备用示范项目的分析评估结果表明,即使是直接负荷控制技术,其效果也会发生很大变化,对于不同事件的响应,其合同数量在 0～400%,并且在 4 年的示范期内实施效果不断递减。

4. 需求响应资源的划分

根据用户参与需求侧响应机制的灵活性和响应的时间特性,将需求侧响应资源按响应周期分为长期资源,中期资源、短期资源以及快速反应资源。长期资源是指那些可以长期投资、并提供系统可靠性服务的负荷。这类资源通常来自能效类项目,其响应速度较慢。中期资源可以日前确定并根据供需情况进行规划安排的负荷。这类资源能够参与到系统调度或提供备用服务。短期资源通常是由具有储能功能的用电负荷形成的需求响应资源。这类资源非常适合参与电力平衡市场,其负荷削减量及削减成本会可以提前很短的时间(1h)提供给系统调度机构。快速反应资源也称为可调度资源,响应时间通常在 15min 以内,包括可实时控制的连续的或者离散的负荷。这类资源在参与调度的过程中需要借助双向通信系统。

图 9-3 给出了各种需求响应资源所对应的需求响应机制。可以看出,价格型需求侧响应机制和激励型需求侧响应机制在不同时间尺度上可以部署多种需求响应资源。其中长期资源由于响应速度以及建设周期的问题多数来源于能效类项目。

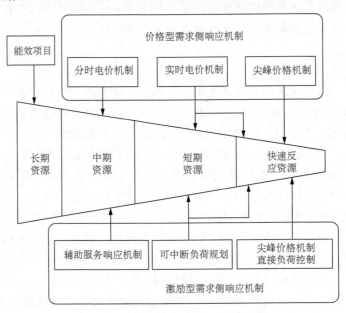

图 9-3　需求响应资源的形成机制

5. 用户参与需求侧响应机制的决策过程

需求侧响应机制制定的前提是保证用户的用电安排有利于电力生产和系统的安全、稳定、高效运行。为了充分发挥需求响应资源在系统中的作用,需要明确用户参与需求侧响应的决策过程。图 9-4 给出了用户参与需求侧响应的具体决策过程。

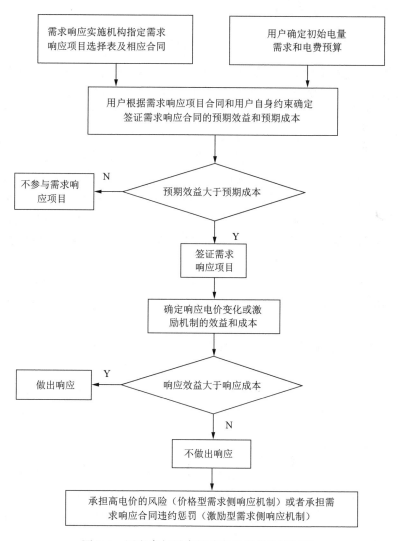

图 9-4　用户参与需求侧响应机制的决策过程

由图 9-4 可以看出,用户参与需求侧响应的核心决策步骤有两步,即是否签订需求侧响应合同和是否做出响应。在制定每一步的决策时,用户都需要进行相应的成本效益分析。需求侧响应合同的内容一般包括电价费率体系、提前通知时间、响应持续时间、响应频率、负荷改变补贴或电价折扣、未响应时的违约惩罚等。用户约束一般包括预期响应能力、预期响应策略和参与成本等。参与成本一般包括削减负荷的机会成本、重新安排生产计划的成本和舒适度成本等。响应效益的影响因素包括电价折扣和违约惩罚、响应持续时间、负荷削减量等。

9.1.3　需求侧响应特性分析

1. 需求响应机制在系统运行中基本作用分析

需求响应资源参与电力系统运行能够使系统运行特性得到明显改善。如果用电需求的变化是可控的并且是可以预测的,那么这种用电负荷就会成为一种与供应侧资源具有相同作用的需求响应资源,也就是说这种需求响应资源也可以像一些供应侧资源一样为电力系统运行提供所需要的服务。

由于实际中电力系统供电可靠性标准以及市场规则会阻碍一些用户参与需求侧响应机制(理论上这些用户形成的需求响应资源完全可以为系统运行提供服务),对于需求响应资源的分析评估会与实际情况有一些偏离。这里重点分析评估需求响应资源所提供的服务是否满足系统运行的需要以及这些需求响应资源现在和将来满足系统运行的程度。另外,可中断负荷控制虽然在理论上能够用于大型工商业用户的用电负荷控制,但这里重点分析的是那些针对大量用户可以采用的需求响应机制,因此不考虑可中断负荷控制在系统中的作用。下面将系统分析价格型需求响应机制和激励型需求响应机制在电力系统运行过程中所能够提供的服务。

1) 价格型需求响应机制提供的服务

由于提前通知的时间问题以及需求响应的持续性问题,目前的价格型需求响应机制尚不能够有效地引导居民用户调整其短时间内的用电需求。也就是说,价格型需求响应机制不能使居民在所要求的时间段内调整自己用电行为,因此也就无法提供电力系统运行所需要的辅助服务,如表 9-3 所示。

分时电价机制发出的需求响应信号提前数月就可以得到通知,并且价格变化是发生在一个很宽的时间段内。这种机制的实施有助于降低系统高峰时段的用电需求,因此对于保持系统长期资源充裕性是有利的。但是实施分时电价机制不能为电力系统运行提供其他的服务。尖峰电价机制和尖峰电价回扣机制所形成的需求响应资源能够有限地提供一些电能服务、爬坡服务以及资源充裕性服务,但是这需要满足供电可靠性标准以及市场规则的要求。

通过对美国近期的一些示范项目和模拟仿真分析,基于很短时间段的定价机制(例如每 5～15min 价格变化一次)能够为系统运行提供有效的电能平衡服务和某些备用容量服务。但是，表 9-3 中没有体现这些结果，因为实施这些价格机制还需要一系列的政策法规来支持，并不能立刻在居民用户中应用。

美国的 Commonwealth Edison 和 Ameren Illinois 两家电力公司对于居民用户大规模采用了实时电价机制。在这个过程中，用户如果选择了在实时电价机制框架之下为系统运行提供服务，那么系统调度机构就基于日前市场价格为用户支付服务费用。同时，用户也可以选择参与 PJM 的日前市场和实时性经济负荷响应规划。

在美国，对于大型工商业用户也有许多采用实时电价机制的案例，但用户参与规模较为有限。对这些案例的分析研究结果表明，与事后定价机制（RT-RTP）相比较，事前定价机制（DA-RTP）中用户参与率较高并且用户"变卦"率较低。这两种不同的实时电价机制都可以为系统运行提供服务，但是所提供的服务之间的关键差异在于对于系统产生影响的能力不同。一个是基于日前预测情况提供服务，一个是基于当日实际情况提供服务。后者对于控制系统突发状况更有价值。但是，为了使得 RT-RTP 有助于提供那些调度机构在不到 1h 的时候才能够发布通知的电能服务，需要对现有的 RT-RTP 进行修正，以使得价格信号能够提前提供并且能够多次提供（例如每 5～15min 提供一次）。

表 9-3　价格型需求响应机制为系统运行提供服务的能力分析

支撑电力系统运行的各种服务	分时电价机制	尖峰电价机制	尖峰电价回扣机制	事前定价机制	事后定价机制
旋转备用	◇	◇	◇	◇	◇
补偿性备用	◇	◇	◇	◇	◇
调频备用	◇	◇	◇	◇	◇
系统平衡服务	◇	◇	◇	◇	○
时前电能服务	◇	◇	◇	○	○
小时爬坡服务	◇	◇	◇	○	○
日前电能服务	◇	◇	◇	○	○
过剩电能服务	◇	◇	◇	○	○
资源充裕性服务	○	⊙	⊙	○	○

◇ 目前没有提供将来也不可能提供

○ 目前没有提供或者目前提供的很有限但是将来可以更多地提供

⊙ 目前提供的有限但是将来会更多地提供

● 目前提供的很广泛并且将来很可能会继续

2）激励型需求响应机制提供的服务

相比于价格型需求响应机制，激励型需求响应机制可以为系统运行提供多种支撑性服务,具体如表 9-4 所示。其主要优势是所要求的提前通知时间较短,要求的响应持续时间也较短。

表 9-4　激励型需求响应机制为系统运行提供服务的能力分析

支撑电力系统运行的各种服务	直接负荷控制	紧急需求响应机制	容量资源需求响应机制	电能资源需求响应机制	辅助服务资源需求响应机制
旋转备用	○	◇	◇	◇	○
补偿性备用	○	○	○	○	○
调频备用	◇	○	◇	◇	○
系统平衡服务	⊙	◇	◇	◇	○
小时前电能市场	⊙	◇	◇	◇	○
多小时爬坡服务	○	◇	◇	◇	○
日前电能市场	⊙	◇	◇	◇	○
过剩电能服务	○	◇	◇	◇	○
资源充裕性	●	◇	○	◇	○

◇ 目前没有提供将来也不可能提供
○ 目前没有提供或者目前提供的很有限但是将来可以更多地提供
⊙ 目前提供的有限但是将来会更多地提供
● 目前提供的很广泛并且将来很可能会继续

2. 面向新能源并网的需求响应机制作用分析

用户的需求侧响应能够在新能源大规模并网的情况下为系统提供所需要的各种供求平衡服务,其中不同的需求侧响应机制在不同时间段所提供的供求平衡服务具有很大差异。因此,设计需求侧响应机制需要充分考虑需求响应资源所提供的系统平衡服务与新能源大规模并网对系统平衡造成的影响是否一致。

1) 价格型需求响应机制作用分析

为了使大量用户能够响应价格型需求响应机制所产生的价格信号,从而使得这种需求响应资源有助于促进新能源接入系统,需要解决一个关键问题,即需求响应信号变化的时间段长短与价格型需求响应机制实施的经济效率二者的平衡问题。

在美国对于大量用户实施的几乎所有的分时电价(例如分时电价机制、尖峰电价机制和尖峰电价回扣机制)都是给出多个小时内的系统事件的信号或者市场价格上涨的信号。有一些电力公司向用户提供的分时电价接近于实时电价,例如目前这些电力公司对于大量用户实施的 DA-RTP 或者 RT-RTP,但是这些机制也无法将响应时间控制在 1h 以内,然而,新能源并网要求需求响应资源能够在很短时间内(1h 以内)对系统信号做出响应。因此,应对大规模新能源并网所产生的出力间歇性问题,仅指望目前实施的这些价格型需求响应机制是远远不够的。

而且,价格型需求响应机制中只有一些部分能够由需求响应价格信号来反映系统的紧急状况。例如,实时电价机制有一定能力引导用户改变其用电需求,也就是可以让用户基于当天的系统运行情况和市场情况来及时地改变自己的用电需求。同样,只有使尖峰价格机制和尖峰电价回扣机制有能力基于当天系统发生的事件进行调度,这些分时电价机制才有一些能力引导用户及时地改变用电需求,但是目前的需求响应机制设计标准并不是这样。其他几种价格型需求响应机制都是仅仅能够反映一天之前的预测结果(例如 DA-RTP 机制),或者为提前时间的预测结果(例如分时电价机制)。只有那些能够及时地反映出系统紧急状况的分时电价机制(DR 规划)才能够为新能源并网提供有效的支撑或者服务。这里所谓的及时反应,是指至少必须对于 24h 以内发生的系统紧急事件能够产生响应。

基于以上的分析评估可知,价格型需求响应机制在有效促进新能源并网方面很难发挥大的作用,具体情况如表 9-5 所示。即使分时电价的时段缩小(发出需求响应信号的时间间隔减小),以便更及时地反映系统状况的变化从而提高需求响应资源促进新能源并网运行的能力,也需要大量用户能够接受相应的自动控制技术才行,并且要求这种自动控制技术能够在 60min 或者低于 60min 的时间间隔内给出需求响应信号。目前应用的价格型需求响应机制的响应信号,由于所具有的提前通知时间相对较长,用户在进行用电负荷中断或者转移的时候并不一定需要使用自动控制技术。但是随着需求响应信号变化所具有的提前通知时间缩短,大量用户将会越来越需要依靠自动控制技术来形成需求响应资源,即能够按照系统调度机构的要求来中断或者转移用电负荷。

基于美国的经验可知,只有在通过需求响应机制调整自己用电负荷所得到的价值大于自动控制技术的投资成本的情况下,用户才会接受这种价格型的需求响应机制。因此,为了激励用户接受价格型需求响应机制以促进新能源并网运行,在一些情形下需要电力公司承担一部分自动控制技术的投资成本。

这里还存在一个问题,某些对于促进新能源并网的潜在作用最大的价格型需求响应机制,恰恰就是那些管制机构、政策制定机构以及社会各方最不能够接受的实时电价机制。2010 年美国在 3454 个区域当中只有 19 个区域实施了实时定价机制,并且只有伊利诺伊州对于大量的参与电能批发市场的居民用户实施了实时电价机制。在近期采用自愿的方式让大量居民用户接受这个实时电价是不太可能的,除非采用强制方式。目前美国各州的管制机构和社会团体倾向于实施尖峰价格机制或者尖峰电价回扣机制,他们提出将这些价格机制作为一个用户自愿选择的分时电价机制,并且与智能电网技术的应用相结合。但是尖峰价格机制或者尖峰电价回扣机制没有能力促进大规模新能源并网运行。在未来,如果这些 CPP 或者 CPR 能够设计得更为灵活一些（所谓设计的灵活一些是指系统事件的持续时间、提前通知时间、需求响应信号水平方面的参数设计的灵活一些），并且能够与自动控制技术相结合，那么这些价格机制对于促进新能源大规模并网运行将能够发挥更大的作用。

表 9-5　价格型需求响应机制对于促进 VG 并网的作用分析

VG 并网问题	分时电价机制	实时电价机制	尖峰电价机制	事前定价机制	事后定价机制
1~10min 的发电出力波动	○	○	○	○	○
低于 2h 的发电出力预测误差	○	○	○	○	◎
大型的多小时爬坡	○	○	○	○	◎
大于 24h 的发电出力预测误差	○	○	○	○	◎
日平均发电出力偏差	○	⊙	⊙	◎	◎
基于季节的平均日发电出力	⊙	○	○	◎	◎

○ 目前没有提供将来也不可能提供

◎ 目前没有提供或者目前提供的很有限但是将来可以更多地提供

⊙ 目前提供的有限但是将来会更多地提供

● 目前提供的很广泛并且将来很可能会继续

2) 激励型需求响应机制的作用分析

相比于价格型需求响应机制，激励型需求响应机制在促进新能源大规模并网方面具有很大的潜力。这种需求响应机制的特征是系统事件（也就是要求使用需求响应资源的事件）的持续时间短，但是需求响应信号响应次数（也就是要求使用需求响应资源的次数）比较频繁。这种需求响应机制设计有两个关键设计环节，一个是要允许用电负荷组合机构有效地参与，二是要用户能够接受自动控制技术，即用户愿意对于自动控制技术进行投资。这两个环节设计得如何关系到这些需求响应规划在促进新能源并网方面的作用如何。

在美国实施直接负荷控制规划已经有了很长的历史并且用户也乐于接受这种直接负荷控制规划。许多公共电力公司组织实施的直接负荷控制规划都有很高的用户参与率，并且实施了许多年。例如，美国福罗里达州的公共电力公司已经促使 130 万用户参与直接负荷控制规划，占了该州用户总数的 10%。根据 FERC（2011年）的报道，在美国在 2010 年已经有 560 万用户参与了直接负荷控制规划，其效果能够降低高峰用电负荷 9000MW。

这些直接负荷控制规划主要是侧重于对空调负荷或者热水器负荷、其他的大型用电设备(例如游泳池电动泵以及灌溉用电动泵等)的用电负荷的控制与转移。对于这些用电负荷的控制与转移是在系统高峰用电负荷期间进行的,或者说由于这些终端的用电负荷往往与系统高峰用电负荷高度重叠,需要在系统高峰负荷期间进行控制。对于这些用电负荷进行控制的时间每年只有几天(在每年夏季或者冬季),但是就是这几天的负荷控制就能够有效提供新能源并网运行所需要的有不同时间段要求的系统平衡服务。这些有不同时间段要求的系统平衡服务就是表9-6 中列出的从 1min 到超过 24h 的各种系统平衡服务。

表 9-6　激励型需求响应机制对于促进 VG 并网的作用分析

VG 并网问题	直接负荷控制	紧急需求响应机制	容量市场响应机制	电能市场响应机制	辅助服务市场响应机制
1~10min 的发电出力波动	◎	○	○	○	◎
低于 2h 的发电出力预测误差	⊙	◎	○	◎	◎
大型的多小时爬坡	⊙	○	◎	◎	○
大于 24h 的发电出力预测误差	◎	○	◎	◎	○
平均发电出力偏差	○	◎	◎	◎	○
基于季节的平均日发电出力	○	○	○	○	○

○ 目前没有提供将来也不可能提供

◎ 目前没有提供或者目前提供的很有限但是将来可以更多地提供

⊙ 目前提供的有限但是将来会更多地提供

● 目前提供的很广泛并且将来很可能会继续

设计容量规划以及紧急状况需求响应规划是为了帮助系统避免潜在的灾难发生,这种灾难一旦发生就会造成系统逐级瘫痪。这些需求响应规划既不要求对于需求响应信号变化有一个快速响应,也不要求对于需求响应资源进行频繁的调用(通常一年中对于这类需求资源的调用不会超过 5 次)。因此容量规划和紧急状况需求响应规划不能有效地用于解决大规模新能源并网运行所要解决的问题,而是仅仅能用于解决在一个较长时间段内发生的系统不平衡问题。

新能源并网运行所产生的间歇性及波动性问题是普遍性问题,而不仅仅是发生在每年中的个别时间段[3]。这就意味着用户仅仅能在一年中的某些时段降低其用电需求(转移其用电时间)的这种所谓的需求响应能力,并不能够为新能源并网运行提供全年性的电能服务和辅助服务。因此,为了满足与不断增加的新能源并网运行相关的平衡市场和辅助服务市场的需要,调度机构通过其他形式的资源来补偿这些需求响应资源,或者系统调度机构需要调整产品的定义或者产品的要求。

另外,随着需求响应信号变化提前通知时间的缩短以及需求响应信号变化次数的增加,用户要想按照调度机构的要求来提供相关的系统平衡服务(也就是所产生的需求响应要满足调度机构的要求),就必须依赖智能电网技术的应用。大量用户是否能够接受智能电网技术是需求侧资源能否在促进大规模新能源并网方面进一步发挥作用的关键所在。尽管实施这种激励型需求响应机制是采取用户自愿参与的方式,目前一些社会团体和用户正在越来越多地表达他们对于广泛采用智能电网技术来实现从外部控制用电设备方面的担心。为了让大量用户能够尽可能接受需求响应机制,必须设法克服用户接受这些机制的各种障碍。克服障碍有三个关键环节:建立合理有效的市场机制,实施长效的宣传教育机制以及确定保护用户用电信息私密性的办法。

对于我国这种激励型需求响应机制相对更容易实施,因为近些年来国家发改委经济运行局在组织全国有序用电工作,这些工作已经为未来实施基于经济激励的需求响应规划创造了一定的条件。相比较而言,通过实施实时电价机制(尤其是要想在大量用户中实施)以形成需求响应资源来促进大规模新能源并网在我国要困难得多。

3. 需求侧资源可调度性分析

需求侧资源作用充分发挥的前提是这类资源能够有效参与系统调度,其中的关键问题是要明确各类需求侧资源的可调度程度。需求侧资源可调度性是由电力供需弹性决定的,一定时间范围内特定的用户负荷能够根据价格信号或激励信号改变其用电行为,说明电力存在弹性,需求侧资源能够参与系统调度。不同用户根据负荷特性及其重要程度具有不同的可调度性,只有明确各类负荷的可调度程度,才能在电力供需紧张时,合理调度需求侧资源,使其与发电侧资源的调度相协调。

为了分析需求侧资源的可调度性,引入可用容量价值的概念。可用容量价值定义为系统运行过程中各种资源(包括发电侧与用电侧)依据其可调节性对电网调度存在的价值。可用容量价值是一个经济指标,与之相对应的可调节容量是物理指标。容量的可调节性如何,决定了可用容量的价值,可调节容量越高,可用容量价值就越大。因此,提出可用容量价值的概念,就使各种调度资源的物理特征和经济价值之间产生了联系,为供需协同优化调度提供了理论依据。

可用容量价值与容量价值不同。容量价值高并不意味着可用容量价值高。例如,核电因为投资大,固定成本高,其容量价值大,但是因为可调节性差,在系统中承担基荷电量,可用容量价值并不大。风电容量价值取决于投资成本,因此也有不小的容量价值,这也是目前风电上网价格高的原因。但是,因为风电的间歇性出力和反调峰的特性,很难参与系统调度,可用容量价值几乎为零。

在供应侧资源方面,定性分析来看,可用容量价值较大的资源主要有水电和具有深度调峰能力的火电机组,抽水蓄能电站及燃气调峰机组虽然具有很高的可调节性,但在我国,目前其总的装机容量有限,因此其可用容量价值相比于前两者较低。

在需求侧资源方面,价格型需求响应资源因其提前通知时间较长,通常在 24h以上(分时电价所形成的需求侧资源甚至要超过 6 个月),不能及时调整其用电负荷,因而对调度的可用容量价值很低(几乎为 0)。这一点从表 9-3 中能够体现。激励型需求响应资源中,直接负荷控制、可中断负荷规划以及紧急需求响应具有很高的可用容量价值。一方面,这类资源能够在系统中提供多种辅助服务,同时,其响应时间很短(直接负荷控制不需要响应时间),能够及时执行调度指令。

直接负荷控制形成的需求侧资源主要包括小型商业用户以及居民用户,参与的可控负荷一般是短时间停电对供电服务质量影响不大的负荷,例如空调和电热水器等具有热能存储能力的负荷。在需求侧资源中,这类资源不需要提前通知时间,直接负荷控制项目完全由系统调度机构来实施,可以在不征得用户实时同意的情况下确定对终端用户负荷削减的时间和负荷削减量,因而对调度的价值最高,应对突发情况的效果也最佳。这类资源用户的可用容量价值通过电网公司对其经济上的直接补偿(通过合同的形式)来体现,而且根据电力供需情况,不同时段的可用容量价值不同,因此对用户的补贴也不一样。

可中断负荷规划形成的需求侧资源同样具有很高的可用容量价值。和直接负荷控制机制类似,用户通过与电网公司签订合同,在系统高峰时段电力供应不足时,系统调度可以按照预先与用户签订的可中断电价合同中断部分负荷,减少高峰时点电力需求。所不同的是,这类资源需要明确提前通知时间和响应持续时间(合同中确定),提前通知时间通常在 30min 到 1h 之间,响应持续时间根据不同负荷类型确定。因此,可中断负荷资源相比于直接负荷控制资源,其可用容量价值要低一些,但在系统调度中仍然具有重要作用。这类用户的可用容量价值也是通过中断补贴或者可中断电价与标准电价的插接来体现,补贴的程度及可中断电价水平依据合同中确定的可中断容量来确定。

总体来说,需求侧用户用电的可靠性越高,其可用容量价值就越低。例如一级负荷和二级负荷中断供电会在政治、经济上造成重大损失,因此不具有可用容量价值。反之,对可靠性要求低的负荷,所具有的可用容量价值就越高,这种价值可以体现在直接经济补贴上,也可以体现在支付较低的电价上。这样就能够合理考虑和平衡电能生产与容量资源的调节能力,并且确定合理的价格机制,通过多种调度手段保障系统稳定运行以及新能源的有序发展。

9.2　兼容需求侧资源的负荷预测方法

新能源电力系统中在接纳大规模的需求侧资源后,势必对传统的负荷预测的理论带来一定冲击,研究并提出兼容需求侧资源的负荷预测方法对于需求侧资源更好地参与系统运行具有重要意义。本节提出一种兼容需求侧资源的负荷预测新方法,重点分析需求侧资源对负荷预测的影响,并通过建立模型进行定量分析。

9.2.1　兼容需求侧资源的负荷预测方法总体思路

与传统方法不同,需求侧资源作用下的负荷预测新方法的基本思路和目的在于,通过合理统计估算某一变电站区域内各类需求侧资源的潜力,并将其潜力考虑到负荷预测过程中,使得负荷预测更为准确,以避免粗放式的扩容方案造成投资效率低下。其基本步骤可概括为"自上而下细分负荷"和"自下而上叠加计算",该方法的总体思路如图 9-5 所示。

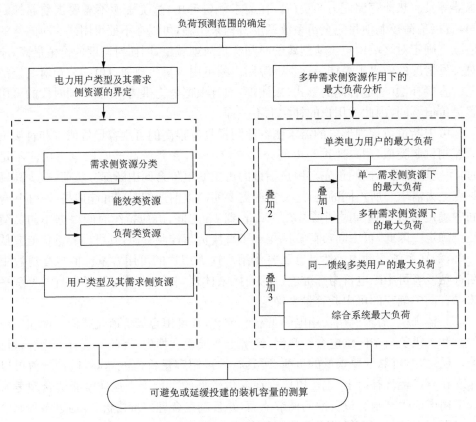

图 9-5　兼容需求侧资源的负荷预测方法总体思路图

（1）确定预测范围。选取某一变电站辐射范围的供电区域作为预测范围。

（2）对用户进行分类。对变电站每条馈线上接入的电力用户进行分类,一般可分为居民用户、工业用户、商业用户和其他用户等。

（3）识别各类用户的各种需求侧资源。每类用户可能同时有多类需求侧资源,各类需求侧资源会对用户的用电量或负荷特性产生不同的影响。因此,需充分识别各类用户可考虑到负荷预测过程中的需求侧资源。

（4）定量分析预测期内各类用户各种需求侧资源对负荷的影响效果。在定性识别潜在需求侧资源的基础上,需通过构建模型和相应的数据归集和处理技术,得到某类用户各类需求侧资源综合作用对传统负荷预测值的影响效果,从而得到该类用户考虑需求侧资源的负荷预测值。与电网规划工作相结合,一般只预测综合影响下的最大负荷值。

（5）通过多层次叠加技术测算得到预测区域内考虑需求侧资源的最大负荷。采用负荷同时率处理技术,逐层叠加最终得到变电站范围内考虑需求侧资源的负荷预测结果。

9.2.2　用户类型及其需求侧资源的界定

1. 需求侧资源分类

1）能效类资源

能效类资源是指通过提高用电效率从而达到降低整体用电量及负荷水平的用电设备。能效类资源是通过提高用电效率而降低用电数量,不会改变用电服务的水平,例如对于居民用户而言,不会由于降低了用电数量而降低了生活的舒适度,电采暖依然保持规定的室温,照明依然保持舒适的照度。引入能效类资源可以在所有时间内降低用户的用电数量,从而减少用户对发电容量和输电容量的需求,在负荷曲线图上表现为负荷曲线的整体下移,如图 9-6 所示。

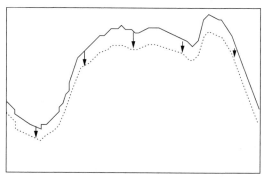

图 9-6　能效类资源作用效果图

　　能效类资源包括绿色照明、节能家电、节能电梯、高效变压器、高效电动机等。绿色照明是指通过科学的照明设计,采用效率高、寿命长、安全和性能稳定的照明电器产品。绿色照明主要包含三项内容,分别是照明设施、照明设计及照明维护管理。节能型家用电器是指通过科学研发,采用相关节能技术的家用电器,包括节能空调、节能热水器、节能冰箱等等。节能电梯是指通过科学研发,采用相关节能技术的电梯。目前最好的节能电梯型号可以节约用电 50%,一般的节能电梯可以节能 30%～40%。高效变压器是指通过科学技术改造,使效率得到提高的变压器。变压器是输电系统中的主要设备之一,用途极其广泛,其损耗可占线路总损耗的17%,推广高效变压器以及对一些高能耗变压器的节能改造,其意义重大。电动机是电力生产和建设中主要的耗电设备之一,每年消耗了中国近 60% 的电力资源,是目前中国节能市场上最具发展潜力的领域。高效电动机是指通用标准型、具有高效率的电动机,从设计、材料和工艺上采取措施,例如采用合理的定、转子槽数、风扇参数和正弦绕组等措施,降低损耗的电动机。

　　2) 负荷类资源

　　负荷类资源是指在经济手段或行政手段的作用下通过减少用电量或者改变用电时间来降低系统高峰负荷的相关用电设备,这类资源能够在系统用电紧张时段削减部分用电负荷,即从用电高峰时段转移至低谷时段,从而提高系统供电可靠性水平,在负荷曲线图上表现为曲线形状的变化,如图 9-7 所示。

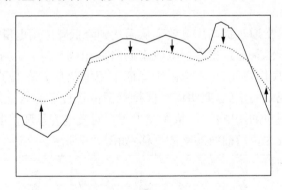

图 9-7　负荷类资源作用效果图

　　形成负荷类资源的经济手段和行政手段包括峰谷电价、阶梯电价、季节性电价、可中断电价、有序用电管理和直接负荷控制等经济措施和行政措施。

　　(1) 峰谷电价。峰谷电价是指根据电力系统负荷曲线的变化将一天分成多个时间段,对不同时间段的负荷或电量,按不同的价格计费的电价制度。峰谷电价策略提供一种在高峰时段消费支付高价格,非高峰时段消费电力支付低价格,利用价格杠杆调节电力消费不均状况,有利于电力公司降低企业生产成本,均衡供应电力,并避免部分发电机组每日经常关闭和重新启动而造成发电机组巨大损耗等问题。

(2) 阶梯电价。阶梯电价就是阶梯式递增电价或阶梯式累进的电价,是指把户均用电量设置为若干个阶梯分段或分档次定价计算费用。对居民用电实行阶梯式递增电价可以提高能源效率,通过分段电量可以实现细分市场的差别定价,提高用电效率。

(3) 季节性电价。季节性电价是根据季节设定不同价格计费的电价制度,在用电高峰季节如夏冬两季电价较高,而春秋季节由于用电需求低,电价也较低。和峰谷电价作用效果一样,也是利用价格杠杆调节电力季节消费不均状况。

(4) 可中断电价。可中断电价是在系统负荷高峰期间对可靠性要求不高的用户实施负荷控制时所执行的一种鼓励下电价。可中断负荷管理是通过消费者与调度交易中心签订可中断负荷合同,在固定时间或任何系统需要的时间用户减少他们的负荷需求。这些用户通过安装负荷限制器或电网调度发控制信号控制可中断负荷,达到降低负荷的目的,同时获得补偿。

(5) 有序用电管理。有序用电管理就是要在不同情况下,制定相应的用电方案,主要包括年错峰、月错峰、日错峰、停产检修。通过分析从负荷侧得到的各种用电数据和行业标准,调度人员对各种用电方案和有序用电对象,发挥执行效果预测估算功能,对移峰之后相关对象的负荷变化、电量(尖、峰、平、谷)变化进行预测评估,同时通过参考电价(可设置)将方案的执行效果转化为经济效益,以选择最佳执行方案。

(6) 直接负荷控制。直接负荷控制是指电力部门在系统高峰负荷时段利用电力监控设备,采取一定的控制策略在不同控制阶段对不同种类负荷进行控制,循环和分阶段地切断所需控制负荷与系统的联系,从而降低系统高峰负荷,提高负荷率。

可以看出,能效类需求侧资源从整体上减少了用电量和用电负荷,这类资源对于降低用户的用电成本、推动节能减排具有积极意义。负荷类资源能够把负荷高峰时段的用电转移到负荷低谷时段,降低电网的峰谷差,进而将一部分负荷平移到新能源电力功率大的时段,以更多地消纳新能源电量。负荷类资源属于可平移负荷,对于实现电网友好型新型用电方式具有重要作用。因此,本书中重点研究负荷类资源参与系统运行的特点及考虑负荷类资源在内的供需协同优化。

2. 用户类型及其需求侧资源

电力终端有多种类型用户,不同类型电力用户有不同的需求侧资源,为了更准确地进行负荷预测,分析各种需求侧资源对电力用户的作用效果,每个用户首先要明确自己的用户类型及其需求侧资源。按照终端用户的用电属性将电力用户划分为居民用户、工业用户、商业用户和其他用户四大类。其中,居民用户分为城镇用户和农村用户;工业用户分为轻工业用户和重工业用户;商业用户分为宾馆、商场和写字楼;其他用户分为高校、研究机构和机关。在划分了每类用户后,确定每类用户可能的能效类资源和负荷类资源,建立相应表格,如表9-7所示。

表9-7　用户类型及其需求侧资源界定

用户类型		需求侧资源	
		能效类资源	负荷类资源
居民用户	城镇用户 农村用户	绿色照明、节能家电	峰谷电价、季节性电价、阶梯电价、有序用电管理
工业用户	轻工业 重工业	绿色照明、高效变压器、高效电动机、节能电梯、节能空调	可中断电价、峰谷电价、季节性电价、有序用电管理、直接负荷控制
商业用户	宾馆 商场 写字楼	绿色照明、高效变压器、高效电动机、节能电梯、节能空调	峰谷电价、季节性电价、有序用电管理、直接负荷控制
其他用户	高校 研究机构 机关 医院	绿色照明、高效变压器、高效电动机、节能电梯、节能空调	峰谷电价、季节性电价、有序用电管理、直接负荷控制

9.2.3　考虑多元需求侧资源作用下的最大负荷分析

兼容需求侧资源的负荷预测模型的建模基本思路为,以某一变电站的覆盖范围为考虑对象,如图9-8所示,明确每条送电线路上的电力用户,对覆盖区内各类用户进行分析,计算需求侧资源对各类用户最大负荷的影响效果。

在分析预测年需求侧资源作用下的节电效果之前,有必要先计算不考虑需求侧资源作用下预测年的用电情况,以便对"有无需求侧资源作用"的用电效果进行对比分析,如公式(9-6)、式(9-7)所示:

$$Q_{0.\text{pre}} = Q_0(1 + NT) \tag{9-6}$$

$$P_{0.\text{pre}} = \frac{Q_{0.\text{pre}}}{\beta_0 t} \tag{9-7}$$

式中,$Q_{0,\text{pre}}$ 表示预测年不考虑需求侧资源的用电量,$kW \cdot h$;Q_0 为起始用电量,$kW \cdot h$;N 为用电量年平均增长率;T 表示从起始年到预测年的年数,a;$P_{0,\text{pre}}$ 表示不考虑需求侧资源情况下预测年的最大负荷,kW;β_0 为起始负荷率,kW;t 表示预测期间小时数,h。

兼容需求侧资源的负荷预测方法包括三个方面的研究内容:一是单类电力用户最大负荷的求解;二是同一馈线多类电力用户最大负荷的求解;三是综合最大负

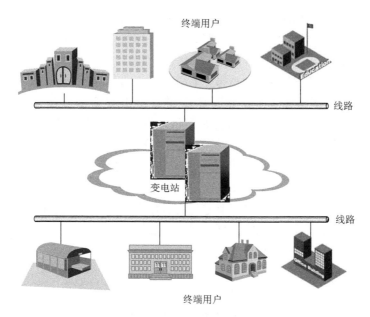

图 9-8　供电区域示意图

荷的求解。

1. 单类电力用户最大负荷的求解

每一类电力用户都有多个用电环节,如居民用户的主要用电环节包括照明、空调、冰箱、热水器等,工业用户的主要用电环节包括照明、电动机等,商业用户的主要用电环节包括照明、空调等。各类用户的每个用电环节都可能存在需求侧资源。

1) 考虑单一需求侧资源的最大负荷预测

从最简单的情形开始考虑,首先研究考虑单一需求侧资源的最大负荷预测模型。某类用户考虑单一需求侧资源(即用户只有一个用电环节,且只存在一项能效类资源和一项负荷类资源)的最大负荷预测公式如式(9-7)所示:

$$P_{\mathrm{max,DSM}} = Q_{0,\mathrm{pre}}(1-\alpha_{\mathrm{EE}})\frac{1}{t}\frac{1}{\beta_{\mathrm{LD}}} \tag{9-8}$$

式中,$P_{\mathrm{max,DSM}}$ 表示需求侧资源作用下最大负荷的预测结果,kW;α_{EE} 表示该类用户在能效类资源作用下的降耗率;β_{LD} 表示该类用户在负荷类资源作用下的负荷率。

2) 考虑多种需求侧资源的最大负荷预测

以上考虑了单一需求侧资源的情况,在此基础上加以推广,考虑多种需求侧资源的最大负荷预测。

首先,考虑多种能效类资源作用下总用电量的变化。由于能效类资源指的是电力用户采用的技术措施,直接对应某一个用电类型(如节能冰箱、节能空调等),而且降耗率是相对于原用电环节类型来说的,并非整体用电情况。因此,能效类资源的节电效果按照用电类型来计算。

假设 ΔQ 为节电量,ΔQ_i 表示第 i 个用电环节的节电量,$Q_{i,0}$ 表示第 i 个用电环节预测年的初始用电量,$\alpha_{EE,i}$ 为该类用户第 i 个用电环节在能效类资源作用下的降耗率,λ_i 表示能效类资源是否存在的状态系数,当 λ_i 取值为 0 时,表示用户没有此种资源;当其取值为 1 时,表示拥有此种资源。

该类用户第 i 个用电环节在能效类资源作用下的节电量可以表示为

$$\Delta Q_i = Q_{i,0}\lambda_i\alpha_{EE,i} \tag{9-9}$$

多种能效类资源作用下,总的节电量为各用电环节节电量之和,即

$$\Delta Q = \Delta Q_1 + \Delta Q_2 + \cdots + \Delta Q_i + \cdots + \Delta Q_k \tag{9-10}$$

式中,k 表示该电力用户用电环节的个数。

因此,能效类资源作用下的用电量 Q_{EE} 为

$$Q_{EE} = Q_{0,\mathrm{pre}} - \Delta Q \tag{9-11}$$

考虑了多种能效类资源后,进一步考虑多种负荷类资源的作用。由于负荷类资源的节电指标是负荷率,负荷率是一个相对于整体用电情况而言的概念,并不能分摊到各个用电环节,负荷类资源的节电潜力按照其种类计算。首先,在单一负荷类资源作用下减少的最大负荷的计算公式为

$$\Delta P_{\max,i} = \begin{cases} P_{\max,EE} - Q_{EE}\lambda_i\dfrac{1}{\beta_{LD,i}}\dfrac{1}{t}, & \lambda_i = 1 \\ 0, & \lambda_i = 0 \end{cases} \tag{9-12}$$

$$P_{\max,EE} = \frac{Q_{EE}}{\beta_0 t} \tag{9-13}$$

式中,$\Delta P_{\max,i}$ 表示第 i 种负荷类资源的作用下减少的最大负荷,kW;$P_{\max,EE}$ 表示能效类资源作用下的最大负荷,kW;$\beta_{LD,i}$ 为该电力用户第 i 种负荷类资源作用下的负荷率。

多种负荷类资源作用下减少的最大负荷为

$$\Delta P_{\max} = (\Delta P_{\max,1} + \Delta P_{\max,2}) + \cdots + \Delta P_{\max,i} + \cdots + \Delta P_{\max,w}\zeta_1 \tag{9-14}$$

式中,w 表示该用户拥有的负荷类资源的数目;由于负荷类资源不会在同时发挥作用,式中引入负荷同时率 ζ_1。

需求侧资源作用下最大负荷的预测结果为

$$P_{\max,DSM} = P_{\max,EE} - \Delta P_{\max} \tag{9-15}$$

2. 同一馈线多类电力用户最大负荷的求解

在计算得到单类电力用户最大负荷的基础上,本部分进一步测算同一馈线上

多类用户的最大负荷。假设 $P_{\min,ij}$ 为第 i 条送电线路第 j 类电力用户在需求侧资源作用下的最大负荷,那么第 i 条送电线路上所有用户的效益叠加结果为:

$$P_{\max,i} = \left(\sum_{j=1}^{m} \right) \zeta_1 \qquad (9\text{-}16)$$

式中,m 表示电力用户分类个数;$P_{\max,i}$ 为第 i 条送电线路覆盖区域的最大负荷,kW;ζ_2 表示负荷同时率,用于调整同一馈线上不同用户之间的最大负荷。

3. 综合最大负荷的求解

由于变电站涵盖多条用电线路,因此在求解综合最大负荷时,需要考虑每条线路的用电状况,继而进行用电叠加,其叠加效果为

$$\mathrm{UP}_{\max,\mathrm{DSM}} = \sum_{i=1}^{n} P_{\max,i} = \left| \sum_{i=1}^{n} \left(\sum_{j=1}^{m} P_{\max,ij} \right) \zeta_2 \right| \zeta_3 \qquad (9\text{-}17)$$

式中,$\mathrm{UP}_{\max,\mathrm{DSM}}$ 表示综合最大负荷,kW;ζ_3 为负荷同时率,用于调整不同馈线间的最大负荷;n 为该变电站线路条数。

由此,通过需求侧资源作用前后最大负荷的变化,能够计算得出可延缓投建的变电容量,如公式(9-18)所示。

$$\Delta R = R_0 - R = \eta (P_{\max,0} - \mathrm{UP}_{\max,\mathrm{DSM}}) \qquad (9\text{-}18)$$

式中,ΔR 表示考虑需求侧资源后可避免或者可延缓投建的变电容量,kV·A。

9.2.4　算例分析

本节模拟一个 220kV 变电站区域用电,并假设模拟期之前各类用户均未引入任何需求侧资源,在明确各条线路用户类型,分析各用户的主要用电环节,测算其在能效类资源和负荷类资源作用下的节电降荷效果的基础上,预测该区域未来5 年有无需求侧资源作用下的月最大负荷,并对相关结果进行分析比较。

1. 基础数据

该变电站包含 3 条线路,每条线路所覆盖的用户都有居民用户、工业用户、商业用户和其他用户。各线路上的用户分类及其初始用电情况详见表 9-8～表 9-10。

2. 中间参数赋值

模型计算过程中关键参数赋值及依据说明如下。

表 9-8　线路 1 的用户及其初始用电情况

用户类型		用户个数	初始月用电量 /(10^4 kW · h)	初始最大负荷 /(10^4 kW · h)
居民用户		25000	923.1	2.137
工业用户	轻工业	14	89.2	0.206
	重工业	12	373	0.863
商业用户	宾馆	20	138.5	0.321
	商场	9	175.4	0.406
	写字楼	18	134.6	0.312
其他用户	研究机构	14	94.5	0.219
	机关	20	152.3	0.353
	医院	7	138.5	0.321

表 9-9　线路 2 的用户及其初始用电情况

用户类型		用户个数	初始月用电量 /(10^4 kW · h)	初始最大负荷 /(10^4 kW)
居民用户		25500	961.5	2.226
工业用户	轻工业	16	107.7.2	0.249
	重工业	10	342.3	0.792
商业用户	宾馆	22	152.3	0.353
	商场	8	153.8	0.356
	写字楼	19	142.3	0.329
其他用户	研究机构	15	106.2	0.246
	机关	18	138.5	0.321
	医院	8	161.5	0.374

表 9-10　线路 3 的用户及其初始用电情况

用户类型		用户个数	初始月用电量 /(10^4 kW · h)	初始最大负荷 /(10^4 kW · h)
居民用户		32500	1230.8	2.849
工业用户	轻工业	12	76.2	0.176
	重工业	9	280	0.648
商业用户	宾馆	24	166.2	0.385
	商场	9	157.4	0.364
	写字楼	18	134.6	0.312
其他用户	研究机构	11	77.7	0.180
	机关	15	114.6	0.265
	医院	11	217.7	0.504

1) 用电量年平均增长率

据国家电网公司预计,2015 年全社会用电量将达 6.3×10^{12} kW·h,最大负荷将至 10.1×10^8 kW,"十二五"期间年均增长率分别为 8.6% 和 8.9%[①]。因此,模型中可设定全社会年用电量增长率为 8.6%。再结合国家统计局的相关数据,由各行业用电量与其经济增长的关系可推算得出各行业年用电量的平均增长率。

2) 自然节电率

各节能设备的自然节电率可通过官方发布数据或者使用者测评结果近似获知。如对于节能空调而言,国内某设备制造公司指出"中央空调节能改造,节电率在 20% 以上,甚至可达 60%。[②]",那么在模型计算中,结合实际可操作性,将节能空调的节电率设定在 40% 左右。

3) 用户渗透率

用户渗透率的设置主要依据官方或者互联网数据。据国家发改委人士预测,"十二五"期间,LED 产业有望实现翻两番的目标,至 2015 年末中国的 LED 照明渗透率达 20%。而业内普遍估计则更为乐观,预计到 2015 年,中国户外 LED 照明渗透率达 60%~80%,室内商用 LED 照明渗透率达 25%~30%,室内家居 LED 照明渗透率约 5%~10%,中国市场 LED 照明整体渗透率将达到甚至超过 20%[③]。

4) 负荷类资源作用下的负荷率

负荷类资源作用下能够带来高峰时段负荷的转移,从而达到削峰填谷的效果,进而提高负荷率。在本模型中,借鉴已有的研究,给出相关数值。

5) 同时率

所有负荷不可能同时都出现在电网,因此必须考虑同时率。同时率应在当地电网调度部门的实时运行统计,结合报装容量计划综合取得。但考虑到实际操作的难度,本模型结合同时率的大致范围确定取值。

3. 预测结果

结合以上基础数据和参数赋值,利用兼容需求侧资源的最大负荷预测新方法,可得到未来 5 年需求侧作用下各线路上不同用户的用电情况,具体如表 9-11~表 9-13所示。

---

① http://finance.eastmoney.com/news/1348,20110923165068397.html.

② http://www.hywei.com/news/496.shtml.

③ http://m.cnledw.com/.

表 9-11　需求侧资源作用下线路 1 的预测结果

用户类型		能效类资源下的用电量 /(10^4 kW·h)	能效类资源下最大负荷 /10^4 kW	负荷类资源下减少的最大负荷 /10^4 kW	需求侧资源下的最大负荷 /10^4 kW
居民用户		1179.734	2.731	0.473	2.447
工业用户	轻工业	112.043	0.259	0.057	0.225
	重工业	508.095	1.176	0.274	1.012
商业用户	宾馆	176.794	0.409	0.046	0.382
	商场	222.870	0.516	0.066	0.476
	写字楼	175.831	0.407	0.065	0.368
其他用户	研究机构	119.858	0.277	0.048	0.249
	机关	190.689	0.441	0.097	0.383
	医院	176.247	0.408	0.071	0.366

表 9-12　需求侧资源作用下线路 2 的预测结果

用户类型		能效类资源下的用电量 /(10^4 kW·h)	能效类资源下最大负荷 /10^4 kW	负荷类资源下减少的最大负荷 /10^4 kW	需求侧资源下的最大负荷 /10^4 kW
居民用户		1216.88	2.817	0.573	2.473
工业用户	轻工业	135.138	0.313	0.082	0.264
	重工业	458.438	1.061	0.248	0.913
商业用户	宾馆	192.678	0.446	0.097	0.388
	商场	191.826	0.444	0.096	0.386
	写字楼	185.153	0.429	0.094	0.372
其他用户	研究机构	134.537	0.311	0.059	0.276
	机关	173.452	0.402	0.110	0.335
	医院	201.666	0.467	0.102	0.405

4. 对比分析

综合变电站各条线路的预测结果,对比分析需求侧资源作用前后最大负荷预测值的变化,如表 9-14 所示:

表 9-13 需求侧资源作用下线路 3 的预测结果

用户类型		能效类资源下的用电量 /(10^4kW·h)	能效类资源下最大负荷 /10^4kW	负荷类资源下减少的最大负荷 /10^4kW	需求侧资源下的最大负荷 /10^4kW
居民用户		1557.821	3.606	0.734	3.166
工业用户	轻工业	95.606	0.221	0.058	0.186
	重工业	375.029	0.868	0.203	0.747
商业用户	宾馆	210.285	0.487	0.106	0.423
	商场	194.656	0.451	0.098	0.392
	写字楼	175.133	0.405	0.089	0.352
其他用户	研究机构	98.479	0.228	0.043	0.202
	机关	143.574	0.332	0.091	0.277
	医院	271.874	0.629	0.138	0.547

表 9-14 需求侧资源作用前后最大负荷对比分析

线路编号	初始最大负荷 /10^4kW	预测期不考虑需求侧资源的最大负荷/10^4kW	需求侧资源下的最大负荷/10^4kW	最大负荷减少比例	可延缓投建的变电容量 /(10^4kV·A)
1	3.082	4.379	3.544	23.56%	
2	3.147	4.470	3.487	28.19%	1.524
3	3.240	4.839	3.775	28.18%	

由表 9-14 可知,在有无需求侧资源(能效类资源和负荷类资源)的对比分析中,需求侧资源作用下 3 条线路上电力用户的最大负荷都呈明显的下降趋势,其下降比例都达到 20% 以上。而且,可延缓投建变电站容量为 1.524×10^4kV·A。由此可知,需求侧资源不仅带来了用户成本的降低,同时也提高了系统的供电可靠性水平。

9.3 兼容需求侧资源的供需协同优化模型

新能源大规模接入对系统的灵活性要求提高[4]。所谓灵活性就是在间歇性电源出力波动的情况下,系统可以通过相应的措施(供应侧和需求侧措施)来满足电力供需的实时平衡。目前提高系统灵活性的方法有两种。一种是从供应侧,使用具有快速响应能力、爬坡能力强的机组，这些机组的启停时间短，可以为新能源机组调峰调频，应对其出力波动性和间歇性；另一种是从需求侧，通过设计合理的需求响应机制使得一定的负荷对价格具有响应能力，并将这些需求响应负荷同样视为供应侧资源参与系统运行。实现供需协同优化。供需协同优化的目标是实现对发电机组和需求响应资源的统筹规划、统一调配，从而更好地使系统接纳大规模可再生能源。

在供应侧，随着用电需求的不断增长，调峰机组逐渐趋于高温高压化及大容量化，依靠具有快速响应能力的机组调峰运行成本高，效率低。引入需求响应资源参与系统调峰，一方面能够降低新能源出力对系统安全稳定运行造成的影响；另一方面能够减少用电高峰时段调峰机组的运行，降低系统运行成本。但是系统中不能完全依赖这种需求响应资源，还需配置一定比例的传统灵活调峰电源。如何通过供需协同优化，平衡供应侧与需求侧的调峰资源，降低系统的运行成本和投资成本，是目前新能源电力系统所需要研究的重要问题。

本部分内容将需求侧资源纳入到传统的优化方法中，构建两个协同优化模型，一是"引入价格响应负荷的供需协同优化模型"；二是"基于机组组合的协同优化模型"。

9.3.1　引入价格响应负荷的供需协同优化模型

建立供需协同优化模型首先要在新能源参与的电力系统中建立需求响应资源的需求函数，得出需求响应资源参与系统运行带来的经济效益；其次，将这一收益引入总成本目标函数，同时考虑新能源出力预测并兼顾可调度机组的爬坡率约束，通过预测模型控制方法，对供需协同优化系统的运行成本进行优化；最后，通过算例分析验证供需协同优化能够有效促进新能源接入系统，同时提高系统的总体效益。

1. 价格响应负荷的需求函数模型

在考虑新能源电力系统中供需协同优化问题时，需要建立价格响应负荷（即需求侧响应资源）的需求函数，通过构建需求函数能够反映用户的需求响应行为和电价之间的关系，从而分析需求响应资源参与系统运行带来的经济效益。

需求函数是经济学中的重要模型，主要反映在特定状态下的需求数量和单位商品价格之间的函数关系。在构建价格响应负荷的需求函数模型的过程中，将负荷数量看作需求，实时电价看作单位商品价格，从需求函数中能够清晰地看出实时电价是如何影响用户负荷的响应行为，价格响应负荷需求函数如图 9-9 所示。

需要注意的是，价格响应负荷的需求函数实际上能够反映用户的边际效用函

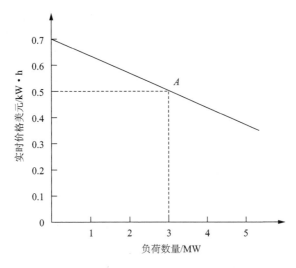

图 9-9　价格响应负荷需求函数模型

数,边际效用定义为用户通过消费额外的一单位商品所获得的收益和价值。它能反映用户支付意愿的大小。例如在图 9-9 中 A 点处,实时电价为 0.5 美元/(kW·h),负荷数量为 3MW。从效用论的角度来说,用户有意愿为 3 个单位的负荷支付 0.5 美元/(kW·h)时的实时电价。换言之,在实时电价为 0.5 美元/(kW·h)时,用户支付 3 个单位的负荷用电费用能够得到最优效用。因此,需求价格等效于边际收益,同样可以将总收益类似地等效为供应侧的短期成本,这一成本可以用机组出力函数描述。由总成本可以推导出边际发电成本,从边际收益(需求函数中得出)能够推导出总收益函数。

简化起见,将需求函数看作一阶多项式,如公式 9-19 所示。

$$d(P_{\mathrm{D}}) = aP_{\mathrm{D}} + b \tag{9-19}$$

式中, $d(P_{\mathrm{D}})$ 为负荷需求数量; P_{D} 为每千瓦时的实时电价; a 和 b 是常数。

通常情况下,斜率 a 是负数,因为随着需求数量的增长,边际支付意愿(WTP)或商品的边际效益呈单调递减趋势。换句话说,用户对第一个单位的负荷愿意支付相对高的电价,随着负荷数量的增加,用户的用电需求逐步得到满足,用户愿意支付的单位电价会逐渐下降。

对需求函数积分可以得到总收益函数,如公式 9-20 所示。

$$B(P_{\mathrm{D}}) = \frac{1}{2}aP_{\mathrm{D}}^2 + bP_{\mathrm{D}} \tag{9-20}$$

可以看出,用户的总收益函数是一个与需求数量有关的二元函数,也同样是供应数量的二元函数。其中 $a \leqslant 0, b \geqslant 0$ 。函数曲线如图 9-10 所示。

现在的关键问题是如何计算需求函数和收益函数的参数 a 和参数 b 。在给出

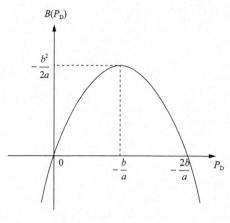

图 9-10　用户总收益函数

一定的物理边界(例如温度控制临界点)的条件下,能够对用户需求进行优化。这些临界点作为限制条件,需求侧的实时电价作为外生输入变量,这样就可以计算出每个小时最优需求量,从而得出实时能源消费量。如果价格在一定范围内波动,例如 10%,就可以得到不同时间段的最优能源消费量。在价格曲线和最优能量消费曲线相匹配的情况下,可以得到价格和需求的关系及价格响应负荷的需求函数。在同一时间段内设置不同的实时电价,能够得到不同价格水平下的最优能源消耗。假设价格从初值上涨 10%,且此时最优能源消费相对于最初价格情况下降 5%,那么用户将会在价格上涨 10% 的情况下放弃这 5% 的能源。也就是说,需求函数能够通过价格和最优能源消费的关系体现出来,价格响应负荷的需求函数反映了特定时间下用户对于特定能源数量的支付意愿。

用户侧的需求响应资源在风电出力波动的情况下可以作为供应侧资源参与调峰,但是我们认为这种资源没有爬坡率。供需协同优化的情况下,对供应侧和需求侧同时进行优化,价格响应负荷能够弥补供应侧的物理限制,其产生的效益可以看作是系统总的社会福利。

2. 协同优化模型的构建

引入需求响应负荷收益函数的供需协同优化模型其目标函数中既包括发电成本,也包括需求响应负荷产生的效益。模型的目标是通过供需协同优化,平衡新能源在电力系统中出力的间歇性和波动性,在此基础上使得系统社会福利最大化[5]。
建立模型如式(9-21)～式(9-22)所示。

$$\min_{P_G, P_D} \sum_{k=1}^{K} \Big[\sum_i C_i(P_{G_i}(k)) - \sum_j B_j(P_{D_j}(k)) \Big], \qquad i \in G, j \in Z \tag{9-21}$$

$$\sum_i P_{G_i}(k) = \sum_z \hat{P}_{D_z}(k), \qquad i \in G, z \in Z \tag{9-22}$$

$$\hat{P}_{D_z}(k) = f_z(P_{D_z}(k-1), \cdots, P_{D_z}(k-m_z)), \qquad z \in Z \tag{9-23}$$

$$\hat{P}_{G_j}^{\max}(k) = g_j(\hat{P}_{G_j}^{\max}(k-1), \cdots, \hat{P}_{G_j}^{\max}(k-n_j)) \tag{9-24}$$

$$\hat{P}_{G_j}^{\min}(k) = h_j(\hat{P}_{G_j}^{\min}(k-1), \cdots, \hat{P}_{G_j}^{\min}(k-n_j)) \tag{9-25}$$

$$\hat{P}_{G_j}^{\min} \leqslant P_{G_j}(k) \leqslant \hat{P}_{G_j}^{\max}, \qquad j \in G \tag{9-26}$$

$$P_{G_i}^{\min} \leqslant P_{G_i}(k) \leqslant P_{G_i}^{\max}, \qquad i \in G \backslash G_i \tag{9-27}$$

$$\left| P_{G_i}(k+1) - P_{G_i}(k) \right| \leqslant R_i, \qquad i \in G \tag{9-28}$$

$$\left| F(k) \right| \leqslant F^{\max} \tag{9-29}$$

式中，G 为系统中所有发电机组；G_i 为系统中新能源机组；Z 为负荷区域；$C_i(P_{G_i}(k))$ 为机组 i 在时域 k 的运行成本(在出力水平为 P_{G_i} 时)；$P_{G_i}(k)$ 为机组 i 在时域 k 的功率；$\hat{P}_{D_z}(k)$ 为时域 k 中区域 z 的预测负荷；$\hat{P}_{G_j}^{\max}$ 为间歇性机组 j 最大出力的预测值；$\hat{P}_{G_j}^{\min}$ 为间歇性机组 j 最小出力的预测值。

　　在该模型中，负荷被认定具有价格响应能力，这些弹性负荷通过跟踪间歇性新能源出力从而产生外部效益。式(9-21)是目标函数，即是让各个时域中所有机组的发电成本减去需求响应资源所得效益最小化。式(9-22)是供需平衡约束，即让每个时域中机组的实际出力等于该时域中负荷的预测值。式(9-23)中变量负荷预测的确定是根据负荷预测理论得出。式(9-24)和式(9-25)机组出力预测的最大值和最小值是根据马尔科夫模型来确定的。式(9-26)是间歇性机组出力范围约束。式(9-27)是除间歇性机组以外的机组出力范围约束。式(9-28)是机组爬坡率约束；式(9-29)是线路潮流约束。

　　求解过程中运用模型预测控制理论，模型预测控制是一类特殊的控制。它的当前控制动作是在每一个采样瞬间通过求解一个有限时域开环最优控制问题而获得。过程的当前状态作为最优控制问题的初始状态，解得的最优控制序列只实施第一个控制作用。本质上模型预测控制求解一个开环最优控制问题。它的思想与具体的模型无关，但是实现过程则与模型有关。下面通过 14 母线对上述模型进行算例分析，图 9-11 给出了系统的拓扑结构图。

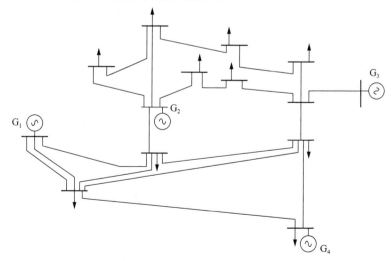

图 9-11　14 母线系统拓扑结构图

图 9-11 中有 4 个电源,其中 G_2 和 G_4 为火电机组,G_1 为天然气机组,代表调峰机组,G_3 为风电机组,表示新能源机组参与系统运行。表 9-15 给出了各个电源的参数。

表 9-15　系统中各发电机组参数

机组编号	机组类型	最小出力	最大出力/MW	发电成本/(美元/MW·h)	爬坡率/(MW/10min)
1	燃气机组	0	500	450	250
2	火电机组	20	500	150	40
3	风电机组	0	250	0	250
4	火电机组	10	500	100	30

模型预测经济调度每十分钟滚动执行一次,总负荷数据来源于 New York ISO 网站。考虑两种情景,情景一认为负荷不具有价格响应能力,情景二认为负荷具有价格响应能力。这里认为需求响应负荷产生的效益是聚集起来的,也就是说通过系统调度者控制一个负荷中心来平衡电力供需。这个过程中不考虑线损和输电阻塞,通过 Matlab 计算结果,得出的相关曲线如图 9-12~图 9-15 所示。

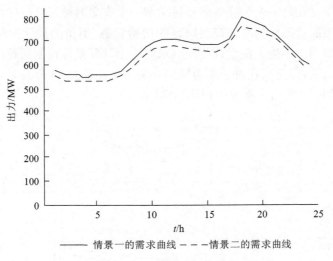

—— 情景一的需求曲线 － － －情景二的需求曲线

图 9-12　典型日中两种情景下的需求曲线

图 9-12 给出了系统负荷的对比,在负荷具有响应能力的情景中总负荷比不具备响应能力的情况下减少了 4%。从图 9-13 中可以得出,在价格具有响应能力的情景中,风电机组出力提高了 2%。这是由于价格响应负荷能够跟踪新能源出力变化,大幅度减少了弃风等现象。从图 9-14 中可以看出,在负荷响应情景下,高成

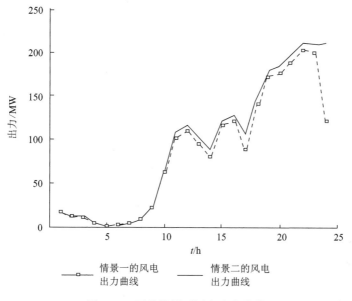

图 9-13 两种情景下风电出力曲线

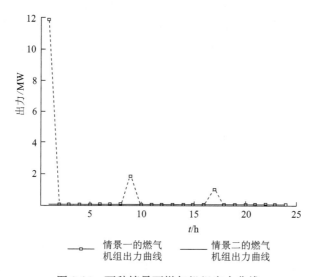

图 9-14 两种情景下燃气机组出力曲线

本的燃气机组的出力为 0,使得成本大幅减少。情景一中的发电成本(优化结果)为 57620 美元,情景二中这一成本降低到 40832 美元,相比于情景一,发电总成本降低了 29.13%。图 9-15 给出了三天内的实时电价曲线。在第一天中,模拟非响应负荷情景。基于第一天的价格结果,价格响应负荷引入到负荷调度中心。第二天的价格结果再次用于第三天的发电的需求函数。从两步迭代的结果来看,市场

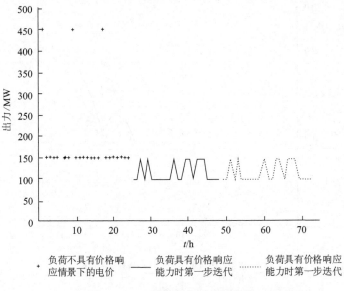

图 9-15　三天内的实时电价曲线

出清价格降低,经过一定数量的迭代次数,市场出清价格趋于向一种模式聚合。

　　和传统的经济调度模型相比,供需协同优化模型将间歇性新能源出力和需求响应资源同时看作决策变量。从算例结果中看出,在满足新能源机组出力上网的基础上发电成本得到降低。同时在市场环境下,实时电价也在一定程度上有所降低,对用户来说也产生了一定效益。如果在整个系统中考虑供需协同优化可以有效消纳大规模新能源出力。

9.3.2　基于机组组合的供需协同优化模型

　　1. 机组组合理论模型

　　随着国民经济的快速发展,用电需求持续增长,存在明显的峰谷效应。为了实现电力供需的平衡,合理地利用发电资源,有必要预先对发电机组的启停和出力进行调度安排。机组优化组合和优化启停就是要在满足约束条件的情况下,优化地选定各个时段参加运行的机组,并求出机组的最佳运行方案,实现成本最优。

　　在不考虑发电出力损耗以及单位时段内电力负荷大幅波动或机组出力不均(多个时段相比会存在波动)的前提下,假定所有发电机组的发电成本都是由启动成本、空载成本和增量成本三部分组成。需要考虑的约束条件包括:负荷平衡约束、系统备用约束、输电线路传输约束、发电机组出力范围约束、机组增出力约束。

　　这里通过一个 3 母线系统来构建机组组合理论模型,接线示意图如图 9-16

所示。3 母线系统中,其中有 2 台机组、1 个负荷和 3 条输电线路,已知 4 个小时的负荷和系统备用要求。建立模型求解出最优机组组合计划。最终结果包括:总成本、各小时各机组的状态、各小时各机组的发电出力和各小时各机组提供的备用容量。

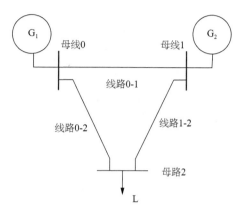

图 9-16　3 母线系统接线示意图

机组组合问题是一个多变量、多约束的混合整数非线性规划问题。对于模型 1 中的 3 母线系统问题,可分别对其目标函数和约束条件进行讨论分析,需满足负荷平衡约束、系统备用约束、输电线路传输容量约束、发电机组出力范围约束、机组增出力约束和机组降出力约束等。而其目标函数是使发电总费用最小,可利用 Lingo 软件来求解该优化问题。

1) 模型的假设以下 4 点:

(1) 一个小时之内发电机组出力和电力负荷保持不变。

(2) 输电线路电能损耗可忽略不计。

(3) 3 母线系统空载成本和增量成本之和随发电出力呈分段线性增长。

(4) 除上述约束条件外,不受其他无关因素的影响。

2) 成本分析

机组组合是一个最优化问题,即在一定的约束条件下,确定某些可控制的合理取值,使选定的目标达到最优的问题。

发电机组的成本包括启动成本、空载成本和增量成本三部分。

(1) 启动成本:当机组从停运状态(不发电)变为运行状态(发电)时发生的成本。

(2) 空载成本:只要机组处于运行状态就会发生的成本。

(3) 增量成本:与该机组发电量有关的成本。

这里给出两个机组的成本数据,如表 9-16 所示。

机组	启动成本/元	空载成本/元	增量发电量/(MW·h)	增量成本/(元/W)
G_1	350	100	100,100	10,14
G_2	100	200	60,40	12,15

　　通过以上数据,可以得出发电机组的空载成本和增量成本如图 9-17 所示。对于机组 G_1,当该机组的发电出力在[0,100]MW 的范围时,每 1000 度电的成本为 10 元/(MW·h);当该机组的发电出力在[100,200]MW 的范围时,每 1000 度电的成本为 14 元。对于机组 G_2,当该机组的发电出力在[0,60]MW 的范围时,每 1000 度电的成本为 14 元;当该机组的发电出力在[60,100]MW 的范围时,每 1 千度电的成本为 15 元。

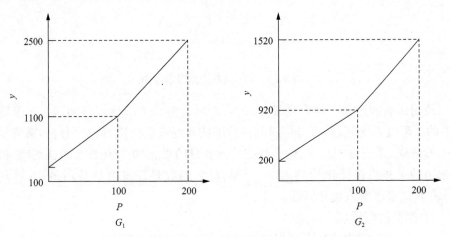

图 9-17　空载成本和增量成本之和随发电出力增长走势图

　　由图 9-17 可知,机组 G_1 和机组 G_2 在 $t(t=1,2,3,4)$ 时段的成本特性可用式(9-30)和式(9-31)所示。

$$y_{1t}(p_{1t}) = \begin{cases} 10p_{1t} + 100, & 0 \leqslant p_{1t} \leqslant 100 \\ 14p_{1t} - 300, & 100 \leqslant p_{2t} \leqslant 200 \end{cases} \tag{9-30}$$

$$y_{2t}(p_{2t}) = \begin{cases} 12p_{2t} + 200, & 0 \leqslant p_{1t} \leqslant 60 \\ 15p_{2t} + 20, & 60 \leqslant p_{2t} \leqslant 100 \end{cases} \tag{9-31}$$

　　若用 x_{it} 表示机组 i 在 t 时段的运行状态,其中 $x_{it}=1$ 表示运行,$x_{it}=0$ 表示停止,则 $x_{i(t-1)}$ 表示机组 i 在 $t-1$ 时段的运行状态。所以启动成本可表示为 $x_{it}(1-x_{i(t-1)})z_i$,其中 z_i 为机组 i 的启动成本。

　　总成本等于启动成本、空载成本和增量成本三者之和。设所研究的计划周期为 T,机组台数为 n,则总成本 Y 可表示为

$$Y = \sum_{t=1}^{T} \sum_{i=1}^{n} \left[x_{it} y_{it}(p_{it}) + x_{it}(1 - x_{i(t-1)}) z_i \right] \tag{9-32}$$

3）约束条件分析

（1）负荷平衡约束：任何小时，电力负荷之和必须等于发电机发出电力出力之和，即

$$\sum_{j=1}^{m} L_{jt} = \sum_{i=1}^{n} x_{it} P_{it} \tag{9-33}$$

式中，L_{jt} 为负荷 j 在 t 时段的负荷量；m 为负荷数。不同时段的负荷值 L 见表 9-17。

表 9-17　不同时段母线 2 上的负荷值

时间/h	1	2	3	4
L/MW	100	130	170	140

（2）系统备用约束：发电机的备用容量为处于运行状态的发电机的最大发电能力减去其出力，其中处于停运状态的发电机的备用容量为 0。任何小时，发电机的容量之和必须大于系统备用要求。即在 t 时段，需要满足系统备用约束，即

$$\sum_{i=1}^{n} x_{it}(p_{i\max} - p_{it}) \geqslant q_t \tag{9-34}$$

式中，$p_{i\max}$ 为机组 i 的最大出力；q_t 为 t 时段的系统备用要求，如表 9-18 所示。

表 9-18　系统备用要求

时间/h	1	2	3	4
备用/MW	20	30	50	40

（3）输电线路传输容量约束：线路传输的电能必须在它的传输容量范围内。线路 k 上流过的电能要满足

$$p_{\text{line}-k,t} = \sum_{l=0}^{N} x_{it} u_{kl} p_{inj,\text{busl},t} \tag{9-35}$$

式中，$p_{inj,\text{busl}}$ 为 t 时段母线 l（busl）上的注入功率；u_{kl} 为第 l 条母线的线性转移因子，$p_{\text{line}-k,t}$ 为 t 时段第 k 根输电线路上流过的电能，且 $k=1$ 表示线路 0~1，$k=2$ 表示线路 0~2，$k=3$ 表示线路 1-2。线性转移因子如表 9-19。

表 9-19　线性转移因子表

线路	母线 0	母线 1	母线 2
线路 1	0	−0.6667	−0.3333
线路 2	0	−0.3333	−0.6667
线路 3	0	0.3333	−0.3333

由于线路传输的电能不能大于其最大传输容量,而线路上的电流是有方向的,要满足 $\left|p_{\text{line}-k,t}\right| \leqslant p_{k-\max}$,即

$$\left|\sum_{l=0}^{N} x_{it} u_{kl} p_{inj,\text{busl},t}\right| \leqslant p_{k-\max} \tag{9-36}$$

式中,$p_{k-\max}$ 为第 k 根输电线路最大传输容量,如表 9-20 所示。

表 9-20　输电线路最大传输容量(所有小时都相同)

线路	线路-1	线路-2	线路-3
线路容量/MW	200	100	200

(4) 发电机组出力范围约束:处于运行状态的发电机组 i 的发电出力必须小于其最大发电能力,即

$$p_{it} \leqslant p_{i\max} \tag{9-37}$$

(5) 机组增降出力约束:发电机组在增加发电出力时,增加出力的速度要小于其最大增出力;发电机组在减少发电出力时,减少出力的速度要小于其最大减出力,即

$$-r_{di} \times 1 < x_{it} p_{it} - x_{i(t-1)} p_{i(t-1)} < r_{ui} \times 1 \tag{9-38}$$

式中,r_{di} 为机组 i 的最大增出力;r_{ui} 为机组 i 的最大减出力。机组 G_1 和机组 G_2 的物理特性及初始状态分别见表 9-21 和表 9-22。

表 9-21　机组物理特性

机组	母线	最大出力/MW	最大增出力/(MW/h)	最大减出力/(MW/h)
G_1	母线 0	200	30	50
G_2	母线 1	100	40	60

表 9-22　机组初始状态

机组	状态小时数	兆瓦/MW
G_1	运行 2h	100
G_2	关机 3h	0

4) 模型求解

机组组合的目的是在指定的周期内,满足系统负荷、备用容量、发电出力、传输容量、增降出力等限制的条件下,优化确定各机组的起停机计划和优化分配其发电负荷,使发电总费用最小。因此,要以机组的费用最小为依据建立相应的目标函数。故该 3 母线系统优化模型为

$$\min Y = \sum_{t=1}^{T} \sum_{i=1}^{n} \left[x_{it} y_{it}(p_{it}) + x_{it}(1 - x_{i(t-1)}) z_i \right] \tag{9-39}$$

$$\sum_{j=1}^{m} L_{jt} = \sum_{i=1}^{n} x_{it} P_{it} \tag{9-40}$$

$$\sum_{i=1}^{n} x_{it}(p_{i\max} - p_{it}) > q_t \tag{9-41}$$

$$\left| \sum_{l=0}^{N} x_{it} u_{kl} p_{inj,\text{busl},t} \right| \leqslant p_{k-\max} \tag{9-42}$$

$$p_{it} < p_{i\max} \tag{9-43}$$

$$-r_{di} \times 1 < x_{it} p_{it} - x_{i(t-1)} p_{i(t-1)} < r_{ui} \times 1 \tag{9-44}$$

$$y_{1t}(p_{1t}) = \begin{cases} 10 p_{1t} + 100, & 0 \leqslant p_{1t} \leqslant 100 \\ 14 p_{1t} - 300, & 100 \leqslant p_{2t} \leqslant 200 \end{cases} \tag{9-45}$$

$$y_{2t}(p_{2t}) = \begin{cases} 12 p_{2t} + 200, & 0 \leqslant p_{1t} \leqslant 60 \\ 15 p_{2t} + 20, & 60 \leqslant p_{2t} \leqslant 100 \end{cases} \tag{9-46}$$

式中，$x_{it} = 0,1; i = 1,2; j = 1; k = 1,2,3; l = 0,1,2; t-1,2,3,4$

用 Lingo 程序求解，可得结果如表 9-23。

表 9-23　最优机组组合计划

小时		发电机组	G_1	G_2
	1	状态	运行	停运
		发电出力/MW	100	0
		备用容量/MW	100	0
	2	状态	运行	运行
		发电出力/MW	100	30
		备用容量/MW	100	70
	3	状态	运行	运行
		发电出力/MW	110	60
		备用容量/MW	90	40
	4	状态	运行	停运
		发电出力/MW	140	0
		备用容量/MW	60	0
总成本/元			6680	

2. 协同优化模型的构建

可以将机组组合理论扩展应用到供需协同优化，由于需求响应可以使负荷暂时消减或者推迟，从而改变用电负荷曲线，实现削峰填谷，可以将需求响应资源作为一种灵活性调峰资源参与系统运行。

在构建模型之前，这里首先要明确一年当中不同季节的用电负荷有所不同。

比如夏季和冬季用电负荷相对较高,峰谷差较大,因此发电机组不同季节的发电量和启停次数会根据负荷情况有所不同,从而导致机组的发电成本在不同季节存在差异。为了能够合理体现不同季节的发电成本,将一年 52 周归类为 4 个代表周,同时考虑到冬季恶劣情景,并假设这种代表周每四年出现一次。根据每一种代表周在一年当中出现的次数来确定各代表周的权重,如表 9-24 所示。同时,因为每个代表周代表的是这个季节的所有周,为了避免重复计算启停机成本,需要假定在每个代表周最初时机组的状态应该和这个代表周周末的机组状态一致,如图 9-18 所示。

表 9-24 各代表周权重

代表周	权重
冬季代表周	16.75
极端冬季代表周	0.25
春季代表周	9
夏季代表周	13
秋季代表周	13

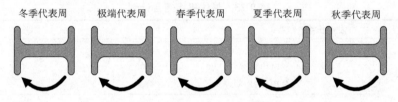

图 9-18 各代表周始末状态对应示意图

1) 模型建立

根据机组组合理论基础,引入需求侧响应资源,构建协同优化模型如式(9-47)~式(9-55)所示。

$$\min\Big[\sum_{i=1}^{n}\sum_{t=1}^{T}\big[k(t)\times(x_i(t)y_i(t)P_i(t)+x_i(t)(1-x_i(t-1)Z_i))\big]\Big] \tag{9-47}$$

$$D(t)-\mathrm{DSM}(t)=\sum_{i=1}^{n}G(i,t),\forall t\in[1,T] \tag{9-48}$$

$$\sum_{i=1}^{n}u_c(i,t)\times(P_{imax}(t)-P_i(t))+(\mathrm{DSM}_{max}(t)-\mathrm{DSM}(t))\geqslant SR(t)$$

$$\tag{9-49}$$

$$P_{\mathrm{line}-k,t}=\sum_{i=0}^{N}x_i(t)u_{kl}P_{inj,\mathrm{busl},t} \tag{9-50}$$

$$P_i(t)<P_{imax} \tag{9-51}$$

$$-r_{di}\times1<x_i(t)P_i(t)-x_i(t-1)P_i(t-1)<r_{ui}\times1 \tag{9-52}$$

$$-\,\mathrm{DSM}_{\max}(t) \leqslant \mathrm{DSM}(t) \leqslant \mathrm{DSM}_{\max}(t)\,, \forall t \in [1,T] \tag{9-53}$$

$$\mathrm{DSM}_{\max}(t) = P \times D(t) \tag{9-54}$$

$$\sum_{t=t_0(d)}^{t_{end}(d)} \mathrm{DSM}(t) = 0\,, \forall d \in [1,D] \tag{9-55}$$

目标函数(9-47)是让发电成本和投资成本最小化。根据公式(9-32)可知,发电成本,包括启动成本、空载成本、增量成本。在该模型中,这一成本乘以不同代表周的相关权重 $K(t)$。

式(9-48)是考虑需求响应资源参与的负荷平衡约束, $G(i,t)$ 是 t 时刻机组的发电量, $D(t)$ 为 t 时刻的负荷, $\mathrm{DSM}(t)$ 为 t 时刻聚集的需求响应资源总量。

式(9-49)是系统备用容量约束。$P_{imax}(t)$ 是 t 时刻机组 I 的最大出力, $P_i(t)$ 是时刻 t 机组 i 的实际出力,供应侧的备用容量可以用两者的差表示。需求响应参与系统运行后需求侧备用容量贡献和供应侧类似,即 $\mathrm{DSM}_{\max}(t) - \mathrm{DSM}(t)$。其中, $\mathrm{DSM}_{\max}(t)$ 是 t 时刻能够获得的所有需求响应容量, $\mathrm{DSM}(t)$ 是 t 时刻的实际聚合的需求响应容量。$\mathrm{SR}(t)$ 是系统备用容量需求,包括最大发电机组的潜在脱网和风电机组出力不确定性等多种因素。这一备用容量的约束条件能够促进尖峰机组有效组合,降低运行成本,对灵活性的优化具有重要意义。

式(9-50)为输电容量约束, $p_{inj,busl,t}$ 为 t 时段母线 l 上的注入功率, u_{kl} 为第 l 条母线的线性转移因子, $p_{\mathrm{line}-k,t}$ 为 t 时段第 k 根输电线路上流过的电能。

式(9-51)是发电机组出力范围约束,处于运行状态的发电机组 i 的发电出力必须小于其最大发电能力。

式(9-52)是机组增降出力约束,发电机组在增加发电出力时,增加出力的速度要小于其最大增出力;发电机组在减少发电出力时,减少出力的速度要小于其最大减出力。其中, r_{di} 为机组 i 的最大增出力, r_{ui} 为机组 i 的最大减出力。

式(9-54)是最大响应容量约束,在每个时刻 t 都存在一个最大需求响应容量。其值等于用电负荷需求乘以系数 P。

式(9-55)是负荷反弹约束,其目的是要保证通过需求响应转移的负荷在同一天内恢复。

2) 算例分析

(1) 两机组 24h 算例分析。为了评价模型的有效性及分析供需协同优化对供需平衡的影响,这里将该模型应用于 24h 的情景算例[6]。需求被模拟成三角函数 $D(t) = 250 - 50\sin(t \cdot \pi/12)$。从三角函数中能够清晰地看到不同需求响应资源渗透比率对发电出力的影响。可用需求响应容量是对应计划需求的一部分,而且需求响应资源会在同一天内反弹,即需求响应负荷从一天当中一个时段转移到了另一个时段。因此这种设计能够模拟在智能电表支撑下用户对分时电价机制的一种响应行为。

　　为了使问题简化,算例中发电机组组合仅由两个机组构成。机组 A 是基荷机组,运行成本低,爬坡率低。机组 B 为调峰机组(燃气机组,燃料成本高),运行成本高,爬坡率低。具体数据见表 9-25。

表 9-25　机组运行数据

机组	A	B
最小出力/MW	60	60
最大出力/MW	400	600
1 号机变动成本/(元/MW)	51.12	159.75
2 号机变动成本/(元/MW)	53.68	162.95
3 号机变动成本/(元/MW)	56.33	166.14
4 号机变动成本/(元/MW)	63.90	169.34
空载成本/元	1278	159.74
增出力/减出力/(MW/h)	50/200	50/60
启/停机时间/h	8/5	1/1

　　从供需协同优化结果中可以看出,需求侧响应资源参与系统调度的比例大小对综合出力曲线具有重要影响,如图 9-19 所示。从图中可以清楚地看到,随着需求响应资源的比例增大,综合出力曲线趋于平缓。当没有需求响应资源参与时,综合出力曲线的形状是标准的三角函数;当需求响应资源可以根据需求完全响应时(没有限制地参与系统调度),综合出力曲线相当于一条直线。这里需要说明,发电成本函数对于最后的出力形状同样具有重要影响,发电成本函数可以近似看成线性分段函数,分段函数两个拐点之间的任何负荷值对于目标函数具有同样价值。

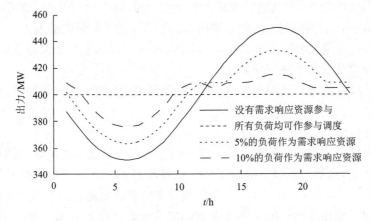

图 9-19　不同比例的负荷参与需求响应对发电出力的影响

　　5%的负荷参与需求侧响应时两机组的出力情况如图 9-20 所示。由于机组 A 相对于机组 B 成本相对较低,机组 A 首先要承担基本负荷。然而,为了满足备用容量的约束,机组 B 需要在技术最小出力水平下同步运行,同时,机组 B 承担主要调峰作用。

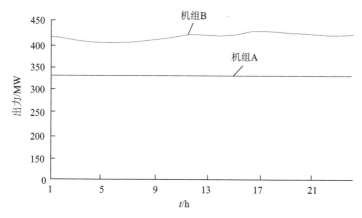

图 9-20 5%负荷参与需求响应时机组最优出力

通过两机组 24h 算例可以看出,需求响应能够提高系统的运行水平,减少尖峰机组出力,提供旋转备用。当系统中机组组合范围更大(新能源机组参与运行),需求响应负荷参与比例更高时,高成本的调峰机组出力可以大幅度减少,这一点在下面的算例中将有所体现。

(2) IEEE-14 母线系统算例分析。

将基于机组组合理论的供需侧协同优化模型应用与 IEEE-14 母线中,分析在更广泛的机组组合情况下供需侧协同优化对促进新能源接入系统,提高系统中清洁能源比例的重要作用。算例拓扑结构图如图 9-21 所示。

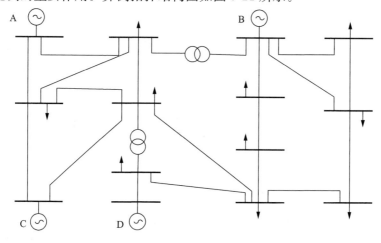

图 9-21 IEEE-14 母线结构图

图 9-21 中有 4 个电源,其中 A 为火电机组,电源 B 为风电机组,机组 C 为核电机组,机组 D 为燃气调峰机组。各电源的基础数据如表 9-26 和表 9-27 所示。

表 9-26　发电成本数据

机组编号	类型类型	最大出力/MW	最小出力/MW	变动成本/(美元/MW)	空载成本/美元	启动成本/美元
A	火电机组	600	15	42.13	83.72	68
B	风电机组	100	5.6	8.60	24.55	19
C	核电机组	170	100	38.27	117.20	220
D	燃气机组	240	15	50.67	76.82	109

表 9-27　机组参数数据

机组编号	类型	增出力/(MW/h)	减出力/MW	启动时间/h	停机时间/h
A	火电机组	50	100	5	3
B	风电机组	30	50	1	1
C	核电机组	40	60	8	10
D	燃气机组	100	100	1	1

这里给出一周内的负荷预测曲线和风电出力预测曲线,如图 9-22 所示。

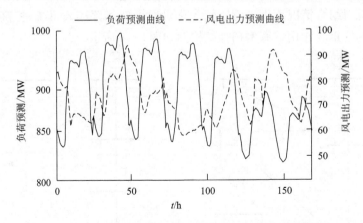

图 9-22　一周内的负荷预测曲线和风电出力预测曲线

在供需协同优化过程中,分别考虑需求侧 5% 的负荷和 10% 的负荷参与需求响应时机组最优运行配置。通过 Matlab 运算得出结果,如图 9-23 和 9-24 所示。

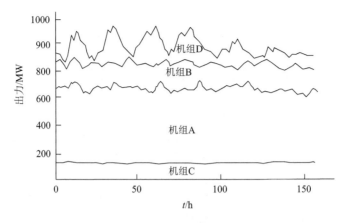

图 9-23　5％负荷参与下机组组合优化结果

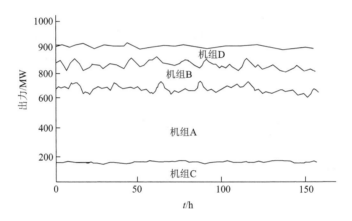

图 9-24　10％负荷参与下机组组合优化结果

从图中可以看出,核电机组和火电机组承担基本负荷稳定运行,燃气机组承担主要调峰作用,风电因为其燃料成本较低,其出力也基本利用。但是,这里需要注意的是,算例中总负荷在 1000MW 水平上,其运算结果是燃气机组承担主要调峰任务。当负荷水平降低到 500MW 或更低时,承担调峰任务的机组可能就是火电机组(机组 A)或风电机组(机组 B),这时燃气机组可能以最小技术出力稳定运行。这是由于模型中以成本最低为目标,燃气机组成本相比于其他机组过高,在负荷低于某一临界值时,或峰谷差相对较低时,其出力将大幅度降低。

对比图 9-23 和图 9-24 可以看出,当需求响应负荷参与供需协同优化的比例增大时,风电机组出力增加,燃气机组出力趋于平稳。因此,供需协同优化一方面能够促进新能源并网,提高系统清洁能源的比例;同时能够减少调峰机组出力波动,降低系统发电成本。

9.4　智能电网中需求侧响应技术

为了发挥需求响应机制在新能源电力系统中的作用,需要一系列相关技术手段作为支撑。在智能电网的技术支持下,需求响应自动化将使需求侧资源在系统运行中扮演重要角色,这也是智能电网的建设目标之一。目前,发电侧和输电侧的电网智能化技术已经相对成熟,用电侧的智能化还有很大的差距,需求响应的智能化对于智能电网技术在用户侧的发展具有重要意义。本节重点介绍需求侧响应的关键技术,主要包括:智能家电相关技术、支持实时计量和双向通信的先进计量系统、通信系统以及可以渗透到每一终端用户/设施的智能化控制系统[7]。同时,本节还系统梳理了影响需求响应推广的技术标准和政策问题。

9.4.1　智能家电技术

智能家电就是微处理器和计算机技术引入家电设备后形成的家电产品,具有自动监测自身故障、自动测量、自动控制、自动调节与远方控制中心通信功能的家电设备。同传统的家用电器产品相比,智能家电具有如下特点。

(1) 网络化功能。各种智能家电可以通过家庭局域网连接到一起,还可以通过家庭网关接口同制造商的服务站点相连,最终可以同互联网相连,实现信息的共享。

(2) 智能化。智能家电可以根据周围环境的不同自动作出响应,不需要人为干预。例如,智能空调可以根据不同的季节、气候及用户所在地域,自动调整其工作状态以达到最佳效果。

(3) 开放性、兼容性。由于用户家庭的智能家电可能来自不同的厂商,智能家电平台必须具有开发性和兼容性。

(4) 节能化。智能家电可以根据周围环境自动调整工作时间、工作状态,从而实现节能。

(5) 易用性。由于复杂的控制操作流程已由内嵌在智能家电中的控制器解决,用户只需了解非常简单的操作。

传统家用电器有空调、电冰箱、吸尘器、电饭煲、洗衣机等,新型家用电器有电磁炉、消毒碗柜、蒸炖煲等。无论新型家用电器还是传统家用电器,其整体技术都在不断提高。家用电器的进步,关键在于采用了先进控制技术,从而使家用电器从一种机械式的用具变成一种具有智能的设备,智能家用电器体现了家用电器最新技术面貌。

智能家电产品分为两类:一是采用电子、机械等方面的先进技术和设备;二是模拟家庭中熟练操作者的经验进行模糊推理和模糊控制。随着智能控制技术的发展,各种智能家电产品不断出现,例如,把电脑和数控技术相结合,开发出的数控冰箱、具有模糊逻辑思维功能的电饭煲、变频式空调、全自动洗衣机等。

　　智能家用电器的智能程度不同,同一类产品的智能程度也有很大差别,一般可分成单项智能和多项智能。单项智能家电只有一种模拟人类智能的功能。例如模糊电饭煲中,检测饭量并进行对应控制是一种模拟人的智能的过程。在电饭煲中,检测饭量不可能用重量传感器,这是环境过热所不允许的。采用饭量多则吸热时间长这种人的思维过程就可以实现饭量的检测,并且根据饭量的不同采取不同的控制过程。这种电饭煲是一种具有单项智能的电饭煲,它采用模糊推理进行饭量的检测,同时用模糊控制推理进行整个过程的控制。多项智能家电在多项智能的家用电器中,有多种模拟人类智能的功能。例如多功能模糊电饭煲就有多种模拟人类智能的功能。

　　普通智能家用电器所采用廉价"模糊控制"智能控制技术。少数高档家电用到"神经网络"技术(也叫神经网络模糊控制技术),模糊控制技术目前是智能家用电器使用最广泛的智能控制技术。原因在于这种技术和人的思维有一致性,理解较为方便且不需要高深的数学知识表达,可以用单片机进行构造。

　　模糊逻辑及其控制技术也存在一个不足的地方,即没有学习能力,从而使模糊控制家电产品难以积累经验。而知识的获取和经验的积累并由此所产生新的思维是人类智能的最明显体现。家用电器在运行过程中存在外部环境差异、内部零件损耗及用户使用习惯的问题,这就需要家用电器能对这些状态进行学习。例如一台洗衣机在春、夏、秋、冬四个季节外界环境是不一样的,由于水温及环境温度不同,洗涤时的程序也有区别,洗衣机应能自动学习不同环境中的洗涤程序;另外,在洗衣机早期应用中,洗衣机的零件处于紧耦合状态,过了磨合期,洗衣机的零件处于顺耦合状态,长期应用之后,洗衣机的零件处于松耦合状态。对于不同时期,洗衣机应该对自身状态进行恰当的调整,同时还应产生与之相应的优化控制过程;此外,洗衣机在很多次数的洗涤中,应自动学习特定衣质、衣量条件下的最优洗涤程序,当用户放入不同量、不同质的衣服时,洗衣机应自动进入学习后的最优洗涤程序,这就需要一种新的智能技术:神经网络控制。

9.4.2　先进计量系统

　　先进计量系统是对消费者的电力消费或其他参数进行每小时一次或者更加频繁的记录,并每天或者更加频繁地通过一个通信网络向中央数据系统发送这些记录的一种计量系统。随着计量和通信技术的进步,先进计量系统在提升顾客服务、减少窃电、改善负荷预测、监控电能质量、管理停电事故以及支持价格响应型需求响应项目等方面具有重要作用。先进计量系统 AMI 具有多个模块,包括能双向通信的计量表、数据收集网络、AMI 主机系统和数据库系统。先进计量系统还可以同时承担燃气和自来水抄表计量的任务。每一个电能表（水表、气表）及其所具备的网络通信装置统称为一个终端，终端数据通过数据收集网络发送到主机，然后通过数据管理系统进行计量数据的分析、储存和管理。需求侧响应的计量技术要求能够累计峰荷与非峰荷消费电量，且其时段可以自由调整（如 24、48、96 个时段），时间控制可以通过内置的时钟装置，也可以通过外部的无线电、微波或载波控制，也可以采用时钟开关（time switch）。

近 10 年来，电子式电能表被大量采用，逐步取代传统机电式电能表。电子式电能表具有了许多新功能，包括可以测量更多的电能质量参数，可以分段计量并储存计量数据，提高计量精度，并可以方便地进行功能升级并和通信技术进行整合。最重要的是电子式电能表可以实现自动抄表读数功能，这一点大大提升了供电公司投资升级电能表的兴趣。随着电能表计从机电式向电子式升级，传统的人工抄表同步升级到了自动抄表系统，先进计量系统也开始出现。通过现有技术可以实现将原有机电式电能表升级到先进计量系统，其方法是在机电式电能表中植入一个电子模块，通过对机电表转盘转数的记录来间接获得电量数据，并实现电能表与计量系统之间的通信。对电子表计改造整合进入 AMI 系统的方法则更为直接，目前大多数电能表厂商都可以做到在原有电子表中植入通信模块，从而与 AMI 系统整合。

计量数据管理系统为供电公司储存、处理和管理所有来自各个计量终端的一手计量数据。在计量和收费间隔缩短之后，各个终端的计量信息将呈几十、几百倍的增长，譬如从月度计量调整至小时计量后，每年每个终端的数据即从 12 个增长到 8760 个。同时数据管理系统还可以很方便地进行各种归类、累加等负荷分析功能，为供电公司进行精细的负荷分类管理和负荷预测等工作提供了方便。

9.4.3 远方通信技术

远方通信包括单向和双向通信两种。技术选择的不同主要由抄表环境等应用要求决定，譬如在高人口密度的地理区域一般要求有固定的网络基础设施，要有数据路由装置和数据集成装置。单向通信通常是指远方抄表，但也可以用于向终端消费者发送价格及价格变化的信号，完全的双向通信则使得双方都能同时接受和发送数据。

当前采用的 AMI 远方通信形式主要有：电力线宽带、电力线通信、固定无线电频率网络和系统专用的公共网络等。

1. 电力线宽带网络（broadband over power line，BPL）

BPL 通过将互联网的数字信号与高频无线电信号进行调制解调从而实现电力线传输宽带信号的功能。这些高频无线电波在电网系统的某些点输入，通常是从一些变电站输入,在整个中压电力网中传播,然后穿越或绕过用户变压器到达用户处。有时候从用户变压器到用户的最后一段信号传输方式是利用 WiFi 等其他通信技术。

在欧美的配电系统中,一般一个中压网络上大致挂 20 到 25 个用户变压器,每个用户变压器向 1 到 6 个用户供电,也就是说,一个中压网络上大致有 100 个左右的用户。为了实施电力线宽带,供电公司首先应将变电站联入互联网(通常是通过光纤接入),也就是在变电站将宽带信号接入中压系统,由于用户变压器会发生滤波作用,所以当宽带信号通过中压网络传输到用户变压器时,会通过 3 种方式将宽带信号进一步传到用户处:一是信号直接穿过变压器;二是将变压器旁路,使得信号通过;三是通过安装于变压器旁的 WiFi 装置将信号传递给用户。

2. 电力线通信(power line communication,PLC)技术

PLC 载波系统通过在电力线上将信号注入到电压、电流或一个新的信号中来传输数据,这一点是通过在电压和电流波形过零点的时候进入一个小的信号或者在电力线上加入一个新的信号来实现的。PLC 系统通常将设备装设在变电站中收集各个终端传来的表计读数,然后将这些信息通过电力通信系统或公共网络传输到供电公司的主机。PLC 通信中所采用的低频信号一般不会被配电变压器过滤掉。

PLC 系统特别适用于农村供电环境下,但也很成功地在城市环境下有过应用,所以对于那些同时负责城市和农村供电的供电公司,应用 PLC 系统有助于采用一种数据收集技术在全部服务区建成一个完整统一的先进计量系统。同时PLC 载波技术也成功地从应用于中小居民和商业用户,发展到了在大用户中也得到成功应用。

3. 固定无线电频率(radio frequency,RF)系统

在一个基本的固定无线电频率系统中,采用 RF 信号通过一个非公共网络实现计量表计信号通信。表计信息可以通过网络直接向数据收集器传送,或者传给一个复读器,再由复读器将这些从无数终端传来的信息转给数据收集器。数据收集器收集并储存一个地区范围内全部表计的读数信息,并将这些信息通过各种通信技术上传至 AMI 主机,这些通信技术可以是公共网络、微波、以太网等。从数据收集器到网络控制者之间的通信往往是双向的,从而使得网络控制者可以随时提取一个或多个表计的实时数据信息和状态信息。

从 20 世纪 90 年代中后期开始,美国几乎全部的供电网络都设置了自动抄表系统,而其中大部分都采用了这样一种固定无线电频率 RF 通信系统来进行数据收集。此后,更为先进的 RF 网络得到进一步的开发和应用。在先进的 RF 网络

中,计量表计本身即构成网络的一部分,直接或通过一个"伙伴表"(buddy meter)与信号塔通信,信号塔相当于一个超级数据收集器,每一个信号塔可以收集一定区域的表计信息。还有一些先进系统将终端设计为网状网络形式,其中一些网孔终端承担数据收集器功能。这些先进 RF 网络具有更宽的覆盖面和更强的通信功能,而且它们还具有"自愈"功能。通常从终端到网络主站之间有多个通信路径,当其中的最佳路径中断时,终端会自动切换至其他路径继续保持通信。这一点对于配电网络非常重要,因为配电网络结构会随时由于运行方式改变,或者线路中树枝或其他原因引起线路短路和中断从而影响 RF 通信,通过自愈功能,使其通信功能可以随着配电网络运行方式的调整而调整。

4. 利用现有的公共网络系统

有些先进计量系统直接利用现有的公共网络系统,包括数字传呼、卫星通信、互联网和电话通信系统(包括移动和固话通信等网络)进行供电公司和各个表计终端之间的通信。采用公共网络系统最大的优点是可以在较小的建设成本情况下将先进计量系统尽快推广到人口密度较低的更广大区域,其缺点表现在受限于公共网络的覆盖范围,同时还会存在通信规约的转换问题,另外运行成本将相对较高。

9.4.4　智能控制系统

智能控制技术是为了执行双方已经同意的负荷削减,或由消费者设定一个价格门槛进行自动反应[8]。控制技术按响应速度不同可以分为很多种,快速控制须由全自动装置完成,譬如频率响应装置、低周减载装置。

目前发展最快的智能控制技术是家用能量管理系统(home area network,HAN),系统包含局域网和广域网两个部分,二者通过网关相连。局域网中包含价格信号接收功能、用户提醒功能和用电设备自动控制功能,自动控制将根据用户按自身的经济承受力和舒适度的折中而事先设定的控制程序进行控制,这些控制程序包括电价门槛和对应的负荷削减程度。

广域网包含一个由开关控制的电话上行线和一个特高频传呼发射装置,用来向用户和局域网发射价格信号。这套系统的自动化功能使用户可以事先设定程序控制他们的制冷制热系统、热水供应系统和游泳池水泵等设备的用电,自动按照其自行设定的价格或其他参数(如温度)的组合决定启停。

HAN 连接给先进计量技术提供了一个新的机会,从 2003～2009 年,欧洲的家庭自动化系统以每年 20% 的速度递增。但是也带来了新的问题,问题的核心在于电力公司所有的表计是否应该作为 HAN 的连接器(网关),从而使这些网关成为电力公司提供的计量方案的一部分。某些 AMI 顾问以及 HAN 方案卖主则认为,第三方 HAN 连接方案不需要电力公司提供先进计量网关转换器。另一方面,电力公司网关的支持者说,在提供表计到 HAN 连接服务时,电力公司处于最好的位置,因为使用这些网关可以对负荷控制和需求侧响应实施必要的集中控制和确认。

现在已有一些地区采用 AMI 系统之外的网络,譬如利用寻呼系统和调频无线电等,来执行与智能热水器及其他负荷控制装置之间的通信。美国加利福尼亚州能源委员会在考虑提议修改建筑节能标准,其中一项提议就是要求推广智能热水器,并采用调频无线电信号执行向热水器的单向通信。但美国加利福尼亚州的三大供电公司对此持反对态度,他们希望在自己的 AMI 系统建成之后,由自己的 AMI 系统来发布控制信号。当前在国际上对家用自动设施标准有许多种,包括 X10、蓝牙、CEBus、Lonworks、Batibus 和欧洲家用系统标准等。

9.4.5　技术标准及政策

建立并应用先进计量和智能控制系统的技术标准将大大提升大规模推广先进技术的机会和价值。选择建立并应用一个适宜的、市场接受的标准,将使得计量、通信和智能用电设施投资商和制造商可以以最佳定位去获取以下效益。

（1）标准接口使投资者可以从多个供应商那儿采购设备,这一点给投资者带来许多好处:一是投资者可以寻求最低价格的供应,标准化的采用使接口的两端都可以使用同一种可替换设备;二是投资者可以避免供应商由于各种原因停止供应带来的风险（如供应商退出该行业）;三是多来源供应可以创造竞争的供应环境,转而促进技术和商务方面的提升。

（2）竞争性供应将会给供应商施加持续的控制成本的压力,无论他们如何采用差异化战略。通用标准也有助于改善设备制造商供应链的效率,尽量避免那些小批量、高成本、顾客化的产品配件。同时通用标准也能为投资公司减少备品备件的库存,降低系统培训等成本。

（3）通用标准极大地增强了自动计量系统的互用性。互用性包含两层含义:一是一个设备相似零件之间的互用;二是不同系统之间的兼容。一个设备相似零件之间的互用,将使相同功能的设计单元可以相互替换。譬如,表计中提供一个以电量为权重的脉冲就是一个标准功能,一个标准的脉冲输出可以通用于各种智能表计,也可以作为附加设备用于现有表计的翻新,或附加到现有表计上去,实现分时计量或自动读表等先进功能。这种方式的好处就在于计量系统中的各个功能件,或作为功能模块,或作为附加设备,可以单独实现升级,而不需要更换整个基础计量设施;不同系统之间的兼容是指计量网络和各个系统之间的兼容。从表计计量系统收集的数据能自由转移使用到其他系统,譬如顾客服务和规划系统等,这对于整个系统的功能发挥和拓展非常重要。有了这一点保证,系统设计者就可以将从表计计量系统实时收集的负荷数据作为其他系统的一个输入。

（4）标准化接口将有助于实现整个自动化系统从最初的架构和组合系统向整合系统的有序移植。简单地用新的设备替代以前的自动化系统也是移植策略的一种，但一般来说这不是一个最佳策略，因为这将导致许多仍然可用设备的报废。另一个替代的策略就是从现在开始采购的新设备全部为标准化接口，这样，在旧设备达到报废期限时全部用新的标准设备替代。在新的标准接口和旧设备之间，有时需要一个"转换器"来实现兼容。

（5）推广先进的表计计量技术存在一个关键问题：如何确保投资在其经济寿命期之前不遭到过时报废的挑战。当功能更强的、成本更低的新设备出现的时候，原有技术将会遭致淘汰，生产商将停止生产和供货，这就是"过时风险"（obsolescence risk）。采用开放式功能标准，能够确保各功能块与现有商业模式和运营要求相一致，在一定程度上降低这一风险。

尽管意识到对先进计量系统和智能控制系统实施标准化将带来上述好处，但目前没有任何国家出台相关标准。就连最基本的规格如 AMI 应具有哪些功能，每项功能的标准如何都没有统一。为此特别需要我国的相关部门、协会和厂商能尽快行动，争取抢得先机。

9.5　本章小结

供需协同优化的关键是需求响应机制的有效实施。本章 9.1 节给出了需求侧响应机制的概念，并根据响应信号类型将需求侧响应机制分为价格型需求响应机制和激励型需求响应机制，在此基础上系统阐述了每一种需求侧响应机制的作用机理。同时，在实施需求响应机制过程中，需要明确每一种需求响应信号的特点，用电服务机构或者终端用户整合机构通过对这些信号的判断来指示终端用户在什么时间开始改变其用电行为以及这种改变需要持续多长时间。需求侧响应信号包括：提前通知时间、响应持续时间以及需求响应频率。另外，本节还分析了需求侧响应特性，相比于价格型需求响应机制，由于响应的持续时间短，激励型需求响应机制在促进新能源大规模并网方面具有更大的潜力。在可调度性方面，直接负荷控制和可中断负荷规划的可调度性最强，对系统调度的价值最高。

本章 9.2 节提出了一种兼容需求侧资源的负荷预测新方法，该方法重点分析需求侧资源对负荷预测的影响，通过估算某一区域内各类需求侧资源的潜力，并将其考虑到负荷预测过程中，使得负荷预测更为合理准确，以避免扩容方案粗放而造成投资浪费，整个新型负荷预测方法通过建立数学模型进行定量分析。通过算例研究分析表明，兼容需求侧资源的负荷预测新方法可以使电力用户的最大负荷明显下降，下降幅度达到 20%，可延缓投建变电站容量 $1.524 \times 10^4 \text{kV} \cdot \text{A}$。可见，需求侧资源不仅带来了用户成本的降低，同时也提高了系统的供电可靠性水平。

　　需求响应资源虽然能够为系统运行及新能源并网提供有力支撑,但系统不能完全依赖需求响应资源来维持电力供需平衡,还需要相应的供应侧调峰措施,即需要传统火电及燃气机组承担调峰任务,这个过程中要考虑用什么样的传统机组与需求侧资源搭配,搭配比例是多少,不同情况下需求侧资源参与系统调度的比例是多少以及各种情况下的经济效益和系统外部性效用。因此,如何协调供应侧和需求侧的两种资源,以最小的成本实现系统效用最优是新能源电力系统协同优化研究的重点所在。为了回答上述问题,本章 9.3 节研究了兼容需求侧资源的供需协同优化理论,应用不同的方法建立了两种供需协同优化模型:引入价格响应负荷的供需协同优化模型和基于机组组合理论的供需协同优化模型。

　　为了实现需求响应机制在系统中的作用,需要一系列技术手段作为支撑。本章 9.4 节综合梳理了已有的需求侧响应的技术模块和解决方案。目前需求响应主要的技术手段包括:智能家电、支持实时计量和双向通信的先进计量系统、通信系统以及可以渗透到每一终端用户/设施的智能化控制系统。同时本节还提出有必要建立统一的先进计量和智能控制系统技术标准。

参 考 文 献

[1] Rijcke S D,Driesen J,Belmans R. Balancing Wind Power with Demand-side Response[J]. Wind Balance, 2010(15-03-10):18.

[2] 王冬容. 激励型需求侧响应在美国的应用[J]. 电力需求侧管理,2010,13(1):74-77.

[3] Mills A. Demand Response and Variable Generation Integration[R]. Pisa:Grid Integration Workshop, 2011:32.

[4] Boehme T,Taylor J,Wallace D R,et al. Matching Renewable Electricity Generation with Demand[C]. Edinburg:University of Edinburg,2006:69.

[5] Xie L,Joo J Y,Ilic M D. Integration of Intermittent Resources with Price-Responsive Loads[R]. North American Power Symposium,Memphis, 2009:1-6.

[6] Rosso A,Ma J,Kirschen D S,et al. Assessing the Contribution of Demand Side Management to Power System Flexibility[J]. IEEE Conference on Decision and Control and European Control Conference,Dresden,2011 (50):4361-4365.

[7] 曾鸣,王冬容,陈贞. 需求侧响应的技术支持[J]. 电力需求侧管理,2010,12(2):8-11.

[8] Westermann D,John A. Demand matching wind power generation with wide-area measurement and demand-side management[J]. IEEE Transactions on Energy Conversion,2007(22):145-149.

[9] 曾鸣,吕春泉,邱柳青,等. 风电并网时基于需求侧响应的输电规划模型[J]. 电网技术,2011,35(4):129-134.

[10] 曾鸣,李晨,陈英杰,等. 风电大规模并网背景下我国电力需求侧响应实施模式[J]. 华东电力,2012,40(3):0363-0366.

索 引